Christian Borgelt, Frank Klawonn,
Rudolf Kruse, Detlef Nauck

Neuro-Fuzzy-Systeme

T0224897

Computational Intelligence

Herausgegeben von Wolfgang Bibel, Rudolf Kruse und Bernhard Nebel

Aus den Kinderschuhen der „Künstlichen Intelligenz" entwachsen bietet die Reihe breitgefächertes Wissen von den Grundlagen bis in die Anwendung, herausgeben von namhaften Vertretern Ihres Faches.

Computational Intelligence hat das weitgesteckte Ziel, das Verständnis und die Realisierung intelligenten Verhaltens voranzutreiben. Die Bücher der Reihe behandeln Themen aus den Gebieten wie z. B. Künstliche Intelligenz, Softcomputing, Robotik, Neuro- und Kognitionswissenschaften. Es geht sowohl um die Grundlagen (in Verbindung mit Mathematik, Informatik, Ingenieurs- und Wirtschaftswissenschaften, Biologie und Psychologie) wie auch um Anwendungen (z. B. Hardware, Software, Webtechnologie, Marketing, Vertrieb, Entscheidungsfindung). Hierzu bietet die Reihe Lehrbücher, Handbücher und solche Werke, die maßgebliche Themengebiete kompetent, umfassend und aktuell repräsentieren.

Unter anderem sind erschienen:

Sehen und die Verarbeitung visueller Information
von Hanspeter A. Mallot

Information Mining
von Thomas A. Runkler

Maschinelle Intelligenz
von Hubert-B. Keller

Scalable Search in Computer Chess
Ernst A. Heinz

Methoden wissensbasierter Systeme
von Christoph Beierle und Gabriele Kern-Isberner

Neuro-Fuzzy-Systeme
von Christian Borgelt, Frank Klawonn, Rudolf Kruse und Detlef Nauck

www.vieweg-it.de

Christian Borgelt, Frank Klawonn,
Rudolf Kruse, Detlef Nauck

Neuro-Fuzzy-Systeme

**Von den Grundlagen künstlicher
Neuronaler Netze zur Kopplung
mit Fuzzy-Systemen**

3. Auflage

vieweg

Bibliografische Information Der Deutschen Bibliothek
Die Deutsche Bibliothek verzeichnet diese Publikation in der Deutschen Nationalbibliografie;
detaillierte bibliografische Daten sind im Internet über <http://dnb.ddb.de> abrufbar.

Die Wiedergabe von Gebrauchsnamen, Handelsnamen, Warenbezeichnungen usw. in diesem Werk berechtigt auch ohne besondere Kennzeichnung nicht zu der Annahme, dass solche Namen im Sinne von Warenzeichen- und Markenschutz-Gesetzgebung als frei zu betrachten wären und daher von jedermann benutzt werden dürfen.

Höchste inhaltliche und technische Qualität unserer Produkte ist unser Ziel. Bei der Produktion und Auslieferung unserer Bücher wollen wir die Umwelt schonen: Dieses Buch ist auf säurefreiem und chlorfrei gebleichtem Papier gedruckt. Die Einschweißfolie besteht aus Polyäthylen und damit aus organischen Grundstoffen, die weder bei der Herstellung noch bei der Verbrennung Schadstoffe freisetzen.

1. Auflage 1994
2. Auflage 1996
3. Auflage Oktober 2003

Die ersten beiden Auflagen erschienen unter dem Titel „Neuronale Netze und Fuzzy-Systeme"

Alle Rechte vorbehalten
© Friedr. Vieweg & Sohn Verlagsgesellschaft/GWV Fachverlage GmbH, Wiesbaden 2003

Der Vieweg Verlag ist ein Unternehmen der Fachverlagsgruppe BertelsmannSpringer.
www.vieweg-it.de

Das Werk einschließlich aller seiner Teile ist urheberrechtlich geschützt. Jede Verwertung außerhalb der engen Grenzen des Urheberrechtsgesetzes ist ohne Zustimmung des Verlags unzulässig und strafbar. Das gilt insbesondere für Vervielfältigungen, Übersetzungen, Mikroverfilmungen und die Einspeicherung und Verarbeitung in elektronischen Systemen.

Umschlaggestaltung: Ulrike Weigel, www.CorporateDesignGroup.de

Gedruckt auf säurefreiem und chlorfrei gebleichtem Papier.

ISBN-13: 978-3-528-25265-6   e-ISBN-13: 978-3-322-80336-8
DOI: 10.1007/978-3-322-80336-8

Inhaltsverzeichnis

Teil I

Neuronale Netze

1 Einleitung

(Künstliche) neuronale Netze (artificial neural networks) sind informationsverarbeitende Systeme, deren Struktur und Funktionsweise dem Nervensystem und speziell dem Gehirn von Tieren und Menschen nachempfunden sind. Sie bestehen aus einer großen Anzahl einfacher, parallel arbeitender Einheiten, den sogenannten *Neuronen*. Diese Neuronen senden sich Informationen in Form von Aktivierungssignalen über gerichtete Verbindungen zu.

Ein oft synonym zu „neuronales Netz" verwendeter Begriff ist „konnektionistisches Modell" (connectionist model). Die Forschungsrichtung, die sich dem Studium konnektionistischer Modelle widmet, heißt „Konnektionismus" (connectionism). Auch der Begriff „parallele verteilte Verarbeitung" (parallel distributed processing) wird oft im Zusammenhang mit (künstlichen) neuronalen Netzen genannt.

1.1 Motivation

Mit (künstlichen) neuronalen Netzen beschäftigt man sich aus verschiedenen Gründen: In der (Neuro-)Biologie und (Neuro-)Physiologie, aber auch in der Psychologie interessiert man sich vor allem für ihre Ähnlichkeit zu realen Nervensystemen. (Künstliche) neuronale Netze werden hier als Modelle verwendet, mit denen man durch Simulation die Mechanismen der Nerven- und Gehirnfunktionen aufzuklären versucht. Speziell in der Informatik, aber auch in anderen Ingenieurwissenschaften versucht man bestimmte kognitive Leistungen von Menschen nachzubilden, indem man Funktionselemente des Nervensystems und Gehirns verwendet. In der Physik werden Modelle, die (künstlichen) neuronalen Netzen analog sind, zur Beschreibung bestimmter physikalischer Phänomene eingesetzt. Ein Beispiel sind Modelle des Magnetismus, speziell für so genannte Spingläser[1].

Aus dieser kurzen Aufzählung sieht man bereits, dass die Untersuchung (künstlicher) neuronaler Netze ein stark interdisziplinäres Forschungsgebiet ist. In diesem Buch vernachlässigen wir jedoch weitgehend die physikalische Verwendung (künstlicher) neuronaler Netze (wenn wir auch zur Erklärung einiger Netzmodelle physikalische Beispiele heranziehen werden) und gehen auf ihre biologischen Grundlagen nur kurz ein (siehe den nächsten Abschnitt). Stattdessen konzentrieren wir uns auf die mathematischen und ingenieurwissenschaftlichen Aspekte, speziell auf die Verwendung (künstlicher) neuronaler Netze in dem Teilbereich der Informatik, der üblicherweise „künstliche Intelligenz" genannt wird.

---

[1] Spingläser sind Legierungen aus einer kleinen Menge eines magnetischen und einer großen Menge eines nicht magnetischen Metalls, in denen die Atome des magnetischen Metalls zufällig im Kristallgitter des nicht magnetischen verteilt sind.

Während die Gründe für das Interesse von Biologen an (künstlichen) neuronalen Netzen offensichtlich sind, bedarf es vielleicht einer besonderen Rechtfertigung, warum man sich in der künstlichen Intelligenz mit neuronalen Netzen beschäftigt. Denn das Paradigma der klassischen künstlichen Intelligenz (manchmal auch etwas abwertend GOFAI — "good old-fashioned artificial intelligence" — genannt) beruht auf einer sehr starken Hypothese darüber, wie Maschinen intelligentes Verhalten beigebracht werden kann. Diese Hypothese besagt, dass die wesentliche Voraussetzung für intelligentes Verhalten die Fähigkeit ist, Symbole und Symbolstrukturen manipulieren zu können, die durch physikalische Strukturen realisiert sind. Unter einem *Symbol* wird dabei ein Zeichen verstanden, das sich auf ein Objekt oder einen Sachverhalt bezieht. Diese Beziehung wird operational interpretiert: Das System kann das bezeichnete Objekt bzw. den bezeichneten Sachverhalt wahrnehmen und/oder manipulieren. Erstmals explizit formuliert wurde diese Hypothese von [Newell und Simon 1976]:

Hypothese über physikalische Symbolsysteme:

Ein physikalisches Symbolsystem (physical-symbol system) hat die notwendigen und hinreichenden Voraussetzungen für allgemeines intelligentes Verhalten.

In der Tat hat sich die klassische künstliche Intelligenz — ausgehend von der obigen Hypothese — auf symbolische Wissensrepräsentationsformen, speziell auf die Aussagen- und Prädikatenlogik, konzentriert. (Künstliche) neuronale Netze sind dagegen keine physikalischen Symbolsysteme, da sie keine *Symbole*, sondern viel elementarere *Signale* verarbeiten, die (einzeln) meist keine Bedeutung haben. (Künstliche) neuronale Netze werden daher oft auch „subsymbolisch" genannt. Wenn nun aber die Fähigkeit, Symbole zu verarbeiten, notwendig ist, um intelligentes Verhalten hervorzubringen, dann braucht man sich offenbar in der künstlichen Intelligenz nicht mit (künstlichen) neuronalen Netzen zu beschäftigen.

Nun kann zwar die klassische künstliche Intelligenz beachtliche Erfolge vorweisen: Computer können heute viele Arten von Denksportaufgaben lösen und Spiele wie z.B. Schach oder Reversi auf sehr hohem Niveau spielen. Doch sind die Leistungen von Computern bei der Nachbildung von Sinneswahrnehmungen (Sehen, Hören etc.) sehr schlecht im Vergleich zum Menschen — jedenfalls dann, wenn symbolische Repräsentationen verwendet werden: Computer sind hier meist zu langsam, zu unflexibel und zu wenig fehlertolerant. Vermutlich besteht das Problem darin, dass symbolische Darstellungen für das Erkennen von Mustern — eine wesentliche Aufgabe der Wahrnehmung — nicht geeignet sind, da es auf dieser Verarbeitungsebene noch keine angemessenen Symbole gibt. Vielmehr müssen „rohe" (Mess-)Daten zunächst strukturiert und zusammengefasst werden, ehe symbolische Verfahren überhaupt sinnvoll eingesetzt werden können. Es liegt daher nahe, sich die Mechanismen subsymbolischer Informationsverarbeitung in natürlichen intelligenten Systemen, also Tieren und Menschen, genauer anzusehen und ggf. zur Nachbildung intelligenten Verhaltens auszunutzen.

Weitere Argumente für das Studium neuronaler Netze ergeben sich aus den folgenden Beobachtungen:

- Expertensysteme, die symbolische Repräsentationen verwenden, werden mit zunehmendem Wissen gewöhnlich langsamer, da größere Regelmengen durchsucht werden müssen. Menschliche Experten werden dagegen i.A. schneller. Möglicherweise ist eine nicht symbolische Wissensdarstellung (wie in natürlichen neuronalen Netzen) effizienter.

- Trotz der relativ langen Schaltzeit natürlicher Neuronen (im Millisekundenbereich) laufen wesentliche kognitive Leistungen (z.B. Erkennen von Gegenständen) in Sekundenbruchteilen ab. Bei sequentieller Abarbeitung könnten so nur um etwa 100 Schaltvorgänge ablaufen („100-Schritt-Regel"). Folglich ist eine hohe Parallelität erforderlich, die sich mit neuronalen Netzen leicht, auf anderen Wegen dagegen nur wesentlich schwerer erreichen lässt.

- Es gibt zahlreiche erfolgreiche Anwendungen (künstlicher) neuronaler Netze in Industrie und Finanzwirtschaft.

1.2 Biologische Grundlagen

(Künstliche) neuronale Netze sind, wie bereits oben gesagt, in ihrer Struktur und Arbeitsweise dem Nervensystem und speziell dem Gehirn von Tieren und Menschen nachempfunden. Zwar haben die Modelle neuronaler Netze, die wir in diesem Buch behandeln, nur wenig mit dem biologischen Vorbild zu tun, da sie zu stark vereinfacht sind, um die Eigenschaften natürlicher neuronaler Netze korrekt wiedergeben zu können. Dennoch gehen wir hier kurz auf natürliche neuronale Netze ein, da sie den Ausgangspunkt für die Erforschung der künstlichen neuronalen Netze bildeten. Die hier gegebene Beschreibung lehnt sich eng an die in [Anderson 1995b] gegebene an.

Das Nervensystem von Lebewesen besteht aus dem Gehirn (bei so genannten „niederen" Lebewesen oft nur als „Zentralnervensystem" bezeichnet), den verschiedenen sensorischen Systemen, die Informationen aus den verschiedenen Körperteilen sammeln, und dem motorischen System, das Bewegungen steuert. Zwar findet der größte Teil der Informationsverarbeitung im Gehirn/Zentralnervensystem statt, doch ist manchmal auch die außerhalb des Gehirns durchgeführte (Vor-)Verarbeitung beträchtlich, z.B. in der Retina (der Netzhaut) des Auges.

In Bezug auf die Verarbeitung von Informationen sind die Neuronen die wichtigsten Bestandteile des Nervensystems.[2] Nach gängigen Schätzungen gibt es in einem menschlichen Gehirn etwa 100 Milliarden (10^{11}) Neuronen, von denen ein ziemlich großer Teil gleichzeitig aktiv ist. Neuronen verarbeiten Informationen im wesentlichen durch Interaktionen miteinander.

Ein **Neuron** ist eine Zelle, die elektrische Aktivität sammelt und weiterleitet. Neuronen gibt es in vielen verschiedenen Formen und Größen. Dennoch kann man

---

[2] Das Nervensystem besteht nicht nur aus Neuronen, nicht einmal zum größten Teil. Neben den Neuronen gibt es im Nervensystem noch verschiedene andere Zellen, z.B. die so genannten Gliazellen, die eine unterstützende Funktion haben.

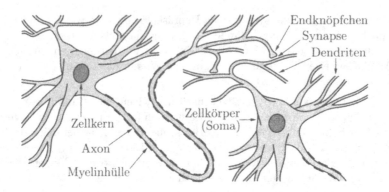

Abbildung 1.1 Prototypischer Aufbau biologischer Neuronen.

ein „prototypisches" Neuron angeben, dem alle Neuronen mehr oder weniger gleichen (wenn dies auch eine recht starke Vereinfachung ist). Dieser Prototyp ist in
Abbildung 1.1 schematisch dargestellt. Der **Zellkörper** des Neurons, der den **Zell-
kern** enthält, wird auch **Soma** genannt. Er hat gewöhnlich einen Durchmesser von
etwa 5 bis 100 μm (Mikrometer, 1 μm = 10^{-6} m). Vom Zellkörper gehen eine Reihe
von kurzen, stark verästelten Zweigen aus, die man **Dendriten** nennt. Außerdem
besitzt er einen langen Fortsatz, der **Axon** heißt. Das Axon kann zwischen wenigen
Millimetern und einem Meter lang sein. Dendriten und Axon unterscheiden sich in
der Struktur und den Eigenschaften der **Zellmembran**, insbesondere ist das Axon
oft von einer **Myelinhülle** umgeben.

Die Axone sind die festen Pfade, auf denen Neuronen miteinander kommu-
nizieren. Das Axon eines Neurons führt zu den Dendriten anderer Neuronen. An
seinem Ende ist das Axon stark verästelt und besitzt an den Enden der Veräste-
lungen so genannte **Endknöpfchen** (engl.: terminal boutons). Jedes Endknöpfchen
berührt fast einen Dendriten oder den Zellkörper eines anderen Neurons. Die Lücke
zwischen dem Endknöpfchen und einem Dendriten ist gewöhnlich zwischen 10 und
50 nm (Nanometer; 1 nm = 10^{-9} m) breit. Eine solche Stelle der Beinaheberührung
eines Axons und eines Dendriten heißt **Synapse**.

Die typischste Form der Kommunikation zwischen Neuronen ist, dass ein Endknöpfchen des Axons bestimmte Chemikalien, die so genannten **Neurotransmitter**, freisetzt, die auf die Membran des empfangenden Dendriten einwirken und seine
Polarisation (sein elektrisches Potential) ändern. Denn das Innere der Zellmembran,
die das gesamte Neuron umgibt, ist normalerweise etwa 70 mV (Millivolt; 1 mV =
10^{-3} V) negativer als sein Äußeres, da innerhalb des Neurons die Konzentration negativer Ionen und außerhalb die Konzentration positiver Ionen größer ist. Abhängig
von der Art des ausgeschütteten Neurotransmitters kann die Potentialdifferenz auf
Seiten des Dendriten erniedrigt oder erhöht werden. Synapsen, die die Potentialdifferenz verringern, heißen **exzitatorisch** (erregend), solche, die sie erhöhen, heißen
inhibitorisch (hemmend).

In einem erwachsenen Menschen sind die Verbindungen zwischen den Neuronen vollständig angelegt und keine neuen werden ausgebildet. Ein durchschnittliches Neuron hat zwischen 1000 und 10000 Verbindungen mit anderen Neuronen. Die Änderung des elektrischen Potentials durch eine einzelne Synapse ist ziemlich klein, aber die einzelnen erregenden und hemmenden Wirkungen können sich summieren (wobei die erregenden Wirkungen positiv und die hemmenden negativ gerechnet werden). Wenn der erregende Nettoeinfluss groß genug ist, kann die Potentialdifferenz im Zellkörper stark abfallen. Ist die Verringerung des elektrischen Potentials groß genug, wird der Axonansatz depolarisiert. Diese Depolarisierung wird durch ein Eindringen positiver Natriumionen in das Zellinnere hervorgerufen. Dadurch wird das Zellinnere vorübergehend (für etwa eine Millisekunde) positiver als seine Außenseite. Anschließend wird durch Austritt von positiven Kaliumionen die Potentialdifferenz wieder aufgebaut. Die ursprüngliche Verteilung der Natrium- und Kaliumionen wird schließlich durch spezielle **Ionenpumpen** in der Zellmembran wiederhergestellt.

Die plötzliche, vorübergehende Änderung des elektrischen Potentials, die **Aktionspotential** heißt, pflanzt sich entlang des Axons fort. Die Fortpflanzungsgeschwindigkeit beträgt je nach den Eigenschaften des Axons zwischen 0.5 und 130 m/s. Insbesondere hängt sie davon ab, wie stark das Axon mit einer Myelinhülle umgeben ist (je stärker die Myelinisierung, desto schneller die Fortpflanzung des Aktionspotentials). Wenn dieser Nervenimpuls das Ende des Axons erreicht, bewirkt er an den Endknöpfchen die Ausschüttung von Neurotransmittern, wodurch das Signal weitergegeben wird.

Zusammengefasst: Änderungen des elektrischen Potentials werden am Zellkörper akkumuliert, und werden, wenn sie einen Schwellenwert erreichen, entlang des Axons weitergegeben. Dieser Nervenimpuls bewirkt, dass Neurotransmitter von den Endknöpfchen ausgeschüttet werden, wodurch eine Änderung des elektrischen Potentials des verbundenen Neurons bewirkt wird. Auch wenn diese Beschreibung stark vereinfacht ist, enthält sie doch das Wesentliche der neuronalen Informationsverarbeitung.

Im Nervensystem des Menschen werden Informationen durch sich ständig ändernde Größen dargestellt, und zwar im wesentlichen durch zwei: Erstens das elektrische Potential der Neuronenmembran und zweitens die Anzahl der Nervenimpulse, die ein Neuron pro Sekunde weiterleitet. Letztere Anzahl heißt auch die **Feuerrate** (rate of firing) des Neurons. Man geht davon aus, dass die Anzahl der Impulse wichtiger ist als ihre Form (im Sinne der Änderung des elektrischen Potentials). Es kann 100 und mehr Nervenimpulse je Sekunde geben. Je höher die Feuerrate, desto höher der Einfluss, den das Axon auf die Neuronen hat, mit denen es verbunden ist. In künstlichen neuronalen Netzen wird diese „Frequenzkodierung" von Informationen jedoch gewöhnlich nicht nachgebildet.

2 Schwellenwertelemente

Die Beschreibung natürlicher neuronaler Netze im vorangehenden Kapitel legt es nahe, Neuronen durch Schwellenwertelemente zu modellieren: Erhält ein Neuron genügend erregende Impulse, die nicht durch entsprechend starke hemmende Impulse ausgeglichen werden, so wird es aktiv und sendet ein Signal an andere Neuronen. Ein solches Modell wurde schon sehr früh von [McCulloch und Pitts 1943] genauer untersucht. Schwellenwertelemente nennt man daher auch **McCulloch-Pitts-Neuronen**. Ein anderer, oft für ein Schwellenwertelement gebrauchter Name ist **Perzeptron**, obwohl die von [Rosenblatt 1958, Rosenblatt 1962] so genannten Verarbeitungseinheiten eigentlich etwas komplexer sind als einfache Schwellenwertelemente.[1]

2.1 Definition und Beispiele

Definition 2.1 *Ein* **Schwellenwertelement** *ist eine Verarbeitungseinheit für reelle Zahlen mit n Eingängen $x_1, \ldots, x_n$ und einem Ausgang y. Der Einheit als Ganzer ist ein* **Schwellenwert** *θ und jedem Eingang x_i ein* **Gewicht** *w_i zugeordnet. Ein Schwellenwertelement berechnet die Funktion*

$$y = \begin{cases} 1, & \text{falls } \sum_{i=1}^{n} w_i x_i \geq \theta, \\ 0, & \text{sonst.} \end{cases}$$

Oft fasst man die Eingänge $x_1, \ldots, x_n$ zu einem Eingangsvektor $\vec{x}$ und die Gewichte $w_1, \ldots, w_n$ zu einem Gewichtsvektor $\vec{w}$ zusammen. Dann kann man unter Verwendung des Skalarproduktes die von einem Schwellenwertelement geprüfte Bedingung auch $\vec{w}\vec{x} \geq \theta$ schreiben.

Wir stellen Schwellenwertelemente wie in Abbildung 2.1 gezeigt dar. D.h., wir zeichnen ein Schwellenwertelement als einen Kreis, in den der Schwellenwert θ eingetragen wird. Jeder Eingang wird durch einen auf den Kreis zeigenden Pfeil dargestellt, an den das Gewicht des Eingangs geschrieben wird. Der Ausgang des Schwellenwertelementes wird durch einen von dem Kreis wegzeigenden Pfeil symbolisiert.

Um die Funktionsweise von Schwellenwertelementen zu illustrieren und ihre Fähigkeiten zu verdeutlichen, betrachten wir einige einfache Beispiele. Abbildung 2.2 zeigt auf der linken Seite ein Schwellenwertelement mit zwei Eingängen x_1 und x_2, denen die Gewichte $w_1 = 3$ bzw. $w_2 = 2$ zugeordnet sind. Der Schwellenwert ist $\theta = 4$. Wenn wir annehmen, dass die Eingabevariablen nur die Werte 0 und

---

[1] In einem Perzeptron gibt es neben dem Schwellenwertelement eine Eingangsschicht, die zusätzliche Operationen ausführt. Da diese Eingabeschicht jedoch aus unveränderlichen Funktionseinheiten besteht, wird sie oft vernachlässigt.

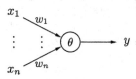

Abbildung 2.1 Darstellung eines
Schwellenwertelementes

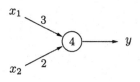

x_1	x_2	$3x_1 + 2x_2$	y
0	0	0	0
1	0	3	0
0	1	2	0
1	1	5	1

Abbildung 2.2 Ein Schwellenwertelement für die Konjunktion $x_1 \wedge x_2$.

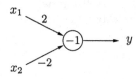

x_1	x_2	$2x_1 - 2x_2$	y
0	0	0	1
1	0	2	1
0	1	-2	0
1	1	0	1

Abbildung 2.3 Ein Schwellenwertelement für die Implikation $x_2 \to x_1$.

1 annehmen, können wir die in Abbildung 2.2 rechts gezeigte Tabelle aufstellen. Offenbar berechnet dieses Schwellenwertelement die Konjunktion seiner Eingaben: Nur wenn beide Eingänge aktiv (d.h. gleich 1) sind, wird es selbst aktiv und gibt eine 1 aus.

Abbildung 2.3 zeigt ein weiteres Schwellenwertelement mit zwei Eingängen, das sich von dem aus Abbildung 2.2 durch einen negativen Schwellenwert $\theta = -1$ und ein negatives Gewicht $w_2 = -2$ unterscheidet. Durch den negativen Schwellenwert ist es auch dann aktiv (d.h., gibt es eine 1 aus), wenn beide Eingänge inaktiv (d.h. gleich 0) sind. Das negative Gewicht entspricht einer hemmenden Synapse: Wird der zugehörige Eingang aktiv (d.h. gleich 1), so wird das Schwellenwertelement deaktiviert und gibt eine 0 aus. Wir sehen hier auch, dass positive Gewichte erregenden Synapsen entsprechen: Auch wenn der Eingang x_2 das Schwellenwertelement hemmt (d.h., wenn $x_2 = 1$), kann es aktiv werden, nämlich dann, wenn es durch einen aktiven Eingang x_1 (d.h. durch $x_1 = 1$) „erregt" wird. Insgesamt berechnet dieses Schwellenwertelement die Funktion, die durch die in Abbildung 2.3 rechts gezeigte Tabelle dargestellt ist, d.h. die Implikation $y = x_2 \to x_1$.

Ein Beispiel für ein Schwellenwertelement mit drei Eingängen ist in Abbildung 2.4 links gezeigt. Dieses Schwellenwertelement berechnet schon eine recht komplexe Funktion, nämlich die Funktion $y = (x_1 \wedge \overline{x_2}) \vee (x_1 \wedge x_3) \vee (\overline{x_2} \wedge x_3)$.

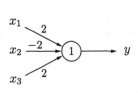

x_1	x_2	x_3	$\sum_i w_i x_i$	y
0	0	0	0	0
1	0	0	2	1
0	1	0	-2	0
1	1	0	0	0
0	0	1	2	1
1	0	1	4	1
0	1	1	0	0
1	1	1	2	1

Abbildung 2.4 Ein Schwellenwertelement für $(x_1 \wedge \overline{x_2}) \vee (x_1 \wedge x_3) \vee (\overline{x_2} \wedge x_3)$.

Die Wertetabelle dieser Funktion und die von dem Schwellenwertelement für die verschiedenen Eingabevektoren ausgeführten Berechnungen sind in Abbildung 2.4 rechts dargestellt. Dieses und das vorhergehende Schwellenwertelement lassen vermuten, dass Negationen (oft) durch negative Gewichte dargestellt werden.

2.2   Geometrische Deutung

Die Bedingung, die ein Schwellenwertelement prüft, um zu entscheiden, ob es eine 0 oder eine 1 ausgeben soll, hat große Ähnlichkeit mit einer Geradengleichung (vgl. dazu Anhang A). In der Tat lässt sich die von einem Schwellenwertelement ausgeführte Berechnung leicht geometrisch deuten, wenn wir diese Bedingung in eine Geraden-, Ebenen- bzw. Hyperebenengleichung umwandeln, d.h., wenn wir die Gleichung

$$\sum_{i=1}^{n} w_i x_i = \theta \qquad \text{bzw.} \qquad \sum_{i=1}^{n} w_i x_i - \theta = 0$$

betrachten. Dies ist in den Abbildungen 2.5, 2.6 und 2.8 veranschaulicht.

Abbildung 2.5 zeigt auf der linken Seiten noch einmal das oben betrachtete Schwellenwertelement für die Konjunktion. Rechts davon ist der Eingaberaum dieses Schwellenwertelementes dargestellt. Die Eingabevektoren, die wir in der Tabelle auf der rechten Seite von Abbildung 2.2 betrachtet haben, sind entsprechend der Ausgabe des Schwellenwertelementes markiert: Ein ausgefüllter Kreis zeigt an, dass das Schwellenwertelement für diesen Punkt eine 1 liefert, während ein leerer Kreis anzeigt, dass es eine 0 liefert. Außerdem ist in diesem Diagramm die Gerade $3x_1 + 2x_2 = 4$ eingezeichnet, die der Entscheidungsbedingung des Schwellenwertelementes entspricht. Man prüft leicht nach, dass das Schwellenwertelement für alle Punkte rechts dieser Geraden den Wert 1 und für alle Punkte links von ihr den Wert 0 liefert, und zwar auch dann, wenn wir andere Eingabewerte als 0 und 1 zulassen.[2]

---

[2] Warum das so ist, kann in Anhang A, der einige wichtige Tatsachen über Geraden und Geradengleichungen rekapituliert, nachgelesen werden.

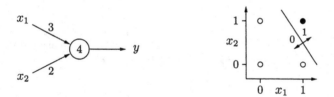

Abbildung 2.5 Geometrie des Schwellenwertelementes für $x_1 \wedge x_2$. Die im rechten Diagramm eingezeichnete Gerade hat die Gleichung $3x_1 + 2x_2 = 4$.

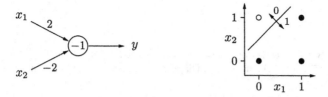

Abbildung 2.6 Geometrie des Schwellenwertelementes für $x_2 \rightarrow x_1$: Die im rechten Diagramm eingezeichnete Gerade hat die Gleichung $2x_1 - 2x_2 = -1$.

Auf welcher Seite der Gerade eine 1 und auf welcher eine 0 geliefert wird, lässt sich ebenfalls leicht aus der Geradengleichung ablesen: Bekanntlich sind die Koeffizienten von x_1 und x_2 die Elemente eines Normalenvektors der Gerade (siehe auch Anhang A). Die Seite der Geraden, zu der dieser Normalenvektor zeigt, wenn er in einem Punkt der Gerade angelegt wird, ist die Seite, auf der der Wert 1 ausgegeben wird. In der Tat zeigt der aus der Gleichung $3x_1 + 2x_2 = 4$ ablesbare Normalenvektor $\vec{n} = (3, 2)$ nach rechts oben, also zu der Seite, auf der der Punkt $(1, 1)$ liegt.

Entsprechend zeigt Abbildung 2.6 das Schwellenwertelement zur Berechnung der Implikation $x_2 \rightarrow x_1$ und seinen Eingaberaum, in dem die Gerade eingezeichnet ist, die seiner Entscheidungsbedingung entspricht. Wieder trennt diese Gerade die Punkte des Eingaberaums, für die eine 0 geliefert wird, von jenen, für die eine 1 geliefert wird. Da der aus der Geradengleichung $2x_1 - 2x_2 = -1$ ablesbare Normalenvektor $\vec{n} = (2, -2)$ nach rechts unten zeigt, wird für alle Punkte unterhalb der Geraden eine 1, für alle Punkte oberhalb eine 0 geliefert. Dies stimmt mit den Berechnungen aus der Tabelle in Abbildung 2.3 überein, die durch Markierungen in dem Diagramm der Abbildung 2.6 wiedergegeben sind.

Natürlich lassen sich auch die Berechnungen von Schwellenwertelementen mit mehr als zwei Eingängen geometrisch deuten. Wegen der begrenzten Vorstellungsfähigkeit des Menschen müssen wir uns jedoch auf Schwellenwertelemente mit höchstens drei Eingängen beschränken. Bei drei Eingängen wird aus der **Trenngerade** natürlich eine **Trennebene**. Wir veranschaulichen dies, indem wir den Eingaberaum eines Schwellenwertelementes mit drei Eingängen durch einen Einheitswürfel andeuten, wie er in Abbildung 2.7 gezeigt ist. Betrachten wir mit dieser Darstellung noch einmal das Beispiel des Schwellenwertelementes mit drei Eingängen aus dem

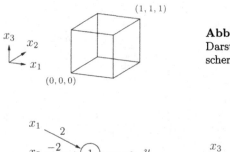

Abbildung 2.7 Anschauliche Darstellung dreistelliger Boolescher Funktionen.

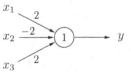

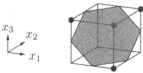

Abbildung 2.8 Geometrie des Schwellenwertelementes für die dreistellige Funktion $(x_1 \wedge \overline{x_2}) \vee (x_1 \wedge x_3) \vee (\overline{x_2} \wedge x_3)$: Die im rechten Diagramm eingezeichnete Ebene hat die Gleichung $2x_1 - 2x_2 + 2x_3 = 1$.

vorhergehenden Abschnitt, das in Abbildung 2.8 links wiederholt ist. In dem Einheitswürfel auf der rechten Seite ist die Ebene mit der Gleichung $2x_1 - 2x_2 + 2x_3 = 1$, die der Entscheidungsbedingung dieses Schwellenwertelementes entspricht, grau eingezeichnet. Außerdem sind die Eingabevektoren, für die in der Tabelle aus Abbildung 2.4 ein Ausgabewert von 1 berechnet wurde, mit einem ausgefüllten Kreis markiert. Für alle anderen Ecken des Einheitswürfels wird eine 0 geliefert.

Auch hier kann die Seite der Ebene, auf der eine 1 als Ausgabe berechnet wird, aus dem Normalenvektor der Ebene abgelesen werden: Aus der Ebenengleichung erhält man den Normalenvektor $\vec{n} = (2, -2, 2)$, der aus der Zeichenebene heraus nach rechts oben zeigt.

2.3 Grenzen der Ausdrucksmächtigkeit

Die im vorangehenden Abschnitt betrachteten Beispiele — insbesondere das Schwellenwertelement mit drei Eingängen — lassen vielleicht vermuten, dass Schwellenwertelemente recht mächtige Verarbeitungseinheiten sind. Leider sind *einzelne* Schwellenwertelemente aber in ihrer Ausdrucksmächtigkeit stark eingeschränkt. Wie wir durch die geometrische Deutung ihrer Berechnungen wissen, können Schwellenwertelemente nur solche Funktionen darstellen, die, wie man sagt, **linear separabel** sind, d.h., solche, bei denen sich die Punkte, denen die Ausgabe 1 zugeordnet ist, durch eine lineare Funktion — also eine Gerade, Ebene oder Hyperebene — von den Punkten trennen lassen, denen die Ausgabe 0 zugeordnet ist.

Nun sind aber nicht alle Funktionen linear separabel. Ein sehr einfaches Beispiel einer nicht linear separablen Funktion ist die Biimplikation $(x_1 \leftrightarrow x_2)$, deren

x_1	x_2	y
0	0	1
1	0	0
0	1	0
1	1	1

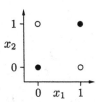

Abbildung 2.9 Das Biimplikationsproblem: Es gibt keine Trenngerade.

Eingaben	Boolesche Funktionen	linear separable Funktionen
1	4	4
2	16	14
3	256	104
4	65536	1774
5	$4.3 \cdot 10^9$	94572
6	$1.8 \cdot 10^{19}$	$5.0 \cdot 10^6$

Tabelle 2.1 Gesamtzahl und Zahl der linear separablen Booleschen Funktionen von n Eingaben ([Widner 1960] zitiert nach [Zell 1994]).

Wertetabelle in Abbildung 2.9 links gezeigt ist. Bereits aus der graphischen Darstellung dieser Funktion, die in der gleichen Abbildung rechts gezeigt ist, sieht man leicht, dass es keine Trenngerade und folglich kein diese Funktion berechnendes Schwellenwertelement geben kann.

Den formalen Beweis führt man durch *reductio ad absurdum*. Wir nehmen an, es gäbe ein Schwellenwertelement mit Gewichten w_1 und w_2 und Schwellenwert θ, das die Biimplikation berechnet. Dann gilt

$$
\begin{array}{llll}
\text{wegen } (0,0) \mapsto 1: & 0 & \geq \theta, & (1) \\
\text{wegen } (1,0) \mapsto 0: & w_1 & < \theta, & (2) \\
\text{wegen } (0,1) \mapsto 0: & w_2 & < \theta, & (3) \\
\text{wegen } (1,1) \mapsto 1: & w_1 + w_2 \geq \theta. & & (4)
\end{array}
$$

Aus (2) und (3) folgt $w_1 + w_2 < 2\theta$, was zusammen mit (4) $2\theta > \theta$, also $\theta > 0$ ergibt. Das ist aber ein Widerspruch zu (1). Folglich gibt es kein Schwellenwertelement, das die Biimplikation berechnet.

Die Tatsache, dass nur linear separable Funktionen darstellbar sind, erscheint auf den ersten Blick als nur geringe Einschränkung, da von den 16 möglichen Booleschen Funktionen von zwei Variablen nur zwei nicht linear separabel sind. Nimmt jedoch die Zahl der Eingaben zu, so sinkt der Anteil der linear separablen an allen Booleschen Funktionen rapide (siehe Tabelle 2.1). Für eine größere Anzahl von Eingaben können (einzelne) Schwellenwertelemente daher „fast keine" Funktionen berechnen.

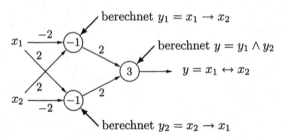

Abbildung 2.10 Zusammenschalten mehrerer Schwellenwertelemente.

2.4 Netze von Schwellenwertelementen

Zwar sind Schwellenwertelemente, wie der vorangehende Abschnitt zeigte, in ihrer Ausdrucksmächtigkeit beschränkt, doch haben wir bis jetzt auch nur einzelne Schwellenwertelemente betrachtet. Man kann die Berechnungsfähigkeiten von Schwellenwerten deutlich erhöhen, wenn man mehrere Schwellenwertelemente zusammenschaltet, also zu Netzen von Schwellenwertelementen übergeht.

Als Beispiel betrachten wir eine mögliche Lösung des Biimplikationsproblems mit Hilfe von drei Schwellenwertelementen, die in zwei Schichten angeordnet sind. Diese Lösung nutzt die logische Äquivalenz

$$x_1 \leftrightarrow x_2 \; \equiv \; (x_1 \to x_2) \wedge (x_2 \to x_1)$$

aus, durch die die Biimplikation in drei Funktionen zerlegt wird. Aus den Abbildungen 2.3 und 2.6 wissen wir bereits, dass die Implikation $x_2 \to x_1$ linear separabel ist. In der Implikation $x_1 \to x_2$ sind nur die Variablen vertauscht, also ist auch sie linear separabel. Schließlich wissen wir aus den Abbildungen 2.2 und 2.5, dass die Konjunktion zweier Boolescher Variablen linear separabel ist. Wir brauchen also nur die entsprechenden Schwellenwertelemente zusammenzuschalten, siehe Abbildung 2.10.

Anschaulich berechnen die beiden linken Schwellenwertelemente (erste Schicht) neue Boolesche Koordinaten y_1 und y_2 für die Eingabevektoren, so dass die transformierten Eingabevektoren im Eingaberaum des rechten Schwellenwertelementes (zweite Schicht) linear separabel sind. Dies ist in Abbildung 2.11 veranschaulicht. Die Trenngerade g_1 entspricht dem oberen Schwellenwertelement und beschreibt die Implikation $y_1 = x_1 \to x_2$: Für alle Punkte oberhalb dieser Geraden wird eine 0, für alle Punkte unterhalb eine 1 geliefert. Die Trenngerade g_2 gehört zum unteren Schwellenwertelement und beschreibt die Implikation $y_2 = x_2 \to x_1$: Für alle Punkte oberhalb dieser Geraden wird eine 1, für alle Punkte unterhalb eine 0 geliefert.

Durch die beiden linken Schwellenwertelemente werden daher dem Eingabevektor $b \,\hat{=}\, (x_1, x_2) = (1, 0)$ die neuen Koordinaten $(y_1, y_2) = (0, 1)$, dem Eingabevektor $d \,\hat{=}\, (x_1, x_2) = (0, 1)$ die neuen Koordinaten $(y_1, y_2) = (1, 0)$ und sowohl dem Eingabevektor $a \,\hat{=}\, (x_1, x_2) = (0, 0)$ als auch dem Eingabevektor $c \,\hat{=}\, (x_1, x_2) = (1, 1)$ die neuen Koordinaten $(y_1, y_2) = (1, 1)$ zugeordnet (siehe Abbildung 2.11 rechts).

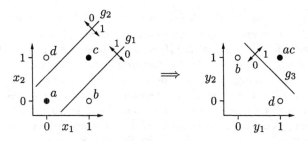

Abbildung 2.11 Geometrische Deutung des Zusammenschaltens mehrerer Schwellen-wertelemente zur Berechnung der Biimplikation.

Nach dieser Transformation lassen sich die Eingabevektoren, für die eine 1 geliefert werden soll, leicht von jenen trennen, für die eine 0 geliefert werden soll, nämlich z.B. durch die in Abbildung 2.11 rechts gezeigte Gerade g_3.

Man kann zeigen, dass sich alle Booleschen Funktionen einer beliebigen Zahl von Eingaben durch Netze von Schwellenwertelementen berechnen lassen, indem man diese Funktionen durch Ausnutzen logischer Äquivalenzen so zerlegt, dass alle auftretenden Teilfunktionen linear separabel sind. Mit Hilfe der disjunktiven Normalform (oder auch der konjunktiven) kann man sogar zeigen, dass Netze mit nur zwei Schichten notwendig sind:

Algorithmus 2.1 (Darstellung Boolescher Funktionen)
Sei $y = f(x_1, \ldots, x_n)$ eine Boolesche Funktion von n Variablen.

(i) *Stelle die Boolesche Funktion $f(x_1, \ldots, x_n)$ in disjunktiver Normalform dar. D.h., bestimme $D_f = K_1 \vee \ldots \vee K_m$, wobei alle K_j Konjunktionen von n Literalen sind, also $K_j = l_{j1} \wedge \ldots \wedge l_{jn}$ mit $l_{ji} = x_i$ (positives Literal) oder $l_{ji} = \neg x_i$ (negatives Literal).*

(ii) *Lege für jede Konjunktion K_j der disjunktiven Normalform ein Neuron an (mit n Eingängen — ein Eingang für jede Variable) wobei*

$$w_{ji} = \begin{cases} 2, & \text{falls } l_{ji} = x_i, \\ -2, & \text{falls } l_{ji} = \neg x_i, \end{cases} \quad und \quad \theta_j = n - 1 + \frac{1}{2} \sum_{i=1}^{n} w_{ji}.$$

(iii) *Lege ein Ausgabeneuron an (mit m Eingängen — ein Eingang für jedes in Schritt (ii) angelegte Neuron) wobei*

$$w_{(n+1)k} = 2, \quad k = 1, \ldots, m, \quad und \quad \theta_{n+1} = 1.$$

In dem so konstruierten Netz berechnet jedes in Schritt 2 angelegte Neuron eine Konjunktion und das Ausgabeneuron deren Disjunktion.

Anschaulich wird durch jedes Neuron in der ersten Schicht eine Hyperebene beschrieben, die die Ecke des Hypereinheitswürfels abtrennt, für die die Konjunktion den Wert 1 liefert. Die Gleichung dieser Hyperebene lässt sich leicht bestimmen: Der Normalenvektor zeigt von der Mitte des Hypereinheitswürfels zur abzutrennenden Ecke, hat also in allen Komponenten, in denen der Ortsvektor der Ecke den Wert 1 hat, ebenfalls den Wert 1, in allen Komponenten, in denen der Ortsvektor der Ecke den Wert 0 hat, den Wert -1. (Zur Veranschaulichung betrachte man den dreidimensionalen Fall.) Wir multiplizieren den Normalenvektor jedoch mit 2, um einen ganzzahligen Schwellenwert zu erhalten. Der Schwellenwert ist so zu bestimmen, dass er nur dann überschritten wird, wenn alle mit Gewicht 2 versehenen Eingaben den Wert 1 und alle anderen den Wert 0 haben. Einen solchen Wert liefert gerade die in Schritt 2 angegebene Formel.

Um die Disjunktion der Ausgaben der Neuronen aus Schritt 2 zu berechnen, müssen wir in dem m-dimensionalen Hypereinheitswürfel der Konjunktionen die Ecke $(0, ., ., 0)$, für die der Wert 0 geliefert werden soll, von allen anderen Ecken, für die der Wert 1 geliefert werden soll, abtrennen. Das kann z.B. durch die Hyperebene mit dem Normalenvektor $(1, \ldots, 1)$ und dem Stützvektor $(\frac{1}{2}, 0, \ldots, 0)$ geschehen. (Zur Veranschaulichung betrachte man wieder den dreidimensionalen Fall.) Aus der zugehörigen Gleichung liest man die in Schritt 3 angegebenen Parameter ab.

2.5 Training der Parameter

Mit der in Abschnitt 2.2 besprochenen geometrischen Interpretation der Berechnungen eines Schwellenwertelementes verfügen wir (zumindest für Funktionen mit 2 und 3 Variablen) über eine einfache Möglichkeit, zu einer gegebenen linear separablen Funktion ein Schwellenwertelement zu bestimmen, das sie berechnet: Wir suchen eine Gerade, Ebene oder Hyperebene, die die Punkte, für die eine 1 geliefert werden soll, von jenen trennt, für die eine 0 geliefert werden soll. Aus der Gleichung dieser Gerade, Ebene bzw. Hyperebene können wir die Gewichte und den Schwellenwert ablesen.

Mit diesem Verfahren stoßen wir jedoch auf Schwierigkeiten, wenn die zu berechnende Funktion mehr als drei Argumente hat, weil wir uns dann den Eingaberaum nicht mehr vorstellen können. Weiter ist es unmöglich, dieses Verfahren zu automatisieren, da wir ja eine geeignete Trenngerade oder -ebene durch „Anschauen" der zu trennenden Punktmengen bestimmen. Dieses „Anschauen" können wir mit einem Rechner nicht direkt nachbilden. Um mit einem Rechner die Parameter eines Schwellenwertelementes zu bestimmen, so dass es eine gegebene Funktion berechnet, gehen wir daher anders vor. Das Prinzip besteht darin, mit zufälligen Werten für die Gewichte und den Schwellenwert anzufangen und diese dann schrittweise zu verändern, bis die gewünschte Funktion berechnet wird. Das langsame Anpassen der Gewichte und des Schwellenwertes nennt man auch **Lernen** oder — um Verwechslungen mit dem viel komplexeren menschlichen Lernen zu vermeiden — **Training** des Schwellenwertelementes.

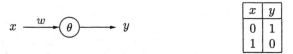

x	y
0	1
1	0

Abbildung 2.12 Ein Schwellenwertelement mit einem Eingang und Trainingsbeispiele für die Negation.

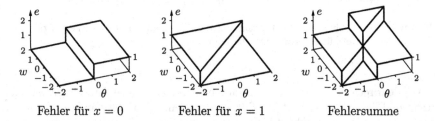

Fehler für $x = 0$ Fehler für $x = 1$ Fehlersumme

Abbildung 2.13 Fehler für die Berechnung der Negation mit Schwellenwert.

Um ein Verfahren zur Anpassung der Gewichte und des Schwellenwertes zu finden, gehen wir von folgender Überlegung aus: Abhängig von den Werten der Gewichte und dem Schwellenwert wird die Berechnung des Schwellenwertelementes mehr oder weniger richtig sein. Wir können daher eine Fehlerfunktion $e(w_1, \ldots, w_n, \theta)$ definieren, die angibt, wie gut die mit bestimmten Gewichten und einem bestimmten Schwellenwert berechnete Funktion mit der gewünschten übereinstimmt. Unser Ziel ist natürlich, die Gewichte und den Schwellenwert so zu bestimmen, dass der Fehler verschwindet, die Fehlerfunktion also 0 wird. Um das zu erreichen, versuchen wir in jedem Schritt den Wert der Fehlerfunktion zu verringern.

Wir veranschaulichen das Vorgehen anhand eines sehr einfachen Beispiels, nämlich eines Schwellenwertelementes mit nur einem Eingang, dessen Parameter so bestimmt werden sollen, dass es die Negation berechnet. Ein solches Schwellenwertelement ist in Abbildung 2.12 zusammen mit den beiden Trainingsbeispielen für die Negation gezeigt: Ist der Eingang 0, so soll eine 1, ist der Eingang 1, so soll eine 0 ausgegeben werden.

Als Fehlerfunktion definieren wir zunächst, wie ja auch naheliegend, den Absolutwert der Differenz zwischen gewünschter und tatsächlicher Ausgabe. Diese Fehlerfunktion ist in Abbildung 2.13 dargestellt. Das linke Diagramm zeigt den Fehler für die Eingabe $x = 0$, für die eine Ausgabe von 1 gewünscht ist. Da das Schwellenwertelement eine 1 berechnet, wenn $xw \geq \theta$, ist der Fehler für einen negativen Schwellenwert 0 und für einen positiven 1. (Das Gewicht hat offenbar keinen Einfluss, da ja die Eingabe 0 ist.) Das mittlere Diagramm zeigt den Fehler für die Eingabe $x = 1$, für die eine Ausgabe von 0 gewünscht ist. Hier spielen sowohl das Gewicht als auch der Schwellenwert eine Rolle. Ist das Gewicht kleiner als der Schwellenwert, dann ist $xw < \theta$, somit die Ausgabe und folglich auch der Fehler 0. Das rechte Diagramm zeigt die Summe der beiden Einzelfehler.

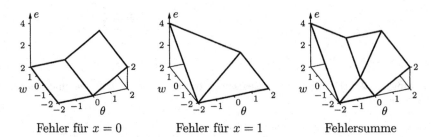

Fehler für $x = 0$ Fehler für $x = 1$ Fehlersumme

Abbildung 2.14 Fehler für die Berechnung der Negation unter Berücksichtigung wie weit der Schwellenwert über- bzw. unterschritten ist.

Aus dem rechten Diagramm kann nun ein Mensch sehr leicht ablesen, wie das Gewicht und der Schwellenwert gewählt werden können, so dass das Schwellenwert-element die Negation berechnet: Offenbar müssen diese Parameter in dem unten links liegenden Dreieck der w-θ-Ebene liegen, in dem der Fehler 0 ist. Ein automatisches Anpassen der Parameter ist mit dieser Fehlerfunktion aber noch nicht möglich, da wir die Anschauung der gesamten Fehlerfunktion, die der Mensch ausnutzt, im Rechner nicht nachbilden können. Vielmehr müssten wir aus dem Funktionsverlauf an dem Punkt, der durch das aktuelle Gewicht und den aktuellen Schwellenwert gegeben ist, die Richtungen ablesen können, in denen wir Gewicht und Schwellen-wert verändern müssen, damit sich der Fehler verringert. Das ist aber bei dieser Fehlerfunktion nicht möglich, da sie aus Plateaus zusammengesetzt ist. An „fast allen" Punkten (die „Kanten" der Fehlerfunktion ausgenommen) bleibt der Fehler in allen Richtungen gleich.[3]

Um dieses Problem zu umgehen, verändern wir die Fehlerfunktion. In den Bereichen, denen das Schwellenwertelement die falsche Ausgabe liefert, berücksichtigen wir, wie weit der Schwellenwert überschritten (für eine gewünschte Ausgabe von 0) oder unterschritten ist (für eine gewünschte Ausgabe von 1). Denn anschaulich kann man ja sagen, dass die Berechnung „um so falscher" ist, je weiter bei einer gewünschten Ausgabe von 0 der Schwellenwert überschritten bzw. je weiter bei einer gewünschten Ausgabe von 1 der Schwellenwert unterschritten ist. Die so veränderte Fehlerfunktion ist in Abbildung 2.14 dargestellt. Das linke Diagramm zeigt wieder den Fehler für die Eingabe $x = 0$, das mittlere Diagramm den Fehler für die Eingabe $x = 1$ und das rechte Diagramm die Summe dieser Einzelfehler.

Wenn nun ein Schwellenwertelement eine fehlerhafte Ausgabe liefert, verändern wir das Gewicht und den Schwellenwert so, dass der Fehler geringer wird, d.h., wir versuchen, „im Fehlergebirge abzusteigen". Dies ist nun möglich, da wir bei der veränderten Fehlerfunktion „lokal" (d.h., ohne Anschauung der gesamten Fehler-funktion, sondern nur unter Berücksichtigung des Funktionsverlaufs an dem durch Gewicht und Schwellenwert gegebenen Punkt) die Richtungen ablesen können, in denen wir Gewicht und Schwellenwert verändern müssen: Wir bewegen uns einfach in

---

[3] Der unscharfe Begriff „fast alle Punkte" lässt sich maßtheoretisch exakt fassen: Die Menge der Punkte, an denen sich die Fehlerfunktion ändert, ist vom Maß 0.

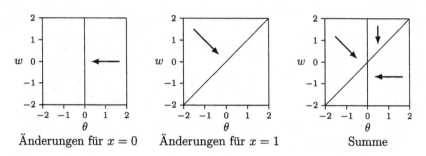

Änderungen für $x = 0$ Änderungen für $x = 1$ Summe

Abbildung 2.15 Richtungen der Gewichts-/Schwellenwertänderungen.

die Richtung des stärksten Fallens der Fehlerfunktion. Die sich ergebenden Veränderungsrichtungen sind in Abbildung 2.15 noch einmal schematisch dargestellt. Die Pfeile geben an, wie das Gewicht und der Schwellenwert in den verschiedenen Regionen des Parameterraums verändert werden sollten. In den Regionen, in denen keine Pfeile eingezeichnet sind, bleiben Gewicht und Schwellenwert unverändert, da hier kein Fehler vorliegt.

Die in Abbildung 2.15 dargestellten Änderungsregeln lassen sich auf zwei Weisen anwenden. Erstens können wir die Eingaben $x = 0$ und $x = 1$ abwechselnd betrachten und jeweils das Gewicht und den Schwellenwert entsprechend der zugehörigen Regeln ändern. D.h., wir ändern Gewicht und Schwellenwert zuerst gemäß dem linken Diagramms, dann gemäß dem mittleren, dann wieder gemäß dem linken usw., bis der Fehler verschwindet. Diese Art des Trainings nennt man **Online-Lernen** bzw. **Online-Training**, da mit jedem Trainingsbeispiel, das verfügbar wird, ein Lernschritt ausgeführt werden kann (engl. *online*: mitlaufend, schritthaltend).

Die zweite Möglichkeit besteht darin, die Änderungen nicht unmittelbar nach jedem Trainingsbeispiel vorzunehmen, sondern sie über alle Trainingsbeispiele zu summieren. Erst am Ende einer **(Lern-/Trainings-)Epoche**, d.h., wenn alle Trainingsbeispiele durchlaufen sind, werden die aggregierten Änderungen ausgeführt. Dann werden die Trainingsbeispiele erneut durchlaufen und am Ende wieder die Gewichte und der Schwellenwert angepasst usw., bis der Fehler verschwindet. Diese Art des Trainings nennt man **Batch-Lernen** bzw. **Batch-Training**, da alle Trainingsbeispiele gebündelt zur Verfügung stehen müssen (engl. *batch*: Stapel, *batch processing*: Stapelverarbeitung). Es entspricht einer Anpassung der Gewichte und des Schwellenwertes gemäß dem rechten Diagramm.

Als Beispiel sind in Abbildung 2.16 die Lernvorgänge für die Startwerte $\theta = \frac{3}{2}$ und $w = 2$ gezeigt. Sowohl das Online-Lernen (linkes Diagramm) als auch das Batch-Lernen (mittleres Diagramm) verwenden eine **Lernrate** von 1. Die Lernrate gibt an, wie groß die Änderungen sind, die an Gewicht und Schwellenwert vorgenommen werden, und damit, wie schnell gelernt wird. (Die Lernrate sollte jedoch auch nicht beliebig groß gewählt werden, siehe Kapitel 4.) Bei einer Lernrate von 1 werden Gewicht und Schwellenwert um 1 vergrößert oder verkleinert. Um den „Abstieg im Fehlergebirge" zu verdeutlichen, ist das Batch-Lernen im rechten Diagramm von

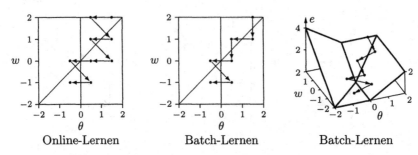

| Online-Lernen | Batch-Lernen | Batch-Lernen |

Abbildung 2.16 Lernvorgänge mit Startwerten $\theta = \frac{3}{2}$, $w = 2$ und Lernrate 1.

Abbildung 2.17 Gelerntes Schwellenwertelement für die Negation und seine geometrische Deutung.

Abbildung 2.16 noch einmal dreidimensional dargestellt. Das schließlich gelernte Schwellenwertelement (mit $\theta = -\frac{1}{2}$ und $w = -1$) ist zusammen mit seiner geometrischen Deutung in Abbildung 2.17 gezeigt.

In dem gerade betrachteten Beispiel haben wir die Änderungsregeln i.W. aus der Anschauung der Fehlerfunktion abgeleitet. Eine andere Möglichkeit, die Regeln für die Änderungen zu erhalten, die an den Gewichten und dem Schwellenwert eines Schwellenwertelementes vorgenommen werden müssen, um den Fehler zu verringern, sind die folgenden Überlegungen: Wenn statt einer gewünschten Ausgabe von 0 eine 1 geliefert wird, dann ist der Schwellenwert zu klein und/oder die Gewichte zu groß. Man sollte daher den Schwellenwert etwas erhöhen und die Gewichte etwas verringern. (Letzteres ist natürlich nur sinnvoll, wenn die zugehörige Eingabe den Wert 1 hat, da ja sonst das Gewicht gar keinen Einfluss auf die gewichtete Summe hat.) Wird umgekehrt statt einer gewünschten Ausgabe von 1 eine 0 geliefert, dann ist der Schwellenwert zu groß und/oder die Gewichte zu klein. Man sollte daher den Schwellenwert etwas verringern und die Gewichte etwas erhöhen (wieder vorausgesetzt, die zugehörige Eingabe ist 1).

Für unser einfaches Schwellenwertelement haben die in Abbildung 2.15 eingezeichneten Änderungen genau diese Wirkungen. Die angeführten Überlegungen haben jedoch den Vorteil, dass sie auch auf Schwellenwertelemente mit mehr als einem Eingang anwendbar sind. Wir können daher die folgende allgemeine Lernmethode für Schwellenwertelemente definieren:

Definition 2.2 *Sei $\vec{x} = (x_1, \ldots, x_n)$ ein Eingabevektor eines Schwellenwertelementes, o die für diesen Eingabevektor gewünschte Ausgabe (output) und y die tatsächliche Ausgabe des Schwellenwertelementes. Ist $y \neq o$, dann wird zur Verringerung*

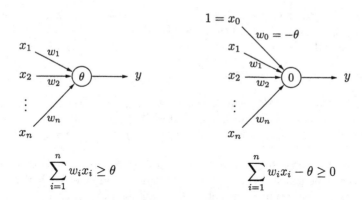

Abbildung 2.18 Umwandlung des Schwellenwertes in ein Gewicht.

des Fehlers der Schwellenwert θ und der Gewichtsvektor $\vec{w} = (w_1, \ldots, w_n)$ wie folgt verändert:

$$\theta^{(\text{neu})} = \theta^{(\text{alt})} + \Delta\theta \quad mit \quad \Delta\theta = -\eta(o - y),$$
$$\forall i \in \{1, \ldots, n\} : \quad w_i^{(\text{neu})} = w_i^{(\text{alt})} + \Delta w_i \quad mit \quad \Delta w_i = \eta(o - y)x_i,$$

*wobei η ein Parameter ist, der **Lernrate** genannt wird. Er bestimmt die Stärke der Gewichtsänderungen. Dieses Verfahren heißt **Delta-Regel** oder **Widrow-Hoff-Verfahren** [Widrow und Hoff 1960].*

In dieser Definition müssen wir die Änderung des Schwellenwertes und die Änderung der Gewichte unterscheiden, da die Änderungsrichtungen entgegengesetzt sind (unterschiedliche Vorzeichen für $\eta(t - y)$ bzw. $\eta(t - y)x_i$). Man kann jedoch die Änderungsregeln vereinheitlichen, indem man den Schwellenwert in ein Gewicht umwandelt. Das Prinzip dieser Umwandlung ist in Abbildung 2.18 veranschaulicht: Der Schwellenwert wird auf 0 festgelegt. Als Ausgleich wird ein zusätzlicher (imaginärer) Eingang x_0 eingeführt, der den festen Wert 1 hat. Dieser Eingang wird mit dem negierten Schwellenwert gewichtet. Die beiden Schwellenwertelemente sind offenbar äquivalent, denn das linke prüft die Bedingung $\sum_{i=1}^{n} w_i x_i \geq \theta$, das rechte die Bedingung $\sum_{i=1}^{n} w_i x_i - \theta \geq 0$, um den auszugebenden Wert zu bestimmen.

Da der Schwellenwert bei der Umwandlung in ein Gewicht negiert wird, erhalten wir die gleichen Änderungsrichtungen für alle Parameter: Ist die Ausgabe 1 statt 0, so sollten sowohl w_i als auch $-\theta$ verringert werden. Ist die Ausgabe 0 statt 1, so sollten sowohl w_i als auch $-\theta$ erhöht werden. Folglich können wir die Veränderungsrichtung aller Parameter bestimmen, indem wir die tatsächliche von der gewünschten Ausgabe abziehen. Damit können wir die Delta-Regel auch so formulieren:

Sei $\vec{x} = (x_0 = 1, x_1, \ldots, x_n)$ ein erweiterter Eingabevektor eines Schwellenwertelementes (man beachte die zusätzliche Eingabe $x_0 = 1$), o die für diesen Eingabevektor gewünschte Ausgabe und y die tatsächliche Ausgabe des Schwellenwertelementes. Ist $y \neq o$, dann wird zur Verringerung des Fehlers der erweiterte Gewichtsvektor $\vec{w} = (w_0 = -\theta, w_1, \ldots, w_n)$ (man beachte das zusätzliche Gewicht $w_0 = -\theta$) wie folgt verändert:

$$\forall i \in \{0, 1, \ldots, n\} : \quad w_i^{(\text{neu})} = w_i^{(\text{alt})} + \Delta w_i \quad \text{mit} \quad \Delta w_i = \eta(o - y)x_i.$$

Wir weisen hier auf diese Möglichkeit hin, da sie sich oft verwenden lässt, um z.B. Ableitungen einfacher zu schreiben (siehe etwa Abschnitt 4.4). Der Klarheit wegen werden wir im Rest dieses Kapitels jedoch weiter Schwellenwert und Gewichte unterscheiden.

Mit Hilfe der Delta-Regel können wir zwei Algorithmen zum Trainieren eines Schwellenwertelementes angeben: eine Online-Version und eine Batch-Version. Um diese Algorithmen zu formulieren, nehmen wir an, dass eine Menge $L = \{(\vec{x}_1, o_1),$ $\ldots, (\vec{x}_m, o_m)\}$ von Trainingsbeispielen gegeben ist, jeweils bestehend aus einem Eingabevektor $\vec{x}_i \in \mathbb{R}^n$ und der zu diesem Eingabevektor gewünschten Ausgabe $o_i \in \{0, 1\}$, $i = 1, \ldots, m$. Weiter mögen beliebige Gewichte $\vec{w}$ und ein beliebiger Schwellenwert θ gegeben sein (z.B. zufällig bestimmt). Wir betrachten zunächst das Online-Training:

Algorithmus 2.2 (Online-Training eines Schwellenwertelementes)

```
procedure online_training (var w⃗, var θ, L, η);
var y, e;                          (* Ausgabe, Fehlersumme *)
begin
  repeat
    e := 0;                        (* initialisiere die Fehlersumme *)
    for all (x⃗, o) ∈ L do begin    (* durchlaufe die Beispiele *)
      if (w⃗x⃗ ≥ θ) then y := 1;     (* berechne die Ausgabe *)
                  else y := 0;     (* des Schwellenwertelementes *)
      if (y ≠ o) then begin        (* wenn die Ausgabe falsch ist *)
        θ := θ - η(o - y);         (* passe den Schwellenwert *)
        w⃗ := w⃗ + η(o - y)x⃗;        (* und die Gewichte an *)
        e := e + |o - y|;          (* summiere die Fehler *)
      end;
    end;
  until (e ≤ 0);                    (* wiederhole die Berechnungen *)
end;                                (* bis der Fehler verschwindet *)
```

Dieser Algorithmus wendet offenbar immer wieder die Delta-Regel an, bis die Summe der Fehler über alle Trainingsbeispiele verschwindet. Man beachte, dass in diesem Algorithmus die Anpassung der Gewichte in vektorieller Form geschrieben ist, was aber offenbar äquivalent zu der Anpassung der Einzelgewichte ist. Wenden wir uns nun der Batch-Version zu:

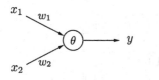

x_1	x_2	y
0	0	0
1	0	0
0	1	0
1	1	1

Abbildung 2.19 Ein Schwellenwertelement mit zwei Eingängen und Trainingsbeispiele für die Konjunktion $y = x_1 \wedge x_2$.

Algorithmus 2.3 (Batch-Training eines Schwellenwertelementes)

```
procedure batch_training (var w⃗, var θ, L, η);
  var y, e,                        (* Ausgabe, Fehlersumme *)
      θc, w⃗c;                      (* summierte Änderungen *)
begin
  repeat
    e := 0; θc := 0; w⃗c := 0⃗;     (* Initialisierungen *)
    for all (x⃗, o) ∈ L do begin   (* durchlaufe die Beispiele *)
      if (w⃗x⃗ ≥ θ) then  y := 1;   (* berechne die Ausgabe *)
                 else  y := 0;     (* des Schwellenwertelementes *)
      if (y ≠ o) then begin        (* wenn die Ausgabe falsch ist *)
        θc := θc − η(o − y);       (* summiere die Schwellenwert- *)
        w⃗c := w⃗c + η(o − y)x⃗;     (* und die Gewichtsänderungen *)
        e  := e + |o − y|;         (* summiere die Fehler *)
      end;
    end;
    θ := θ + θc;                   (* passe den Schwellenwert *)
    w⃗ := w⃗ + w⃗c;                  (* und das Gewicht an *)
  until (e ≤ 0);                   (* wiederhole die Berechnungen *)
end;                               (* bis der Fehler verschwindet *)
```

In diesem Algorithmus wird die Delta-Regel in modifizierter Form angewandt. Bei einem Durchlauf der Trainingsbeispiele werden für jedes Beispiel der gleiche Schwellenwert und die gleichen Gewichte verwendet. Die bei falscher Ausgabe berechneten Änderungen werden in den Variablen θ_c und $\vec{w}_c$ summiert. Erst nach Bearbeitung aller Trainingsbeispiele werden die Gewichte und der Schwellenwert mit Hilfe dieser Variablen angepasst.

Zur Veranschaulichung der Arbeitsweise der beiden obigen Algorithmen zeigt Tabelle 2.2 den Online-Lernvorgang für das bereits weiter oben betrachtete einfache Schwellenwertelement, das so trainiert werden soll, dass es die Negation berechnet. Wie in Abbildung 2.16 auf Seite 20 sind die Startwerte $\theta = \frac{3}{2}$ und $w = 3$. Man prüft leicht nach, dass der Online-Lernvorgang genau dem in Abbildung 2.16 links dargestellten entspricht. Analog zeigt Tabelle 2.3 den Batch-Lernvorgang. Er entspricht dem in Abbildung 2.16 in der Mitte bzw. rechts gezeigten.

Epoche	x	o	$\vec{x}\vec{w}$	y	e	$\Delta\theta$	Δw	θ	w
								1.5	2
1	0	1	−1.5	0	1	−1	0	0.5	2
	1	0	1.5	1	−1	1	−1	1.5	1
2	0	1	−1.5	0	1	−1	0	0.5	1
	1	0	0.5	1	−1	1	−1	1.5	0
3	0	1	−1.5	0	1	−1	0	0.5	0
	1	0	0.5	0	0	0	0	0.5	0
4	0	1	−0.5	0	1	−1	0	−0.5	0
	1	0	0.5	1	−1	1	−1	0.5	−1
5	0	1	−0.5	0	1	−1	0	−0.5	−1
	1	0	−0.5	0	0	0	0	−0.5	−1
6	0	1	0.5	1	0	0	0	−0.5	−1
	1	0	−0.5	0	0	0	0	−0.5	−1

Tabelle 2.2 Online-Lernvorgang eines Schwellenwertelementes für die Negation mit Startwerten $\theta = \frac{3}{2}$, $w = 2$ und Lernrate 1.

Epoche	x	o	$\vec{x}\vec{w}$	y	e	$\Delta\theta$	Δw	θ	w
								1.5	2
1	0	1	−1.5	0	1	−1	0		
	1	0	0.5	1	−1	1	−1	1.5	1
2	0	1	−1.5	0	1	−1	0		
	1	0	−0.5	0	0	0	0	0.5	1
3	0	1	−0.5	0	1	−1	0		
	1	0	0.5	1	−1	1	−1	0.5	0
4	0	1	−0.5	0	1	−1	0		
	1	0	−0.5	0	0	0	0	−0.5	0
5	0	1	0.5	1	0	0	0		
	1	0	0.5	1	−1	1	−1	0.5	−1
6	0	1	−0.5	0	1	−1	0		
	1	0	−1.5	0	0	0	0	−0.5	−1
7	0	1	0.5	1	0	0	0		
	1	0	−0.5	0	0	0	0	−0.5	−1

Tabelle 2.3 Batch-Lernvorgang eines Schwellenwertelementes für die Negation mit Startwerten $\theta = \frac{3}{2}$, $w = 2$ und Lernrate 1.

Epoche	x_1	x_2	o	$\vec{x}\vec{w}$	y	e	$\Delta\theta$	Δw_1	Δw_2	θ	w_1	w_2
										0	0	0
1	0	0	0	0	1	−1	1	0	0	1	0	0
	0	1	0	−1	0	0	0	0	0	1	0	0
	1	0	0	−1	0	0	0	0	0	1	0	0
	1	1	1	−1	0	1	−1	1	1	0	1	1
2	0	0	0	0	1	−1	1	0	0	1	1	1
	0	1	0	0	1	−1	1	0	−1	2	1	0
	1	0	0	−1	0	0	0	0	0	2	1	0
	1	1	1	−1	0	1	−1	1	1	1	2	1
3	0	0	0	−1	0	0	0	0	0	1	2	1
	0	1	0	0	1	−1	1	0	−1	2	2	0
	1	0	0	0	1	−1	1	−1	0	3	1	0
	1	1	1	−2	0	1	−1	1	1	2	2	1
4	0	0	0	−2	0	0	0	0	0	2	2	1
	0	1	0	−1	0	0	0	0	0	2	2	1
	1	0	0	0	1	−1	1	−1	0	3	1	1
	1	1	1	−1	0	1	−1	1	1	2	2	2
5	0	0	0	−2	0	0	0	0	0	2	2	2
	0	1	0	0	1	−1	1	0	−1	3	2	1
	1	0	0	−1	0	0	0	0	0	3	2	1
	1	1	1	0	1	0	0	0	0	3	2	1
6	0	0	0	−3	0	0	0	0	0	3	2	1
	0	1	0	−2	0	0	0	0	0	3	2	1
	1	0	0	−1	0	0	0	0	0	3	2	1
	1	1	1	0	1	0	0	0	0	3	2	1

Tabelle 2.4 Training eines Schwellenwertelementes für die Konjunktion.

Als weiteres Beispiel betrachten wir ein Schwellenwertelement mit zwei Eingängen, das so trainiert werden soll, dass es die Konjunktion seiner Eingänge berechnet. Ein solches Schwellenwertelement ist zusammen mit den entsprechenden Trainingsbeispielen in Abbildung 2.19 dargestellt. Wir beschränken uns bei diesem Beispiel auf das Online-Training. Den entsprechenden Lernvorgang für die Startwerte $\theta = w_1 = w_2 = 0$ mit Lernrate 1 zeigt Tabelle 2.4. Auch hier ist das Training erfolgreich und liefert schließlich den Schwellenwert $\theta = 3$ und die Gewichte $w_1 = 2$ und $w_2 = 1$. Das gelernte Schwellenwertelement ist zusammen mit der geometrischen Deutung seiner Berechnungen in Abbildung 2.20 dargestellt. Man beachte, dass es tatsächlich die Konjunktion berechnet, auch wenn der Punkt (1,1) auf der Trenngerade liegt, da es nicht nur für die Punkte rechts der Gerade die Ausgabe 1 liefert, sondern auch für alle Punkte auf ihr.

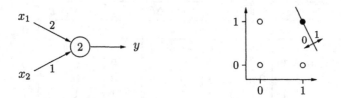

Abbildung 2.20 Geometrie des gelernten Schwellenwertelementes für $x_1 \wedge x_2$. Die rechts gezeigte Gerade hat die Gleichung $2x_1 + x_2 = 3$.

Epoche	x_1	x_2	o	$\vec{x}\vec{w}$	y	e	$\Delta\theta$	Δw_1	Δw_2	θ	w_1	w_2
										0	0	0
1	0	0	1	0	1	0	0	0	0	0	0	0
	0	1	0	0	1	−1	1	0	−1	1	0	−1
	1	0	0	−1	0	0	0	0	0	1	0	−1
	1	1	1	−2	0	1	−1	1	1	0	1	0
2	0	0	1	0	1	0	0	0	0	0	1	0
	0	1	0	0	1	−1	1	0	−1	1	1	−1
	1	0	0	0	1	−1	1	−1	0	2	0	−1
	1	1	1	−3	0	1	−1	1	1	1	1	0
3	0	0	1	0	1	0	0	0	0	0	1	0
	0	1	0	0	1	−1	1	0	−1	1	1	−1
	1	0	0	0	1	−1	1	−1	0	2	0	−1
	1	1	1	−3	0	1	−1	1	1	1	1	0

Tabelle 2.5 Training eines Schwellenwertelementes für die Biimplikation.

Nachdem wir zwei Beispiele für erfolgreiche Lernvorgänge gesehen haben, stellt sich die Frage, ob die Algorithmen 2.2 und 2.3 immer zum Ziel führen. Wir können zunächst feststellen, dass sie für Funktionen, die *nicht* linear separabel sind, nicht terminieren. Dies ist in Abbildung 2.5 anhand des Online-Lernvorganges für die Biimplikation gezeigt. Epoche 2 und 3 sind identisch und werden sich folglich endlos wiederholen, ohne dass eine Lösung gefunden wird. Dies ist aber auch nicht verwunderlich, da der Lernvorgang ja erst abgebrochen wird, wenn die Summe der Fehler über alle Trainingsbeispiele verschwindet. Nun wissen wir aber aus Abschnitt 2.3, dass es kein Schwellenwertelement gibt, das die Biimplikation berechnet. Folglich kann der Fehler gar nicht verschwinden, der Algorithmus nicht terminieren.

Für linear separable Funktionen, also solche, die tatsächlich von einem Schwellenwertelement berechnet werden können, ist dagegen sichergestellt, dass die Algorithmen eine Lösung finden. D.h., es gilt der folgende Satz:

Satz 2.1 (Konvergenzsatz für die Delta-Regel)
Sei $L = \{(\vec{x}_1, o_1), \ldots (\vec{x}_m, o_m)\}$ *eine Menge von Trainingsbeispielen, jeweils beste-hend aus einem Eingabevektor* $\vec{x}_i \in \mathbb{R}^n$ *und der zu diesem Eingabevektor gewünsch-ten Ausgabe* $o_i \in \{0, 1\}$. *Weiter sei* $L_0 = \{(\vec{x}, o) \in L \mid o = 0\}$ *und* $L_1 = \{(\vec{x}, o) \in L \mid o = 1\}$. *Wenn* L_0 *und* L_1 *linear separabel sind, d.h., wenn* $\vec{w} \in \mathbb{R}^n$ *und* $\theta \in \mathbb{R}$ *existieren, so dass*

$$\forall (\vec{x}, 0) \in L_0 : \quad \vec{w}\vec{x} < \theta \qquad und$$
$$\forall (\vec{x}, 1) \in L_1 : \quad \vec{w}\vec{x} \geq \theta,$$

dann terminieren die Algorithmen 2.2 und 2.3.

Beweis: Den Beweis, den wir hier nicht ausführen wollen, findet man z.B. in [Rojas 1996] oder in [Nauck *et al.* 1997]. $\qquad \square$

Da die Algorithmen nur terminieren, wenn der Fehler verschwindet, ist klar, dass die berechneten Werte für die Gewichte und den Schwellenwert eine Lösung des Lernproblems sind.

2.6 Varianten

Alle Beispiele, die wir bisher betrachtet haben, bezogen sich auf logische Funktionen, wobei wir *falsch* durch 0 und *wahr* durch 1 dargestellt haben. Diese Kodierung hat jedoch den Nachteil, dass bei einer Eingabe von *falsch* das zugehörige Gewicht nicht verändert wird, denn die Formel für die Gewichtsänderung enthält ja die Eingabe als Faktor (siehe Definition 2.2 auf Seite 20). Dieser Nachteil kann das Lernen unnötig verlangsamen, da nur bei Eingabe von *wahr* das zugehörige Gewicht angepasst werden kann.

Im ADALINE-Modell (ADAptive LINear Element) verwendet man daher die Kodierung *falsch* $\hat{=} -1$ und *wahr* $\hat{=} 1$, wodurch auch eine Eingabe von *falsch* bei fehlerhafter Ausgabe zu einer Gewichtsanpassung führt. In der Tat wurde die Delta-Regel ursprünglich für das ADALINE-Modell angegeben [Widrow und Hoff 1960], so dass man eigentlich nur bei Verwendung dieser Kodierung von der **Delta-Regel** oder dem **Widrow-Hoff-Verfahren** sprechen kann. Das Verfahren lässt sich zwar genauso anwenden, wenn als Kodierung *falsch* $\hat{=} 0$ und *wahr* $\hat{=} 1$ verwendet wird (siehe den vorangehenden Abschnitt), doch findet man es zur Unterscheidung dann manchmal als **Fehlerkorrekturverfahren** (error correction procedure) bezeichnet [Nilsson 1965, Nilsson 1998]. Wir sehen hier von dieser Unterscheidung ab, da sie mehr auf historischen als auf inhaltlichen Gründen beruht.

2.7 Training von Netzen

Nachdem Ende der fünfziger Jahre erste einfache Neurocomputer erfolgreich für Mustererkennungsprobleme eingesetzt worden waren (z.B. [Rosenblatt 1958]), [Widrow und Hoff 1960] das einfache und schnelle Lernverfahren der Delta-Regel entwickelt hatten und durch [Rosenblatt 1962] der Perzeptron-Konvergenzsatz (entspricht dem Konvergenzsatz für die Delta-Regel) bewiesen worden war, setzte man zunächst große Hoffnungen in die Entwicklung (künstlicher) neuronaler Netze. Es kam zur so genannten „ersten Blütezeit" der Neuronale-Netze-Forschung, in der man glaubte, die wesentlichen Prinzipien lernfähiger Systeme bereits entdeckt zu haben.

Erst als [Minsky und Papert 1969] eine sorgfältige mathematische Analyse des Perzeptrons durchführten und mit aller Deutlichkeit darauf hinwiesen, dass Schwellenwertelemente nur linear separable Funktionen berechnen können, begann man die Grenzen der damals verwendeten Modelle und Verfahren zu erkennen. Zwar wusste man bereits seit den frühen Arbeiten von [McCulloch und Pitts 1943], dass die Einschränkungen der Berechnungsfähigkeit durch *Netze* von Schwellenwertelementen aufgehoben werden können — man mit solchen Netzen etwa beliebige Boolesche Funktionen berechnen kann — doch hatte man sich bis dahin auf das Training *einzelner* Schwellenwertelemente beschränkt.

Die Übertragung der Lernverfahren auf Netze von Schwellenwertelementen erwies sich aber als erstaunlich schwieriges Problem. Die Delta-Regel etwa leitet die vorzunehmende Gewichtsänderung aus der Abweichung der tatsächlichen von der gewünschten Ausgabe ab (siehe Definition 2.2 auf Seite 20). Eine vorgegebene gewünschte Ausgabe gibt es aber nur für das Schwellenwertelement, das die Ausgabe des Netzes liefert. Für alle anderen Schwellenwertelemente, die Vorberechnungen ausführen und ihre Ausgaben nur an andere Schwellenwertelemente weiterleiten, kann keine solche gewünschte Ausgabe angegeben werden. Als Beispiel betrachte man etwa das Biimplikationsproblem und die Struktur des Netzes, das wir zur Lösung dieses Problems verwendet haben (Abbildung 2.10 auf Seite 14): Aus den Trainingsbeispielen ergeben sich keine gewünschten Ausgaben für die beiden linken Schwellenwertelemente, und zwar unter anderem deshalb, weil die vorzunehmende Koordinatentransformation nicht eindeutig ist (man kann die Trenngeraden im Eingaberaum auch ganz anders legen, etwa senkrecht zur Winkelhalbierenden, oder die Normalenvektoren anders ausrichten).

In der Folge wurden (künstliche) neuronale Netze als „Forschungssackgasse" angesehen, und es begann das so genannte „dunkle Zeitalter" der Neuronale-Netze-Forschung. Das Gebiet wurde erst mit der Entwicklung des Lernverfahrens der **Fehler-Rückpropagation** (error backpropagation) wiederbelebt. Dieses Verfahren wurde zuerst in [Werbos 1974] beschrieben, blieb jedoch zunächst unbeachtet. Erst als [Rumelhart *et al.* 1986a, Rumelhart *et al.* 1986b] das Verfahren unabhängig neu entwickelten und bekannt machten, begann das moderne Zeitalter der (künstlichen) neuronalen Netze, das bis heute andauert.

Wir betrachten das Verfahren der Fehler-Rückpropagation erst in Kapitel 4, da es nicht direkt auf Schwellenwertelemente angewandt werden kann. Es setzt voraus, dass die Aktivierung eines Neurons nicht an einem scharf bestimmten Schwellenwert von 0 auf 1 springt, sondern die Aktivierung langsam, über eine differenzierbare Funktion, ansteigt. Für Netze aus reinen Schwellenwertelementen kennt man bis heute kein Lernverfahren.

3 Allgemeine neuronale Netze

In diesem Kapitel führen wir ein allgemeines Modell (künstlicher) neuronaler Netze ein, das i.W. alle speziellen Formen erfasst, die wir in den folgenden Kapiteln betrachten werden. Wir beginnen mit der Struktur eines (künstlichen) neuronalen Netzes, beschreiben dann allgemein die Arbeitsweise und schließlich das Training eines (künstlichen) neuronalen Netzes.

3.1 Struktur neuronaler Netze

Im vorangegangenen Kapitel haben wir bereits kurz Netze von Schwellenwertelementen betrachtet. Wie wir diese Netze dargestellt haben, legt es nahe, neuronale Netze mit Hilfe eines Graphen (im Sinne der Graphentheorie) zu beschreiben. Wir definieren daher zunächst den Begriff eines Graphen und einige nützliche Hilfsbegriffe, die wir in der anschließenden allgemeinen Definition und den folgenden Kapiteln brauchen.

Definition 3.1 *Ein (gerichteter)* **Graph** *ist ein Paar $G = (V, E)$ bestehend aus einer (endlichen) Menge V von* **Knoten** *(vertices, nodes) und einer (endlichen) Menge $E \subseteq V \times V$ von* **Kanten** *(edges). Wir sagen, dass eine Kante $e = (u, v) \in E$ vom Knoten u auf den Knoten v* **gerichtet** *sei.*

Man kann auch ungerichtete Graphen definieren, doch brauchen wir zur Darstellung neuronaler Netze nur gerichtete Graphen, da die Verbindungen zwischen Neuronen stets gerichtet sind.

Definition 3.2 *Sei $G = (V, E)$ ein (gerichteter) Graph und $u \in V$ ein Knoten. Dann heißen die Knoten der Menge*

$$\mathrm{pred}(u) = \{v \in V \mid (v, u) \in E\}$$

die **Vorgänger** *(predecessors) des Knotens u und die Knoten der Menge*

$$\mathrm{succ}(u) = \{v \in V \mid (u, v) \in E\}$$

die **Nachfolger** *(successors) des Knotens u.*

Definition 3.3 *Ein (künstliches)* **neuronales Netz** *ist ein (gerichteter) Graph $G = (U, C)$, dessen Knoten $u \in U$* **Neuronen** *(neurons, units) und dessen Kanten $c \in C$* **Verbindungen** *(connections) heißen. Die Menge U der Knoten ist unterteilt in die Menge U_{in} der* **Eingabeneuronen** *(input neurons), die Menge U_{out} der* **Ausgabeneuronen** *(output neurons) und die Menge U_{hidden} der* **versteckten Neuronen** *(hidden neurons). Es gilt*

$$U = U_{\text{in}} \cup U_{\text{out}} \cup U_{\text{hidden}},$$

$$U_{\text{in}} \neq \emptyset, \qquad U_{\text{out}} \neq \emptyset, \qquad U_{\text{hidden}} \cap (U_{\text{in}} \cup U_{\text{out}}) = \emptyset.$$

Jeder Verbindung $(v, u) \in C$ ist ein **Gewicht** w_{uv} *zugeordnet und jedem Neuron $u \in U$ drei (reellwertige) Zustandsgrößen: die* **Netzeingabe** net_u *(network input), die* **Aktivierung** act_u *(activation) und die* **Ausgabe** out_u *(output). Jedes Eingabeneuron $u \in U_{\text{in}}$ besitzt außerdem eine vierte (reellwertige) Zustandsgröße, die* **externe Eingabe** ext_u *(external input). Weiter sind jedem Neuron $u \in U$ drei Funktionen zugeordnet:*

$$
\begin{aligned}
&\textit{die } \textbf{Netzeingabefunktion} && f_{\text{net}}^{(u)} : && \mathbb{R}^{2|\operatorname{pred}(u)| + \kappa_1(u)} \to \mathbb{R}, \\
&\textit{die } \textbf{Aktivierungsfunktion} && f_{\text{act}}^{(u)} : && \mathbb{R}^{\kappa_2(u)} \to \mathbb{R}, \qquad \textit{und} \\
&\textit{die } \textbf{Ausgabefunktion} && f_{\text{out}}^{(u)} : && \mathbb{R} \to \mathbb{R},
\end{aligned}
$$

mit denen die Netzeingabe net_u, die Aktivierung act_u und die Ausgabe out_u des Neurons u berechnet werden. $\kappa_1(u)$ und $\kappa_2(u)$ hängen von der Art und den Parametern der Funktionen ab (siehe weiter unten).

Die Neuronen eines neuronalen Netzes werden in Eingabe-, Ausgabe- und versteckte Neuronen unterteilt, um festzulegen, welche Neuronen eine Eingabe aus der Umgebung erhalten (Eingabeneuronen) und welche eine Ausgabe an die Umgebung abgeben (Ausgabeneuronen). Die übrigen Neuronen haben keinen Kontakt mit der Umgebung (sondern nur mit anderen Neuronen) und sind insofern (gegenüber der Umgebung) „versteckt".

Man beachte, dass die Menge U_{in} der Eingabeneuronen und die Menge U_{out} der Ausgabeneuronen nicht disjunkt sein müssen: Ein Neuron kann sowohl Eingabe- als auch Ausgabeneuron sein. In Kapitel 7 werden wir sogar neuronale Netze besprechen, in denen alle Neuronen sowohl Eingabe- als auch Ausgabeneuronen sind und es keine versteckten Neuronen gibt.

Man beachte weiter, dass im Index eines Gewichtes w_{uv} das Neuron, auf das die zugehörige Verbindung gerichtet ist, zuerst steht. Der Grund für diese auf den ersten Blick unnatürlich erscheinende Reihenfolge ist, dass man den Graphen des neuronalen Netzes oft durch eine Adjazenzmatrix beschreibt, die statt der Werte 1 (Verbindung) und 0 (keine Verbindung) die Gewichte der Verbindungen enthält (ist ein Gewicht 0, so fehlt die zugehörige Verbindung). Aus Gründen, die in Kapitel 4 genauer erläutert werden, ist es günstig, die Gewichte der zu einem Neuron führenden Verbindungen in einer Matrix*zeile* (und nicht in einer Matrix*spalte*) anzugeben. Da aber die Elemente einer Matrix nach dem Schema „Zeile zuerst, Spalte später" indiziert werden, steht so das Neuron, zu dem die Verbindungen führen, zuerst. Man erhält also folgendes Schema (mit $r = |U|$):

$$
\begin{array}{cccc}
u_1 & u_2 & \dots & u_r \\
\end{array}
$$

$$
\begin{pmatrix}
w_{u_1 u_1} & w_{u_1 u_2} & \dots & w_{u_1 u_r} \\
w_{u_2 u_1} & w_{u_2 u_2} & & w_{u_2 u_r} \\
\vdots & & & \vdots \\
w_{u_r u_1} & w_{u_r u_2} & \dots & w_{u_r u_r}
\end{pmatrix}
\begin{array}{c}
u_1 \\
u_2 \\
\vdots \\
u_r
\end{array}
$$

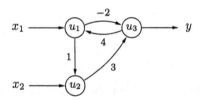

Abbildung 3.1 Ein einfaches (künstliches) neuronales Netz.

Diese Matrix ist von oben nach rechts zu lesen: Den Spalten sind die Neuronen zugeordnet, von denen die Verbindungen ausgehen, den Zeilen die Neuronen, zu denen sie führen. (Man beachte, dass Neuronen auch mit sich selbst verbunden sein können — Diagonalelemente der obigen Matrix). Diese Matrix und den ihr entsprechenden, mit Verbindungsgewichten versehenen Graphen nennt man auch die **Netzstruktur**.

Nach der Netzstruktur unterscheidet man zwei Arten von neuronalen Netzen: Ist der Graph, der die Netzstruktur eines neuronalen Netzes angibt, azyklisch, enthält er also keine Schleifen[1] und keine gerichteten Kreise, so spricht man von einem **vorwärtsbetriebenen Netz** (feed forward network). Enthält der Graph dagegen Schleifen oder gerichtete Kreise, so spricht man von einem **rückgekoppelten** oder **rekurrenten Netz** (recurrent network). Der Grund für diese Bezeichnungen ist natürlich, dass in einem neuronalen Netz Informationen nur entlang der (gerichteten) Verbindungen weitergegeben werden. Ist der Graph azyklisch, so gibt es nur eine Richtung, nämlich vorwärts, also von den Eingabeneuronen zu den Ausgabeneuronen. Gibt es dagegen Schleifen oder gerichtete Kreise, so können Ausgaben auf Eingaben rückgekoppelt werden. Wir werden uns in den folgenden Kapiteln zuerst mit verschiedenen Typen von vorwärtsbetriebenen Netzen beschäftigen, da diese einfacher zu analysieren sind. In den Kapiteln 7 und 8 wenden wir uns dann rückgekoppelten Netzen zu.

Um die Definition der Struktur eines neuronalen Netzes zu veranschaulichen, betrachten wir als Beispiel das aus drei Neuronen bestehende neuronale Netz (d.h. $U = \{u_1, u_2, u_3\}$), das in Abbildung 3.1 gezeigt ist. Die Neuronen u_1 und u_2 sind Eingabeneuronen (d.h. $U_{\text{in}} = \{u_1, u_2\}$). Sie erhalten die externen Eingaben x_1 bzw. x_2. Das Neuron u_3 ist das einzige Ausgabeneuron (d.h. $U_{\text{out}} = \{u_3\}$). Es liefert die Ausgabe y des neuronalen Netzes. In diesem Netz gibt es keine versteckten Neuronen (d.h. $U_{\text{hidden}} = \emptyset$).

Es gibt insgesamt vier Verbindungen zwischen den drei Neuronen (d.h. $C = \{(u_1, u_2), (u_1, u_3), (u_2, u_3), (u_3, u_1)\}$), deren Gewichte durch die Zahlen an den Pfeilen angegeben sind, die die Verbindungen darstellen (also z.B. $w_{u_3 u_2} = 3$). Dieses Netz ist rückgekoppelt, da es zwei gerichtete Kreise gibt (z.B. (u_1, u_3), (u_3, u_1)). Beschreibt man die Netzstruktur, wie oben erläutert, durch eine Gewichtsmatrix, so erhält man die 3×3 Matrix

---

[1] Eine Schleife ist eine Kante von einem Knoten zu diesem Knoten selbst, also eine Kante $e = (v, v)$ mit einem Knoten $v \in V$.

$$\begin{array}{ccc} u_1 & u_2 & u_3 \end{array}$$
$$\begin{pmatrix} 0 & 0 & 4 \\ 1 & 0 & 0 \\ -2 & 3 & 0 \end{pmatrix} \begin{array}{c} u_1 \\ u_2 \\ u_3 \end{array}$$

Man beachte, dass das Neuron, von dem die Verbindung ausgeht, die Spalte, und das Neuron, zu dem die Verbindung führt, die Zeile der Matrix angibt, in die das zugehörige Verbindungsgewicht eingetragen wird.

3.2 Arbeitsweise neuronaler Netze

Um die Arbeitsweise eines (künstlichen) neuronalen Netzes zu beschreiben, müssen wir angeben, (1) wie ein einzelnes Neuron seine Ausgabe aus seinen Eingaben (d.h. den Ausgaben seiner Vorgänger) berechnet und (2) wie die Berechnungen der verschiedenen Neuronen eines Netzes organisiert werden, insbesondere, wie die externen Eingaben verarbeitet werden.

Betrachten wir zunächst die Berechnungen eines einzelnen Neurons. Jedes Neuron kann als ein einfacher Prozessor gesehen werden, dessen Aufbau in Abbildung 3.2 gezeigt ist. Die Netzeingabefunktion $f_{\text{net}}^{(u)}$ berechnet aus den Eingaben $\text{in}_{uv_1}, \ldots, \text{in}_{uv_n}$, die den Ausgaben $\text{out}_{v_1}, \ldots, \text{out}_{v_n}$ der Vorgänger des Neurons u entsprechen, und den Verbindungsgewichten $w_{uv_1}, \ldots, w_{uv_n}$ die Netzeingabe net_u. In diese Berechnung können eventuell zusätzliche Parameter $\sigma_1, \ldots, \sigma_l$ eingehen (siehe z.B. Abschnitt 5.5). Aus der Netzeingabe, einer bestimmten Zahl von Parametern $\theta_1, \ldots, \theta_k$ und eventuell einer Rückführung der aktuellen Aktivierung des Neurons u (siehe z.B. Kapitel 8) berechnet die Aktivierungsfunktion $f_{\text{act}}^{(u)}$ die neue Aktivierung act_u des Neurons u. Schließlich wird aus der Aktivierung act_u durch die Ausgabefunktion $f_{\text{out}}^{(u)}$ die Ausgabe out_u des Neurons u berechnet. Durch die externe Eingabe ext_u wird die (Anfangs-)Aktivierung des Neurons u gesetzt, wenn es ein Eingabeneuron ist (siehe unten).

Die Zahl $\kappa_1(u)$ der zusätzlichen Argumente der Netzeingabefunktion und die Zahl $\kappa_2(u)$ der Argumente der Aktivierungsfunktion hängen von der Art dieser Funktionen und dem Aufbau des Neurons ab (z.B. davon, ob es eine Rückführung der aktuellen Aktivierung gibt oder nicht). Sie können für jedes Neuron eines neuronalen Netzes andere sein. Meist hat die Netzeingabefunktion nur $2|\operatorname{pred}(u)|$ Argumente (die Ausgaben der Vorgängerneuronen und die zugehörigen Gewichte), da keine weiteren Parameter eingehen. Die Aktivierungsfunktion hat meist zwei Argumente: die Netzeingabe und einen Parameter, der z.B. (wie im vorangehenden Kapitel) ein Schwellenwert sein kann. Die Ausgabefunktion hat dagegen nur die Aktivierung als Argument und dient dazu, die Ausgabe des Neurons in einen gewünschten Wertebereich zu transformieren (meist durch eine lineare Abbildung).

Wir bemerken hier noch, dass wir die Netzeingabefunktion oft auch mit vektoriellen Argumenten schreiben werden, und zwar als

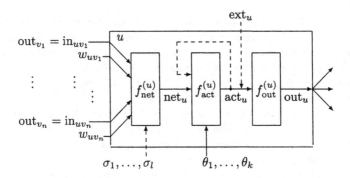

Abbildung 3.2 Aufbau eines verallgemeinerten Neurons.

$$
\begin{aligned}
f_{\text{net}}^{(u)}(\vec{w}_u, \vec{\text{in}}_u) &= f_{\text{net}}^{(u)}(w_{uv_1}, \ldots, w_{uv_n}, \text{in}_{uv_1}, \ldots, \text{in}_{uv_n}) \\
&= f_{\text{net}}^{(u)}(w_{uv_1}, \ldots, w_{uv_n}, \text{out}_{v_1}, \ldots, \text{out}_{v_n}),
\end{aligned}
$$

ähnlich dazu, wie wir im vorangehenden Kapitel mit einem Gewichtsvektor $\vec{w}$ und einem Eingabevektor $\vec{x}$ gearbeitet haben.

Nachdem wir die Arbeitsweise eines einzelnen Neurons betrachtet haben, wenden wir uns dem neuronalen Netz als Ganzes zu. Wir unterteilen die Berechnungen eines neuronalen Netzes in zwei Phasen: die **Eingabephase**, in der die externen Eingaben eingespeist werden, und die **Arbeitsphase**, in der die Ausgabe des neuronalen Netzes berechnet wird.

Die Eingabephase dient der Initialisierung des neuronalen Netzes. In ihr werden die Aktivierungen der Eingabeneuronen auf die Werte der zugehörigen externen Eingaben gesetzt. Die Aktivierungen der übrigen Neuronen werden auf einen willkürlichen Anfangswert gesetzt, gewöhnlich 0. Außerdem wird die Ausgabefunktion auf die gesetzten Aktivierungen angewandt, so dass alle Neuronen Ausgaben liefern.

In der Arbeitsphase werden die externen Eingaben abgeschaltet und die Aktivierungen und Ausgaben der Neuronen (ggf. mehrfach) neu berechnet, indem, wie oben beschrieben, Netzeingabe-, Aktivierungs- und Ausgabefunktion angewandt werden. Erhält ein Neuron keine Netzeingabe, weil es keine Vorgänger hat, so legen wir fest, dass es seine Aktivierung — und folglich auch seine Ausgabe — beibehält. Dies ist i.W. nur für Eingabeneuronen in einem vorwärtsbetriebenen Netz wichtig. Für sie soll diese Festlegung sicherstellen, dass sie stets eine wohldefinierte Aktivierung haben, da ja die externen Eingaben in der Arbeitsphase abgeschaltet werden.

Die Neuberechnungen enden entweder, wenn das Netz einen stabilen Zustand erreicht hat, wenn sich also durch weitere Neuberechnungen die Ausgaben der Neuronen nicht mehr ändern, oder wenn eine vorher festgelegte Zahl von Neuberechnungen ausgeführt wurde.

Die zeitliche Abfolge der Neuberechnungen ist nicht allgemein festgelegt (wenn es auch je nach Netztyp bestimmte naheliegende Abfolgen gibt). So können z.B. alle Neuronen eines Netzes ihre Ausgaben gleichzeitig (synchron) neu berechnen, wobei sie auf die alten Ausgaben ihrer Vorgänger zurückgreifen. Oder die Neuronen können in eine Reihenfolge gebracht werden, in der sie nacheinander (asynchron) ihre Ausgabe neu berechnen, wobei ggf. bereits in früheren Schritten berechnete neue Ausgaben anderer Neuronen als Eingaben verwendet werden.

Bei vorwärtsbetriebenen Netzen wird man die Berechnungen normalerweise gemäß einer **topologischen Ordnung**[2] der Neuronen durchführen, da so keine unnötigen Berechnungen ausgeführt werden. Man beachte, dass bei rückgekoppelten neuronalen Netzen die Ausgabe davon abhängen kann, in welcher Reihenfolge die Ausgaben der Neuronen neuberechnet werden bzw. davon, wie viele Neuberechnungen durchgeführt werden (siehe unten).

Als Beispiel betrachten wir wieder das aus drei Neuronen bestehende (künstliche) neuronale Netz, das in Abbildung 3.1 gezeigt ist. Wir nehmen an, dass alle Neuronen als Netzeingabefunktion die gewichtete Summe der Ausgaben ihrer Vorgänger haben, d.h.

$$f_{\text{net}}^{(u)}(\vec{w}_u, \vec{\text{in}}_u) = \sum_{v \in \text{pred}(u)} w_{uv} \text{in}_{uv} = \sum_{v \in \text{pred}(u)} w_{uv} \text{out}_v \,.$$

Die Aktivierungsfunktion aller Neuronen sei die Schwellenwertfunktion

$$f_{\text{act}}^{(u)}(\text{net}_u, \theta) = \begin{cases} 1, & \text{falls } \text{net}_u \geq \theta, \\ 0, & \text{sonst.} \end{cases}$$

Wenn wir wieder, wie im vorangegangenen Kapitel, den Schwellenwert in die Neuronen schreiben, können wir das neuronale Netz wie in Abbildung 3.3 darstellen. Die Ausgabefunktion aller Neuronen sei die Identität, d.h.

$$f_{\text{out}}^{(u)}(\text{act}_u) = \text{act}_u \,.$$

Wir brauchen daher Aktivierung und Ausgabe nicht zu unterscheiden.

Wir betrachten zunächst die Arbeitsweise dieses Netzes, wenn es die Eingaben $x_1 = 1$ und $x_2 = 0$ erhält und die Ausgaben der Neuronen in der Reihenfolge $u_3, u_1, u_2, u_3, u_1, u_2, u_3, \ldots$ aktualisiert werden. Die zugehörigen Berechnungen sind in Tabelle 3.1 dargestellt.

In der Eingabephase werden zunächst die Aktivierungen der Eingabeneuronen u_1 und u_2 auf die Werte der externen Eingaben $\text{ext}_{u_1} = x_1 = 1$ bzw. $\text{ext}_{u_2} = x_2 = 0$ gesetzt. Die Aktivierung des Ausgabeneurons u_3 setzen wir auf den (willkürlich gewählten) Wert 0. Da wir als Ausgabefunktion die Identität gewählt haben, brauchen wir in der Eingabephase keine Berechnungen durchzuführen. Die Neuronen liefern jetzt die Ausgaben $\text{out}_{u_1} = 1$ und $\text{out}_{u_2} = \text{out}_{u_3} = 0$ (siehe Tabelle 3.1).

---

[2] Eine topologische Ordnung ist eine Nummerierung der Knoten eines gerichteten Graphen, so dass alle Kanten von einem Knoten mit einer kleineren Nummer auf einen Knoten mit einer größeren Nummer gerichtet sind. Es ist offensichtlich, dass eine topologische Ordnung nur für azyklische Graphen existiert und daher nur für vorwärtsbetriebene Netze eingesetzt werden kann. Bei diesen wird durch die topologische Ordnung sichergestellt, dass alle Eingaben eines Neurons bereits verfügbar sind (schon berechnet wurden), ehe es seine Aktivierung und Ausgabe neu berechnet.

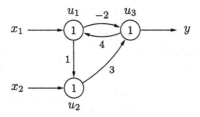

Abbildung 3.3 Ein einfaches (künstliches) neuronales Netz. Die Zahlen in den Neuronen geben den Schwellenwert der Aktivierungsfunktion an.

	u_1	u_2	u_3	
Eingabephase	**1**	**0**	**0**	
Arbeitsphase	1	0	0	$\mathrm{net}_{u_3} = -2$
	0	0	0	$\mathrm{net}_{u_1} = 0$
	0	**0**	0	$\mathrm{net}_{u_2} = 0$
	0	0	**0**	$\mathrm{net}_{u_3} = 0$
	0	0	0	$\mathrm{net}_{u_1} = 0$

Tabelle 3.1 Berechnungen des neuronalen Netzes aus Abbildung 3.1 für die Eingabe ($x_1 = 1, x_2 = 0$) bei Aktualisierung der Aktivierungen in der Reihenfolge $u_3, u_1, u_2, u_3, u_1, u_2, u_3, \ldots$

Die Arbeitsphase beginnt mit der Aktualisierung der Ausgabe des Neurons u_3. Seine Netzeingabe ist die mit -2 und 3 gewichtete Summe der Ausgaben der Neuronen u_1 und u_2, also $\mathrm{net}_{u_3} = -2 \cdot 1 + 3 \cdot 0 = -2$. Da -2 kleiner als 1 ist, wird die Aktivierung (und damit auch die Ausgabe) des Neurons u_3 auf 0 gesetzt. Im nächsten Schritt der Arbeitsphase wird die Ausgabe des Neurons u_1 aktualisiert. (Man beachte, dass seine externe Eingabe jetzt nicht mehr zur Verfügung steht, sondern abgeschaltet ist.) Da es die Netzeingabe 0 hat, wird seine Aktivierung (und damit auch seine Ausgabe) auf 0 gesetzt. Auch die Netzeingabe des Neurons u_2 ist 0 und so wird seine Aktivierung (und seine Ausgabe) im dritten Schritt ebenfalls auf 0 gesetzt. Nach zwei weiteren Schritten wird deutlich, dass wir einen stabilen Zustand erreicht haben, da nach dem fünften Schritt der Arbeitsphase die gleiche Situation vorliegt wie nach dem zweiten Schritt. Die Arbeitsphase wird daher beendet und die Aktivierung 0 des Ausgabeneurons u_3 liefert die Ausgabe $y = 0$ des neuronalen Netzes.

Dass ein stabiler Zustand erreicht wird, liegt hier jedoch daran, dass wir die Neuronen in der Reihenfolge $u_3, u_1, u_2, u_3, u_1, u_2, u_3, \ldots$ aktualisiert haben. Wenn wir stattdessen die Reihenfolge $u_3, u_2, u_1, u_3, u_2, u_1, u_3, \ldots$ wählen, zeigt sich ein anderes Bild, das in Tabelle 3.2 dargestellt ist. Im siebten Schritt der Arbeitsphase wird deutlich, dass die Ausgaben aller drei Neuronen oszillieren und sich kein stabiler Zustand einstellen kann: Die Situation nach dem siebten Arbeitsschritt ist identisch mit der nach dem ersten Arbeitsschritt, folglich werden sich die Änderungen

	u_1	u_2	u_3	
Eingabephase	**1**	**0**	**0**	
Arbeitsphase	1	0	0	$\text{net}_{u_3} = -2$
	1	1	0	$\text{net}_{u_2} = 1$
	0	1	0	$\text{net}_{u_1} = 0$
	0	1	1	$\text{net}_{u_3} = 3$
	0	**0**	1	$\text{net}_{u_2} = 0$
	1	0	1	$\text{net}_{u_1} = 4$
	1	0	**0**	$\text{net}_{u_3} = -2$

Tabelle 3.2 Berechnungen des neuronalen Netzes aus Abbildung 3.1 für die Eingabe ($x_1 = 1, x_2 = 0$) bei Aktualisierung der Aktivierungen in der Reihenfolge $u_3, u_2, u_1, u_3, u_2, u_1, u_3, \ldots$

endlos wiederholen. Wir können daher die Arbeitsphase nicht deshalb abbrechen, weil ein stabiler Zustand erreicht ist, sondern müssen ein anderes Kriterium wählen, z.B., dass eine bestimmte Zahl von Arbeitsschritten ausgeführt wurde. Dann aber hängt die Ausgabe des neuronalen Netzes davon ab, nach welchem Arbeitsschritt die Arbeitsphase abgebrochen wird. Wird nach Schritt k mit $(k-1) \bmod 6 < 3$ abgebrochen, so ist die Aktivierung des Ausgabeneurons u_3 und damit die Ausgabe $y = 0$. Wird dagegen nach Schritt k mit $(k-1) \bmod 6 \geq 3$ abgebrochen, so ist die Aktivierung des Ausgabeneurons u_3 und damit die Ausgabe $y = 1$.

3.3 Training neuronaler Netze

Zu den interessantesten Eigenschaften (künstlicher) neuronaler Netze gehört die Möglichkeit, sie mit Hilfe von Beispieldaten für bestimmte Aufgaben zu trainieren. Ansatzweise haben wir diese Möglichkeit bereits im vorangehenden Kapitel anhand der Delta-Regel betrachtet, die zwar nur für einzelne Schwellenwertelemente anwendbar ist, aber bereits das Grundprinzip verdeutlicht: Das Training eines neuronalen Netzes besteht in der Anpassung der Verbindungsgewichte und ggf. weiterer Parameter, wie z.B. Schwellenwerten, so dass ein bestimmtes Kriterium optimiert wird.

Je nach der Art der Trainingsdaten und dem zu optimierenden Kriterium unterscheidet man zwei Arten von Lernaufgaben: feste und freie.

Definition 3.4 *Eine* **feste Lernaufgabe** L_{fixed} *(fixed learning task) für ein neuronales Netz mit n Eingabeneuronen, d.h. $U_{\text{in}} = \{u_1, \ldots, u_n\}$, und m Ausgabeneuronen, d.h. $U_{\text{out}} = \{v_1, \ldots, v_m\}$, ist eine Menge von* **Lernmustern** $l = (\vec{\imath}^{(l)}, \vec{o}^{(l)})$, *jeweils bestehend aus einem* **Eingabevektor** $\vec{\imath}^{(l)} = (\text{ext}_{u_1}^{(l)}, \ldots, \text{ext}_{u_n}^{(l)})$ *und einem* **Ausgabevektor** $\vec{o}^{(l)} = (o_{v_1}^{(l)}, \ldots, o_{v_m}^{(l)})$.

Bei einer festen Lernaufgabe soll ein neuronales Netz so trainiert werden, dass es für alle Lernmuster $l \in L_{\text{fixed}}$ bei Eingabe der in dem Eingabevektor $\vec{\imath}^{(l)}$ eines Lernmusters l enthaltenen externen Eingaben die in dem zugehörigen Ausgabevektor $\vec{o}^{(l)}$ enthaltenen Ausgaben liefert.

Dieses Optimum wird man jedoch in der Praxis kaum erreichen können und muss sich daher ggf. mit einer Teil- oder Näherungslösung zufriedengeben. Um zu bestimmen, wie gut ein neuronales Netz eine feste Lernaufgabe löst, verwendet man eine Fehlerfunktion, mit der man misst, wie gut die tatsächlichen Ausgaben mit den gewünschten übereinstimmen. Üblicherweise setzt man diese Fehlerfunktion als die Summe der Quadrate der Abweichungen von gewünschter und tatsächlicher Ausgabe über alle Lernmuster und alle Ausgabeneuronen an. D.h., der Fehler eines neuronalen Netzes bezüglich einer festen Lernaufgabe L_{fixed} wird definiert als

$$e = \sum_{l \in L_{\text{fixed}}} e^{(l)} = \sum_{v \in U_{\text{out}}} e_v = \sum_{l \in L_{\text{fixed}}} \sum_{v \in U_{\text{out}}} e_v^{(l)},$$

wobei

$$e_v^{(l)} = \left(o_v^{(l)} - \text{out}_v^{(l)} \right)^2$$

der Einzelfehler für ein Lernmuster l und ein Ausgabeneuron v ist.

Das Quadrat der Abweichung der tatsächlichen von der gewünschten Ausgabe verwendet man aus verschieden Gründen. Zunächst ist klar, dass wir nicht einfach die Abweichungen selbst aufsummieren dürfen, da sich dann positive und negative Abweichungen aufheben könnten, und wir so einen falschen Eindruck von der Güte des Netzes bekämen. Wir müssen also mindestens die Beträge der Abweichungen summieren.

Gegenüber dem Betrag der Abweichung der tatsächlichen von der gewünschten Ausgabe hat das Quadrat aber zwei Vorteile: Erstens ist es überall stetig differenzierbar, während die Ableitung des Betrages bei 0 nicht existiert/unstetig ist. Die stetige Differenzierbarkeit der Fehlerfunktion vereinfacht aber die Ableitung der Änderungsregeln für die Gewichte (siehe Abschnitt 4.4). Zweitens gewichtet das Quadrat große Abweichungen von der gewünschten Ausgabe stärker, so dass beim Training vereinzelte starke Abweichungen vom gewünschten Wert tendenziell vermieden werden.

Wenden wir uns nun den freien Lernaufgaben zu.

Definition 3.5 *Eine* **freie Lernaufgabe** L_{free} *(free learning task) für ein neuronales Netz mit n Eingabeneuronen, d.h. $U_{\text{in}} = \{u_1, \ldots, u_n\}$, ist eine Menge von* **Lernmustern** $l = \left(\vec{\imath}^{(l)} \right)$, *die jeweils aus einem* **Eingabevektor** $\vec{\imath}^{(l)} = \left(\text{ext}_{u_1}^{(l)}, \ldots, \text{ext}_{u_n}^{(l)} \right)$ *bestehen.*

Während die Lernmuster einer festen Lernaufgabe eine gewünschte Ausgabe enthalten, was die Berechnung eines Fehlers erlaubt, brauchen wir bei einer freien Lernaufgabe ein anderes Kriterium, um zu beurteilen, wie gut ein neuronales Netz die Aufgabe löst. Prinzipiell soll bei einer freien Lernaufgabe ein neuronales Netz so trainiert werden, dass es „für ähnliche Eingaben ähnliche Ausgaben liefert", wobei die Ausgaben vom Trainingsverfahren gewählt werden können. Das Ziel des Trainings kann dann z.B. sein, die Eingabevektoren zu Gruppen ähnlicher Vektoren zusammenzufassen (Clustering), so dass für alle Vektoren einer Gruppe die gleiche Ausgabe geliefert wird (siehe dazu etwa Abschnitt 6.2).

Bei einer freien Lernaufgabe ist für das Training vor allem wichtig, wie die Ähnlichkeit zwischen Lernmustern gemessen wird. Dazu kann man z.B. eine Abstandsfunktion verwenden (Einzelheiten zu Abstandsfunktionen findet man im Abschnitt 5.1). Die Ausgaben werden einer Gruppe ähnlicher Eingabevektoren meist über die Wahl von Repräsentanten oder die Bildung von Prototypen zugeordnet (siehe Kapitel 6).

Im Rest dieses Abschnitts gehen wir auf einige allgemeine Aspekte des Trainings neuronaler Netze ein, die für die Praxis relevant sind. So empfiehlt es sich etwa, die Eingaben eines neuronalen Netzes zu normieren, um bestimmte numerische Probleme, die sich aus einer ungleichen Skalierung der verschiedenen Eingabegrößen ergeben können, zu vermeiden. Üblicherweise wird jede Eingabegröße so skaliert, dass sie den Mittelwert 0 und die Varianz 1 hat. Dazu berechnet man aus den Eingabevektoren der Lernmuster l der Lernaufgabe L für jedes Eingabeneuron u_k

$$\mu_k = \frac{1}{|L|} \sum_{l \in L} \text{ext}_{u_k}^{(l)} \qquad \text{und} \qquad \sigma_k = \sqrt{\frac{1}{|L|} \sum_{l \in L} \left(\text{ext}_{u_k}^{(l)} - \mu_k \right)^2},$$

also den Mittelwert und die Standardabweichung der externen Eingaben.[3] Dann werden die externen Eingaben gemäß

$$\text{ext}_{u_k}^{(l)(\text{neu})} = \frac{\text{ext}_{u_k}^{(l)(\text{alt})} - \mu_k}{\sigma_k}$$

transformiert. Diese Normierung kann entweder in einem Vorverarbeitungsschritt oder (in einem vorwärtsbetriebenen Netz) durch die Ausgabefunktion der Eingabeneuronen vorgenommen werden.

Bisher haben wir (z.T. implizit) vorausgesetzt, dass die Ein- und Ausgaben eines neuronalen Netzes reelle Zahlen sind. In der Praxis treten jedoch oft auch symbolische Attribute auf, z.B. Farbe, Fahrzeugtyp, Familienstand etc. Damit ein neuronales Netz solche Attribute verarbeiten kann, müssen die Attributwerte durch Zahlen dargestellt werden. Dazu kann man die Werte des Attributes zwar z.B. einfach durchnummerieren, doch kann dies zu unerwünschten Effekten führen, wenn die Zahlen keine natürliche Ordnung der Attributwerte widerspiegeln. Besser ist daher eine so genannte 1-aus-n-Kodierung, bei der jedem symbolischen Attribut so viele (Eingabe- oder Ausgabe-) Neuronen zugeordnet werden, wie es Werte besitzt: Jedes Neuron entspricht einem Attributwert. Bei der Eingabe eines Lernmusters wird dann das Neuron, das dem vorliegenden Wert entspricht, auf 1, alle anderen, dem gleichen Attribut zugeordneten Neuronen dagegen auf 0 gesetzt.

---

[3] Die zweite Formel beruht auf dem Maximum-Likelihood-Schätzer für die Varianz einer Normalverteilung. In der Statistik wird stattdessen oft auch der unverzerrte Schätzer verwendet, der sich nur durch die Verwendung von $|L| - 1$ statt $|L|$ von dem angegebenen unterscheidet. Für die Normierung spielt dieser Unterschied keine Rolle.

4   Mehrschichtige Perzeptren

Nachdem wir im vorangehenden Kapitel die Struktur, die Arbeitsweise und das
Training/Lernen (künstlicher) neuronaler Netze allgemein beschrieben haben, wenden wir uns in diesem und den folgenden Kapiteln speziellen Formen (künstlicher)
neuronaler Netze zu. Wir beginnen mit der bekanntesten Form, den so genannten
mehrschichtigen Perzeptren (multilayer perceptrons, MLPs), die eng mit den in
Kapitel 2 betrachteten Netzen von Schwellenwertelementen verwandt sind. Die Unterschiede bestehen im wesentlichen in dem streng geschichteten Aufbau des Netzes
(siehe die folgende Definition) und in der Verwendung auch anderer Aktivierungsfunktionen als einem Test auf Überschreiten eines scharfen Schwellenwertes.

4.1   Definition und Beispiele

Definition 4.1 *Ein* **r-schichtiges Perzeptron** *ist ein neuronales Netz mit einem
Graphen* $G = (U, C)$*, der den folgenden Einschränkungen genügt:*

(i) $U_{\text{in}} \cap U_{\text{out}} = \emptyset$,

(ii) $U_{\text{hidden}} = U_{\text{hidden}}^{(1)} \cup \cdots \cup U_{\text{hidden}}^{(r-2)}$,

$\forall 1 \leq i < j \leq r - 2: \quad U_{\text{hidden}}^{(i)} \cap U_{\text{hidden}}^{(j)} = \emptyset$,

(iii) $C \subseteq \left(U_{\text{in}} \times U_{\text{hidden}}^{(1)} \right) \cup \left(\bigcup_{i=1}^{r-3} U_{\text{hidden}}^{(i)} \times U_{\text{hidden}}^{(i+1)} \right) \cup \left(U_{\text{hidden}}^{(r-2)} \times U_{\text{out}} \right)$

oder, falls es keine versteckten Neuronen gibt $(r = 2, U_{\text{hidden}} = \emptyset)$,

$C \subseteq U_{\text{in}} \times U_{\text{out}}$.

*Die Netzeingabefunktion jedes versteckten und jedes Ausgabeneurons ist die (mit
den Verbindungsgewichten) gewichtete Summe der Eingänge, d.h.*

$$\forall u \in U_{\text{hidden}} \cup U_{\text{out}}: \qquad f_{\text{net}}^{(u)}(\vec{w}_u, \vec{\text{in}}_u) = \vec{w}_u \vec{\text{in}}_u = \sum_{v \in \text{pred}(u)} w_{uv} \, \text{out}_v.$$

Die Aktivierungsfunktion jedes versteckten Neurons ist eine so genannte **sigmoide
Funktion**, *d.h. eine monoton wachsende Funktion*

$$f : \mathbb{R} \to [0, 1] \quad mit \quad \lim_{x \to -\infty} f(x) = 0 \quad und \quad \lim_{x \to \infty} f(x) = 1.$$

*Die Aktivierungsfunktion jedes Ausgabeneurons ist entweder ebenfalls eine sigmoide
Funktion oder eine lineare Funktion* $f_{\text{act}}(\text{net}, \theta) = \alpha \, \text{net} - \theta$.

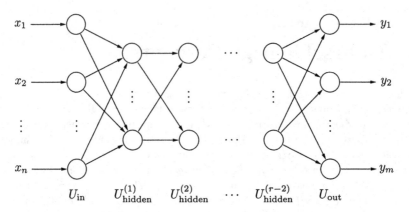

Abbildung 4.1 Allgemeiner Aufbau eines r-schichtigen Perzeptrons.

Anschaulich bedeuten die Einschränkungen des Graphen, dass ein mehrschichtiges Perzeptron aus einer Eingabe- und einer Ausgabeschicht (den Neuronen der Mengen U_{in} bzw. U_{out}) und keiner, einer oder mehreren versteckten Schichten (den Neuronen in den Mengen $U_{\text{hidden}}^{(i)}$) besteht. Verbindungen gibt es nur zwischen den Neuronen benachbarter Schichten, also zwischen der Eingabeschicht und der ersten versteckten Schicht, zwischen aufeinanderfolgenden versteckten Schichten und zwischen der letzten versteken Schicht und der Ausgabeschicht (siehe Abbildung 4.1). Man beachte, dass ein mehrschichtiges Perzeptron nach dieser Definition immer mindestens zwei Schichten — die Eingabe- und die Ausgabeschicht — besitzt.

Beispiele für sigmoide Aktivierungsfunktionen, die alle einen Parameter, nämlich einen **Biaswert** θ besitzen, zeigt Abbildung 4.2. Die Schwellenwertelemente aus Kapitel 2 benutzen ausschließlich die Sprungfunktion als Aktivierungsfunktion. Die Vorteile anderer Aktivierungsfunktionen werden in Abschnitt 4.2 besprochen. Hier bemerken wir nur, dass statt der angegebenen **unipolaren** sigmoiden Funktionen ($\lim_{x\to-\infty} f(x) = 0$) oft auch **bipolare** sigmoide Funktionen ($\lim_{x\to-\infty} f(x) = -1$) verwendet werden. Eine solche ist z.B. der *tangens hyperbolicus* (siehe Abbildung 4.3), der mit der logistischen Funktion eng verwandt ist. Es ist außerdem klar, dass sich aus jeder unipolaren sigmoiden Funktion durch Multiplikation mit 2 und Abziehen von 1 eine bipolare sigmoide Funktion erhalten lässt.

Durch bipolare sigmoide Aktivierungsfunktionen ergibt sich kein prinzipieller Unterschied. Wir beschränken uns daher in diesem Buch auf unipolare sigmoide Aktivierungsfunktionen. Alle Betrachtungen und Ableitungen der folgenden Abschnitte lassen sich leicht übertragen.

Der streng geschichtete Aufbau eines mehrschichtigen Perzeptrons und die spezielle Netzeingabefunktion der versteckten und der Ausgabeneuronen legen es nahe, die in Kapitel 3 angesprochene Beschreibung der Netzstruktur durch eine Gewichtsmatrix auszunutzen, um die von einem mehrschichtigen Perzeptron aus-

Sprungfunktion:

$$f_{\text{act}}(\text{net}, \theta) = \begin{cases} 1, & \text{wenn net} \geq \theta, \\ 0, & \text{sonst.} \end{cases}$$

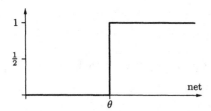

semi-lineare Funktion:

$$f_{\text{act}}(\text{net}, \theta) = \begin{cases} 1, & \text{wenn net} > \theta + \frac{1}{2}, \\ 0, & \text{wenn net} < \theta - \frac{1}{2}, \\ (\text{net} - \theta) + \frac{1}{2}, & \text{sonst.} \end{cases}$$

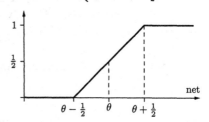

Sinus bis Sättigung:

$$f_{\text{act}}(\text{net}, \theta) = \begin{cases} 1, & \text{wenn net} > \theta + \frac{\pi}{2}, \\ 0, & \text{wenn net} < \theta - \frac{\pi}{2}, \\ \frac{\sin(\text{net} - \theta) + 1}{2}, & \text{sonst.} \end{cases}$$

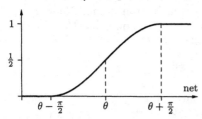

logistische Funktion:

$$f_{\text{act}}(\text{net}, \theta) = \frac{1}{1 + e^{-(\text{net} - \theta)}}$$

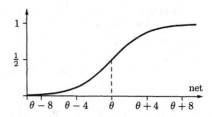

Abbildung 4.2 Verschiedene unipolare sigmoide Aktivierungsfunktionen.

tangens hyperbolicus:

$$\begin{aligned} f_{\text{act}}(\text{net}, \theta) &= \tanh(\text{net} - \theta) \\ &= \frac{2}{1 + e^{-2(\text{net} - \theta)}} - 1 \end{aligned}$$

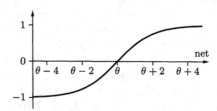

Abbildung 4.3 Der *tangens hyperbolicus*, eine bipolare sigmoide Funktion.

geführten Berechnungen einfacher darzustellen. Allerdings verwenden wir nicht eine Gewichtsmatrix für das gesamte Netz (obwohl dies natürlich auch möglich wäre), sondern je eine Matrix für die Verbindungen einer Schicht zur nächsten: Seien $U_1 = \{v_1, \ldots, v_m\}$ und $U_2 = \{u_1, \ldots, u_n\}$ die Neuronen zweier Schichten eines mehrschichtigen Perzeptrons, wobei U_2 auf U_1 folgen möge. Wir stellen eine $n \times m$ Matrix

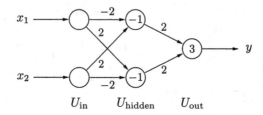

Abbildung 4.4 Ein dreischichtiges Perzeptron für die Biimplikation.

$$
\mathbf{W} = \begin{pmatrix}
w_{u_1 v_1} & w_{u_1 v_2} & \cdots & w_{u_1 v_m} \\
w_{u_2 v_1} & w_{u_2 v_2} & \cdots & w_{u_2 v_m} \\
\vdots & \vdots & & \vdots \\
w_{u_n v_1} & w_{u_n v_2} & \cdots & w_{u_n v_m}
\end{pmatrix}
$$

der Gewichte der Verbindungen zwischen diesen beiden Schichten auf, wobei wir $w_{u_i v_j} = 0$ setzen, wenn es keine Verbindung vom Neuron v_j zum Neuron u_i gibt. Der Vorteil einer solchen Matrix ist, dass wir die Berechnung der Netzeingabe der Neuronen der Schicht U_2 schreiben können als

$$
\vec{\mathrm{net}}_{U_2} = \mathbf{W} \cdot \vec{\mathrm{in}}_{U_2} = \mathbf{W} \cdot \vec{\mathrm{out}}_{U_1}
$$

mit $\vec{\mathrm{net}}_{U_2} = (\mathrm{net}_{u_1}, \ldots, \mathrm{net}_{u_n})^T$ und $\vec{\mathrm{in}}_{U_2} = \vec{\mathrm{out}}_{U_1} = (\mathrm{out}_{v_1}, \ldots, \mathrm{out}_{v_m})^T$ (das hochgestellte T bedeutet die Transponierung des Vektors, d.h., seine Umwandlung aus einem Zeilen- in einen Spaltenvektor).

Die Anordnung der Gewichte in der Matrix ist durch die Konvention, Matrix-Vektor-Gleichungen mit Spaltenvektoren zu schreiben, und die Regeln der Matrix-Vektor-Multiplikation festgelegt. Sie erklärt, warum wir in Definition 3.3 auf Seite 29 die Reihenfolge der Gewichtindizes so festgelegt haben, dass das Neuron, zu dem die Verbindung führt, zuerst steht.

Als erstes Beispiel für ein mehrschichtiges Perzeptron betrachten wir noch einmal das Netz aus Schwellenwertelementen aus Abschnitt 2.4, das die Biimplikation berechnet. In Abbildung 4.4 ist es als dreischichtiges Perzeptron dargestellt. Man beachte, dass gegenüber Abbildung 2.10 auf Seite 14 zwei zusätzliche Neuronen, nämlich die beiden Eingabeneuronen, auftreten. Formal sind diese Neuronen notwendig, da nach unserer Definition eines neuronalen Netzes nur den Kanten des Graphen Gewichte zugeordnet werden können, nicht aber direkt den Eingaben. Wir brauchen daher die Eingabeneuronen, damit wir Kanten zu den Neuronen der versteckten Schicht haben, denen wir die Gewichte der Eingaben zuordnen können. (Allerdings können die Eingabeneuronen auch zur Transformation der Eingabegrößen benutzt werden, indem man ihnen eine geeignete Ausgabefunktion zuordnet. Soll etwa der Logarithmus einer Eingabe für die Berechnungen des neuronalen Netzes verwendet werden, so wählt man einfach $f_{\mathrm{out}}(\mathrm{act}) \equiv \log(\mathrm{act})$ für das zugehörige Eingabeneuron.)

Zur Illustration der Matrixschreibweise der Gewichte stellen wir die Verbindungsgewichte dieses Netzes durch zwei Matrizen dar. Wir erhalten

$$\mathbf{W}_1 = \left(\begin{array}{cc} -2 & 2 \\ 2 & -2 \end{array} \right) \quad \text{und} \quad \mathbf{W}_2 = (\begin{array}{cc} 2 & 2 \end{array}),$$

wobei die Matrix $\mathbf{W}_1$ für die Verbindungen von der Eingabeschicht zur versteckten Schicht und die Matrix $\mathbf{W}_2$ für die Verbindungen von der versteckten Schicht zur Ausgabeschicht steht.

Als weiteres Beispiel betrachten wir das **Fredkin-Gatter**, das in der so genannten **konservativen Logik**[1] eine wichtige Rolle spielt [Fredkin und Toffoli 1982]. Dieses Gatter hat drei Eingänge: s, x_1 und x_2, und drei Ausgänge: s, y_1 und y_2 (siehe Abbildung 4.5). Die „Schaltervariable" s wird stets unverändert durchgereicht. Die Eingänge x_1 und x_2 werden entweder parallel oder gekreuzt auf die Ausgänge y_1 und y_2 geschaltet, je nachdem, ob die Schaltervariable s den Wert 0 oder den Wert 1 hat. Die von einem Fredkin-Gatter berechnete Funktion ist in Abbildung 4.5 als Wertetabelle und in Abbildung 4.6 geometrisch dargestellt.

Abbildung 4.7 zeigt ein dreischichtiges Perzeptron, das die Funktion des Fredkin-Gatters (ohne die durchgereichte Schaltervariable s) berechnet. Es ist eigentlich aus zwei getrennten dreischichtigen Perzeptren zusammengesetzt, da es von keinem Neuron der versteckten Schicht Verbindungen zu beiden Ausgabeneuronen gibt. Das muss natürlich nicht immer so sein.

Zur Illustration der Matrixschreibweise der Gewichte stellen wir auch die Gewichte dieses Netzes durch zwei Matrizen dar. Wir erhalten

$$\mathbf{W}_1 = \left(\begin{array}{ccc} 2 & -2 & 0 \\ 2 & 2 & 0 \\ 0 & 2 & 2 \\ 0 & -2 & 2 \end{array} \right) \quad \text{und} \quad \mathbf{W}_2 = \left(\begin{array}{cccc} 2 & 0 & 2 & 0 \\ 0 & 2 & 0 & 2 \end{array} \right),$$

wobei die Matrix $\mathbf{W}_1$ wieder für die Verbindungen von der Eingabeschicht zur versteckten Schicht und die Matrix $\mathbf{W}_2$ für die Verbindungen von der versteckten Schicht zur Ausgabeschicht steht. Man beachte, dass in diesen Matrizen fehlende Verbindungen durch Nullgewichte dargestellt sind.

Mit Hilfe der Matrixschreibweise der Gewichte kann man übrigens leicht zeigen, warum sigmoide oder allgemein nichtlineare Aktivierungsfunktionen für die Berechnungsfähigkeiten eines mehrschichtigen Perzeptrons wichtig sind. Sind nämlich alle Aktivierungs- und Ausgabefunktionen linear, also Funktionen $f_{\text{act}}(\text{net}, \theta) = \alpha \, \text{net} - \theta$, so lässt sich ein mehrschichtiges Perzeptron auf ein zweischichtiges (nur Ein- und Ausgabeschicht) reduzieren.

---

[1] Die konservative Logik ist ein mathematisches Modell für Berechnungen und Berechnungsfähigkeiten von Computern, in dem die grundlegenden physikalischen Prinzipien, denen Rechenautomaten unterworfen sind, explizit berücksichtigt werden. Zu diesen Prinzipien gehört z.B., dass die Geschwindigkeit, mit der Information übertragen werden kann, sowie die Menge an Information, die in einem Zustand eines endlichen Systems gespeichert werden kann, endlich sind [Fredkin und Toffoli 1982].

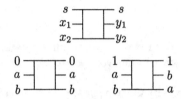

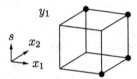

s	0	0	0	0	1	1	1	1
x_1	0	0	1	1	0	0	1	1
x_2	0	1	0	1	0	1	0	1
y_1	0	0	1	1	0	1	0	1
y_2	0	1	0	1	0	0	1	1

Abbildung 4.5 Das Fredkin-Gatter [Fredkin und Toffoli 1982].

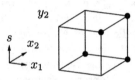

Abbildung 4.6 Geometrische Darstellung der durch ein Fredkin-Gatter berechneten Funktion (ohne die durchgereichte Eingabe s).

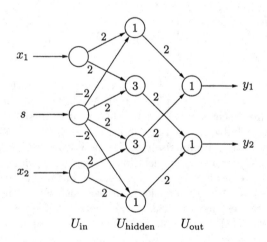

Abbildung 4.7 Ein dreischichtiges Perzeptron zur Berechnung des Funktion des Fredkin-Gatters (siehe Abbildung 4.5).

Wie oben erwähnt, ist für zwei aufeinanderfolgende Schichten U_1 und U_2

$$\vec{\text{net}}_{U_2} = \mathbf{W} \cdot \vec{\text{in}}_{U_2} = \mathbf{W} \cdot \vec{\text{out}}_{U_1}.$$

Sind nun alle Aktivierungsfunktionen linear, so kann man die Aktivierungen der Neuronen der Schicht U_2 ebenfalls durch eine Matrix-Vektor-Rechnung bestimmen, nämlich durch

$$\vec{\text{act}}_{U_2} = \mathbf{D}_{\text{act}} \cdot \vec{\text{net}}_{U_2} - \vec{\theta},$$

wobei $\vec{\text{act}}_{U_2} = (\text{act}_{u_1}, \dots, \text{act}_{u_n})^T$ der Vektor der Aktivierungen der Neuronen der Schicht U_2, $\mathbf{D}_{\text{act}}$ eine $n \times n$ Diagonalmatrix der Faktoren α_{u_i}, $i = 1, \dots, n$, und $\vec{\theta} = (\theta_{u_1}, \dots, \theta_{u_n})^T$ ein Biasvektor sind. Ist die Ausgabefunktion ebenfalls eine lineare Funktion, so ist analog

$$\vec{\text{out}}_{U_2} = \mathbf{D}_{\text{out}} \cdot \vec{\text{act}}_{U_2} - \vec{\xi},$$

wobei $\vec{\text{out}}_{U_2} = (\text{out}_{u_1}, \dots, \text{out}_{u_n})^T$ der Vektor der Ausgaben der Neuronen der Schicht U_2, $\mathbf{D}_{\text{out}}$ wieder eine $n \times n$ Diagonalmatrix von Faktoren und schließlich $\vec{\xi} = (\xi_{u_1}, \dots, \xi_{u_n})^T$ wieder ein Biasvektor sind. Daher können wir die Berechnung der Ausgaben der Neuronen der Schicht U_2 aus den Ausgaben der Neuronen der vorhergehenden Schicht U_1 schreiben als

$$\vec{\text{out}}_{U_2} = \mathbf{D}_{\text{out}} \cdot \left(\mathbf{D}_{\text{act}} \cdot \left(\mathbf{W} \cdot \vec{\text{out}}_{U_1} \right) - \vec{\theta} \right) - \vec{\xi},$$

was sich zu

$$\vec{\text{out}}_{U_2} = \mathbf{A}_{12} \cdot \vec{\text{out}}_{U_1} + \vec{b}_{12},$$

mit einer $n \times m$ Matrix $\mathbf{A}_{12}$ und einem n-dimensionalen Vektor $\vec{b}_{12}$ zusammenfassen lässt. Analog erhalten wir für die Berechnungen der Ausgaben der Neuronen einer auf die Schicht U_2 folgenden Schicht U_3 aus den Ausgaben der Neuronen der Schicht U_2

$$\vec{\text{out}}_{U_3} = \mathbf{A}_{23} \cdot \vec{\text{out}}_{U_2} + \vec{b}_{23},$$

also für die Berechnungen der Ausgaben der Neuronen der Schicht U_3 aus den Ausgaben der Neuronen der Schicht U_1

$$\vec{\text{out}}_{U_3} = \mathbf{A}_{13} \cdot \vec{\text{out}}_{U_1} + \vec{b}_{13},$$

wobei $\mathbf{A}_{13} = \mathbf{A}_{23} \cdot \mathbf{A}_{12}$ und $\vec{b}_{13} = \mathbf{A}_{23} \cdot \vec{b}_{12} + \vec{b}_{23}$. Die Berechnungen zweier aufeinanderfolgender Schichten lassen sich daher auf eine Schicht reduzieren. In der gleichen Weise können wir natürlich die Berechnungen beliebig vieler weiterer Schichten einbeziehen. Folglich können mehrschichtige Perzeptren nur affine Transformationen berechnen, wenn die Aktivierungs- und die Ausgabefunktionen aller Neuronen linear sind. Für komplexere Aufgaben braucht man deshalb nichtlineare Aktivierungsfunktionen.

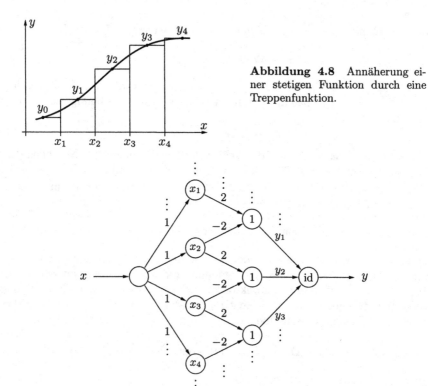

Abbildung 4.8 Annäherung einer stetigen Funktion durch eine Treppenfunktion.

Abbildung 4.9 Ein neuronales Netz, das die Treppenfunktion aus Abbildung 4.8 berechnet. („id" statt eines Schwellenwertes bedeutet, dass dieses Neuron die Identität statt einer Schwellenwertfunktion benutzt.)

4.2   Funktionsapproximation

In diesem Abschnitt untersuchen wir, was wir gegenüber Schwellenwertelementen (d.h. Neuronen mit der Sprungfunktion als Aktivierungsfunktion) gewinnen, wenn wir auch andere Aktivierungsfunktionen zulassen.[2] Es zeigt sich zunächst, dass man alle Riemann-integrierbaren Funktionen durch vierschichtige Perzeptren beliebig genau annähern kann, indem man lediglich im Ausgabeneuron die Sprungfunktion durch die Identität ersetzt.

Die Idee ist in den Abbildungen 4.8 und 4.9 für eine einstellige Funktion veranschaulicht: Die zu berechnende Funktion wird durch eine Treppenfunktion angenähert (siehe Abbildung 4.8). Für jede Stufengrenze x_i wird ein Neuron in der

---

[2] Wir setzen im folgenden stillschweigend voraus, dass die Ausgabefunktion aller Neuronen die Identität ist. Nur die Aktivierungsfunktionen werden verändert.

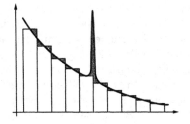

Abbildung 4.10 Grenzen des Satzes über die Annäherung einer Funktion durch ein mehrschichtiges Perzeptron.

ersten versteckten Schicht eines insgesamt vierschichtigen Perzeptrons angelegt (siehe Abbildung 4.9). Dieses Neuron hat die Aufgabe, zu bestimmen, auf welcher Seite der Stufengrenze ein Eingabewert liegt.

In der zweiten versteckten Schicht gibt es für jede Stufe ein Neuron, das Eingaben von den Neuronen erhält, denen die Werte x_i und x_{i+1} zugeordnet sind, die die Stufe begrenzen (siehe Abbildung 4.9). Die Gewichte und der Schwellenwert sind so gewählt, dass das Neuron aktiviert wird, wenn der Eingabewert größergleich x_i aber kleiner als x_{i+1} ist, also wenn der Eingabewert im Bereich der Stufe liegt. Man beachte, dass so immer nur genau ein Neuron der zweiten versteckten Schicht aktiv sein kann, nämlich dasjenige, das die Stufe repräsentiert, in der der Eingabewert liegt.

Die Verbindungen der Neuronen der zweiten versteckten Schicht zum Ausgabeneuron sind mit den Funktionswerten der durch diese Neuronen repräsentierten Treppenstufen gewichtet. Da immer nur ein Neuron der zweiten versteckten Schicht aktiv sein kann, erhält das Ausgabeneuron so als Netzeingabe die Höhe der Treppenstufe, in der der Eingabewert liegt. Weil es als Aktivierungsfunktion die Identität besitzt, gibt es diesen Wert unverändert aus. Folglich berechnet das in Abbildung 4.9 skizzierte vierschichtige Perzeptron gerade die in Abbildung 4.8 gezeigte Treppenfunktion.

Es ist klar, dass man die Güte der Annäherung durch eine Treppenfunktion beliebig erhöhen kann, indem man die Treppenstufen hinreichend schmal macht. Man erinnere sich dazu an die Einführung des Integralbegriffs in der Analysis über Riemannsche Ober- und Untersummen: Zu jeder vorgegebenen Fehlerschranke $\varepsilon >$ 0 gibt es eine „Stufenbreite" $\delta(\varepsilon) > 0$, so dass sich die Riemannsche Ober- und Untersumme um weniger als ε unterscheiden. Folglich können wir den folgenden Satz formulieren:

Satz 4.1 *Jede Riemann-integrierbare Funktion ist durch ein mehrschichtiges Perzeptron beliebig genau approximierbar.*

Man beachte, dass dieser Satz nur Riemann-Integrierbarkeit der darzustellenden Funktion voraussetzt und *nicht* Stetigkeit. Die darzustellende Funktion darf also Sprungstellen haben. Jedoch darf sie in dem Bereich, in dem sie durch ein mehrschichtiges Perzeptron angenähert werden soll, nur endlich viele Sprungstellen endlicher Höhe besitzen. Die Funktion muss folglich „fast überall" stetig sein.

Man beachte weiter, dass in diesem Satz der Fehler der Näherung durch die *Fläche* zwischen der darzustellenden Funktion und der Ausgabe des mehrschichtigen Perzeptrons gemessen wird. Diese Fläche kann durch Erhöhen der Zahl der Neuronen (durch Erhöhen der Zahl der Treppenstufen) beliebig klein gemacht werden. Das garantiert jedoch *nicht*, dass für ein gegebenes Perzeptron, das eine bestimmte Näherungsgüte in diesem Sinne erreicht, an jedem Punkt die Differenz zwischen seiner Ausgabe und der darzustellenden Funktion kleiner ist als eine bestimmte Fehlerschranke. Die darzustellende Funktion könnte z.B. eine sehr schmale Spitze besitzen, die durch keine Treppenstufe erfasst wird (siehe Abbildung 4.10). Dann ist zwar die Fläche zwischen der darzustellenden Funktion und der Ausgabe des mehrschichtigen Perzeptrons klein (weil die Spitze schmal ist und daher nur eine kleine Fläche einschließt), aber an der Stelle der Spitze kann die Abweichung der Ausgabe vom wahren Funktionswert trotzdem sehr groß sein.

Natürlich lässt sich die Idee, eine gegebene Funktion durch eine Treppenfunktion anzunähern, unmittelbar auf mehrstellige Funktionen übertragen: Der Eingaberaum wird — je nach Stelligkeit der Funktion — in Rechtecke, Quader oder allgemein Hyperquader eingeteilt, denen jeweils ein Funktionswert zugeordnet wird. Es ist klar, dass man dann wieder ein vierschichtiges Perzeptron angeben kann, das die höherdimensionale „Treppenfunktion" berechnet. Da man auch wieder die Güte der Annäherung beliebig erhöhen kann, indem man die Rechtecke, Quader bzw. Hyperquader hinreichend klein macht, ist der obige Satz nicht auf einstellige Funktionen beschränkt, sondern gilt für Funktionen beliebiger Stelligkeit.

Obwohl der obige Satz mehrschichtigen Perzeptren eine hohe Ausdrucksmächtigkeit bescheinigt, wird man zugeben müssen, dass er für die Praxis wenig brauchbar ist. Denn um eine hinreichend gute Annäherung zu erzielen, wird man Treppenfunktionen mit sehr geringer Stufenbreite und folglich mehrschichtige Perzeptren mit einer immensen Anzahl von Neuronen verwenden müssen (je ein Neuron für jede Stufe und für jede Stufengrenze).

Um zu verstehen, wie mehrschichtige Perzeptren Funktionen besser approximieren können, betrachten wir den Fall einer einstelligen Funktion noch etwas genauer. Man sieht leicht, dass sich eine Schicht des vierschichtigen Perzeptrons einsparen lässt, wenn man nicht die absolute, sondern die relative Höhe einer Treppenstufe (d.h. die Änderung zur vorhergehenden Stufe) als Gewicht der Verbindung zum Ausgabeneuron verwendet. Die Idee ist in den Abbildungen 4.11 und 4.12 veranschaulicht. Jedes Neuron der versteckten Schicht steht für eine Stufengrenze und bestimmt, ob ein Eingabewert links oder rechts der Grenze liegt. Liegt er rechts, so wird das Neuron aktiv. Das Ausgabeneuron erhält dann als zusätzliche Netzeingabe die relative Höhe der Treppenstufe (Änderung zur vorhergehenden Stufe). Da jeweils alle Neuronen der versteckten Schicht aktiv sind, die für Stufengrenzen links von dem aktuellen Eingabewert stehen, addieren sich die Gewichte gerade zur absoluten Höhe der Treppenstufe.[3] Man beachte, dass die (relativen) Stufenhöhen natürlich auch negativ sein können, die Funktion also nicht unbedingt monoton wachsen muss.

---

[3] Allerdings lässt sich dieses Verfahren nicht ohne weiteres auf mehrstellige Funktionen übertragen. Damit dies möglich ist, müssen die Einflüsse der zwei oder mehr Argumente der Funktion in einem gewissen Sinne unabhängig sein.

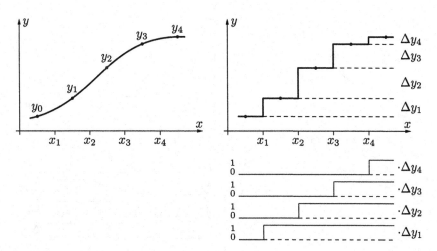

Abbildung 4.11 Darstellung der Treppenfunktion aus Abbildung 4.8 durch eine gewichtete Summe von Sprungfunktionen. Es ist $\Delta y_i = y_i - y_{i-1}$.

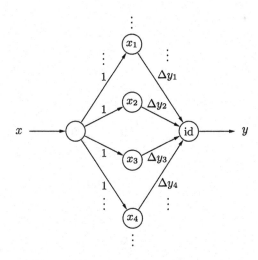

Abbildung 4.12 Ein neuronales Netz, das die Treppenfunktion aus Abbildung 4.8 als gewichtete Summe von Sprungfunktionen berechnet, vgl. Abbildung 4.11. („id" statt eines Schwellenwertes bedeutet, dass dieses Neuron die Identität statt einer Schwellenwertfunktion benutzt.)

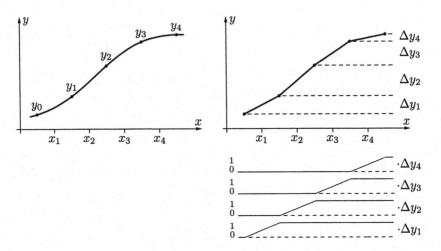

Abbildung 4.13 Annäherung einer stetigen Funktion durch eine gewichtete Summe von semi-linearen Funktionen. Es ist $\Delta y_i = y_i - y_{i-1}$.

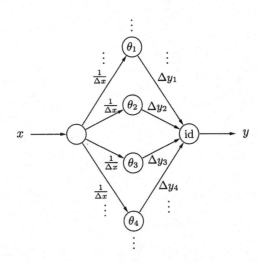

Abbildung 4.14 Ein neuronales Netz, das die stückweise lineare Funktion aus Abbildung 4.13 durch eine gewichtete Summe von semi-linearen Funktionen berechnet. Es ist $\Delta x = x_{i+1} - x_i$ und $\theta_i = \frac{x_i}{\Delta x}$. („id" bedeutet wieder, dass die Aktivierungsfunktion des Neurons die Identität ist.)

Damit haben wir zwar eine Schicht von Neuronen eingespart, aber um eine gute Annäherung zu erzielen, brauchen wir immer noch eine sehr große Anzahl von Neuronen, da wir dazu schmale Treppenstufen brauchen. Wir können jedoch die Annäherung der Funktion nicht nur dadurch verbessern, dass wir die Treppenstufen schmaler machen, sondern auch dadurch, dass wir in den Neuronen der versteckten Schicht andere Aktivierungsfunktionen verwenden. Indem wir z.B. die Sprungfunktionen durch semi-lineare Funktionen ersetzen, können wir die Funktion durch eine stückweise lineare Funktion annähern. Dies ist in Abbildung 4.13 veranschaulicht. Natürlich können die „Stufenhöhen" Δy_i auch negativ sein. Das zugehörige dreischichtige Perzeptron ist in Abbildung 4.14 gezeigt.

Es ist unmittelbar klar, dass wir bei dieser Art der Annäherung bei gleichem Abstand der „Stufengrenzen" x_i einen viel geringeren Fehler machen als bei einer Treppenfunktion. Oder umgekehrt: Um eine vorgegebene Fehlerschranke einzuhalten, brauchen wir wesentlich weniger Neuronen in der versteckten Schicht. Die Zahl der Neuronen lässt sich weiter verringern, wenn man nicht alle Abschnitte gleich breit macht, sondern schmalere verwendet, wenn die Funktion stark gekrümmt ist, und breitere, wenn sie nahezu linear ist. Durch gekrümmte Aktivierungsfunktionen — wie z.B. die logistische Funktion — lässt sich u.U. die Annäherung weiter verbessern bzw. die gleiche Güte mit noch weniger Neuronen erreichen.

Das Prinzip, mit dem wir oben eine versteckte Schicht des mehrschichtigen Perzeptrons eingespart haben, lässt sich zwar nicht unmittelbar auf mehrdimensionale Funktionen übertragen, da wir bei zwei oder mehr Dimensionen auf jeden Fall in zwei Schritten die Gebiete abgrenzen müssen, für die die Gewichte der Verbindungen zur Ausgabeschicht die Funktionswerte angeben. Aber mit mächtigeren mathematischen Hilfsmitteln und wenigen Zusatzannahmen kann man nachweisen, dass auch bei mehrdimensionalen Funktionen im Prinzip eine versteckte Schicht ausreichend ist. Genauer kann man zeigen, dass ein mehrschichtiges Perzeptron jede stetige Funktion (hier wird also eine stärkere Voraussetzung gemacht als in Satz 4.1, der nur Riemann-Integrierbarkeit forderte) auf einem kompakten Teil des $\mathbb{R}^n$ beliebig genau annähern kann, vorausgesetzt, die Aktivierungsfunktion der Neuronen ist kein Polynom (was aber nach unserer Definition durch die Grenzwertforderungen sowieso implizit ausgeschlossen ist). Diese Aussage gilt sogar in dem stärkeren Sinne, dass die Differenz zwischen der Ausgabe des mehrschichtigen Perzeptrons und der zu approximierenden Funktion überall kleiner ist als eine vorgegebene Fehlerschranke ϵ (während Satz 4.1 nur sagt, dass die *Fläche* zwischen der Ausgabe und der Funktion beliebig klein gemacht werden kann). Einen Überblick über Ergebnisse zu den Approximationsfähigkeiten mehrschichtiger Perzeptren und einen Beweis des angesprochenen Satzes findet man z.B. in [Pinkus 1999].

Man beachte jedoch, dass diese Ergebnisse nur insofern relevant sind, als mit ihnen sichergestellt ist, dass nicht schon durch die Struktur eines mehrschichtigen Perzeptrons mit nur einer versteckten Schicht die Annäherung bestimmter (stetiger) Funktionen ausgeschlossen ist, es also keine prinzipiellen Hindernisse gibt. Diese Ergebnisse sagen jedoch nichts darüber, wie man bei gegebener Netzstruktur, speziell einer gegebenen Zahl von versteckten Neuronen, die Parameterwerte findet, mit denen die größtmögliche Annäherungsgüte erreicht wird.

Auch sollte man den angesprochenen Satz nicht so auffassen, dass durch ihn gezeigt ist, dass mehrschichtige Perzeptren mit mehr als einer versteckten Schicht unnütz sind, da sie die Berechnungsfähigkeiten mehrschichtiger Perzeptren nicht erhöhen. (Auch wenn er gerne als Argument in dieser Richtung gebraucht wird.) Durch eine zweite versteckte Schicht kann mitunter die darzustellende Funktion sehr viel einfacher (d.h mit weniger Neuronen) berechnet werden. Auch könnten mehrschichtige Perzeptren mit zwei versteckten Schichten Vorteile beim Training bieten. Da mehrschichtige Perzeptren mit mehr als einer versteckten Schicht jedoch sehr viel schwerer zu analysieren sind, ist hierüber bisher nur wenig bekannt.

4.3   Logistische Regression

Nachdem wir uns im vorangehenden Abschnitt von der Ausdrucksmächtigkeit mehrschichtiger Perzeptren mit allgemeinen Aktivierungsfunktionen überzeugt haben, wenden wir uns nun der Bestimmung ihrer Parameter mit Hilfe einer Menge von Trainingsbeispielen zu. In Kapitel 3 haben wir bereits angegeben, dass wir dazu eine Fehlerfunktion benötigen und dass man als eine solche üblicherweise die Summe der Fehlerquadrate über die Ausgabeneuronen und die Trainingsbeispiele benutzt. Diese Summe der Fehlerquadrate gilt es durch geeignete Veränderungen der Gewichte und der Parameter der Aktivierungsfunktionen zu minimieren. Dies führt uns zu der in der Analysis und Statistik wohlbekannten **Methode der kleinsten Quadrate**, auch **Regression** genannt, zur Bestimmung von Ausgleichsgeraden (Regressionsgeraden) und allgemein Ausgleichspolynomen für eine gegebene Menge von Datenpunkten (x_i, y_i). Diese Methode ist in Anhang B rekapituliert.

Hier interessieren uns zwar nicht eigentlich Ausgleichsgeraden oder Ausgleichspolynome, aber die Bestimmung eines Ausgleichspolynoms lässt sich auch zur Bestimmung anderer Ausgleichsfunktionen verwenden, nämlich dann, wenn es gelingt, eine geeignete Transformation zu finden, durch die das Problem auf das Problem der Bestimmung eines Ausgleichspolynoms zurückgeführt wird. So lassen sich z.B. auch Ausgleichsfunktionen der Form

$$y = ax^b$$

durch die Bestimmung einer Ausgleichgeraden finden. Denn logarithmiert man diese Gleichung, so ergibt sich

$$\ln y = \ln a + b \cdot \ln x.$$

Diese Gleichung können wir durch die Bestimmung einer Ausgleichsgeraden behandeln. Wir müssen lediglich die Datenpunkte (x_i, y_i) logarithmieren und mit den so transformierten Werten rechnen.[4]

---

[4] Man beachte allerdings, dass bei einem solchen Vorgehen zwar die Fehlerquadratsumme im transformierten Raum (Koordinaten $x' = \ln x$ und $y' = \ln y$), aber damit nicht notwendig die Fehlerquadratsumme im Originalraum (Koordinaten x und y) minimiert wird. Dennoch führt der Ansatz meist zu sehr guten Ergebnissen.

Im Zusammenhang mit (künstlichen) neuronalen Netzen ist wichtig, dass es auch für die so genannte **logistische Funktion**

$$y = \frac{Y}{1 + e^{a+bx}},$$

wobei Y, a und b Konstanten sind, eine Transformation gibt, mit der wir das Problem der Bestimmung einer Ausgleichsfunktion dieser Form auf die Bestimmung einer Ausgleichsgerade zurückführen können (so genannte **logistische Regression**). Dies ist wichtig, weil die logistische Funktion eine sehr häufig verwendete Aktivierungsfunktion ist (siehe auch Abschnitt 4.4). Wenn wir über eine Methode zur Bestimmung einer logistischen Ausgleichsfunktion verfügen, haben wir unmittelbar eine Methode zur Bestimmung der Parameter eines zweischichtigen Perzeptrons mit einem Eingang, da wir ja mit dem Wert von a den Biaswert des Ausgabeneurons und mit dem Wert von b das Gewicht des Eingangs haben.

Wie kann man aber die logistische Funktion „linearisieren", d.h., so umformen, dass das Problem auf das Problem der Bestimmung einer Ausgleichsgerade zurückgeführt wird? Wir beginnen, indem wir den Reziprokwert der logistischen Gleichung bestimmen:

$$\frac{1}{y} = \frac{1 + e^{a+bx}}{Y}.$$

Folglich ist

$$\frac{Y - y}{y} = e^{a+bx}.$$

Durch Logarithmieren dieser Gleichung erhalten wir

$$\ln\left(\frac{Y - y}{y}\right) = a + bx.$$

Diese Gleichung können wir durch Bestimmen einer Ausgleichsgerade behandeln, wenn wir die y-Werte der Datenpunkte entsprechend der linken Seite dieser Gleichung transformieren. (Man beachte, dass dazu der Wert von Y bekannt sein muss, der i.W. eine Skalierung bewirkt.) Diese Transformation ist unter dem Namen **Logit-Transformation** bekannt. Sie entspricht einer Umkehrung der logistischen Funktion. Indem wir für die entsprechend transformierten Datenpunkte eine Ausgleichsgerade bestimmen, erhalten wir eine logistische Ausgleichskurve für die Originaldaten.[5]

Zur Veranschaulichung des Vorgehens betrachten wir ein einfaches Beispiel. Gegeben sei der aus den fünf Punkten $(x_1, y_1), \ldots, (x_5, y_5)$ bestehende Datensatz, der in der folgenden Tabelle gezeigt ist:

x	1	2	3	4	5
y	0.4	1.0	3.0	5.0	5.6

---

[5] Man beachte wieder, dass bei diesem Vorgehen zwar die Fehlerquadratsumme im transformierten Raum (Koordinaten x und $z = \ln\left(\frac{Y-y}{y}\right)$), aber damit nicht notwendig die Fehlerquadratsumme im Originalraum (Koordinaten x und y) minimiert wird.

Wir transformieren diese Daten mit

$$z = \ln\left(\frac{Y-y}{y}\right), \qquad Y = 6.$$

Die transformierten Datenpunkte sind (näherungsweise):

x	1	2	3	4	5
z	2.64	1.61	0.00	−1.61	−2.64

Um das System der Normalgleichungen aufzustellen, berechnen wir

$$\sum_{i=1}^{5} x_i = 15, \qquad \sum_{i=1}^{5} x_i^2 = 55, \qquad \sum_{i=1}^{5} z_i = 0, \qquad \sum_{i=1}^{5} x_i z_i \approx -13.775.$$

Damit erhalten wir das Gleichungssystem (Normalgleichungen)

$$\begin{aligned} 5a \;+\; 15b \;&=\; 0, \\ 15a \;+\; 55b \;&=\; -13.775, \end{aligned}$$

das die Lösung $a \approx 4.133$ und $b \approx -1.3775$ besitzt. Die Ausgleichsgerade für die transformierten Daten ist daher

$$z \approx 4.133 - 1.3775x$$

und die Ausgleichskurve für die Originaldaten folglich

$$y \approx \frac{6}{1 + e^{4.133 - 1.3775x}}.$$

Diese beiden Ausgleichsfunktionen sind zusammen mit den (transformierten bzw. Original-) Datenpunkten in Abbildung 4.15 dargestellt.

Die bestimmte Ausgleichskurve für die Originaldaten wird durch ein Neuron mit einem Eingang x berechnet, wenn wir als Netzeingabefunktion $f_{\text{net}}(x) \equiv wx$ mit $w = b \approx -1.3775$, als Aktivierungsfunktion die logistische Funktion $f_{\text{act}}(\text{net}, \theta) \equiv (1 + e^{-(\text{net}-\theta)})^{-1}$ mit dem Parameter $\theta = a \approx 4.133$ und als Ausgabefunktion $f_{\text{out}}(\text{act}) \equiv 6\,\text{act}$ wählen.

Man beachte, dass man mit Hilfe der logistischen Regression nicht nur die Parameter eines Neurons mit einem Eingang, sondern analog zur **multilinearen Regression** (siehe Anhang B) auch die Parameter eines Neurons mit mehreren Eingängen berechnen kann. Da jedoch die Fehlerquadratsumme nur für Ausgabeneuronen bestimmbar ist, ist dieses Verfahren auf zweischichtige Perzeptren (d.h. nur mit Ein- und Ausgabeschicht und ohne versteckte Schichten) beschränkt. Es lässt sich nicht ohne weiteres auf drei- und mehrschichtige Perzeptren erweitern, womit wir im wesentlichen vor dem gleichen Problem stehen wie in Abschnitt 2.7. Wir betrachten daher im folgenden ein anderes Verfahren, bei dem eine Erweiterung auf mehrschichtige Perzeptren möglich ist.

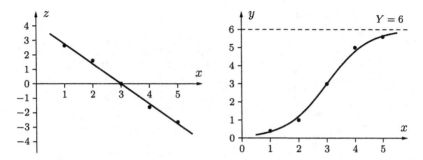

Abbildung 4.15 Transformierte Daten (links) und Originaldaten (rechts) sowie mit der Methode der kleinsten Quadrate berechnete Ausgleichsgerade (transformierte Daten) und zugehörige Ausgleichskurve (Originaldaten).

4.4 Gradientenabstieg

Im folgenden betrachten wir das Verfahren des Gradientenabstiegs zur Bestimmung der Parameter eines mehrschichtigen Perzeptrons. Dieses Verfahren beruht im Grunde auf der gleichen Idee wie das in Abschnitt 2.5 verwendete Verfahren: Je nach den Werten der Gewichte und Biaswerte wird die Ausgabe des zu trainierenden mehrschichtigen Perzeptrons mehr oder weniger falsch sein. Wenn es gelingt, aus der Fehlerfunktion die Richtungen abzuleiten, in denen die Gewichte und Biaswerte geändert werden müssen, um den Fehler zu verringern, verfügen wir über eine Möglichkeit, die Parameter des Netzes zu trainieren. Wir bewegen uns einfach ein kleines Stück in diese Richtungen, bestimmen erneut die Richtungen der notwendigen Änderungen, bewegen uns wieder ein kleines Stück usf. — genauso, wie wir es auch in Abschnitt 2.5 getan haben (vgl. Abbildung 2.16 auf Seite 20).

In Abschnitt 2.5 konnten wir die Änderungsrichtungen jedoch nicht direkt aus der natürlichen Fehlerfunktion ableiten (vgl. Abbildung 2.13 auf Seite 17), sondern mussten eine Zusatzüberlegung anstellen, um die Fehlerfunktion geeignet zu modifizieren. Doch dies war nur notwendig, weil wir eine Sprungfunktion als Aktivierungsfunktion verwendet haben, denn dadurch ist die Fehlerfunktion aus Plateaus zusammengesetzt. In den mehrschichtigen Perzeptren, die wir jetzt betrachten, stehen uns aber auch andere Aktivierungsfunktionen zur Verfügung (vgl. Abbildung 4.2 auf Seite 41). Insbesondere können wir eine **differenzierbare Aktivierungsfunktion** wählen, vorzugsweise die logistische Funktion. Eine solche Wahl hat folgenden Vorteil: Ist die Aktivierungsfunktion differenzierbar, dann auch die Fehlerfunktion.[6] Wir können daher die Richtungen, in denen Gewichte und Schwellenwerte geändert werden müssen, einfach dadurch bestimmen, dass wir den **Gradienten** der Fehlerfunktion bestimmen.

---

[6] Es sei denn, die Ausgabefunktion ist nicht differenzierbar. Wir werden jedoch meist wieder voraussetzen, dass die Ausgabefunktion die Identität ist.

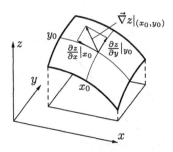

Abbildung 4.16 Anschauliche Deutung des Gradienten einer reellen Funktion $z = f(x, y)$ an einem Punkt (x_0, y_0). Es ist $\vec{\nabla} z|_{(x_0, y_0)} = \left(\frac{\partial z}{\partial x}|_{x_0}, \frac{\partial z}{\partial y}|_{y_0}\right)$.

Anschaulich beschreibt der Gradient einer Funktion das Steigungsverhalten dieser Funktion (siehe Abbildung 4.16). Formal liefert die Gradientenbildung ein **Vektorfeld**. D.h., jedem Punkt des Definitionsbereichs der Funktion wird ein Vektor zugeordnet, dessen Elemente die **partiellen Ableitungen** der Funktion nach den verschiedenen Argumenten der Funktion sind (auch **Richtungsableitungen** genannt). Diesen Vektor nennt man oft auch einfach den Gradienten der Funktion an dem gegebenen Punkt (siehe Abbildung 4.16). Er zeigt in Richtung des stärksten Anstiegs der Funktion in diesem Punkt. Die Gradientenbildung wird üblicherweise durch den Operator $\vec{\nabla}$ (gesprochen: nabla) bezeichnet.

Das Training des neuronalen Netzes wird so sehr einfach: Zunächst werden die Gewichte und Biaswerte zufällig initialisiert. Dann wird der Gradient der Fehlerfunktion an dem durch die aktuellen Gewichte und Biaswerte bestimmten Punkt berechnet. Da wir den Fehler minimieren wollen, der Gradient aber die Richtung der stärksten Steigung angibt, bewegen wir uns ein kleines Stück in die Gegenrichtung. An dem so erreichten Punkt (neue Gewichte und Biaswerte) berechnen wir erneut den Gradienten usf. bis wir ein Minimum der Fehlerfunktion erreicht haben.

Nachdem mit diesen Überlegungen das prinzipielle Vorgehen klar ist, wenden wir uns der Ableitung der Änderungsformeln für die Gewichte und Biaswerte im Detail zu. Um unnötige Fallunterscheidungen zu vermeiden, bezeichnen wir im folgenden die Menge der Neuronen der Eingabeschicht eines r-schichtigen Perzeptrons mit U_0, die Mengen der Neuronen der $r - 2$ versteckten Schichten mit U_1 bis U_{r-2} und die Menge der Neuronen der Ausgabeschicht (manchmal) mit U_{r-1}. Wir gehen aus vom Gesamtfehler eines mehrschichtigen Perzeptrons mit Ausgabeneuronen U_{out} bezüglich einer festen Lernaufgabe L_{fixed}, der definiert ist als (vgl. Abschnitt 3.3)

$$e = \sum_{l \in L_{\text{fixed}}} e^{(l)} = \sum_{v \in U_{\text{out}}} e_v = \sum_{l \in L_{\text{fixed}}} \sum_{v \in U_{\text{out}}} e_v^{(l)},$$

d.h. als Summe der Einzelfehler über alle Ausgabeneuronen v und alle Lernmuster l. Sei nun u ein Neuron der Ausgabeschicht oder einer versteckten Schicht, also $u \in U_k$, $0 < k < r$. Seine Vorgänger seien die Neuronen $\text{pred}(u) = \{p_1, \ldots, p_n\} \subseteq U_{k-1}$. Der zugehörige (erweiterte) Gewichtsvektor sei $\vec{w}_u = (-\theta_u, w_{up_1}, \ldots, w_{up_n})$. Man beachte hier das zusätzliche Vektorelement $-\theta_u$: Wie schon in Abschnitt 2.5 angedeutet, kann ein Biaswert in ein Gewicht umgewandelt werden, um alle Parameter einheitlich behandeln zu können (siehe Abbildung 2.18 auf Seite 21). Hier nutzen wir diese Möglichkeit aus, um die Ableitungen einfacher schreiben zu können.

Wir berechnen jetzt den Gradienten des Gesamtfehlers bezüglich dieser Gewichte, um die Richtung der Gewichtsänderungen zu bestimmen, also

$$\vec{\nabla}_{\vec{w}_u} e = \frac{\partial e}{\partial \vec{w}_u} = \left(-\frac{\partial e}{\partial \theta_u}, \frac{\partial e}{\partial w_{up_1}}, \dots, \frac{\partial e}{\partial w_{up_n}} \right).$$

Da der Gesamtfehler des mehrschichtigen Perzeptrons die Summe der Einzelfehler über die Lernmuster ist, gilt

$$\vec{\nabla}_{\vec{w}_u} e = \frac{\partial e}{\partial \vec{w}_u} = \frac{\partial}{\partial \vec{w}_u} \sum_{l \in L_{\text{fixed}}} e^{(l)} = \sum_{l \in L_{\text{fixed}}} \frac{\partial e^{(l)}}{\partial \vec{w}_u}.$$

Wir können uns daher im folgenden, um die Rechnung zu vereinfachen, auf den Fehler $e^{(l)}$ für ein einzelnes Lernmuster l beschränken. Dieser Fehler hängt von den Gewichten in $\vec{w}_u$ nur über die Netzeingabe $\text{net}_u^{(l)} = \vec{w}_u \vec{\text{in}}_u^{(l)}$ mit dem (erweiterten) Netzeingabevektor $\vec{\text{in}}_u^{(l)} = \left(1, \text{out}_{p_1}^{(l)}, \dots, \text{out}_{p_n}^{(l)}\right)$ ab. Wir können daher die Kettenregel anwenden und erhalten

$$\vec{\nabla}_{\vec{w}_u} e^{(l)} = \frac{\partial e^{(l)}}{\partial \vec{w}_u} = \frac{\partial e^{(l)}}{\partial \text{net}_u^{(l)}} \frac{\partial \text{net}_u^{(l)}}{\partial \vec{w}_u}.$$

Da $\text{net}_u^{(l)} = \vec{w}_u \vec{\text{in}}_u^{(l)}$, haben wir für den zweiten Faktor unmittelbar

$$\frac{\partial \text{net}_u^{(l)}}{\partial \vec{w}_u} = \vec{\text{in}}_u^{(l)}.$$

Zur Berechnung des ersten Faktors betrachten wir den Fehler $e^{(l)}$ für das Lernmuster $l = \left(\vec{\imath}^{(l)}, \vec{o}^{(l)}\right)$. Dieser Fehler ist

$$e^{(l)} = \sum_{v \in U_{\text{out}}} e_u^{(l)} = \sum_{v \in U_{\text{out}}} \left(o_v^{(l)} - \text{out}_v^{(l)}\right)^2,$$

also die Fehlersumme über alle Ausgabeneuronen. Folglich haben wir

$$\frac{\partial e^{(l)}}{\partial \text{net}_u^{(l)}} = \frac{\partial \sum_{v \in U_{\text{out}}} \left(o_v^{(l)} - \text{out}_v^{(l)}\right)^2}{\partial \text{net}_u^{(l)}} = \sum_{v \in U_{\text{out}}} \frac{\partial \left(o_v^{(l)} - \text{out}_v^{(l)}\right)^2}{\partial \text{net}_u^{(l)}}.$$

Da nur die tatsächliche Ausgabe $\text{out}_v^{(l)}$ eines Ausgabeneurons v von der Netzeingabe $\text{net}_u^{(l)}$ des von uns betrachteten Neurons u abhängt, ist

$$\frac{\partial e^{(l)}}{\partial \text{net}_u^{(l)}} = -2 \underbrace{\sum_{v \in U_{\text{out}}} \left(o_v^{(l)} - \text{out}_v^{(l)}\right) \frac{\partial \text{out}_v^{(l)}}{\partial \text{net}_u^{(l)}}}_{\delta_u^{(l)}},$$

womit wir auch gleich für die hier auftretende Summe, die im folgenden eine wichtige Rolle spielt, die Abkürzung $\delta_u^{(l)}$ einführen.

Zur Bestimmung der Summen $\delta_u^{(l)}$ müssen wir zwei Fälle unterscheiden. Wenn u ein Ausgabeneuron ist, können wir den Ausdruck für $\delta_u^{(l)}$ stark vereinfachen, denn die Ausgaben aller anderen Ausgabeneuronen sind ja von der Netzeingabe des Neurons u unabhängig. Folglich verschwinden alle Terme der Summe außer dem mit $v = u$. Wir haben daher

$$\forall u \in U_{\text{out}}: \qquad \delta_u^{(l)} = \left(o_u^{(l)} - \text{out}_u^{(l)} \right) \frac{\partial\, \text{out}_u^{(l)}}{\partial\, \text{net}_u^{(l)}}$$

Folglich ist der Gradient

$$\forall u \in U_{\text{out}}: \qquad \vec{\nabla}_{\vec{w}_u} e_u^{(l)} = \frac{\partial e_u^{(l)}}{\partial \vec{w}_u} = -2 \left(o_u^{(l)} - \text{out}_u^{(l)} \right) \frac{\partial\, \text{out}_u^{(l)}}{\partial\, \text{net}_u^{(l)}}\, \vec{\text{in}}_u^{(l)}$$

und damit die allgemeine Gewichtsänderung

$$\forall u \in U_{\text{out}}: \qquad \Delta \vec{w}_u^{(l)} = -\frac{\eta}{2} \vec{\nabla}_{\vec{w}_u} e_u^{(l)} = \eta \left(o_u^{(l)} - \text{out}_u^{(l)} \right) \frac{\partial\, \text{out}_u^{(l)}}{\partial\, \text{net}_u^{(l)}}\, \vec{\text{in}}_u^{(l)}.$$

Das Minuszeichen wird aufgehoben, da ja der Fehler minimiert werden soll, wir uns also entgegen der Richtung des Gradienten bewegen müssen, weil dieser die Richtung der stärksten Steigung der Fehlerfunktion angibt. Der konstante Faktor 2 wird in die **Lernrate** η eingerechnet.[7] Ein typischer Wert für die Lernrate ist $\eta = 0.2$.

Man beachte allerdings, dass dies nur die Änderung der Gewichte ist, die sich für ein einzelnes Lernmuster l ergibt, da wir am Anfang die Summe über die Lernmuster vernachlässigt haben. Dies ist also, anders ausgedrückt, die Änderungsformel für das **Online-Training**, bei dem die Gewichte nach jedem Lernmuster angepasst werden (vgl. Seite 19f und Algorithmus 2.2 auf Seite 22). Für das **Batch-Training** müssen die Änderungen, die durch die obige Formel beschrieben werden, über alle Lernmuster aufsummiert werden (vgl. Seite 19f und Algorithmus 2.3 auf Seite 23f). Die Gewichte werden in diesem Fall erst am Ende einer (Lern-/Trainings-)Epoche, also nach dem Durchlaufen aller Lernmuster, angepasst.

In der obigen Formel für die Gewichtsänderung kann die Ableitung der Ausgabe $\text{out}_u^{(l)}$ nach der Netzeingabe $\text{net}_u^{(l)}$ nicht allgemein bestimmt werden, da die Ausgabe aus der Netzeingabe über die Ausgabefunktion f_{out} und die Aktivierungsfunktion f_{act} des Neurons u berechnet wird. D.h., es gilt

$$\text{out}_u^{(l)} = f_{\text{out}}\big(\text{act}_u^{(l)} \big) = f_{\text{out}}\big(f_{\text{act}}\big(\text{net}_u^{(l)} \big)\big).$$

Für diese Funktionen gibt es aber verschiedene Wahlmöglichkeiten.

---

[7] Um diesen Faktor von vornherein zu vermeiden, setzt man manchmal als Fehler eines Ausgabeneurons $e_u^{(l)} = \frac{1}{2}\big(o_u^{(l)} - \text{out}_u^{(l)} \big)^2$ an. Der Faktor 2 kürzt sich dann weg.

Wir nehmen hier vereinfachend an, dass die Aktivierungsfunktion keine Parameter erhält[8], also z.B. die logistische Funktion ist. Weiter wollen wir der Einfachheit halber annehmen, dass die Ausgabefunktion f_{out} die Identität ist und wir sie daher vernachlässigen können. Dann erhalten wir

$$\frac{\partial \, out_u^{(l)}}{\partial \, net_u^{(l)}} = \frac{\partial \, act_u^{(l)}}{\partial \, net_u^{(l)}} = f_{act}'\bigl(net_u^{(l)} \bigr),$$

wobei der Ableitungsstrich die Ableitung nach dem Argument $net_u^{(l)}$ bedeutet. Speziell für die logistische Aktivierungsfunktion, d.h. für

$$f_{act}(x) = \frac{1}{1 + e^{-x}},$$

gilt die Beziehung

$$
\begin{aligned}
f_{act}'(x) &= \frac{\mathrm{d}}{\mathrm{d}x}\left(1 + e^{-x}\right)^{-1} = -\left(1 + e^{-x}\right)^{-2}\left(-e^{-x}\right) \\
&= \frac{1 + e^{-x} - 1}{(1 + e^{-x})^2} = \frac{1}{1 + e^{-x}}\left(1 - \frac{1}{1 + e^{-x}}\right) \\
&= f_{act}(x) \cdot (1 - f_{act}(x)),
\end{aligned}
$$

also (da wir als Ausgabefunktion die Identität annehmen)

$$f_{act}'\bigl(net_u^{(l)} \bigr) = f_{act}\bigl(net_u^{(l)} \bigr) \cdot \left(1 - f_{act}\bigl(net_u^{(l)} \bigr)\right) = out_u^{(l)}\left(1 - out_u^{(l)}\right).$$

Wir haben damit als vorzunehmende Gewichtsänderung

$$\Delta \vec{w}_u^{(l)} = \eta \left(o_u^{(l)} - out_u^{(l)} \right) out_u^{(l)} \left(1 - out_u^{(l)}\right) \vec{in}_u^{(l)},$$

was die Berechnungen besonders einfach macht.

4.5   Fehler-Rückpropagation

Im vorangehenden Abschnitt haben wir in der Fallunterscheidung für den Term $\delta_u^{(l)}$ nur Ausgabeneuronen u betrachtet. D.h., die abgeleitete Änderungsregel gilt nur für die Verbindungsgewichte von der letzten versteckten Schicht zur Ausgabeschicht (bzw. nur für zweischichtige Perzeptren). In dieser Situation waren wir auch schon mit der Delta-Regel (siehe Definition 2.2 auf Seite 20) und standen dort vor dem Problem, dass sich das Verfahren nicht auf Netze erweitern ließ, weil wir für die versteckten Neuronen keine gewünschten Ausgaben haben. Der Ansatz des Gradientenabstiegs lässt sich jedoch auf mehrschichtige Perzeptren erweitern, da wir wegen der differenzierbaren Aktivierungsfunktionen die Ausgabe auch nach den Gewichten der Verbindungen von der Eingabeschicht zur ersten versteckten Schicht oder der Verbindungen zwischen versteckten Schichten ableiten können.

---

[8] Man beachte, dass der Biaswert θ_u im erweiterten Gewichtsvektor enthalten ist.

Sei daher u nun ein Neuron einer versteckten Schicht, also $u \in U_k$, $0 < k < r - 1$. In diesem Fall wird die Ausgabe $\text{out}_v^{(l)}$ eines Ausgabeneurons v von der Netzeingabe $\text{net}_u^{(l)}$ dieses Neurons u nur indirekt über dessen Nachfolgerneuronen $\text{succ}(u) = \{s \in U \mid (u, s) \in C\} = \{s_1, \ldots, s_m\} \subseteq U_{k+1}$ beeinflusst, und zwar über deren Netzeingaben $\text{net}_s^{(l)}$. Also erhalten wir durch Anwendung der Kettenregel

$$\delta_u^{(l)} = \sum_{v \in U_{\text{out}}} \sum_{s \in \text{succ}(u)} (o_v^{(l)} - \text{out}_v^{(l)}) \frac{\partial \text{out}_v^{(l)}}{\partial \text{net}_s^{(l)}} \frac{\partial \text{net}_s^{(l)}}{\partial \text{net}_u^{(l)}}.$$

Da beide Summen endlich sind, können wir die Summationen problemlos vertauschen und erhalten so

$$\delta_u^{(l)} = \sum_{s \in \text{succ}(u)} \left(\sum_{v \in U_{\text{out}}} (o_v^{(l)} - \text{out}_v^{(l)}) \frac{\partial \text{out}_v^{(l)}}{\partial \text{net}_s^{(l)}} \right) \frac{\partial \text{net}_s^{(l)}}{\partial \text{net}_u^{(l)}}$$

$$= \sum_{s \in \text{succ}(u)} \delta_s^{(l)} \frac{\partial \text{net}_s^{(l)}}{\partial \text{net}_u^{(l)}}.$$

Es bleibt uns noch die partielle Ableitung der Netzeingabe zu bestimmen. Nach Definition der Netzeingabe ist

$$\text{net}_s^{(l)} = \vec{w}_s \vec{\text{in}}_s^{(l)} = \left(\sum_{p \in \text{pred}(s)} w_{sp} \, \text{out}_p^{(l)} \right) - \theta_s,$$

wobei ein Element von $\vec{\text{in}}_s^{(l)}$ die Ausgabe $\text{out}_u^{(l)}$ des Neurons u ist. Offenbar hängt $\text{net}_s^{(l)}$ von $\text{net}_u^{(l)}$ nur über dieses Element $\text{out}_u^{(l)}$ ab. Also ist

$$\frac{\partial \text{net}_s^{(l)}}{\partial \text{net}_u^{(l)}} = \left(\sum_{p \in \text{pred}(s)} w_{sp} \frac{\partial \text{out}_p^{(l)}}{\partial \text{net}_u^{(l)}} \right) - \frac{\partial \theta_s}{\partial \text{net}_u^{(l)}} = w_{su} \frac{\partial \text{out}_u^{(l)}}{\partial \text{net}_u^{(l)}},$$

da alle Terme außer dem mit $p = u$ verschwinden. Es ergibt sich folglich

$$\delta_u^{(l)} = \left(\sum_{s \in \text{succ}(u)} \delta_s^{(l)} w_{su} \right) \frac{\partial \text{out}_u^{(l)}}{\partial \text{net}_u^{(l)}}.$$

Damit haben wir eine schichtenweise Rekursionsformel für die Berechnung der δ-Werte der Neuronen der versteckten Schichten gefunden. Wenn wir dieses Ergebnis mit dem im vorangehenden Abschnitt für Ausgabeneuronen erzielten vergleichen, so sehen wir, dass die Summe

$$\sum_{s \in \text{succ}(u)} \delta_s^{(l)} w_{su}$$

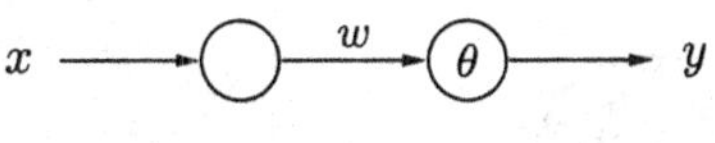

x	y
0	1
1	0

Abbildung 4.17 Ein zweischichtiges Perzeptron mit einem Eingang und Trainingsbeispiele für die Negation.

die Rolle der Differenz $o_u^{(l)} - \mathrm{out}_u^{(l)}$ von gewünschter und tatsächlicher Ausgabe des Neurons u für das Lernmuster l übernimmt. Sie kann also als Fehlerwert für ein Neuron in einer versteckten Schicht gesehen werden kann. Folglich können aus den Fehlerwerten einer Schicht eines mehrschichtigen Perzeptrons Fehlerwerte für die vorangehende Schicht berechnet werden. Man kann auch sagen, dass ein Fehlersignal von der Ausgabeschicht rückwärts durch die versteckten Schichten weitergegeben wird. Dieses Verfahren heißt daher auch **Fehler-Rückpropagation** (error backpropagation).

Für die vorzunehmende Gewichtsänderung erhalten wir

$$\Delta \vec{w}_u^{(l)} = -\frac{\eta}{2} \vec{\nabla}_{\vec{w}_u} e^{(l)} = \eta\, \delta_u^{(l)}\, \vec{\mathrm{in}}_u^{(l)} = \eta \left(\sum_{s \in \mathrm{succ}(u)} \delta_s^{(l)} w_{su} \right) \frac{\partial\, \mathrm{out}_u^{(l)}}{\partial\, \mathrm{net}_u^{(l)}}\, \vec{\mathrm{in}}_u^{(l)}.$$

Man beachte allerdings auch hier wieder, dass dies nur die Änderung der Gewichte ist, die sich für ein einzelnes Lernmuster l ergibt. Für das Batch-Training müssen diese Änderungen über alle Lernmuster summiert werden.

Für die weitere Ableitung nehmen wir wieder, wie im vorangehenden Abschnitt, vereinfachend an, dass die Ausgabefunktion die Identität ist. Außerdem betrachten wir den Spezialfall einer logistischen Aktivierungsfunktion. Dies führt zu der besonders einfachen Gewichtsänderungsregel

$$\Delta \vec{w}_u^{(l)} = \eta \left(\sum_{s \in \mathrm{succ}(u)} \delta_s^{(l)} w_{su} \right) \mathrm{out}_u^{(l)} \left(1 - \mathrm{out}_u^{(l)} \right) \vec{\mathrm{in}}_u^{(l)}$$

(vgl. die Ableitungen für Ausgabeneuronen auf Seite 59).

4.6 Beispiele zum Gradientenabstieg

Zur Illustration des Gradientenabstiegs betrachten wir das Training eines zweischichtigen Perzeptrons für die Negation, wie wir es auch schon in Abschnitt 2.5 als Beispiel verwendet haben. Dieses Perzeptron und die zugehörigen Trainingsbeispiele sind in Abbildung 4.17 gezeigt. In Analogie zu Abbildung 2.13 auf Seite 17 zeigt Abbildung 4.18 die Fehlerquadrate (-summe) für die Berechnung der Negation in Abhängigkeit von den Werten des Gewichtes und des Biaswertes. Es wurde eine

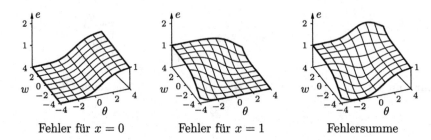

Fehler für $x = 0$ Fehler für $x = 1$ Fehlersumme

Abbildung 4.18 (Summe der) Fehlerquadrate für die Berechnung der Negation bei Verwendung einer logistischen Aktivierungsfunktion.

Epoche	θ	w	Fehler
0	3.00	3.50	1.307
20	3.77	2.19	0.986
40	3.71	1.81	0.970
60	3.50	1.53	0.958
80	3.15	1.24	0.937
100	2.57	0.88	0.890
120	1.48	0.25	0.725
140	−0.06	−0.98	0.331
160	−0.80	−2.07	0.149
180	−1.19	−2.74	0.087
200	−1.44	−3.20	0.059
220	−1.62	−3.54	0.044

Online-Training

Epoche	θ	w	Fehler
0	3.00	3.50	1.295
20	3.76	2.20	0.985
40	3.70	1.82	0.970
60	3.48	1.53	0.957
80	3.11	1.25	0.934
100	2.49	0.88	0.880
120	1.27	0.22	0.676
140	−0.21	−1.04	0.292
160	−0.86	−2.08	0.140
180	−1.21	−2.74	0.084
200	−1.45	−3.19	0.058
220	−1.63	−3.53	0.044

Batch-Training

Tabelle 4.1 Lernvorgänge mit Startwerten $\theta = 3$, $w = \frac{7}{2}$ und Lernrate 1.

logistische Aktivierungsfunktion vorausgesetzt, was sich auch deutlich im Verlauf der Fehlerfunktion widerspiegelt. Man beachte, dass durch die Differenzierbarkeit der Aktivierungsfunktion die Fehlerfunktion nun (sinnvoll) differenzierbar ist, und nicht mehr aus Plateaus besteht. Daher können wir jetzt auf der (unveränderten) Fehlerfunktion einen Gradientenabstieg durchführen.

Den Ablauf dieses Gradientenabstiegs, ausgehend von den Startwerten $\theta = 3$ und $w = \frac{7}{2}$ und mit der Lernrate 1 zeigt Tabelle 4.1, links für das Online-, rechts für das Batch-Training. Die Abläufe sind sehr ähnlich, was auf die geringe Zahl der Trainingsbeispiele und den glatten Verlauf der Fehlerfunktion zurückzuführen ist. Abbildung 4.19 zeigt den Ablauf graphisch, wobei im linken und mittleren Diagramm zum Vergleich die Regionen eingezeichnet sind, die wir in Abschnitt 2.5 verwendet haben (vgl. Abbildung 2.15 auf Seite 19 und Abbildung 2.16 auf Seite 20). Die Punkte zeigen den Zustand des Netzes nach jeweils 20 Epochen. In

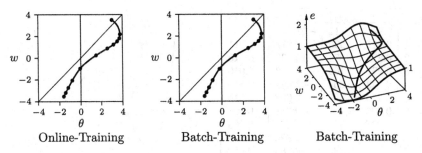

Online-Training   Batch-Training   Batch-Training

Abbildung 4.19 Lernvorgänge mit Startwerten $\theta = 3$, $w = \frac{7}{2}$ und Lernrate 1.

der dreidimensionalen Darstellung rechts ist besonders gut zu erkennen, wie sich der Fehler langsam verringert und schließlich eine Region mit sehr kleinem Fehler erreicht wird.

Als weiteres Beispiel untersuchen wir, wie man mit Hilfe eines Gradientenabstiegs versuchen kann, das Minimum einer Funktion, hier speziell

$$f(x) = \frac{5}{6}x^4 - 7x^3 + \frac{115}{6}x^2 - 18x + 6,$$

zu finden. Diese Funktion hat zwar nicht unmittelbar etwas mit einer Fehlerfunktion eines mehrschichtigen Perzeptrons zu tun, aber man kann mit ihr sehr schön einige Probleme des Gradientenabstiegs verdeutlichen. Wir bestimmen zunächst die Ableitung der obigen Funktion, also

$$f'(x) = \frac{10}{3}x^3 - 21x^2 + \frac{115}{3}x - 18,$$

die dem Gradienten entspricht (das Vorzeichen gibt die Richtung der stärksten Steigung an). Die Berechnungen laufen dann nach dem Schema

$$x_{i+1} = x_i + \Delta x_i \qquad \text{mit} \qquad \Delta x_i = -\eta f'(x_i)$$

ab, wobei x_0 ein vorzugebender Startwert ist und η der Lernrate entspricht.

Betrachten wir zuerst den Verlauf des Gradientenabstiegs für den Startwert $x_0 = 0.2$ und die Lernrate $\eta = 0.001$, wie ihn Abbildung 4.20 zeigt. Ausgehend von einem Startpunkt auf dem linken Ast des Funktionsgraphen werden kleine Schritte in Richtung auf das Minimum gemacht. Zwar ist abzusehen, dass auf diese Weise irgendwann das (globale) Minimum erreicht wird, aber erst nach einer recht großen Zahl von Schritten. Offenbar ist in diesem Fall die Lernrate zu klein, so dass das Verfahren zu lange braucht.

Allerdings sollte man die Lernrate auch nicht beliebig groß wählen, da es dann leicht zu Oszillationen oder chaotischem Hin- und Herspringen auf der zu minimierenden Funktion kommen kann. Man sehe dazu den in Abbildung 4.21 gezeigten Verlauf des Gradientenabstiegs für den Startwert $x_0 = 1.5$ und die Lernrate $\eta = 0.25$.

i	x_i	$f(x_i)$	$f'(x_i)$	Δx_i
0	0.200	3.112	−11.147	0.011
1	0.211	2.990	−10.811	0.011
2	0.222	2.874	−10.490	0.010
3	0.232	2.766	−10.182	0.010
4	0.243	2.664	−9.888	0.010
5	0.253	2.568	−9.606	0.010
6	0.262	2.477	−9.335	0.009
7	0.271	2.391	−9.075	0.009
8	0.281	2.309	−8.825	0.009
9	0.289	2.233	−8.585	0.009
10	0.298	2.160		

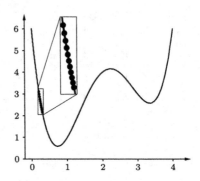

Abbildung 4.20 Gradientenabstieg mit Startwert 0.2 und Lernrate 0.001.

i	x_i	$f(x_i)$	$f'(x_i)$	Δx_i
0	1.500	2.719	3.500	−0.875
1	0.625	0.655	−1.431	0.358
2	0.983	0.955	2.554	−0.639
3	0.344	1.801	−7.157	1.789
4	2.134	4.127	0.567	−0.142
5	1.992	3.989	1.380	−0.345
6	1.647	3.203	3.063	−0.766
7	0.881	0.734	1.753	−0.438
8	0.443	1.211	−4.851	1.213
9	1.656	3.231	3.029	−0.757
10	0.898	0.766		

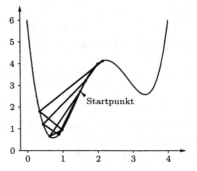

Abbildung 4.21 Gradientenabstieg mit Startwert 1.5 und Lernrate 0.25.

Das Minimum wird immer wieder übersprungen und man erhält nach einigen Schritten sogar Werte, die weiter vom Minimum entfernt sind als der Startwert. Führt man die Rechnung noch einige Schritte fort, wird das lokale Maximum in der Mitte übersprungen und man erhält Werte auf dem rechten Ast des Funktionsgraphen.

Aber selbst wenn die Größe der Lernrate passend gewählt wird, ist der Erfolg des Verfahrens nicht garantiert. Wie man in Abbildung 4.22 sieht, die den Verlauf des Gradientenabstiegs für den Startwert $x_0 = 2.6$ und die Lernrate $\eta = 0.05$ zeigt, wird zwar das nächstgelegene Minimum zügig angestrebt, doch ist dieses Minimum leider nur ein lokales Minimum. Das globale Minimum wird nicht gefunden. Dieses Problem hängt offenbar mit dem gewählten Startwert zusammen und kann daher nicht durch eine Änderung der Lernrate behoben werden.

Für eine Veranschaulichung der Fehlerrückpropagation verweisen wir hier auf die Visualisierungsprogramme wmlp (für Microsoft Windows™) und xmlp (für Linux), die unter

i	x_i	$f(x_i)$	$f'(x_i)$	Δx_i
0	2.600	3.816	−1.707	0.085
1	2.685	3.660	−1.947	0.097
2	2.783	3.461	−2.116	0.106
3	2.888	3.233	−2.153	0.108
4	2.996	3.008	−2.009	0.100
5	3.097	2.820	−1.688	0.084
6	3.181	2.695	−1.263	0.063
7	3.244	2.628	−0.845	0.042
8	3.286	2.599	−0.515	0.026
9	3.312	2.589	−0.293	0.015
10	3.327	2.585		

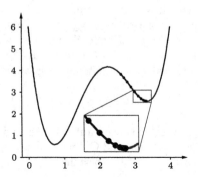

Abbildung 4.22 Gradientenabstieg mit Startwert 2.6 und Lernrate 0.05.

`http://fuzzy.cs.uni-magdeburg.de/~borgelt/mlp/`

zur Verfügung stehen. Mit diesen Programmen kann ein dreischichtiges Perzeptron so trainiert werden, dass es die Biimplikation, das exklusive Oder oder eine von zwei verschiedenen reellwertigen Funktionen berechnet. Nach jedem Trainingsschritt werden die Berechnungen des neuronalen Netzes visualisiert, indem die aktuelle Lage der Trenngeraden bzw. die Verläufe der Ausgaben der Neuronen gezeichnet werden. So kann zwar nicht der Abstieg auf der Fehlerfunktion verfolgt werden (was wegen der zu großen Zahl an Parametern prinzipiell unmöglich ist), aber man erhält eine recht gute Vorstellung vom Ablauf des Trainings. Eine ausführliche Erläuterung der Programme findet man auf der angegebenen WWW-Seite.

4.7   Varianten des Gradientenabstiegs

Im vorangehenden Abschnitt haben wir gesehen, welche Probleme beim Gradientenabstieg auftreten können. Eines davon, nämlich das „Hängenbleiben" in einem lokalen Minimum, kann nicht prinzipiell vermieden werden. Man kann es nur etwas abschwächen, indem man das Training mehrfach, ausgehend von verschiedenen Startwerten für die Parameter, durchführt. Aber auch dadurch werden nur die Chancen verbessert, das globale Minimum (oder zumindest ein sehr gutes lokales Minimum) zu finden. Eine Garantie, dass das globale Minimum gefunden wird, gibt es nicht.

Um die beiden anderen Probleme, die die Größe der Lernrate und damit die Größe der Schritte im Parameterraum betreffen, zu beheben, wurden jedoch verschiedene Varianten des Gradientenabstiegs entwickelt, von denen wir im folgenden einige besprechen. Wir beschreiben diese Varianten, indem wir die Regel angeben, nach der ein Gewicht in Abhängigkeit vom Gradienten der Fehlerfunktion zu ändern

ist. Da die Verfahren zum Teil auf Gradienten oder Parameterwerte aus vorhergehenden Schritten zurückgreifen, führen wir einen Parameter t ein, der den Trainingsschritt bezeichnet. So ist etwa $\nabla_w e(t)$ der Gradient der Fehlerfunktion zum
Zeitpunkt t bzgl. des Gewichtes w. Zum Vergleich: Die Gewichtsänderungsregel für
den normalen Gradientenabstieg lautet mit diesem Parameter

$$w(t+1) = w(t) + \Delta w(t) \qquad \text{mit} \qquad \Delta w(t) = -\frac{\eta}{2} \nabla_w e(t)$$

(vgl. die Ableitungen auf Seite 58 und Seite 61). Wir unterscheiden nicht explizit
zwischen Batch- und Online-Training, da der Unterschied ja nur in der Verwendung
von $e(t)$ bzw. $e^{(l)}(t)$ besteht.

Manhattan-Training

In vorangehenden Abschnitt haben wir gesehen, dass das Training sehr lange dauern
kann, wenn die Lernrate zu klein gewählt wird. Aber auch bei passend gewählter
Lernrate kann das Training zu langsam verlaufen, nämlich dann, wenn man sich
in einem Gebiet des Parameterraums bewegt, in dem die Fehlerfunktion „flach"
verläuft, der Gradient also klein ist. Um diese Abhängigkeit von der Größe des Gradienten zu beseitigen, kann man das so genannte Manhattan-Training verwenden,
bei dem nur das Vorzeichen des Gradienten berücksichtigt wird. Die Gewichtsänderung ist dann

$$\Delta w(t) = -\eta \, \text{sgn}(\nabla_w e(t)).$$

Diese Änderungsregel erhält man übrigens auch, wenn man die Fehlerfunktion als
Summe der Beträge der Abweichungen der tatsächlichen von der gewünschten Ausgabe ansetzt und die Ableitung an der Stelle 0 (an der sie nicht existiert/unstetig
ist) geeignet vervollständigt.

Der Vorteil dieses Verfahrens ist, dass das Training mit konstanter Geschwindigkeit (im Sinne einer festen Schrittweite) abläuft, unabhängig vom Verlauf der
Fehlerfunktion. Ein Nachteil ist dagegen, dass die Gewichte nur noch bestimmte
diskrete Werte annehmen können (aus einem Gitter mit dem Gitterabstand η), wodurch eine beliebig genaue Annäherung an das Minimum der Fehlerfunktion prinzipiell unmöglich wird. Außerdem besteht weiterhin das Problem der Wahl der Größe
der Lernrate.

Anheben der Ableitung der Aktivierungsfunktion

Oft verläuft die Fehlerfunktion in einem Gebiet des Parameterraumes deshalb flach,
weil Aktivierungsfunktionen im Sättigungsbereich (d.h. weit entfernt vom Biaswert θ, vgl. Abbildung 4.2 auf Seite 41) ausgewertet werden, in dem der Gradient
sehr klein ist oder gar ganz verschwindet. Um das Lernen in einem solchen Fall
zu beschleunigen, kann man die Ableitung f'_{act} der Aktivierungsfunktion künstlich
um einen festen Wert α erhöhen, so dass auch in den Sättigungsbereichen hinreichend große Lernschritte ausgeführt werden [Fahlman 1988]. $\alpha = 0.1$ liefert oft gute

Ergebnisse. Diese Modifikation ist auch unter dem Namen **flat spot elimination** bekannt.

Die Ableitung der Aktivierungsfunktion anzuheben, hat außerdem den Vorteil, dass einer Abschwächung des Fehlersignals in der Fehler-Rückpropagation entgegengewirkt wird. Denn z.B. die Ableitung der am häufigsten verwendeten logistischen Funktion nimmt maximal den Wert 0.25 an (für den Funktionswert 0.5, also am Ort des Biaswertes). Dadurch wird der Fehlerwert von Schicht zu Schicht tendenziell kleiner, so dass in den vorderen Schichten des Netzes langsamer gelernt wird.

Momentterm

Beim Momentterm-Verfahren [Rumelhart *et al.* 1986b] fügt man dem normalen Gradientenabstiegsschritt einen Bruchteil der vorangehenden Gewichtsänderung hinzu. Die Änderungsregel lautet folglich

$$\Delta w(t) = -\frac{\eta}{2}\nabla_w e(t) + \beta\,\Delta w(t-1),$$

wobei β ein Parameter ist, der kleiner als 1 sein muss, damit das Verfahren stabil ist. Typischerweise wird β zwischen 0.5 und 0.95 gewählt.

Der zusätzliche Term $\beta\,\Delta w(t-1)$ wird **Momentterm** genannt, da seine Wirkung dem Impuls (engl.: *momentum*) entspricht, den eine Kugel gewinnt, die eine abschüssige Fläche hinunterrollt. Je länger die Kugel in die gleiche Richtung rollt, um so schneller wird sie. Sie bewegt sich daher tendenziell in der alten Bewegungsrichtung weiter (Momentterm), folgt aber dennoch (wenn auch verzögert) der Form der Fläche (Gradiententerm).

Durch Einführen eines Momentterms kann das Lernen in Gebieten des Parameterraums, in denen die Fehlerfunktion flach verläuft, aber in eine einheitliche Richtung fällt, beschleunigt werden. Auch wird das Problem der Wahl der Lernrate etwas gemindert, da der Momentterm je nach Verlauf der Fehlerfunktion die Schrittweite vergrößert oder verkleinert. Der Momentterm kann jedoch eine zu kleine Lernrate nicht völlig ausgleichen, da die Schrittweite $|\Delta w|$ bei konstantem Gradienten $\nabla_w e$ durch $s = \left|\frac{\eta\nabla_w e}{2(1-\beta)}\right|$ beschränkt bleibt. Auch kann es bei einer zu großen Lernrate immer noch zu Oszillationen und chaotischem Hin- und Herspringen kommen.

Selbstadaptive Fehler-Rückpropagation

Bei der selbstadaptiven Fehler-Rückpropagation (super self-adaptive backpropagation, SuperSAB) [Jakobs 1988, Tollenaere 1990] wird für jeden Parameter eines neuronalen Netzes, also jedes Gewicht und jeden Biaswert, eine eigene Lernrate η_w eingeführt. Diese Lernraten werden vor ihrer Verwendung im jeweiligen Schritt in Abhängigkeit von dem aktuellen und dem vorangehenden Gradienten gemäß der folgenden Regel angepasst:

$$\eta_w(t) = \begin{cases} c^- \cdot \eta_w(t-1), & \text{falls } \nabla_w e(t) \quad \cdot \nabla_w e(t-1) < 0, \\ c^+ \cdot \eta_w(t-1), & \text{falls } \nabla_w e(t) \quad \cdot \nabla_w e(t-1) > 0 \\ & \quad \wedge \nabla_w e(t-1) \cdot \nabla_w e(t-2) \geq 0, \\ \eta_w(t-1), & \text{sonst.} \end{cases}$$

c^- ist ein Schrumpfungsfaktor $(0 < c^- < 1)$, mit dem die Lernrate verkleinert wird, wenn der aktuelle und der vorangehende Gradient verschiedene Vorzeichen haben. Denn in diesem Fall wurde das Minimum der Fehlerfunktion übersprungen, und es sind daher kleinere Schritte notwendig, um es zu erreichen. Typischerweise wird c^- zwischen 0.5 und 0.7 gewählt.

c^+ ist ein Wachstumsfaktor $(c^+ > 1)$, mit dem die Lernrate vergrößert wird, wenn der aktuelle und der vorangehende Gradient das gleiche Vorzeichen haben. In diesem Fall werden zwei Schritte in die gleiche Richtung gemacht, und es ist daher plausibel anzunehmen, dass ein längeres Gefälle der Fehlerfunktion abzulaufen ist. Die Lernrate sollte daher vergrößert werden, um dieses Gefälle schneller herabzulaufen. Typischerweise wird c^+ zwischen 1.05 und 1.2 gewählt, so dass die Lernrate nur langsam wächst.

Die zweite Bedingung für die Anwendung des Wachstumsfaktors c^+ soll verhindern, dass die Lernrate nach einer Verkleinerung unmittelbar wieder vergrößert wird. Dies wird üblicherweise so implementiert, dass nach einer Verkleinerung der Lernrate der alte Gradient auf 0 gesetzt wird, um anzuzeigen, dass eine Verkleinerung vorgenommen wurde. Zwar wird so auch eine erneute Verkleinerung unterdrückt, doch spart man sich die zusätzliche Speicherung von $\nabla_w e(t-2)$ bzw. eines entsprechenden Merkers.

Um zu große Sprünge und zu langsames Lernen zu vermeiden, ist es üblich, die Lernrate nach oben und unten zu begrenzen. Die selbstadaptive Fehler-Rückpropagation sollte außerdem nur für das Batch-Training eingesetzt werden, da das Online-Training oft instabil ist.

Elastische Fehler-Rückpropagation

Die elastische Fehler-Rückpropagation (resilient backpropagation, Rprop) [Riedmiller und Braun 1992, Riedmiller und Braun 1993] kann als Kombination der Ideen des Manhattan-Trainings und der selbstadaptiven Fehler-Rückpropagation gesehen werden. Es wird eine eigene *Schrittweite* Δw für jeden Parameter des neuronalen Netzes, also jedes Gewicht und jeden Biaswert, eingeführt, die in Abhängigkeit von dem aktuellen und dem vorangehenden Gradienten nach der folgenden Regel angepasst wird:

$$\Delta w(t) = \begin{cases} c^- \cdot \Delta w(t-1), & \text{falls } \nabla_w e(t) \quad \cdot \nabla_w e(t-1) < 0, \\ c^+ \cdot \Delta w(t-1), & \text{falls } \nabla_w e(t) \quad \cdot \nabla_w e(t-1) > 0 \\ & \quad \wedge \nabla_w e(t-1) \cdot \nabla_w e(t-2) \geq 0, \\ \Delta w(t-1), & \text{sonst.} \end{cases}$$

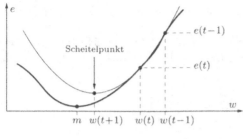

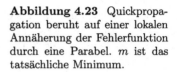

Abbildung 4.23 Quickpropagation beruht auf einer lokalen Annäherung der Fehlerfunktion durch eine Parabel. m ist das tatsächliche Minimum.

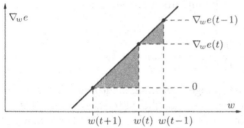

Abbildung 4.24 Die Formel für die Gewichtsänderung kann über Steigungsdreiecke aus der Ableitung der Näherungsparabel bestimmt werden.

Wie bei der selbstadaptiven Fehler-Rückpropagation ist c^- ein Schrumpfungsfaktor ($0 < c^- < 1$) und c^+ ein Wachstumsfaktor ($c^+ > 1$), mit denen die Schrittweite verkleinert oder vergrößert wird. Die Anwendung dieser Faktoren wird genauso begründet wie bei der oben besprochenen selbstadaptiven Fehler-Rückpropagation. Auch ihre typischen Werte stimmen mit den dort angegebenen überein ($c^- \in [0.5, 0.7]$ und $c^+ \in [1.05, 1.2]$).

Ähnlich wie der Wert der Lernrate der selbstadaptiven Fehler-Rückpropagation wird auch der Betrag der Schrittweite nach oben und nach unten begrenzt, um zu große Sprünge und zu langsames Lernen zu vermeiden. Außerdem sollte auch die elastische Fehler-Rückpropagation nur für das Batch-Training eingesetzt werden, da das Online-Training noch instabiler ist als bei der selbstadaptiven Fehler-Rückpropagation.

Die elastische Fehler-Rückpropagation hat sich in verschiedenen Anwendungen besonders in der Trainingszeit als anderen Verfahren (Momentterm, selbstadaptive Fehler-Rückpropagation, aber auch dem unten erläuterten Quickpropagation-Verfahren) deutlich überlegen gezeigt. Es gehört zu den empfehlenswertesten Lernverfahren für mehrschichtige Perzeptren.

Quickpropagation

Das Quickpropagation-Verfahren [Fahlman 1988] nähert die Fehlerfunktion am Ort des aktuellen Gewichtes lokal durch eine Parabel an (siehe Abbildung 4.23) und berechnet aus dem aktuellen und dem vorangehenden Gradienten den Scheitelpunkt dieser Parabel. Der Scheitelpunkt wird dann direkt angesprungen, das Gewicht also auf den Wert des Scheitelpunktes gesetzt. Verläuft die Fehlerfunktion „gutartig", kann man so in nur einem Schritt sehr nah an das Minimum der Fehlerfunktion herankommen.

Die Änderungsregel für das Gewicht kann man z.B. über zwei Steigungsdreiecke aus der Ableitung der Parabel gewinnen (siehe Abbildung 4.24). Offenbar ist (siehe die grau unterlegten Dreiecke)

$$\frac{\nabla_w e(t-1) - \nabla_w e(t)}{w(t-1) - w(t)} = \frac{\nabla_w e(t)}{w(t) - w(t+1)}.$$

Durch Auflösen nach $\Delta w(t) = w(t+1) - w(t)$ und unter Ausnutzung von $\Delta w(t-1) = w(t) - w(t-1)$ erhält man

$$\Delta w(t) = \frac{\nabla_w e(t)}{\nabla_w e(t-1) - \nabla_w e(t)} \cdot \Delta w(t-1).$$

Zu berücksichtigen ist allerdings, dass die obige Gleichung nicht zwischen einer nach oben und einer nach unten geöffneten Näherungsparabel unterscheidet, so dass u.U. auch ein Maximum der Fehlerfunktion angestrebt werden könnte. Dies kann zwar durch einen Test, ob

$$\frac{\nabla_w e(t-1) - \nabla_w e(t)}{\Delta w(t-1)} < 0$$

gilt (nach oben geöffnete Parabel), abgefangen werden, doch wird dieser Test in Implementierungen meist nicht durchgeführt. Stattdessen wird ein Parameter eingeführt, der die Vergrößerung der Gewichtsänderung relativ zum vorhergehenden Schritt begrenzt. D.h., es wird sichergestellt, dass

$$|\Delta w(t)| \leq c \cdot |\Delta w(t-1)|$$

gilt, wobei c ein Parameter ist, der üblicherweise zwischen 1.75 und 2.25 gewählt wird. Dies verbessert zwar das Verhalten, stellt jedoch *nicht* sicher, dass das Gewicht in der richtigen Richtung geändert wird.

Weiter fügt man in Implementierungen der oben angegebenen Gewichtsänderung gern noch einen normalen Gradientenabstiegsschritt hinzu, wenn die Gradienten $\nabla_w e(t)$ und $\nabla_w e(t-1)$ das gleiche Vorzeichen haben, das Minimum also nicht zwischen dem aktuellen und dem vorangehenden Gewichtswert liegt. Außerdem ist es sinnvoll, den Betrag der Gewichtsänderung nach oben zu begrenzen, um zu große Sprünge zu vermeiden.

Wenn die Annahmen des Quickpropagation-Verfahrens, nämlich dass die Fehlerfunktion lokal durch eine nach oben geöffnete Parabel angenähert werden kann und die Parameter weitgehend unabhängig voneinander geändert werden können, erfüllt sind und Batch-Training verwendet wird, gehört es zu den schnellsten Lernverfahren für mehrschichtige Perzeptren und rechtfertigt so seinen Namen. Sonst neigt es zu instabilem Verhalten.

Gewichtsverfall

Es ist ungünstig, wenn durch das Training die Verbindungsgewichte eines neuronalen Netzes zu große Werte annehmen. Denn erstens gelangt man durch große Gewichte leicht in den Sättigungsbereich der logistischen Aktivierungsfunktion, in dem
durch den verschwindend kleinen Gradienten das Lernen fast zum Stillstand kommen kann. Zweitens steigt durch große Gewichte die Gefahr einer Überanpassung
(overfitting) an zufällige Besonderheiten der Trainingsdaten, so dass die Leistung
des Netzes bei der Verarbeitung neuer Daten hinter dem Erreichbaren zurückbleibt.

Der Gewichtsverfall (weight decay) [Werbos 1974] dient dazu, ein zu starkes
Anwachsen der Gewichte zu verhindern. Dazu wird jedes Gewicht in jedem Schritt
um einen kleinen Anteil seines Wertes verringert, also etwa

$$\Delta w(t) = -\frac{\eta}{2} \nabla_w(t) - \xi w(t),$$

wenn der normale Gradientenabstieg zum Training verwendet wird. Alternativ kann
man jedes Gewicht vor der Anpassung mit dem Faktor $(1-\xi)$ multiplizieren, was oft
einfacher ist. ξ sollte sehr klein gewählt werden, damit die Gewichte nicht dauerhaft
auf zu kleinen Werten gehalten werden. Typische Werte für ξ liegen im Bereich von
0.005 bis 0.03.

Man beachte, dass man den Gewichtsverfall durch eine Erweiterung der Fehlerfunktion erhalten kann, die große Gewichte bestraft:

$$e^* = e + \frac{\xi}{2} \sum_{u \in U_{\text{out}} \cup U_{\text{hidden}}} \left(\theta_u^2 + \sum_{p \in \text{pred}(u)} w_{up}^2 \right).$$

Die Ableitung dieser modifizierten Fehlerfunktion führt zu der oben angegebenen
Änderungsregel für die Gewichte.

4.8 Beispiele zu einigen Varianten

Zur Illustration des Gradientenabstiegs mit Momentterm betrachten wir, analog zu
Abschnitt 4.6, das Training eines zweischichtigen Perzeptrons für die Negation, wieder ausgehend von den Startwerten $\theta = 3$ und $w = \frac{7}{2}$. Den Ablauf des Lernvorgangs
ohne Momentterm und mit einem Momentterm mit dem Faktor $\beta = 0.9$ zeigen Tabelle 4.2 und Abbildung 4.25. Offenbar ist der Verlauf fast der gleiche, nur dass mit
Momentterm nur etwa die halbe Anzahl Epochen benötigt wird, um den gleichen
Fehler zu erreichen. Durch den Momentterm konnte die Lerngeschwindigkeit also
etwa verdoppelt werden. Beim Training größerer Netze mit mehr Lernmustern ist
der Geschwindigkeitsunterschied sogar oft noch viel größer.

Als weiteres Beispiel betrachten wir noch einmal die Minimierung der Funktion
aus Abschnitt 4.6 (siehe Seite 63f). Mit Hilfe des Momentterms kann der zu langsame Abstieg aus Abbildung 4.20 deutlich beschleunigt werden, wie Abbildung 4.26

Epoche	θ	w	Fehler
0	3.00	3.50	1.295
20	3.76	2.20	0.985
40	3.70	1.82	0.970
60	3.48	1.53	0.957
80	3.11	1.25	0.934
100	2.49	0.88	0.880
120	1.27	0.22	0.676
140	−0.21	−1.04	0.292
160	−0.86	−2.08	0.140
180	−1.21	−2.74	0.084
200	−1.45	−3.19	0.058
220	−1.63	−3.53	0.044

Epoche	θ	w	Fehler
0	3.00	3.50	1.295
10	3.80	2.19	0.984
20	3.75	1.84	0.971
30	3.56	1.58	0.960
40	3.26	1.33	0.943
50	2.79	1.04	0.910
60	1.99	0.60	0.814
70	0.54	−0.25	0.497
80	−0.53	−1.51	0.211
90	−1.02	−2.36	0.113
100	−1.31	−2.92	0.073
110	−1.52	−3.31	0.053
120	−1.67	−3.61	0.041

ohne Momentterm   mit Momentterm

Tabelle 4.2 Lernvorgänge mit und ohne Momentterm ($\beta = 0.9$).

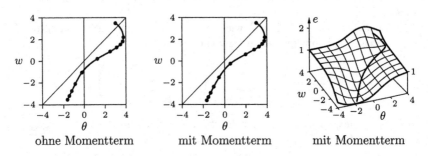

ohne Momentterm   mit Momentterm   mit Momentterm

Abbildung 4.25 Lernvorgänge mit und ohne Momentterm ($\beta = 0.9$); die Punkte zeigen die Werte von Gewicht w und Biaswert θ alle 20/10 Epochen.

zeigt. Die zu kleine Lernrate kann durch den Momentterm aber nicht völlig ausgeglichen werden. Dies liegt daran, dass, wie bereits im vorangehenden Abschnitt bemerkt, selbst bei konstantem Gradienten $f'(x)$ die Schrittweite durch $s = \left| \frac{\eta f'(x)}{1-\beta} \right|$ beschränkt bleibt.

Durch eine adaptive Lernrate kann das chaotische Hin- und Herspringen, wie wir es aus Abbildung 4.21 auf Seite 64 ablesen können, vermieden werden. Dies zeigt Abbildung 4.27, das den Lernvorgang ausgehend von der im Vergleich zu Abbildung 4.21 sogar noch größeren Lernrate $\eta = 0.3$ zeigt. Zwar ist dieser Anfangswert zu groß, doch wird er sehr schnell durch den Verkleinerungsfaktor korrigiert, so dass in erstaunlich wenigen Schritten das Minimum der Funktion erreicht wird.

i	x_i	$f(x_i)$	$f'(x_i)$	Δx_i
0	0.200	3.112	−11.147	0.011
1	0.211	2.990	−10.811	0.021
2	0.232	2.771	−10.196	0.029
3	0.261	2.488	−9.368	0.035
4	0.296	2.173	−8.397	0.040
5	0.337	1.856	−7.348	0.044
6	0.380	1.559	−6.277	0.046
7	0.426	1.298	−5.228	0.046
8	0.472	1.079	−4.235	0.046
9	0.518	0.907	−3.319	0.045
10	0.562	0.777		

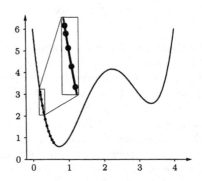

Abbildung 4.26 Gradientenabstieg mit Momentterm ($\beta = 0.9$) ausgehend vom Startwert 0.2 und mit Lernrate 0.001.

i	x_i	$f(x_i)$	$f'(x_i)$	Δx_i
0	1.500	2.719	3.500	−1.050
1	0.450	1.178	−4.699	0.705
2	1.155	1.476	3.396	−0.509
3	0.645	0.629	−1.110	0.083
4	0.729	0.587	0.072	−0.005
5	0.723	0.587	0.001	0.000
6	0.723	0.587	0.000	0.000
7	0.723	0.587	0.000	0.000
8	0.723	0.587	0.000	0.000
9	0.723	0.587	0.000	0.000
10	0.723	0.587		

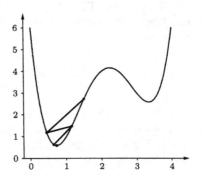

Abbildung 4.27 Gradientenabstieg mit adaptiver Lernrate (mit $\eta_0 = 0.3$, $c^+ = 1.2$, $c^- = 0.5$) ausgehend vom Startwert 1.5.

Für eine Veranschaulichung der Fehlerrückpropagation mit Momentterm verweisen wir wieder auf die schon auf Seite 64 erwähnten Programme wmlp und xmlp. Diese Programme bieten die Möglichkeit, einen Momentterm zu verwenden, wodurch auch hier das Training deutlich beschleunigt wird.

Weiter weisen wir auf die Kommandozeilenprogramme hin, die unter

http://fuzzy.cs.uni-magdeburg.de/~borgelt/software.html#nn

zur Verfügung stehen. Mit diesen Programmen können beliebige mehrschichtige Perzeptren trainiert und auf neuen Daten ausgeführt werden. Sie enthalten alle hier besprochenen Varianten des Gradientenabstiegs.

4.9   Sensitivitätsanalyse

(Künstliche) neuronale Netze haben den großen Nachteil, dass das von ihnen gelernte Wissen oft nur schwer verständlich ist, da es in den Verbindungsgewichten, also einer Matrix reeller Zahlen, gespeichert ist. Zwar haben wir in den vorangehenden Abschnitten und Kapiteln versucht, die Funktionsweise neuronaler Netze anschaulich geometrisch zu erklären, doch bereitet eine solche Deutung bei komplexeren Netzen, wie sie in der Praxis auftreten, erhebliche Schwierigkeiten. Besonders bei hochdimensionalen Eingaberäumen versagt das menschliche Vorstellungsvermögen. Ein komplexes neuronales Netz erscheint daher leicht als eine „black box", die auf mehr oder weniger unergründliche Weise aus den Eingaben die Ausgaben berechnet.

Man kann diese Situation jedoch etwas verbessern, indem man eine so genannte **Sensitivitätsanalyse** durchführt, durch die bestimmt wird, welchen Einfluss die verschiedenen Eingaben auf die Ausgabe des Netzes haben. Wir summieren dazu die Ableitung der Ausgaben nach den externen Eingaben über alle Ausgabeneuronen und alle Lernmuster. Diese Summe wird durch die Anzahl der Lernmuster geteilt, um den Wert unabhängig von der Größe des Trainingsdatensatzes zu halten. D.h., wir berechnen

$$\forall u \in U_{\text{in}}: \qquad s(u) = \frac{1}{|L_{\text{fixed}}|} \sum_{l \in L_{\text{fixed}}} \sum_{v \in U_{\text{out}}} \frac{\partial \operatorname{out}_v^{(l)}}{\partial \operatorname{ext}_u^{(l)}}.$$

Der so erhaltene Wert $s(u)$ zeigt uns an, wie wichtig die Eingabe, die dem Neuron u zugeordnet ist, für die Berechnungen des mehrschichtigen Perzeptrons ist. Auf dieser Grundlage können wir dann z.B. das Netz vereinfachen, indem wir die Eingaben mit den kleinsten Werten $s(u)$ entfernen.

Zur Ableitung der genauen Berechnungsformel wenden wir, wie bei der Ableitung des Gradientenabstiegs, zunächst die Kettenregel an:

$$\frac{\partial \operatorname{out}_v}{\partial \operatorname{ext}_u} = \frac{\partial \operatorname{out}_v}{\partial \operatorname{out}_u} \frac{\partial \operatorname{out}_u}{\partial \operatorname{ext}_u} = \frac{\partial \operatorname{out}_v}{\partial \operatorname{net}_v} \frac{\partial \operatorname{net}_v}{\partial \operatorname{out}_u} \frac{\partial \operatorname{out}_u}{\partial \operatorname{ext}_u}.$$

Wenn die Ausgabefunktion der Eingabeneuronen die Identität ist, wie wir hier annehmen wollen, können wir den letzten Faktor vernachlässigen, da

$$\frac{\partial \operatorname{out}_u}{\partial \operatorname{ext}_u} = 1.$$

Für den zweiten Faktor erhalten wir im allgemeinen Fall

$$\frac{\partial \operatorname{net}_v}{\partial \operatorname{out}_u} = \frac{\partial}{\partial \operatorname{out}_u} \sum_{p \in \operatorname{pred}(v)} w_{vp} \operatorname{out}_p = \sum_{p \in \operatorname{pred}(v)} w_{vp} \frac{\partial \operatorname{out}_p}{\partial \operatorname{out}_u}.$$

Hier tritt auf der rechten Seite wieder eine Ableitung der Ausgabe eines Neurons p nach der Ausgabe des Eingabeneurons u auf, so dass wir die schichtenweise Rekursionsformel

$$\frac{\partial \operatorname{out}_v}{\partial \operatorname{out}_u} = \frac{\partial \operatorname{out}_v}{\partial \operatorname{net}_v} \frac{\partial \operatorname{net}_v}{\partial \operatorname{out}_u} = \frac{\partial \operatorname{out}_v}{\partial \operatorname{net}_v} \sum_{p \in \operatorname{pred}(v)} w_{vp} \frac{\partial \operatorname{out}_p}{\partial \operatorname{out}_u}$$

aufstellen können. In der ersten versteckten Schicht (oder für ein zweischichtiges Perzeptron) erhalten wir dagegen

$$\frac{\partial \operatorname{net}_v}{\partial \operatorname{out}_u} = w_{vu}, \qquad \text{also} \qquad \frac{\partial \operatorname{out}_v}{\partial \operatorname{out}_u} = \frac{\partial \operatorname{out}_v}{\partial \operatorname{net}_v} w_{vu},$$

da alle Summanden außer dem mit $p = u$ verschwinden. Diese Formel definiert den Rekursionsanfang. Ausgehend von diesem Startpunkt können wir die oben angegebene Rekursionsformel anwenden, bis wir die Ausgabeschicht erreichen, wo wir den zu einem Lernmuster l gehörenden Term des Wertes $s(u)$ schließlich durch Summation über die Ausgabeneuronen berechnen können.

Wie bei der Ableitung der Fehlerrückpropagation betrachten wir auch hier wieder den Spezialfall der logistischen Aktivierungsfunktion und der Identität als Ausgabefunktion. In diesem Fall erhält man die besonders einfache Rekursionsformel

$$\frac{\partial \operatorname{out}_v}{\partial \operatorname{out}_u} = \operatorname{out}_v(1 - \operatorname{out}_v) \sum_{p \in \operatorname{pred}(v)} w_{vp} \frac{\partial \operatorname{out}_p}{\partial \operatorname{out}_u}$$

und den Rekursionsanfang (v in erster versteckter Schicht)

$$\frac{\partial \operatorname{out}_v}{\partial \operatorname{out}_u} = \operatorname{out}_v(1 - \operatorname{out}_v)w_{vu}.$$

Die Kommandozeilenprogramme, auf die wir am Ende des vorangehenden Abschnitts hingewiesen haben, erlauben eine Sensitivitätsanalyse eines mehrschichtigen Perzeptrons unter Verwendung dieser Formeln.

5   Radiale-Basisfunktionen-Netze

Radiale-Basisfunktionen-Netze sind, wie mehrschichtige Perzeptren, vorwärtsbetriebene neuronale Netze mit einer streng geschichteten Struktur. Allerdings ist die
Zahl der Schichten stets drei; es gibt also nur genau eine versteckte Schicht. Weiter
unterscheiden sich Radiale-Basisfunktionen-Netze von mehrschichtigen Perzeptren
durch andere Netzeingabe- und Aktivierungsfunktionen, speziell in der versteckten
Schicht. In ihr werden **radiale Basisfunktionen** verwendet, die diesem Netztyp
seinen Namen geben. Durch diese Funktionen wird jedem Neuron eine Art „Einzugsgebiet" zugeordnet, in dem es hauptsächlich die Ausgabe des Netzes beeinflusst.

5.1   Definition und Beispiele

Definition 5.1 *Ein* **Radiale-Basisfunktionen-Netz** *ist ein neuronales Netz mit
einem Graphen $G = (U, C)$, der folgenden Bedingungen genügt:*

(i) $U_{\text{in}} \cap U_{\text{out}} = \emptyset$,

(ii) $C = (U_{\text{in}} \times U_{\text{hidden}}) \cup C'$, $\quad C' \subseteq (U_{\text{hidden}} \times U_{\text{out}})$

Die Netzeingabefunktion jedes versteckten Neurons ist eine **Abstandsfunktion** *von
Eingabe- und Gewichtsvektor, d.h.*

$$\forall u \in U_{\text{hidden}} : \qquad f_{\text{net}}^{(u)}(\vec{w}_u, \vec{\text{in}}_u) = d(\vec{w}_u, \vec{\text{in}}_u),$$

wobei $d : \mathbb{R}^n \times \mathbb{R}^n \to \mathbb{R}_0^+$ eine Funktion ist, die $\forall \vec{x}, \vec{y}, \vec{z} \in \mathbb{R}^n$:

(i) $d(\vec{x}, \vec{y}) = 0 \;\Leftrightarrow\; \vec{x} = \vec{y},$

(ii) $d(\vec{x}, \vec{y}) = d(\vec{y}, \vec{x})$ \qquad *(Symmetrie),*

(iii) $d(\vec{x}, \vec{z}) \leq d(\vec{x}, \vec{y}) + d(\vec{y}, \vec{z})$ \qquad *(Dreiecksungleichung),*

erfüllt, also der Definition eines Abstands genügt.

*Die Netzeingabefunktion der Ausgabeneuronen ist die (mit den Verbindungsge-
wichten) gewichtete Summe der Eingänge, d.h.*

$$\forall u \in U_{\text{out}} : \qquad f_{\text{net}}^{(u)}(\vec{w}_u, \vec{\text{in}}_u) = \vec{w}_u \vec{\text{in}}_u = \sum_{v \in \text{pred}(u)} w_{uv} \, \text{out}_v \, .$$

*Die Aktivierungsfunktion jedes versteckten Neurons ist eine, wie wir sie nennen
wollen,* **radiale Funktion**, *d.h. eine monoton fallende Funktion*

$$f : \mathbb{R}_0^+ \to [0, 1] \quad mit \quad f(0) = 1 \quad und \quad \lim_{x \to \infty} f(x) = 0.$$

Die Aktivierungsfunktion jedes Ausgabeneurons ist eine lineare Funktion, nämlich

$$f_{\text{act}}^{(u)}(\text{net}_u, \theta_u) = \text{net}_u - \theta_u.$$

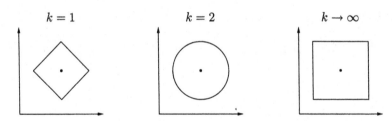

$$k = 1 \qquad\qquad k = 2 \qquad\qquad k \to \infty$$

Abbildung 5.1 Kreise für verschiedene Abstandsfunktionen.

Man beachte, dass Radiale-Basisfunktionen-Netze genau drei Schichten haben und dass die Eingabeschicht und die versteckte Schicht wegen der Abstandsberechnung immer vollständig verbunden sind.

Durch die Netzeingabefunktion und die Aktivierungsfunktion eines versteckten Neurons wird eine Art „Einzugsgebiet" dieses Neurons beschrieben. Die Gewichte der Verbindungen von der Eingabeschicht zu einem Neuron der versteckten Schicht geben das **Zentrum** dieses Einzugsgebietes an, denn der Abstand (Netzeingabefunktion) wird ja zwischen dem Gewichtsvektor und dem Eingabevektor gemessen. Die Art der Abstandsfunktion bestimmt die Form des Einzugsgebiets. Um das zu verdeutlichen, betrachten wir die Mitglieder der Familie von Abstandsfunktionen, die durch

$$d_k(\vec{x}, \vec{y}) = \left(\sum_{i=1}^{n} (x_i - y_i)^k \right)^{\frac{1}{k}}.$$

definiert ist. Bekannte Spezialfälle aus dieser Familie sind:

$k = 1 :$ Manhattan- oder City-Block-Abstand,
$k = 2 :$ Euklidischer Abstand,
$k \to \infty :$ Maximum-Abstand, d.h. $d_\infty(\vec{x}, \vec{y}) = \max_{i=1}^{n} |x_i - y_i|$.

Abstandsfunktionen wie diese lassen sich leicht veranschaulichen, indem man betrachtet, wie mit ihnen ein Kreis aussieht. Denn ein Kreis ist ja definiert als die Menge aller Punkte, die von einem gegebenen Punkt einen bestimmten festen Abstand haben. Diesen festen Abstand nennt man den *Radius* des Kreises. Für die drei oben angeführten Spezialfälle sind Kreise in Abbildung 5.1 gezeigt. Alle drei Kreise haben den gleichen Radius. Mit diesen Beispielen erhalten wir unmittelbar einen Eindruck von den möglichen Formen des Einzugsgebietes eines versteckten Neurons.

Die Aktivierungsfunktion eines versteckten Neurons und ihre Parameter bestimmen die „Größe" des Einzugsgebietes des Neurons. Wir nennen diese Aktivierungsfunktion eine **radiale Funktion**, da sie entlang eines Strahles (lat. *radius*: Strahl) von dem Zentrum, das durch den Gewichtsvektor beschrieben wird, definiert ist und so jedem Radius (jedem Abstand vom Zentrum) eine Aktivierung zuordnet. Beispiele für radiale Aktivierungsfunktionen, die alle einen Parameter, nämlich einen **(Referenz-)Radius** σ, besitzen, zeigt Abbildung 5.2 (vgl. auch Abbildung 4.2 auf Seite 41).

Rechteckfunktion:

$$f_{\text{act}}(\text{net}, \sigma) = \begin{cases} 0, & \text{wenn net} > \sigma, \\ 1, & \text{sonst.} \end{cases}$$

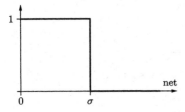

Dreieckfunktion:

$$f_{\text{act}}(\text{net}, \sigma) = \begin{cases} 0, & \text{wenn net} > \sigma, \\ 1 - \frac{\text{net}}{\sigma}, & \text{sonst.} \end{cases}$$

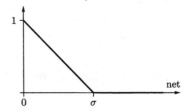

Kosinus bis Null:

$$f_{\text{act}}(\text{net}, \sigma) = \begin{cases} 0, & \text{wenn net} > 2\sigma, \\ \frac{\cos\left(\frac{\pi}{2\sigma}\,\text{net}\right)+1}{2}, & \text{sonst.} \end{cases}$$

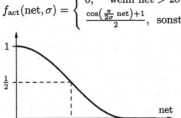

Gaußsche Funktion:

$$f_{\text{act}}(\text{net}, \sigma) = e^{-\frac{\text{net}^2}{2\sigma^2}}$$

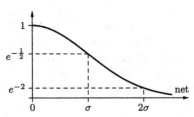
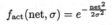

Abbildung 5.2   Verschiedene radiale Aktivierungsfunktionen.

Man beachte, dass nicht alle dieser radialen Aktivierungsfunktionen den Einzugsbereich scharf begrenzen. D.h., nicht für alle Funktionen gibt es einen Radius, ab dem die Aktivierung 0 ist. Bei der Gaußschen Funktion etwa liefert auch ein beliebig weit vom Zentrum entfernter Eingabevektor noch eine positive Aktivierung, wenn diese auch wegen des exponentiellen Abfallens der Gaußschen Funktion verschwindend klein ist.

Die Ausgabeschicht eines Radiale-Basisfunktionen-Netzes dient dazu, die Aktivierungen der versteckten Neuronen zu der Ausgabe des Netzes zu verknüpfen (gewichtete Summe als Netzeingabefunktion) — ähnlich wie in einem mehrschichtigen Perzeptron. Man beachte allerdings, dass in einem Radiale-Basisfunktionen-Netz die Aktivierungsfunktion der Ausgabeneuronen eine lineare Funktion ist. Der Grund für diese Festlegung, die für die Initialisierung der Parameter wichtig ist, wird in Abschnitt 5.3 erläutert.

Als erstes Beispiel betrachten wir, in Analogie zu Abschnitt 2.1, die Berechnung der Konjunktion zweier Boolescher Variablen x_1 und x_2. Ein Radiale-Basisfunktionen-Netz, das diese Aufgabe löst, ist in Abbildung 5.3 links gezeigt. Es besitzt nur ein verstecktes Neuron, dessen Gewichtsvektor (Zentrum der radialen Basisfunktion) der Eingabevektor ist, für den eine Ausgabe von 1 geliefert werden soll,

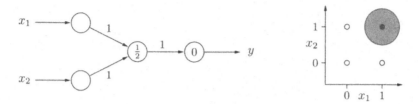

Abbildung 5.3 Ein Radiale-Basisfunktionen-Netz für die Konjunktion mit Euklidischem Abstand und Rechteck-Aktivierungsfunktionen.

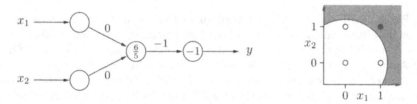

Abbildung 5.4 Ein anderes Radiale-Basisfunktionen-Netz für die Konjunktion mit Euklidischem Abstand und Rechteck-Aktivierungsfunktionen.

also der Punkt $(1,1)$. Der (Referenz-) Radius der Aktivierungsfunktion beträgt $\frac{1}{2}$. Er wird wie der Parameter θ (Biaswert) eines Neurons in einem mehrschichtigen Perzeptron in den Kreis geschrieben, der das versteckte Neuron darstellt. In der Zeichnung nicht dargestellt ist, dass wir den Euklidischen Abstand und eine Rechteck-Aktivierungsfunktion verwenden. Durch das Gewicht 1 der Verbindung zum Ausgabeneuron und den Biaswert 0 dieses Neurons stimmt die Ausgabe des Netzes mit der Ausgabe des versteckten Neurons überein.

Wie die Berechnungen von Schwellenwertelementen (vgl. Abschnitt 2.2), so lassen sich auch die Berechnungen von Radiale-Basisfunktionen-Netzen geometrisch deuten, speziell, wenn Rechteck-Aktivierungsfunktionen verwendet werden, siehe Abbildung 5.3 rechts. Durch die radiale Funktion wird ein Kreis mit Radius $\frac{1}{2}$ um den Punkt $(1,1)$ beschrieben. Innerhalb dieses Kreises ist die Aktivierung des versteckten Neurons (und damit die Ausgabe des Netzes) 1, außerhalb 0. Man erkennt so leicht, dass das in Abbildung 5.3 links gezeigte Netz tatsächlich die Konjunktion seiner Eingaben berechnet.

Das in Abbildung 5.3 gezeigte Netz ist natürlich nicht das einzig mögliche zur Berechnung der Konjunktion. Man kann etwa einen anderen Radius verwenden, solange er nur kleiner als 1 ist, oder das Zentrum etwas verschieben, solange nur der Punkt $(1,1)$ innerhalb der Kreises bleibt und keiner der anderen Punkte in den Kreis gerät. Auch kann natürlich die Abstandsfunktion oder die Aktivierungsfunktion verändert werden. Man kann aber auch eine ganz andere Lösung finden, wie sie etwa Abbildung 5.4 zeigt. Durch einen Biaswert von -1 im Ausgabeneuron wird eine Grundausgabe von 1 erzeugt, die innerhalb eines Kreises mit Radius $\frac{6}{5}$ um

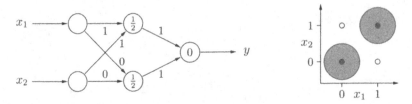

Abbildung 5.5 Ein Radiale-Basisfunktionen-Netz für die Biimplikation mit Euklidischem Abstand und Rechteck-Aktivierungsfunktionen.

den Punkt $(0,0)$ auf 0 verringert wird (man beachte das negative Gewicht der Verbindung zum Ausgabeneuron). Es wird gewissermaßen aus einem Teppich der Dicke 1 eine Kreisscheibe „herausgestanzt", und zwar so, dass alle Punkte, für die eine Ausgabe von 0 geliefert werden soll, innerhalb dieser Scheibe liegen.

Als weiteres Beispiel betrachten wir ein Radiale-Basisfunktionen-Netz, das die Biimplikation berechnet, siehe Abbildung 5.5 links. Es enthält zwei versteckte Neuronen, die den beiden Punkten zugeordnet sind, für die eine Ausgabe von 1 erzeugt werden soll. In Kreisen mit Radius $\frac{1}{2}$ um diese beiden Punkte wird das jeweils zugehörige versteckte Neuron aktiviert (gibt eine 1 aus), siehe Abbildung 5.5 rechts. Das Ausgabeneuron fasst diese Ausgaben lediglich zusammen: Die Ausgabe des Netzes ist 1, wenn der Eingabevektor innerhalb eines der beiden Kreise liegt.

Logisch gesehen berechnet das obere Neuron die Konjunktion der Eingaben, das untere ihre negierte Disjunktion. Durch das Ausgabeneuron werden die Ausgaben der versteckten Neuronen disjunktiv verknüpft (wobei allerdings nur jeweils eines der beiden versteckten Neuronen aktiv sein kann). Die Biimplikation wird also unter Ausnutzung der logischen Äquivalenz

$$x_1 \leftrightarrow x_2 \quad \equiv \quad (x_1 \wedge x_2) \vee \neg(x_1 \vee x_2)$$

dargestellt. (Man vergleiche hierzu auch Abschnitt 2.4.)

Man beachte, dass es natürlich auch hier wieder die Möglichkeit gibt, durch einen Biaswert von -1 im Ausgabeneuron eine Grundausgabe von 1 zu erzeugen, die durch Kreise mit Radius $\frac{1}{2}$ (oder einem anderen Radius kleiner als 1) um die Punkte $(1,0)$ und $(0,1)$ auf 0 verringert wird. Wie für Schwellenwertelemente gibt es dagegen keine Möglichkeit, die Biimplikation mit nur einem (versteckten) Neuron zu berechnen, es sei denn, man verwendet den *Mahalanobis-Abstand* als Abstandsfunktion. Diese Erweiterung der Berechnungsfähigkeiten wird jedoch erst in Abschnitt 5.5 besprochen.

5.2   Funktionsapproximation

Nach den Beispielen des vorangehenden Abschnitts, in denen nur einfache logische Funktionen verwendet wurden, betrachten wir nun, in Analogie zu Abschnitt 4.2,

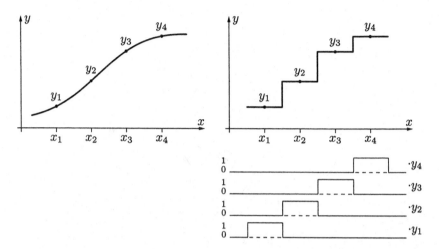

Abbildung 5.6 Darstellung einer Treppenfunktion durch eine gewichtete Summe von Rechteckfunktionen (mit Zentren x_i). Natürlich können die Stufenhöhen y_i auch negativ sein. An den Stufenkanten kommt es allerdings zu falschen Funktionswerten (Summe der Stufenhöhen).

wie man mit Hilfe von Radiale-Basisfunktionen-Netzen reellwertige Funktionen approximieren kann. Das Prinzip ist das gleiche wie in Abschnitt 4.2: Die zu approximierende Funktion wird durch eine Treppenfunktion angenähert, die durch ein Radiale-Basisfunktionen-Netz leicht dargestellt werden kann, indem man es eine gewichtete Summe von Rechteckfunktionen berechnen lässt. Wir veranschaulichen dieses Prinzip anhand der gleichen Beispielfunktion wie in Abschnitt 4.2, siehe Abbildung 5.6.

Für jede Treppenstufe wird eine radiale Basisfunktion verwendet, deren Zentrum in der Mitte der Stufe liegt und deren Radius die halbe Stufenbreite ist. Dadurch werden Rechteckpulse beschrieben (siehe Abbildung 5.6 unten rechts), die mit der zugehörigen Stufenhöhe gewichtet und aufaddiert werden. Man erhält so die in Abbildung 5.6 oben rechts gezeigte Treppenfunktion. Das zugehörige Radiale-Basisfunktionen-Netz, das für jeden Rechteckpuls ein verstecktes Neuron besitzt, ist in Abbildung 5.7 gezeigt.

Allerdings ist zu beachten, dass an den Stufenkanten die Summe der Stufenhöhen berechnet wird (in der Abbildung 5.6 nicht dargestellt), da sich die Rechteckpulse an diesen Punkten überlappen. Für die Güte der Näherung spielt dies jedoch keine Rolle, da wir den Fehler wieder, wie in Abschnitt 4.2, als die Fläche zwischen der Treppenfunktion und der zu approximierenden Funktion ansetzen. Weil die Abweichungen nur an endlich vielen Einzelpunkten auftreten, liefern sie keinen Beitrag zum Fehler.

Da wir das gleiche Prinzip verwendet haben wie in Abschnitt 4.2, können wir unmittelbar den dort gezeigten Satz übertragen:

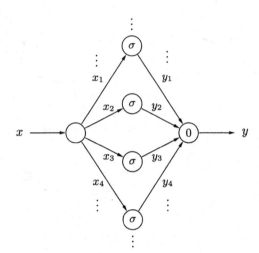

Abbildung 5.7 Ein Radiale-Basisfunktionen-Netz, das die Treppenfunktion aus Abbildung 5.6 bzw. die stückweise lineare Funktion aus Abbildung 5.8 berechnet (je nach Aktivierungsfunktion der versteckten Neuronen). Es ist $\sigma = \frac{1}{2}\Delta x = \frac{1}{2}(x_{i+1} - x_i)$ bzw. $\sigma = \Delta x = x_{i+1} - x_i$.

Satz 5.1 *Jede Riemann-integrierbare Funktion ist durch ein Radiale-Basisfunktionen-Netz beliebig genau approximierbar.*

Man beachte auch hier wieder, dass dieser Satz nur Riemann-Integrierbarkeit der darzustellenden Funktion voraussetzt und *nicht* Stetigkeit. Die darzustellende Funktion darf also Sprungstellen haben, jedoch in dem Bereich, in dem sie approximiert werden soll, nur endlich viele Sprungstellen endlicher Höhe. Die Funktion muss folglich „fast überall" stetig sein.

Obwohl es die Gültigkeit des obigen Satzes nicht einschränkt, ist die Abweichung von einer reinen Treppenfunktion, die an den Stufenkanten auftritt, störend. Sie verschwindet jedoch automatisch, wenn wir die Rechteck-Aktivierungsfunktion durch eine Dreieckfunktion ersetzen — analog zu Abschnitt 4.2, wo wir die Sprungfunktion durch eine semi-lineare Funktion ersetzt haben. Durch diese Änderung wird aus der Treppenfunktion eine stückweise lineare Funktion, die mit einem Radiale-Basisfunktionen-Netz als gewichtete Summe sich überlappender Dreieckfunktionen berechnet wird, siehe Abbildung 5.8. Die Näherung wird so deutlich verbessert.

Die Näherung lässt sich weiter verbessern, wenn man die Zahl der Stützstellen erhöht, und zwar speziell in den Bereichen, in denen die Funktion stark gekrümmt ist (wie analog auch schon in Abschnitt 4.2 angesprochen). Außerdem kann man die Knickstellen der stückweise linearen Funktion beseitigen, indem man eine Aktivierungsfunktion wie die Gaußsche Funktion verwendet, durch die „glatte" Übergänge entstehen.

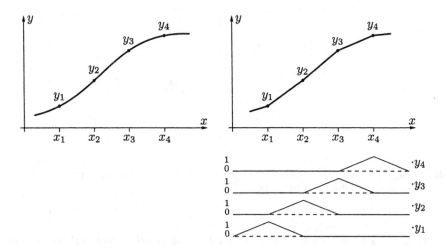

Abbildung 5.8 Darstellung einer stückweise linearen Funktion durch eine gewichtete Summe von Dreieckfunktionen (mit Zentren x_i).

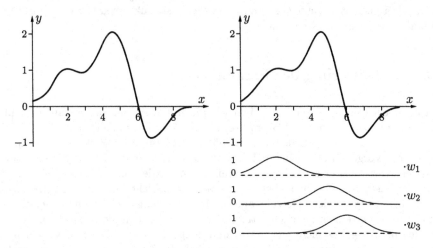

Abbildung 5.9 Annäherung einer Funktion durch eine Summe von Gaußkurven mit Radius $\sigma = 1$. Es ist $w_1 = 1$, $w_2 = 3$ und $w_3 = -2$.

Um die Darstellung einer Funktion durch Gaußsche Funktionen zu veranschaulichen, betrachten wir noch die Annäherung der in Abbildung 5.9 oben links dargestellten Funktion durch eine gewichtete Summe von drei Gaußglocken (siehe Abbildung 5.9 rechts). Das zugehörige Radiale-Basisfunktionen-Netz ist in Abbildung 5.10 gezeigt.

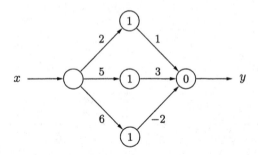

Abbildung 5.10 Ein Radiale-Basisfunktionen-Netz, das die gewichte Summe von Gauß-funktionen aus Abbildung 5.9 berechnet.

Es dürfte klar sein, dass das Prinzip der Annäherung einer reellwertigen Funktion, das wir in diesem Abschnitt benutzt haben, nicht auf einparametrige Funktionen beschränkt ist, sondern sich direkt auf mehrparametrige übertragen lässt. Im Unterschied zu mehrschichtigen Perzeptren sieht man hier jedoch unmittelbar, dass immer drei Schichten ausreichend sind, da die Basisfunktionen stets nur lokal die Ausgabe des Netzes beeinflussen.

5.3   Initialisierung der Parameter

Bei mehrschichtigen Perzeptren haben wir die Initialisierung der Parameter (d.h. der Verbindungsgewichte und Biaswerte) nur beiläufig behandelt, denn sie ist trivial: Man wähle einfach zufällige, betragsmäßig nicht zu große Werte. Im Prinzip ist ein solches Vorgehen zwar auch bei Radiale-Basisfunktionen-Netzen möglich, doch führt es meist zu sehr schlechten Ergebnissen. Außerdem unterscheiden sich in einem Radiale-Basisfunktionen-Netz die versteckte Schicht und die Ausgabeschicht stark, da sie verschiedene Netzeingabe- und Aktivierungsfunktionen verwenden — im Gegensatz zu einem mehrschichtigen Perzeptron, in dem die versteckten Schichten und die Ausgabeschicht gleichartig sind. Folglich sollten diese beiden Schichten getrennt behandelt werden. Wir widmen daher der Initialisierung der Parameter eines Radiale-Basisfunktionen-Netzes einen eigenen Abschnitt.

Um die Darstellung möglichst verständlich zu halten, beginnen wir mit dem Spezialfall der so genannten **einfachen Radiale-Basisfunktionen-Netze**, bei denen jedes Trainingsbeispiel durch eine eigene radiale Basisfunktion abgedeckt wird. D.h., es gibt in der versteckten Schicht genau so viele Neuronen wie Trainingsbeispiele. Die Gewichte der Verbindungen von den Eingabeneuronen zu den Neuronen der versteckten Schicht werden durch die Trainingsbeispiele festgelegt: Jedem versteckten Neuron wird ein Trainingsbeispiel zugeordnet, und die Gewichte der Verbindungen zu einem versteckten Neuron werden mit den Elementen des Eingabevektors des zugehörigen Trainingsbeispiels initialisiert.

Formal: Sei $L_{\text{fixed}} = \{l_1, \ldots, l_m\}$ eine feste Lernaufgabe, bestehend aus m Trainingsbeispielen $l = (\vec{\imath}^{\,(l)}, \vec{o}^{\,(l)})$. Da jedes Trainingsbeispiel als Zentrum einer eigenen radialen Funktion verwendet wird, gibt es m Neuronen in der versteckten Schicht. Diese Neuronen seien $v_1, \ldots, v_m$. Wir setzen

$$\forall k \in \{1, \ldots, m\}: \qquad \vec{w}_{v_k} = \vec{\imath}^{\,(l_k)}.$$

Die Radien σ_k werden bei Verwendung der am häufigsten benutzten Gaußschen Aktivierungsfunktion oft nach der Heuristik

$$\forall k \in \{1, \ldots, m\}: \qquad \sigma_k = \frac{d_{\max}}{\sqrt{2m}}$$

gleich groß gewählt, wobei $d_{\max}$ der maximale Abstand der Eingabevektoren zweier Trainingsbeispiele ist (berechnet mit der für die versteckten Neuronen gewählten Netzeingabefunktion, die ja eine Abstandsfunktion d ist), also

$$d_{\max} = \max_{l_j, l_k \in L_{\text{fixed}}} d\left(\vec{\imath}^{\,(l_j)}, \vec{\imath}^{\,(l_k)}\right).$$

Diese Wahl hat den Vorteil, dass die Gaußglocken nicht zu schmal, also keine vereinzelten Spitzen im Eingaberaum, aber auch nicht zu ausladend sind, sich also auch nicht zu stark überlappen (jedenfalls dann, wenn der Datensatz „gutartig" ist, also keine vereinzelten, weit von allen anderen entfernt liegenden Trainingsbeispiele enthält).

Die Gewichte von der versteckten Schicht zur Ausgabeschicht und die Biaswerte der Ausgabeneuronen werden mit Hilfe der folgenden Überlegung bestimmt: Da die Parameter der versteckten Schicht (Zentren und Radien) bekannt sind, können wir für jedes Trainingsbeispiel die Ausgaben der versteckten Neuronen berechnen. Die Verbindungsgewichte und Biaswerte sind nun so zu bestimmen, dass aus diesen Ausgaben die gewünschten Ausgaben des Netzes berechnet werden. Da die Netzeingabefunktion des Ausgabeneurons eine gewichtete Summe seiner Eingaben und seine Aktivierungs- und Ausgabefunktion beide linear sind, liefert jedes Trainingsmuster l für jedes Ausgabeneuron u eine zu erfüllende lineare Gleichung

$$\sum_{k=1}^m w_{uv_m} \, \text{out}_{v_m}^{(l)} - \theta_u = o_u^{(l)}.$$

(Dies ist der wesentliche Grund für die Festlegung linearer Aktivierungs- und Ausgabefunktionen für die Ausgabeneuronen.) Wir erhalten so für jedes Ausgabeneuron ein lineares Gleichungssystem mit m Gleichungen (eine Gleichung für jedes Trainingsbeispiel) und $m+1$ Unbekannten (m Gewichte und ein Biaswert). Dass dieses Gleichungssystem unterbestimmt ist (mehr Unbekannte als Gleichungen), können wir dadurch beheben, dass wir den „überzähligen" Parameter θ_u einfach 0 setzen. In Matrix/Vektorschreibweise lautet das zu lösende Gleichungssystem dann

$$\mathbf{A} \cdot \vec{w}_u = \vec{o}_u,$$

wobei $\vec{w}_u = (w_{uv_1}, \ldots, w_{uv_m})^T$ der Gewichtsvektor des Ausgabeneurons u und $\vec{o}_u = (o_u^{(l_1)}, \ldots, o_u^{(l_m)})^T$ der Vektor der gewünschten Ausgaben des Ausgabeneurons u für die verschiedenen Trainingsbeispiele ist. $\mathbf{A}$ ist eine $m \times m$ Matrix mit den Ausgaben der Neuronen der versteckten Schicht für die verschiedenen Trainingsbeispiele, nämlich

$$
\mathbf{A} = \begin{pmatrix}
\mathrm{out}_{v_1}^{(l_1)} & \mathrm{out}_{v_2}^{(l_1)} & \ldots & \mathrm{out}_{v_m}^{(l_1)} \\
\mathrm{out}_{v_1}^{(l_2)} & \mathrm{out}_{v_2}^{(l_2)} & \ldots & \mathrm{out}_{v_m}^{(l_2)} \\
\vdots & \vdots & & \vdots \\
\mathrm{out}_{v_1}^{(l_m)} & \mathrm{out}_{v_2}^{(l_m)} & \ldots & \mathrm{out}_{v_m}^{(l_m)}
\end{pmatrix}.
$$

D.h., jede Zeile der Matrix enthält die Ausgaben der verschiedenen versteckten Neuronen für ein Trainingsbeispiel, jede Spalte der Matrix die Ausgaben eines versteckten Neurons für die verschiedenen Trainingsbeispiele. Da die Elemente dieser Matrix aus den Trainingsbeispielen berechnet werden können und die gewünschten Ausgaben ebenfalls bekannt sind, können die Gewichte durch Lösen dieses Gleichungssystems bestimmt werden.

Für die folgenden Betrachtungen ist es günstig, diese Lösung durch Invertieren der Matrix $\mathbf{A}$ zu bestimmen, d.h. durch

$$
\vec{w}_u = \mathbf{A}^{-1} \cdot \vec{o}_u,
$$

auch wenn dieses Verfahren voraussetzt, dass die Matrix $\mathbf{A}$ vollen Rang hat. Dies ist in der Praxis zwar meist, aber eben nicht notwendigerweise der Fall. Sollte $\mathbf{A}$ nicht vollen Rang haben, so sind Gewichte willkürlich zu wählen, bis das verbleibende Gleichungssystem eindeutig lösbar ist.

Man beachte, dass mit der betrachteten Initialisierung der Fehler, den ein einfaches Radiale-Basisfunktionen-Netz auf den Trainingsdaten macht, bereits verschwindet. Denn da das zu lösende Gleichungssystem höchstens unterbestimmt ist, können stets Verbindungsgewichte gefunden werden, so dass genau die gewünschten Ausgaben berechnet werden. Ein Training der Parameter ist daher bei einfachen Radiale-Basisfunktionen-Netzen nicht nötig.

Zu Veranschaulichung des Verfahrens betrachten wir ein Radiale-Basisfunktionen-Netz für die Biimplikation $x_1 \leftrightarrow x_2$, bei dem die Neuronen der versteckten Schicht Gaußsche Aktivierungsfunktionen haben. Die Trainingsbeispiele und das durch sie bereits teilweise festgelegte einfache Radiale-Basisfunktionen-Netz sind in Abbildung 5.11 dargestellt. Die Radien σ sind nach der oben angegebenen Heuristik gewählt: Es ist offenbar $d_{\max} = \sqrt{2}$ (Diagonale des Einheitsquadrates) und $m = 4$, also $\sigma = \frac{\sqrt{2}}{\sqrt{2 \cdot 4}} = \frac{1}{2}$.

Zu bestimmen sind nur noch die vier Gewichte $w_1, \ldots, w_4$. (Man beachte, dass der Biaswert des Ausgabeneurons auf 0 festgelegt wird, da sonst das zu lösende Gleichungssystem unterbestimmt ist — siehe oben.) Um diese Gewichte zu berechnen, stellen wir die Matrix

$$
\mathbf{A} = (a_{jk}) \qquad \text{mit} \qquad a_{jk} = e^{-\frac{|\vec{r}_j - \vec{r}_k|^2}{2\sigma^2}} = e^{-2|\vec{r}_j - \vec{r}_k|^2}
$$

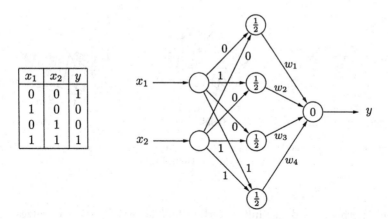

x_1	x_2	y
0	0	1
1	0	0
0	1	0
1	1	1

Abbildung 5.11 Trainingsbeispiele für die Biimplikation und durch sie bereits teilweise festgelegtes einfaches Radiale-Basisfunktionen-Netz.

auf, wobei die $\vec{\imath}_j$ und $\vec{\imath}_k$ die Eingabevektoren des j-ten und k-ten Trainingsbeispiels sind (nummeriert nach der Tabelle aus Abbildung 5.11). Also ist

$$\mathbf{A} = \begin{pmatrix} 1 & e^{-2} & e^{-2} & e^{-4} \\ e^{-2} & 1 & e^{-4} & e^{-2} \\ e^{-2} & e^{-4} & 1 & e^{-2} \\ e^{-4} & e^{-2} & e^{-2} & 1 \end{pmatrix}.$$

Die Inverse dieser Matrix ist die Matrix

$$\mathbf{A}^{-1} = \begin{pmatrix} \frac{a}{D} & \frac{b}{D} & \frac{b}{D} & \frac{c}{D} \\ \frac{b}{D} & \frac{a}{D} & \frac{c}{D} & \frac{b}{D} \\ \frac{b}{D} & \frac{c}{D} & \frac{a}{D} & \frac{b}{D} \\ \frac{c}{D} & \frac{b}{D} & \frac{b}{D} & \frac{a}{D} \end{pmatrix},$$

wobei

$$D = 1 - 4e^{-4} + 6e^{-8} - 4e^{-12} + e^{-16} \approx 0.9287$$

die Determinante der Matrix $\mathbf{A}$ ist und

$$\begin{aligned} a &= 1 \quad - 2e^{-4} + e^{-8} &\approx \quad 0.9637, \\ b &= -e^{-2} + 2e^{-6} - e^{-10} &\approx -0.1304, \\ c &= e^{-4} - 2e^{-8} + e^{-12} &\approx \quad 0.0177. \end{aligned}$$

Aus dieser Matrix und dem Ausgabevektor $\vec{o}_u = (1, 0, 0, 1)^T$ können wir nun die Gewichte leicht berechnen. Wir erhalten

$$\vec{w}_u = \mathbf{A}^{-1} \cdot \vec{o}_u = \frac{1}{D} \begin{pmatrix} a + c \\ 2b \\ 2b \\ a + c \end{pmatrix} \approx \begin{pmatrix} 1.0567 \\ -0.2809 \\ -0.2809 \\ 1.0567 \end{pmatrix}.$$

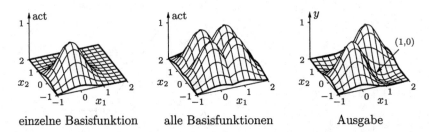

einzelne Basisfunktion   alle Basisfunktionen   Ausgabe

Abbildung 5.12 Radiale Basisfunktionen und Ausgabe eines Radiale-Basisfunktionen-Netzes mit vier versteckten Neuronen für die Biimplikation.

Die Berechnungen des so initialisierten Radiale-Basisfunktionen-Netzes sind in Abbildung 5.12 veranschaulicht. Das linke Diagramm zeigt eine einzelne Basisfunktion, nämlich die mit Zentrum $(0,0)$, das mittlere alle vier Basisfunktionen (überlagert, keine Summenbildung). Die Ausgabe des gesamten Netzes ist im rechten Diagramm gezeigt. Man sieht deutlich, wie die radialen Basisfunktionen der beiden Zentren, für die eine Ausgabe von 1 geliefert werden soll, positiv, die anderen beiden negativ gewichtet sind, und so tatsächlich genau die gewünschten Ausgaben berechnet werden.

Nun sind einfache Radiale-Basisfunktionen-Netze zwar sehr einfach zu initialisieren, da durch die Trainingsbeispiele bereits die Parameter der versteckten Schicht festgelegt sind und sich die Gewichte von der versteckten Schicht zur Ausgabeschicht, wie wir gerade gesehen haben, durch einfaches Lösen eines Gleichungssystems bestimmen lassen. Für die Praxis sind einfache Radiale-Basisfunktionen-Netze jedoch wenig brauchbar. Erstens ist i.A. die Zahl der Trainingsbeispiele so groß, dass man kaum für jedes ein eigenes Neuron anlegen kann: das entstehende Netz wäre nicht mehr handhabbar. Außerdem möchte man aus offensichtlichen Gründen, dass mehrere Trainingsbeispiele von der gleichen radialen Basisfunktion erfasst werden.

Radiale-Basisfunktionen-Netze (ohne den Zusatz „einfach") haben daher weniger Neuronen in der versteckten Schicht, als Trainingsbeispiele vorliegen. Zur Initialisierung wählt man oft eine zufällige (aber hoffentlich repräsentative) Teilmenge der Trainingsbeispiele als Zentren der radialen Basisfunktionen, und zwar ein Trainingsbeispiel für jedes versteckte Neuron (dies ist allerdings nur eine mögliche Methode zur Bestimmung der Zentrumskoordinaten, eine andere wird weiter unten besprochen). Durch die ausgewählten Beispiele werden wieder die Gewichte von der Eingabeschicht zur versteckten Schicht festgelegt: Die Koordinaten der Trainingsbeispiele werden in die Gewichtsvektoren kopiert. Die Radien werden ebenfalls, wie bei einfachen Radiale-Basisfunktionen-Netzen, heuristisch bestimmt, nur diesmal aus der ausgewählten Teilmenge von Trainingsbeispielen.

Bei der Berechnung der Gewichte der Verbindungen von den versteckten Neuronen zu den Ausgabeneuronen tritt nun allerdings das Problem auf, dass das zu lösende Gleichungssystem überbestimmt ist. Denn da wir einen Teil der Trainings-

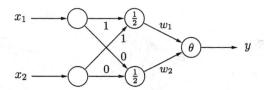

Abbildung 5.13 Radiale-Basisfunktionen-Netz mit nur zwei versteckten Neuronen, die zwei ausgewählten Trainingsbeispielen entsprechen.

beispiele ausgewählt haben, sagen wir k, haben wir für jedes Ausgabeneuron m Gleichungen (eine für jedes Trainingsbeispiel), aber nur $k + 1$ Unbekannte (k Gewichte und einen Biaswert) mit $k < m$. Wegen dieser Überbestimmung wählen wir die Biaswerte der Ausgabeneuronen diesmal nicht fest zu 0, sondern behandeln sie über die Umwandlung in ein Gewicht (vgl. dazu Abbildung 2.18 auf Seite 21).

Formal stellen wir analog zu einfachen Radiale-Basisfunktionen-Netzen aus den Aktivierungen der versteckten Neuronen die $m \times (k + 1)$ Matrix

$$
\mathbf{A} = \begin{pmatrix} 1 & \mathrm{out}_{v_1}^{(l_1)} & \mathrm{out}_{v_2}^{(l_1)} & \dots & \mathrm{out}_{v_k}^{(l_1)} \\ 1 & \mathrm{out}_{v_1}^{(l_2)} & \mathrm{out}_{v_2}^{(l_2)} & \dots & \mathrm{out}_{v_k}^{(l_2)} \\ \vdots & \vdots & \vdots & & \vdots \\ 1 & \mathrm{out}_{v_1}^{(l_m)} & \mathrm{out}_{v_2}^{(l_m)} & \dots & \mathrm{out}_{v_k}^{(l_m)} \end{pmatrix}
$$

auf (man beachte die Einsen in der ersten Spalte, die der zusätzlichen festen Eingabe 1 für den Biaswert entsprechen) und müssen nun für jedes Ausgabeneuron u einen (erweiterten) Gewichtsvektor $\vec{w}_u = (-\theta_u, w_{uv_1}, \dots, w_{uv_k})^T$ bestimmen, so dass

$$
\mathbf{A} \cdot \vec{w}_u = \vec{o}_u,
$$

wobei wieder $\vec{o}_u = \left(o_u^{(l_1)}, \dots, o_u^{(l_m)}\right)^T$. Da aber das Gleichungssystem überbestimmt ist, besitzt diese Gleichung i.A. keine Lösung. Oder anders ausgedrückt: Die Matrix $\mathbf{A}$ ist nicht quadratisch und daher nicht invertierbar. Man kann jedoch eine gute Näherungslösung (so genannte Minimum-Norm-Lösung) bestimmen, indem man die so genannte (Moore-Penrose-)**Pseudoinverse** $\mathbf{A}^+$ der Matrix $\mathbf{A}$ berechnet [Albert 1972]. Die (Moore-Penrose-) Pseudoinverse einer nicht quadratischen Matrix $\mathbf{A}$ wird berechnet als

$$
\mathbf{A}^+ = (\mathbf{A}^T \mathbf{A})^{-1} \mathbf{A}^T.
$$

Die Gewichte werden schließlich mit der Gleichung

$$
\vec{w}_u = \mathbf{A}^+ \cdot \vec{o}_u = (\mathbf{A}^T \mathbf{A})^{-1} \mathbf{A}^T \cdot \vec{o}_u
$$

bestimmt (vgl. die Rechnung auf Seite 87).

Wir veranschaulichen das Vorgehen wieder anhand der Biimplikation. Aus den Trainingsbeispielen wählen wir das erste, d.h. $l_1 = (\vec{\imath}^{(l_1)}, \vec{o}^{(l_1)}) = ((0, 0), (1))$, und

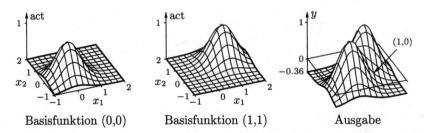

Basisfunktion (0,0)   Basisfunktion (1,1)   Ausgabe

Abbildung 5.14 Radiale Basisfunktionen und Ausgabe eines Radiale-Basisfunktionen-Netzes mit zwei versteckten Neuronen für die Biimplikation.

das letzte, d.h. $l_4 = (\vec{\imath}^{\,(l_4)}, \vec{\sigma}^{\,(l_4)}) = ((1,1),(1))$ aus. Wir gehen also von dem teilweise festgelegten Radiale-Basisfunktionen-Netz aus, das in Abbildung 5.13 gezeigt ist, und müssen nun die Gewichte w_1 und w_2 und den Biaswert θ bestimmen. Dazu stellen wir die 4×3 Matrix

$$\mathbf{A} = \begin{pmatrix} 1 & 1 & e^{-4} \\ 1 & e^{-2} & e^{-2} \\ 1 & e^{-2} & e^{-2} \\ 1 & e^{-4} & 1 \end{pmatrix}.$$

auf. Die Pseudoinverse dieser Matrix ist die Matrix

$$\mathbf{A}^+ = (\mathbf{A}^T \mathbf{A})^{-1} \mathbf{A}^T = \begin{pmatrix} a & b & b & a \\ c & d & d & e \\ e & d & d & c \end{pmatrix},$$

wobei

$$\begin{array}{llll} a \approx -0.1810, & b \approx & 0.6810, \\ c \approx & 1.1781, & d \approx -0.6688, & e \approx 0.1594. \end{array}$$

Aus dieser Matrix und dem Ausgabevektor $\vec{o}_u = (1,0,0,1)^T$ können wir die Gewichte berechnen. Wir erhalten

$$\vec{w}_u = \begin{pmatrix} -\theta \\ w_1 \\ w_2 \end{pmatrix} = \mathbf{A}^+ \cdot \vec{o}_u \approx \begin{pmatrix} -0.3620 \\ 1.3375 \\ 1.3375 \end{pmatrix}.$$

Die Berechnungen des so initialisierten Netzes sind in Abbildung 5.14 veranschaulicht. Das linke und das mittlere Diagramm zeigen die beiden radialen Basisfunktionen, das rechte Diagramm die Ausgabe des Netzes. Man beachte den Biaswert und dass (etwas überraschend) genau die gewünschten Ausgaben erzeugt werden. Letzteres ist in der Praxis meist nicht so, da ja das zu lösende Gleichungssystem überbestimmt ist. Man wird also i.A. nur eine Näherung erzielen können. Da hier jedoch aus Symmetriegründen das Gleichungssystem nicht echt überbestimmt ist (aus der Matrix $\mathbf{A}$ und dem Ausgabevektor $\vec{o}_u$ liest man ab, dass die zweite und die dritte Gleichung identisch sind), erhält man trotzdem eine exakte Lösung.

Bisher haben wir die Zentren der radialen Basisfunktionen (zufällig) aus den Trainingsbeispielen gewählt. Besser wäre es jedoch, wenn man geeignete Zentren mit einem anderen Verfahren bestimmen könnte, denn bei einer zufälligen Auswahl ist nicht sichergestellt, dass die Zentren die Trainingsbeispiele hinreichend gut abdecken. Um geeignete Zentren zu finden, kommt im Prinzip jedes prototypenbasierte Clusteringverfahren in Frage. Zu diesen gehört z.B. die lernende Vektorquantisierung, die wir im folgenden Kapitel besprechen werden. Hier betrachten wir stattdessen ein Verfahren der klassischen Statistik, das unter dem Namen **c-Means-Clustering** (auch: k-Means-Clustering) bekannt ist [Hartigan und Wong 1979]. Der Buchstabe c (bzw. k) im Namen dieses Verfahrens steht für einen Parameter, nämlich die Zahl der zu findenden Cluster.

Dieses Verfahren ist sehr einfach. Zunächst werden zufällig c Clusterzentren, meist aus den Trainingsbeispielen, gewählt. Dann unterteilt man die Trainingsbeispiele in c Gruppen (Cluster), indem man jedem Clusterzentrum all die Trainingsbeispiele zuordnet, die ihm am nächsten liegen, d.h., näher an ihm als an einem anderen Clusterzentrum. In einem zweiten Schritt werden neue Clusterzentren berechnet, indem man die „Schwerpunkte" der gebildeten Gruppen von Trainingsbeispielen bestimmt. D.h., man bildet die Vektorsumme der Trainingsbeispiele einer Gruppe und teilt durch die Anzahl dieser Trainingsbeispiele. Das Ergebnis ist das neue Zentrum. Anschließend wird wieder der erste Schritt, die Gruppenbildung, ausgeführt usw., bis sich die Clusterzentren nicht mehr verändern. Die so gefundenen Clusterzentren können direkt zur Initialisierung der Zentren eines Radiale-Basisfunktionen-Netzes verwendet werden. Auch die Radien kann man bei diesem Verfahren aus den Daten bestimmen. Man wählt z.B. einfach die Standardabweichung der Abstände der Trainingsbeispiele, die einem Clusterzentrum zugeordnet sind, von diesem Clusterzentrum.

5.4 Training der Parameter

Einfache Radiale-Basisfunktionen-Netze lassen sich nicht mehr verbessern: Wegen der hohen Zahl an Neuronen in der versteckten Schicht wird mit der im vorangehenden Abschnitt vorgestellten Initialisierung stets genau die gewünschte Ausgabe berechnet. Wenn jedoch weniger Neuronen verwendet werden, als Trainingsbeispiele vorliegen, kann durch Training die Leistung eines Radiale-Basisfunktionen-Netzes noch gesteigert werden.

Die Parameter eines Radiale-Basisfunktionen-Netzes werden wie die Parameter eines mehrschichtigen Perzeptrons durch **Gradientenabstieg** trainiert. Um die Regeln für die Anpassung der Gewichte zu finden, gehen wir daher im Prinzip genauso vor wie in Abschnitt 4.4. Für die Parameter der Ausgabeneuronen, d.h., für die Gewichte der Verbindungen von den versteckten Neuronen zu den Ausgabeneuronen und die Biaswerte der Ausgabeneuronen, erhalten wir sogar genau das gleiche Ergebnis wie für ein mehrschichtiges Perzeptron: Der Gradient für ein einzelnes Ausgabeneuron u und ein einzelnes Lernmuster l ist (siehe Seite 58)

$$\vec{\nabla}_{\vec{w}_u} e_u^{(l)} = \frac{\partial e_u^{(l)}}{\partial \vec{w}_u} = -2\left(o_u^{(l)} - \text{out}_u^{(l)}\right) \frac{\partial \text{out}_u^{(l)}}{\partial \text{net}_u^{(l)}} \; \vec{\text{in}}_u^{(l)},$$

wobei $\vec{\text{in}}_u$ der Vektor der Ausgaben der Vorgänger des Neurons u, $o_u^{(l)}$ die gewünschte Ausgabe des Neurons u, $\text{net}_u^{(l)}$ seine Netzeingabe und $\text{out}_u^{(l)}$ seine tatsächliche Ausgabe bei Eingabe des Eingabevektors $\vec{\imath}^{(l)}$ des Lernmusters l sind. Die tatsächliche Ausgabe $\text{out}_u^{(l)}$ des Neurons u für das Lernmuster l wird bekanntlich aus seiner Netzeingabe über seine Ausgabefunktion f_{out} und seine Aktivierungsfunktion f_{act} berechnet, d.h., es ist

$$\text{out}_u^{(l)} = f_{\text{out}}\left(f_{\text{act}}\left(\text{net}_u^{(l)}\right)\right).$$

Nehmen wir, wie in Abschnitt 4.4, der Einfachheit halber wieder an, dass die Ausgabefunktion die Identität ist und setzen die lineare Aktivierungsfunktion der Ausgabeneuronen eines Radiale-Basisfunktionen-Netzes ein, so erhalten wir

$$\frac{\partial \text{out}_u^{(l)}}{\partial \text{net}_u^{(l)}} = \frac{\partial \text{net}_u^{(l)}}{\partial \text{net}_u^{(l)}} = 1.$$

Man beachte, dass der Biaswert θ_u des Ausgabeneurons u bereits in der Netzeingabe $\text{net}_u^{(l)}$ enthalten ist, da wir natürlich, wie in Abschnitt 4.4, mit erweiterten Eingabe- und Gewichtsvektoren arbeiten, um lästige Unterscheidungen zu vermeiden. Folglich ist

$$\vec{\nabla}_{\vec{w}_u} e_u^{(l)} = \frac{\partial e_u^{(l)}}{\partial \vec{w}_u} = -2\left(o_u^{(l)} - \text{out}_u^{(l)}\right) \vec{\text{in}}_u^{(l)},$$

woraus wir die Online-Anpassungsregel

$$\Delta \vec{w}_u^{(l)} = -\frac{\eta_3}{2} \vec{\nabla}_{\vec{w}_u} e_u^{(l)} = \eta_3\left(o_u^{(l)} - \text{out}_u^{(l)}\right) \vec{\text{in}}_u^{(l)}$$

für die Gewichte (und damit implizit auch den Biaswert θ_u) erhalten. Man beachte, dass das Minuszeichen des Gradienten verschwindet, da wir ja „im Fehlergebirge absteigen" wollen und uns deshalb gegen die Richtung des Gradienten bewegen müssen. Der Faktor 2 wird in die Lernrate η_3 eingerechnet. (Der Index 3 dieser Lernrate deutet bereits an, dass noch zwei weitere Lernraten auftreten werden.) Für das Batch-Training sind, wie üblich, die Gewichtsänderungen $\Delta \vec{w}_u$ über alle Lernmuster zu summieren und erst dann den Gewichten hinzuzurechnen.

Die Ableitung der Anpassungsregeln für die Gewichte der Verbindungen der Eingabeneuronen zu den versteckten Neuronen sowie der Radien der radialen Basisfunktionen ist ähnlich zur Ableitung der Fehler-Rückpropagation in Abschnitt 4.5. Wir müssen lediglich die besondere Netzeingabe- und Aktivierungsfunktion der versteckten Neuronen berücksichtigen. Dies führt aber z.B. dazu, dass wir nicht mehr mit erweiterten Gewichts- und Eingabevektoren arbeiten können, sondern die Gewichte (d.h., die Zentren der radialen Basisfunktionen) und den Radius getrennt betrachten müssen. Der Klarheit wegen geben wir daher hier die vollständige Ableitung an.

Wir gehen von dem Gesamtfehler eines Radiale-Basisfunktionen-Netzes mit Ausgabeneuronen U_{out} bezüglich einer festen Lernaufgabe L_{fixed} aus:

$$e = \sum_{l \in L_{\text{fixed}}} e^{(l)} = \sum_{u \in U_{\text{out}}} e_u = \sum_{l \in L_{\text{fixed}}} \sum_{u \in U_{\text{out}}} e_u^{(l)}.$$

Sei v ein Neuron der versteckten Schicht. Seine Vorgänger (Eingabeneuronen) seien die Neuronen $\text{pred}(v) = \{p \in U_{\text{in}} \mid (p, v) \in C\} = \{p_1, \ldots, p_n\}$. Der zugehörige Gewichtsvektor sei $\vec{w}_v = (w_{vp_1}, \ldots, w_{vp_n})$, der zugehörige Radius σ_v. Wir berechnen zunächst den Gradienten des Gesamtfehlers bezüglich der Verbindungsgewichte (Zentrumskoordinaten):

$$\vec{\nabla}_{\vec{w}_v} e = \frac{\partial e}{\partial \vec{w}_v} = \left(\frac{\partial e}{\partial w_{vp_1}}, \ldots, \frac{\partial e}{\partial w_{vp_n}} \right).$$

Da der Gesamtfehler als Summe über alle Lernmuster berechnet wird, gilt

$$\frac{\partial e}{\partial \vec{w}_v} = \frac{\partial}{\partial \vec{w}_v} \sum_{l \in L_{\text{fixed}}} e^{(l)} = \sum_{l \in L_{\text{fixed}}} \frac{\partial e^{(l)}}{\partial \vec{w}_v}.$$

Wir können uns daher im folgenden, analog zu Abschnitt 4.5, auf den Fehler $e^{(l)}$ für ein einzelnes Lernmuster l beschränken. Dieser Fehler hängt von den Gewichten in $\vec{w}_v$ nur über die Netzeingabe $\text{net}_v^{(l)} = d(\vec{w}_v, \vec{\text{in}}_v^{(l)})$ mit dem Netzeingabevektor $\vec{\text{in}}_v^{(l)} = (\text{out}_{p_1}^{(l)}, \ldots, \text{out}_{p_n}^{(l)})$ ab. Folglich können wir die Kettenregel anwenden und erhalten analog zu Abschnitt 4.5:

$$\vec{\nabla}_{\vec{w}_v} e^{(l)} = \frac{\partial e^{(l)}}{\partial \vec{w}_v} = \frac{\partial e^{(l)}}{\partial \text{net}_v^{(l)}} \frac{\partial \text{net}_v^{(l)}}{\partial \vec{w}_v}.$$

Zur Berechnung des ersten Faktors betrachten wir den Fehler $e^{(l)}$ für das Lernmuster $l = (\vec{\imath}^{(l)}, \vec{o}^{(l)})$. Dieser Fehler ist

$$e^{(l)} = \sum_{u \in U_{\text{out}}} e_u^{(l)} = \sum_{u \in U_{\text{out}}} \left(o_u^{(l)} - \text{out}_u^{(l)} \right)^2,$$

also die Fehlersumme über alle Ausgabeneuronen. Folglich haben wir

$$\frac{\partial e^{(l)}}{\partial \text{net}_v^{(l)}} = \frac{\partial \sum_{u \in U_{\text{out}}} \left(o_u^{(l)} - \text{out}_u^{(l)} \right)^2}{\partial \text{net}_v^{(l)}} = \sum_{u \in U_{\text{out}}} \frac{\partial \left(o_u^{(l)} - \text{out}_u^{(l)} \right)^2}{\partial \text{net}_v^{(l)}}.$$

Da nur die tatsächliche Ausgabe $\text{out}_u^{(l)}$ eines Ausgabeneurons u von der Netzeingabe $\text{net}_v^{(l)}$ des von uns betrachteten Neurons v abhängt, ist

$$\frac{\partial e^{(l)}}{\partial \text{net}_v^{(l)}} = -2 \sum_{u \in U_{\text{out}}} \left(o_u^{(l)} - \text{out}_u^{(l)} \right) \frac{\partial \text{out}_u^{(l)}}{\partial \text{net}_v^{(l)}}.$$

Seien die Neuronen $\operatorname{succ}(v) = \{s \in U_{\text{out}} \mid (v, s) \in C\}$ die Nachfolger (Ausgabe-neuronen) des von uns betrachteten Neurons v. Die Ausgabe $\operatorname{out}_u^{(l)}$ eines Ausgabeneurons u wird von der Netzeingabe $\operatorname{net}_v^{(l)}$ des von uns betrachteten Neurons v nur beeinflusst, wenn es eine Verbindung von v zu u gibt, d.h., wenn u unter den Nachfolgern $\operatorname{succ}(v)$ von v ist. Wir können daher die Summe über die Ausgabeneuronen auf die Nachfolger von v beschränken. Weiter hängt die Ausgabe $\operatorname{out}_s^{(l)}$ eines Nachfolgers s von v nur über die Netzeingabe $\operatorname{net}_s^{(l)}$ dieses Nachfolgers von der Netzeingabe $\operatorname{net}_v^{(l)}$ des von uns betrachteten Neurons v ab. Also ist mit der Kettenregel

$$\frac{\partial e^{(l)}}{\partial \operatorname{net}_v^{(l)}} = -2 \sum_{s \in \operatorname{succ}(v)} \left(o_s^{(l)} - \operatorname{out}_s^{(l)}\right) \frac{\partial \operatorname{out}_s^{(l)}}{\partial \operatorname{net}_s^{(l)}} \frac{\partial \operatorname{net}_s^{(l)}}{\partial \operatorname{net}_v^{(l)}}.$$

Da die Nachfolger $s \in \operatorname{succ}(v)$ Ausgabeneuronen sind, können wir (wie oben bei der Betrachtung der Ausgabeneuronen)

$$\frac{\partial \operatorname{out}_s^{(l)}}{\partial \operatorname{net}_s^{(l)}} = 1$$

einsetzen. Es bleibt uns noch die partielle Ableitung der Netzeingabe zu bestimmen. Da die Neuronen s Ausgabeneuronen sind, ist

$$\operatorname{net}_s^{(l)} = \vec{w}_s \vec{\operatorname{in}}_s^{(l)} - \theta_s = \left(\sum_{p \in \operatorname{pred}(s)} w_{sp} \operatorname{out}_p^{(l)} \right) - \theta_s,$$

wobei ein Element von $\vec{\operatorname{in}}_s^{(l)}$ die Ausgabe $\operatorname{out}_v^{(l)}$ des von uns betrachteten Neurons v ist. Offenbar hängt $\operatorname{net}_s^{(l)}$ von $\operatorname{net}_v^{(l)}$ nur über dieses Element $\operatorname{out}_v^{(l)}$ ab. Also ist

$$\frac{\partial \operatorname{net}_s^{(l)}}{\partial \operatorname{net}_v^{(l)}} = \left(\sum_{p \in \operatorname{pred}(s)} w_{sp} \frac{\partial \operatorname{out}_p^{(l)}}{\partial \operatorname{net}_v^{(l)}} \right) - \frac{\partial \theta_s}{\partial \operatorname{net}_v^{(l)}} = w_{sv} \frac{\partial \operatorname{out}_v^{(l)}}{\partial \operatorname{net}_v^{(l)}},$$

da alle Terme außer dem mit $p = v$ verschwinden. Insgesamt haben wir den Gradienten

$$\vec{\nabla}_{\vec{w}_v} e^{(l)} = \frac{\partial e^{(l)}}{\partial \vec{w}_v} = -2 \sum_{s \in \operatorname{succ}(v)} \left(o_s^{(l)} - \operatorname{out}_s^{(l)}\right) w_{su} \frac{\partial \operatorname{out}_v^{(l)}}{\partial \operatorname{net}_v^{(l)}} \frac{\partial \operatorname{net}_v^{(l)}}{\partial \vec{w}_v}$$

abgeleitet, aus dem wir die Online-Gewichtsänderung

$$\Delta \vec{w}_v^{(l)} = -\frac{\eta_1}{2} \vec{\nabla}_{\vec{w}_v} e^{(l)} = \eta_1 \sum_{s \in \operatorname{succ}(v)} \left(o_s^{(l)} - \operatorname{out}_s^{(l)}\right) w_{sv} \frac{\partial \operatorname{out}_v^{(l)}}{\partial \operatorname{net}_v^{(l)}} \frac{\partial \operatorname{net}_v^{(l)}}{\partial \vec{w}_v}$$

erhalten. Man beachte wieder, dass das Minuszeichen verschwindet, da wir uns gegen die Richtung des Gradienten bewegen müssen, und dass der Faktor 2 in die Lernrate η_1 eingerechnet wird. Für ein Batch-Training sind wieder die Gewichtsänderungen über alle Lernmuster zu summieren und erst anschließend den Gewichten zuzurechnen.

Eine allgemeine Bestimmung der Ableitung der Ausgabe nach der Netzeingabe oder der Ableitung der Netzeingabe nach den Gewichten, die ja noch in der Gewichtsanpassungsformel enthalten sind, ist leider nicht möglich, da Radiale-Basisfunktionen-Netze verschiedene Abstandsfunktionen und verschiedene radiale Funktionen verwenden können. Wir betrachten hier beispielhaft den Euklidischen Abstand und die Gaußsche Aktivierungsfunktion, die am häufigsten verwendet werden. Dann ist (Euklidischer Abstand)

$$d\big(\vec{w}_v, \vec{\mathrm{in}}_v^{(l)}\big) = \sqrt{\sum_{i=1}^{n} \big(w_{vp_i} - \mathrm{out}_{p_i}^{(l)}\big)^2}.$$

Also haben wir für den zweiten Faktor

$$\frac{\partial\,\mathrm{net}_v^{(l)}}{\partial \vec{w}_v} = \left(\sum_{i=1}^{n} \big(w_{vp_i} - \mathrm{out}_{p_i}^{(l)}\big)^2\right)^{-\frac{1}{2}} \big(\vec{w}_v - \vec{\mathrm{in}}_v^{(l)}\big).$$

Für den ersten Faktor (Gaußsche Funktion) erhalten wir (unter der vereinfachenden Annahme, dass die Ausgabefunktion die Identität ist)

$$\frac{\partial\,\mathrm{out}_v^{(l)}}{\partial\,\mathrm{net}_v^{(l)}} = \frac{\partial f_{\mathrm{act}}\big(\mathrm{net}_v^{(l)}, \sigma_v\big)}{\partial\,\mathrm{net}_v^{(l)}} = \frac{\partial}{\partial\,\mathrm{net}_v^{(l)}} e^{-\frac{(\mathrm{net}_v^{(l)})^2}{2\sigma_v^2}} = -\frac{\mathrm{net}_v^{(l)}}{\sigma_v^2} e^{-\frac{(\mathrm{net}_v^{(l)})^2}{2\sigma_v^2}}.$$

Abschließend müssen wir noch den Gradienten für die Radiusparameter σ_v der versteckten Neuronen bestimmen. Diese Ableitung läuft im Prinzip auf die gleiche Weise ab wie die Ableitung des Gradienten für die Gewichte. Sie ist sogar etwas einfacher, da wir nicht die Netzeingabefunktion berücksichtigen müssen. Daher geben wir hier nur das Ergebnis an:

$$\frac{\partial e^{(l)}}{\partial \sigma_v} = -2 \sum_{s \in \mathrm{succ}(v)} \big(o_s^{(l)} - \mathrm{out}_s^{(l)}\big) w_{su} \frac{\partial\,\mathrm{out}_v^{(l)}}{\partial \sigma_v}.$$

Als Online-Gewichtsänderung erhalten wir folglich

$$\Delta\sigma_v^{(l)} = -\frac{\eta_2}{2} \frac{\partial e^{(l)}}{\partial \sigma_v} = \eta_2 \sum_{s \in \mathrm{succ}(v)} \big(o_s^{(l)} - \mathrm{out}_s^{(l)}\big) w_{sv} \frac{\partial\,\mathrm{out}_v^{(l)}}{\partial \sigma_v}.$$

Wie üblich verschwindet das Minuszeichen, da wir uns gegen die Richtung des Gradienten bewegen müssen, und der Faktor 2 in die Lernrate eingerechnet wird. Für ein Batch-Training sind natürlich wieder die Radiusänderungen über alle Lernmuster zu summieren und erst anschließend dem Radius σ_v hinzuzurechnen.

Die Ableitung der Ausgabe des Neurons v nach dem Radius σ_v lässt sich nicht allgemein bestimmen, da die Neuronen der versteckten Schicht verschiedene radiale Funktionen verwenden können. Wir betrachten wieder beispielhaft die Gaußsche Aktivierungsfunktion (und vereinfachend die Identität als Ausgabefunktion). Dann ist

$$\frac{\partial \operatorname{out}_v^{(l)}}{\partial \sigma_v} = \frac{\partial}{\partial \sigma_v} e^{-\frac{\left(\operatorname{net}_v^{(l)}\right)^2}{2\sigma_v^2}} = \frac{\left(\operatorname{net}_v^{(l)}\right)^2}{\sigma_v^3} e^{-\frac{\left(\operatorname{net}_v^{(l)}\right)^2}{2\sigma_v^2}}.$$

Man beachte in den oben durchgeführten Ableitungen, dass wir nicht wie bei einem mehrschichtigen Perzeptron eine Lernrate für alle Neuronen erhalten, sondern insgesamt drei: Eine für die Gewichte der Verbindungen zu den versteckten Neuronen (η_1), eine zweite für die Radien σ der radialen Basisfunktionen (η_2), und eine dritte für die Gewichte der Verbindungen zu den Ausgabeneuronen und die Biaswerte der Ausgabeneuronen (η_3). Nach Empfehlungen in [Zell 1994] sollten diese Lernraten deutlich kleiner gewählt werden als die (eine) Lernrate für das Training eines mehrschichtigen Perzeptrons. Insbesondere die dritte Lernrate η_3 sollte klein sein, da die Gewichte der Verbindungen zu den Ausgabeneuronen und die Biaswerte der Ausgabeneuronen einen starken Einfluss auf die durch das Radiale-Basisfunktionen-Netz berechnete Funktion haben. Außerdem wird oft von einem Online-Training abgeraten, da dieses wesentlich instabiler ist als bei einem mehrschichtigen Perzeptron.

5.5   Verallgemeinerte Form

Bisher haben wir stets Abstandsfunktionen verwendet, die entweder isotrop (richtungsunabhängig) sind wie der Euklidische Abstand oder bei denen die Abweichung von der Isotropie durch die Koordinatenachsen festgelegt ist wie beim City-Block- oder beim Maximumabstand (siehe Abbildung 5.1 auf Seite 77). Bilden die Trainingsbeispiele aber „schräg" im Eingaberaum liegende Punktwolken, so lassen sie sich mit derartigen Abstandsfunktionen nur schlecht erfassen. Man braucht dann entweder eine größere Zahl von radialen Basisfunktionen, die entlang der Punktwolke aufgereiht werden, was die Komplexität des Netzes erhöht, oder man muss sich damit abfinden, dass auch große Gebiete außerhalb der Punktwolke abgedeckt werden.

In einem solchen Fall wünscht man sich eine Abstandsfunktion, die Ellipsen (oder allgemein Hyperellipsoide) in beliebiger Lage beschreiben kann. Eine solche ist der **Mahalanobis-Abstand**, der definiert ist als

$$d(\vec{x}, \vec{y}) = \sqrt{(\vec{x} - \vec{y})^T \Sigma^{-1} (\vec{x} - \vec{y})}.$$

Σ ist eine Matrix, die wegen bestimmter Bezüge zur Statistik, auf die wir hier jedoch nicht näher eingehen wollen, **Kovarianzmatrix** genannt wird und die die Anisotropie (Richtungsabhängigkeit) des Abstandes beschreibt. Man beachte, dass der Mahalanobis-Abstand mit dem Euklidischen Abstand identisch ist, wenn für Σ die Einheitsmatrix gewählt wird.

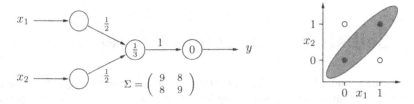

Abbildung 5.15 Ein Radiale-Basisfunktionen-Netz für die Biimplikation mit Mahalanobis-Abstand und Rechteck-Aktivierungsfunktion.

Um die Möglichkeiten zu illustrieren, die sich aus der Verwendung des Mahalanobis-Abstandes ergeben, betrachten wir noch einmal die Biimplikation. Hier ermöglicht es uns der Mahalanobis-Abstand, mit nur einem Neuron in der versteckten Schicht auszukommen. Das zugehörige Netz und die nun als zusätzlicher Parameter der Netzeingabefunktion des versteckten Neurons nötige Kovarianzmatrix zeigt Abbildung 5.15 links. Als Aktivierungsfunktion nehmen wir (wie in den Beispielen aus den Abbildungen 5.3 und 5.4 auf Seite 79) eine Rechteckfunktion an. Die Berechnungen dieses Netzes sind in Abbildung 5.15 rechts veranschaulicht. Innerhalb der grau eingezeichneten Ellipse wird eine Ausgabe von 1, außerhalb eine Ausgabe von 0 erzeugt. Dadurch wird gerade die Biimplikation berechnet.

Für Radiale-Basisfunktionen-Netze, die den Mahalanobis-Abstand verwenden, lassen sich Gradienten auch für die Formparameter (d.h. die Elemente der Kovarianzmatrix) bestimmen. Die entsprechenden Ableitungen folgen i.W. den gleichen Bahnen wie die in Abschnitt 5.4 angegebenen. Eine explizite Ableitung würde hier jedoch zu weit führen.

6 Selbstorganisierende Karten

Selbstorganisierende Karten sind mit den im vorangehenden Kapitel behandelten Radiale-Basisfunktionen-Netzen eng verwandt. Sie können gesehen werden als Radiale-Basisfunktionen-Netze ohne Ausgabeschicht oder, anders ausgedrückt, die versteckte Schicht eines Radiale-Basisfunktionen-Netzes ist bereits die Ausgabeschicht einer selbstorganisierenden Karte. Diese Ausgabeschicht besitzt außerdem eine innere Struktur, da die Neuronen in einem Gitter angeordnet werden. Die dadurch entstehenden Nachbarschaftsbeziehungen werden beim Training ausgenutzt, um eine so genannte **topologieerhaltende Abbildung** zu bestimmen.

6.1 Definition und Beispiele

Definition 6.1 *Eine* **selbstorganisierende Karte** *(self-organizing map) oder* **Kohonenkarte** *(Kohonen feature map) ist ein neuronales Netz mit einem Graphen $G = (U, C)$, der den folgenden Einschränkungen genügt:*

(i) $U_{\text{hidden}} = \emptyset$, $U_{\text{in}} \cap U_{\text{out}} = \emptyset$,

(ii) $C = U_{\text{in}} \times U_{\text{out}}$.

Die Netzeingabefunktion jedes Ausgabeneurons ist eine **Abstandsfunktion** *von Eingabe- und Gewichtsvektor (vgl. Definition 5.1 auf Seite 76). Die Aktivierungsfunktion jedes Ausgabeneurons ist eine* **radiale Funktion** *(vgl. ebenfalls Definition 5.1 auf Seite 76), d.h. eine monoton fallende Funktion*

$$f : \mathbb{R}_0^+ \to [0, 1] \quad mit \quad f(0) = 1 \quad und \quad \lim_{x \to \infty} f(x) = 0.$$

Die Ausgabefunktion jedes Ausgabeneurons ist die Identität. U.U. wird die Ausgabe nach dem „winner takes all"-Prinzip diskretisiert: Das Neuron mit der höchsten Aktivierung erhält die Ausgabe 1, alle anderen die Ausgabe 0.

Auf den Neuronen der Ausgabeschicht ist außerdem eine **Nachbarschaftsbeziehung** *definiert, die durch eine Abstandsfunktion*

$$d_{\text{neurons}} : U_{\text{out}} \times U_{\text{out}} \to \mathbb{R}_0^+,$$

beschrieben wird. Diese Abstandsfunktion ordnet jedem Paar von Ausgabeneuronen eine nicht negative reelle Zahl zu.

Eine selbstorganisierende Karte ist also ein zweischichtiges neuronales Netz ohne versteckte Neuronen. Ihre Struktur entspricht im wesentlichen der Eingabe- und versteckten Schicht der Radiale-Basisfunktionen-Netze, wie sie im vorangehenden Kapitel behandelt wurden. Der alternative Name *Kohonenkarte* verweist auf ihren Erfinder [Kohonen 1982, Kohonen 1995].

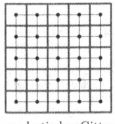 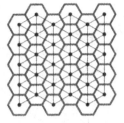

quadratisches Gitter   hexagonales Gitter

Abbildung 6.1 Beispiele für Anordnungen der Ausgabeneuronen einer selbstorganisierenden Karte. Jeder Punkt entspricht einem Ausgabeneuron. Die Linien sollen die Nach-
barschaftsstruktur deutlicher machen.

Analog zu Radiale-Basisfunktionen-Netzen geben die Gewichte der Verbindungen von den Eingabe- zu den Ausgabeneuronen die Koordinaten eines **Zentrums**
an, von dem der Abstand eines Eingabemusters gemessen wird. Dieses Zentrum wird
im Zusammenhang mit selbstorganisierenden Karten meist als **Referenzvektor** bezeichnet. Je näher ein Eingabemuster an einem Referenzvektor liegt, um so höher
ist die Aktivierung des zugehörigen Neurons. Gewöhnlich wird für alle Ausgabeneuronen die gleiche Netzeingabefunktion (Abstandsfunktion) und die gleiche Aktivierungsfunktion (radiale Funktion) mit gleichem **(Referenz-)Radius** σ verwendet.

Die Nachbarschaftsbeziehung der Ausgabeneuronen wird gewöhnlich dadurch
definiert, dass diese Neuronen in einem meist zweidimensionalen Gitter angeordnet werden. Beispiele für solche Gitter zeigt Abbildung 6.1. Jeder Punkt steht für
ein Ausgabeneuron. Die Linien, die diese Punkte verbinden, sollen die Nachbar-
schaftsstruktur deutlicher machen, indem sie die nächsten Nachbarn anzeigen. Die
grauen Linien deuten eine Visualisierungsmöglichkeit an, auf die wir unten genauer
eingehen.

Die Nachbarschaftsbeziehung kann aber auch fehlen, was formal durch die Wahl
eines extremen Abstandsmaßes für die Neuronen dargestellt werden kann: Jedes
Neuron hat zu sich selbst den Abstand 0, zu allen anderen Neuronen dagegen einen
unendlichen Abstand. Durch die Wahl dieses Abstandes werden die Neuronen voneinander unabhängig.

Bei fehlender Nachbarschaftsbeziehung und diskretisierter Ausgabe (das Ausgabeneuron mit der höchsten Aktivierung erhält die Ausgabe 1, alle anderen die
Ausgabe 0) beschreibt eine selbstorganisierende Karte eine so genannte **Vektorquantisierung** des Eingaberaums: Der Eingaberaum wird in so viele Regionen
eingeteilt, wie es Ausgabeneuronen gibt, indem jedem Ausgabeneuron alle Punkte
des Eingaberaums zugeordnet werden, für die dieses Neuron die höchste Aktivierung liefert. Bei identischer Abstands- und Aktivierungsfunktion für alle Ausgabeneuronen kann man auch sagen: Einem Ausgabeneuron werden alle Punkte des
Eingaberaums zugeordnet, die näher an seinem Referenzvektor liegen als an einem
Referenzvektor eines anderen Ausgabeneurons. Diese Einteilung in Regionen kann

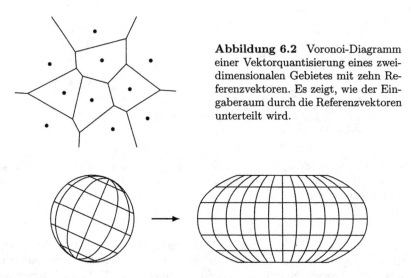

Abbildung 6.2 Voronoi-Diagramm einer Vektorquantisierung eines zweidimensionalen Gebietes mit zehn Referenzvektoren. Es zeigt, wie der Eingaberaum durch die Referenzvektoren unterteilt wird.

Abbildung 6.3 Beispiel einer topologieerhaltenden Abbildung: Robinson-Projektion der Oberfläche einer Kugel in die Ebene, wie sie gern für Weltkarten benutzt wird.

durch ein so genanntes **Voronoi-Diagramm** dargestellt werden, wie es für zweidimensionale Eingaben in Abbildung 6.2 dargestellt ist. Die Punkte geben die Lage der Referenzvektoren an, die Linien die Einteilung in Regionen.

Durch die Nachbarschaftsbeziehung der Ausgabeneuronen wird die Vektorquantisierung bestimmten Einschränkungen unterworfen. Es soll erreicht werden, dass Referenzvektoren, die im Eingaberaum nahe beieinanderliegen, zu Ausgabeneuronen gehören, die einen geringen Abstand voneinander haben. Die Nachbarschaftsbeziehung der Ausgabeneuronen soll also die relative Lage der zugehörigen Referenzvektoren im Eingaberaum wenigstens näherungsweise widerspiegeln. Ist dies der Fall, so wird durch die selbstorganisierende Karte eine (quantisierte) **topologieerhaltende Abbildung** beschrieben, d.h., eine Abbildung, die die Lagebeziehungen zwischen Punkten (näherungsweise) erhält (griech. τοπος: Ort, Lage).

Ein Beispiel für eine topologierhaltende Abbildung, nämlich die **Robinson-Projektion** der Oberfläche einer Kugel in die Ebene, wie sie gerne für Weltkarten benutzt wird, zeigt Abbildung 6.3. Jedem Punkt der Oberfläche der links gezeigten Kugel wird ein Punkt der rechts gezeigten, näherungsweise ovalen Form zugeordnet. Unter dieser Abbildung bleiben die Lagebeziehungen näherungsweise erhalten, wenn auch das Verhältnis des Abstands zweier Punkte in der Projektion zum Abstand ihrer Urbilder auf der Kugel um so größer ist, je weiter die beiden Punkte vom Äquator entfernt sind. Die Projektion gibt daher, wenn sie für eine Weltkarte benutzt wird, die Abstände zwischen Punkten auf der Erdoberfläche nicht immer korrekt wieder. Dennoch erhält man einen recht guten Eindruck der relativen Lage von Städten, Ländern und Kontinenten.

Übertragen auf selbstorganisierende Karten könnten die Schnittpunkte der Gitterlinien auf der Kugel die Lage der Referenzvektoren im Eingaberaum, die Schnittpunkte der Gitterlinien in der Projektion die Lage der Ausgabeneuronen bzgl. der Nachbarschaftsbeziehung angeben. In diesem Fall ist die Abbildung jedoch quantisiert, da die Punkte innerhalb der Gitterzellen nur diskret über die Referenzvektoren zugeordnet werden.

Der Vorteil topologieerhaltender Abbildungen ist, dass man mit ihnen hochdimensionale Strukturen in niedrigdimensionale Räume abbilden kann. Speziell eine Abbildung in einen Raum mit nur zwei oder höchstens drei Dimensionen ist interessant, da man dann das Bild der hochdimensionalen Struktur graphisch darstellen kann. Dazu benutzt man die Zellenstruktur, die in Abbildung 6.1 durch die grauen Linien angegeben ist. Diese Zellenstruktur entspricht offenbar einem Voronoi-Diagramm im Raum der Ausgabeneuronen. Über den zu einem Ausgabeneuron gehörenden Referenzvektor ist jeder dieser (zweidimensionalen) Neuron-Voronoi-Zellen eine (i.A. höherdimensionale) Referenzvektor-Voronoi-Zelle im Eingaberaum zugeordnet. Folglich kann man sich die relative Lage von Punkten im Eingaberaum veranschaulichen, indem man die Referenzvektor-Voronoi-Zellen bestimmt, in denen sie liegen, und die zugehörigen Neuron-Voronoi-Zellen z.B. einfärbt. Einen noch besseren Eindruck erhält man, wenn man für jeden dargestellten Punkt eine andere Farbe wählt und nicht nur die Neuron-Voronoi-Zelle einfärbt, in deren zugehöriger Referenzvektor-Voronoi-Zelle der Punkt liegt, sondern alle Neuron-Voronoi-Zellen so einfärbt, dass die Farbintensität der Aktivierung des zugehörigen Neurons entspricht. Ein Beispiel für diese Visualisierungsmöglichkeit zeigen wir in Abschnitt 6.3.

6.2 Lernende Vektorquantisierung

Um das Training selbstorganisierender Karten zu erläutern, vernachlässigen wir zunächst die Nachbarschaftsbeziehung der Ausgabeneuronen, beschränken uns also auf die so genannte **lernende Vektorquantisierung** [Kohonen 1986]. Aufgabe der lernenden Vektorquantisierung ist eine Clustereinteilung der Daten, wie wir sie bereits zur Initialisierung von Radiale-Basisfunktionen-Netzen in Abschnitt 5.3 auf Seite 91 betrachtet haben: Mit Hilfe des c-Means-Clustering haben wir dort versucht, gute Startpunkte für die Zentren der radialen Basisfunktionen zu finden, und haben auch erwähnt, dass die lernende Vektorquantisierung eine Alternative darstellt.

Sowohl beim c-Means-Clustering als auch bei der lernenden Vektorquantisierung werden die einzelnen Cluster durch ein Zentrum (bzw. einen Referenzvektor) dargestellt. Dieses Zentrum soll so positioniert werden, dass es etwa in der Mitte der Datenpunktwolke liegt, die den Cluster ausmacht. Ein Beispiel zeigt Abbildung 6.4: Jeder Gruppe von Datenpunkten (durch o dargestellt) ist ein Referenzvektor (durch ● dargestellt) zugeordnet. Dadurch wird der Eingaberaum so unterteilt (durch die Linien angedeutet), dass jede Punktwolke in einer eigenen Voronoi-Zelle liegt.

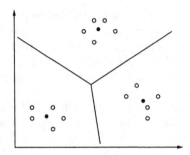

Abbildung 6.4 Clustering von Daten durch lernende Vektorquantisierung: Jeder Gruppe von Datenpunkten (○) wird ein Referenzvektor (●) zugeordnet.

Der Unterschied der beiden Verfahren besteht i.W. darin, wie die Clusterzentren bzw. Referenzvektoren angepasst werden. Während sich beim c-Means-Clustering die beiden Schritte der Zuordnung der Datenpunkte zu den Clustern und die Neuberechnung der Clusterzentren als Schwerpunkt der zugeordneten Datenpunkte abwechseln, werden bei der lernenden Vektorquantisierung die Datenpunkte einzeln behandelt und es wird je Datenpunkt nur ein Referenzvektor angepasst. Das Vorgehen ist unter dem Namen **Wettbewerbslernen** bekannt: Die Lernmuster (Datenpunkte) werden der Reihe nach durchlaufen. Um jedes Lernmuster wird ein „Wettbewerb" ausgetragen, den dasjenige Ausgabeneuron gewinnt, das zu diesem Lernmuster die höchste Aktivierung liefert (bei gleicher Abstands- und Aktivierungsfunktion aller Ausgabeneuronen gleichwertig: dessen Referenzvektor dem Lernmuster am nächsten liegt). Nur dieses „Gewinnerneuron" wird angepasst, und zwar so, dass sein Referenzvektor näher an das Lernmuster heranrückt. Die Regel zur Anpassung des Referenzvektors lautet folglich

$$\vec{r}^{\,(\text{neu})} = \vec{r}^{\,(\text{alt})} + \eta\big(\vec{p} - \vec{r}^{\,(\text{alt})}\big),$$

wobei $\vec{p}$ das Lernmuster, $\vec{r}$ der Referenzvektor des Gewinnerneurons zu $\vec{p}$ und η eine Lernrate mit $0 < \eta < 1$ ist. Diese Regel ist in Abbildung 6.5 links veranschaulicht: Die Lernrate η bestimmt, um welchen Bruchteil des Abstandes $d = |\vec{p} - \vec{r}|$ zwischen Referenzvektor und Lernmuster der Referenzvektor verschoben wird.

Wie schon bei Schwellenwertelementen, mehrschichtigen Perzeptren und Radiale-Basisfunktionen-Netzen unterscheiden wir auch hier wieder zwischen **Online-Training** und **Batch-Training**. Bei ersterem wird der Referenzvektor sofort angepasst und folglich bei der Verarbeitung des nächsten Lernmusters schon mit der neuen Position des Referenzvektor gerechnet. Bei letzterem werden die Änderungen aggregiert und die Referenzvektoren erst am Ende der Epoche, also nach Durchlaufen aller Lernmuster, angepasst. Man beachte, dass im Batch-Modus die lernende Vektorquantisierung dem c-Means-Clustering sehr ähnlich ist: Die Zuordnung der Datenpunkte zu den Clusterzentren ist offenbar identisch, da sich im Batch-Verfahren die Lage der Referenzvektoren innerhalb einer Epoche nicht ändert. Wegen der Lernrate ist die neue Position des Referenzvektor jedoch nicht unbedingt der Schwerpunkt der zugeordneten Datenpunkte, sondern i.A. ein Punkt zwischen der alten Position und diesem Schwerpunkt.

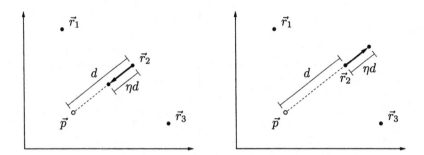

Abbildung 6.5 Anpassung von Referenzvektoren (•) mit einem Trainingsmuster (○), $\eta = 0.4$. Links: Anziehungsregel, rechts: Abstoßungsregel.

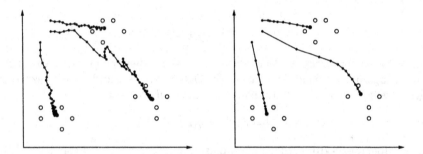

Abbildung 6.6 Ablauf der lernenden Vektorquantisierung für die Datenpunkte aus Abbildung 6.4 mit drei Referenzvektoren, die in der linken oberen Ecke starten. Links: Online-Training mit Lernrate $\eta = 0.1$, rechts: Batch-Training mit Lernrate $\eta = 0.05$.

Zur Veranschaulichung zeigt Abbildung 6.6 den Ablauf einer lernenden Vektorquantisierung für die Datenpunkte aus Abbildung 6.4, links das Online-Training, rechts das Batch-Training. Da nur wenige Epochen berechnet wurden, haben die Referenzvektoren noch nicht ihre Endpositionen erreicht, die in Abbildung 6.4 gezeigt sind. Man sieht aber bereits, dass tatsächlich das gewünschte Clustering-Ergebnis erzielt wird.

Die lernende Vektorquantisierung kann jedoch nicht nur zu einfachem Clustering, also zum Lösen einer freien Lernaufgabe, verwendet werden. Man kann sie so erweitern, dass den Datenpunkten zugeordnete Klassen berücksichtigt werden. So können feste Lernaufgaben gelöst werden, jedenfalls solche, bei denen die vorgegebenen Ausgaben aus einer endlichen Menge von Werten (Klassen) stammen. Dazu werden den Ausgabeneuronen — und damit den Referenzvektoren — Klassen zugeordnet, und die Anpassungsregel wird unterteilt. Stimmen die Klasse des Datenpunktes und des Referenzvektors des Gewinnerneurons überein, so kommt die **Anziehungsregel** zum Einsatz, die mit der oben angegebenen Regel identisch ist:

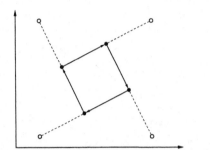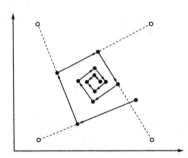

Abbildung 6.7 Anpassung eines Referenzvektors mit vier Trainingsmustern. Links: Konstante Lernrate $\eta(t) = 0.5$, rechts: Kontinuierlich abnehmende Lernrate $\eta(t) = 0.6 \cdot 0.85^t$. Im ersten Schritt ist $t = 0$.

$$\vec{r}^{\,(\text{neu})} = \vec{r}^{\,(\text{alt})} + \eta\bigl(\vec{p} - \vec{r}^{\,(\text{alt})}\bigr).$$

D.h., der Referenzvektor wird auf das Lernmuster zubewegt (er wird vom Lernmuster „angezogen"). Sind die Klassen des Datenpunktes und des Referenzvektors dagegen verschieden, so wird die **Abstoßungsregel** angewandt:

$$\vec{r}^{\,(\text{neu})} = \vec{r}^{\,(\text{alt})} - \eta\bigl(\vec{p} - \vec{r}^{\,(\text{alt})}\bigr).$$

D.h., der Referenzvektor wird vom Lernmuster wegbewegt (er wird vom Lernmuster „abgestoßen"), siehe Abbildung 6.5. Auf diese Weise bewegen sich die Referenzvektoren zu Gruppen von Datenpunkten, die die gleiche Klasse tragen wie sie selbst. Von einer trainierten Vektorquantisierung wird zu einer neuen, zu klassifizierenden Eingabe die Klasse geliefert, die dem Ausgabeneuron mit der höchsten Aktivierung zugeordnet ist.

Bisher haben wir als Lernrate eine Konstante η verwendet und lediglich $0 < \eta < 1$ gefordert. Speziell beim Online-Training kann eine feste Lernrate jedoch zu Problemen führen, wie Abbildung 6.7 links zeigt. Hier wird ein Referenzvektor wiederholt mit vier Datenpunkten angepasst, was zu einer zyklischen Bewegung des Referenzvektor führt. Das Zentrum der vier Datenpunkte, das man sich als Ergebnis wünscht, wird nie erreicht. Um dieses Problem zu beheben, wählt man eine **zeitabhängige Lernrate**, z.B.

$$\eta(t) = \eta_0 \alpha^t, \quad 0 < \alpha < 1, \qquad \text{oder} \qquad \eta(t) = \eta_0 t^\kappa, \quad \kappa < 0.$$

Durch die mit der Zeit kleiner werdende Lernrate wird aus der Kreisbewegung eine Spirale, die ins Zentrum führt, siehe Abbildung 6.7 rechts.

Zur Veranschaulichung der lernenden Vektorquantisierung mit zeitabhängiger Lernrate für klassifizierte und unklassifizierte Lernmuster (allerdings nur mit Batch-Training) stehen unter

http://fuzzy.cs.uni-magdeburg.de/~borgelt/lvq/

die Programme `wlvq` (für Microsoft Windows™) und `xlvq` (für Linux) zur Verfügung. Mit diesen Programmen können für zweidimensionale Daten (auswählbar aus einer höheren Zahl von Dimensionen) Cluster gefunden werden, wobei die Bewegung der Referenzvektoren verfolgt werden kann.

Abschließend bemerken wird noch, dass in [Kohonen *et al.* 1992] Erweiterungen der lernenden Vektorquantisierung entwickelt wurden, die mit verfeinerten Anpassungsregeln arbeiten, speziell für den Fall klassifizierter Daten. Details dieser Erweiterungen würden hier jedoch zu weit führen.

6.3   Nachbarschaft der Ausgabeneuronen

Bisher haben wir die Nachbarschaftsbeziehung der Ausgabeneuronen vernachlässigt, so dass sich die Referenzvektoren i.W. unabhängig voneinander bewegen konnten. Deshalb kann man bei der lernenden Vektorquantisierung aus der (relativen) Lage der Ausgabeneuronen i.A. nichts über die (relative) Lage der zugehörigen Referenzvektoren ablesen. Um eine topologieerhaltende Abbildung zu erlernen, bei der die Lage der Ausgabeneuronen die Lage der Referenzvektoren (wenigstens näherungsweise) widerspiegelt, muss man die Nachbarschaftsbeziehung der Ausgabeneuronen in den Lernprozess einbeziehen. Erst in diesem Fall spricht man von **selbstorganisierenden Karten** [Kohonen 1982, Kohonen 1995].

Selbstorganisierende Karten werden — wie die Vektorquantisierung — mit **Wettbewerbslernen** trainiert. D.h., die Lernmuster werden der Reihe nach durchlaufen und zu jedem Lernmuster wird dasjenige Neuron bestimmt, das zu diesem Lernmuster die höchste Aktivierung liefert. Nun ist es bei selbstorganisierenden Karten zwingend, dass alle Ausgabeneuronen die gleiche Abstands- und Aktivierungsfunktion besitzen. Deshalb können wir hier auf jeden Fall äquivalent sagen: Es wird dasjenige Ausgabeneuron bestimmt, dessen Referenzvektor dem Lernmuster am nächsten liegt. Dieses Neuron ist der „Gewinner" des Wettbewerbs um das Lernmuster.

Im Unterschied zur lernenden Vektorquantisierung wird jedoch nicht nur der Referenzvektor des Gewinnerneurons angepasst. Da ja die Referenzvektoren seiner Nachbarneuronen später in der Nähe seines Referenzvektors liegen sollen, werden auch diese Referenzvektoren angepasst, wenn auch u.U. weniger stark als der Referenzvektor des Gewinnerneurons. Auf diese Weise wird erreicht, dass sich die Referenzvektoren benachbarter Neuronen nicht beliebig voneinander entfernen können, da sie ja analog angepasst werden. Es ist daher zu erwarten, dass im Lernergebnis benachbarte Ausgabeneuronen Referenzvektoren besitzen, die im Eingaberaum nahe beieinander liegen.

Ein weiterer wichtiger Unterschied zur lernenden Vektorquantisierung ist, dass sich selbstorganisierende Karten nur für freie Lernaufgaben eignen. Denn da über die relative Lage verschiedener Klassen von Lernmustern vor dem Training i.A. nichts bekannt ist, können den Referenzvektoren kaum sinnvoll Klassen zugeordnet werden. Man kann zwar den Ausgabeneuronen *nach* dem Training Klassen zuordnen, indem man jeweils die Klasse zuweist, die unter den Lernmustern am häufigsten ist, für die das Ausgabeneurons die höchste Aktivierung liefert. Doch da in diesem Fall die Klasseninformation keinen Einfluss auf das Training der Karte und damit die Lage der Referenzvektoren hat, ist eine Klassifikation mit Hilfe einer so erweiterten selbstorganisierenden Karten nicht unbedingt empfehlenswert. Eine solche Klassenzuordnung kann allerdings einen guten Eindruck von der Verteilung und relativen Lage verschiedener Klassen im Eingaberaum vermitteln.

Da nur freie Lernaufgaben behandelt werden können, folglich beim Training keine Klasseninformation berücksichtigt wird, gibt es nur eine Anpassungsregel für die Referenzvektoren, die der im vorangehenden Abschnitt betrachteten Anziehungsregel analog ist. Diese Regel lautet

$$\vec{r}_u^{(\text{neu})} = \vec{r}_u^{(\text{alt})} + \eta(t) \cdot f_{\text{nb}}\big(d_{\text{neurons}}(u, u_*), \varrho(t)\big) \cdot \big(\vec{p} - \vec{r}_u^{(\text{alt})}\big),$$

wobei p das betrachtete Lernmuster, $\vec{r}_u$ der Referenzvektor zum Neuron u, u_* das Gewinnerneuron, $\eta(t)$ eine zeitabhängige Lernrate und $\varrho(t)$ ein zeitabhängiger Nachbarschaftsradius ist. d_{neurons} misst den Abstand von Ausgabeneuronen (vgl. Definition 6.1 auf Seite 98), hier speziell den Abstand des anzupassenden Neurons vom Gewinnerneuron. Denn da bei selbstorganisierenden Karten auch die Nachbarn des Gewinnerneurons angepasst werden, können wir die Anpassungsregel nicht mehr auf das Gewinnerneuron beschränken. Wie stark die Referenzvektoren anderer Ausgabeneuronen angepasst werden, hängt nach dieser Regel über eine Funktion f_{nb} (nb für Nachbar oder neighbor) vom Abstand des Neurons vom Gewinnerneuron und einem die Größe der Nachbarschaft bestimmenden Radius $\varrho(t)$ ab.

Die Funktion f_{nb} ist eine radiale Funktion, also von der gleichen Art wie die Funktionen, die wir zur Berechnung der Aktivierung eines Neurons in Abhängigkeit vom Abstand eines Lernmusters zum Referenzvektor benutzen (vgl. Abbildung 5.2 auf Seite 78). Sie ordnet jedem Ausgabeneuron in Abhängigkeit von seinem Abstand zum Gewinnerneuron[1] eine Zahl zwischen 0 und 1 zu, die die Stärke der Anpassung seines Referenzvektors relativ zur Stärke der Anpassung des Referenzvektors des Gewinnerneurons beschreibt. Ist die Funktion f_{nb} z.B. eine Rechteckfunktion, so werden alle Ausgabeneuronen in einem bestimmten Radius um das Gewinnerneuron mit voller Stärke angepasst, während alle anderen Ausgabeneuronen unverändert bleiben. Am häufigsten verwendet man jedoch eine Gaußsche Nachbarschaftsfunktion, so dass die Stärke der Anpassung der Referenzvektoren mit dem Abstand vom Gewinnerneuron exponentiell abnimmt.

Eine **zeitabhängige Lernrate** wird aus den gleichen Gründen verwendet wie bei der lernenden Vektorquantisierung, nämlich um Zyklen zu vermeiden. Sie kann folglich auch auf die gleiche Weise definiert werden, z.B.

$$\eta(t) = \eta_0 \alpha_\eta^t, \quad 0 < \alpha_\eta < 1, \quad \text{oder} \quad \eta(t) = \eta_0 t^{\kappa_\eta}, \quad \kappa_\eta < 0.$$

Analog wird der **zeitabhängige Nachbarschaftsradius** definiert, z.B.

---

[1] Man beachte, dass dieser Abstand auf der Gitterstruktur berechnet wird, in der die Ausgabeneuronen angeordnet sind, und *nicht* von der Lage der zugehörigen Referenzvektoren oder dem Abstandsmaß im Eingaberaum abhängt.

$$\varrho(t) = \varrho_0 \alpha_\varrho^t, \quad 0 < \alpha_\varrho < 1, \qquad \text{oder} \qquad \varrho(t) = \varrho_0 t^{\kappa_\varrho}, \quad \kappa_\varrho < 0.$$

Ein mit der Zeit abnehmender Nachbarschaftsradius ist sinnvoll, damit sich die selbstorganisierende Karte in den ersten Lernschritten (große Nachbarschaft) sauber „entfaltet", während in späteren Lernschritten (kleinere Nachbarschaft) die Lage der Referenzvektoren genauer an die Lage der Lernmuster angepasst wird.

Als Beispiel für das Training mit Hilfe der angegebenen Regel betrachten wir eine selbstorganisierende Karte mit 100 Ausgabeneuronen, die in einem quadratischen 10×10 Gitter angeordnet sind. Diese Karte wird mit zufällig gewählten Punkten aus dem Quadrat $[-1, 1] \times [-1, 1]$ trainiert. Den Ablauf des Trainings zeigt Abbildung 6.8. Alle Diagramme zeigen den Eingaberaum, wobei der Rahmen das Quadrat $[-1, 1] \times [-1, 1]$ darstellt. In diesen Eingaberaum ist das Gitter der Ausgabeneuronen projiziert, indem jeder Referenzvektor eines Ausgabeneurons mit den Referenzvektoren seiner direkten Nachbarneuronen durch eine Linie verbunden ist. Oben links ist die Situation direkt nach der Initialisierung der Referenzvektoren mit zufälligen Gewichten aus dem Intervall $[-0.5, 0.5]$ gezeigt. Wegen der Zufälligkeit der Initialisierung ist die (relative) Lage der Referenzvektoren von der (relativen) Lage der Ausgabeneuronen noch völlig unabhängig, so dass keinerlei Gitterstruktur zu erkennen ist.

Die folgenden Diagramme (erst obere Zeile von links nach rechts, dann untere Zeile von links nach rechts) zeigen den Zustand der selbstorganisierenden Karte nach 10, 20, 40, 80 und 160 Trainingsschritten (je Trainingsschritt wird ein Lernmuster verarbeitet, Lernrate $\eta(t) = 0.6 \cdot t^{-0.1}$, Gaußsche Nachbarschaftsfunktion f_{nb}, Nachbarschaftsradius $\varrho(t) = 2.5 \cdot t^{-0.1}$). Man sieht sehr schön, wie sich die selbstorganisierende Karte langsam „entfaltet" und sich so dem Eingaberaum anpasst. Das Sichtbarwerden der Gitterstruktur zeigt, wie die Anordnung der Ausgabeneuronen auf die Anordnung der Referenzvektoren im Eingaberaum übertragen wird.

Für das gleiche Beispiel zeigt Abbildung 6.9 die Visualisierungsmöglichkeit einer selbstorganisierenden Karte, auf die wir in Abschnitt 6.1 hingewiesen haben. Alle Diagramme zeigen die Gitterstruktur der Ausgabeneuronen (*nicht* den Eingaberaum wie in Abbildung 6.8), wobei jedem Neuron ein kleines Quadrat zugeordnet ist (vgl. auch Abbildung 6.1 auf Seite 99). Die Graustufen stellen die Aktivierung der Ausgabeneuronen bei Eingabe des Musters $(-0.5, -0.5)$ unter Verwendung einer Gaußschen Aktivierungsfunktion dar: Je dunkler ein Quadrat ist, um so höher ist die Aktivierung des zugehörigen Neurons. Auch mit dieser Darstellung lässt sich das Training gut verfolgen. Nach der Initialisierung sind die stark aktivierten Neuronen noch zufällig auf der Karte verteilt. Mit fortschreitendem Training ordnen sie sich jedoch immer stärker zusammen. Man beachte die Aktivierungsstrukturen nach 20 Lernmustern (3. Diagramm) und nach 40 Lernmustern (4. Diagramm) und vergleiche sie mit den zugehörigen Darstellungen der selbstorganisierenden Karte im Eingaberaum in Abbildung 6.8: Da die Karte in diesen Phasen auf der linken Seite noch unvollständig entfaltet ist, sind viele Neuronen auf der linken Seite der Karte stark aktiviert.

Das gerade betrachtete Beispiel zeigt einen beinahe idealen Verlauf des Trainings einer selbstorganisierenden Karte. Nach nur wenigen Trainingsschritten ist die Karte bereits entfaltet und hat sich den Lernmustern sehr gut angepasst. Durch

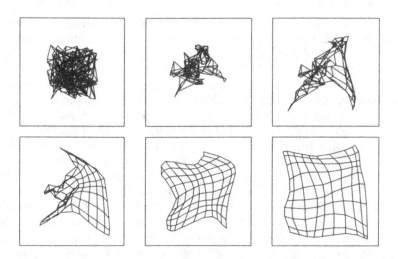

Abbildung 6.8 Entfaltung einer selbstorganisierenden Karte, die mit zufälligen Mustern aus dem Quadrat $[-1, 1] \times [-1, 1]$ (durch die Rahmen angedeutet) trainiert wird. Die Linien verbinden die Referenzvektoren.

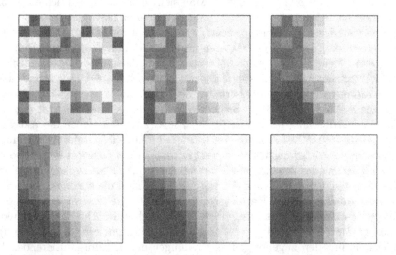

Abbildung 6.9 Einfärbungen der Trainingsstufen der selbstorganisierenden Karte aus Abbildung 6.8 für das Eingabemuster $(-0.5, -0.5)$ unter Verwendung einer Gaußschen Aktivierungsfunktion.

Abbildung 6.10 Bei ungünstiger Initialisierung, zu geringer Lernrate oder zu kleiner Nachbarschaft kann es zu Verdrehungen der Karte kommen.

(a) 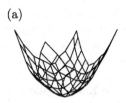 (b) 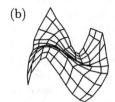 (c)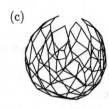

Abbildung 6.11 Selbstorganisierende Karten, die mit zufälligen Punkten von (a) einer Rotationsparabel, (b) einer kubischen Funktion, (c) der Oberfläche einer Kugel trainiert wurden.

weiteres Training wird die Karte noch etwas gedehnt, bis sie den Bereich der Lernmuster gleichmäßig abdeckt (wenn die Projektion des Neuronengitters auch, wie man sich leicht überlegen kann, nie ganz die Ränder des Quadrates $[-1,1] \times [-1,1]$ erreicht).

Das ist jedoch nicht immer so. Wenn die Initialisierung ungünstig ist, besonders aber, wenn die Lernrate oder der Nachbarschaftsradius zu klein gewählt werden oder zu schnell abnehmen, kann es zu „Verdrehungen" der Karte kommen. Für das gerade betrachtete Beispiel ist ein Ergebnis eines in dieser Weise fehlgeschlagenen Trainings in Abbildung 6.10 gezeigt. Die Karte hat sich nicht richtig entfaltet. Die Ecken des Eingabequadrates sind den Ecken des Gitters „falsch" zugeordnet worden, so dass sich in der Mitte der Karte eine Art „Knoten" bildet. Eine solche Verdrehung lässt sich i.A. auch durch beliebig langes weiteres Training nicht wieder aufheben. Meist lässt sie sich jedoch vermeiden, indem man mit einer großen Lernrate und besonders einem großen Nachbarschaftsradius (in der Größenordnung der Kantenlänge der selbstorganisierenden Karte) startet.

Zur Verdeutlichung der Dimensionsreduktion durch eine (quantisierte) topologieerhaltende Abbildung, wie sie durch eine selbstorganisierende Karte dargestellt wird, zeigt Abbildung 6.11 die Projektion des Neuronengitters einer selbstorganisierenden Karte mit 10×10 Ausgabeneuronen in einen dreidimensionalen Eingaberaum. Links wurde die Karte mit zufälligen Punkten von einer Rotationsparabel, in der Mitte mit zufälligen Punkten von einer zweiparametrigen kubischen Funktion und rechts mit zufälligen Punkten von der Oberfläche einer Kugel trainiert. Da in diesen Fällen der Eingaberaum eigentlich zweidimensional ist (alle Lernmuster liegen auf — wenn auch gekrümmten — Flächen), kann sich eine selbstorganisierende Karte den Lernmustern sehr gut anpassen.

Zur weiteren Veranschaulichung des Trainings selbstorganisierender Karten stehen unter

```
http://fuzzy.cs.uni-magdeburg.de/~borgelt/som/
```

die Programme wsom (für Microsoft Windows^{TM}) und xsom (für Linux) zur Verfügung. Mit diesen Programmen kann eine selbstorganisierende Karte mit quadratischem Gitter mit Punkten trainiert werden, die zufällig aus bestimmten zweidimensionalen Regionen (Quadrat, Kreis, Dreieck) oder auf dreidimensionalen Flächen (z.B. Oberfläche einer Kugel) gewählt werden. Die Abbildungen 6.8, 6.10 und 6.11 zeigen mit diesen Programmen erzielte Trainingsverläufe bzw. -ergebnisse.

Mit Hilfe dieser Programme lässt sich auch gut veranschaulichen, was passiert, wenn die Lernmuster eine echt höherdimensionale Struktur haben, so dass sie sich nicht mit nur geringen Verlusten auf eine zweidimensionale Karte abbilden lassen. Man traininere dazu mit diesen Programmen eine selbstorganisierende Karte mit mindestens 30×30 Ausgabeneuronen für zufällig aus einem Würfels (Volumen, nicht Oberfläche) gewählten Lernmustern. Die selbstorganisierende Karte wird sich mehrfach falten, um den Raum gleichmäßig auszufüllen. In einem solchen Fall sind selbstorganisierende Karten zwar auch brauchbar, doch sollte man beachten, dass es durch die Faltungen dazu kommen kann, dass ein Eingabemuster Ausgabeneuronen aktiviert, die in der Gitterstruktur der Karte weit voneinander entfernt sind, eben weil sie auf den beiden Seite einer Falte der Karte liegen.

7 Hopfield-Netze

In den vorangegangenen Kapiteln 4 bis 6 haben wir so genannte **vorwärtsbetriebene Netze** betrachtet, d.h. solche, bei denen der dem Netz zugrundeliegende Graph azyklisch (kreisfrei) ist. In diesem und dem folgenden Kapitel wenden wir uns dagegen so genannten **rückgekoppelten Netzen** zu, bei denen der zugrundeliegende Graph Kreise (Zyklen) hat. Wir beginnen mit einer der einfachsten Formen, den so genannten **Hopfield-Netzen** [Hopfield 1982, Hopfield 1984], die ursprünglich als physikalische Modelle zur Beschreibung des Magnetismus, speziell in so genannten Spingläsern[1], eingeführt wurden. In der Tat sind Hopfield-Netze eng mit dem Ising-Modell des Magnetismus [Ising 1925] verwandt (siehe unten).

7.1 Definition und Beispiele

Definition 7.1 *Ein* **Hopfield-Netz** *ist ein neuronales Netz mit einem Graphen* $G = (U, C)$ *der den folgenden Einschränkungen genügt:*

(i) $U_{\text{hidden}} = \emptyset$, $U_{\text{in}} = U_{\text{out}} = U$,

(ii) $C = U \times U - \{(u, u) \mid u \in U\}$.

Die Verbindungsgewichte sind symmetrisch, d.h., es gilt

$$\forall u, v \in U, u \neq v : \qquad w_{uv} = w_{vu}.$$

Die Netzeingabefunktion jedes Neurons u ist die gewichtete Summe der Ausgaben aller anderen Neuronen, d.h.

$$\forall u \in U : \quad f_{\text{net}}^{(u)}(\vec{w}_u, \vec{\text{in}}_u) = \vec{w}_u \vec{\text{in}}_u = \sum_{v \in U - \{u\}} w_{uv}\, \text{out}_v .$$

Die Aktivierungsfunktion jedes Neurons u ist eine Schwellenwertfunktion

$$\forall u \in U : \quad f_{\text{act}}^{(u)}(\text{net}_u, \theta_u) = \begin{cases} 1, & \text{falls } \text{net}_u \geq \theta_u, \\ -1, & \text{sonst.} \end{cases}$$

Die Ausgabefunktion jedes Neurons ist die Identität, d.h.

$$\forall u \in U : \quad f_{\text{out}}^{(u)}(\text{act}_u) = \text{act}_u .$$

---

[1] Spingläser sind Legierungen aus einer kleinen Menge eines magnetischen und einer großen Menge eines nicht magnetischen Metalls, in denen die Atome des magnetischen Metalls zufällig im Kristallgitter des nicht magnetischen verteilt sind.

Man beachte, dass es in einem Hopfield-Netz keine Schleifen gibt, d.h. kein Neuron erhält seine eigene Ausgabe als Eingabe. Alle Rückkopplungen kommen über andere Neuronen zustande: Ein Neuron u erhält die Ausgaben aller anderen Neuronen als Eingabe und alle anderen Neuronen erhalten die Ausgabe des Neurons u als Eingabe.

Die Neuronen eines Hopfield-Netzes arbeiten genau wie die Schwellenwertelemente, die wir in Kapitel 2 betrachtet haben: Abhängig davon, ob die gewichtete Summe der Eingaben einen bestimmten Schwellenwert θ_u überschreitet oder nicht, wird die Aktivierung auf den Wert 1 oder -1 gesetzt. Zwar hatten im Kapitel 2 die Eingaben und Aktivierungen meist die Werte 0 und 1, doch haben wir in Abschnitt 2.6 auch die Variante betrachtet, bei der stattdessen die Werte -1 und 1 verwendet werden. Anhang C zeigt, wie die beiden Versionen ineinander umgerechnet werden können.

Manchmal wird die Aktivierungsfunktion der Neuronen eines Hopfield-Netzes aber auch unter Verwendung der alten Aktivierung act_u so definiert:

$$\forall u \in U : \quad f_{\mathrm{act}}^{(u)}(\mathrm{net}_u, \theta_u, \mathrm{act}_u) = \left\{ \begin{array}{ll} 1, & \text{falls } \mathrm{net}_u > \theta_u, \\ -1, & \text{falls } \mathrm{net}_u < \theta_u, \\ \mathrm{act}_u, & \text{falls } \mathrm{net}_u = \theta_u. \end{array} \right.$$

Dies ist vorteilhaft für die physikalische Interpretation eines Hopfield-Netzes (siehe unten) und vereinfacht auch etwas einen Beweis, den wir im nächsten Abschnitt führen werden. Dennoch halten wir uns an die oben angegebene Definition, weil sie an anderen Stellen Vorteile bietet.

Für die Darstellung der Ableitungen der folgenden Abschnitte ist es wieder günstig, die Verbindungsgewichte in einer Gewichtsmatrix darzustellen (vgl. auch die Kapitel 3 und 4). Dazu setzen wir die fehlenden Gewichte $w_{uu} = 0$ (Selbstrückkopplungen), was bei der speziellen Netzeingabefunktion von Hopfield-Neuronen einer fehlenden Verbindung gleichkommt. Wegen der symmetrischen Gewichte ist die Gewichtsmatrix natürlich symmetrisch (sie stimmt mit ihrer Transponierten überein) und wegen der fehlenden Selbstrückkopplungen ist ihre Diagonale 0. D.h., wir beschreiben ein Hopfield-Netz mit n Neuronen $u_1, \ldots, u_n$ durch die $n \times n$ Matrix

$$\mathbf{W} = \begin{pmatrix} 0 & w_{u_1 u_2} & \ldots & w_{u_1 u_n} \\ w_{u_1 u_2} & 0 & \ldots & w_{u_2 u_n} \\ \vdots & \vdots & & \vdots \\ w_{u_1 u_n} & w_{u_1 u_n} & \ldots & 0 \end{pmatrix}.$$

Als erstes Beispiel für ein Hopfield-Netz betrachten wir das in Abbildung 7.1 gezeigte Netz mit zwei Neuronen. Die Gewichtsmatrix dieses Netzes ist

$$\mathbf{W} = \begin{pmatrix} 0 & 1 \\ 1 & 0 \end{pmatrix}.$$

Beide Neuronen haben den Schwellenwert 0. Wie bei den Schwellenwertelementen aus Kapitel 2 schreiben wir diesen Schwellenwert in den Kreis, der das zugehörige Neuron darstellt. Ein weiteres Beispiel für ein einfaches Hopfield-Netz zeigt Abbildung 7.2. Die Gewichtsmatrix dieses Netzes ist

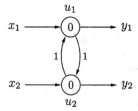

Abbildung 7.1 Ein einfaches Hopfield-Netz, das bei paralleler Aktualisierung der Aktivierungen der beiden Neuronen oszillieren kann, aber bei abwechselnder Aktualisierung einen stabilen Zustand erreicht.

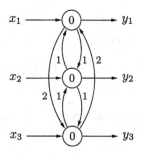

Abbildung 7.2 Ein einfaches Hopfield-Netz mit drei Neuronen u_1, u_2 und u_3 (von oben nach unten).

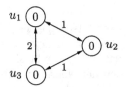

Abbildung 7.3 Vereinfachte Darstellung des Hopfield-Netzes aus Abbildung 7.2, die die Symmetrie der Gewichte ausnutzt.

$$\mathbf{W} = \begin{pmatrix} 0 & 1 & 2 \\ 1 & 0 & 1 \\ 2 & 1 & 0 \end{pmatrix}.$$

Wieder haben alle Neuronen den Schwellenwert 0. Bei diesem Beispiel wird deutlich, dass die hohe Zahl der Verbindungen die Darstellung unübersichtlich machen kann. Um zu einer einfacheren Darstellung zu gelangen, nutzen wir aus, dass jedes Neuron sowohl Eingabe- als auch Ausgabeneuron ist. Wir brauchen daher die Ein- und Ausgabepfeile nicht explizit anzugeben, denn diese dienen ja eigentlich nur dazu, die Eingabe- und Ausgabeneuronen zu kennzeichnen. Weiter wissen wir, dass die Gewichte symmetrisch sein müssen. Es bietet sich daher an, die Verbindungen zweier Neuronen zu einem Doppelpfeil zusammenzufassen, an den nur einmal das Gewicht geschrieben wird. Wir erhalten so die in Abbildung 7.3 gezeigte Darstellung.

Wenden wir uns nun den Berechnungen eines Hopfield-Netzes zu. Wir betrachten dazu das Hopfield-Netz mit zwei Neuronen aus Abbildung 7.1. Wir nehmen an, dass dem Netz die Werte $x_1 = -1$ und $x_2 = 1$ eingegeben werden. Das bedeutet, dass in der Eingabephase die Aktivierung des Neurons u_1 auf den Wert -1 gesetzt wird (act$_{u_1} = -1$) und die Aktivierung des Neurons u_2 auf den Wert 1 gesetzt

	u_1	u_2
Eingabephase	-1	1
Arbeitsphase	1	-1
	-1	1
	1	-1
	-1	1

Tabelle 7.1 Berechnungen des einfachen Hopfield-Netzes aus Abbildung 7.1 für die Eingaben $x_1 = -1$ und $x_2 = 1$ bei paralleler Aktualisierung der Aktivierungen.

	u_1	u_2
Eingabephase	-1	1
Arbeitsphase	1	1
	1	1
	1	1
	1	1

	u_1	u_2
Eingabephase	-1	1
Arbeitsphase	-1	-1
	-1	-1
	-1	-1
	-1	-1

Tabelle 7.2 Werden die Aktivierungen der Neuronen des Hopfield-Netzes aus Abbildung 7.1 abwechselnd neu berechnet, wird jeweils ein stabiler Zustand erreicht. Die erreichten Zustände sind allerdings verschieden.

wird ($\mathrm{act}_{u_2} = 1$). So sind wir auch bisher vorgegangen (gemäß der allgemeinen Beschreibung der Arbeitsweise eines Neurons, wie sie in Abschnitt 3.2 gegeben wurde). Durch den Kreis in dem Graphen, der diesem Netz zugrundeliegt, stellt sich nun aber die Frage, wie in der Arbeitsphase die Aktivierungen der Neuronen neu berechnet werden sollen. Bisher brauchten wir uns diese Frage nicht zu stellen, da in einem vorwärtsbetriebenen Netz die Berechnungsreihenfolge keine Rolle spielt: Unabhängig davon, wie die Neuronen ihre Aktivierung und Ausgabe neu berechnen, wird stets das Ergebnis erreicht, das man auch durch eine Neuberechnung in einer topologischen Reihenfolge erhält. Wie wir an dem in Abschnitt 3.2 betrachteten Beispiel (Seite 35) gesehen haben, kann das Ergebnis der Berechnungen eines neuronalen Netzes mit Kreisen jedoch von der Reihenfolge abhängen, in der die Aktivierungen aktualisiert werden.

Wir versuchen zunächst, die Aktivierungen **synchron** (gleichzeitig, parallel) neu zu berechnen. D.h., wir berechnen mit den jeweils alten Ausgaben der beiden Neuronen deren neue Aktivierungen und neue Ausgaben. Dies führt zu den in Tabelle 7.1 gezeigten Berechnungen. Offenbar stellt sich kein stabiler Aktivierungszustand ein, sondern das Netz oszilliert zwischen den Zuständen $(-1, 1)$ und $(1, -1)$. Berechnen wir die Aktivierungen dagegen **asynchron** neu, d.h. berechnen wir stets nur für ein Neuron eine neue Aktivierung und neue Ausgabe und verwenden wir in folgenden Berechnungen bereits die neu berechnete Ausgabe, so stellt sich stets ein stabiler Zustand ein. Zur Verdeutlichung sind in Tabelle 7.2 die beiden möglichen Berechnungsfolgen gezeigt, bei denen die beiden Neuronen stets abwechselnd ihre Aktivierung neu berechnen. In beiden Fällen wird ein stabiler Zustand erreicht. Welcher Zustand dies ist, hängt jedoch davon ab, welches Neuron zuerst aktualisiert

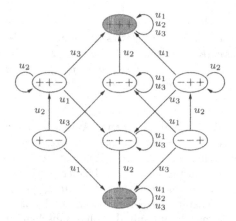

Abbildung 7.4 Zustandsgraph des Hopfield-Netzes aus Abbildung 7.2. An den Pfeilen sind die Neuronen angegeben, deren Aktualisierung zu dem entsprechenden Zustandsübergang führt. Die beiden stabilen Zustände sind grau unterlegt.

wird. Symmetrieüberlegungen zeigen, dass auch bei anderen Eingaben stets einer dieser beiden Zustände erreicht wird.

Eine ähnliche Beobachtung kann man an dem Hopfield-Netz mit drei Neuronen aus Abbildung 7.2 machen. Bei Eingabe des Vektors $(-1, 1, 1)$ oszilliert das Netz bei synchroner Neuberechnung zwischen den Zuständen $(-1, 1, 1)$ und $(1, 1, -1)$, während es bei asynchroner Neuberechnung entweder in den Zustand $(1, 1, 1)$ oder in den Zustand $(-1, -1, -1)$ gelangt.

Auch bei anderen Eingaben wird schließlich einer dieser beiden Zustände erreicht, und zwar unabhängig von der Reihenfolge, in der die Neuronen aktualisiert werden. Dies sieht man am besten mit Hilfe eines **Zustandsgraphen**, wie er in Abbildung 7.4 gezeigt ist. Jeder Zustand (d.h., jede Kombination von Aktivierungen der Neuronen) ist durch eine Ellipse dargestellt, in die die Vorzeichen der Aktivierungen der drei Neuronen u_1, u_2 und u_3 (von links nach rechts) eingetragen sind. An den Pfeilen stehen die Neuronen, deren Aktualisierung zu dem entsprechenden Zustandsübergang führt. Da für jeden Zustand Übergänge für jedes der drei Neuronen angegeben sind, kann man aus diesem Graphen die Zustandsübergänge für beliebige Reihenfolgen ablesen, in denen die Aktivierungen der Neuronen neu berechnet werden. Wie man sieht, wird schließlich auf jeden Fall einer der beiden stabilen Zustände $(1, 1, 1)$ oder $(-1, -1, -1)$ erreicht.

7.2 Konvergenz der Berechnungen

Wie wir an den Beispielen des vorangehenden Abschnitts gesehen haben, kann es zu Oszillationen kommen, wenn die Aktivierungen der verschiedenen Neuronen synchron neu berechnet werden. Bei asynchronen Neuberechnungen stellte sich in den betrachteten Beispielen jedoch stets ein stabiler Zustand ein. In der Tat kann man allgemein zeigen, dass bei asynchronem Neuberechnen der Aktivierungen keine Oszillationen auftreten können.

Satz 7.1 (Konvergenzsatz für Hopfield-Netze)
Werden die Aktivierungen der Neuronen eines Hopfield-Netzes asynchron neu berechnet, so wird nach endlich vielen Schritten ein stabiler Zustand erreicht. Bei zyklischem Durchlaufen der Neuronen in beliebiger, aber fester Reihenfolge werden höchstens $n \cdot 2^n$ Schritte (Einzelaktualisierungen) benötigt, wobei n die Anzahl der Neuronen des Netzes ist.

Beweis: Dieser Satz wird mit einer Methode bewiesen, die man in Analogie zu Fermats Methode des unendlichen Abstiegs die *Methode des endlichen Abstiegs* nennen könnte. Wir definieren eine Funktion, die jedem Zustand eines Hopfield-Netzes eine reelle Zahl zuordnet und die mit jedem Zustandsübergang kleiner wird oder höchstens gleich bleibt. Diese Funktion nennt man üblicherweise die **Energiefunktion** des Hopfield-Netzes, die von ihr einem Zustand zugeordnete Zahl die **Energie** dieses Zustands (der Grund für diesen Namen hängt mit der physikalischen Interpretation eines Hopfield-Netzes zusammen, denn die Energiefunktion entspricht dem Hamilton-Operator, der die Energie des Magnetfeldes beschreibt; siehe unten). Indem wir bei Übergang in einen Zustand gleicher Energie noch eine Zusatzbetrachtung anschließen, können wir leicht zeigen, dass ein Zustand, wenn er einmal verlassen wird, nicht wieder erreicht werden kann. Da ein Hopfield-Netz nur endlich viele mögliche Zustände hat, kann irgendwann durch Zustandsübergänge nicht weiter abgestiegen werden und folglich muss sich ein stabiler Zustand einstellen.

Die Energiefunktion eines Hopfield-Netzes mit n Neuronen $u_1, \ldots, u_n$ ist

$$E = -\frac{1}{2}\vec{\text{act}}^{\,T}\mathbf{W}\vec{\text{act}} + \vec{\theta}^{\,T}\vec{\text{act}},$$

wobei $\vec{\text{act}} = (\text{act}_{u_1}, \ldots, \text{act}_{u_n})^T$ den Aktivierungszustand des Netzes angibt, $\mathbf{W}$ die Gewichtsmatrix des Hopfield-Netzes und $\vec{\theta} = (\theta_{u_1}, \ldots, \theta_{u_n})^T$ der Vektor der Schwellenwerte der Neuronen ist. Geschrieben mit einzelnen Gewichten und Schwellenwerten lautet diese Energiefunktion

$$E = -\frac{1}{2}\sum_{u,v \in U, u \neq v} w_{uv}\,\text{act}_u\,\text{act}_v + \sum_{u \in U}\theta_u\,\text{act}_u\,.$$

In dieser Darstellung zeigt sich auch der Grund für den Faktor $\frac{1}{2}$ vor der ersten Summe. Wegen der Symmetrie der Gewichte tritt in der ersten Summe jeder Term doppelt auf, was durch den Faktor $\frac{1}{2}$ ausgeglichen wird.

Wir zeigen zunächst, dass die Energie bei einem Zustandsübergang nicht größer werden kann. Da die Neuronen asynchron aktualisiert werden, wird bei einem Zustandsübergang die Aktivierung nur eines Neurons u neu berechnet. Wir nehmen an, dass durch die Neuberechnung seine Aktivierung von $\text{act}_u^{(\text{alt})}$ auf $\text{act}_u^{(\text{neu})}$ wechselt. Die Differenz der Energie des alten und des neuen Aktivierungszustands besteht dann aus allen Summanden, die die Aktivierung act_u enthalten. Alle anderen Summanden fallen weg, da sie sowohl in der alten als auch in der neuen Energie auftreten. Daher ist

$$\Delta E = E^{(\text{neu})} - E^{(\text{alt})} = \Big(- \sum_{v \in U - \{u\}} w_{uv}\, \text{act}_u^{(\text{neu})}\, \text{act}_v + \theta_u\, \text{act}_u^{(\text{neu})} \Big)$$
$$- \Big(- \sum_{v \in U - \{u\}} w_{uv}\, \text{act}_u^{(\text{alt})}\, \text{act}_v + \theta_u\, \text{act}_u^{(\text{alt})} \Big).$$

Der Faktor $\frac{1}{2}$ verschwindet wegen der Symmetrie der Gewichte, durch die jeder Summand doppelt auftritt. Aus den obigen Summen können wir die neue und alte Aktivierung des Neurons u herausziehen und erhalten

$$\Delta E = \Big(\text{act}_u^{(\text{alt})} - \text{act}_u^{(\text{neu})} \Big) \underbrace{\Big(\sum_{v \in U - \{u\}} w_{uv}\, \text{act}_v - \theta_u \Big)}_{= \,\text{net}_u}.$$

Wir müssen nun zwei Fälle unterscheiden. Wenn $\text{net}_u < \theta_u$, so ist der zweite Faktor kleiner 0. Außerdem ist $\text{act}_u^{(\text{neu})} = -1$ und da wir annehmen, dass sich die Aktivierung durch die Neuberechnung geändert hat, $\text{act}_u^{(\text{alt})} = 1$. Also ist der erste Faktor größer 0 und folglich $\Delta E < 0$. Ist dagegen $\text{net}_u \geq \theta_u$, so ist der zweite Faktor größer-gleich 0. Außerdem ist $\text{act}_u^{(\text{neu})} = 1$ und damit $\text{act}_u^{(\text{alt})} = -1$. Also ist der erste Faktor kleiner 0 und folglich $\Delta E \leq 0$.

Wenn sich durch einen Zustandsübergang die Energie eines Hopfield-Netzes verringert hat, so kann der Ausgangszustands offenbar nicht wieder erreicht werden, denn dazu wäre eine Energieerhöhung nötig. Der zweite Fall lässt aber auch Zustandsübergänge zu, bei denen die Energie gleich bleibt. Wir müssen daher noch Zyklen von Zuständen gleicher Energie ausschließen. Dazu brauchen wir aber nur festzustellen, dass ein Zustandsübergang dieser Art auf jeden Fall die Zahl der +1-Aktivierungen des Netzes erhöht. Also kann auch hier der Ausgangszustand nicht wieder erreicht werden. Mit jedem Zustandsübergang verringert sich daher die Zahl der erreichbaren Zustände, und da es nur endlich viele Zustände gibt, muss schließlich ein stabiler Zustand erreicht werden.

Die Zusatzbetrachtung (Zahl der +1-Aktivierungen) ist übrigens nicht nötig, wenn die Aktivierungsfunktion so definiert wird, wie auf Seite 112 als Alternative angegeben, wenn also die alte Aktivierung erhalten bleibt, wenn die Netzeingabe mit dem Schwellenwert übereinstimmt. Denn in diesem Fall ändert sich die Aktivierung nur dann auf +1, wenn $\text{net}_u > \theta_u$. Also haben wir auch für den zweiten oben betrachteten Fall $\Delta E < 0$ und folglich reicht die Betrachtung allein der Energie des Hopfield-Netzes.

Wir müssen außerdem bemerken, dass die Konvergenz in einen Zustand (lokal) minimaler Energie nur sichergestellt ist, wenn nicht einzelne Neuronen ab einem bestimmten Zeitpunkt nicht mehr für eine Neuberechnung ihrer Aktivierung ausgewählt werden. Sonst könnte ja z.B. stets ein Neuron aktualisiert werden, durch dessen Neuberechnung der aktuelle Zustand nicht verlassen wird. Dass kein Neuron von der Aktualisierung ausgeschlossen wird, ist auf jeden Fall sichergestellt, wenn die Neuronen in einer beliebigen, aber festen Reihenfolge zyklisch durchlaufen werden. In diesem Fall können wir folgende Überlegung anschließen: Entweder es

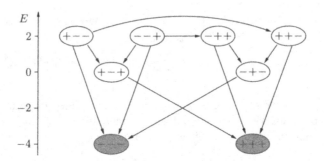

Abbildung 7.5 (Vereinfachter) Zustandsgraph des Hopfield-Netzes aus Abbildung 7.2, in dem die Zustände nach ihrer Energie angeordnet sind. Die beiden stabilen Zustände sind grau unterlegt.

wird bei einem Durchlauf der Neuronen kein Aktivierungszustand geändert. Dann haben wir bereits einen stabilen Zustand erreicht. Oder es wird mindestens eine Aktivierung geändert. Dann wurde (mindestens) einer der 2^n möglichen Aktivierungszustände (n Neuronen, jeweils zwei mögliche Aktivierungen) ausgeschlossen, denn wie wir oben gesehen haben, kann der verlassene Zustand nicht wieder erreicht werden. Folglich müssen wir nach spätesten 2^n Durchläufen durch die Neuronen, also nach spätesten $n \cdot 2^n$ Neuberechnungen von Neuronenaktivierungen einen stabilen Zustand erreicht haben.   □

Die im Beweis des obigen Satzes eingeführte Energiefunktion spielt im folgenden eine wichtige Rolle. Wir betrachten sie daher — aber auch zur Illustration des obigen Satzes — am Beispiel des einfachen Hopfield-Netzes aus Abbildung 7.2. Die Energiefunktion dieses Netzes ist

$$E = -\operatorname{act}_{u_1} \operatorname{act}_{u_2} - 2 \operatorname{act}_{u_1} \operatorname{act}_{u_3} - \operatorname{act}_{u_2} \operatorname{act}_{u_3}.$$

Wenn wir die Zustände des Zustandsgraphen dieses Netzes (vgl. Abbildung 7.4) nach ihrer Energie anordnen, wobei wir der Übersichtlichkeit halber die Schleifen und die Kantenbeschriftungen weglassen, erhalten wir Abbildung 7.5, in der die beiden stabilen Zustände deutlich als die Zustände geringster Energie zu erkennen sind. Man beachte, dass es keine Zustandsübergänge von einem tieferliegenden zu einem höherliegenden Zustand gibt, was einer Energieerhöhung entspräche, und dass alle Zustandsübergänge zwischen Zuständen gleicher Energie die Zahl der +1-Aktivierungen erhöhen. Dies veranschaulicht die Ableitungen des gerade geführten Beweises.

Allerdings muss sich nicht notwendigerweise ein so hochsymmetrischer Zustandsgraph ergeben wie dieser, selbst wenn das Netz starke Symmetrien aufweist. Als Beispiel betrachten wir das in Abbildung 7.6 gezeigte Hopfield-Netz. Obwohl dieses Netz die gleiche Symmetriestruktur hat wie das in Abbildung 7.3 gezeigte, hat es, durch die nicht verschwindenden Schwellenwerte, einen ganz andersartigen

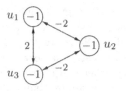

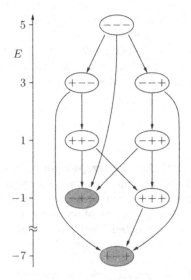

Abbildung 7.6 Ein Hopfield-Netz mit drei Neuronen und von 0 verschiedenen Schwellenwerten.

Abbildung 7.7 (Vereinfachter) Zustandsgraph des Hopfield-Netzes aus Abbildung 7.6, in dem die Zustände nach ihrer Energie angeordnet sind. Die beiden stabilen Zustände sind grau unterlegt. Man beachte, dass die Energieskala zwischen −1 und −7 unterbrochen ist, der unterste Zustand also sehr viel tiefer liegt.

physikalisch	neuronal
Atom	Neuron
magnetisches Moment (Spin)	Aktivierungszustand
Stärke des äußeren Magnetfeldes	Schwellenwert
magnetische Kopplung der Atome	Verbindungsgewichte
Hamilton-Operator des Magnetfeldes	Energiefunktion

Tabelle 7.3 Physikalische Interpretation eines Hopfield-Netzes als (mikroskopisches) Modell des Magnetismus (Ising-Modell, [Ising 1925]).

Zustandsgraphen. Wir geben hier nur die Form an, in der die Zustände nach den Werten der Energiefunktion

$$E = 2\,\mathrm{act}_{u_1}\,\mathrm{act}_{u_2} - 2\,\mathrm{act}_{u_1}\,\mathrm{act}_{u_3} + 2\,\mathrm{act}_{u_2}\,\mathrm{act}_{u_3} - \mathrm{act}_{u_1} - \mathrm{act}_{u_2} - \mathrm{act}_{u_3}$$

dieses Netzes angeordnet sind. Dieser Zustandsgraph ist in Abbildung 7.7 gezeigt. Man beachte, dass die Asymmetrien dieses Graphen i.W. eine Wirkung der von Null verschiedenen Schwellenwerte sind.

Zum Abschluss dieses Abschnitts bemerken wir noch, dass die Energiefunktion eines Hopfield-Netzes auch die Beziehung zur Physik herstellt, auf die wir schon am Anfang dieses Kapitels hingewiesen haben. Hopfield-Netze werden in der Physik, wie erwähnt, als (mikroskopische) Modelle des Magnetismus verwendet, wobei die in Tabelle 7.3 angegebenen Zuordnungen physikalischer und neuronaler Begriffe gelten. Genauer entspricht ein Hopfield-Netz dem so genannten Ising-Modell des Magnetismus [Ising 1925]. Diese physikalische Analogie liefert auch einen (weiteren) Grund, warum die Aktivierungsfunktion der Neuronen eines Hopfield-Netzes manchmal so definiert wird, dass ein Neuron seine Aktivierung nicht ändert, wenn seine Netzeingabe gleich seinem Schwellenwert ist (siehe Seite 112): Wenn sich die Wirkungen von äußerem Magnetfeld und magnetischer Kopplung der Atome aufheben, sollte das Neuron sein magnetisches Moment beibehalten.

7.3 Assoziativspeicher

Hopfield-Netze eignen sich sehr gut als so genannte **Assoziativspeicher**, d.h. als Speicher, die über ihren Inhalt adressiert werden. Wenn man an einen Assoziativspeicher ein Muster anlegt, erhält man als Antwort, ob es mit einem der abgespeicherten Muster übereinstimmt. Diese Übereinstimmung muss nicht unbedingt exakt sein. Ein Assoziativspeicher kann auch zu einem angelegten Muster ein abgespeichertes, möglichst ähnliches Muster liefern, so dass auch „verrauschte" Eingabemuster erkannt werden können.

Hopfield-Netze werden als Assoziativspeicher eingesetzt, indem man die Eigenschaft ausnutzt, dass sie stabile Zustände besitzen, von denen auf jeden Fall einer erreicht wird. Denn wenn man die Gewichte und Schwellenwerte eines Hopfield-Netzes gerade so bestimmt, dass die abzuspeichernden Muster die stabilen Zustände sind, so wird durch die normalen Berechnungen des Hopfield-Netzes zu jedem Eingabemuster ein ähnliches abgespeichertes Muster gefunden. Auf diese Weise können „verrauschte" Muster korrigiert oder auch mit Fehlern behaftete Muster erkannt werden.

Um die folgenden Ableitungen einfach zu halten, betrachten wir zunächst die Speicherung nur eines Musters $\vec{p} = (\mathrm{act}_{u_1}, \ldots, \mathrm{act}_{u_n})^T \in \{-1, 1\}^n$, $n \geq 2$. Dazu müssen wir die Gewichte und Schwellenwerte so bestimmen, dass dieses Muster ein stabiler Zustand (auch: Attraktor) des Hopfield-Netzes ist. Folglich muss gelten

$$S(\mathbf{W}\vec{p} - \vec{\theta}) = \vec{p},$$

wobei $\mathbf{W}$ die Gewichtsmatrix des Hopfield-Netzes, $\vec{\theta} = (\theta_{u_1}, \ldots, \theta_{u_n})^T$ der Vektor der Schwellenwerte und S eine Funktion

$$S : \mathbb{R}^n \rightarrow \{-1, 1\}^n,$$
$$\vec{x} \mapsto \vec{y}$$

ist, wobei der Vektor $\vec{y}$ bestimmt ist durch

$$\forall i \in \{1, \ldots, n\}: \quad y_i = \begin{cases} 1, & \text{falls } x_i \geq 0, \\ -1, & \text{sonst.} \end{cases}$$

Die Funktion S ist also eine Art elementweiser Schwellenwertfunktion.

Setzt man $\vec{\theta} = \vec{0}$, d.h., setzt man alle Schwellenwerte 0, so lässt sich eine passende Matrix $\mathbf{W}$ leicht finden, denn dann genügt es offenbar, wenn gilt

$$\mathbf{W}\vec{p} = c\vec{p} \quad \text{mit } c \in \mathbb{R}^+.$$

Algebraisch ausgedrückt: Gesucht ist eine Matrix $\mathbf{W}$, die bezüglich $\vec{p}$ einen positiven Eigenwert c hat.[2] Wir wählen nun

$$\mathbf{W} = \vec{p}\vec{p}^T - \mathbf{E}$$

mit der $n \times n$ Einheitsmatrix $\mathbf{E}$. $\vec{p}\vec{p}^T$ ist das so genannte **äußere Produkt** des Vektors $\vec{p}$ mit sich selbst. Es liefert eine symmetrische $n \times n$ Matrix. Die Einheitsmatrix $\mathbf{E}$ muss von dieser Matrix abgezogen werden, um sicherzustellen, dass die Diagonale der Gewichtsmatrix 0 ist, denn in einem Hopfield-Netz gibt es ja keine Selbstrückkopplungen der Neuronen. Mit dieser Matrix $\mathbf{W}$ haben wir für das Muster $\vec{p}$:

$$\begin{aligned} \mathbf{W}\vec{p} &= (\vec{p}\vec{p}^T)\vec{p} - \underbrace{\mathbf{E}\vec{p}}_{=\vec{p}} \overset{(*)}{=} \vec{p}\underbrace{(\vec{p}^T\vec{p})}_{=|\vec{p}|^2 = n} - \vec{p} \\ &= n\vec{p} - \vec{p} = (n-1)\vec{p}. \end{aligned}$$

$(*)$ gilt, da Matrix- und Vektormultiplikationen assoziativ sind, wir folglich die Klammern versetzen können. Mit versetzten Klammern ist zuerst das Skalarprodukt (auch: inneres Produkt) des Vektors $\vec{p}$ mit sich selbst zu bestimmen. Dies liefert gerade seine quadrierte Länge. Wir wissen nun aber, dass $\vec{p} \in \{-1,1\}^n$ und daher, dass $\vec{p}^T\vec{p} = |\vec{p}|^2 = n$. Da wir $n \geq 2$ vorausgesetzt haben, ist, wie erforderlich, $c = (n-1) > 0$. Also ist das Muster $\vec{p}$ ein stabiler Zustand des Hopfield-Netzes.

Schreibt man die Berechnungen in einzelnen Gewichten, so erhält man:

$$w_{uv} = \begin{cases} 0, & \text{falls } u = v, \\ 1, & \text{falls } u \neq v, \text{act}_u^{(p)} = \text{act}_v^{(p)}, \\ -1, & \text{sonst.} \end{cases}$$

Diese Regel nennt man auch die **Hebbsche Lernregel** [Hebb 1949]. Sie wurde ursprünglich aus einer biologischen Analogie abgeleitet: Die Verbindung zwischen zwei gleichzeitig aktiven Neuronen wird verstärkt.

Man beachte allerdings, dass mit diesem Verfahren auch das zu dem Muster $\vec{p}$ komplementäre Muster $-\vec{p}$ stabiler Zustand wird. Denn mit

$$\mathbf{W}\vec{p} = (n-1)\vec{p} \quad \text{gilt natürlich auch} \quad \mathbf{W}(-\vec{p}) = (n-1)(-\vec{p}).$$

---

[2] In der linearen Algebra beschäftigt man sich dagegen meist mit dem umgekehrten Problem, d.h., zu einer gegebenen Matrix die Eigenwerte und Eigenvektoren zu finden.

Diese Speicherung des Komplementmusters lässt sich leider nicht vermeiden.

Sollen mehrere Muster $\vec{p}_1, \ldots, \vec{p}_m$, $m < n$, gespeichert werden, so berechnet man für jedes Muster $\vec{p}_i$ eine Matrix $\mathbf{W}_i$ (wie oben angegeben) und berechnet die Gewichtsmatrix $\mathbf{W}$ als Summe dieser Matrizen, also

$$\mathbf{W} = \sum_{i=1}^{m} \mathbf{W}_i = \left(\sum_{i=1}^{m} \vec{p}_i \vec{p}_i^{\,T} \right) - m\mathbf{E}.$$

Sind die zu speichernden Muster paarweise orthogonal (d.h., stehen die zugehörigen Vektoren senkrecht aufeinander), so erhält man mit dieser Matrix $\mathbf{W}$ für ein beliebiges Muster $\vec{p}_j$, $j \in \{1, \ldots, m\}$:

$$\mathbf{W}\vec{p}_j = \sum_{i=1}^{m} \mathbf{W}_i \vec{p}_j = \left(\sum_{i=1}^{m} (\vec{p}_i \vec{p}_i^{\,T}) \vec{p}_j \right) - m \underbrace{\mathbf{E}\vec{p}_j}_{=\vec{p}_j}$$

$$= \left(\sum_{i=1}^{m} \vec{p}_i (\vec{p}_i^{\,T} \vec{p}_j) \right) - m\vec{p}_j$$

Da wir vorausgesetzt haben, dass die Muster paarweise orthogonal sind, gilt

$$\vec{p}_i^{\,T} \vec{p}_j = \begin{cases} 0, & \text{falls } i \neq j, \\ n, & \text{falls } i = j, \end{cases}$$

da ja das Skalarprodukt orthogonaler Vektoren verschwindet, das Skalarprodukt eines Vektors mit sich selbst aber die quadrierte Länge des Vektors ergibt, die wegen $\vec{p}_j \in \{-1, 1\}^n$ wieder gleich n ist (siehe oben). Also ist

$$\mathbf{W}\vec{p}_j = (n - m)\vec{p}_j,$$

und folglich ist $\vec{p}_j$ ein stabiler Zustand des Hopfield-Netzes, wenn $m < n$. Man beachte, dass auch hier das zu dem Muster $\vec{p}_j$ komplementäre Muster $-\vec{p}_j$ ebenfalls stabiler Zustand ist, denn mit

$$\mathbf{W}\vec{p}_j = (n - m)\vec{p}_j \quad \text{gilt natürlich auch} \quad \mathbf{W}(-\vec{p}_j) = (n - m)(-\vec{p}_j).$$

Zwar können in einem n-dimensionalen Raum n paarweise orthogonale Vektoren gewählt werden, doch da $n - m > 0$ sein muss (siehe oben), kann ein Hopfield-Netz mit n Neuronen auf diese Weise nur $n - 1$ orthogonale Muster (und ihre Komplemente) speichern. Verglichen mit der Zahl der möglichen Zustände (2^n, da n Neuronen mit jeweils zwei Zuständen) ist die Speicherkapazität eines Hopfield-Netzes also recht klein.

Sind die Muster nicht paarweise orthogonal, wie es in der Praxis oft der Fall ist, so ist für ein beliebiges Muster $\vec{p}_j$, $j \in \{1, \ldots, m\}$:

$$\mathbf{W}\vec{p}_j = (n - m)\vec{p}_j + \underbrace{\sum_{\substack{i=1 \\ i \neq j}}^{m} \vec{p}_i (\vec{p}_i^{\,T} \vec{p}_j)}_{\text{„Störterm“}}.$$

Der Zustand $\vec{p}_j$ kann dann trotzdem stabil sein, nämlich wenn $n - m > 0$ und der „Störterm" hinreichend klein ist. Dies ist der Fall, wenn die Muster $\vec{p}_i$ „annähernd" orthogonal sind, da dann die Skalarprodukte $\vec{p}_i^T \vec{p}_j$ klein sind. Je größer die Zahl der zu speichernden Muster ist, um so kleiner muss allerdings der Störterm sein, da mit wachsendem m offenbar $n - m$ abnimmt, wodurch der Zustand „anfälliger" für Störungen wird. In der Praxis wird daher die theoretische Maximalkapazität eines Hopfield-Netzes nie erreicht.

Zur Veranschaulichung des gerade betrachteten Verfahrens bestimmen wir die Gewichtsmatrix eines Hopfield-Netzes mit vier Neuronen, das die beiden Muster $\vec{p}_1 = (+1, +1, -1, -1)^T$ und $\vec{p}_2 = (-1, +1, -1, +1)^T$ speichert. Es ist

$$\mathbf{W} = \mathbf{W}_1 + \mathbf{W}_2 = \vec{p}_1 \vec{p}_1^T + \vec{p}_2 \vec{p}_2^T - 2\mathbf{E}$$

mit den Einzelmatrizen

$$\mathbf{W}_1 = \begin{pmatrix} 0 & 1 & -1 & -1 \\ 1 & 0 & -1 & -1 \\ -1 & -1 & 0 & 1 \\ -1 & -1 & 1 & 0 \end{pmatrix}, \qquad \mathbf{W}_2 = \begin{pmatrix} 0 & -1 & 1 & -1 \\ -1 & 0 & -1 & 1 \\ 1 & -1 & 0 & -1 \\ -1 & 1 & -1 & 0 \end{pmatrix}.$$

Die Gewichtsmatrix des Hopfield-Netzes lautet folglich

$$\mathbf{W} = \begin{pmatrix} 0 & 0 & 0 & -2 \\ 0 & 0 & -2 & 0 \\ 0 & -2 & 0 & 0 \\ -2 & 0 & 0 & 0 \end{pmatrix}.$$

Wie man leicht nachprüft, ist mit dieser Matrix

$$\mathbf{W}\vec{p}_1 = (+2, +2, -2, -2)^T \qquad \text{und} \qquad \mathbf{W}\vec{p}_1 = (-2, +2, -2, +2)^T.$$

Also sind in der Tat beide Muster stabile Zustände. Aber auch ihre Komplemente, also die Muster $-\vec{p}_1 = (-1, -1, +1, +1)$ und $-\vec{p}_2 = (+1, -1, +1, -1)$ sind stabile Zustände, wie eine entsprechende Rechnung zeigt.

Eine andere Möglichkeit, die Parameter eines Hopfield-Netzes zu bestimmen, ist, das Netz auf ein einfaches Schwellenwertelement abzubilden, das dann mit der Delta-Regel trainiert wird [Rojas 1996]. Dazu geht man wie folgt vor: Soll ein Muster $\vec{p} = (\mathrm{act}_{u_1}^{(p)}, \ldots, \mathrm{act}_{u_n}^{(p)}) \in \{-1, 1\}^n$ stabiler Zustand eines Hopfield-Netzes sein, so muss gelten

$$\begin{aligned}
s(0 \phantom{{}+ w_{u_1 u_2}} + w_{u_1 u_2}\, \mathrm{act}_{u_2}^{(p)} + \ldots + w_{u_1 u_n}\, \mathrm{act}_{u_n}^{(p)} - \theta_{u_1}) &= \mathrm{act}_{u_1}^{(p)}, \\
s(w_{u_2 u_1}\, \mathrm{act}_{u_1}^{(p)} + 0 \phantom{{}+ w_{u_1 u_2}} + \ldots + w_{u_2 u_n}\, \mathrm{act}_{u_n}^{(p)} - \theta_{u_2}) &= \mathrm{act}_{u_2}^{(p)}, \\
\vdots \vdots \vdots \vdots \vdots & \\
s(w_{u_n u_1}\, \mathrm{act}_{u_1}^{(p)} + w_{u_n u_2}\, \mathrm{act}_{u_2}^{(p)} + \ldots + 0 - \theta_{u_n}) &= \mathrm{act}_{u_n}^{(p)}.
\end{aligned}$$

mit der üblichen Schwellenwertfunktion

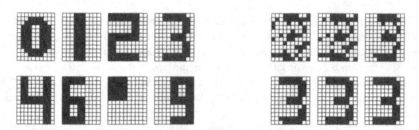

Abbildung 7.8 In einem Hopfield-Netz gespeicherte Beispielmuster (links) und die Rekonstruktion eines Musters aus gestörten Eingaben (rechts).

$$s(x) = \begin{cases} 1, & \text{falls } x \geq 0, \\ -1, & \text{sonst.} \end{cases}$$

Zum Training wandeln wir die Gewichtsmatrix in einen Gewichtsvektor um, indem wir die Zeilen des oberen Dreiecks der Matrix durchlaufen (ohne Diagonale, das untere Dreieck wird wegen der Symmetrie der Gewichte nicht benötigt) und den Vektor der negierten Schwellenwerte anhängen:

$$\vec{w} = (\quad w_{u_1 u_2}, \quad w_{u_1 u_3}, \quad \ldots, \quad w_{u_1 u_n},$$
$$w_{u_2 u_3}, \quad \ldots, \quad w_{u_2 u_n},$$
$$\ddots \quad \vdots$$
$$w_{u_{n-1} u_n},$$
$$-\theta_{u_1}, \quad -\theta_{u_2}, \quad \ldots, \quad -\theta_{u_n} \quad).$$

Zu diesem Gewichtsvektor lassen sich Eingabevektoren $\vec{z}_1, \ldots, \vec{z}_n$ finden, so dass sich die in den obigen Gleichungen auftretenden Argumente der Schwellenwertfunktion als Skalarprodukte $\vec{w}\vec{z}_i$ schreiben lassen. Z.B. ist

$$\vec{z}_2 = (\text{act}_{u_1}^{(p)}, \underbrace{0, \ldots, 0}_{n - 2 \text{ Nullen}}, \text{act}_{u_3}^{(p)}, \ldots, \text{act}_{u_n}^{(p)}, \ldots 0, 1, \underbrace{0, \ldots, 0}_{n - 2 \text{ Nullen}}).$$

Auf diese Weise haben wir das Training des Hopfield-Netzes auf das Training eines Schwellenwertelementes mit dem Schwellenwert 0 und dem Gewichtsvektor $\vec{w}$ für die Trainingsmuster $l_i = (\vec{z}_i, \text{act}_{u_i}^{(p)})$ zurückgeführt, das wir z.B. mit der Delta-Regel trainieren können (vgl. Abschnitt 2.5). Bei mehreren zu speichernden Mustern erhält man entsprechend mehr Eingabemuster $\vec{z}_i$. Es ist allerdings zu bemerken, dass diese Möglichkeit des Trainings eher von theoretischem Interesse ist.

Um die Anwendung eines Hopfield-Netzes zur Mustererkennung zu veranschaulichen, betrachten wir ein Beispiel zur Zahlenerkennung (nach einem Beispiel aus [Haykin 1994]). In einem Hopfield-Netz mit $10 \times 12 = 120$ Neuronen werden die in Abbildung 7.8 links gezeigten Muster gespeichert, wobei ein schwarzes Feld durch $+1$, ein weißes durch -1 kodiert wird. Die so entstehenden Mustervektoren sind zwar nicht genau, aber hinreichend orthogonal, so dass sie alle mit dem oben betrachteten Verfahren zu stabilen Zuständen eines Hopfield-Netzes gemacht werden können. Legt man ein Muster an das so bestimmte Hopfield-Netz an, so wird durch die Berechnungen des Netzes eines dieser abgespeicherten Muster rekonstruiert, wie Abbildung 7.8 rechts zeigt. Man beachte allerdings, dass zwischen zwei in der Abbildung aufeinanderfolgenden Diagrammen mehrere Berechnungsschritte liegen.

Um dieses Beispiel besser nachvollziehen zu können, stehen unter

$$\text{http://fuzzy.cs.uni-magdeburg.de/~borgelt/hopfield}$$

die Programme whopf (für Microsoft Windows™) und xhopf (für Linux) zur Verfügung. Mit diesen Programmen können zweidimensionale Muster in einem Hopfield-Netz abgespeichert und wieder abgerufen werden. Die in Abbildung 7.8 gezeigten Muster sind als ladbare Datei vorhanden.

Mit diesen Programmen zeigen sich allerdings auch einige Probleme des betrachteten Verfahrens. Wie wir bereits wissen, werden mit der oben angegebenen Methode zur Berechnung der Gewichtsmatrix nicht nur die abgespeicherten Muster sondern auch ihre Komplemente zu stabilen Zuständen, so dass mitunter auch diese als Ergebnis ausgegeben werden. Neben diesen Mustern sind jedoch auch noch weitere Muster stabile Zustände, die zum Teil nur geringfügig von den abgespeicherten abweichen. Diese Probleme ergeben sich u.a. daraus, dass die Muster nicht genau orthogonal sind.

7.4 Lösen von Optimierungsproblemen

Hopfield-Netze lassen sich unter Ausnutzung ihrer Energiefunktion auch zum Lösen von Optimierungsproblemen einsetzen. Die prinzipielle Idee ist die folgende: Durch die Berechnungen eines Hopfield-Netzes wird ein (lokales) Minimum seiner Energiefunktion erreicht. Wenn es nun gelingt, die zu optimierende Funktion so umzuschreiben, dass sie als die (zu minimierende) Energiefunktion eines Hopfield-Netzes interpretiert werden kann, können wir ein Hopfield-Netz konstruieren, indem wir aus den Summanden dieser Energiefunktion die Gewichte und Schwellenwerte des Netzes ablesen. Dieses Hopfield-Netz wird in einen zufälligen Anfangszustand versetzt, und die Berechnungen werden wie üblich ausgeführt. Wir erreichen dann einen stabilen Zustand, der einem Minimum der Energiefunktion, und damit auch einem Optimum der zu optimierenden Funktion entspricht. Allerdings ist zu beachten, dass u.U. nur ein lokales Optimum erreicht wird.

Das gerade beschriebene Prinzip ist offenbar sehr einfach. Die einzige Schwierigkeit, die sich noch stellt, besteht darin, dass beim Lösen von Optimierungsproblemen oft Nebenbedingungen eingehalten werden müssen, etwa die Argumente der zu optimierenden Funktion bestimmte Wertebereiche nicht verlassen dürfen. In einem solchen Fall reicht es nicht, einfach nur die zu optimierende Funktion in eine Energiefunktion eines Hopfield-Netzes umzuformen, sondern wir müssen außerdem Vorkehrungen treffen, dass die Nebenbedingungen eingehalten werden, damit die mit Hilfe des Hopfield-Netzes gefundene Lösung auch gültig ist.

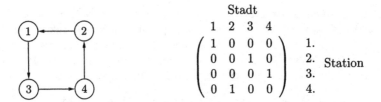

Abbildung 7.9 Eine Rundreise durch vier Städte und eine sie darstellende binäre 4×4 Matrix.

Um die Nebenbedingungen einzuarbeiten, gehen wir im Prinzip genauso vor wie zur Optimierung der Zielfunktion. Wir stellen für jede Nebenbedingung eine Funktion auf, die durch Einhalten der Nebenbedingung optimiert wird, und formen diese Funktion in eine Energiefunktion eines Hopfield-Netzes um. Schließlich kombinieren wir die Energiefunktion, die die Zielfunktion beschreibt, mit allen Energiefunktionen, die sich aus Nebenbedingungen ergeben. Dazu nutzen wir das folgende Lemma:

Lemma 7.1 *Gegeben seien zwei Hopfield-Netze über der gleichen Menge U von Neuronen mit den Gewichten $w_{uv}^{(i)}$, den Schwellenwerten $\theta_u^{(i)}$ und den Energiefunktionen*

$$E_i = -\frac{1}{2} \sum_{u \in U} \sum_{v \in U - \{u\}} w_{uv}^{(i)} \operatorname{act}_u \operatorname{act}_v + \sum_{u \in U} \theta_u^{(i)} \operatorname{act}_u$$

für $i = 1, 2$. (Der Index i gibt an, auf welches der beiden Netze sich die Größen beziehen.) Weiter seien $a, b \in \mathbb{R}$. Dann ist $E = aE_1 + bE_2$ die Energiefunktion des Hopfield-Netzes über den Neuronen in U, das die Gewichte $w_{uv} = aw_{uv}^{(1)} + bw_{uv}^{(2)}$ und die Schwellenwerte $\theta_u = a\theta_u^{(1)} + b\theta_u^{(2)}$ besitzt.

Dieses Lemma erlaubt es uns, die durch das Hopfield-Netz zu minimierende Energiefunktion als Linearkombination mehrerer Energiefunktionen zusammenzusetzen. Sein Beweis ist trivial (er besteht im einfachen Ausrechnen von $E = aE_1 + bE_2$), weswegen wir ihn hier nicht im Detail ausführen.

Als Beispiel für die beschriebene Vorgehensweise betrachten wir, wie man das bekannte Problem des Handlungsreisenden (traveling salesman problem, TSP) mit Hilfe eines Hopfield-Netzes (näherungsweise) lösen kann. Dieses Problem besteht darin, für einen Handlungsreisenden eine möglichst kurze Rundreise durch eine gegebene Menge von n Städten zu finden, so dass jede Stadt genau einmal besucht wird. Um dieses Problem mit Hilfe eines Hopfield-Netzes zu lösen, verwenden wir für die Neuronen die Aktivierungen 0 und 1, da uns dies das Aufstellen der Energiefunktionen erleichtert. Dass wir zu dieser Abweichung von der anfangs gegebenen Definition berechtigt sind, weil wir stets die Gewichte und Schwellenwerte auf ein Hopfield-Netz mit den Aktivierungen 1 und -1 umrechnen können, zeigt Anhang C, in dem die benötigten Umrechnungsformeln abgeleitet werden.

Eine Rundreise durch die gegebenen n Städte kodieren wir wie folgt: Wir stellen eine binäre $n \times n$ Matrix $\mathbf{M} = (m_{ij})$ auf, deren Spalten den Städten und deren Zeilen den Stationen der Rundreise entsprechen. Wir tragen in Zeile i und Spalte j dieser Matrix eine 1 ein $(m_{ij} = 1)$, wenn die Stadt j die i-te Station der Rundreise ist. Anderenfalls tragen wir eine 0 ein $(m_{ij} = 0)$. Z.B. beschreibt die in Abbildung 7.9 rechts gezeigte Matrix die in der gleichen Abbildung links gezeigte Rundreise durch die vier Städte 1 bis 4. Man beachte, dass eine zyklische Vertauschung der Stationen (Zeilen) die gleiche Rundreise beschreibt, da keine Startstadt festgelegt ist.

Das zu konstruierende Hopfield-Netz besitzt für jedes Element dieser $n \times n$ Matrix ein Neuron, das wir mit den Koordinaten (i, j) des zugehörigen Matrixelementes bezeichnen und dessen Aktivierung dem Wert dieses Matrixelementes entspricht. Damit können wir nach Abschluss der Berechnungen aus den Aktivierungen der Neuronen die gefundene Rundreise ablesen. Man beachte, dass wir im folgenden stets einen Index i zur Bezeichnung der Stationen und einen Index j zur Bezeichnung der Städte verwenden.

Mit Hilfe der Matrix $\mathbf{M}$ können wir die zur Lösung des Problems des Handlungsreisenden zu minimierende Funktion formulieren als

$$E_1 = \sum_{j_1=1}^{n} \sum_{j_2=1}^{n} \sum_{i=1}^{n} d_{j_1 j_2} \cdot m_{ij_1} \cdot m_{(i \bmod n)+1, j_2}.$$

$d_{j_1 j_2}$ ist die Entfernung zwischen Stadt j_1 und Stadt j_2. Durch die beiden Faktoren, die sich auf die Matrix $\mathbf{M}$ beziehen, wird sichergestellt, dass nur Entfernungen zwischen Städten summiert werden, die in der Reiseroute aufeinanderfolgen, d.h., bei denen die Stadt j_1 die i-te Station und die Stadt j_2 die $((i \bmod n)+1)$-te Station der Rundreise bildet. Nur in diesem Fall sind beide Matrixelemente 1. Wenn die Städte dagegen nicht aufeinanderfolgen, ist mindestens eines der Matrixelemente und damit der Summand 0.

Die Funktion E_1 müssen wir nun, dem oben allgemein beschriebenen Plan folgend, so umformen, dass sie die Form einer Energiefunktion eines Hopfield-Netzes über Neuronen (i, j) erhält, wobei die Matrixelemente m_{ij} die Rolle der Aktivierungen der Neuronen übernehmen. Dazu müssen wir vor allem eine zweite Summation über die Stationen (Index i) einführen. Wir erreichen dies, indem wir für die Stationen, auf denen die Städte j_1 und j_2 besucht werden, zwei Indizes i_1 und i_2 verwenden und durch einen zusätzlichen Faktor sicherstellen, dass nur solche Summanden gebildet werden, in denen diese beiden Indizes in der gewünschten Beziehung (i_2 folgt auf i_1) zueinander stehen. Wir erhalten dann

$$E_1 = \sum_{(i_1,j_1)\in\{1,...,n\}^2} \sum_{(i_2,j_2)\in\{1,...,n\}^2} d_{j_1 j_2} \cdot \delta_{(i_1 \bmod n)+1, i_2} \cdot m_{i_1 j_1} \cdot m_{i_2 j_2},$$

wobei δ_{ab} das so genannte *Kronecker-Symbol* ist, das definiert ist durch

$$\delta_{ab} = \begin{cases} 1, & \text{falls } a = b, \\ 0, & \text{sonst.} \end{cases}$$

Es fehlt nun nur noch der Faktor $-\frac{1}{2}$ vor den Summen, damit sich die Form einer Energiefunktion ergibt. Diesen Faktor können wir z.B. einfach dadurch erhalten, dass wir den Faktor -2 in die Summen hineinziehen. Angemessener ist jedoch, nur einen Faktor -1 in die Summe hineinzuziehen und den Faktor 2 durch Symmetrisierung des Faktors mit dem Kronecker-Symbol zu erzielen. Denn es ist ja gleichgültig, ob i_2 auf i_1 folgt oder umgekehrt: In beiden Fällen wird die gleiche Beziehung zwischen den Städten beschrieben. Wenn wir beide Reihenfolgen zulassen, wird automatisch jede Entfernung auf der Rundreise doppelt berücksichtigt. Damit haben wir schließlich

$$E_1 = -\frac{1}{2} \sum_{\substack{(i_1,j_1)\in\{1,\dots,n\}^2 \\ (i_2,j_2)\in\{1,\dots,n\}^2}} -d_{j_1j_2} \cdot \left(\delta_{(i_1 \bmod n)+1,i_2} + \delta_{i_1,(i_2 \bmod n)+1}\right) \cdot m_{i_1j_1} \cdot m_{i_2j_2}.$$

Diese Funktion hat die Form einer Energiefunktion eines Hopfield-Netzes. Dennoch können wir sie nicht direkt benutzen, denn sie wird offenbar gerade dann minimiert, wenn alle $m_{ij} = 0$ sind, unabhängig von den Entfernungen zwischen den Städten. In der Tat müssen wir bei der Minimierung der obigen Funktion zwei Nebenbedingungen einhalten, nämlich:

- Jede Stadt wird auf genau einer Station der Reise besucht, also

$$\forall j \in \{1,\dots,n\}: \qquad \sum_{i=1}^{n} m_{ij} = 1,$$

  d.h., jede Spalte der Matrix enthält genau eine 1.

- Auf jeder Station der Reise wird genau eine Stadt besucht, also

$$\forall i \in \{1,\dots,n\}: \qquad \sum_{j=1}^{n} m_{ij} = 1,$$

  d.h., jede Zeile der Matrix enthält genau eine 1.

Durch diese beiden Bedingungen wird die triviale Lösung (alle $m_{ij} = 0$) ausgeschlossen. Da diese beiden Bedingungen die gleiche Struktur haben, führen wir nur für die erste die Umformung in eine Energiefunktion im einzelnen vor. Die erste Bedingung ist offenbar genau dann erfüllt, wenn

$$E_2^* = \sum_{j=1}^{n} \left(\sum_{i=1}^{n} m_{ij} - 1\right)^2 = 0.$$

Da E_2^* wegen der quadratischen Summanden nicht negativ werden kann, wird die erste Nebenbedingung genau dann erfüllt, wenn E_2^* minimiert wird. Eine einfache Umformung durch Ausrechnen des Quadrates ergibt

$$
\begin{aligned}
E_2^* &= \sum_{j=1}^{n} \left(\left(\sum_{i=1}^{n} m_{ij} \right)^2 - 2 \sum_{i=1}^{n} m_{ij} + 1 \right) \\
&= \sum_{j=1}^{n} \left(\left(\sum_{i_1=1}^{n} m_{i_1 j} \right) \left(\sum_{i_2=1}^{n} m_{i_2 j} \right) - 2 \sum_{i=1}^{n} m_{ij} + 1 \right) \\
&= \sum_{j=1}^{n} \sum_{i_1=1}^{n} \sum_{i_2=1}^{n} m_{i_1 j} m_{i_2 j} - 2 \sum_{j=1}^{n} \sum_{i=1}^{n} m_{ij} + n.
\end{aligned}
$$

Den konstanten Term n können wir vernachlässigen, da er bei der Minimierung dieser Funktion keine Rolle spielt. Um die Form einer Energiefunktion zu erhalten, müssen wir nun nur noch mit Hilfe des gleichen Prinzips, das wir schon bei der Zielfunktion E_1 angewandt haben, die Summation über die Städte (Index j) verdoppeln. Das führt auf

$$
E_2 = \sum_{\substack{(i_1,j_1)\in\{1,\dots,n\}^2}} \sum_{\substack{(i_2,j_2)\in\{1,\dots,n\}^2}} \delta_{j_1 j_2} \cdot m_{i_1 j_1} \cdot m_{i_2 j_2} - 2 \sum_{\substack{(i,j)\in\{1,\dots,n\}^2}} m_{ij}.
$$

Durch Hineinziehen des Faktors -2 in beide Summen erhalten wir schließlich

$$
E_2 = -\frac{1}{2} \sum_{\substack{(i_1,j_1)\in\{1,\dots,n\}^2 \\ (i_2,j_2)\in\{1,\dots,n\}^2}} -2\delta_{j_1 j_2} \cdot m_{i_1 j_1} \cdot m_{i_2 j_2} + \sum_{\substack{(i,j)\in\{1,\dots,n\}^2}} -2 m_{ij}
$$

und damit die Form einer Energiefunktion eines Hopfield-Netzes. In völlig analoger Weise erhalten wir aus der zweiten Nebenbedingung

$$
E_3 = -\frac{1}{2} \sum_{\substack{(i_1,j_1)\in\{1,\dots,n\}^2 \\ (i_2,j_2)\in\{1,\dots,n\}^2}} -2\delta_{i_1 i_2} \cdot m_{i_1 j_1} \cdot m_{i_2 j_2} + \sum_{\substack{(i,j)\in\{1,\dots,n\}^2}} -2 m_{ij}.
$$

Aus den drei Energiefunktionen E_1 (Zielfunktion), E_2 (erste Nebenbedingung) und E_3 (zweite Nebenbedingung) setzen wir schließlich die Gesamtenergiefunktion

$$
E = aE_1 + bE_2 + cE_3
$$

zusammen, wobei wir die Faktoren $a, b, c \in \mathbb{R}^+$ so wählen müssen, dass es nicht möglich ist, eine Verkleinerung der Energiefunktion durch Verletzung der Nebenbedingungen zu erkaufen. Das ist sicherlich dann der Fall, wenn

$$
\frac{b}{a} = \frac{c}{a} > 2 \max_{(j_1,j_2)\in\{1,\dots,n\}^2} d_{j_1 j_2},
$$

wenn also die größtmögliche Verbesserung, die durch eine (lokale) Änderung der Reiseroute erzielt werden kann, kleiner ist als die minimale Verschlechterung, die sich aus einer Verletzung einer Nebenbedingung ergibt.

Da die Matrixeinträge m_{ij} den Aktivierungen $\text{act}_{(i,j)}$ der Neuronen (i,j) des Hopfield-Netzes entsprechen, lesen wir aus der Gesamtenergiefunktion E die folgenden Gewichte und Schwellenwerte ab:

$$w_{(i_1,j_1)(i_2,j_2)} = \underbrace{-ad_{j_1j_2} \cdot \left(\delta_{(i_1 \bmod n)+1,i_2} + \delta_{i_1,(i_2 \bmod n)+1}\right)}_{\text{aus } E_1} \underbrace{-2b\delta_{j_1j_2}}_{\text{aus } E_2} \underbrace{-2c\delta_{i_1i_2}}_{\text{aus } E_3},$$

$$\theta_{(i,j)} = \underbrace{0a}_{\text{aus } E_1} \underbrace{-2b}_{\text{aus } E_2} \underbrace{-2c}_{\text{aus } E_3} = -2(b+c).$$

Das so konstruierte Hopfield-Netz wird anschließend zufällig initialisiert, und die Aktivierungen der Neuronen so lange neu berechnet, bis ein stabiler Zustand erreicht ist. Aus diesem Zustand kann die Lösung abgelesen werden.

Man beachte allerdings, dass der vorgestellte Ansatz zur Lösung des Problems des Handlungsreisenden trotz seiner Plausibilität für die Praxis nur sehr eingeschränkt tauglich ist. Eines der Hauptprobleme besteht darin, dass es dem Hopfield-Netz nicht möglich ist, von einer gefundenen Rundreise zu einer anderen mit geringerer Länge überzugehen. Denn um eine Matrix, die eine Rundreise darstellt, in eine Matrix zu überführen, die eine andere Rundreise darstellt, müssen mindestens vier Neuronen (Matrixelemente) ihre Aktivierungen ändern. (Werden etwa die Positionen zweier Städte in der Rundreise vertauscht, so müssen zwei Neuronen ihre Aktivierung von 1 auf 0 und zwei weitere ihre Aktivierung von 0 auf 1 ändern.) Jede der vier Änderungen, allein ausgeführt, verletzt jedoch mindestens eine der beiden Nebenbedingungen und führt daher zu einer Energieerhöhung. Erst alle vier Änderungen zusammen können zu einer Energieverminderung führen. Folglich kann durch die normalen Berechnungen nie von einer bereits gefundenen Rundreise zu einer anderen übergegangen werden, auch wenn dieser Übergang nur eine geringfügige Änderung der Reiseroute erfordert. Es ist daher sehr wahrscheinlich, dass das Hopfield-Netz in einem lokalen Minimum der Energiefunktion hängen bleibt. Ein solches Hängenbleiben in einem lokalen Minimum kann natürlich nie ausgeschlossen werden, doch ist es hier besonders unangenehm, da es auch Situationen betrifft, in denen die Änderungen, die ggf. zur Verbesserung der Rundreise nötig sind, sozusagen „offensichtlich" sind (wie z.B. das Vertauschen einer Stadt mit einer anderen).

Die Lage ist jedoch noch viel schlimmer. Obwohl wir durch die Energiefunktionen E_1 und E_2 die Nebenbedingungen für eine gültige Reiseroute berücksichtigt haben, ist nicht sichergestellt, dass der erreichte stabile Zustand eine gültige Reiseroute darstellt. Denn es gibt auch Situationen, in denen von einer Matrix, die keine gültige Reiseroute darstellt, nur über eine zwischenzeitliche Energieerhöhung zu einer Matrix übergegangen werden kann, die eine gültige Reiseroute darstellt. Wenn etwa eine Spalte der Matrix zwei Einsen enthält (also die erste Nebenbedingung verletzt ist), diese beiden Einsen aber die einzigen Einsen in ihren jeweiligen Zeilen sind, so kann die Verletzung der ersten Nebenbedingung nur unter Verletzung der zweiten Nebenbedingung aufgehoben werden. Da beide Bedingungen gleichwertig sind, kommt es zu keiner Änderung.

Die gerade angestellten Überlegungen können mit Hilfe des Programms `tsp.c`, das auf der WWW-Seite zu diesem Buch zur Verfügung steht, nachvollzogen werden.

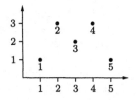 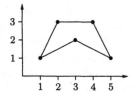

Abbildung 7.10 Ein sehr einfaches Problem des Handlungsreisenden mit 5 Städten und seine Lösung.

Dieses Programm versucht das in Abbildung 7.10 gezeigte sehr einfache 5-Städte-Problem mit Hilfe eines Hopfield-Netzes zu lösen. Die erzeugte Lösung ist nicht immer eine gültige Reiseroute, und selbst wenn sie gültig ist, erscheint sie völlig zufällig ausgewählt.

Ein Hopfield-Netz zu verwenden, um das Problem des Handlungsreisenden zu lösen, ist daher in der Tat nicht empfehlenswert. Wir haben hier dieses Problem dennoch verwendet, weil man an ihm sehr schön das Vorgehen beim Aufstellen der Energiefunktionen verdeutlichen kann. Die hier auftretenden Probleme sind jedoch auch bei der Anwendung von Hopfield-Netzen auf andere Optimierungsprobleme zu berücksichtigen.

Eine gewisse Verbesserung lässt sich allerdings dadurch erreichen, dass man von **diskreten Hopfield-Netzen** mit nur zwei möglichen Aktivierungszuständen je Neuron, wie wir sie bisher betrachtet haben, zu **kontinuierlichen Hopfield-Netzen** übergeht, bei denen jedes Neuron als Aktivierung eine beliebige Zahl aus $[-1, 1]$ bzw. $[0, 1]$ haben kann. Dieser Übergang entspricht in etwa der Verallgemeinerung der Aktivierungsfunktion, wie wir sie beim Übergang von Schwellenwertelementen zu den Neuronen eines mehrschichtigen Perzeptrons betrachtet haben (siehe Abbildung 4.2 auf Seite 41). Mit kontinuierlichen Hopfield-Netzen, die außerdem den Vorteil haben, dass sie sich gut für eine Hardware-Implementierung mit Hilfe eines elektrischen Schaltkreises eignen, wurden gewisse Erfolge bei der Lösung des Problems des Handlungsreisenden erzielt [Hopfield und Tank 1985].

7.5 Simuliertes Ausglühen

Die im vorangehenden Abschnitt angesprochenen Schwierigkeiten beim Einsatz von Hopfield-Netzen zur Lösung von Optimierungsproblemen beruhen im wesentlichen darauf, dass das Verfahren in einem lokalen Minimum der Energiefunktion hängenbleiben kann. Dieses Problem tritt auch bei anderen Optimierungsmethoden auf und so liegt es nahe, Lösungsideen, die für andere Optimierungsmethoden entwickelt wurden, auf Hopfield-Netze zu übertragen. Eine solche Idee ist das so genannte **simulierte Ausglühen**.

Die Grundidee des simulierten Ausglühens (simulated annealing) [Metropolis *et al.* 1953, Kirkpatrick *et al.* 1983] besteht darin, mit einer zufällig erzeugten Kandidatenlösung des Optimierungsproblems zu beginnen und diese zu bewerten. Die jeweils aktuelle Kandidatenlösung wird dann modifiziert und erneut bewertet. Ist die neue Lösung besser als die alte, so wird sie angenommen und ersetzt die alte Lösung. Ist sie dagegen schlechter, so wird sie nur mit einer bestimmten Wahrscheinlichkeit angenommen, die davon abhängt, um wieviel schlechter die neue Lösung ist. Außerdem wird diese Wahrscheinlichkeit im Laufe der Zeit gesenkt, so dass schließlich nur noch Kandidatenlösungen übernommen werden, die besser sind. Oft wird außerdem die beste bisher gefundene Lösung mitgeführt.

Der Grund für die Übernahme einer schlechteren Kandidatenlösung ist, dass das Vorgehen sonst einem Gradientenabstieg sehr ähnlich wäre. Der einzige Unterschied bestünde darin, dass die Abstiegsrichtung nicht berechnet, sondern durch Versuch und Irrtum bestimmt wird. Wie wir aber in Kapitel 4 gesehen haben, kann ein Gradientenabstieg leicht in einem lokalen Minimum hängenbleiben (siehe Abbildung 4.22 auf Seite 65). Indem bisweilen auch schlechtere Lösungen akzeptiert werden, kann dieses unerwünschte Verhalten zumindest teilweise verhindert werden. Anschaulich gesprochen können „Barrieren" (Gebiete des Suchraums mit geringerer Lösungsgüte) überwunden werden, die lokale Minima vom globalen Minimum trennen. Später, wenn die Wahrscheinlichkeit für die Übernahme schlechterer Lösungen gesenkt wurde, wird die Zielfunktion dagegen lokal optimiert.

Der Name „simuliertes Ausglühen" für dieses Verfahren stammt daher, dass es sehr ähnlich ist zu der physikalischen Minimierung der Gitterenergie der Atome, wenn ein erhitztes Stück Metall sehr langsam abgekühlt wird. Dieser Prozess wird gewöhnlich „Ausglühen" genannt und dient dazu, ein Metall weicher zu machen, Spannungen und Gitterbaufehler abzubauen, um es leichter bearbeiten zu können. Physikalisch gesehen verhindert die thermische Energie der Atome, dass sie eine Konfiguration annehmen, die nur ein lokales Minimum der Gitterenergie ist. Sie „springen" aus dieser Konfiguration wieder heraus. Je „tiefer" das (lokale) Energieminimum jedoch ist, um so schwerer ist es für die Atome, die Konfiguration wieder zu verlassen. Folglich ist es wahrscheinlich, dass sie schließlich eine Konfiguration sehr geringer Energie annehmen, dessen Optimum im Falle des Metalles eine monokristalline Struktur ist.

Es ist allerdings klar, dass nicht garantiert werden kann, dass das globale Minimum der Gitterenergie erreicht wird. Besonders, wenn das Metallstück nicht lange genug erhitzt wird, ist es wahrscheinlich, dass die Atome eine Konfiguration einnehmen, die nur ein lokales Minimum der Energiefunktion ist (im Falle eines Metalls eine polykristalline Struktur). Es ist daher wichtig, dass die Temperatur langsam gesenkt wird, so dass die Wahrscheinlichkeit, dass lokale Minima wieder verlassen werden, groß genug ist.

Diese Energieminimierung kann man auch durch eine Kugel veranschaulichen, die auf einer gekrümmten Oberfläche umherrollt. Die zu minimierende Funktion ist in diesem Fall die potentielle Energie der Kugel. Zu Beginn wird die Kugel mit einer bestimmten kinetischen Energie ausgestattet, die es ihr ermöglicht, die Anstiege der Oberfläche heraufzurollen. Aber durch die Rollreibung wird die kinetische Energie der Kugel im Laufe der Zeit immer weiter verringert, so dass sie schließlich in einem Tal der Oberfläche (einem Minimum der potentiellen Energie) zur Ruhe kommt. Da es, um ein tiefes Tal zu verlassen, einer größeren kinetischen Energie bedarf, als um aus einem flachen Tal herauszukommen, ist es wahrscheinlich, dass der Punkt, an dem die Kugel zur Ruhe kommt, in einem ziemlich tiefen Tal liegt, möglicherweise sogar im tiefsten (dem globalen Minimum).

Die thermische Energie der Atome im Prozess des Ausglühens oder die kinetische Energie der Kugel in der obigen Veranschaulichung wird durch die abnehmende Wahrscheinlichkeit für das Übernehmen einer schlechteren Kandidatenlösung modelliert. Oft wird ein expliziter Temperaturparameter eingeführt, mit Hilfe dessen die Wahrscheinlichkeit berechnet wird. Da die Wahrscheinlichkeitsverteilung über die Geschwindigkeiten von Atomen oft eine Exponentialverteilung ist (z.B. die Maxwell-Verteilung, die die Geschwindigkeitsverteilung für ein ideales Gas beschreibt [Greiner *et al.* 1987]), wird gern eine Funktion wie

$$P(\text{Übernahme der Lösung}) = ce^{-\frac{\Delta Q}{T}}$$

benutzt, um die Wahrscheinlichkeit für das Übernehmen einer schlechteren Lösung zu berechnen. ΔQ ist die Qualitätsdifferenz zwischen der aktuellen und der neuen Kandidatenlösung, T der Temperaturparameter, der im Laufe der Zeit verringert wird, und c eine Normierungskonstante.

Die Anwendung des simulierten Ausglühens auf Hopfield-Netze ist sehr einfach: Nach einer zufälligen Initialisierung der Aktivierungen werden die Neuronen des Hopfield-Netzes durchlaufen (z.B. in einer zufälligen Reihenfolge) und es wird bestimmt, ob eine Änderung ihrer Aktivierung zu einer Verringerung der Energie führt oder nicht. Eine Aktivierungsänderung, die die Energie vermindert, wird auf jeden Fall ausgeführt (bei normaler Berechnung kommen nur solche vor, siehe oben), eine die Energie erhöhende Änderung nur mit einer Wahrscheinlichkeit, die nach der oben angegebenen Formel berechnet wird. Man beachte, dass in diesem Fall einfach

$$\Delta Q = \Delta E = |\,\text{net}_u - \theta_u\,|$$

ist (vgl. den Beweis von Satz 7.1 auf Seite 116).

8 Rückgekoppelte Netze

Die im vorangehenden Kapitel behandelten Hopfield-Netze, die spezielle rückgekoppelte Netze sind, sind in ihrer Struktur stark eingeschränkt. So gibt es etwa keine versteckten Neuronen und die Gewichte der Verbindungen müssen symmetrisch sein. In diesem Kapitel betrachten wir dagegen rückgekoppelte Netze ohne Einschränkungen. Solche allgemeinen rückgekoppelten neuronalen Netze eignen sich sehr gut, um **Differentialgleichungen** darzustellen und (näherungsweise) numerisch zu lösen. Außerdem kann man, wenn zwar die Form der Differentialgleichung bekannt ist, die ein gegebenes System beschreibt, nicht aber die Werte der in ihr auftretenden Parameter, durch das Training eines geeigneten rückgekoppelten neuronalen Netzes mit Beispieldaten die Systemparameter bestimmen.

8.1 Einfache Beispiele

Anders als alle vorangegangenen Kapitel beginnen wir dieses Kapitel nicht mit einer Definition. Denn alle bisher betrachteten speziellen neuronalen Netze haben wir durch Einschränkung der allgemeinen Definition aus Kapitel 3 definiert. In diesem Kapitel fallen dagegen alle Einschränkungen weg. Wir wenden uns daher unmittelbar Beispielen zu.

Als erstes Beispiel betrachten wir die Abkühlung (oder Erwärmung) eines Körpers mit der Temperatur ϑ_0, der in ein Medium mit der (konstant gehaltenen) Temperatur ϑ_A (Außentemperatur) gebracht wird. Je nachdem, ob die Anfangstemperatur des Körpers größer oder kleiner als die Außentemperatur ist, wird er so lange Wärme an das Medium abgeben bzw. aus ihm aufnehmen, bis sich seine Temperatur an die Außentemperatur ϑ_A angeglichen hat. Es ist plausibel, dass die je Zeiteinheit abgegebene bzw. aufgenommene Wärmemenge — und damit die Temperaturänderung — proportional ist zur Differenz der aktuellen Temperatur $\vartheta(t)$ des Körpers und der Außentemperatur ϑ_A, dass also gilt

$$\frac{\mathrm{d}\vartheta}{\mathrm{d}t} = \dot{\vartheta} = -k(\vartheta - \vartheta_A).$$

Diese Gleichung ist das **Newtonsche Abkühlungsgesetz** [Heuser 1989]. Das Minuszeichen vor der (positiven) **Abkühlungskonstanten** k, die von dem betrachteten Körper abhängig ist, ergibt sich natürlich, weil die Temperaturänderung so gerichtet ist, dass sie die Temperaturdifferenz verringert.

Es ist klar, dass sich eine so einfache Differentialgleichung wie diese analytisch lösen lässt. Man erhält (siehe z.B. [Heuser 1989])

$$\vartheta(t) = \vartheta_A + (\vartheta_0 - \vartheta_A)e^{-k(t-t_0)}$$

mit der Anfangstemperatur $\vartheta_0 = \vartheta(t_0)$ des Körpers. Wir betrachten hier jedoch eine numerische (Näherungs-)Lösung, und zwar speziell die Lösung mit Hilfe des **Euler-Cauchyschen Polygonzugs** [Heuser 1989]. Die Idee dieses Verfahrens besteht darin, dass wir ja mit der Differentialgleichung die Ableitung $\dot{\vartheta}(t)$ der Funktion $\vartheta(t)$ für beliebige Zeitpunkte t bestimmen können, also lokal den Verlauf der Funktion $\vartheta(t)$ kennen. Bei gegebenem Anfangswert $\vartheta_0 = \vartheta(t_0)$ können wir daher jeden Wert $\vartheta(t)$ *näherungsweise* wie folgt berechnen: Wir zerlegen das Intervall $[t_0, t]$ in n Teile gleicher Länge $\Delta t = \frac{t - t_0}{n}$. Die Teilungspunkte sind dann gegeben durch

$$\forall i \in \{0, 1, \ldots, n\} : \qquad t_i = t_0 + i\Delta t.$$

Wir schreiten nun vom Startpunkt $P_0 = (t_0, \vartheta_0)$ aus *geradlinig* mit der (durch die Differentialgleichung) für diesen Punkt vorgeschriebenen Steigung $\dot{\vartheta}(t_0)$ fort, bis wir zum Punkt $P_1 = (t_1, \vartheta_1)$ über t_1 gelangen. Es ist

$$\vartheta_1 = \vartheta(t_1) = \vartheta(t_0) + \dot{\vartheta}(t_0)\Delta t = \vartheta_0 - k(\vartheta_0 - \vartheta_A)\Delta t.$$

Im diesem Punkt P_1 ist (durch die Differentialgleichung) die Steigung $\dot{\vartheta}(t_1)$ vorgeschrieben. Wieder schreiten wir mit dieser Steigung *geradlinig* fort, bis wir zum Punkt $P_2 = (t_2, \vartheta_2)$ über t_2 gelangen. Es ist

$$\vartheta_2 = \vartheta(t_2) = \vartheta(t_1) + \dot{\vartheta}(t_1)\Delta t = \vartheta_1 - k(\vartheta_1 - \vartheta_A)\Delta t.$$

Wir fahren in der gleichen Weise fort, indem wir nacheinander die Punkte $P_k = (t_k, \vartheta_k)$, $k = 1, \ldots, n$, berechnen, deren zweite Koordinate ϑ_k man stets mit der Rekursionsformel

$$\vartheta_i = \vartheta(t_i) = \vartheta(t_{i-1}) + \dot{\vartheta}(t_{i-1})\Delta t = \vartheta_{i-1} - k(\vartheta_{i-1} - \vartheta_A)\Delta t$$

erhält. Schließlich gelangen wir zum Punkt $P_n = (t_n, \vartheta_n)$ und haben dann mit $\vartheta_n = \vartheta(t_n)$ den gesuchten Näherungswert.

Anschaulich haben wir mit dem gerade beschriebenen Verfahren die Funktion $\vartheta(t)$ durch einen *Polygonzug* angenähert, da wir uns ja stets auf einer *Gerade* von einem Punkt zum nächsten bewegt haben (daher auch der Name *Euler-Cauchyscher Polygonzug*). Etwas formaler erhält man die obige Rekursionsformel für die Werte ϑ_i, indem man den Differentialquotienten durch einen Differenzenquotienten annähert, d.h.,

$$\frac{\mathrm{d}\vartheta(t)}{\mathrm{d}t} \approx \frac{\Delta\vartheta(t)}{\Delta t} = \frac{\vartheta(t + \Delta t) - \vartheta(t)}{\Delta t}$$

mit hinreichend kleinem Δt verwendet. Denn dann ist offenbar

$$\vartheta(t + \Delta t) - \vartheta(t) = \Delta\vartheta(t) \approx -k(\vartheta(t) - \vartheta_A)\Delta t,$$

woraus man unmittelbar die Rekursionsformel erhält.

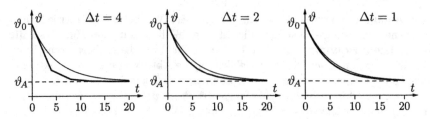

Abbildung 8.1 Euler-Cauchysche Polygonzüge zur näherungsweisen Berechnung des Newtonschen Abkühlungsgesetzes für verschiedene Schrittweiten Δt. Die dünn gezeichnete Kurve ist die exakte Lösung.

Es ist klar, dass die Güte der berechneten Näherung um so größer ist, je kleiner die **Schrittweite** Δt ist, denn um so weniger wird der berechnete Polygonzug vom tatsächlichen Verlauf der Funktion $\vartheta(t)$ abweichen. Um dies zu verdeutlichen, zeigt Abbildung 8.1 für die Außentemperatur $\vartheta_A = 20$, die Abkühlungskonstante $k = 0.2$ und die Startwerte $t_0 = 0$ und $\vartheta_0 = 100$ die exakte Lösung $\vartheta(t) = \vartheta_A + (\vartheta_0 - \vartheta_A)e^{-k(t-t_0)}$ sowie deren Annäherung durch Euler-Cauchysche Polygonzüge mit den Schrittweiten $\Delta t = 4, 2, 1$ im Intervall $[0, 20]$. Man vergleiche bei diesen Polygonzügen die Abweichung von der exakten Lösung z.B. für $t = 8$ oder $t = 12$.

Um die oben abgeleitete rekursive Berechnungsformel durch ein rückgekoppeltes neuronales Netz darzustellen, brauchen wir nur die rechte Seite der Gleichung auszumultiplizieren. Wir erhalten so

$$\vartheta(t + \Delta t) - \vartheta(t) = \Delta\vartheta(t) \approx -k\Delta t\vartheta(t) + k\vartheta_A\Delta t$$

also

$$\vartheta_i \approx \vartheta_{i-1} - k\Delta t\vartheta_{i-1} + k\vartheta_A\Delta t.$$

Die Form dieser Gleichung entspricht genau den Berechnungen eines auf sich selbst rückgekoppelten Neurons. Folglich können wir die Funktion $\vartheta(t)$ näherungsweise mit Hilfe eines neuronalen Netzes mit nur einem Neurons u mit der Netzeingabefunktion

$$f_{\text{net}}^{(u)}(w, x) = -k\Delta tx$$

und der Aktivierungsfunktion

$$f_{\text{act}}^{(u)}(\text{net}_u, \text{act}_u, \theta_u) = \text{act}_u + \text{net}_u - \theta_u$$

mit $\theta_u = -k\vartheta_A\Delta t$ berechnen. Dieses Netz ist in Abbildung 8.2 dargestellt, wobei — wie üblich — der Biaswert θ_u in das Neuron geschrieben ist.

Man beachte, dass es in diesem Netz eigentlich zwei Rückkopplungen gibt: Erstens die explizit dargestellte, die die Temperaturänderung in Abhängigkeit von der aktuellen Temperatur beschreibt, und zweitens die implizite Rückkopplung, die dadurch zustande kommt, dass die aktuelle Aktivierung des Neurons u ein Parameter seiner Aktivierungsfunktion ist. Durch diese zweite Rückkopplung dient die Netzeingabe nicht zur völligen Neuberechnung der Aktivierung des Neurons u, sondern nur

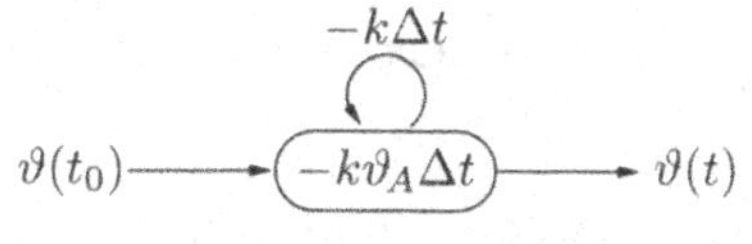

$$-k\Delta t$$

$$\vartheta(t_0) \longrightarrow \left(\!\!-k\vartheta_A\Delta t\!\!\right) \longrightarrow \vartheta(t)$$

Abbildung 8.2 Ein neuronales Netz für das Newtonsche Abkühlungsgesetz.

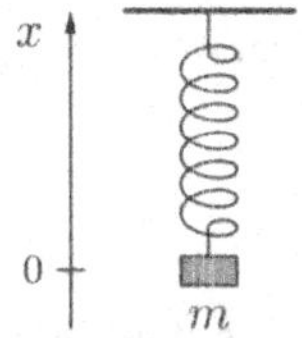

Abbildung 8.3 Eine Masse an einer Feder. Ihre Bewegung kann durch eine einfache Differentialgleichung beschrieben werden.

zur Berechnung der Änderung seiner Aktivierung (vgl. Abbildung 3.2 auf Seite 33 und die zugehörigen Erläuterungen zum Aufbau eines verallgemeinerten Neurons). Alternativ kann man natürlich die Netzeingabefunktion

$$f_{\text{net}}^{(u)}(x, w) = (1 - k\Delta t)x$$

(also das Verbindungsgewicht $w = 1 - k\Delta t$) und die Aktivierungsfunktion

$$f_{\text{act}}^{(u)}(\text{net}_u, \theta_u) = \text{net}_u - \theta_u$$

(wieder mit $\theta_u = -k\vartheta_A\Delta t$) verwenden und so die implizite Rückkopplung vermeiden. Die erste Form entspricht jedoch besser der Struktur der Differentialgleichung und deshalb bevorzugen wir sie.

Als zweites Beispiel betrachten wir eine Masse an einer Feder, wie sie Abbildung 8.3 zeigt. Die Höhe $x = 0$ bezeichne die Ruhelage der Masse m. Die Masse m werde um eine bestimmte Strecke $x(t_0) = x_0$ angehoben und dann losgelassen (d.h., sie hat die Anfangsgeschwindigkeit $v(t_0) = 0$). Da die auf die Masse m wirkende Gewichtskraft auf allen Höhen x gleich groß ist, können wir ihren Einfluss vernachlässigen. Die Federkraft gehorcht dem **Hookeschen Gesetz** [Feynman *et al.* 1963, Heuser 1989], nach dem die ausgeübte Kraft F proportional zur Längenänderung Δl der Feder und der Richtung dieser Änderung entgegengerichtet ist. D.h., es ist

$$F = c\Delta l = -cx,$$

wobei c eine von der Feder abhängige Konstante ist. Nach dem **zweiten Newtonschen Gesetz** $F = ma = m\ddot{x}$ bewirkt diese Kraft eine Beschleunigung $a = \ddot{x}$ der Masse m. Wir erhalten daher die Differentialgleichung

$$m\ddot{x} = -cx, \qquad \text{oder} \qquad \ddot{x} = -\frac{c}{m}x.$$

Auch diese Differentialgleichung kann man natürlich analytisch lösen. Man erhält als allgemeine Lösung

$$x(t) = a \sin(\omega t) + b \cos(\omega t)$$

mit den Parametern

$$\omega = \sqrt{\frac{c}{m}}, \qquad \begin{aligned} a &= x(t_0) \sin(\omega t_0) + v(t_0) \cos(\omega t_0), \\ b &= x(t_0) \cos(\omega t_0) - v(t_0) \sin(\omega t_0). \end{aligned}$$

Mit den gegebenen Anfangswerten $x(t_0) = x_0$ und $v(t_0) = 0$ und der zusätzlichen Festlegung $t_0 = 0$ erhalten wir folglich den einfachen Ausdruck

$$x(t) = x_0 \cos\left(\sqrt{\frac{c}{m}}\, t\right).$$

Um ein rückgekoppeltes neuronales Netz zu konstruieren, das diese Lösung (näherungsweise) numerisch berechnet, schreiben wir die Differentialgleichung, die zweiter Ordnung ist, zunächst in ein System von zwei gekoppelten Differentialgleichungen erster Ordnung um, indem wir die Geschwindigkeit v der Masse als Zwischengröße einführen. Wir erhalten

$$\dot{x} = v \qquad \text{und} \qquad \dot{v} = -\frac{c}{m}x.$$

Anschließend nähern wir, wie oben beim Newtonschen Abkühlungsgesetz, die Differentialquotienten durch Differenzenquotienten an, was

$$\frac{\Delta x}{\Delta t} = \frac{x(t + \Delta t) - x(t)}{\Delta t} = v \qquad \text{und} \qquad \frac{\Delta v}{\Delta t} = \frac{v(t + \Delta t) - v(t)}{\Delta t} = -\frac{c}{m}x$$

ergibt. Aus diesen Gleichungen erhalten wir die Rekursionsformeln

$$\begin{aligned} x(t_i) &= x(t_{i-1}) + \Delta x(t_{i-1}) &= x(t_{i-1}) + \Delta t \cdot v(t_{i-1}) \qquad \text{und} \\ v(t_i) &= v(t_{i-1}) + \Delta v(t_{i-1}) &= v(t_{i-1}) - \frac{c}{m}\Delta t \cdot x(t_{i-1}). \end{aligned}$$

Wir brauchen nun nur noch für jede dieser beiden Formeln ein Neuron anzulegen und die Verbindungsgewichte und Schwellenwerte aus den Formeln abzulesen. Dies liefert das in Abbildung 8.4 gezeigte Netz. Die Netzeingabe- und die Aktivierungsfunktion des oberen Neurons u_1 sind

$$f_{\text{net}}^{(u_1)}(v, w_{u_1 u_2}) = w_{u_1 u_2} v = \Delta t\, v \qquad \text{und}$$

$$f_{\text{act}}^{(u_1)}(\text{act}_{u_1}, \text{net}_{u_1}, \theta_{u_1}) = \text{act}_{u_1} + \text{net}_{u_1} - \theta_{u_1},$$

die des unteren Neurons u_2 sind

$$f_{\text{net}}^{(u_2)}(x, w_{u_2 u_1}) = w_{u_2 u_1} x = -\frac{c}{m}\Delta t\, x \qquad \text{und}$$

$$f_{\text{act}}^{(u_2)}(\text{act}_{u_2}, \text{net}_{u_2}, \theta_{u_2}) = \text{act}_{u_2} + \text{net}_{u_2} - \theta_{u_2}.$$

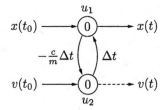

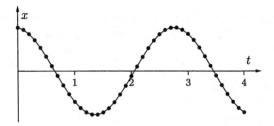

Abbildung 8.4 Rückgekoppeltes neuronales Netz, durch das die Bewegung einer Masse an einer Feder berechnet wird.

t	v	x
0.0	0.0000	1.0000
0.1	−0.5000	0.9500
0.2	−0.9750	0.8525
0.3	−1.4012	0.7124
0.4	−1.7574	0.5366
0.5	−2.0258	0.3341
0.6	−2.1928	0.1148

Abbildung 8.5 Die ersten Berechnungsschritte des neuronalen Netzes aus Abbildung 8.4 und die so berechnete Bewegung einer Masse an einer Feder.

Die Ausgabefunktion beider Neuronen ist die Identität. Offenbar werden durch diese Wahlen gerade die oben angegebenen rekursiven Berechnungsformeln implementiert. Man beachte, dass das Netz nicht nur Näherungswerte für $x(t)$ sondern auch für $v(t)$ liefert (Ausgaben des Neurons u_2).

Man beachte weiter, dass die berechneten Werte davon abhängen, welches der beiden Neuronen zuerst aktualisiert wird. Da der Anfangswert für die Geschwindigkeit 0 ist, erscheint es sinnvoller, zuerst das Neuron u_2, das die Geschwindigkeit fortschreibt, zu aktualisieren. Alternativ kann man folgende Überlegung anstellen [Feynman *et al.* 1963]: Die Berechnungen werden genauer, wenn man die Geschwindigkeit $v(t)$ nicht für die Zeitpunkte $t_i = t_0 + i\Delta t$ sondern für die Intervallmitten, also für die Zeitpunkte $t'_i = t_0 + i\Delta t + \frac{\Delta t}{2}$, berechnet. Dem unteren Neuron wird in diesem Fall nicht $v(t_0)$ sondern $v(t_0 + \frac{\Delta t}{2}) \approx v_0 - \frac{c}{m}\frac{\Delta t}{2}x_0$ eingegeben.

Beispielberechnungen des neuronalen Netzes aus Abbildung 8.4 für die Parameterwerte $\frac{c}{m} = 5$ und $\Delta t = 0.1$ zeigen die Tabelle und das Diagramm in Abbildung 8.5. Die Tabelle enthält in den Spalten für t und x die Koordinaten der ersten sieben Punkte des Diagramms. Die Aktualisierung der Ausgaben beginnt hier mit dem Neuron u_2, dem $v(t_0)$ eingegeben wird.

8.2   Darstellung von Differentialgleichungen

Aus den im vorangehenden Abschnitt beschriebenen Beispielen lässt sich ein einfaches Prinzip ableiten, wie sich beliebige explizite Differentialgleichungen[1] durch rückgekoppelte neuronale Netze darstellen lassen: Eine gegebene explizite Differentialgleichung n-ter Ordnung

$$x^{(n)} = f(t, x, \dot{x}, \ddot{x}, \ldots, x^{(n-1)})$$

($\dot{x}$ bezeichnet die erste, $\ddot{x}$ die zweite und $x^{(i)}$ die i-te Ableitung von x nach t) wird durch Einführung der $n - 1$ Zwischengrößen

$$y_1 = \dot{x}, \qquad y_2 = \ddot{x}, \qquad \ldots \qquad y_{n-1} = x^{(n-1)}$$

in das System

$$
\begin{aligned}
\dot{x} &= y_1, \\
\dot{y}_1 &= y_2, \\
&\vdots \\
\dot{y}_{n-2} &= y_{n-1}, \\
\dot{y}_{n-1} &= f(t, x, y_1, y_2, \ldots, y_{n-1})
\end{aligned}
$$

von n gekoppelten Differentialgleichungen erster Ordnung überführt. Wie in den beiden Beispielen aus dem vorangehenden Abschnitt wird dann in jeder dieser Gleichungen der Differentialquotient durch einen Differenzenquotienten ersetzt, wodurch sich die n Rekursionsformeln

$$
\begin{aligned}
x(t_i) &= x(t_{i-1}) + \Delta t \cdot y_1(t_{i-1}), \\
y_1(t_i) &= y_1(t_{i-1}) + \Delta t \cdot y_2(t_{i-1}), \\
&\vdots \\
y_{n-2}(t_i) &= y_{n-2}(t_{i-1}) + \Delta t \cdot y_{n-3}(t_{i-1}), \\
y_{n-1}(t_i) &= y_{n-1}(t_{i-1}) + f(t_{i-1}, x(t_{i-1}), y_1(t_{i-1}), \ldots, y_{n-1}(t_{i-1}))
\end{aligned}
$$

ergeben. Für jede dieser Gleichungen wird ein Neuron angelegt, das die auf der linken Seite der Gleichung stehende Größe mit Hilfe der rechten Seite fortschreibt. Ist die Differentialgleichung direkt von t abhängig (und nicht nur indirekt über die von t abhängigen Größen x, $\dot{x}$ etc.), so ist ein weiteres Neuron nötig, das den Wert von t mit Hilfe der einfachen Formel

$$t_i = t_{i-1} + \Delta t$$

---

[1] Wegen der besonderen Arbeitsweise neuronaler Netze lassen sich nicht beliebige Differentialgleichungen durch rückgekoppelte Netze numerisch lösen. Es genügt aber, wenn sich die Differentialgleichung nach einer der auftretenden Ableitungen der abhängigen Variable oder nach der abhängigen Variable selbst auflösen lässt. Wir betrachten hier exemplarisch den Fall, in dem sich die Differentialgleichung nach der höchsten auftretenden Ableitung auflösen lässt.

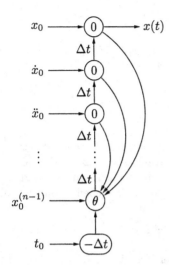

Abbildung 8.6 Allgemeine Struktur eines rückgekoppelten neuronalen Netzes zur Darstellung einer expliziten Differentialgleichung n-ter Ordnung. Die Gewichte der Rückkopplungen und die Eingabefunktion des zweituntersten Neurons hängen von der Form der Differentialgleichung ab. Natürlich kann aus dem Netz nicht nur $x(t)$, sondern auch $\dot{x}(t)$, $\ddot{x}(t)$ etc. abgelesen werden.

fortschreibt. Es entsteht so das in Abbildung 8.6 gezeigte rückgekoppelte neuronale Netz. Das unterste Neuron schreibt nur die Zeit fort, indem in jedem Berechnungsschritt der Biaswert $-\Delta t$ von der aktuellen Aktivierung abgezogen wird. Die oberen $n-1$ Neuronen haben die Netzeingabefunktion

$$f_{\mathrm{net}}^{(u)}(z, w) = wz = \Delta t \, z,$$

die Aktivierungsfunktion

$$f_{\mathrm{act}}^{(u)}(\mathrm{act}_u, \mathrm{net}_u, \theta_u) = \mathrm{act}_u + \mathrm{net}_u - \theta_u$$

und die Identität als Ausgabefunktion. Die Gewichte der Verbindungen zum zweituntersten Neuron, sein Biaswert sowie seine Netzeingabe-, Aktivierungs- und Ausgabefunktion hängen von der Form der Differentialgleichung ab. Handelt es sich z.B. um eine lineare Differentialgleichung mit konstanten Koeffizienten, so ist die Netzeingabefunktion eine gewichte Summe (wie bei den Neuronen eines mehrschichtigen Perzeptrons), die Aktivierungsfunktion eine lineare Funktion und die Ausgabefunktion die Identität.

8.3 Vektorielle neuronale Netze

Bisher haben wir nur Differentialgleichungen einer Funktion $x(t)$ betrachtet. In der Praxis findet man jedoch oft auch Systeme von Differentialgleichungen, in denen mehr als eine Funktion auftritt. Ein einfaches Beispiel sind die Differentialgleichungen einer zweidimensionalen Bewegung, z.B. eines schrägen Wurfs: Ein (punktförmiger) Körper werde zum Zeitpunkt t_0 vom Punkt (x_0, y_0) eines Koordinatensystems

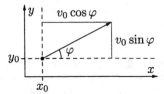

Abbildung 8.7 Schräger Wurf eines Körpers.

mit horizontaler x-Achse und vertikaler y-Achse geworfen, und zwar mit der Anfangsgeschwindigkeit $v_0 = v(t_0)$ und unter dem Winkel φ, $0 \le \varphi \le \frac{\pi}{2}$, gegen die x-Achse (siehe Abbildung 8.7). In diesem Fall sind die Funktionen $x(t)$ und $y(t)$ zu bestimmen, die den Ort des Körpers zum Zeitpunkt t angeben. Wenn wir die Luftreibung vernachlässigen, haben wir die Gleichungen

$$\ddot{x} = 0 \qquad \text{und} \qquad \ddot{y} = -g,$$

wobei $g = 9.81\,\mathrm{ms}^{-2}$ die Fallbeschleunigung auf der Erde ist. D.h. der Körper bewegt sich in horizontaler Richtung gleichförmig (unbeschleunigt) und in vertikaler Richtung durch die Erdanziehung nach unten beschleunigt. Außerdem haben wir die Anfangsbedingungen $x(t_0) = x_0$, $y(t_0) = y_0$, $\dot{x}(t_0) = v_0 \cos \varphi$ und $\dot{y}(t_0) = v_0 \sin \varphi$. Indem wir — nach dem allgemeinen Prinzip aus dem vorangehenden Abschnitt — die Zwischengrößen $v_x = \dot{x}$ und $v_y = \dot{y}$ einführen, gelangen wir zu dem Differentialgleichungssystem

$$\dot{x} = v_x, \qquad\qquad \dot{v}_x = 0,$$
$$\dot{y} = v_y, \qquad\qquad \dot{v}_y = -g,$$

aus dem wir die Rekursionsformeln

$$x(t_i) = x(t_{i-1}) + \Delta t\, v_x(t_{i-1}), \qquad v_x(t_i) = v_x(t_{i-1}),$$
$$y(t_i) = y(t_{i-1}) + \Delta t\, v_y(t_{i-1}), \qquad v_y(t_i) = v_y(t_{i-1}) - \Delta t\, g,$$

erhalten. Das Ergebnis ist ein rückgekoppeltes neuronales Netz aus zwei unabhängigen Teilnetzen mit je zwei Neuronen, von denen eines die Ortskoordinate und das andere die zugehörige Geschwindigkeit fortschreibt.

Natürlicher erscheint es jedoch, wenn man die beiden Koordinaten x und y zu einem Ortsvektor $\vec{r}$ des Körpers zusammenfasst. Da sich die Ableitungsregeln direkt von skalaren Funktionen auf vektorielle Funktionen übertragen (siehe z.B. [Greiner 1989]), sind wir berechtigt, die Ableitungen dieses Ortsvektors genauso zu behandeln wie die eines Skalars. Die Differentialgleichung, von der wir in diesem Fall ausgehen, ist

$$\ddot{\vec{r}} = -g\vec{e}_y.$$

$\vec{e}_y = (0, 1)$ ist hier der Einheitsvektor in y-Richtung, mit Hilfe dessen die Richtung angegeben wird, in der die Schwerkraft wirkt. Die Anfangsbedingungen sind $\vec{r}(t_0) = \vec{r}_0 = (x_0, y_0)$ und $\dot{\vec{r}}(t_0) = \vec{v}_0 = (v_0 \cos \varphi, v_0 \sin \varphi)$. Wieder führen wir eine (nun allerdings vektorielle) Zwischengröße $\vec{v} = \dot{\vec{r}}$ ein, um das Differentialgleichungssystem

$$\dot{\vec{r}} = \vec{v}, \qquad\qquad \dot{\vec{v}} = -g\vec{e}_y$$

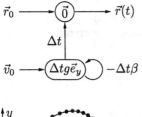

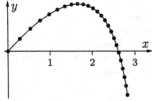

Abbildung 8.8 Ein vektorielles rückgekoppeltes neuronales Netz zur Berechnung eines schrägen Wurfs unter Berücksichtigung Stokesscher Reibung.

Abbildung 8.9 Durch das rückgekoppelte neuronale Netz aus Abbildung 8.8 berechnete Bahn eines schräg geworfenen Körpers.

zu erhalten. Aus diesem System lesen wir die Rekursionsformeln

$$\vec{r}(t_i) = \vec{r}(t_{i-1}) + \Delta t\, \vec{v}(t_{i-1}),$$
$$\vec{v}(t_i) = \vec{v}(t_{i-1}) - \Delta t\, g\vec{e}_y$$

ab, die sich durch zwei vektorielle Neuronen darstellen lassen.

Die Vorteile einer solchen vektoriellen Darstellung, die bis jetzt vielleicht noch gering erscheinen, werden offensichtlich, wenn wir in einer Verfeinerung des Modells des schrägen Wurfs den Luftwiderstand berücksichtigen. Bei der Bewegung eines Körpers in einem Medium (wie z.B. Luft) unterscheidet man zwei Formen der Reibung: die zur Geschwindigkeit des Körpers proportionale **Stokessche Reibung** und die zum Quadrat seiner Geschwindigkeit proportionale **Newtonsche Reibung** [Greiner 1989]. Bei hohen Geschwindigkeiten kann man meist die Newtonsche, bei niedrigen Geschwindigkeiten die Stokessche Reibung vernachlässigen. Wir betrachten hier exemplarisch nur die Stokessche Reibung. In diesem Fall beschreibt die Gleichung

$$\vec{a} = -\beta\vec{v} = -\beta\dot{\vec{r}}$$

die durch den Luftwiderstand verursachte Abbremsung des Körpers, wobei β eine von der Form und dem Volumen des Körpers abhängige Konstante ist. Insgesamt haben wir daher die Differentialgleichung

$$\ddot{\vec{r}} = -\beta\dot{\vec{r}} - g\vec{e}_y.$$

Mit Hilfe der Zwischengröße $\vec{v} = \dot{\vec{r}}$ erhalten wir

$$\dot{\vec{r}} = \vec{v}, \qquad\qquad \dot{\vec{v}} = -\beta\vec{v} - g\vec{e}_y,$$

woraus sich die Rekursionsformeln

$$\vec{r}(t_i) = \vec{r}(t_{i-1}) + \Delta t\, \vec{v}(t_{i-1}),$$
$$\vec{v}(t_i) = \vec{v}(t_{i-1}) - \Delta t\, \beta\, \vec{v}(t_{i-1}) - \Delta t\, g\vec{e}_y$$

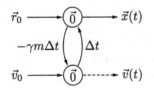

Abbildung 8.10 Ein vektorielles rückgekoppeltes neuronales Netz zur Berechnung der Umlaufbahn eines Planeten.

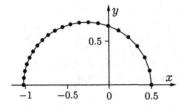

Abbildung 8.11 Durch das rückgekoppelte neuronale Netz aus Abbildung 8.10 berechnete Bahn eines Planeten. Die Sonne steht im Koordinatenursprung.

ergeben. Das zugehörige Netz ist in Abbildung 8.8 gezeigt. Durch die Rückkopplung am unteren Neuron wird die Stokessche Reibung berücksichtigt.

Eine Beispielrechnung mit $v_0 = 8$, $\varphi = 45^o$, $\beta = 1.8$ und $\Delta t = 0.05$ zeigt Abbildung 8.9. Man beachte den steileren rechten Ast der Flugbahn, der die Wirkung der Stokesschen Reibung deutlich macht.

Als zweites Beispiel betrachten wir die Berechnung der Umlaufbahn eines Planeten [Feynman *et al.* 1963]. Die Bewegung eines Planeten um ein Zentralgestirn (Sonne) der Masse m am Ursprung des Koordinatensystems kann beschrieben werden durch die vektorielle Differentialgleichung

$$\ddot{\vec{r}} = -\gamma m \frac{\vec{r}}{|\vec{r}|^3},$$

wobei $\gamma = 6.672 \cdot 10^{-11}\,\mathrm{m^3 kg^{-1} s^{-2}}$ die Gravitationskonstante ist. Diese Gleichung beschreibt die durch die Massenanziehung zwischen Sonne und Planet hervorgerufene Beschleunigung des Planeten. Wie im Beispiel des schrägen Wurfs führen wir die Zwischengröße $\vec{v} = \dot{\vec{r}}$ ein und gelangen so zu dem Differentialgleichungssystem

$$\dot{\vec{r}} = \vec{v}, \qquad \dot{\vec{v}} = -\gamma m \frac{\vec{r}}{|\vec{r}|^3}.$$

Aus diesem System erhalten wir die vektoriellen Rekursionsformeln

$$\vec{r}(t_i) \;=\; \vec{r}(t_{i-1}) + \Delta t\, \vec{v}(t_{i-1}),$$

$$\vec{v}(t_i) \;=\; \vec{v}(t_{i-1}) - \Delta t\, \gamma m \frac{\vec{r}(t_{i-1})}{|\vec{r}(t_{i-1})|^3},$$

die sich durch zwei vektorielle Neuronen darstellen lassen, siehe Abbildung 8.10. Man beachte allerdings, dass in diesem Fall das untere Neuron eine (im Vergleich zu den bisherigen) etwas ungewöhnliche Netzeingabefunktion benötigt: Eine einfache Multiplikation der Ausgabe des oberen Neurons mit dem Verbindungsgewicht reicht hier nicht aus.

Eine Beispielrechnung mit $\gamma m = 1$, $\vec{r}_0 = (0.5, 0)$ und $\vec{v}_0 = (0, 1.63)$ (nach einem Beispiel aus [Feynman *et al.* 1963]) zeigt Abbildung 8.11. Man erkennt sehr schön die sich ergebende elliptische Bahn, auf der sich der Planet in Sonnennähe (Perihel) schneller bewegt als in Sonnenferne (Aphel). Dies illustriert die Aussage der beiden ersten **Keplerschen Gesetze**, nach denen die Bahn eines Planeten eine Ellipse ist und ein Fahrstrahl von der Sonne zum Planeten in gleichen Zeiten gleiche Flächen überstreicht.

8.4 Fehler-Rückpropagation in der Zeit

Rechnungen wie die bisher durchgeführten sind natürlich nur möglich, wenn man sowohl die Differentialgleichung kennt, die den betrachteten Wirklichkeitsbereich beschreibt, als auch die Werte der in ihr auftretenden Parameter. Oft liegt jedoch die Situation vor, dass zwar die Form der Differentialgleichung bekannt ist, nicht jedoch die Werte der auftretenden Parameter. Wenn Messdaten des betrachteten Systems vorliegen, kann man in einem solchen Fall versuchen, die Systemparameter durch Training eines rückgekoppelten neuronalen Netzes zu bestimmen, das die Differentialgleichung darstellt. Denn die Gewichte und Biaswerte des neuronalen Netzes sind ja Funktionen der Systemparameter und folglich können die Parameterwerte (mit gewissen Einschränkungen) aus ihnen abgelesen werden.

Rückgekoppelte neuronale Netze werden im Prinzip auf die gleiche Weise trainiert wie mehrschichtige Perzeptren, nämlich durch Fehler-Rückpropagation (siehe Abschnitte 4.4 und 4.5). Einer direkten Anwendung dieses Verfahrens stehen jedoch die Rückkopplungen entgegen, durch die die Fehlersignale zyklisch weitergegeben werden. Dieses Problem wird gelöst, indem man die Rückkopplungen durch eine **Ausfaltung** des Netzes **in der Zeit** zwischen zwei Trainingsmustern eliminiert. Diese spezielle Art der Fehler-Rückpropagation nennt man auch **Fehler-Rückpropagation in der Zeit** (backpropagation through time).

Wir verdeutlichen hier nur das Prinzip am Beispiel des Newtonschen Abkühlungsgesetzes aus Abschnitt 8.1 (siehe Seite 134). Wir nehmen an, dass uns Messwerte der Abkühlung (oder Erwärmung) eines Körpers zur Verfügung stehen, die die Temperatur des Körpers zu verschiedenen Zeitpunkten angeben. Außerdem sei die Temperatur ϑ_A der Umgebung bekannt, in der sich der Körper befindet. Aus diesen Messwerten möchten wir den Wert der Abkühlungskonstanten k des Körpers bestimmen.

Wie beim Training mehrschichtiger Perzeptren werden das Gewicht der Rückkopplung und der Biaswert zufällig initialisiert. Die Zeit zwischen zwei aufeinanderfolgenden Messwerten wird — analog zu Abschnitt 8.1 — in eine bestimmte Anzahl von Intervallen unterteilt. Gemäß der gewählten Anzahl an Intervallen wird dann die Rückkopplung des Netzes „ausgefaltet". Liegen z.B. zwischen einem Messwert und dem folgenden vier Intervalle, ist also $t_{j+1} = t_j + 4\Delta t$, dann erhalten wir so das in Abbildung 8.12 gezeigte Netz. Man beachte, dass die Neuronen dieses Netzes keine Rückkopplungen besitzen, weder explizite noch implizite. Daher haben die

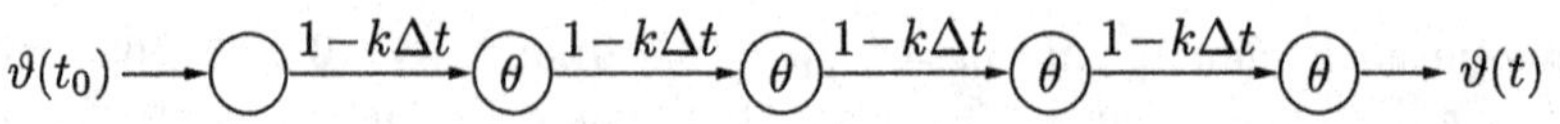

$$\vartheta(t_0) \longrightarrow \bigcirc \xrightarrow{1-k\Delta t} \theta \xrightarrow{1-k\Delta t} \theta \xrightarrow{1-k\Delta t} \theta \xrightarrow{1-k\Delta t} \theta \longrightarrow \vartheta(t)$$

Abbildung 8.12 Vierstufige Ausfaltung des rückgekoppelten neuronalen Netzes aus Abbildung 8.2 in der Zeit. Es ist $\theta = -k\vartheta_A \Delta t$.

Verbindungsgewichte auch den Wert $1 - k\Delta t$: Die 1 stellt die implizite Rückkopplung des Netzes aus Abbildung 8.2 dar (vgl. die Erläuterungen auf Seite 137).

Wird nun diesem Netz ein Messwert ϑ_j (Temperatur des Körpers zum Zeitpunkt t_j) eingegeben, so berechnet es — mit den aktuellen Werten des Gewichtes und des Biaswertes — einen Näherungswert für den nächsten Messwert ϑ_{j+1} (Temperatur zum Zeitpunkt $t_{j+1} = t_j + 4\Delta t$). Durch Vergleich mit dem tatsächlichen Wert ϑ_{j+1} erhalten wir ein Fehlersignal, das mit den bekannten Formeln der Fehler-Rückpropagation weitergegeben wird und zu Änderungen der Gewichte und Biaswerte führt.

Es ist allerdings zu beachten, dass das Netz aus Abbildung 8.12 eigentlich nur ein Gewicht und einen Biaswert besitzt, denn alle Gewichte beziehen sich ja auf die gleiche Rückkopplung, alle Biaswerte auf das gleiche Neuron. Die berechneten Änderungen müssen daher aggregiert werden und dürfen erst nach Abschluss des Vorgangs zu einer Änderung des einen Verbindungsgewichtes und des einen Biaswertes führen. Man beachte weiter, dass sowohl das Gewicht als auch der Schwellenwert den zu bestimmenden Parameter k, sonst aber nur bekannte Konstanten enthalten. Es ist daher sinnvoll, die durch die Fehler-Rückpropagation berechneten Änderungen des Gewichtes und Biaswertes in eine Änderung dieses einen freien Parameters k umzurechnen, so dass nur noch eine Größe angepasst wird, aus der dann Gewicht und Biaswert des Netzes berechnet werden.

Es ist klar, dass man in der Praxis bei einer so einfachen Differentialgleichung wie dem Newtonschen Abkühlungsgesetz nicht so vorgehen wird, wie wir es gerade beschrieben haben. Denn da die Differentialgleichung analytisch lösbar ist, gibt es direktere und bessere Methoden, um den Wert des unbekannten Parameters k zu bestimmen. Ausgehend von der analytischen Lösung der Differentialgleichung lässt sich das Problem z.B. auch mit den Regressionsmethoden, die wir in Abschnitt 4.3 behandelt haben, lösen: Durch eine geeignete Transformation der Messdaten wird das Problem auf die Bestimmung einer Ausgleichsgerade zurückgeführt, deren einer Parameter die Abkühlungskonstante k ist.

Dennoch gibt es viele praktische Probleme, in denen es sinnvoll ist, unbekannte Systemparameter durch Trainieren eines rückgekoppelten neuronalen Netzes zu bestimmen. Allgemein ist dies immer dann der Fall, wenn die auftretenden Differentialgleichungen nicht mehr auf analytischem Wege gelöst werden können. Als Beispiel sei die Bestimmung von Gewebeparametern für die virtuelle Chirurgie, speziell etwa die virtuelle Laparoskopie[2] genannt [Radetzky and Nürnberger 2002].

---

[2] Ein Laparoskop ist ein medizinisches Instrument zur Untersuchung der Bauchhöhle. In der virtuellen Laparoskopie simuliert man eine Untersuchung der Bauchhöhle mit Hilfe eines Laparoskops, um Medizinern in der Ausbildung die Anwendung dieses Instrumentes beizubringen.

Die hier auftretenden Systeme von gekoppelten Differentialgleichungen sind durch die hohe Zahl von Gleichungen viel zu komplex, um analytisch behandelt werden zu können. Durch Training rückgekoppelter neuronaler Netze konnten jedoch recht beachtliche Erfolge erzielt werden.

Teil II

Fuzzy-Systeme

9 Einleitung

Auf den ersten Blick scheint es zwischen neuronalen Netzen und Fuzzy-Systemen kaum Gemeinsamkeiten und Beziehungen zu geben. Neben einer für das Verständnis von Neuro-Fuzzy-Systemen erforderlichen Einführung in die Fuzzy-Systeme soll dieses Kapitel auch die teilweise enge Verwandtschaft zwischen Fuzzy-Systemen und neuronalen Netzen erläutern und aufzeigen, wie diese beide Paradigmen durch Kopplung voneinander profitieren können.

9.1 Motivation

Als [Zadeh 1965] den Begriff der Fuzzy-Menge einführte, bestand sein Hauptanliegen darin, einen neuen Ansatz in der Systemtheorie und Regelungstechnik zu beschreiben, dessen Grundprinzip von der klassischen Vorgehensweise stark abweicht. Beim konventionellen Ansatz in der Regelungstechnik steht das Modell des zu regelnden Prozesses im Vordergrund. Will man beispielsweise einen Roboter bauen, der Fahrrad fahren kann, so würde man zuerst versuchen, die möglichen Bewegungen eines Fahrrades mittels Differentialgleichungen zu beschreiben. Die Strategie des Roboters zum Fahrradfahren würde dann ebenfalls mathematisch beschrieben und das das Fahrrad modellierende System von Differentialgleichungen entsprechend erweitert werden. Sofern das System — hier die Bewegungen des Fahrrades — hinreichend genau mit Differentialgleichungen beschreibbar sind und die Personen, die den Regler — den Fahrrad fahrenden Roboter — entwerfen sollen, mit dem notwendigen mathematischen Vorwissen ausgestattet sind, ist diese Vorgehensweise sicherlich sinnvoll. Allerdings entspricht dies in keiner Weise dem menschlichen Verhalten beim Fahrradfahren. Niemand rechnet Systeme von Differentialgleichungen während des Fahrrad Fahrens im Kopf durch. Neben der klassischen mathematischen Strategie muss es daher auch möglich sein, einen Regler zu bauen, der eher der menschlichen Regelungsstrategie nachempfunden ist.

Anstelle der Differentialgleichungen verwendet der Mensch eher Regeln wie

Wenn ich den Lenker leicht nach links bewege
und mich etwas zur linken Seite lehne,
fahre ich eine Linkskurve.

Bei der Verwendung derartiger Regeln lassen sich zwei Phänomene beobachten.

- Es werden qualitative Ausdrücke wie *leicht nach links* oder *etwas zur linken Seite* benutzt und nicht etwa exakte quantitative Angaben.

- Jede einzelne Regel beschreibt eine unscharfe oder qualitative Situation. Verschiedene Regeln schließen sich nicht gegenseitig aus, sondern können in einzelnen Situationen gleichzeitig mehr oder weniger zutreffen.

Bevor wir in den folgenden beiden Abschnitten genauer darauf eingehen, was man
unter Fuzzy-Mengen versteht und wie mit ihnen qualitative Regeln modelliert werden können, wollen wir zunächst noch die Historie der Fuzzy-Systeme etwas weiter
verfolgen, um die Beziehung zu den neuronalen Netzen besser verstehen zu können.

Bis weit in die achtziger Jahre galten Fuzzy-Systeme als etwas Exotisches. Erst
mit einer größeren Zahl praktischer Anwendungen — insbesondere in Japan — wurden Fuzzy-Systeme zu Beginn der neunziger Jahre sehr populär. Die Grundlage des
größten Teils der Arbeiten und Anwendungen war die oben beschriebene Philo-
sophie, vom Menschen spezifiziertes, unscharfes oder quantitatives Wissen in einen
leicht handhabbaren Formalismus umzusetzen. [Zadeh 1996b] prägte dafür auch das
Paradigma *Computing with Words*.

Mit zunehmender Komplexität der Anwendungen stellte sich aber sehr bald
heraus, dass die bloße Formulierung unscharfer Regeln und eine anschließende ad
hoc Umsetzung in ein Fuzzy-System häufig nicht zu zufrieden stellenden Lösungen führte und dass eine weitere Phase mühseliger und oft extrem aufwändiger
Feinabstimmung nötig war. An dieser Stelle wird der Zusammenhang zu den neuronalen Netzen deutlich. Während man im Rahmen des Kalküls der Fuzzy-Mengen
menschliches Wissen relativ einfach in einen Formalismus umsetzen kann, bieten sich
neuronale Netze oder aus diesem Bereich bekannte Lerntechniken an, eine Feinabstimmung der Parameter des Fuzzy-Systems durchzuführen, zum Beispiel anhand
gemessener Daten. Die Anwendungen von Fuzzy-Systemen gehen inzwischen sogar
noch einen Schritt weiter, wenn sie in Bereichen eingesetzt werden, wo selbst qua-
litatives oder unscharfes Wissen kaum oder gar nicht vorhanden ist. In diesem Fall
besteht das Ziel der Fuzzy-Systeme in dem Erlernen interpretierbarer Regeln aus
Daten. Die Betonung liegt hierbei auf der Interpretierbarkeit. Während bei den neuronalen Netzen die Adaptivität sowie die Lernfähigkeit im Vordergrund steht und
dabei zum Teil völlig auf eine Interpretierbarkeit der gelernten Struktur verzichtet
wird, bleibt bei den Fuzzy-Systemen die Interpretierbarkeit der Schwerpunkt. Eine
Kopplung dieser beiden Ansätze hat daher zum Ziel, ihre Vorteile zu vereinigen und
ihre Nachteile — so weit es geht — zu beseitigen. Neuronale Netze sind lernfähige
Systeme, die aber in den meisten Fällen als reine **Black Box** fungieren, d.h., als
schwarzer Kasten, der zwar durch das Lernen das erfüllt, was man von ihm verlangt. Die Ansammlung von adaptierten Gewichten und eventuell Schwellenwerten
des neuronalen Netzen gewähren allerdings keinerlei Einblick, was das neuronale
Netz tatsächlich gelernt hat.

9.2   Fuzzy-Mengen

Betrachtet man eine Grundmenge von Objekten und will die Objekte charakterisieren, die eine bestimmte Eigenschaft besitzen, so kann man entweder direkt die
entsprechende Menge der Objekte mit dieser Eigenschaft angeben oder eine formale Beschreibung in Form eines Prädikates festlegen. Wenn beispielsweise die Zahlen

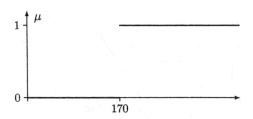

Abbildung 9.1 Die (scharfe) Menge aller reellen Zahlen ≥ 170

$1, \ldots, 100$ die Grundmenge der Objekte darstellt und man sich für die Zahlen (Objekte) interessiert, die die Eigenschaften, eine gerade Zahl zu sein, erfüllen, so wird dies durch die Menge

$$G = \{2, 4, \ldots, 98, 100\}$$

oder äquivalent durch das Prädikat

$$P(x) \Leftrightarrow 2 \text{ ist ein Teiler von } x$$

repräsentiert. Beide Arten der Darstellung sind gleichwertig, denn es gilt offenbar

$$x \in G \Leftrightarrow P(x)$$

für alle $x \in \{1, \ldots, 100\}$. Eine weitere Möglichkeit, die geraden Zahlen zwischen 1 und 100 zu beschreiben, besteht in der Angabe der **charakteristischen Funktion**

$$\mathbb{1}_G \; : \; \{1, \ldots, 100\} \to \{0, 1\},$$

$$\mathbb{1}_G(n) = \begin{cases} 1, & \text{falls } n \text{ gerade,} \\ 0, & \text{sonst,} \end{cases}$$

der Menge G. Der Wert $\mathbb{1}_G(n) = 1$ besagt, dass n zur Menge G gehört, während $\mathbb{1}_G(n) = 0$ dafür steht, dass n nicht in G enthalten ist.

Ganz analog beschreibt die in Abbildung 9.1 dargestellte charakteristische Funktion μ die reellen Zahlen, die größer 170 sind. Auf diese Weise lässt sich z.B. die Menge aller Personen, die größer als 170 cm sind, repräsentieren. Will man jedoch ganz allgemein den Begriff *groß* bezüglich der Körpergröße eines erwachsenen Mannes charakterisieren, stellt man fest, dass eine gewöhnliche Menge und damit eine charakteristische Funktion mit dem Wertebereich $\{0, 1\}$ zu dessen Repräsentation nicht angemessen erscheint. Das Adjektiv *groß* beschreibt in diesem Fall keine festgelegte Teilmenge der reellen Zahlen.

Die meisten Begriffe der natürlichen Sprache, die Eigenschaften von Objekten beschreiben, verhalten sich nicht so wie etwa das Prädikat *gerade* für die Zahlen 1 bis 100, bei dem von jeder einzelnen Zahl gesagt werden kann, ob sie gerade ist oder nicht. Der Mensch geht mit unscharfen Begriffen wie *groß, schnell, schwer, ungefähr null* usw. um, auch wenn er nicht für jedes betrachtete Objekt definitiv sagen kann, ob diese Adjektive auf das Objekt zutreffen.

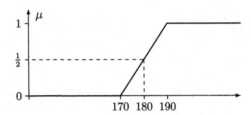

Abbildung 9.2   Eine Fuzzy-Menge für den linguistischen Term *groß*

Es ist offensichtlich, dass jede Art der Repräsentation dieser Begriffe in Form einer (scharfen) Menge, einer charakteristischen Funktion oder eines Prädikats, das nur die Werte wahr und falsch annehmen kann, nicht geeignet ist, um mit diesen Begriffen zu operieren. Durch die Festlegung einer scharfen Grenze — etwa für die Eigenschaft *groß* bei 170cm — wird sich immer ein unerwünschtes Verhalten in dem Grenzbereich ergeben, weil fast identische Objekte — etwa die Körpergrößen 169.9cm und 170.1cm völlig verschieden behandelt werden.

In der Theorie der Fuzzy-Mengen versucht man, diese Schwierigkeiten zu umgehen, indem man die binäre Sichtweise, bei der ein Objekt entweder Element einer Menge ist oder nicht zu ihr gehört, verallgemeinert und **Zugehörigkeitsgrade** zwischen 0 und 1 zulässt. Der Wert 1 steht dabei für eine volle Zugehörigkeit zur (unscharfen) Menge, während 0 bedeutet, dass ein Objekt überhaupt nicht zu der Menge gehört. Durch die Zwischenwerte als Zugehörigkeitsgrade kann ein gleitender Übergang von der Eigenschaft, Element zu sein, zur Eigenschaft, nicht Element zu sein, erreicht werden.

In Abbildung 9.2 ist eine „verallgemeinerte" charakteristische Funktion dargestellt, die das vage Prädikat *groß* im Kontext erwachsener deutscher Männer für alle Größenangaben aus $\mathbb{R}$ beschreibt. Diese Funktion ist rein subjektiv gewählt und kann mit wechselndem Kontext (z.B. erwachsene deutsche Frauen) bzw. wechselndem „Experten" (z.B. Arzt, Bekleidungshersteller etc.) anders ausfallen.

Jedem Wert x der Körpergröße wird ein Zugehörigkeitsgrad zugeordnet, z.B. der Größe 180cm der Wert 0.5. Das soll heißen, dass die Größe 180cm auf einer Skala von 0 bis 1 mit dem Zugehörigkeitsgrad 0.5 das Prädikat *groß* erfüllt. Je näher der Zugehörigkeitsgrad $\mu_{\text{groß}}(x)$ bei 1 liegt, desto mehr genügt x dem Prädikat *groß*.

Die genannten Beispiele legen nahe, umgangssprachlich beschriebene Daten wie „hohe Geschwindigkeit", „kleiner Fehler" und „etwa null" mit Hilfe verallgemeinerter charakteristischer Funktionen zu formalisieren, die dann nicht nur gewöhnliche Mengen, sondern auch unscharfe Mengen (**Fuzzy-Mengen**) beschreiben können. Da es schwierig ist, den Begriff der Fuzzy-Menge (als Generalisierung einer gewöhnlichen Menge) sauber zu definieren, werden Fuzzy-Mengen mit der sie charakterisierenden Funktion identifiziert.

Definition 9.1 *Eine* **Fuzzy-Menge** *über der Grundmenge* X *ist eine Abbildung* $\mu : X \to [0,1]$ *von* X *in das Einheitsintervall. Der Wert* $\mu(x) \in [0,1]$ *heißt* **Zugehörigkeitsgrad** *des Elementes* $x \in X$ *zur Fuzzy-Menge* μ.

Fuzzy-Mengen werden zur Repräsentation vager Daten oder unscharfer Konzepte meist auf einer rein intuitiven Basis benutzt, d.h., außer für die beiden Werte 0 und 1 wird keine konkrete Interpretation für die Zugehörigkeitsgrade angegeben. Es lässt sich dann kaum begründen, warum man für ein bestimmtes Objekt den Zugehörigkeitsgrad 0.9 und nicht 0.89 wählen sollte. Wir weisen darauf hin, dass es durchaus Ansätze gibt, die sich mit der Deutung der Zugehörigkeitsgrade auseinandersetzen. Eine Diskussion dieser Thematik würde hier jedoch zu weit führen. Für unsere Zwecke genügt ein rein intuitives Verständnis von Zugehörigkeitsgraden. Für den interessierten Leser verweisen wir auf die Diskussion in [Michels *et al.* 2002].

Eine Fuzzy-Menge μ über der Grundmenge X wird durch die Angabe der Zugehörigkeitsgrade $\mu(x) \in [0,1]$ für jedes $x \in X$ festgelegt. Bei einer endlichen Grundmenge kann dies etwa durch Auflistung der Elemente mit ihren Zugehörigkeitsgraden geschehen. Für unendliche Mengen ist dies nicht möglich.

In den meisten Fällen, die uns im Rahmen dieses Buches begegnen, werden wir Fuzzy-Mengen über der Grundmenge $\mathbb{R}$ oder über einem reellen Intervall betrachten. Üblicherweise werden die Fuzzy-Mengen dann in Form von Funktionen mit an das betrachtete Problem anzupassenden Parametern spezifiziert. Beispielsweise werden häufig die so genannten Dreiecksfunktionen

$$\Lambda_{a,b,c} = \begin{cases} \frac{x-a}{b-a}, & \text{falls } a \le x \le b, \\ \frac{c-x}{c-b}, & \text{falls } b \le x \le c, \\ 0, & \text{sonst,} \end{cases}$$

mit $a \le b \le c$ verwendet, die bei dem Wert b den maximalen Zugehörigkeitsgrad von 1 annehmen und deren Zugehörigkeitsgrade links und rechts von b bis zum Zugehörigkeitsgrad 0 linear abnehmen. Solche Fuzzy-Mengen eignen sich, um linguistische Terme der Art „etwa null" zu modellieren, wobei in diesem Fall $b = 0$ zu wählen wäre.

Als Verallgemeinerung der Dreiecksfunktionen können die Trapezfunktionen

$$\Pi_{a,b,c,d} = \begin{cases} \frac{x-a}{b-a}, & \text{falls } a \le x \le b, \\ 1, & \text{falls } b \le x \le c, \\ \frac{d-x}{d-c}, & \text{falls } c \le x \le d, \\ 0, & \text{sonst,} \end{cases}$$

angesehen werden, die nicht nur in einem Punkt, sondern in einem Intervall den Zugehörigkeitsgrad 1 annehmen.

An die Stelle der Dreiecks- und Trapezfunktionen können natürlich auch andere Funktionen wie Gaußsche Glockenkurven der folgenden Form treten:

$$\mu_{a,m}(x) = e^{-a(x-m)^2}, \qquad a > 0, \quad m \in \mathbb{R}.$$

Es sei darauf hingewiesen, dass auch einzelne Elemente oder (scharfe) Teilmengen durch ihre charakteristische Funktion, die nur die Werte 0 und 1 annimmt, als Fuzzy-Mengen darstellbar sind.

Für das Rechnen mit Fuzzy-Mengen oder die Handhabung von Fuzzy-Mengen in einem Computer erweist sich die funktionale oder **vertikale Repräsentation**, im Sinne einer Funktion $\mu : X \rightarrow [0,1]$ nicht immer als die günstigste. In einigen Fällen ist die **horizontale Repräsentation** von Fuzzy-Mengen anhand ihrer α-Schnitte vorzuziehen. Der α-Schnitt, mit $\alpha \in [0,1]$, der Fuzzy-Menge μ ist die Menge aller Elemente, deren Zugehörigkeitsgrad zu μ mindestens α beträgt.

Definition 9.2 *Es sei μ eine Fuzzy-Menge über der Grundmenge X und $\alpha \in [0,1]$. Dann heißt die Menge*

$$[\mu]_\alpha = \{x \in X \mid \mu(x) \geq \alpha\}$$

der α-Schnitt von μ.

Aus der Kenntnis ihrer α-Schnitte lässt sich eine Fuzzy-Menge durch die Formel

$$\mu(x) = \sup_{\alpha \in [0,1]} \left\{ \min(\alpha, \mathbb{I}_{[\mu]_\alpha}(x)) \right\} \tag{9.1}$$

bestimmen, so dass die α-Schnitte eine zur vertikalen Repräsentation alternative Darstellung sind. Zur Handhabung von Fuzzy-Mengen in Rechnern beschränkt man sich i.A. auf eine endliche Menge von α-Schnitten – z.B. $\alpha \in \{0.1, 0.2, \ldots, 0.9, 1\}$ – und speichert diese α-Schnitte ab. Mit Hilfe der Formel (9.1) kann die ursprüngliche Fuzzy-Menge aufgrund der Kenntnis endlich vieler α-Schnitte approximiert werden.

9.3 Grundlegende Operationen auf Fuzzy-Mengen

Die Darstellung vager Konzepte wie *groß* durch Fuzzy-Mengen reicht allein noch nicht aus. Um wirklichen Nutzen aus dieser Darstellung zu ziehen, sind Regeln erforderlich, wie Verknüpfungen verschiedener Fuzzy-Mengen modelliert werden können. Fuzzy-Mengen werden typischerweise verwendet, um Regeln der Art

> Wenn die Geschwindigkeit groß
> und der Abstand klein ist,
>   muss sehr stark gebremst werden.

zu modellieren. Dabei werden die linguistischen Terme *groß*, *klein* und *sehr stark* durch geeignete Fuzzy-Mengen repräsentiert.

Da wir im Folgenden oft mit solchen Regeln arbeiten und uns dabei auf die Teile der Regel beziehen müssen, führen wir hier einige Begriffe ein: Der Vordersatz (Wenn-Teil) einer Implikation heißt „das Antezedens" (manchmal auch altertümlich „Antecedens", von lat. „antecedere" — vorangehen), Plural „die Antezedenzen". Der Nachsatz (Dann-Teil) einer Implikation heißt „das Konsequens" (von lat. „consequor" — nachfolgen), Plural „die Konsequenzen".

Von diesen Begriffen sind die Begriffe „Prämisse" (von lat. „praemittere" — vorausschicken) und „Konklusion" (von lat. „concludere" — schließen, folgern) sorgfältig zu unterscheiden. Eine Prämisse ist das, was in einem logischen Schluss vorausgesetzt wird, die Konklusion das, was erschlossen wird. Der Unterschied lässt sich am besten an einem einfachen Beispiel verdeutlichen:

A	B	$A \wedge B$
1	1	1
1	0	0
0	1	0
0	0	0

Tabelle 9.1 Wahrheitstabelle für die Konjunktion

Erste Prämisse:	Wenn es nicht regnet,	dann gehe ich spazieren.
	Antezedens	Konsequens
Zweite Prämisse:	Es regnet nicht.	

Konklusion: Ich gehe spazieren.

Da sich das Schließen mit Fuzzy-Regeln von dem logischen Schließen mit Aussagen jedoch deutlich unterscheidet, werden wir die Begriffe „Prämisse" und „Konklusion" im folgenden nicht verwenden.

Um festzustellen, ob oder inwieweit eine Fuzzy-Regel in einer konkreten Situation zutrifft, reicht es nicht aus, die Zugehörigkeitsgrade zu den einzelnen Fuzzy-Mengen zu bestimmen. Wenn wir beispielsweise wissen, dass der Zugehörigkeitsgrad der aktuellen Geschwindigkeit zur Fuzzy-Menge *groß* 0.9 und der Zugehörigkeitsgrad des aktuellen Abstandes zur Fuzzy-Menge *klein* 0.7 beträgt, müssen wir noch eine Operation definieren, die diese beiden Werte geeignet verknüpft und so insgesamt angibt, inwieweit das Antezedens der Regel erfüllt ist.

Das Problem der Auswertung des Antezedens der Regel besteht darin, dass wir zwei (oder mehrere) unscharfe Aussagen konjunktiv (mit dem logischen Und) verknüpfen. Für herkömmliche Aussagen wissen wir, wie sie konjunktiv verknüpft werden. Im klassischen Fall scharfer Aussagen genügt eine einfache Verknüpfungstabelle, um den Wahrheitswert der Konjunktion $A \wedge B$ aus den Wahrheitswerten der Aussagen A und B zu bestimmen, siehe Tabelle 9.1. Da die Aussagen A und B jeweils die Werte 0 und 1 annehmen können, wird die Konjunktion durch eine Wahrheitsfunktion $\{0,1\} \times \{0,1\} \to \{0,1\}$ definiert. Die Verknüpfungstabelle spezifiziert die konkrete Wahrheitsfunktion. Im Falle der Fuzzy-Mengen treten aber Zugehörigkeitsgrade auf, die intuitiv als Wahrheitswerte für die Zugehörigkeit eines Elementes zu einer unscharfen Menge gedeutet werden können. Wenn wir die binäre Wahrheitswertmenge $\{0,1\}$ der klassischen Logik durch die Wahrheitswertmenge $[0,1]$ ersetzen, wird eine Konjunktion daher durch eine Funktion $[0,1] \times [0,1] \to [0,1]$ definiert. Natürlich kann nicht jede beliebige derartige Funktion als Konjunktion interpretiert werden. Sie sollten zumindest gewissen Minimalforderungen genügen:

- Wird eine unscharfe Aussage mit einer wahren Aussage konjunktiv verknüpft, so erhält die Konjunktion denselben Wahrheitswert wie die unscharfe Aussage.

- Die Konjunktion zweier unscharfer Aussagen mit größeren Wahrheitswerten kann nur zu einem größeren Wahrheitswert führen.

- Die Reihenfolge, in der unscharfe Aussagen konjunktiv verknüpft werden, hat keinen Einfluss auf den Wahrheitswert.

Diese Eigenschaften werden mittels des Begriffs der t-Norm formalisiert:

Definition 9.3 *Eine Funktion* $\top : [0,1]^2 \to [0,1]$ *heißt* t-**Norm**, *wenn sie die Bedingungen*

(i) $\top(a,1) = a$ *(Einselement)*
(ii) $a \leq b \Longrightarrow \top(a,c) \leq \top(b,c)$ *(Monotonie)*
(iii) $\top(a,b) = \top(b,a)$ *(Kommutativität)*
(iv) $\top(a,\top(b,c)) = \top(\top(a,b),c)$ *(Assoziativität)*

erfüllt.

$\top$ ist offenbar monoton nicht-fallend in beiden Argumenten, und es gilt $\top(a,0) = 0$.
Die in der Praxis am häufigsten verwendeten t-Normen sind

$$
\begin{aligned}
\top_{\min}(a,b) &= \min\{a,b\}, \\
\top_{\text{Luka}}(a,b) &= \max\{0, a+b-1\} \quad \text{und} \\
\top_{\text{prod}}(a,b) &= a \cdot b.
\end{aligned}
$$

Dual zum Begriff der t-Norm wird der Begriff der t-Conorm benutzt, der für die Definition verschiedener generalisierter Disjunktionen (Oder-Verknüpfungen) herangezogen werden kann.

Definition 9.4 *Eine Funktion* $\bot : [0,1]^2 \to [0,1]$ *heißt genau dann* t-**Conorm**, *wenn* $\bot$ *kommutativ, assoziativ, monoton nicht-fallend in beiden Argumenten ist und 0 als Einheit besitzt, d.h. die Forderungen (ii), (iii) und (iv) für* t-*Normen erfüllt und anstelle von (i) dem Axiom*

(i') $\bot(a,0) = a$ *(Einselement)*

genügt.

t-Normen und t-Conormen sind duale Konzepte. Man erhält aus einer t-Norm $\top$ eine t-Conorm mittels

$$\bot(a,b) = 1 - \top(1-a, 1-b) \tag{9.2}$$

und umgekehrt aus einer t-Conorm $\bot$ eine t-Norm durch

$$\top(a,b) = 1 - \bot(1-a, 1-b). \tag{9.3}$$

Die Funktion

$$n : [0,1] \to [0,1], \quad a \mapsto 1-a \tag{9.4}$$

kann als verallgemeinerte Negation verstanden werden.

Unter Verwendung der Gleichung (9.2) erhält man aus den t-Normen $\top_{\min}$, $\top_{\text{Luka}}$, $\top_{\text{prod}}$ die in der Praxis gebräuchlichsten t-Conormen

$$
\begin{aligned}
\bot_{\min}(a,b) &= \max\{a,b\}, \\
\bot_{\text{Luka}}(a,b) &= \min\{a+b, 1\} \quad \text{und} \\
\bot_{\text{prod}}(a,b) &= a + b - ab.
\end{aligned}
$$

ρ	nn	es	fs
a	0.9	0.3	0.1
b	0.0	1.0	0.1
c	0.6	0.6	0.6
d	0.4	0.2	0.8

Tabelle 9.2 Die Fuzzy-Relation ρ

Es sollte darauf hingewiesen werden, dass alle hier vorgestellten Verknüpfungen Wahrheitsfunktionalität voraussetzen. Gemeint ist damit, dass sich der Wahrheitswert einer zusammengesetzten Aussage immer allein aus der Kenntnis der Wahrheitswerte der Einzelaussagen bestimmen lässt. Dies ist in keiner Weise selbstverständlich und setzt implizit eine gewisse Unabhängigkeit der Aussagen voraus. Dieses Phänomen ist aus der Wahrscheinlichkeitsrechnung bekannt, wo es — außer im Falle unabhängiger Ereignisse — nicht ausreicht, Wahrscheinlichkeiten einzelner Ereignisse zu kennen, um die Wahrscheinlichkeit einer Kombination von Ereignissen auszurechnen. Eine ausführliche Diskussion dieses Problems würde aber den Rahmen des Buches sprengen und ist für die Neuro-Fuzzy-Systeme nicht von zentraler Bedeutung.

In den meisten Fällen müssen wir Regeln mit unscharfen Ausdrücken auswerten, wie wir sie bereits beschrieben haben. Die einzelnen linguistischen Terme innerhalb einer Regel beziehen sich üblicherweise auf unterschiedliche Größen (z.B. Geschwindigkeit und Abstand). In allgemeinen Fuzzy-Systemen kann es aber auch notwendig sein, Fuzzy-Mengen zu verknüpfen, die sich auf dieselbe Grundmenge beziehen. In diesem Fall sind Operationen wie Durchschnitt, Vereinigung oder Komplement von Mengen auf Fuzzy-Mengen zu erweitern. Da Durchschnitt, Vereinigung und Komplement elementweise über die Konjunktion, Disjunktion bzw. die Negation definiert werden können, werden zur Berechnung dieser Operationen für Fuzzy-Mengen entsprechend t-Normen, t-Conormen bzw. die Negation (9.4).

Diese Operationen werden entsprechend elementweise definiert, d.h., der Durchschnitt zweier Fuzzy-Mengen μ_1 und μ_2 wird definiert durch

$$(\mu_1 \cap \mu_2)(x) = \top(\mu_1(x), \mu_2(x)),$$

wobei $\top$ eine t-Norm ist.

[Zadeh 1965] beschränkte sich auf die Operatoren $\top_{\min}$, $\bot_{\min}$ und n für die Definition des Durchschnitts, der Vereinigung und des Komplements von Fuzzy-Mengen. Diese Operatoren werden auch heute noch in den meisten Fällen zugrundegelegt.

Neben den Operationen wie Durchschnitt, Vereinigung und Komplement für Fuzzy-Mengen benötigen wir noch den Begriff der **Fuzzy-Relation**. Als Fuzzy-Relationen werden Fuzzy-Mengen bezeichnet, deren Grundmenge ein kartesisches Produkt $X \times Y$ ist, d.h., eine Fuzzy-Relation ist eine Abbildung $\rho : X \times Y \to [0,1]$. Der Wert $\rho(x,y)$ gibt an, wie stark x in Relation zu y steht.

Beispiel 9.1 X sei die Menge der Forscher a,b,c,d, $Y = \{\text{nn}, \text{es}, \text{fs}\}$ bezeichne die Menge der Forschungsgebiete: Neuronale Netze, Expertensysteme und Fuzzy-Systeme. Die Fuzzy-Relation $\rho : X \times Y \to [0,1]$ beschreibt die Relation „ist Experte *im Bereich"*. ρ ist in der Tabelle 9.2 angegeben. Der Wert $\rho(a, \text{nn}) = 0.9$ besagt, dass der Forscher a mit dem Grad 0.9 als Experte auf dem Gebiet der neuronalen Netze bezeichnet werden kann.   □

Um mit Fuzzy-Relation operieren zu können, verallgemeinern wir die Komposition einer Menge mit einer Relation für Fuzzy-Mengen und Fuzzy-Relationen. Für eine gewöhnliche Menge $M \subseteq X$ und eine gewöhnliche Relation $R \subseteq Y$ ist die Hintereinanderschaltung $M \circ R$ als das Abbildung von M unter R definiert, d.h.

$$M \circ R = \{y \in Y \mid \exists x \in M : (x, y) \in R\}.$$

$M \circ R$ ist die Menge aller $y \in Y$, die mit mindestens einem der Elemente aus M in der Relation R stehen. Für eine Fuzzy-Menge μ und eine Fuzzy-Relation ρ ergibt die Komposition die Fuzzy-Menge

$$\mu \circ \rho : Y \to [0, 1], \qquad y \mapsto \sup_{x \in X} \{\min\{\mu(x), \rho(x, y)\}\}.$$

$(\mu \circ \rho)(y)$ ist groß, wenn ein Wert $x \in X$ existiert, der einen hohen Zugehörigkeitsgrad zur Fuzzy-Menge μ besitzt und außerdem möglichst stark bezüglich ρ in Relation zu y steht.

Beispiel 9.2 Wir greifen noch einmal die Fuzzy-Relation aus dem Beispiel 9.1 auf. Die vier Forscher sind an einem gemeinsamen Projekt beteiligt. a investiert sehr viel Zeit in das Projekt, b geringfügig weniger, c und d nehmen nur am Rande teil. Wir drücken diesen Sachverhalt durch die Fuzzy-Menge $\mu : X \to [0, 1]$ mit $\mu(a) = 1$, $\mu(b) = 0.9$, $\mu(c) = 0.2$ und $\mu(d) = 0.2$ aus. μ gibt an, inwieweit die einzelnen Forscher im Projekt mitarbeiten. Wir interessieren uns nun dafür, wie gut die drei Gebiete neuronale Netze, Expertensysteme und Fuzzy-Systeme innerhalb des Projekts abgedeckt werden. Dazu müssen wir einerseits die Beteiligung der einzelnen Forscher berücksichtigen und andererseits beachten, wie weit die Forscher als Experten auf den drei Gebieten gelten. Wir bestimmen daher die Fuzzy-Menge $\mu \circ \rho : Y \to [0, 1]$, die angibt, wie gut die drei Gebiete abgedeckt werden. Im einzelnen ergibt sich $(\mu \circ \rho)(\text{nn}) = 0.9$, $(\mu \circ \rho)(\text{es}) = 0.9$ und $(\mu \circ \rho)(\text{fs}) = 0.2$.   □

10 Fuzzy-Systeme und -Verfahren

10.1 Fuzzy-Regelung

Die größten Erfolge im Bereich industrieller und kommerzieller Anwendungen von Fuzzy-Systemen wurden bisher durch **Fuzzy-Regler** (Fuzzy-Controller) erzielt. Die folgenden der Fuzzy-Regelung gewidmeten Betrachtungen setzen keine Kenntnisse aus der Regelungstechnik voraus. Wir stellen hier lediglich auf intuitiver Basis motivierte Methoden der Fuzzy-Regelung vor, ohne die Semantik dieser Konzepte zu hinterfragen. Derartige Fragestellungen, die detaillierter auf die Grundlagen der Fuzzy-Regelung eingehen, sowie eine genauere Analyse von Fuzzy-Reglern aus der Sicht der Regelungstechnik werden in [Michels *et al.* 2002] behandelt.

Wir beschränken uns in diesem Buch auf die Betrachtung von Kennfeldreglern. Charakteristisch für die hier vorgestellten regelungstechnischen Probleme wie beispielsweise die Aufgabe, die Drehzahl eines Elektromotors oder die Temperatur eines Raumes konstant zu halten, ist, dass eine Größe, die sich im Laufe der Zeit verändern kann, auf einen vorgegebenen Sollwert einzustellen ist. Diese Größe bezeichnet man als **Ausgangsgröße** oder **Messgröße**. Im Falle des Motors ist die Ausgangsgröße die Drehzahl, während bei einer Heizung die Raumtemperatur die Ausgangsgröße darstellt. Es kann sein, dass neben der zu regelnden Ausgangsgröße weitere Messgrößen verwendet werden, z.B. im Falle der Heizung die Außentemperatur.

Die Ausgangsgröße wird durch eine oder mehrere **Stellgrößen**, die wir regulieren können, beeinflusst. Für den Motor verwenden wir die Stromzufuhr als Stellgröße, für die Heizung die Größe der Öffnung des Thermostatventils. Neben der Stellgröße existierende **Störgrößen**, die ebenfalls einen Einfluss auf die Ausgangsgröße ausüben und sich im Zeitverlauf ändern können, die wir jedoch nicht weiter berücksichtigen.

Die Bestimmung der aktuellen Stellgröße wird meistens auf der Basis der aktuellen Messwerte für die Ausgangsgröße x, die Änderung der Ausgangsgröße $\Delta x = \frac{dx}{dt}$, sowie ggf. weiterer Messgrößen durchgeführt. Wird die Ausgangsgröße in diskreten Zeittakten gemessen, setzt man häufig $\Delta x(t_{n+1}) = x(t_{n+1}) - x(t_n)$, so dass Δx nicht zusätzlich gemessen werden muss.

Wir betrachten im folgenden die Regelung eines dynamischen Systems mit n Messgrößen $x_1 \in X_1, \ldots, x_n \in X_n$ und einer Stellgröße $y \in Y$. Wir sprechen hier generell von Messgrößen, auch wenn beispielsweise die erste Messgröße die Ausgangsgröße, z.B. die Temperatur, ist und die zweite Messgröße die Änderung der Temperatur. Die Stellgröße kann prinzipiell direkt den Wert der Stellgröße vorgeben, etwa die Öffnung des Thermostatventils. Aus regelungstechnischer Sicht ist es aber im Allgemeinen günstiger, die Änderung der eigentlichen Stellgröße zu bestimmen, so dass y meistens die Änderung der Stellgröße bezeichnet.

Die Lösung der regelungstechnischen Aufgabe können wir abstrakt in der Angabe einer geeigneten **Kontrollfunktion** oder eines **Kennfeldes** $\psi : X_1 \times \ldots \times X_n \to Y$ verstehen, die zu jedem Tupel von Messwerten $(x_1, \ldots, x_n) \in X_1 \times \ldots \times X_n$ einen adäquaten Stellwert $y = \psi(x_1, \ldots, x_n)$ festlegt. Das Kennfeld soll basierend auf dem Wissen eines Experten bestimmt werden, das dieser in sprachlicher Form mitgeteilt hat. Dieses Wissen über die Regelung liegt dann in Form einer Regelbasis vor, die aus Regeln R_r folgender Form besteht:

$$R_r: \text{if } x_1 \text{ is } \mu_r^{(1)} \text{ and } \ldots \text{ and } x_n \text{ is } \mu_r^{(n)} \text{ then } y \text{ is } \nu_r.$$

Dabei sind $\mu_r^{(1)}, \ldots, \mu_r^{(n)}$ bzw. ν_r Fuzzy-Mengen über den Wertebereichen der entsprechenden Mess- bzw. Stellgrößen. Üblicherweise erscheinen in den Regeln nicht die Fuzzy-Mengen selbst, sondern die mit ihnen assoziierten linguistischen Terme wie *klein, mittel* oder *groß*. Die Wertebereiche $X_1, \ldots, X_n$ der Messgrößen bzw. der Stellgröße Y werden durch Fuzzy-Mengen $\mu_1^{(1)}, \ldots, \mu_{p_1}^{(1)}, \ldots, \mu_1^{(n)}, \ldots, \mu_{p_n}^{(n)}$ bzw. $\nu_1, \ldots, \nu_q$ partitioniert, die zur Repräsentation der linguistischen Terme dienen.

Die auf der Grundlage derartig repräsentierter Regelbasen arbeitenden Regler werden **Mamdani-Regler** genannt.

Die beiden folgenden Definitionen beschreiben die Begriffe **Fuzzy-System** und **Mamdani-Fuzzy-System**, auf die wir uns im weiteren Verlauf des Buches beziehen werden.

Definition 10.1 *Ein **Fuzzy-System** $F_\mathcal{R}$ ist eine Abbildung*

$$F_\mathcal{R} : X \to Y,$$

*wobei wir $X = X_1 \times \ldots \times X_n \subseteq \mathbb{R}^n$ als Domäne oder Eingaberaum und $Y = Y_1 \times \ldots \times Y_m \subseteq \mathbb{R}^m$ als Codomäne oder Ausgaberaum bezeichnen. Die Vektoren $\vec{x} = (x_1, \ldots, x_n) \in X$ und $\vec{y} = (y_1, \ldots, y_m) \in Y$ bezeichnen Eingabe- bzw. Ausgabevektoren. $\mathcal{R}$ ist eine **Fuzzy-Regelbasis**, die die Struktur des Fuzzy-Systems bestimmt:*

$$\mathcal{R} = \{R_1, \ldots, R_r\}.$$

Jede Regel $R_k \in \mathcal{R}$ ist ein Tupel aus Fuzzy-Mengen

$$R_k = (\mu_k^{(1)}, \ldots, \mu_k^{(n)}, \nu_k^{(1)}, \ldots, \nu_k^{(m)}),$$

wobei $\mu_k^{(i)}$ eine Fuzzy-Menge über dem Wertebereich der Eingabevariablen x_i und $\nu_k^{(j)}$ eine Fuzzy-Menge über dem Wertebereich der Ausgabevariablen y_j ist. Wir definieren

$$F_\mathcal{R}(\vec{x}) = \vec{y} = (y_1, \ldots, y_m),$$

mit

$$y_j = \text{defuzz}\left(\underset{R_k \in \mathcal{R}}{\perp} \left\{ \hat{\nu}_k^{(j)} \right\} \right), \qquad mit$$

$$\hat{\nu}_k^{(j)} : Y_j \to [0,1], \quad y_j \mapsto \top_2 \left\{ \tau_k, \nu_k^{(j)} \right\}, \qquad mit$$

$$\tau_k = \top_1 \left\{ \mu_k^{(1)}(x_1), \ldots, \mu_k^{(n)}(x_n) \right\}.$$

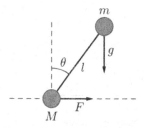

Abbildung 10.1 Das inverse Pendel

Dabei sind T_1 und T_2 t-Normen, $\perp$ eine t-Conorm, τ_k der Erfüllungsgrad der Fuzzy-Regel R_k und defuzz *eine Defuzzifizierungsmethode*

$$\text{defuzz}: \mathcal{F} \to \mathbb{R},$$

die eine Ausgabe-Fuzzy-Menge $\hat{\nu}_k^{(j)}$ in einen scharfen Ausgabewert umwandelt.

Die t-Norm T_1 implementiert die konjunktive Verknüpfung der Zugehörigkeitsgrade der Eingabewerte zum Erfüllungsgrad τ_k. Die t-Norm T_2 implementiert den Inferenzoperator zur Bestimmung des Konsequens einer Regel. Die beiden am häufigsten verwendeten Arten von Fuzzy-Systemen sind Mamdani-Systeme [Mamdani und Assilian 1975] und Sugeno-Systeme (s.u.) [Sugeno 1985, Takagi und Sugeno 1985].

Definition 10.2 *Ein Fuzzy-System vom Mamdani-Typ (kurz **Mamdani-System**) $MF_{\mathcal{R}}$ ist ein Fuzzy-System mit*

1. *$\mathsf{T}_1\{a,b\} = \min\{a,b\}$,*

2. *$\mathsf{T}_2\{a,b\} = \min\{a,b\}$,*

3. *$\perp\{a,b\} = \max\{a,b\}$.*

Beispiel 10.1 (Inverses Pendel) Das inverse Pendel entspricht einem auf dem Kopf stehenden Pendel, das so balanciert werden soll, dass es aufrecht steht. Das Pendel kann sich nur in der vertikalen Ebene frei bewegen. Das untere Ende des Pendels, an dem sich die Masse M befindet, soll durch eine Kraft parallel zur Bewegungsebene des Pendels auf dem Boden entlang bewegt werden, so dass das Pendel nach Möglichkeit aufrecht steht. Am oberen Ende des Pendelstabs befindet sich die Masse m (vgl. Abbildung 10.1).

Die Kraft, die zum Balancieren benötigt wird, darf von dem Winkel θ des Pendels relativ zur vertikalen Achse und der Änderung des Winkels, d.h. der Winkelgeschwindigkeit $\dot{\theta} = \frac{d\theta}{dt}$, abhängen. Als Ausgangsgröße fungiert hier der Winkel θ, als Stellgröße die Kraft F. Die Messgrößen sind hier der Winkel und die Winkelgeschwindigkeit.

Wir definieren $X_1 = [-90, 90]$, d.h., der Winkel θ kann Werte zwischen $-90°$ und $+90°$ annehmen. Wir gehen davon aus, dass die Winkelgeschwindigkeit zwischen $-45° \cdot s^{-1}$ (Grad pro Sekunde) und $45° \cdot s^{-1}$ liegen kann, während die potentiellen Werte für die Kraft aus dem Bereich zwischen $-10N$ (Newton) und $+10N$ stammen. Wir legen daher fest: $X_2 = [-45, 45]$, $Y = [-10, 10]$. $\square$

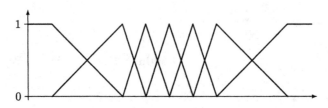

Abbildung 10.2 Eine typische „Fuzzy-Partition"

Wir werden im folgenden auf das Beispiel des inversen Pendels zurückgreifen, um die vorgestellten Konzepte zu veranschaulichen.

Für jede der Wertemengen $X_1, \ldots, X_n$ (für die Messgrößen) und Y (für die Stellgröße) werden geeignete linguistische Terme wie *ungefähr Null, positiv klein* usw. festgelegt, deren Interpretation für die einzelnen Größen durchaus unterschiedlich sein kann.

Zur Aufstellung der Regeln für die Wissensbasis des Fuzzy-Reglers wird jede der Wertebereiche $X_1, \ldots, X_n$ und Y mit Hilfe von Fuzzy-Mengen „partitioniert". Dazu werden auf der Menge X_1 p_1 verschiedene Fuzzy–Mengen $\mu_1^{(1)}, \ldots, \mu_{p_1}^{(1)} \in F(X_1)$ definiert und jede dieser Fuzzy-Mengen mit einem linguistischen Term assoziiert. Ist die Menge X_1 ein Intervall $[a, b]$ reeller Zahlen, werden häufig „Fuzzy-Partitionen" der Art wie in Abbildung 10.2 verwendet.

Jeder Fuzzy-Menge $\mu_1^{(1)}, \ldots, \mu_{p_1}^{(1)}$ wird ein linguistischer Term wie z.B. *positiv klein* oder *ungefähr null* zugeordnet.

Prinzipiell können auch andere Fuzzy-Mengen als Dreiecks- oder Trapezfunktionen auftreten. Damit die Fuzzy-Mengen jedoch als unscharfe Werte oder Bereiche interpretiert werden können, sollte man sich auf Fuzzy-Mengen beschränken, die bis zu einem Punkt monoton nicht-fallend sind und von diesem Punkt monoton nicht-wachsend sind.

So wie die Menge X_1 in die p_1 Fuzzy-Mengen $\mu_1^{(1)}, \ldots, \mu_{p_1}^{(1)}$ unterteilt wird, werden auch Partitionierungen mit Hilfe von p_i $(i = 2, \ldots, n)$ bzw. p Fuzzy-Mengen $\mu_1^{(i)}, \ldots, \mu_{p_i}^{(i)} \in F(X_i)$ bzw. $\mu_1, \ldots, \mu_p \in F(Y)$ der Mengen $X_2, \ldots, X_n$ und Y vorgenommen.

Beispiel 10.2 (Inverses Pendel, Fortsetzung) Die Partitionierung für den Bereich des Winkels X_1 im Fall des inversen Pendels wird ähnlich wie in Abbildung 10.2 dargestellt gewählt. Dabei werden die Fuzzy-Mengen von links nach rechts mit *negativ groß, negativ mittel, negativ klein, etwa Null, positiv klein, positiv mittel* und *positiv groß* bezeichnet. Für die Bereiche X_2 und Y der Winkelgeschwindigkeit und der Kraft wählen wir analoge Partitionierungen. □

Die Regeln, die die Regelbasis bilden, sind von der auf Seite 162 genannten Form. Sie werden beim Mamdani-Regler nicht als Implikationen, sondern im Sinne einer stückweise definierten Funktion verstanden. Das heißt, dass jede einzelne Regel einen unscharfen Funktionswert der Kontrollfunktion definiert.

θ

	ng	nm	nk	en	pk	pm	pg
ng			pk	pg			
nm				pm			
nk	nm		nk	pk			
en	ng	nm	nk	en	pk	pm	pg
pk			nk	pk			pm
pm				nm			
pg			ng	nk			

$\dot\theta$ labels the rows.

Tabelle 10.1 Die Regelbasis für das Inverse Pendel

Beispiel 10.3 (Inverses Pendel, Fortsetzung) Die Regelbasis mit 19 Regeln für das inverse Pendel zeigt die Tabelle 10.1. Beispielsweise steht der Eintrag in der vorletzten Tabellenzeile für die Regel

If θ **is** *etwa null* **and** $\dot\theta$ **is** *positiv mittel* **then** F **is** *negativ mittel*.

Die Tabelle 10.1 muss nicht vollständig ausgefüllt werden, da sich die Bereiche, in denen die Regeln (teilweise) anwendbar sind, überlappen, so dass trotz fehlender Tabelleneinträge für alle in der Praxis vorkommenden Messwerte eine Stellgröße bestimmt werden kann. □

Beim Mamdani-Regler wird zunächst für ein gegebenes Messwert-Tupel der Erfüllungsgrad jeder einzelnen Regel bestimmt, indem für jeden Messwert der Zugehörigkeitsgrad zur korrespondierenden Fuzzy-Menge ermittelt wird. Für jede Regel müssen die entsprechenden Zugehörigkeitsgrade dann geeignet konjunktiv verknüpft werden:

$$\tau_R = \min\{\mu_1(x_1), \ldots, \mu_n(x_n)\},$$

wobei τ_R den **Erfüllungsgrad** des Antezedens der Regel R angibt. Anstelle des Minimums kann auch eine andere t-Norm verwendet werden, z.B. das Produkt.

Die Regel R induziert bei gegebenen Messwerten $(x_1, \ldots, x_n)$ die „Ausgabe"-Fuzzy-Menge

$$\nu_{x_1,\ldots,x_n}^{\text{output}(R)} : Y \to [0,1], \quad y \mapsto \min\{\mu_1(x_1), \ldots, \mu_n(x_n), \mu(y)\}.$$

Die Gesamtausgabe des Reglers wird dadurch bestimmt, das die Ausgabe-Fuzzy-Mengen der einzelnen Regeln disjunktiv, z.B. mit dem Maximum verknüpft werden. In Abbildung 10.3 ist die Vorgehensweise schematisch an zwei Regeln dargestellt.

Diese Art des Mamdani-Reglers wird aufgrund der verwendeten Operationen auch **Max-Min-Regler** genannt. Es können jedoch wie bereits erwähnt anstelle der Minimum- und Maximumoperatoren beliebige t-Normen bzw. t-Conormen verwendet werden. Wird der Erfüllungsgrad des Antezedens durch Produktbildung mit dem Konsequens verknüpft, so erhält man einen **Max-Produkt-** oder **Max-Dot-Regler**.

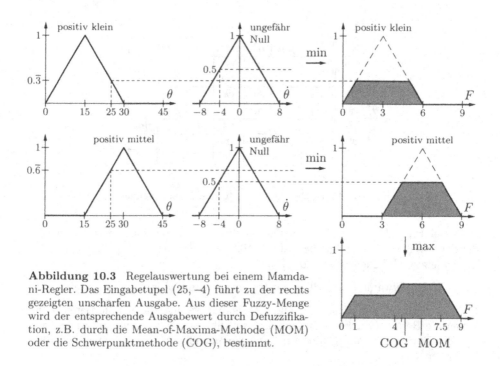

Abbildung 10.3 Regelauswertung bei einem Mamdani-Regler. Das Eingabetupel (25, −4) führt zu der rechts gezeigten unscharfen Ausgabe. Aus dieser Fuzzy-Menge wird der entsprechende Ausgabewert durch Defuzzifikation, z.B. durch die Mean-of-Maxima-Methode (MOM) oder die Schwerpunktmethode (COG), bestimmt.

Die so berechnete Ausgabe-Fuzzy-Menge muss noch in einen scharfen Stellwert $y \in Y$ umgewandelt werden, damit eine Regelung erfolgen kann. Dazu bedient man sich unterschiedlicher **Defuzzifizierungs-Verfahren.**

- **Schwerpunktmethode (Center-of-Area-Methode, COA)**
  Die Schwerpunktmethode mittelt über alle möglichen Ausgabewerte unter Berücksichtigung ihrer Zugehörigkeitsgrade zur Ausgabe-Fuzzy-Menge, indem der Schwerpunkt der Fläche zwischen der x-Achse und der Ausgabe-Fuzzy-Menge bestimmt wird und seine x-Koordinate als Stellwert gewählt wird. Ist der Ausgabebereich Y diskretisiert worden, wird der Stellwert dadurch bestimmt, dass alle möglichen Ausgabewerte, mit ihrem Zugehörigkeitsgrad zur Ausgabe-Fuzzy-Menge gewichtet, aufaddiert werden und anschließend der so berechnete Wert durch die Summe der Zugehörigkeitsgrade geteilt wird.

- **Mean-of-Maxima-Methode**
  Da die Berechnung des Schwerpunktes recht aufwändig ist, wird für jede Regel einmalig bestimmt, welcher Wert sich mit der Schwerpunktmethode ergibt, wenn das Regelantezedens zum Grad 1 erfüllt ist und nur die Regel allein betrachtet wird. Zur Berechnung der Stellgröße bei einem vorliegenden Messwerttupel wird das mit den Erfüllungsgraden der Regelantezedenzen gewichtete Mittel dieser vorberechneten Schwerpunktswerte bestimmt.

Bei der Mean-of-Maxima-Methode spielt die Form der Fuzzy-Mengen im Regelkonsequens keine Rolle mehr, da sie durch die Vorausberechnung der Schwerpunkt bei der weiteren Berechnung keinen Einfluss mehr hat. Man könnte statt der Fuzzy-Mengen im Konsequensteil der Regeln daher auch direkt die konkreten Werte, über die später das gewichtete Mittel berechnet werden soll, angeben. Dieses Prinzip wird bei den **Sugeno-Reglern** verfolgt und verallgemeinert. Ein Sugeno-Regler verwendet Regeln der Form

$$R_r: \text{if } x_1 \text{ is } \mu_r^{(1)} \text{ and } \ldots \text{ and } x_n \text{ is } \mu_r^{(n)} \text{ then } y = f_r(x_1, \ldots, x_n).$$

Definition 10.3 *Ein Sugeno-Fuzzy-System (**Sugeno-System**) $SF_\mathcal{R}$ ist ein Fuzzy-System das eine spezielle Form von Fuzzy-Regeln verwendet. Jede Regel R_k der Regelbasis $\mathcal{R}$ ist ein Tupel*

$$R_k = (\mu_k^{(1)}, \ldots, \mu_k^{(n)}, f_k^{(1)}, \ldots, f_k^{(m)}).$$

Dabei sind $\mu_k^{(i)}$ eine Fuzzy-Menge über dem Wertebereich der Eingabevariablen x_i und $f_k^{(j)} : X \to Y_j$ eine Funktion über den Eingabevariablen zur Bestimmung der Ausgabevariablen y_j. Mit $\vec{x} \in X$, wird $SF_\mathcal{R}(\vec{x})$ wie folgt bestimmt

$$SF_\mathcal{R}(\vec{x}) = \vec{y} = (y_1, \ldots, y_m),$$

mit

$$y_j = \frac{\displaystyle\sum_{r \in \mathcal{R}} \prod_{i=1}^{n} \mu_r^{(i)}(x_i) \cdot f_r^{(j)}(\vec{x})}{\displaystyle\sum_{r \in \mathcal{R}} \prod_{i=1}^{n} \mu_r^{(i)}(x_i)}.$$

In diesem Fall werden nur die Mengen $X_1, \ldots, X_n$ durch Fuzzy-Mengen partitioniert, und f ist eine für jede Regel speziell gewählte Funktion von $X_1 \times \cdots \times X_n$ nach Y ($r = 1, \ldots, k$). Fast immer wird davon ausgegangen, dass f_r von der Form

$$f_r(x_1, \ldots, x_n) = a_0^{(r)} + a_1^{(r)} \cdot x_1 + \ldots + a_n^{(r)} \cdot x_n$$

mit reellen Konstanten $a_0^{(r)}, \ldots, a_n^{(r)}$ ist. Die Vorgehensweise im Falle des Sugeno-Reglers stimmt zunächst mit der des Mamdani-Reglers überein. Abweichend davon entfällt bei dem Sugeno-Regler das Defuzzifizieren. Der Stellwert ergibt sich als eine mit dem Erfüllungsgrad der Regeln gewichtete Summe der in den einzelnen Regeln berechneten Funktionswerte. Zur Durchführung der Konjunktion wird meistens die Minimum- oder die Produktbildung herangezogen.

Die Grundidee bei Sugeno-Reglern besteht darin, dass jede Regel einen (unscharfen) Bereich beschreibt, für den ein meistens lineares lokales Modell durch die Funktion im Regelkonsequens angegeben werden kann. Durch die Verwendung unscharfer Bereiche werden sprunghafte Wechsel durch die unterschiedlichen lokalen Modelle vermieden, wenn man von einem Bereich in einen anderen übergeht. In den

Übergängen zwischen den Bereichen wird zwischen den verschiedenen lokalen Modellen interpoliert. Im Gegensatz zu Mamdani-Reglern sollten bei Sugeno-Reglern die Fuzzy-Mengen nur geringfügig überlappen. Ansonsten wird fast überall zwischen verschiedenen lokalen Modellen interpoliert, so dass einzelne lokale Modelle an fast keiner Stelle wirklich Gültigkeit haben, sondern überall nur interpolierte Modelle verwendet werden. Grundsätzlich lassen sich so auch komplexe Kennfelder beschreiben. Allerdings geht dabei die Interpretierbarkeit im Sinne lokaler Modelle verloren.

10.2   Fuzzy-Klassifikatoren

Die im vorhergehenden Abschnitt behandelten Fuzzy-Regler dienen zur Beschreibung von Kennfeldern. Formal bedeutet dies, dass mit ihnen eine Funktion in mehreren Variablen beschrieben wird. In diesem Sinne kann man Fuzzy-Regler als wissensbasierte Funktionsapproximation verstehen. Fuzzy-Klassifikatoren funktionieren ähnlich wie Mamdani-Regler mit einem wesentlichen Unterschied. Die Ausgabe, d.h. der Stellwert im Falle des Mamdani-Regler, ist keine kontinuierliche Größe, sondern eine kategorielle Variable, die einen von endlich vielen diskreten Werten (Klassen) annehmen kann. Folgende Beispiele sind typische Klassifikationsprobleme:

- Eine Firma möchte anhand ihrer Kundendaten möglichst gut voraussagen, welcher Kunde ein bestimmtes, eventuell neues Produkt kaufen wird. Die Mess- oder Eingangsgrößen wären hier die einzelnen Kundendaten, z.B. das Alter, die Anzahl bisher gekaufter Produkte etc. Die gewünschte Ausgabe ist eine binäre Entscheidung für eine der beiden Klassen *ja* (Der Kunde wird das Produkt kaufen.) und *nein* (Der Kunde wird das Produkt nicht kaufen.).

- Aufgrund medizinischer Messwerte soll festgestellt werden, an welcher von vier möglichen Krankheiten A, B, C oder D ein Patient leidet. Die Eingangsgrößen sind die Patientendaten (z.B. Alter, Blutdruck, Körpertemperatur,...), die Ausgangsgröße kann eine der vier Klassen (einer der Werte) A, B, C, D sein.

- In einer Müllsortierungsanlage soll der Müll in Glas, Plastik, Metall, Papier und Restmüll getrennt werden. Eingangsgrößen könnten etwa Gewicht und Größe sein, während die Ausgangsgröße die Müllkategorie ist, d.h. einer der oben genannten fünf Klassen.

Entscheidend bei Klassifikationsproblemen ist, dass es im Allgemeinen keinen Sinn macht, zwischen Klassen zu interpolieren. Bei einem Fuzzy-Regler ist es im Falle zweier Regeln, die gleichzeitig feuern, durchaus erwünscht, einen Kompromisswert als Ausgabe zu bestimmen, der sich aus einer geeigneten Interpolation der Ausgabewerte der beiden einzelnen Regeln ergibt. Bei einer Klassifikation, etwa bei der Müllsortierungsanlage, lässt sich keine sinnvolle Interpolation zwischen den Ausgaben zweier Regeln finden, wenn eine Regel für Glas spricht und die andere eher für

Metall. Es gibt jeweils einen Behälter für die entsprechenden Mülltypen und eine Einsortierung irgendwo zwischen Glas und Metall ist nicht möglich.

Eine wesentliche Stärke von Fuzzy-Reglern besteht darin, dass man das Regelverhalten auf unscharfen Bereichen vorgibt und an den Übergängen der Bereiche geeignet interpoliert wird. Wenn aber der Interpolationsgedanke bei den Fuzzy-Klassifikatoren völlig verloren geht, stellt sich die Frage, inwieweit die Verwendung von Fuzzy-Regeln bei Klassifikationsproblemen überhaupt sinnvoll oder vorteilhaft ist. In [Klawonn und Klement 1997] wurde gezeigt, dass sich beispielsweise linear separable Klassifikationsprobleme mit Fuzzy-Klassifikatoren mit wenigen Regeln exakt lösen lassen, während bei der Verwendung scharfer Regeln nur eine approximative Lösung existiert. Allerdings unterliegen Fuzzy-Klassifikatoren, die sich auf die Verwendung des Minimums als t-Norm und des Maximums als t-Conorm beschränken, gewissen Einschränkungen. Sie entscheiden jeweils lokal über die Klassifikation allein aufgrund zweier Eingangsvariablen [Schmidt und Klawonn 1999].

Die meisten Fuzzy-Klassifikatoren benutzen Regeln der Form:

$$R_r: \text{if } x_1 \text{ is } \mu_r^{(1)} \text{ and } \dots \text{ and } x_n \text{ is } \mu_r^{(n)} \text{ then } y \text{ is } c_r.$$

Der einzige Unterschied zu den bei den Fuzzy-Reglern verwendeten Regeln besteht darin, dass keine Ausgabe-Fuzzy-Menge angegeben wird, sondern eine Klasse c_r. Der Erfüllungsgrad einer einzelnen Regel wird genauso wie bei den Fuzzy-Reglern mittels einer geeigneten t-Norm (meistens Minimum) berechnet. Es kann sein, dass für eine Klasse mehrere Regeln gleichzeitig einen positiven Erfüllungsgrad liefern. Für jede Klasse wird daher der Gesamt-Erfüllungsgrad durch eine disjunktive Verknüpfung aller Erfüllungsgrade der Regeln berechnet, die für die entsprechende Klasse sprechen. Die disjunktive Verknüpfung wird durch eine t-Conorm (meistens Maximum) realisiert. Da somit für jede Klasse – d.h. jeden möglichen Ausgabewert – ein Zugehörigkeitsgrad berechnet wird, ergibt sich wie beim Mamdani-Regler eine Fuzzy-Menge über der Menge der möglichen Ausgabewerte. Um eine eindeutige Ausgabe zu erhalten, muss diese Fuzzy-Menge noch defuzzifiziert werden. Da – wie bereits erwähnt – eine Interpolation zwischen den Klassen im Allgemeinen keinen Sinn macht, wird defuzzifiziert, indem man die Klasse (den Ausgabewert) mit dem größten Zugehörigkeitsgrad wählt.

Definition 10.4 *Ein* **Fuzzy-Klassifikator** *ist ein Fuzzy-System*

$$F_{\mathcal{R}} : X \to Y,$$

mit $Y = [0,1]^m$. *Seine Regelbasis* $\mathcal{R}$ *besteht aus speziellen Fuzzy-Regeln der Form*

$$R_k = (\mu_k^{(1)}, \dots, \mu_k^{(n)}, c_{j_k}).$$

Dabei ist $c_{j_k} \in C = \{c_1, \dots, c_m\}$ *ein Klassenbezeichner. Wir definieren*

$$F_{\mathcal{R}}(\vec{x}) = \vec{y} = (y_1, \dots, y_m),$$

mit

$$y_j = \underset{\substack{R_k \in \mathcal{R} \\ \mathrm{cons}(R_k) = c_j}}{\perp} \{\tau_k\}$$

wobei $\perp$ eine t-Conorm ist und $\mathrm{cons}(R_k)$ das Konsequens der Regel R_k bezeichnet.

Teilweise werden auch Fuzzy-Klassifikatoren einer etwas allgemeineren Form verwendet, die die Ähnlichkeit zu den Mamdani-Reglern noch deutlicher werden lässt. Ersetzt man den Konsequensteil „y is c_r" der Klassifikationsregeln eines Fuzzy-Klassifikators durch eine Fuzzy-Menge über der Menge der möglichen Ausgabewerte (Klassen), die genau an der Stelle (Klasse) c_r den Zugehörigkeitsgrad 1 annimmt und ansonsten 0 ist, so lässt sich das Schema des Mamdani-Regler eins-zu-eins übernehmen, wenn man die spezielle Defuzzifizierungsstrategie der Fuzzy-Klassifikatoren berücksichtigt. Die verallgemeinerte Form der Fuzzy-Klassifikatoren verwendet daher auch Fuzzy-Mengen über den möglichen Klassen in der Ausgabe, die nicht notwendigerweise nur an einer Stelle 1 und ansonsten 0 sind. Dies kann z.B. sinnvoll sein, wenn man aufgrund bestimmter Werte zwar noch keine eindeutige Klassifikation vornehmen kann, aber zumindest nur noch wenige Klassen in Frage kommen. Wenn beispielsweise im eingangs erwähnten Beispiel der Müllsortierungsanlage bekannt ist, dass das Gewicht des Müllpartikels groß ist, kann man Papier und Plastik ausschließen. Man könnte eine Regel formulieren, die bei großem Gewicht für Metall, Glas und Restmüll spricht, wobei der Zugehörigkeitsgrad für Restmüll am geringsten sein sollte.

Fuzzy-Klassifikatoren werden wir im Hinblick auf Neuro-Fuzzy-Systeme weiter untersuchen. Für eine allgemeine detaillierte Analyse von Fuzzy-Klassifikatoren verweisen wir auf [Kuncheva 2000].

10.3   Fuzzy-Clusteranalyse

Eine Clusteranalyse ist eine Methode zur Datenreduktion. Hiermit wird versucht, gegebene Daten in Gruppen, so genannte *Cluster*, einzuteilen. Dabei sollten die Daten, die einem Cluster zugeordnet sind, untereinander möglichst ähnlich sein (Homogenität innerhalb der Cluster) und Daten, die zu verschiedenen Clustern gehören, möglichst unähnlich sein (Heterogenität zwischen den Clustern). Das Problem besteht darin, dass die Daten im Allgemeinen in einem hochdimensionalen Raum repräsentiert werden und meist keine Information darüber verfügbar ist, welche Form und Größe die Cluster haben und wie viele überhaupt auftreten. Bei der Suche nach Clustern kann man sich zwischen zwei Extremfällen bewegen: Man kann alle Daten einem Cluster zuordnen oder für jedes Datum einen eigenen Cluster bilden. Im ersten Fall macht man sehr viele Zuordnungsfehler. Im zweiten Fall macht man gar keine Fehler, hat aber eine unvertretbar hohe Anzahl von Clustern.

Die Clusteranalyse entspricht einem unüberwachten Lernverfahren, das versucht, eine freie Lernaufgabe zu bewältigen. Bei den hier betrachteten Clusteranalysen lässt sich jedes Cluster durch einen prototypischen Merkmalsvektor beschreiben. Es gibt Verfahren, die ohne derartige **Prototypen** arbeiten. Darunter fallen z.B. **hierarchische Clusteranalysen** [Bacher 1994]. Ein Prototyp ist ein typischer Repräsentant eines Clusters bzw. jeden Mustervektors, der in diesem Cluster zugeordnet wurde. Unter diesem Gesichtspunkt sucht man nach einer möglichst geringen Anzahl von Clustern. Das Ergebnis der Clusteranalyse dient zur Klassifikation von Daten. Man sucht den ähnlichsten Prototypen, bzw. das Cluster, in das ein als Vektor gegebenes Muster fällt, und klassifiziert es auf diese Weise.

Auch wenn die Klassifikation einer gegebenen Menge von Mustern bereits bekannt ist, ist eine Clusteranalyse sinnvoll. Man weiß dann, wieviele Klassen vorhanden sind und kann nach einer Anzahl von Clustern suchen, die gerade ausreicht, um alle Klassen voneinander zu trennen. Die erhaltenen Prototypen bzw. Cluster können dann zur Klassifikation neuer Muster verwendet werden.

Beim Fuzzy-Clustering wird — im Gegensatz zum herkömmlichen partitionierenden (harten) Clustering — ein einzelner Datenvektor nicht eindeutig einem Cluster zugeordnet, sondern es wird ein Zugehörigkeitsgrad des Datenvektors zu jedem Cluster bestimmt, um verrauschte und nicht eindeutig zuzuordnende Daten handhaben zu können. Die meisten Fuzzy-Clustering-Verfahren basieren auf der Minimierung einer Zielfunktion unter Nebenbedingungen. Der am häufigsten verwendete Ansatz ist das **probabilistische Clustering** mit der zu minimierenden Zielfunktion

$$f = \sum_{i=1}^{c} \sum_{j=1}^{n} u_{ij}^{m} d_{ij} \tag{10.1}$$

unter den Nebenbedingungen

$$\sum_{i=1}^{c} u_{ij} = 1 \quad \text{für alle } j = 1, \ldots, n. \tag{10.2}$$

Dabei wird die Anzahl c der Cluster zunächst fest gewählt. Für den zu clusternden Datensatz $\{x_1, \ldots, x_n\} \subset \mathbb{R}^p$ müssen die Zugehörigkeitsgrade u_{ij} des jeweiligen Datenvektors x_j zum i-ten Cluster bestimmt werden. d_{ij} ist ein Distanzmaß, das den Abstand oder die Unähnlichkeit des Datenvektors x_j zum Cluster i spezifiziert, zum Beispiel der (quadrierte) euklidische Abstand von x_j zum i-ten Clusterzentrum. Der Parameter $m > 1$ — **Fuzzifier** genannt – steuert, wie stark Cluster bezogen auf die Zugehörigkeitsgrade überlappen dürfen.

Die in der Zielfunktion zu optimierenden Parameter sind die Zugehörigkeitsgrade u_{ij} und die Clusterparameter, die hier nicht explizit angegeben sind. Sie sind in den Distanzen d_{ij} verborgen.

Die Zielfunktion wird minimiert, wenn die Distanzen der Cluster(prototypen) zu den Daten möglichst gering werden und der Zugehörigkeitsgrad eines Datums zu einem Cluster umso größer ist, je kleiner sein Abstand zu dem Cluster ist.

Der gebräuchliche Weg, dieses nicht-lineare Optimierungsproblem — die Minimierung der Zielfunktion (10.1) - zu lösen, besteht aus einem alternierenden Schema, das jeweils abwechselnd einen der Parametersätze Zugehörigkeitsgrade und Clusterparameter festhält und den anderen Parametersatz bezüglich des festgehaltenen optimiert.

Hält man die Distanzen d_{ij} fest, lassen sich die Werte der Zugehörigkeitsgrade, für die die Zielfunktion (10.1) unter den Nebenbedingungen (10.2) minimal wird, eindeutig bestimmen. Für eine genaue Herleitung verweisen wir auf [Höppner *et al.* 1996, Höppner *et al.* 1999]. Die Zugehörigkeitsgrade sollten nach der folgenden Formel berechnet werden

$$u_{ij} = \frac{1}{\sum_{k=1}^{c} \left(\frac{d_{ij}}{d_{kj}} \right)^{\frac{1}{m-1}}}, \tag{10.3}$$

außer eine oder mehrere der Distanzen d_{kj} sind null. In diesem Fall sollte man alle Zugehörigkeitsgrade $u_{1j}, \ldots, u_{cj}$ auf 0 setzen, außer für ein u_{ij}, für das $d_{ij} = 0$ gilt. Dieser Zugehörigkeitsgrad wird auf 1 gesetzt.

Die Nebenbedingungen (10.2) begründen den Namen probabilistisches Clustering, da die Zugehörigkeitsgrade u_{ij} in diesem Fall auch als die Wahrscheinlichkeit, dass x_j zum Cluster i gehört, interpretierbar sind. Würde man diese Bedingungen weglassen, wäre das Minimum der Zielfunktion sehr einfach zu bestimmen: Man würde alle Zugehörigkeitsgrade auf 0 setzen und somit kein Datum irgendeinem Cluster zuordnen. Neben der probabilistischen Nebenbedingung existieren noch weitere Ansätze, die triviale Lösung des Optimierungsproblems zu vermeiden. Beim Noise Clustering [Davé], bei dem der probabilistische Grundgedanke beibehalten wird, wird neben den zu bestimmenden Clustern ein zusätzliches Cluster für Rauschdaten eingeführt. Alle Datenvektoren besitzen einen festen (großen) Abstand zum Rauschcluster. Auf diese Weise behalten Datenvektoren, die an der Grenze zwischen zwei Clustern liegen, weiterhin einen hohen Zugehörigkeitsgrad zu beiden Clustern. Datenvektoren, die Rauschen darstellen und von allen Clustern weiter entfernt sind, werden dem Rauschcluster mit einem hohen Zugehörigkeitsgrad zugeordnet und beeinflussen die anderen Cluster weniger.

Possibilistisches Clustering [Krishnapuram und Keller 1993], bei dem die probabilistische Nebenbedingung unter Einführung eines Strafterms für kleine Zugehörigkeitsgrade vollständig aufgegeben wird, um die triviale Lösung $u_{ij} = 0$ zu vermeiden, ist ein weiterer Ansatz, der jedoch an formalen Mängeln leidet, da das Ziel der Clusteranalyse explizit in der Vermeidung des globalen Minimums der Zielfunktion und in der Suche nach einem lokalen Minimum besteht [Timm *et al.* 2002].

Die Berechnung der Zugehörigkeitsgrade beim probabilistischen Clustering erfolgt immer nach der Formel (10.3), unabhängig davon, wie die Distanzen d_{ij} definiert werden. Das einfachste Fuzzy-Clustering-Verfahren ergibt sich, wenn wir jedes Cluster i durch einen Prototypen $v_i \in \mathbb{R}^p$ repräsentieren und als Distanz eines Datums zum Cluster den quadratischen euklidischen Abstand verwenden:

$$d_{ij} = \| v_i - x_j \|^2$$

Hält man die Zugehörigkeitsgrade in der Zielfunktion (10.1) fest und minimiert die Zielfunktion bzgl. der Clusterprototypen v_i, die in der Gleichung (10.1) in die Distanzen d_{ij} eingehen, so erhalten wir das Minimum genau dann, wenn die Prototypen als die Clusterschwerpunkte — bestimmt durch die Daten gewichtet mit ihren Zugehörigkeitsgraden — gewählt werden:

$$v_i = \frac{\sum_{j=1}^{n} u_{ij}^m x_j}{\sum_{j=1}^{n} u_{ij}^m} \qquad (10.4)$$

Die Clusteranalyse wird durchgeführt, indem man zunächst zufällige Prototypen v_i wählt und dann abwechselnd immer wieder die Zugehörigkeitsgrade und die Prototypen nach den Gleichungen (10.3) und (10.4) neu berechnet, bis das Verfahren konvergiert, d.h., bis sich keine oder nur noch minimale Änderungen ergeben. Dieses Verfahren wird **Fuzzy-c-Means-Algorithmus (FCM)** genannt [Bezdek 1981].

Der FCM verfolgt ein ähnliches Prinzip wie die lernende Vektorquantisierung, wenn sie als Abstandsfunktion den euklidischen Abstand verwenden. Die Neuronen der Ausgabeschicht entsprechen den Prototypen bei der Fuzzy-Clusteranalyse. Zwischen den Prototypen des FCM gibt es allerdings genau wie bei der lernenden Vektorquantisierung keine Nachbarschaftsbeziehung, im Gegensatz zu den selbstorganisierenden Karten. Die Distanzen werden in Zugehörigkeitsgrade umgerechnet.

Analog zur lernenden Vektorquantisierung können beim Fuzzy-Clustering auch modifiziere Abstandsmaße verwendet werden, wie sie bereits im Rahmen der Radiale-Basisfunktionen-Netze erwähnt wurden. Beim **Gustafson-Kessel-Algorithmus (GK)** [Gustafson and Kessel 1979] wird als Distanzfunktion der Mahalanobis-Abstand

$$d_{ij} = (x_j - v_i)^\top A_i (x_j - v_i)$$

verwendet. Dabei ist A_i eine positiv definite, symmetrische Matrix, die individuell für jedes Cluster bestimmt wird. Zur Vermeidung der trivialen Lösung, dass Cluster unendlich groß werden können, muss noch die Nebenbedingung $\det(A_i) = 1$ eingeführt werden. Bei dem Iterationsschema für den Gustafson-Kessel-Algorithmus ergeben sich für die Zugehörigkeitsgrade und die Clusterprototypen dieselben Formeln wie beim FCM. In jedem Iterationsschritt müssen zusätzlich noch die Matrizen A_i nach der Formel

$$A_i = (\det(S_i))^{1/p} S_i^{-1} \qquad \text{mit} \qquad S_i = \sum_{k=1}^{n} u_{ik}^m (x_k - v_i)(x_k - v_i)^\top$$

berechnet werden. Für eine Herleitung verweisen wir wieder auf [Höppner *et al.* 1996, Höppner *et al.* 1999]. Im Gegensatz zum FCM, der davon ausgeht, dass alle Cluster ungefähr gleichgroß und etwa (hyper-)kugelförmig sind, sucht der GK nach ungefähr gleichgroßen Clustern in Form von (Hyper-)Ellipsoiden.

Sowohl der FCM als auch der GK können auch als deterministische (nichtfuzzy) Clustering-Verfahren verwendet werden. Dazu werden die Zugehörigkeitsgrade in jedem Schritt nicht nach Gleichung (10.3) berechnet, sondern der Zugehörigkeitsgrad eines Datums zu dem Cluster mit dem geringsten Abstand auf 1 gesetzt und für alle anderen Cluster auf 0.

Es gibt eine große Vielfalt von modifizierten Abstandsmaßen in der Fuzzy-Clusteranalyse, die bis hin zu Clustern in Form von Geraden, Kreisrändern oder beliebigen Quadriken führen. Interessant für die Betrachtungen im Rahmen der Neuro-Fuzzy-Systeme sind neben den bereits erwähnten vor allem die folgenden Ansätze. In [Klawonn und Kruse 1997] wird der GK auf Diagonalmatrizen eingeschränkt. Dadurch können zwar nur Cluster in Form achsenparalleler (Hyper-)Ellipsoide gebildet

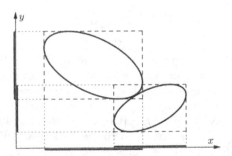

Abbildung 10.4 Regelerzeugung durch die Projektion zweier ellipsenförmiger Cluster.

werden. Neben der sich daraus ergebenden vereinfachten Berechnungsvorschrift eignen sich diese Cluster dafür besser zur Generierung von Fuzzy-Regeln, wie wir noch sehen werden. Die Annahme, dass die Cluster ungefähr gleich groß sein müssen, kann mit den in [Keller und Klawonn 2003] beschriebenen Verfahren vermieden werden. Alternativ dazu bietet sich auch der Gath-Geva-Algorithmus [Gath and Geva 1989] an, der allerdings von dem Prinzip der Minimierung einer Zielfunktion abweicht und auf einer heuristischen Grundlage arbeitet.

Fuzzy-Clustering-Verfahren erfüllen zwar eine ähnliche Aufgabe wie die lernende Vektorquantisierung: Die nicht-überwachte Einteilung eines Datensatzes. Bei der Fuzzy-Clusteranalyse wird allerdings häufig noch Wert darauf gelegt, dass die Anzahl der Cluster möglichst gut an die Daten angepasst ist. Dies wird üblicherweise dadurch erreicht, dass die Clusteranalyse mit verschiedenen Anzahlen durchgeführt wird und anhand geeigneter Gütemaße entschieden welche Clustereinteilung am günstigsten ist oder welche einzelnen Cluster als sinnvoll angesehen werden können. Eine ausführliche Behandlung von Gütemaßen findet sich in [Höppner *et al.* 1996, Höppner *et al.* 1999].

Interessant für die Kopplung mit Neuro-Fuzzy-Systemen ist, dass sich mit Hilfe einer Clusteranalyse auch leicht Klassifikationsregeln für die Daten der Lernaufgabe erzeugen lassen. Dazu werden die gewonnenen Cluster auf die einzelnen Achsen des Koordinatensystems projiziert. Bei der Verwendung einer scharfen Clusteranalyse bildet man Intervalle aus den Punkteverteilungen, die durch die Projektion auf die einzelnen Dimensionen entstehen, und die sich ergebenden Regeln haben die Form:

$$\textbf{if } x_1 \in [x_1^{(u)}, x_1^{(o)}] \textbf{ and } \dots \textbf{ and } x_n \in [x_n^{(u)}, x_n^{(o)}] \textbf{ then } \text{Klasse } C_j.$$

Bei der Erstellung dieser Regeln durch Projektion der Cluster macht man allerdings Fehler. Die Auswertung der Regel entspricht der Bildung des kartesischen Produkts der Intervalle. Man erhält dabei nicht wieder genau das ursprüngliche Cluster, sondern nur den kleinsten umschreibenden Hyperquader und damit ein größeres Cluster. Diese Projektionsfehler sind bei Hyperkugeln am kleinsten und bei beliebig orientierten Hyperellipsoiden mit nicht achsenparallelen Hauptachsen am größten (s. Abbildung 10.4).

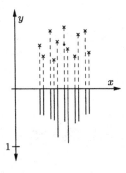

Abbildung 10.5 Typische Projektion eines Fuzzy-Clusters

Bei der Verwendung einer Fuzzy-Clusteranalyse bildet man keine Intervalle aus den projizierten Punkteverteilungen auf den Achsen, sondern Fuzzy-Mengen. Diese bestehen aus einer endlichen Angabe von Punkten und ihren Zugehörigkeitsgeraden, d.h., die grafische Form entspricht eher einem Histogramm. In der Abbildung 10.5 markieren die Kreuze die Daten im zweidimensionalen Raum — der x/y-Ebene — und die nach unten gerichteten Striche geben die Zugehörigkeitsgrade der Daten an. Die Zugehörigkeitsgrade sind hier auf den Projektionen der Daten auf die x-Achse aufgetragen.

Um für ein mehrdimensionales Cluster die ihn beschreibenden eindimensionalen Fuzzy-Mengen zu erhalten, geht man folgendermaßen vor: Alle Daten/Muster, die mit einem Zugehörigkeitsgrad größer als 0 zu dem betrachteten Cluster gehören, werden auf die einzelnen Koordinatenachsen wie in Abbildung 10.5 projiziert. An den Projektionsstellen werden die Zugehörigkeitsgrade, mit dem die Muster dem Cluster angehören, aufgetragen. Das Problem besteht nun darin, möglichst einfache geeignete Zugehörigkeitsfunktionen zu finden, welche die so erhaltenen Histogramme annähern und sich außerdem gut sprachlich interpretieren lassen. In Abbildung 10.6 sind solche durch Projektion erzeugte Fuzzy-Klassifikationsregeln zu sehen, wobei die Fuzzy-Mengen durch Trapezfunktionen angenähert werden. Dem Regelsatz liegt das „Irisproblem" zugrunde, das wir in Abschnitt 17.4 wieder aufgreifen und erläutern werden.

Auch bei der Erzeugung von Fuzzy-Klassifikationsregeln durch die Projektion der Cluster macht man den oben erwähnten Fehler. Gerade wenn die Cluster sich überlappen oder nahe beieinanderliegen, werden die erzeugten Fuzzy-Regeln typischerweise schlechter klassifizieren, als es durch das Ergebnis der Clusteranalyse eigentlich möglich wäre. Um diese Fehler möglichst gering zu halten, kann man sich bei der Suche nach Clustern auf achsenparallele Hyperellipsoide einschränken [Klawonn und Kruse 1997]. Es ist auch möglich, die Klassifikationsleistung der erzeugten Regeln dadurch zu verbessern, dass man die Fuzzy-Mengen durch ein Neuro-Fuzzy-Modell nachtrainiert. Diese Problematik diskutieren wir in Abschnitt 15.

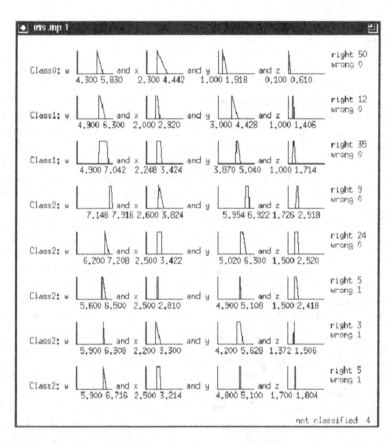

Abbildung 10.6 Fuzzy-Klassifikationsregeln, wie sie eine Fuzzy-Clusteranalyse für den Iris-Datensatz erzeugt

Teil III

Neuro-Fuzzy-Systeme

11 Einleitung

Bisher haben wir Neuronale Netze und Fuzzy-Systeme als eigenständige Ansätze betrachtet. Beginnend mit diesem Kapitel widmen wir uns der Kombination dieser beiden Gebiete. Wir diskutieren zunächst einige grundlegende Eigenschaften von Neuro-Fuzzy Kombinationen, bevor wir uns in den weiteren Kapiteln mit verschiedenen individuellen Ansätzen befassen.

11.1 Modellierung von Expertenverhalten

Fuzzy-Systeme und Neuronale Netze sind beides Ansätze aus dem Bereich des Soft Computing, die sich mit der Modellierung von Expertenverhalten befassen [Zadeh 1994b]. Das Ziel dieser Modellierung besteht darin, Aktionen von Experten nachzubilden, die diese zur Lösung komplexer Probleme einsetzen. Dabei kann es sich sowohl um die Regelung eines dynamischen Systems handeln als auch um Entscheidungsvorgänge und Beurteilungen, wie z.B. bei der Einschätzung des Börsenverlaufs oder der Entscheidung über eine Kreditvergabe. Es geht uns allerdings nicht darum, das Problem selbst mit Hilfe eines mathematischen Modells auf der Grundlage physikalischer oder logischer Zuammenhänge abzubilden. Vielmehr wollen wir den Experten bei der (erfolgreichen) Lösung des Problems beobachten und versuchen unsere Beobachtungen zu nutzen. Wir können ihn außerdem fragen, wie er das Problem löst und versuchen, das Wissen, das in seinen Aussagen enthalten ist, zu identifizieren und zu nutzen.

Wir beschränken uns bei der Betrachtung von Neuro-Fuzzy Systemen auf die Behandlung einfacher Datenanalyseprobleme oder die Regelung technischer Systeme. Die Nachbildung von Entscheidungsabläufen unterscheidet sich in semantischer Hinsicht von Fuzzy-Systemen, die im wesentlichen als eine Interpolationstechnik interpretiert werden können [Kruse *et al.* 1994a, Kruse *et al.* 1995]. Die beispielsweise in Experten- oder Diagnosesystemen verwendete Modellierung komplexer mehrstufiger Entscheidungen, die eventuell noch auf der Grundlage unvollständiger oder unsicherer Informationen zu treffen sind, bedarf anderer, meist auf Logik und Wahrscheinlichkeitstheorie basierender Verfahren [Kruse *et al.* 1991a].

Es ist unbestreitbar, dass komplexe Probleme auch ohne Kenntnis eines physikalisch-mathematischen Modells praktisch lösbar sind. Menschliche Bediener sind oft in der Lage, auch komplizierteste technische Systeme ohne Wissen über formale Modelle zu beherrschen. Dies lässt sich leicht an alltäglichen Tätigkeiten wie dem Fahren eines Autos oder eines Fahrrades nachvollziehen.

Betrachten wir das Beispiel wie Kinder lernen ein Fahrrad zu fahren. Sie leiten auf keinen Fall eine Reihe von Differentialgleichungen zur Modellierung der Fahrraddynamik her und lösen diese dann zu jedem Zeitpunkt erneut, um die notwendigen

Aktionen zum Radfahren abzuleiten. Stattdessen beobachten sie typischerweise jemanden, der bereits Rad fahren kann und bekommen einige Tipps von ihren Eltern. Sie probieren es dann einfach selbst und lernen nach einiger Zeit durch Versuch und Irrtum das Fahrrad zu beherrschen. Da sie für jede ihrer Handlungen entweder "belohnt" (zurückgelegte Strecke) oder "bestraft" (blaue Flecken vom Umfallen) werden, erfahren sie, ob sie erfolgreich sind. Nach einiger Übung werden sie schließlich geschickte Radfahrer.

An diesem simplen Beispiel können wir drei wichtige Aspekte erkennen, die als Grundlage einer Lösungsstrategie dienen, ohne ein Problem im Detail zu untersuchen:

- Wissenserwerb durch Beobachtung,

- Wissenserwerb durch Anleitung sowie

- Wissenserwerb durch Lernen.

Diese Punkte bilden wichtige Bestandteile der Modellierung und Simulation des Verhaltens eines Menschen, der fähig ist, ein Problem zu lösen. Die Aufstellung eines Modells für das Verhalten eines menschlichen Experten wird als **kognitive Analyse** bezeichnet [Kruse et al. 1995].

Die kognitive Analyse verlangt zunächst eine Wissensakquisition, wofür die Verfahren der *Befragung* (Interview) und der *Beobachtung* geeignet sind [McGraw and Harbison 1989]. Im Rahmen der Befragung eines Experten soll sein Wissen über die Lösung eines Problems in Form *linguistischer Regeln* erfasst werden, wie sie beispielsweise von Fuzzy-Systemen verwendbar sind (siehe Kapitel 9–9). Dies setzt voraus, dass der Experte sein Wissen zu reflektieren und zu formulieren weiß, was oft nicht der Fall ist. (Versuchen Sie einmal, die Regeln zum erfolgreichen Fahren eines Fahrrades aufzustellen!) Oft wird ein Prozess von Experten nur intuitiv beherrscht, was die Aufstellung expliziter Regeln schwierig oder unmöglich macht.

In diesem Fall können wir versuchen, die Wissensakquisition durch Beobachtung vorzunehmen. Dabei wird das Verhalten des Experten in Form von Messwert-/Stellwertpaaren dokumentiert. Die Beobachtungsergebnisse können dann zur Bildung linguistischer Regeln herangezogen werden. Dies ist jedoch nur dann möglich, wenn für den Beobachter sämtliche das Verhalten des Experten beeinflussenden Parameter beobachtbar sind und das Expertenverhalten für den Beobachter konsistent ist. Ist dies nicht der Fall, ist eine Aufstellung linguistischer Regeln zunächst nicht möglich. Die Beobachtungsdaten sind jedoch als Beispieldaten für die Lernaufgabe eines überwachten Lernverfahrens verwendbar. Eine andere Möglichkeit, solche Beispieldaten weiterzuverarbeiten, bieten auch Methoden der Datenanalyse. Es können Clustering-Verfahren herangezogen werden, wie z.B. das Fuzzy-Clustering, um aus den Daten linguistische Regeln zu gewinnen [Bezdek and Pal 1992, Höppner et al. 1999].

Ein Lernverfahren kann auch Teil der Wissensakquisition sein. Dieser Lernprozess ist typischerweise überwacht, da wir nach Reaktionen auf gegebene Eingangszustände suchen. Wenn wir Daten durch Expertenbeobachtung gewonnen haben, können wir leicht ein Neuronales Netz einsetzen. Manchmal ist es jedoch nicht möglich solchen Daten zu gewinnen, weil entweder keine Zeit dazu ist, die Datensammlung zu teuer wäre oder einfach kein Experte zur Verfügung steht, der beobachtet werden könnte. In diesem Fall können wir versuchen, verstärkendes Lernen (reinforcement learning) einzusetzen. Bei dieser Art des Lernens erhalten wir eine Rückkopplung darüber, wie gut oder schlecht unsere Reaktion auf einen Eingabezustand gewesen ist. Wir können daraus jedoch nicht ableiten, auf welche Weise wir unsere Reaktion verändern müssen, um uns zu verbessern. Die Idee besteht darin, Verhalten, das zu einer positiven Rückkopplung (Belohnung) geführt hat, beizubehalten und Verhalten, das zu einer negativen Rückkopplung (Bestrafung) geführt hat, zu vermeiden. Zur Durchführung eines solchen Verfahrens benötigen wir allerdings entweder eine Simulation des Problems oder wir müssen dadurch lernen, dass wir versuchen, das Problem selbst durch Versuch und Irrtum zu lösen. Letzteres können wir allerdings nur dann riskieren, wenn wir bei einem Lösungsversuch gefahrlos versagen dürfen.

Je nach Ergebnis der Wissensakquisition entscheiden wir uns schließlich für ein Modell, das als Grundlage für die Modellierung des Expertenverhaltens dient. Liegt das Wissen bereits in Form linguistischer Regeln vor, so kann ein Fuzzy-System gewählt werden, während im Fall reiner Beobachtungsdaten sich der Einsatz eines Neuronalen Netzes anbietet.

Es ist allerdings nicht so einfach, wie es zunächst klingt. Ein Fuzzy-System aufzustellen bedarf der Auswahl zahlreicher Parameter, wie zum Beispiel Fuzzy-Mengen, T-Normen usw. Selbst wenn wir bereits linguistische Regeln zur Verfügung haben, ist dies keine leichte Aufgabe. Entscheiden wir uns für den Einsatz Neuronaler Netze, müssen wir Entscheidungen über deren Architektur und Lernparameter treffen und können während des Lernens in lokalen Minima steckenbleiben. Wenn wir ein Neuronales Netz erfolgreich trainiert haben, können wir es meist nicht interpretieren. Außerdem können wir es nicht mit Vorwissen initialisieren. Wir werden diese Probleme im folgenden Abschnitt genauer betrachten.

Fuzzy-Systeme und Neuronale Netze sind selbstverständlich nicht die einzigen Ansätze zur Modellierung von Expertenverhalten. Alle Arten von Expertensystemen versuchen, Expertenwissen oder -verhalten zu modellieren. Typischerweise verwenden sie dazu logikbasierte Repräsentationsansätze, die auf symbolischen Strukturen basieren. Allerdings haben diese Ansätze Probleme mit der Behandlung von Unsicherheit und Vagheit [Dreyfus and Dreyfus 1986]. Es gibt jedoch auf Wahrscheinlichkeitstheorie basierende Ansätze, die sich mit der Behandlung dieser Phänomene befassen, wie beispielsweise Bayessche Netze [Kruse *et al.* 1991a]. Für die Analyse von Beobachtungsdaten steht ein Repertoire bekannter statistischer Verfahren zur Verfügung (z.B. Regressionsverfahren, Clusteranalyse etc.). Die Auswahl eines geeigneten Verfahrens zur Modellierung von Expertenverhalten ist abhängig vom Ergebnis des Wissensakquisitionsprozesses und der zur Verfügung stehenden Daten.

Wir möchten darauf hinweisen, dass wir nicht versuchen, einen Experten exakt zu modellieren. Wir sind lediglich an einem System interessiert, das ähnliche Ergebnisse wie ein Experte produzieren kann. Das System sollte intuitiv und einfach zu implementieren sein. Wir nehmen weder an, dass ein Neuronales Netz ein akzeptables oder plausibles Modell für menschliches Lernen ist, noch dass eine linguistische (Fuzzy-) Regelbasis eine Modell für die Art und Weise ist, wie Menschen schlussfolgern.

Wir betrachten Neuronale Netze und Fuzzy-Systeme als Ansätze, um auf bequeme Weise eine Problem zu lösen, ohne dessen Struktur im Detail untersuchen zu müssen. Indem wir Daten erheben oder linguistische Regeln von Experten erfragen, können wir uns auf die Problemlösung konzentrieren. Oft sind wir mit einer groben Lösung zufrieden, wenn wir sie schnell, einfach und mit geringen Kosten erzielen können. Benötigen wir jedoch unabhängig vom Aufwand eine exakte Lösung, dann sind traditionelle Ansätze, die das Problem modellieren und daraus eine Lösung ableiten, die erste Wahl. Es ist auf jeden Fall sinnlos, eine funktionierende Lösung durch ein Neuronales Netz oder Fuzzy-System zu ersetzen, nur um einen solchen Ansatz zu verwenden.

Im folgenden Abschnitt diskutieren wir Vor- und Nachteile Neuronaler Netze und Fuzzy-Systeme bei der Modellierung von Expertenverhalten. Wir werden sehen, dass es sinnvoll ist, Techniken beider Ansätze zu kombinieren und einige grundlegende Ideen in diesem Zusammenhang betrachten.

11.2   Kombination Neuronaler Netze und Fuzzy-Systeme

In den bisherigen Kapiteln des Buches haben wir uns damit befaßt, wie Neuronale Netze und Fuzzy-Systeme zur Problemlösung eingesetzt werden können. Wir wollen uns nun damit befassen, was diese Ansätze leisten können und was nicht.

Neuronale Netze lösen ein Problem mittels *Funktionsapproximation*, indem sie für gegebene Eingabedaten passende Ausgabedaten erzeugen. Wir wollen uns auf die Art von Problemen konzentrieren und Probleme ignorieren, bei denen es um das Auffinden von Relationen (eine Eingabe kann auf mehrere Ausgaben abgebildet werden) oder Prozeduren (eine Eingabe führt zu einer Sequenz von Aktionen) geht.

Wollen wir ein Neuronales Netz zur Lösung eines Problems heranziehen, so müssen wir das Problem hinreichend mittels Beispieldaten beschreiben. Kennen wir eine Menge von gültigen Ein-/Ausgabepaaren, verwenden wir überwachtes Lernen, wie im Fall von Multilayer Perceptrons und Backpropagation. Kennen wir statt passender Ausgabewerte nur ein Fehlermaß zur Bewertung der Effekte, die eine Eingabe auslöst, können wir verstärkendes Lernen einsetzen [Barto *et al.* 1983]. Für einige Probleme lässt sich auch unüberwachtes Lernen in selbstorganisierenden Karten verwenden [Ritter *et al.* 1990] (siehe Abschnitt 6.3).

Wir können Neuronale Netze immer dann verwenden, wenn uns Trainingsdaten zur Verfügung stehen. Wir benötigen kein mathematisches Modell des zu lösenden Problems und wir benötigen auch keinerlei Vorwissen über die Lösung. Andererseits lässt sich die Lösung durch das Neuronale Netz auch nicht interpretieren. Ein Neuronales Netz ist eine "black box", d.h., wir können seine Struktur nicht einfach in Form von uns verständlichen Regeln ausdrücken. Damit lässt sich auch nicht überprüfen, ob die Lösung überhaupt plausibel ist. Selbst wenn uns Vorwissen zur

Verfügung stehen sollte, können wir es nicht zur Initialisierung des Netzes verwenden. Ein Neuronales Netz muss mit dem Lernen immer "bei Null" beginnen. Es ist weiterhin nicht möglich, relevante Netzparameter anders als heuristisch zu bestimmen. Eine ungeeignete Wahl kann den Lernerfolg erheblich hinauszögern oder sogar verhindern. Selbst mit geeigneten Parametern kann der Lernprozess sehr lange dauern und gibt uns keine Erfolgsgarantie.

Neuronalen Netzen wird oft ihre Fehlertoleranz gegenüber Abweichungen in den Eingaben und Änderungen ihrer Struktur (z.B. Ausfall von Einheiten) nachgesagt. Wenn sich die Problemstruktur jedoch zu stark von den ursprünglichen Trainingsdaten entfernt, ist es notwendig, das Neuronale Netz erneut zu trainieren. Diese Gefahr besteht auch dann, wenn die Lernaufgabe nicht alle denkbaren Systemzustände angemessen berücksichtigt oder das Netzwerk z.B. aufgrund zu vieler innerer Einheiten übergeneralisiert hat. Wir haben keine Garantie, dass die Wiederaufnahme des Trainings mit neuen Daten zur einer schnellen Anpassung an das veränderte Problem führt. Gegebenenfalls muss der gesamte Lernvorgang wiederholt werden.

Ein Fuzzy-System kann ebenso wie ein Neuronales Netz eingesetzt werden, wenn für das zu lösende Problem kein mathematisches Modell bekannt ist. Jedoch wird anstelle von Beispieldaten Wissen über die Problemlösung in Form linguistischer Regeln benötigt. Auch die Ein- und Ausgangsgrößen müssen linguistisch beschrieben werden. Dieses Wissen steht in vielen Fällen zur Verfügung, so dass ein Prototyp des Fuzzy-Systems sehr schnell und einfach implementiert werden kann. Die Interpretation der Regelbasis stellt im allgemeinen ebenfalls kein Problem dar. Die linguistischen Regeln repräsentieren eine unscharfe, punktweise Definition einer ansonsten unbekannten Funktion, und das Fuzzy-System führt bei der Verarbeitung der Eingabewerte eine unscharfe Interpolation durch [Kruse *et al.* 1995].

Ohne a-priori Wissen über die Problemlösung in Form von Fuzzy-Regeln ist die Implementierung eines Fuzzy-Systems nicht möglich. Ist das Wissen unvollständig, falsch oder widersprüchlich, vermag das System seine Aufgabe nicht zu erfüllen. In diesem Fall ist eine Nachbearbeitung der Regeln oder der die linguistischen Werte beschreibenden Zugehörigkeitsfunktionen unumgänglich („tuning"). Für diese Phase der Implementierung existieren jedoch keine formalen Methoden, so dass hier nur heuristisch vorgegangen werden kann. Werden dabei neben dem Hinzufügen, Entfernen oder Ändern linguistischer Regeln oder Zugehörigkeitsfunktionen weitere Verfahren eingesetzt, wie z.B. die Gewichtung von Regeln [Altrock *et al.* 1992, Kosko 1992a], so wird dadurch die Semantik des Reglers aufgegeben [Nauck and Kruse 1992b, Nauck and Kruse 1994b].

Da ein Fuzzy-System mit unscharfen Angaben über die Systemvariablen auskommt, ist zu erwarten, dass geringfügige Änderungen in den Zugehörigkeitsfunktionen die Leistung des Systems nicht wesentlich beeinflussen. Wie das folgende Beispiel zeigt ist es jedoch möglich, durch die geringe Änderung nur einer Zugehörigkeitsfunktion einen Fuzzy-Regler so zu beeinflussen, dass er seine Regelaufgabe nicht mehr erfüllen kann.

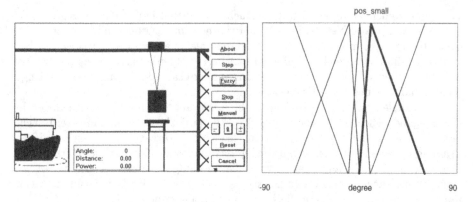

Abbildung 11.1 Zugehörigkeitsfunktionen, mit denen die Kransimulation erfolgreich ist

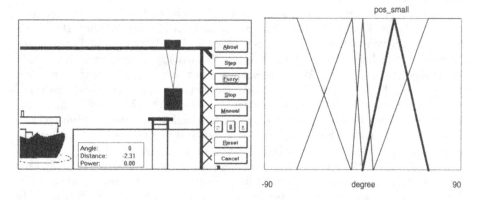

Abbildung 11.2 Die Veränderung einer Zugehörigkeitsfunktion führt zum Versagen

Beispiel 11.1 Die Abbildungen 11.1 und 11.2 zeigen die Simulation eine Kranes[1], der eine hängende Last möglichst schnell zu einem Zielpunkt befördern soll. Das Schwingen der Last ist auszugleichen. Bild 11.1 zeigt die in dem Fuzzy-Regler verwendete unveränderte Partitionierung der linguistischen Variablen *Winkel* und den Endzustand einer erfolgreichen Regelungsaktion. Abbildung 11.2 zeigt die Veränderung, die an der Zugehörigkeitsfunktion für den linguistischen Wert *pos-small* vorgenommen wurde. Die Kran-Simulation ist nun nicht mehr in der Lage, die Endposition anzufahren, sondern schießt über das Ziel hinaus und verharrt in dieser Lage.
□

---

[1] Die Kran-Simulation und der verwendete Fuzzy-Regler entstammen dem kommerziellen Softwareprodukt „fuzzyTECH 3.0 Explorer Edition" [fuzzyTECH 1993]. Die Veränderungen an den Zugehörigkeitsfunktionen wurden ebenfalls mit Hilfe dieses Programms vorgenommen.

Neuronales Netz	Fuzzy-System
Vorteile	
• Kein mathematisches Prozessmodell notwendig • Kein Regelwissen notwendig • Verschiedene Lernalgorithmen	• Kein mathematisches Prozessmodell notwendig • A–priori (Regel–) Wissen nutzbar • Einfache Interpretation und Implementation
Nachteile	
• Black-Box-Verhalten • Kein Regelwissen extrahierbar • Heuristische Wahl der Netzparameter • Anpassung an veränderte Parameter ist eventuell schwierig und kann Wiederholung des Lernvorgangs erfordern • Kein a-priori Wissen verwendbar („learning from scratch") • Der Lernvorgang konvergiert nicht garantiert	• Regelwissen muss verfügbar sein • Nicht lernfähig • Keine formalen Methoden für „Tuning" • Semantische Probleme bei der Interpretation „getunter" Systeme • Anpassung an veränderte Parameter eventuell schwierig • Ein „Tuning"–Versuch kann erfolglos bleiben

Tabelle 11.1 Gegenüberstellung Neuronaler Regelung und Fuzzy-Regelung

Die manuelle Anpassung eines Fuzzy-Systems an seine Aufgabe ist nicht trivial, wie das Beispiel 11.1 unterstreicht. Neben der Tatsache, dass kleine Veränderungen eventuell große Auswirkungen auf das Systemverhalten haben, kann eine Optimierung zudem mehr als einem Kriterium gleichzeitig unterworfen sein (z.B. Geschwindigkeit, minimaler Energieaufwand usw.). Es ist daher wünschenswert, einen automatischen Adaptionsprozess zur Verfügung zu haben, der den Lernverfahren Neuronaler Netze gleicht und die Optimierung von Fuzzy-Systemen unterstützt. Bei der vergleichenden Gegenüberstellung der Vor- und Nachteile Neuronaler Netze und Fuzzy-Systeme, wie sie in der Tabelle 11.1 vorgenommen wurde, wird deutlich, dass es durch eine geeignete Kombination beider Ansätze möglich sein sollte, Vorteile zu vereinen und Nachteile auszuschließen.

Das wichtigste Argument für eine Kombination von Fuzzy-Systemen mit Neuronalen Netzen ist die Lernfähigkeit letzterer. Ein entsprechendes System sollte in der Lage sein, linguistische Regeln und/oder Zugehörigkeitsfunktionen zu „erlernen" oder bereits bestehende zu optimieren. „Erlernen" bedeutet in diesem Zusammenhang die vollständige Erzeugung einer Regelbasis bzw. von Zugehörigkeitsfunktionen, die die entsprechenden linguistischen Terme modellieren, auf der Grundlage von Beispieldaten. Diese können im Sinne Neuronaler Netze eine feste oder auch eine freie Lernaufgabe bilden [Nauck and Kruse 1996b, Nauck and Kruse 1996a].

Die Erzeugung einer Regelbasis setzt eine zumindest vorläufige Definition von Zugehörigkeitsfunktionen voraus und ist auf drei verschiedene Arten möglich:

1. Das System beginnt ohne Regeln und bildet solange neue Regeln, bis die Lernaufgabe erfüllt ist. Die Hinzunahme einer neuen Regel wird dabei durch ein Musterpaar ausgelöst, das durch die bisherige Regelbasis überhaupt noch nicht oder nicht ausreichend erfasst wird [Berenji and Khedkar 1993, Nauck and Kruse 1995a]. Diese Vorgehensweise kann zu großen Regelbasen führen, wenn die verwendeten Zugehörigkeitsfunktionen ungünstig gewählt sind, d.h. sich nur wenig überdecken. Dies ist vergleichbar mit einer schlechten Generalisierungsleistung eines Neuronalen Netzes. Weiterhin ist es in Abhängigkeit von der Lernaufgabe möglich, dass eine inkonsistente Regelbasis entsteht. Das System muss daher nach Abschluss der Regelgenerierung gegebenenfalls Regeln wieder löschen.

2. Das System beginnt mit allen Regeln, die aufgrund der Partitionierung der beteiligten Variablen gebildet werden können und entfernt ungeeignete Regeln aus der Regelbasis [Nauck and Kruse 1993]. Für dieses Verfahren ist ein Bewertungsschema notwendig, dass die Leistungsfähigkeit der Regeln ermittelt. Das Verfahren kann bei der Anwendung auf physikalische Systeme mit vielen Variablen und feiner Partitionierung zu Komplexitätsproblemen in Hinsicht auf Laufzeit und Speicherbedarf führen. Dieser Ansatz vermeidet jedoch inkonsistente Regelbasen, da die entsprechende Überprüfung in das Bewertungsschema integriert ist. Dieses Verfahren kann im Gegensatz zum ersten Ansatz zu Regelbasen mit zu wenigen Regeln führen.

3. Das System beginnt mit einer (eventuell zufällig gewählten) Regelbasis, die aus einer festen Anzahl von Regeln besteht. Im Laufe des Lernvorgangs werden Regeln ausgetauscht [Sulzberger et al. 1993]. Dabei muss bei jedem Austauschvorgang die Konsistenz der Regelbasis neu überprüft werden. Der Nachteil dieser Vorgehensweise liegt in der festen Anzahl von Regeln. Weiterhin müssen ein Bewertungsschema zur Entfernung von Regeln und eine Datenanalyse zur Hinzunahme von Regeln implementiert sein. Ist dies nicht der Fall, entspricht der Lernvorgang einer stochastischen Suche. Bei einer Verschlechterung der Leistung müssen dann gegebenenfalls Austauschvorgänge rückgängig gemacht werden [Sulzberger et al. 1993].

Die Optimierung einer Regelbasis entspricht einem teilweisen Erlernen. Das bedeutet, dass ein Teil der benötigten linguistischen Regeln bereits bekannt ist, während die restlichen noch erzeugt bzw. überzählige noch entfernt werden müssen. In diesem Sinne stellt der dritte oben genannte Ansatz eher eine Optimierung als ein Erlernen einer Regelbasis dar. Es sei denn, die Initialisierung des Systems geschieht rein stochastisch und repräsentiert kein a-priori Wissen.

Das Erlernen oder Optimieren von Zugehörigkeitsfunktionen ist weniger komplex als die Anpassung einer Regelbasis. Die Zugehörigkeitsfunktionen können leicht durch Parameter beschrieben werden, die dann in Hinblick auf ein globales Fehler-maß optimiert werden. Durch geeignete Constraints lassen sich Randbedingungen erfüllen, so z.B. dass die Träger (die Menge der Punkte, bei denen der Zugehörig-keitsgrad größer null ist) von Fuzzy-Mengen, die benachbarte linguistische Werte modellieren, nicht disjunkt sein dürfen. Die Adaption von Parametern ist eine Stan-dardaufgabe für Neuronale Netze, so dass Kombinationen mit Fuzzy-Systemen in diesem Bereich recht zahlreich sind [Jang 1991, Berenji 1992, Nauck and Kruse 1992a, Nauck et al. 1993, Buckley and Hayashi 1994, Gupta and Rao 1994, Nauck and Kruse 1996a, Pedrycz 1996]. Es lassen sich zwei Ansätze des Erlernens bzw. Optimierens von Zugehörigkeitsfunktionen unterscheiden:

1. Für die Zugehörigkeitsfunktionen werden parametrisierte Formen angenom-men, deren Parameter in einem Lernvorgang optimiert werden [Ichihashi 1991, Nomura et al. 1992].

2. Anhand von Beispieldaten lernt ein Neuronales Netz, für eine Eingabe einen Zugehörigkeitswert zu erzeugen [Hayashi et al. 1992b, Takagi and Hayashi 1991].

Der zweite Ansatz hat den Nachteil, dass die Zugehörigkeitsfunktionen nicht explizit bekannt sind, weshalb meist das erste Verfahren gewählt wird.

Während die Lernfähigkeit einen Vorteil aus der Sicht der Fuzzy-Systeme dar-stellt, ergeben sich aus der Sicht Neuronaler Netze weitere Vorteile für ein kom-biniertes System. Weil ein Neuro-Fuzzy-Modell auf linguistischen Regeln basiert, lässt sich ohne weiteres a-priori Wissen in das Modell integrieren. Bereits bekann-te Regeln und Zugehörigkeitsfunktionen können für eine Initialisierung des Systems genutzt werden, so dass der Lernvorgang erheblich verkürzt wird. Da der Adaptions-prozess mit einer Anpassung der Regelbasis und/oder der Zugehörigkeitsfunktionen endet, ist das Lernergebnis in der Regel weiterhin als Standard-Fuzzy-System in-terpretierbar, beispielsweise als Fuzzy-Regler oder Fuzzy-Klassifikator [Nauck and Kruse 1992b, Nauck and Kruse 1995a]. Das Black-Box-Verhalten eines Neuronalen Netzes wird somit vermieden. Auf diese Weise kann sogar neues Wissen aus dem System extrahiert werden.

Die Architektur des Neuro-Fuzzy-Modells wird meist durch die Regeln und die Fuzzy-Mengen bestimmt, die dem zu lösenden Problem zugrunde liegen [Berenji 1992, Nauck and Kruse 1992a, Nauck and Kruse 1993], so dass die Bestimmung von Netzparametern (z.B. Anzahl innerer Einheiten) entfällt. Die in Tabelle 11.1 genannten Vorteile beider Methoden bleiben in vollem Umfang erhalten. Die Nach-teile, die sich auch bei einer Kombination nicht umgehen lassen, bestehen darin, dass der Erfolg des Lernvorgangs nicht garantiert ist, bzw. gleichbedeutend damit, dass das Tuning keine Verbesserung des Regelverhaltens erbringen muss.

11.3   Was ist ein Neuro-Fuzzy-System?

Wie wir den Betrachtungen des vorangegangen Abschnitts entnehmen können, besteht die Idee eines Neuro-Fuzzy-Systems darin, die Parameter eines Fuzzy-Systems mittels eines Lernverfahrens zu bestimmen, das dem Bereich der Neuronalen Netze entlehnt ist. Bevor wir uns mit verschiedenen Arten von Neuro-Fuzzy-Systemen befassen, wollen wir im Folgenden einige grundlegende Eigenschaften betrachten.

Ein üblicher Weg, ein Fuzzy-System zu lernen, besteht darin, dieses in einer speziellen, einem Neuronalen Netz vergleichbaren Architektur zu repräsentieren. Dass dies sehr leicht möglich ist, werden wir in den weiteren Kapiteln sehen. Sodann wird ein Lernverfahren, beispielsweise Backpropagation, angewandt, um das System zu trainieren. Dabei treten jedoch einige Problem auf, die gelöst werden müssen. Neuronale Lernverfahren basieren üblicherweise auf Gradientenabstiegsverfahren, die sich nicht ohne weiteres auf Fuzzy-Systeme übertragen lassen, da die Funktionen, die den Inferenzprozess implementieren nicht immer differenzierbar sind. Es gibt zwei Möglichkeiten, dieses Problem zu umgehen:

(a) Wir ersetzen die Funktionen, die von dem Fuzzy-System verwendet werden, (z.B. min und max) durch differenzierbare Funktionen.

(b) Wir verwenden kein gradientenbasiertes Lernverfahren, sondern eine besser geeignete Prozedur.

Moderne Neuro-Fuzzy Systeme werden oft als mehrschichtige, vorwärtsbetriebene Neuronale Netze repräsentiert [Berenji and Khedkar 1992a, Buckley and Hayashi 1994, Buckley and Hayashi 1995, Halgamuge and Glesner 1994, Jang 1993, Nauck and Kruse 1996a, Nauck and Kruse 1996b, Tschichold 1995]. Das ANFIS-Model von [Jang 1993] (siehe Abschnitt 12.7) implementiert beispielsweise ein Fuzzy-System vom Sugeno-Typ in einer Netzwerkarchitektur und verwendet eine Kombination von Backpropagation und der Methode kleinster Quadrate (Least Mean Squares) um das System zu trainieren. Ein Fuzzy-System vom Sugeno-Typ verwendet nur differenzierbare Funktionen, das heißt, ANFIS verwendet die Möglichkeit (a). Das GARIC-Model [Berenji and Khedkar 1992a] (siehe Abschnitt 12.6) verwendet ebenfalls diese Möglichkeit, indem es eine spezielle differenzierbare „Soft Minimum" Funktion an Stelle des Minimums einsetzt. Das Problem der Lösungsmöglichkeit (a) besteht darin, dass die Modelle nicht mehr so leicht interpretierbar sind wie beispielsweise Fuzzy-Systeme vom Mamdani-Typ.

Andere Modelle wie NEFCON, NEFCLASS und NEFPROX, die wir in den Abschnitten 16–18 diskutieren, verwenden die Möglichkeit (b) und setzen speziell angepasste Lernverfahren ein.

Neben mehrschichtigen vorwärtsbetriebenen Netzen gibt es auch Kombinationen von Fuzzy-Techniken mit anderen Neuronalen Netzwerkarchitekturen, z.B. selbstorganisierende Karten [Bezdek et al. 1992, Vuorimaa 1994] oder Fuzzy-Assoziativspeicher [Kosko 1992a]. Andere Ansätze verzichten darauf, ein Fuzzy-System in einer Netzwerkarchitektur zu repräsentieren. Sie wenden lediglich ein Lernverfahren auf Parameter des Fuzzy-Systems an oder sie verwenden ein Neuronales Netz um diese direkt zu bestimmen (siehe Abschnitt 12).

Es gibt viele unterschiedlich Ansätze von Neuro-Fuzzy-Kombinationen, die sehr viel gemein haben und sich nur in einigen Implementationsaspekten unterscheiden [Buckley and Hayashi 1994, Nauck and Kruse 1996b, Lin and Lee 1996]. Um die gemeinsamen Merkmale all dieser Ansätze hervorzuheben und dem Begriff *Neuro-Fuzzy-System* eine geeignete Bedeutung zu geben, wollen wir ihn im Folgenden nur auf Systeme mit den folgenden Eigenschaften anwenden.

1. Ein Neuro-Fuzzy-System ist ein Fuzzy-System, das mittels eines Lernverfahrens trainiert wird, das (üblicherweise) dem Bereich Neuronaler Netze entlehnt ist. Das (heuristische) Lernverfahren operiert aufgrund lokaler Information und löst nur lokale Modifikationen im zugrundeliegenden Fuzzy-System aus. Der Lernprozess ist nicht wissensbasiert sondern datengetrieben.

2. Ein Neuro-Fuzzy-System kann stets (also vor, während und nach dem Lernvorgang) als eine System von Fuzzy-Regeln interpretiert werden. Es ist sowohl möglich, das System mittels Daten vollständig zu erzeugen, als auch es mit Vorwissen in Form von Fuzzy-Regeln zu initialisieren.

3. Der Lernprozess eines Neuro-Fuzzy Systems berücksichtigt die semantischen Eigenschaften des zugrundeliegenden Fuzzy-Systems. Dies bedeutet, dass die möglichen Veränderungen der Systemparameter Einschränkungen unterworfen sind.

4. Ein Neuro-Fuzzy-System approximiert eine n-dimensionale (unbekannte) Funktion, die durch die Trainingsdaten partiell definiert ist. Die Fuzzy-Regeln des Systems repräsentieren vage Stützstellen und können als vage Prototypen der Trainingsdaten interpretiert werden. Ein Neuro-Fuzzy-System ist kein Fuzzy-Expertensystem und hat nichts mit Fuzzy-Logik im engeren Sinne zu tun [Kruse *et al.* 1994a].

5. Ein Neuro-Fuzzy-System kann als ein spezielles dreischichtiges vorwärtsbetriebenes Neuronales Netz betrachtet werden (siehe Def. 13). Diese Sichtweise illustriert den Datenfluss im System und dessen parallele Architektur. Diese neuronale Interpretation ist jedoch keine Vorbedingung für die Anwendung eines Lernverfahrens. Es handelt sich lediglich um eine Konvention und manche Neuro-Fuzzy-Systeme verzichten darauf. Einige Ansätze verwenden auch eine fünfschichtige Darstellung, die sich jedoch üblicherweise in eine dreischichtige überführen lässt.

Neuro-Fuzzy-Ansätze werden also verwendet, um ein Fuzzy-System aus Daten abzuleiten oder es durch Lernen an Beispielen zu verbessern. Die exakte Implementation des Neuro-Fuzzy-Systems spielt nur eine untergeordnete Rolle. Es ist möglich ein Neuronales Netz zu verwenden um bestimmte Parameter eines Fuzzy-Systems zu erlernen, beispiels lässt sich eine selbstorganisierende Karte einsetzen, um Fuzzy-Regeln zu finden [Pedrycz and Card 1992]. Genauso kann man ein Fuzzy-System als spezielles Neuronales Netz betrachten und einen Lernalgorithmus direkt darauf anwenden [Nauck and Kruse 1996a].

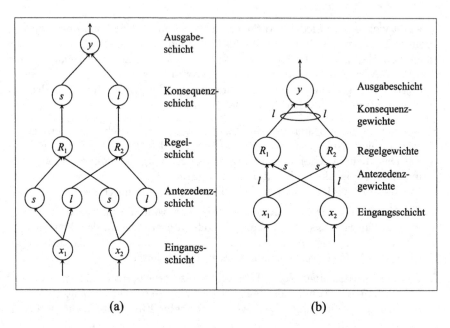

(a)   (b)

Abbildung 11.3 Zwei Fuzzy-Systeme, die als ein fünfschichtiges (a) bzw. als ein dreischichtiges Netz mit gemeinsamen Gewichten (b) repräsentiert sind

Viele Ansätze verwenden eine neuronale Architektur um den Datenfluss im
System und die damit verbundenen Berechnungen zu illustrieren. Diese Repräsentation wird dann verwendet, um die Anwendung eines Lernverfahrens zu formalisieren. Einige Neuro-Fuzzy-Ansätze verwenden eine fünfschichtige **knotenorientierte**
Architektur, wie sie in Abbildung 11.3(a) zu sehen ist.

Wir bezeichnen diese Darstellung als knotenorientiert, weil sich die Parameter aller Zugehörigkeitsfunktionen des Fuzzy-Systems innerhalb von Knoten befin-
den und die Verbindungen nicht zwingend veränderbare Gewichte aufweisen. Aus
neuronaler Sicht ist diese Architektur nicht adaptiv, wenn die Verbindungen nicht
gewichtet sind. Eine knotenorientierte Architektur wird daher oft verwendet, um
einen neuronalen Lernalgorithmus zu definieren, der auf adaptiven Gewichten beruht, die für eine Teilmenge der Verbindungen existieren. Wir betrachten derartige
Verfahren in Abschnitt 15.1.

Die Schichten des Netzes sind nicht vollständig verbunden, sondern die Verbindungen sind so gewählt, dass sie die Regelbasis des zugrundeliegenden Fuzzy-
Systems repräsentieren. Das Netz in Abbildung 11.3(a) stellt ein Fuzzy-System mit
den folgenden beiden Regeln dar:

R_1: if x_1 is *small* and x_2 is *small* then y is *small*,
R_2: if x_1 is *large* and x_2 is *large* then y is *large*.

Die Bedeutung der Schichten der Netzwerkrepräsentation in Abbildung 11.3(a) sind wie folgt:

- Eingangschicht: Eingabevariablen,
- Antezedensschicht: Fuzzy-Mengen, die in den linguistischen Ausdrücken der Regelantezedenzen vorkommen,
- Regelschicht: Fuzzy-Regeln,
- Konsequensschicht: Fuzzy Mengen, die in den linguistischen Ausdrücken der Regelkonsequenzen vorkommen,
- Ausgabeschicht: Ausgabevariablen.

Wird ein Lernalgorithmus verwendet, um die Parameter des Fuzzy-Systems zu modifizieren, so würden die Parameter innerhalb der Einheiten in der zweiten und vierten Schicht verändert. Durch Speichern der Zugehörigkeitsfunktionen innerhalb dieser Schichten wird sichergestellt, dass alle Fuzzy-Regeln, die in der dritten Schicht repräsentiert werden, auf denselben linguistischen Termen beruhen.

Wir werden im Folgenden eine **verbindungsorientierte** dreischichtige Darstellung der knotenorientierten fünfschichtigen Netzwerkrepräsentation vorziehen. Die verbindungsorientierte Repräsentation in Abbildung 11.3(b) trägt diese Bezeichnung, weil sie mit einer neuronalen Interpretation korrespondiert, bei der alle veränderbaren Parameter als adaptive Gewichte realisiert sind. Um sicherzustellen, dass jeder linguistische Term nur durch genau eine Fuzzy-Menge repräsentiert wird, werden **gemeinsame** oder **geteilte Gewichte** verwendet (auch als **gekoppelte Verbindungen** bezeichnet).

Das Fuzzy-System in Abbildung 11.3(b) besteht aus folgender Regelbasis:

if x_1 is *large* and x_2 is *small* then y is *large*,
if x_1 is *small* and x_2 is *large* then y is *large*.

In diesem Beispiel teilen sich die Verbindungen von der Regelschicht zur Ausgabeschicht dasselbe (Fuzzy-) Gewicht *large*, das mittels einer Fuzzy-Menge über dem Wertebereich der Ausgabevariablen y definiert ist. Ein Lernalgorithmus muss erkennen, dass die beiden Verbindungen gekoppelt sind und sicherstellen, dass für beide das Gewicht stets identisch ist.

Die Bedeutung der Schichten in der Netzwerkdarstellung in Abbildung 11.3(b) ist äquivalent zu den Schichten in Abbildung 11.3(a) mit denselben Bezeichnungen. In der dreischichtigen Repräsentation kodieren die Verbindungen Parameter eines Fuzzy-Sytems.

- Die Gewichte der Antezedensverbindungen repräsentieren die Fuzzy-Mengen der linguistischen Terme in den Regelantezedenzen.
- Die Gewichte der Konsequensverbindungen repräsentieren die Fuzzy-Mengen der linguistischen Terme in den Regelkonsequenzen.

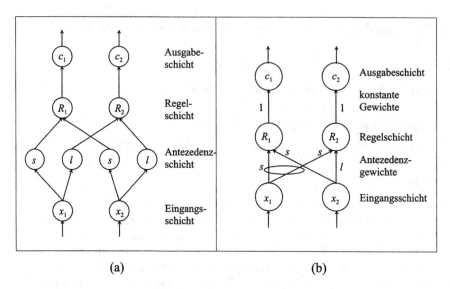

(a)   (b)

Abbildung 11.4 Unterschiedliche Netzwerkrepräsentationen zweier Fuzzy-Klassifikatoren mit zwei Regeln und zwei Klassen

Die Netze in Abbildung 11.3 repräsentieren Fuzzy-Systeme vom Mamdani-Typ. Diese Art der Netzwerkrepräsentation kann auch verwendet werden, um eine vereinfachte Version von Sugeno-Fuzzy-Systemen darzustellen, bei der die Konsequenzen aus einzelnen Werten (Singletons) anstatt aus Linearkombinationen der Eingangsvariablen bestehen. In diesem Fall repräsentieren die Konsequenzgewichte Singletons. In der knotenorientierten Darstellung würden die Singletons in den Knoten der vierten Schicht gespeichert. Diese letzte Art der Darstellung wird jedoch meist nicht gewählt. Stattdessen findet man auch eine vierschichtige Darstellung, bei der die Konsequensschicht entfällt und die Singletons als Gewichte zwischen Regel- und Ausgabeschicht repräsentiert werden. Eine solche Darstellung findet man beispielsweise in [Siekmann *et al.* 1998]. Dort wurde ein Neuro-Fuzzy-System mit Hilfe einer Entwicklungsumgebung für Neuronale Netze entwickelt, um den Deutschen Aktienindexes DAX vorherzusagen.

Um ein Fuzzy-System vom Sugeno-Typ als Netzwerk zu repräsentieren, das lineare Modelle in den Regelkonsequenzen einsetzt, wären Verbindungen von den Eingabeknoten zu den Ausgabeknoten notwendig.

Soll ein Fuzzy-Klassifikator mittels eines vorwärtsbetriebenen Netzes repräsentiert werden, können die Netztypen in Abbildung 11.4 verwendet werden. Da Fuzzy-Klassifikatoren keine Fuzzy-Mengen in den Regelkonsequenzen verwenden, können die Regelknoten direkt mittels ungewichteter Verbindungen (bzw. Verbindungen mit dem konstanten Gewicht 1) mit den Ausgabeknoten verbunden werden, welche die Klassenbezeichnungen repräsentieren. Da jede Regel nur eine Klassenbezeichnung in ihrem Konsequens verwendet, gibt es von jedem Regelknoten auch nur genau eine Verbindung zu einem Ausgabeknoten.

Die knotenorientierte Netzwerkrepräsentation in Abbildung 11.4(a) beschreibt einen Fuzzy-Klassifikator mit den beiden Regeln

R_1: if x_1 is *small* and x_2 is *small* then class c_1,
R_2: if x_1 is *large* and x_2 is *large* then class c_2

Die verbindungsorientierte Netzwerkrepräsentation in Abbildung 11.4(b) besteht aus den zwei Regeln

R_1: if x_1 is *small* and x_2 is *small* then class c_1,
R_2: if x_1 is *small* and x_2 is *large* then class c_2.

Beachten Sie, dass die Verbindungen $x_1 \rightarrow R_1$ und $x_1 \rightarrow R_2$ sich die Fuzzy-Menge *small* als gemeinsames Gewicht teilen.

12 Typen von Neuro-Fuzzy-Systemen

Unsere Sichtweise von Neuro-Fuzzy-Systemen erlaubt eine Interpretation sowohl als Fuzzy-System als auch als spezielles vorwärtsbetriebenes mehrschichtiges Neuronales Netz. Diese Art von Neuro-Fuzzy-System bezeichnen wir auch als *hybrides Neuro-Fuzzy-System*. Es sind jedoch auch noch andere Interpretationen sinnvoll, die auf der Kombination von Neuronalen Netzen und Fuzzy-Systemen beruhen. Diese wollen wir in diesem Abschnitt kurz betrachten.

Es ist möglich, ein Neuronales Netz und ein Fuzzy-System grundsätzlich unabhängig voneinander arbeiten zu lassen und auf diese Weise eine Neuro-Fuzzy-Kombination herzustellen. Die Kopplung besteht darin, dass einige Parameter des Fuzzy-Systems vom Neuronalen Netz (offline) erzeugt wurden oder (online) während des Einsatzes optimiert werden. Diese Art der Kombination wird im Folgenden als *kooperatives Neuro-Fuzzy-System* bezeichnet. Wir stellen im nächsten Abschnitt diese Sichtweise von Neuro-Fuzzy-Systemen dar und vergleichen sie mit unserer hybriden Interpretation. Die restlichen Abschnitte stellen einige Neuro-Fuzzy Ansätze vor, die für die Forschung in diesem Bereich von Bedeutung sind und teilweise die von uns entwickelten Neuro-Fuzzy-Systeme und deren Lernverfahren beeinflusst haben (vgl. Kapitel 14 – 18).

12.1 Kooperative und Hybride Neuro-Fuzzy-Systeme

Ein kooperatives Neuro-Fuzzy-Modell ist ein Ansatz, der Teile von Fuzzy-Systemen durch Neuronale Netze ersetzt, bzw. sie oder ihre Lernalgorithmen zur Parameterbestimmung verwendet. Derartige Ansätze erheben nicht den Anspruch, ein Modell zu sein, das alle Teile eines Fuzzy-Systems vollständig emuliert und es damit ersetzt. Solche Ansätze bezeichnen wir als hybride Neuro-Fuzzy-Systeme. Sie entsprechen unserer Interpretation in Abschnitt 11.3.

Die im Folgenden vorgestellten Grundformen kooperativer Neuro-Fuzzy-Systeme kommen in reiner Form kaum vor. Typischerweise findet man Mischformen oder Teilmodelle. Die Grundformen eignen sich zur Begriffsklärung und zur Veranschaulichung, welche Neuro-Fuzzy-Kombination denkbar sind.

In Abbildung 12.1 sind vier mögliche kooperative Ansätze dargestellt:

(a) Das Neuronale Netz ermittelt aus Beispieldaten die Zugehörigkeitsfunktionen zur Modellierung der linguistischen Terme. Dies kann entweder durch die Bestimmung geeigneter Parameter oder die Approximation der Funktionen mittels Neuronaler Netze geschehen. Die auf diese Weise (offline) gebildeten Fuzzy-Mengen werden zusammen mit den gesondert definierten Fuzzy-Regeln zur Implementierung des Fuzzy-Systems verwendet.

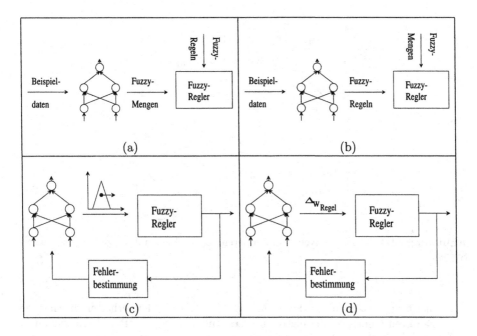

Abbildung 12.1 Schematische Darstellung kooperativer Neuro-Fuzzy-Systeme

(b) Das Neuronale Netz ermittelt aus Beispieldaten linguistische Regeln. Dies geschieht mit Hilfe eines Clustering-Verfahrens, das meist durch selbstorganisierende Karten oder ähnliche Neuronale Architekturen realisiert wird. Auch in diesem Ansatz arbeitet das Neuronale Netz vor der Implementation des Fuzzy-Systems und lernt die Fuzzy-Regeln offline. Die benötigten Zugehörigkeitsfunktionen müssen gesondert definiert werden.

(c) Das Neuronale Netz ermittelt online, d.h. während des Betriebs des Fuzzy-Systems (typischerweise ein Fuzzy-Regler), Parameter zur Adaption der Zugehörigkeitsfunktionen. Für das Modell müssen die Fuzzy-Regeln und eine Initialisierung der parametrisierten Fuzzy-Mengen definiert werden. Außerdem muss ein Fehlermaß bereitgestellt werden, das den Lernvorgang des Neuronalen Netzes leitet. Steht eine feste Lernaufgabe zur Verfügung, ist es möglich, das Modell auch offline lernen zu lassen.

(d) Das Neuronale Netz ermittelt online oder offline Gewichtungsfaktoren für die Fuzzy-Regeln. Ein derartiger Faktor wird meist als „Bedeutung" der Regel interpretiert [Altrock *et al.* 1992, Kosko 1992a] und skaliert die Regelausgabe. Als Anwendungsvoraussetzungen gelten die unter Punkt (c) genannten Bedingungen. Die Semantik derartiger Gewichtungsfaktoren ist jedoch nicht geklärt. Ihr Einsatz sollte vermieden werden, wenn die Interpretation des Fuzzy-System von Bedeutung ist. Die Gewichtung einer Regel entspricht der Veränderung der Zugehörigkeitsfunktionen ihres Konsequens, was jedoch

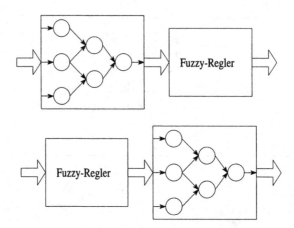

Abbildung 12.2 Neuronale Netze zur Aufbereitung von Ein- und Ausgaben eines Fuzzy-Systems

meist zu nicht-normalen Fuzzy-Mengen führt. Außerdem erhalten durch diese Faktoren identische linguistische Werte unterschiedliche Repräsentationen in unterschiedlichen Regeln.

Neben diesen Modellen kooperativer Kombinationen sind auch Ansätze denkbar, in denen ein Neuronales Netz genutzt wird, um Eingaben in ein Fuzzy-System vorzuverarbeiten oder dessen Ausgaben nachzubearbeiten (Abbildung 12.2). Derartige Kombinationen haben nicht zum Ziel, die Parameter des Fuzzy-Systems zu optimieren, sondern streben lediglich eine Verbesserung des Regelverhaltens des Gesamtsystems an. Ein Lernvorgang findet nur in den eingesetzten Neuronalen Netzen statt, das Fuzzy-System selbst bleibt unverändert. Da die verwendeten Neuronalen Netze das übliche Black-Box-Verhalten zeigen, ist dieser Ansatz dann geeignet, wenn die Interpretation des Lernergebnisses von untergeordneter Bedeutung ist und ein einfaches System benötigt wird, das sich ständig an Veränderungen seiner Umgebung anpassen kann. Im Gegensatz zu einem reinen Neuronalen System bietet die Verwendung eines zugrundeliegenden Fuzzy-System den Vorteil einer schnellen Realisierung unter der Verwendung von A-priori-Wissen.

Ein Beispiel der von uns bevorzugten Sichtweise von hybriden Neuro-Fuzzy-Systemen ist schematisch in Abbildung 12.3 dargestellt. Hier handelt es sich um einen hybriden Neuro-Fuzzy-Regler. Der Vorteil eines solchen Modells besteht in der durchgängigen Architektur, die eine Kommunikation zwischen zwei unterschiedlichen Modellen überflüssig macht. Das System ist daher grundsätzlich in der Lage, sowohl online als auch offline zu lernen. Das in Abbildung 12.3 gezeigte Neuro-Fuzzy-Modul enthält eine Komponente zur Fehlerbestimmung. Diese Komponente kann, wie bei Neuronalen Netzen, als wesentliche Eigenschaft des Lernalgorithmus angesehen werden und ist nur der Deutlichkeit halber dargestellt.

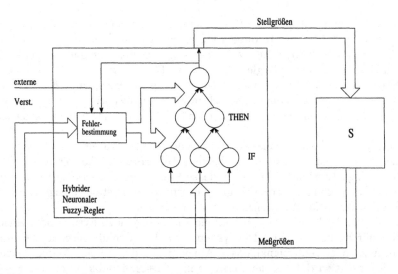

Abbildung 12.3 Schematische Darstellung eines hybriden Neuronalen Fuzzy-Reglers

Der Lernalgorithmus wirkt, wie bei konnektionistischen Systemen üblich, durch die Veränderung der Architektur, d.h. durch die Anpassung der Gewichte (entsprechen Fuzzy-Mengen) und/oder das Entfernen bzw. Hinzunehmen von Einheiten (entsprechen Variablen und Fuzzy-Regeln). Die durch den Lernvorgang ausgelösten Veränderungen können sowohl im Sinne eines Neuronalen Netzes als auch im Sinne eines Fuzzy-Reglers interpretiert werden. Dieser letzte Aspekt ist wesentlich, da durch ihn das übliche Black-Box-Verhalten konnektionistischer Systeme entfällt. Auf diese Weise entspricht ein erfolgreicher Lernvorgang einem Zuwachs an explizitem Wissen, das wieder in Form einer Regelbasis eines Fuzzy-Reglers darstellbar ist.

Der Lernvorgang erfolgt überwacht. Dabei liegt entweder eine feste oder eine freie Lernaufgabe in Verbindung mit einem Verstärkungssignal vor. Eine feste Lernaufgabe kann durch die Sammlung von Beispieldaten, z.B. durch Beobachtung eines menschlichen Bedieners, gebildet werden und wird dann zum Lernen im Offline-Modus verwendet. Sie kann aber unter gewissen Voraussetzungen auch online erzeugt werden, wobei ein Meta-Regler als Trainer fungiert. Der Meta-Regler muss in der Lage sein, für jeden Zustand die korrekte Regelaktion bereitzustellen. Diese Aktion bildet dann zusammen mit dem Zustand der Messgrößen ein Element der Lernaufgabe. Ein derartiges Vorgehen ist der Sammlung von Beispieldaten sogar vorzuziehen, da hierdurch die Gefahr einer unzureichenden Lernaufgabe verringert wird. Es muss jedoch sichergestellt sein, dass alle Zustände in ausreichender Häufigkeit eintreten, da nur auf diese Weise ein Lernvorgang simuliert werden kann, der mehreren Lernepochen entspricht (vgl. Kapitel 2). Eine feste Lernaufgabe wird jedoch nur selten online zur Verfügung gestellt werden können, weil prinzipiell nur dann der Bedarf nach einem neuen Regler besteht, wenn das System noch nicht automatisch geregelt werden kann, d.h., kein Meta-Regler existiert.

Es ist jedoch denkbar, dass z.B. ein Neuronaler Regler existiert, der das physikalische System beherrscht. In diesem Fall kann es wünschenswert sein, diesen als Meta-Regler für die Bildung einer festen Lernaufgabe einzusetzen und auf diese Weise einen Neuronalen Fuzzy-Regler zu erzeugen. Dieser kann dann aufgrund seiner Architektur interpretiert werden und dient somit als Werkzeug zum Wissenserwerb. Das Wissen über die Regelung lässt sich in Form linguistischer Kontrollregeln explizit ausdrücken, während es vorher nur verteilt im Neuronalen Regler gespeichert war.

Auch bei der Existenz eines konventionellen Reglers für ein System ist ein Bedarf nach einem Neuro-Fuzzy-Regler denkbar. Beherrscht der konventionelle Regler nur eine geringe Teilmenge aller Zustände, so kann er als Trainer eingesetzt werden. Die von dem Neuronalen Fuzzy-Regler beherrschbare Zustandsmenge kann dann online durch verstärkendes Lernen vergrößert werden.

Verstärkendes Lernen kann nur online am zu regelnden System oder einer Simulation durchgeführt werden. Die Systemzustände bilden die Lernaufgabe und ein Verstärkungs- oder Fehlersignal, das in Abhängigkeit des auf eine Aktion folgenden Zustands erzeugt wird, leitet den Lernvorgang. Dieses Signal kann entweder extern (durch einen Trainer) zur Verfügung gestellt oder durch den Lernalgorithmus selbst erzeugt werden. Dazu ist es notwendig, das Regelungsziel zu kennen und das Wissen über „gute" Systemzustände explizit zu machen, um es in das Lernverfahren implementieren zu können. Diese Bedingung ist vielfach leichter zu erfüllen als die Konstruktion einer festen Lernaufgabe.

Vor der Entscheidung über den Einsatz einer bestimmten Form von Neuro-Fuzzy-Systemen ist zunächst zu überprüfen, ob die Grundlage für die Anwendung eines Lernverfahrens überhaupt gegeben ist, d.h., ob entweder eine Menge von Beispieldaten oder ein Bewertungsschema für die Systemzustände angegeben werden kann, aus denen eine Lernaufgabe zu konstruieren ist. Falls diese Voraussetzung geschaffen wurde, ist weiterhin zu klären, ob ein existierendes Fuzzy-System optimiert werden soll oder ob die benötigten Fuzzy-Mengen und/oder Fuzzy-Regeln mit Hilfe des kombinierten Modells erst bestimmt werden sollen [Nauck and Kruse 1994b].

Bei der Optimierung eines bestehenden Fuzzy-Systems unter Zuhilfenahme eines Neuronalen Netzes besteht der einzige Ansatzpunkt in der Anpassung der Zugehörigkeitsfunktionen. Kombinationen, in der ein Neuronales Netz eine existierende Regelbasis optimiert, was durch Hinzufügen und Streichen von Regeln geschehen müsste, sind nicht bekannt. Ein denkbarer Ansatz wäre, das Fuzzy-System in das hybride Modell von [Sulzberger et al. 1993] zu transformieren und gegebenenfalls nach dem Lernvorgang wieder zurückzuwandeln. Die dabei auftretenden Veränderungen können jedoch eine Interpretation der Regelbasis erschweren oder verhindern (siehe Kapitel 12.11).

Bei der Optimierung der Fuzzy-Mengen kann, je nach Art der Lernaufgabe, einer der beiden kooperativen Ansätze aus Abbildung 12.1a oder 12.1c gewählt werden. Der Ansatz 12.1a kann bei der Vorlage einer festen Lernaufgabe eingesetzt werden, die sich nur auf die Spezifikation von Zugehörigkeitsgraden bezieht, oder wenn die Zugehörigkeitsfunktionen in Form Neuronaler Netze implementiert sind. Der Lernvorgang wird dabei offline durchgeführt und das Lernergebnis muss durch

Tests mit dem modifizierten Fuzzy-System überprüft werden. Gegebenenfalls ist der Lernvorgang mit einer erweiterten Lernaufgabe wieder aufzunehmen.

Der Ansatz 12.1c ist verwendbar, wenn der Lernvorgang durch verstärkendes Lernen online am physikalischen System oder einer Simulation möglich ist oder eine feste Lernaufgabe vorliegt. Die Lernaufgabe bezieht sich in diesem Fall auf das Ein-/Ausgabeverhalten eines Reglers. Derartige Verfahren wurden beispielsweise in japanischen Konsumprodukten eingesetzt [Takagi 1995].

Prinzipiell lässt sich zur Optimierung eines Fuzzy-Systems auch die in Abbildung 12.1d gezeigte Methode einsetzen, da die Skalierung einer Regelausgabe der Änderung der Zugehörigkeitsfunktion des Konsequens entspricht. Dabei treten jedoch die oben bereits genannten semantischen Probleme auf. Vergleichbar mit diesem Ansatz sind die Neuro-Fuzzy-Kombinationen, bei denen die Neuronalen Netze eine Vor- oder Nachbearbeitung der Ein- bzw. Ausgabe des Fuzzy-Systems vornehmen (Abbildung 12.2). Derartige Systeme werden teilweise in japanischen Produkten eingesetzt, die sich ständig den Kundenwünschen anpassen sollen [Takagi 1995].

Für den Fall, dass ein Fuzzy-System erst konstruiert werden soll und die Zugehörigkeitsfunktionen und Kontrollregeln nur teilweise oder gar nicht bekannt sind, sind hybride Neuro-Fuzzy-Ansätze vorzuziehen. Bei der Verwendung kooperativer Ansätze muss unter Umständen eine Reihe von Modellen nacheinander angewandt werden, um zum Ziel zu gelangen. Sind die Fuzzy-Mengen bekannt, so lässt sich das Modell aus Abbildung 12.1b heranziehen, um die Kontrollregeln zu erlernen. Eine Optimierung ist dann mit dem Modell 12.1c möglich. Bei mangelhaftem Wissen um die Modellierung linguistischer Werte muss eventuell vorher noch das Modell 12.1a verwendet werden, vorausgesetzt, es sind geeignete Daten vorhanden und die Kenntnis der Regeln ist für diesen Schritt noch nicht erforderlich.

Ein geeignetes hybrides Modell bietet demgegenüber die Vorteile einer einheitlichen Architektur und der Fähigkeit, alle diese Aufgaben gleichzeitig durchzuführen. Außerdem kann A-priori-Wissen in Form von Regeln genutzt werden und somit den Lernvorgang beschleunigen. Das Modell 12.1b erzeugt dagegen die Regeln aus Beispieldaten, was eine Initialisierung durch Regeln ausschließt.

Die Tabelle 12.1 fasst die angeführten Überlegungen zusammen und zeigt, unter welchen Kriterien die bisher genannten allgemeinen Modelle von Neuro-Fuzzy-Kombinationen anwendbar sind.

Neuro-Fuzzy-Systemen begegnet vorwiegend in regelungstechnischen Aufgabenbereichen und im Bereich der Datenanalyse. Diesen beiden Feldern widmen wir uns in den folgenden Kapiteln. Hier noch einige Ansätze kombinierter Modelle aus Gebieten, die im Weiteren nicht berücksichtigt werden:

- Ansätze, die sich mit dem Einsatz Neuronaler Strukturen im Bereich der Verarbeitung unscharfer Information befassen, finden sich z.B. in [Eklund and Klawonn 1992, Keller 1991, Keller and Tahani 1992a, Keller and Tahani 1992b, Keller *et al.* 1992, Pedrycz 1991a, Pedrycz 1991b]. Derartige Modelle sollen Teile von Fuzzy-Expertensystemen bilden oder die unscharfe Entscheidungsfindung (fuzzy decision making) durch die Verarbeitung von durch Fuzzy-Mengen repräsentierter Information mit Hilfe Neuronaler Netze unterstützen.

Kriterium	Kooperative Modelle (a) (b) (c) (d)				Hybride Modelle Nur ZF ZF und FR	
Fuzzy-Regler existiert, ZF anpassen	$\circ^{(1)}$		$\bullet$	$\circ^{(2)}$	$\bullet$	$\bullet$
FR bekannt, ZF unbekannt	$\circ^{(1)}$	$\bullet^{(3)}$			$\bullet^{(3)}$	$\bullet^{(3)}$
FR unbekannt, ZF bekannt		$\bullet$				$\bullet$
FR unbekannt, ZF unbekannt		$\circ^{(4)}$				$\bullet^{(3)}$
FR teilweise bekannt						$\bullet$

Legende: ZF: Zugehörigkeitsfunktion, FR: Fuzzyregel
$\bullet$: verwendbar, $\circ$: eingeschränkt verwendbar

(1) Nur bei auf ZF beschränkter fester Lernaufgabe
(2) Nur wenn die semantische Bedeutung des Reglers
nicht von Interesse ist
(3) Eine Initialisierung der Parameter der ZF wird benötigt
(4) Nur in Verbindung mit (c) bzw. (a) und (c)

Tabelle 12.1   Auswahlkriterien für Neuro-Fuzzy-Kombinationen

Andere Methoden zur Behandlung von Unsicherheit und Vagheit in wissens-basierten Systemen werden z.B. in [Gebhardt *et al.* 1992, Kruse *et al.* 1991a, Kruse *et al.* 1991b] untersucht.

- Weitere Ansätze befassen sich mit dem Einsatz von Fuzzy-Methoden in Neuro-nalen Netzen, um deren Leistungsfähigkeit zu erhöhen oder ihren Lernvorgang abzukürzen [Narazaki and Ralescu 1991, Simpson 1992a, Simpson 1992b]. Anwendungsbereiche hierfür sind sie Musterklassifikation oder Funktionsapproximation. Eine Anwendung im Gebiet Computer-Sehen wird in [Krishnapuram and Lee 1992] vorgestellt. Auch die Nutzung von Fuzzy-Reglern zur Erzeugung von Lernaufgaben für Neuronale Netze fällt in den Bereich der Verbesserung Neuronaler Systeme [Freisleben und Kunkelmann 1993].

- Neben dem Einsatz Neuronaler Netze zur Optimierung oder Erzeugung von Fuzzy-Reglern wird häufig auch die Verwendung *genetischer Algorithmen* diskutiert [Goldberg 1989]. Das Ziel besteht dabei darin, sowohl eine Regelbasis als auch die Zugehörigkeitsfunktionen zu ermitteln. Arbeiten hierzu finden sich in [Hopf and Klawonn 1993, Kinzel *et al.* 1994, Lee and Takagi 1993, Takagi and Lee 1993].

In den folgenden Abschnitten betrachten wir nun einige interessante Neuro-Fuzzy-Kombinationen. Zunächst werden die Fuzzy-Assoziativspeicher nach [Kosko 1992a] untersucht. Sie stellen eine Möglichkeit dar, Fuzzy-Regeln zu kodieren und zu erlernen. Der im Anschluss diskutierte Ansatz von [Pedrycz and Card 1992] zeigt, wie mit Hilfe von selbstorganisierenden Karten Fuzzy-Regeln gebildet werden können. Anschließend wird ein exemplarischer Ansatz von [Nomura *et al.* 1992] zur adaptiven Bestimmung von Fuzzy-Mengen diskutiert, der als erster Gradientenabstiegsverfahren einsetzt. Auf dieser Grundlage beruhen viele Neuro-Fuzzy-Ansätze beziehungsweise sind davon inspiriert.

Richtungweisende hybride Ansätze sind das ARIC-Modell bzw. dessen Erweiterung GARIC [Berenji 1992, Berenji and Khedkar 1992a] sowie das ANFIS-Modell von [Jang 1991, Jang 1993]. Abschließend diskutieren wir noch Ansätze von [Takagi and Hayashi 1991, Hayashi *et al.* 1992b] und [Sulzberger *et al.* 1993].

12.2 Adaptive Fuzzy-Assoziativspeicher

Unter der Voraussetzung, dass die Grundmenge X einer Fuzzy-Menge $\mu : X \to [0,1]$ endlich ist und $X = \{x_1, \ldots, x_m\}$ gilt, lässt sich μ als ein Punkt des Einheits-Hyperwürfels $I^m = [0,1]^m$ auffassen [Kosko 1992a]. Eine linguistische Regel der Form

$$R: \textbf{If } \xi_1 \textbf{ is } A_{j,1}^{(1)} \textbf{ and } \ldots \textbf{and } \xi_n \textbf{ is } A_{j,n}^{(n)} \textbf{ Then } \eta \textbf{ is } B_j$$

lässt sich dann als Abbildung

$$R : I^{m_1} \times \ldots \times I^{m_n} \to I^s$$

interpretieren. Dabei gelte, dass die Eingangsgrößen $\xi_1, \ldots, \xi_n$ und die Ausgangsgröße η Werte aus den endlichen Mengen $X_1, \ldots, X_n$ und Y besitzen, die z.B. Teilmengen von $\mathbb{R}$ sein können, und dass die linguistischen Terme $A_1^{(1)}, \ldots, A_{p_1}^{(1)}, \ldots,$ $A_1^{(n)}, \ldots, A_{p_n}^{(n)}$ durch die Zugehörigkeitsfunktionen $\mu_1^{(1)}, \ldots, \mu_{p_1}^{(1)}, \ldots, \mu_1^{(n)}, \ldots, \mu_{p_n}^{(n)}$ und $B_1, \ldots, B_q$ durch $\nu_1, \ldots, \nu_q$ repräsentiert seien.

Wie bereits diskutiert wurde, kann der Begriff „Regel" in diesem Zusammenhang irreführend sein, da keine Regel im logischen Sinne gemeint ist, sondern die linguistische Formulierung einer Abhängigkeit zwischen unscharfen Konzepten im Sinne einer Wenn-Dann-Beziehung. Eine weitere Möglichkeit der Interpretation besteht darin, eine linguistische Regel als *Assoziation* zwischen Antezedens und Konsequens aufzufassen, wie dies von [Kosko 1992a] getan wird.

Falls Fuzzy-Mengen als Punkte im Einheits-Hyperwürfeln interpretiert und linguistischen Regeln als Assoziationen aufgefasst werden, ist es naheliegend, für die Repräsentation von Fuzzy-Regeln Neuronale Assoziativspeicher einzusetzen.

Definition 12.1 *Ein Assoziativspeicher enthält Speicherworte der Form* (**s**, **i**), *wobei* **i** *den zum Schlüssel* **s** *gehörenden Informationsteil repräsentiert. Ein Speicherwort ist ausschließlich über seinen Schlüssel und nicht über seinen Speicherplatz definiert. Ein Informationsabruf erfolgt durch Anlegen eines Schlüssels* **s***, *der gleichzeitig mit den Schlüsseln aller Speicherworte verglichen wird, so dass der zu* **s***

gehörende Informationsteil **i*** *innerhalb eines Speicherzyklus gefunden (bzw. bei Nicht-Vorhandensein nicht gefunden) wird. Dieser Vorgang heißt assoziativer Abruf.*

Definition 12.2 *Ein (linearer) Neuronaler Assoziativspeicher ist ein zweischichtiges Perzeptron mit einem Graphen* (U, C) *mit* $U = U_{in} \cup U_{out}$, $U_{in} \cap U_{out} = \emptyset$ *($U_{hidden} = \emptyset$). Die Eingabeschicht* U_{in} *ist vollständig mit der Ausgabeschicht* U_{out} *verbunden, d.h.* $C = U_{in} \times U_{out}$. *Wird ein Schlüsselmuster* **s*** *(Eingabemuster) an die Eingabeschicht gelegt und propagiert, so repräsentieren die Aktivierungen der Ausgabeeinheiten das dazugehörige Informationsmuster* **i*** *(Ausgabemuster).*

Ein Neuronaler Assoziativspeicher kann durch eine Gewichtsmatrix **W** repräsentiert werden. In dieser werden die Gewichte der Verbindungen zwischen Ein- und Ausgabeschicht angegeben. Der assoziative Abruf entspricht dann der Multiplikation **Ws** der Matrix **W** mit einem Schlüsselvektor **s**. Die Verbindungsewichte speichern die Korrelationen zwischen den Merkmalen von Schlüssel **s** und Informationsteil **i**. Die Einspeicherung geschieht durch die Bildung des äußeren Produkts $\mathbf{i} \times \mathbf{s} = \mathbf{i}\,\mathbf{s}^\top$. Die resultierende Matrix wird zur Gewichtssmatrix **W** hinzuaddiert. Für einen leeren Neuronalen Assoziativspeicher gilt $\mathbf{W} = \mathbf{0}$.

Die Kapazität eines Neuronalen Assoziativspeichers ist begrenzt. Für den Abruf eines beliebigen Musters $(\mathbf{s}_j, \mathbf{i}_j)$ gilt

$$\mathbf{W}\,\mathbf{s}_j = (\mathbf{i}_j\,\mathbf{s}_j^\top)\mathbf{s}_j + \sum_{i \neq j}(\mathbf{i}_i\,\mathbf{s}_i^\top)\mathbf{s}_j = \|\mathbf{s}_j\|^2\mathbf{i}_j + \mathbf{a}.$$

Unter der Voraussetzung, dass alle Schlüssel orthogonal zueinander sind, ist **a** der Nullvektor, und es ergibt sich das mit einem Faktor behaftete ursprüngliche Ausgabemuster. Gilt für alle Schlüssel $\|\mathbf{s}\| = 1$, so wird das unveränderte Ausgabemuster geliefert. Daraus folgt, dass für Schlüssel mit n Merkmalen maximal n Muster ohne additive Überlagerung gespeichert werden können, vorausgesetzt, dass die Schlüssel orthogonal sind. Soll ein fehlerfreier assoziativer Abruf erreicht werden, müssen sie orthonormal sein.

Den Nachteil der beschränkten Kapazität gleichen Neuronale Assoziativspeicher mit dem Vorteil der Fehlertoleranz aus. Sie können auch unvollständige oder gestörte Schlüssel verarbeiten. Ist die Eingabe dem Schlüssel **s*** ähnlich, so wird die erhaltene Ausgabe dem Ausgabemuster **i*** ähnlich sein [Kohonen 1972, Kohonen 1977, Kosko 1992a]. Wird die Konnektionsmatrix transponiert, lässt sich mit Hilfe des Ausgabemusters der dazugehörige Schlüssel erzeugen, vorausgesetzt, die Zuordnung ist auch in dieser Richtung eindeutig. Für einen fehlerfreien Abruf gelten die oben angestellten Betrachtungen. Da die Bildung der Konnektionsmatrix der Hebbschen Lernregel entspricht, wird ein Neuronaler Assoziativspeicher auch als Hebb BAM (Bidirectional Associative Memory) bezeichnet [Kosko 1992a].

Um eine Fuzzy-Regel in einer den Neuronalen Assoziativspeichern verwandten Form zu repräsentieren, müssen die Operation für den assoziativen Abruf und die Bildung der Konnektionsmatrix geeignet ersetzt werden. Koskos FAM entspricht der folgenden Definition.

Definition 12.3 *Ein Fuzzy-Assoziativspeicher FAM ist ein Neuronaler Assoziativspeicher gemäß Definition 12.2 mit den folgenden Bedingungen:*

1. $(\forall u \in U_{\text{in}}, v \in U_{\text{out}})\ w_{vu} \in [0,1]$,

2. $(\forall v \in U_{\text{out}})\ \text{net}_v = \max\limits_{u \in U_{\text{in}}} \{\min(\text{out}_u, w_{vu})\}$,

3. $(\forall u \in U_{\text{in}})\ \text{ext}_u \in [0,1]$.

Aus Gründen der Vereinfachung wird für den Rest dieses Abschnitts eine eher technische Notation vereinbart. Es gelte, dass die verwendeten Fuzzy-Mengen endliche Grundmengen besitzen und daher in der Form endlicher Vektoren aus $[0,1]^n$ dargestellt sind, also im Sinne Koskos als Punkte eines Einheits-Hyperwürfels [Kosko 1992a]. Eine Fuzzy-Regel wird abkürzend als Paar zweier Fuzzy-Mengen (μ, ν) notiert, wobei μ den linguistischen Wert des Antezedens und ν den Wert des Konsequens repräsentiert. Regeln mit einer Konjunktion von Werten im Antezedens werden zunächst nicht betrachtet. Weiterhin gelte:

$$\mu\ :\ X \to [0,1],\ X = \{x_1, \ldots, x_m\},\ \mu_i = \mu(x_i),$$
$$\nu\ :\ Y \to [0,1],\ Y = \{y_1, \ldots, y_s\},\ \nu_i = \nu(y_i).$$

Ein FAM wird im Folgenden durch seine Gewichtsmatrix

$$\mathbf{W} = [w_{ji}], \qquad i = 1, \ldots, m, \qquad j = 1, \ldots, s$$

bestimmt.

Ein FAM speichert immer nur eine Fuzzy-Regel, da aufgrund der verwendeten Operationen die wechselseitige Störung mehrerer Muster stärker ausfällt als beim Neuronalen Assoziativspeicher. Für die Speicherung einer Fuzzy-Regel (μ, ν) gilt:

$$\mathbf{W} = \nu \circ \mu, \quad w_{ji} = \min(\nu_j, \mu_i).$$

Sie repräsentiert somit eine Fuzzy-Relation $\varrho : X \times Y \to [0,1]$. Kosko bezeichnet die Gewichtsmatrix $\mathbf{W}$ als *Fuzzy-Hebb-Matrix* und deren Bildung als *Korrelations-Minimum-Kodierung* [Kosko 1992a]. Für den assoziativen Abruf gilt dann gemäß Definition 12.3:

$$\nu = \mathbf{W} \circ \mu, \qquad \nu_j = \max\limits_{i \in \{1, \ldots, m\}} \{\min(w_{ji}, \mu_i)\}.$$

Es sei

$$h(\mu) = \max\limits_{x \in X}(\mu(x)).$$

Dann gilt, dass ein assoziativer Abruf aus einem FAM mit einer Konnektionsmatrix $\mathbf{W} = \nu \circ \mu$ nur dann fehlerfrei erfolgen kann, wenn $h(\mu) \geq h(\nu)$ gilt [Kosko 1992a], wie sich leicht nachrechnen lässt:

$$\mathbf{W} \circ \mu\ =\ \max\limits_{i \in \{1, \ldots, n\}} \{\min(w_{ji}, \mu_i)\}$$

$$= \max_{i \in \{1,\ldots,n\}} \{\min(\min(\nu_j, \mu_i), \mu_i)\}$$

$$= \max_{i \in \{1,\ldots,n\}} \{\min(\nu_j, \mu_i)\}$$

$$= \min(\nu_j, h(\mu)).$$

Daraus folgt, dass bei der Verwendung normaler Fuzzy-Mengen immer ein fehlerfreier Abruf möglich ist.

Beispiel 12.1 Gegeben seien $\mu = (0.3, 0.7, 1.0, 0.5)$ und $\nu = (0.2, 1.0, 0.4)$. Damit erhalten wir die folgende Konnektionsmatrix eines FAM.

$$\mathbf{W} = \begin{pmatrix} 0.2 & 0.2 & 0.2 & 0.2 \\ 0.3 & 0.7 & 1.0 & 0.5 \\ 0.3 & 0.4 & 0.4 & 0.4 \end{pmatrix}$$

Für $\mathbf{W} \circ \mu$ ergibt sich wieder ν und für $\mu^* = (0, 0.7, 0, 0)$ liefert $\mathbf{W} \circ \mu$ als Ergebnis $\nu^* = (0.2, 0.7, 0.4)$. ☐

Die Propagation von μ^* im obigen Beispiel entspricht der Feststellung des scharfen Messwertes x_2, der Bestimmung seines Zugehörigkeitswertes und der Ermittlung des dazugehörigen Wertes für das Konsequens der Fuzzy-Regel nach dem üblichen Verfahren der Max-Min-Auswertung. Wird anstelle der Minimumsbildung das Produkt bei der Bestimmung von $\mathbf{W}$ bzw. beim assoziativen Abruf verwendet, gleicht dies der Vorgehensweise der Max-Produkt-Auswertung.

Wird statt μ^* der binäre Vektor $\mu' = (0, 1, 0, 0)$ mit der Matrix $\mathbf{W}$ aus Beispiel 12.1 verknüpft, erhält man dasselbe Ergebnis. Das bedeutet, dass die Bestimmung des Zugehörigkeitswertes entfallen kann, da jeder Vektor μ' mit $\mu_i' \geq \mu_i^*$ ($i \in \{1, \ldots, n\}$) denselben Ausgabevektor erzeugt. Wird das Produkt anstelle der Minimumsbildung verwendet, dürfen nur binäre Vektoren mit $\mathbf{W}$ verknüpft werden, um der Vorgehensweise einer Max-Produkt-Auswertung exakt zu entsprechen.

Die bisherigen Betrachtungen zeigen, dass ein FAM lediglich eine eher technisch orientierte Repräsentationsform für eine Fuzzy-Relation, bzw. Fuzzy-Regel darstellt. Da eine Überlagerung mehrerer Konnektionsmatrizen zu einer einzigen wie im Fall der Neuronalen Assoziativspeicher aufgrund des hohen Informationsverlustes nicht sinnvoll ist [Kosko 1992a], besteht die Notwendigkeit, jede Fuzzy-Regel in einem einzelnen FAM zu speichern. Regeln mit n konjunktiv verknüpften Werten in den Antezedenzen lassen sich durch n FAMs repräsentieren, die jeweils eine Regel $(\mu^{(i)}, \nu)$ speichern. Die Gesamtausgabe besteht dann aus dem komponentenweisen Minimum der einzelnen Ausgaben [Kosko 1992a].

Kosko schlägt auf dieser Grundlage ein *FAM-System* vor, dass ein Fuzzy-System nachbildet (siehe Abbildung 12.4). Die FAMs werden ergänzt um eine (evtl. gewichtete) Akkumulation der Einzelausgaben (z.B. Maximumsbildung im Fall eines Mamdani-Reglers) und einer Defuzzifizierungskomponente. Wird mit einem solchen FAM-System ein üblicher Fuzzy-Regler nachgebildet, so werden dem System

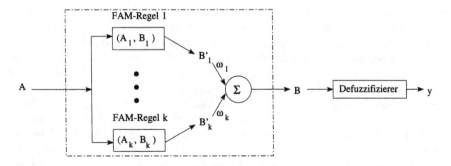

Abbildung 12.4 FAM-System nach [Kosko 1992a]. Die A_i, B_i bezeichnen Fuzzy-Mengen, die ω_i stellen reelle Gewichtungsfaktoren dar.

als Eingabe binäre Vektoren, die genau eine 1 enthalten, übergeben, und die Ausgabe entspricht nach der Defuzzifizierung ebenfalls einem solchem binären Vektor. Kosko bezeichnet das Modell in diesem Fall auch als *BIOFAM-System* (Binary Input-Output FAM).

Allgemein verarbeitet ein FAM-System Fuzzy-Mengen in Form von Vektoren aus $[0, 1]^n$ und erzeugt Fuzzy-Mengen als Ausgabe. Die Defuzzifizierungskomponente ist nachgeschaltet und nicht direkt Bestandteil des Modells. Um beispielsweise einen Fuzzy-Regler nachzubilden, der scharfe Messwerte verarbeitet, müssen die Eingaben als Fuzzy-Singletons in Form von Vektoren aus $\{0, 1\}^n$ vorgenommen werden.

Obwohl ein FAM als Spezialfall eines Neuronalen Assoziativspeichers angesehen werden kann, ist für ein derartiges FAM-System noch nicht die Bezeichnung „Neuro-Fuzzy-System" gerechtfertigt, weil dem Modell bisher adaptive Elemente fehlen. Kosko schlägt dazu zwei Ansätze vor: Eine Möglichkeit besteht in einer adaptiven Gewichtung der Ausgaben einzelner FAMs (Gewichte ω_i in Abbildung 12.4), der zweite Ansatz sieht die adaptive Bildung von FAMs vor.

Die Verwendung von Gewichtungsfaktoren entspricht dem Kopplungsmodell (d) aus Abbildung 12.1 auf Seite 195. Kosko nutzt zu deren Bestimmung dasselbe Verfahren wie zur adaptiven Ermittlung von Fuzzy-Regeln. Eine Realisierung adaptiver Gewichte unter Bezugnahme auf Koskos FAM-Modell findet sich in der kommerziellen Fuzzy-Entwicklungsumgebung *fuzzyTECH* [fuzzyTECH 1993].

Zur adaptiven Bestimmung von FAMs verwendet Kosko ein Verfahren der *adaptiven Vektor-Quantisierung* (AVQ-Verfahren) [Kosko 1992a, Kosko 1992b]. Dieses Lernverfahren entspricht dem Lernvorgang in selbstorganisierenden Karten und wird meist in Form des Wettbewerbslernens realisiert. Kosko bezeichnet sein Lernverfahren als *Differential Competitive Learning* (DCL, differentielles Wettbewerbslernen) [Kosko 1992a, Kosko 1992b].

Für den Lernvorgang wird ein zweischichtiges Neuronales Netz verwendet. Die Eingabeschicht U_{in} enthält $(n + 1)$ Neuronen, unter der Voraussetzung, dass das zu lösende Problem durch n Eingangsgrößen und eine Ausgangsgröße beschrieben wird.

Die Ausgabeschicht U_{out} enthält $k = p_1 \cdot \ldots \cdot p_n \cdot q$ Neuronen, wobei die p_i bzw. q die Anzahl der linguistischen Werte der Eingabegrößen bzw. der Ausgabegröße angeben. Der Benutzer muss also die Partitionierung vornehmen, d.h., die Fuzzy-Mengen müssen bekannt sein. Die Form der Zugehörigkeitsfunktionen hat keinen Einfluss auf den Lernvorgang. Für die Auswertung des Lernergebnisses sind dagegen die Träger der Fuzzy-Mengen von Bedeutung. Jedes Ausgabeneuron $v \in U_{\text{out}}$, genauer sein Gewichtsvektor, der aus den Gewichten der Verbindungen von der Eingabeschicht zu dieser Einheit v gebildet werden kann, repräsentiert eine mögliche Fuzzy-Regel.

Die Eingabeschicht ist vollständig mit der Ausgabeschicht verbunden. Die Einheiten der Ausgabeschicht sind außerdem vollständig untereinander verbunden, wodurch eine Topologie mit lateraler Inhibition realisiert wird. Dabei sollen benachbarte Neuronen einander verstärken und entfernte Neuronen einander hemmen. Im einfachsten Fall gilt für alle $v, v' \in U_{\text{out}}$

$$
w_{v'v} = \left\{
\begin{array}{ll}
1 & \text{falls } v = v', \\
-1 & \text{sonst.}
\end{array}
\right.
$$

Für die Neuronen u der Eingabeschicht U_{in} gilt $f_{\text{act}}^{(u)} = f_{\text{out}}^{(u)} = id$. Deren Ausgabe ist demnach gleich der externen Eingabe ext_u. Für alle $v \in U_{\text{out}}$ gilt dagegen:

$$
\text{act}_v = \text{act}_v^{\text{alt}} + \sum_{u \in U_{\text{in}}} w_{vu} \cdot \text{out}_u + \sum_{v' \in U_{\text{out}}} w_{vv'} \cdot \text{out}_{v'},
$$

$$
o_{v'} = \frac{1}{1 + e^{-\beta \, \text{act}_{v'}}}, \beta > 0.
$$

Als Lernaufgabe wird eine Menge von Ein-/Ausgabetupeln benötigt. Obwohl dabei Ein- und Ausgabewerte einer zu approximierenden Funktion spezifiziert werden, handelt es sich doch um eine freie Lernaufgabe. Das Lernziel besteht darin, die Tupel einer Fuzzy-Regel zuzuordnen, wobei diese Zuordnung nicht angegeben wird. Die Tupel bilden Cluster im Produktraum $X_1 \times \ldots \times X_n \times Y$. Der Lernvorgang soll die Gewichtsvektoren der Ausgabeeinheiten zu Prototypen dieser Cluster entwickeln. Die Idee besteht darin, die Cluster als Fuzzy-Regeln zu interpretieren und über ihre Prototypen zu identifizieren.

Nach Abschluss des Lernvorgangs wird für die Gewichte w_{vu} einer festen Ausgabeeinheit $v \in U_{\text{out}}$ und aller Eingabeeinheiten $u \in U_{\text{in}}$ überprüft, für welche Fuzzy-Mengen der korrespondierenden Variablen sich ein Zugehörigkeitsgrad größer null für w_{vu} ergibt. Auf diese Weise lässt sich ein derartig gebildeter Gewichtsvektor einer oder mehreren Fuzzy-Regeln zuordnen. Der von [Kosko 1992a] verwendete Lernalgorithmus identifiziert zunächst die Ausgabeeinheit, deren Gewichtsvektor sich am geringsten von der aktuellen Eingabe unterscheidet, d.h. die Einheit $v^* \in U_{\text{out}}$ für die

$$
\sum_{u \in U_{\text{in}}} (w_{v^*u} \cdot \text{out}_u)^2 = \max_{v \in U_{\text{out}}} \left\{ \sum_{u \in U_{\text{in}}} (w_{vu} \cdot \text{out}_u)^2 \right\}
$$

gilt. Anschließend werden die Gewichte der Verbindungen, die zu dieser Einheit v^* führen, wie folgt aktualisiert:

$$w_{v^* u} = w_{v^* u} + \alpha \cdot \mathrm{sgn}(\Delta \, \mathrm{out}_{v^*}) \cdot (\mathrm{out}_u - w_{v^* u}), \qquad \text{für alle } u \in U_{\mathrm{in}}.$$

Dabei ist $\Delta \, \mathrm{out}_{v^*}$ die Differenz zwischen aktueller und vorhergehender Ausgabe der Einheit v^*. α ist eine Lernrate, die mit der Zeit abnimmt, um Konvergenz zu garantieren. Alle anderen Gewichte des Netzes bleiben unverändert.

Aus der Anzahl der auf diese Weise einer Fuzzy-Regel zuzuordnenden Gewichtsvektoren werden die gewichtenden Faktoren der Regeln gebildet, z.B. durch Bestimmung der relativen Häufigkeiten.

Nach Abschluss des Lernvorgangs kann ein FAM-System gebildet werden (Abbildung 12.4). Werden während des Einsatzes des FAM-Systems weitere Beispieldaten gesammelt, kann der Lernalgorithmus fortgesetzt werden, um z.B. die Gewichtungsfaktoren anzupassen. Auch die Entfernung oder Hinzunahme von Regeln ist auf diese Weise denkbar.

Koskos FAM-Modell kann in erster Linie deshalb als kooperatives Neuro-Fuzzy-Modell angesehen werden, weil er ein Neuronales Netz verwendet, um Fuzzy-Regeln aus Beispieldaten zu gewinnen. Da die Fuzzy-Mengen bereits vorliegen müssen, entspricht dieser Ansatz dem Kopplungsmodell (b) aus Abbildung 12.1 auf Seite 195. Da das FAM-Modell zusätzlich eine Gewichtung der Regeln vorsieht, ergibt sich insgesamt eine Mischform mit dem Kopplungsmodell (d).

Auch wenn der Einsatz eines neuronalen Cluster-Verfahrens in Form des DCL-Algorithmus zur Bildung einer Regelbasis zunächst keinen Kritikpunkt bietet, ist das von Kosko präsentierte Ergebnis aufgrund der Gewichtungsfaktoren dennoch kritisch zu beurteilen. Kosko bewertet diese Faktoren als „Bedeutung" der Regeln. Es kann jedoch nicht davon ausgegangen werden, dass Regeln mit geringem Gewicht, die demzufolge selten korrespondierende Zustände in der Lernaufgabe besitzen, von geringerer Bedeutung für die Problemlösung sind, beispielsweise die Beherrschung eines dynamischen Systems. Ist die Lernaufgabe durch Beobachtung einer funktionierenden Regelung oder eines qualifizierten Bedieners entstanden, werden gerade diejenigen Regeln geringe Gewichte aufweisen, die auf extreme Zustände reagieren sollen. Auch bei fortlaufender Anpassung der Gewichte während des Einsatzes des Systems, werden sich diese bei den häufig verwendeten Regeln erhöhen und, eine erfolgreich Regelung vorausgesetzt, dadurch die Aktionen der Regeln für Extremzustände weiter abschwächen, so dass die Beherrschung dieser Zustände mit der Zeit verloren geht.

Kosko weist selbst auf diese Problematik im Zusammenhang mit der Regelung eines inversen Pendels als Beispielanwendung hin. Er schlägt vor, dass der Benutzer selbst Regeln zur Behandlung extremer Zustände gewichten bzw. nachträglich in die Regelbasis einfügen soll. Dies widerspricht jedoch dem Sinn einer adaptiven Entwicklung der Regeln, da das Wissen dazu gerade nicht notwendig sein sollte. Der Benutzer muss weiterhin darauf achten, dass die Regelbasis konsistent ist, das bedeutet, dass keine Regeln mit identischem Antezedens, aber unterschiedlichem Konsequens auftreten dürfen. Im Konfliktfall muss sich der Benutzer für eine dieser Regeln entscheiden und die anderen entfernen. Das Lernergebnis bedarf daher in jedem Fall einer Überprüfung und eventuell einer Nachbearbeitung, wobei ein bestimmtes Maß an Wissen über die Zusammenhänge der Variablen des zu regelnde Systems erforderlich ist.

Die Verwendung von Gewichtungsfaktoren ruft auch das bereits erwähnte semantische Problem hervor (vgl. auch Kap. 12.1), dass identische linguistische Werte in den Konsequenzen unterschiedliche Repräsentationen erhalten.

Trotz der genannten Nachteile werden gewichtete Regeln in Fuzzy-Reglern oder Entwicklungsumgebungen eingesetzt, weil sie eine der am einfachsten zu realisierenden Möglichkeiten darstellen, ein adaptives System zu erhalten [Altrock *et al.* 1992, Stoeva 1992, fuzzyTECH 1993].

Ein wesentlicher Aspekt des Modells, die FAMs, spielt keine Rolle für die Beurteilung als Neuro-Fuzzy-System. Der vorgestellte Lernmechanismus kann mit jedem Fuzzy-System zusammenarbeiten. Der Vergleich der FAMs mit Neuronalen Assoziativspeichern und die Speicherung von Fuzzy-Regeln in Form von FAMs bringt keine Vorteile für ein Fuzzy-System. Die FAM-Matrizen können durch das Modell nicht gelernt werden. Sie entsprechen letztlich nur einer expliziten Speicherung einer Fuzzy-Relation unter der Verwendung endlicher Grundmengen. Ihre Verwendung bedeutet gegenüber den üblichen Implementierungen von Fuzzy-Systemen, in denen die Zugehörigkeitsfunktionen gewöhnlich in Form von Vektoren und die Regelbasis in Form einer Tabelle aus Referenzen auf Fuzzy-Mengen gespeichert ist, zudem einen Mehrverbrauch an Speicherplatz. Die explizite Speicherung der Fuzzy-Relationen als FAMs bietet dann einen Laufzeitvorteil, wenn Fuzzy-Mengen als Eingabe verarbeitet werden müssen. Im Bezug auf die Regelung physikalischer Systeme, wobei gewöhnlich scharfe Messwerte anfallen, ist dies jedoch nicht praktisch relevant.

Ein dem FAM-Modell vergleichbarer Ansatz wird in [Yamaguchi *et al.* 1992] zur Steuerung eines flugfähigen Hubschrauber-Modells mit vier Rotoren verwendet. [Yamaguchi *et al.* 1992] nutzen Fuzzy-Regeln mit scharfen Ausgaben und kodieren sie mit Hilfe von BAMs (s.o.). Ein Lehrer korrigiert die Steuerung des Fuzzy-Reglers während des Betriebs. Aus den Korrekturen wird ein Fehlermaß abgeleitet und zum Training der BAMs mit Hilfe der Delta-Regel verwendet. Dieses Lernverfahren verändert somit direkt die Kodierung der Regeln in den Assoziativspeichern und führt damit zu einer Veränderung der Regelausgabe. Dieser Ansatz entspricht dem Typ (c) kooperativer Neuro-Fuzzy-Systeme (vgl. Abbildung 12.1 auf Seite 195). In diesem Fall bringt der Einsatz Neuronaler Assoziativspeicher einen Vorteil im Gegensatz zu Koskos Modell, da er die Anwendung neuronaler Lernverfahren erst ermöglicht.

12.3 Linguistische Interpretation selbstorganisierender Karten

Einen zu Koskos Ansatz vergleichbaren Weg bei der Bestimmung linguistischer Regeln findet man in [Pedrycz and Card 1992]. Die Autoren verwenden eine selbstorganisierende Karte mit einer planaren Wettbewerbsschicht zur Cluster-Analyse von Beispieldaten und geben einen Weg zur Interpretation des Lernergebnisses an.

Die eingesetzte selbstorganisierende Karte (vgl. Kapitel 6) besitzt eine Einga-beschicht $U_I = \{u_1, \ldots, u_n\}$ aus n Einheiten und eine aus $n_1 \cdot n_2$ Neuronen be-stehende Ausgabeschicht $U_O = \{v_{1,1}, \ldots, v_{1,n_2}, \ldots, v_{n_1,1}, \ldots v_{n_1,n_2}\}$. Die Gewichte und die Eingaben in das Netz stammen aus $[0,1]$. Die Eingabedaten müssen also gegebenenfalls geeignet normiert werden.

Auf Grund der Indizierung der Einheiten können die Gewichte in einer drei-dimensionalen Konnektionsmatrix $\mathbf{W} = [w_{i_1,i_2,i}]$, $i_1 = 1, \ldots, n_1$, $i_2 = 1, \ldots, n_2$, $i = 1, \ldots, n$ angegeben werden. Der Gewichtsvektor $\vec{w}_{i_1,i_2} = (w_{i_1,i_2,1}, \ldots, w_{i_1,i_2,n})$ bezeichnet die Gesamtheit aller Gewichte der Verbindungen, die aus der Eingabe-schicht bei der Ausgabeeinheit v_{i_1,i_2} eintreffen. Die nicht-überwachte Lernaufgabe $\mathcal{L}$ besteht aus Vektoren $\vec{x}_k = (x_{k,1}, \ldots, x_{k,n})$, $k = 1, \ldots, m$. Der Lernvorgang wurde bereits in Kapitel 6 erläutert.

Das Lernergebnis zeigt, ob zwei Eingabevektoren einander ähnlich sind bzw. zu einer gemeinsamen Klasse gehören. Auf diese Weise lässt sich jedoch gerade bei höherdimensionalen Eingabevektoren aus der zweidimensionalen Karte keine Struk-tur der Lernaufgabe ablesen. [Pedrycz and Card 1992] geben daher ein Verfahren an, wie das Lernergebnis unter Zuhilfenahme linguistischer Variablen interpretiert werden kann.

Nach Abschluss des Lernvorgangs kann jedes Merkmal x_i der Eingabemuster durch eine Matrix $\mathbf{W}_i \in [0,1]^{n_1 \cdot n_2}$ beschrieben werden, die die Gewichte seiner Verbindungen zu den Ausgabeeinheiten enthält und damit eine Karte nur für die-ses Merkmal definiert. Für jedes Merkmal $x_i \in X_i$, $X_i \subseteq [0,1]$ der Eingabemuster werden Fuzzy-Mengen $\mu_{j_i}^{(i)} : X_i \to [0,1]$, $j_i = 1, \ldots, p_i$ definiert. Diese werden auf die Matrix $\mathbf{W}_i$ angewandt, um eine Familie transformierter Matrizen $\mu_{j_i}^{(i)}(\mathbf{W}_i)$, $j_i = 1, \ldots, p_i$ zu erhalten. Dabei erscheinen hohe Werte in den Bereichen der Matri-zen, die mit dem durch $\mu_{j_i}^{(i)}$ repräsentierten linguistischen Konzept kompatibel sind [Pedrycz and Card 1992].

Jede Kombination der linguistischen Werte für korrespondierende Merkmale bildet eine potentielle Beschreibung einer Musterteilmenge bzw. eines Clusters. Um die Validität einer solchen linguistischen Beschreibung $\mathcal{B}$ zu überprüfen, werden entsprechend transformierte Matrizen geschnitten, um eine Matrix $\mathbf{D}^{(\mathcal{B})} = [d_{i_1,i_2}^{(\mathcal{B})}]$ zu erhalten, die die Gesamtverträglichkeit der Beschreibung mit dem Lernergebnis repräsentiert:

$$\mathbf{D}^{(\mathcal{B})} = \bigcap_{i \in \{1,\ldots,n\}} \mu_{j_i}^{(i)}(\mathbf{W}_i), \quad d_{i_1,i_2}^{(\mathcal{B})} = \min_{i \in \{1,\ldots,n\}} (\mu_{j_i}^{(i)}(w_{i_1,i_2,i})).$$

$\mathcal{B}$ entspricht dabei der Sequenz $(j_1, \ldots, j_n)$, $j_i \in \{1, \ldots, p_i\}$.

$\mathbf{D}^{(\mathcal{B})}$ ist eine Fuzzy-Relation, wobei der Zugehörigkeitsgrad $d_{i_1,i_2}^{(\mathcal{B})}$ als Grad der Unterstützung der Beschreibung $\mathcal{B}$ durch den Knoten v_{i_1,i_2} und $h(\mathbf{D}^{(\mathcal{B})})$ als Grad der Verträglichkeit der Beschreibung mit dem Lernergebnis interpretiert wird [Pedrycz and Card 1992].

$D^{(\mathcal{B})}$ kann durch seine α-Schnitte beschrieben werden. Jeder α-Schnitt $D_\alpha^{(\mathcal{B})}$, $\alpha \in \{0, 1\}$, enthält somit eine Teilmenge der Ausgabeneuronen, deren Zugehörigkeitsgrad nicht kleiner als α ist. Sucht man zu einem Neuron v_{i_1, i_2} das Muster $\vec{x}_{k_0}$ der Lernaufgabe $\mathcal{L}$, für das

$$||\vec{w}_{i_1, i_2} - \vec{x}_{k_0}|| = \min_{\vec{x} \in \mathcal{L}} ||\vec{w}_{i_1, i_2} - \vec{x}||$$

gilt, so induziert jedes $D_\alpha^{(\mathcal{B})}$ eine Musterteilmenge $X_\alpha^{(\mathcal{B})} \subseteq \mathcal{L}$, wobei offensichtlich

$$X_{\alpha_1}^{(\mathcal{B})} \subseteq X_{\alpha_2}^{(\mathcal{B})}, \text{ für } \alpha_1 \geq \alpha_2$$

folgt. Gleichzeitig gilt, dass das Vertrauen, dass alle Muster von $X_\alpha^{(\mathcal{B})}$ zur der durch $\mathcal{B}$ beschriebenen Klasse gehören, mit kleiner werdendem α abnimmt. Die durch ein ausreichend hohes α_0 induzierte Musterteilmenge $X_{\alpha_0}^{(\mathcal{B})}$ kann als die Menge der Prototypen der durch $\mathcal{B}$ beschriebenen Klasse interpretiert werden.

Jedes $\mathcal{B}$ kann als gültige Beschreibung einer Musterklasse (eines Clusters) interpretiert werden, wenn das dazugehörige $D^{(\mathcal{B})}$ einen nicht-leeren α-Schnitt $D_{\alpha_0}^{(\mathcal{B})}$ hat. Werden die Merkmale x_i in Ein- und Ausgangsgrößen aufgeteilt, so stellt jedes $\mathcal{B}$ eine linguistische Regel dar. Auf diese Weise lässt sich eine Regelbasis für einen Fuzzy-System erzeugen. Gleichzeitig kann durch dieses Verfahren aufgeklärt werden, welche Muster der Lernaufgabe einer Regel zuzuordnen sind und welche Muster zu keiner Regel gehören, da sie in keiner der Teilmengen $X_{\alpha_0}^{(\mathcal{B})}$ enthalten sind.

Der Ansatz von Pedrycz und Card stellt in Verbindung mit einem Fuzzy-System exakt ein Kopplungsmodell des Typs (b) dar, wie er in Abschnitt 12.1 (siehe Abbildung 12.1) vorgestellt wurde.

Im Vergleich mit Koskos Vorgehensweise (Kapitel 12.2) zum Erlernen von Fuzzy-Regeln ist dieser Ansatz aufwendiger, da sämtliche Kombinationen linguistischer Werte der korrespondierenden Variablen untersucht werden müssen. Die Bestimmung eines „ausreichend hohen" Wertes für α_0 stellt ein Problem dar, dass nur in Abhängigkeit von der jeweiligen Lernaufgabe gelöst werden kann. Entsprechendes gilt für die Anzahl der Neuronen in der Ausgabeschicht.

Die wesentlichen Vorteile gegenüber Koskos Ansatz bestehen darin, dass die ermittelten Regeln nicht mit Gewichtungsfaktoren behaftet sind und dass die Form der gewählten Zugehörigkeitsfunktionen einen bestimmenden Einfluss auf die Regelbasis hat. Auf diese Weise wird die vorhandene Information besser genutzt.

Koskos Lernverfahren wertet keine Nachbarschaftsrelation zwischen den Ausgabeneuronen aus. Dadurch ergibt sich keine topologisch korrekte Abbildung der Eingabemuster auf die Ausgabeschicht. Der Ausgang des Lernverfahrens hängt damit sehr viel stärker von der Initialisierung der Gewichte ab, als dies bei Pedryczs und Cards Lernalgorithmus der Fall ist. Koskos Vorgehensweise entspricht der Ermittlung einer Häufigkeitsverteilung der Daten in dem durch die Partitionierung der Variablen (Mustermerkmale) nur grob strukturierten Raum (es werden nur die Träger der Fuzzy-Mengen berücksichtigt).

Pedrycz und Card hingegen ermitteln zunächst die Struktur des Merkmalsraumes und prüfen dann, unter Berücksichtigung der gesamten durch die Fuzzy-Partitionierung der Variablen bereitgestellten Information, welche linguistische Beschreibung am besten mit dem Lernergebnis übereinstimmt. Treten dabei z.B. sehr viele Muster auf, die gar keiner Beschreibung zuzuordnen sind, so kann dies ein Zeichen dafür sein, dass die gewählten Fuzzy-Mengen zur Beschreibung nicht geeignet sind, und sie können neu bestimmt werden. Dieser Ansatz ist dem von Kosko vorzuziehen, wenn eine Regelbasis eines Fuzzy-Systems erlernt werden soll.

Der Nachteil selbstorganisierender Karten besteht darin, dass die verwendete Lernrate und die Größe der Umgebung für die Veränderung der Gewichte nur heuristisch zu bestimmen sind, und eine ungünstige Wahl dieser Parameter einen Lernerfolg eventuell verhindert. Die Konvergenz der Lernverfahrens ist durch Reduktion von Umgebung und Lernrate erzwungen; es gibt keine Garantie, dass das Lernergebnis die Struktur der Lernaufgabe geeignet wiedergibt. Weiterhin ist das Resultat abhängig von der Reihenfolge der Musterpräsentationen, da nach jeder Musterpropagation die Gewichte verändert werden.

[Bezdek et al. 1992] zeigen eine Möglichkeit auf, Kohonens Lernalgorithmus mit dem Fuzzy c-Means-Clusterverfahren [Bezdek and Pal 1992] zu verbinden. Dabei werden die Größe der Lernrate und die Größe der Umgebung eines Neurons mittels des Fuzzy c-Means-Algorithmus in jeder Epoche neu bestimmt. Da außerdem bei jeder Gewichtsänderung alle Muster verwendet werden, entfällt die Abhängigkeit von der Propagationsreihenfolge. Die oben geschilderten Nachteile können so vermieden werden.

12.4 Erlernen von Fuzzy-Mengen

Während die beiden vorhergehenden Kapitel sich mit Ansätzen zur Bestimmung oder Gewichtung von Fuzzy-Regeln befassen, wird in diesem Abschnitt auf Verfahren zur adaptiven Bestimmung von Fuzzy-Mengen eingegangen. [Nomura et al. 1992] stellen ein Lernverfahren vor, das in der Lage ist, bei bestehender Regelbasis eines Sugeno-Reglers die Zugehörigkeitsfunktionen zur Modellierung der linguistischen Werte der Messgrößen mittels einer überwachten Lernaufgabe zu verändern.

Der von [Nomura et al. 1992] betrachtete Regler verwendet in den Regelantezedenzen parametrisierte Dreiecksfunktionen der Form

$$\mu_r^{(i)}(\xi_i) = \begin{cases} 1 - \dfrac{2|\xi_i - a_r^{(i)}|}{b_r^{(i)}} & \text{falls } a_r^{(i)} - \frac{b_r^{(i)}}{2} \leq \xi_i \leq a_r^{(i)} + \frac{b_r^{(i)}}{2} \\ 0 & \text{sonst} \end{cases}$$

zur Repräsentation der Fuzzy-Mengen $\mu_1^{(1)}, \ldots, \mu_r^{(1)}, \ldots, \mu_1^{(n)}, \ldots, \mu_r^{(n)}$ der Messgrößen $\xi_1 \in X_1, \ldots, \xi_n \in X_n$. Dabei legt $a_r^{(i)}$ die Spitze und $b_r^{(i)}$ die Breite des gleichschenkligen Dreiecks fest. Die Regelkonsequenzen enthalten lediglich je einen Skalar $y_r \in Y$ zur Spezifikation der Stellgröße η. Die Regelbasis besteht aus den Regeln $R_1, \ldots, R_k$, und die Gesamtausgabe wird mit

$$\eta = \frac{\sum_{r=1}^{k} \tau_r \, y_r}{\sum_{r=1}^{k} \tau_r}$$

berechnet, wobei τ_r der Erfüllungsgrad des Antezedens der Regel R_r ist und durch

$$\tau_r = \prod_{i=1}^{n} \mu_r^{(i)}(\xi_i)$$

bestimmt wird.

[Nomura et al. 1992] gehen bei der Definition ihres Reglers insofern einen un-
gewöhnlichen Weg, als dass sie für jedes X_i k Fuzzy-Teilmengen definieren, wobei
$\mu_r^{(i)}$ die Fuzzy-Teilmenge von X_i ist, die im Antezedens der Regel R_r auftritt. Dabei kann durchaus $\mu_r^{(i)} = \mu_{r'}^{(i)}$, für $r \neq r'$ ($r, r' \in \{1, \dots, k\}$) gelten. Das bedeutet,
dass jeder linguistische Wert in Abhängigkeit von der Regel, in der er auftritt,
durch mehrere (sinnvollerweise identische) Zugehörigkeitsfunktionen repräsentiert
sein kann.

Das Lernverfahren von [Nomura et al. 1992] entspricht einem Gradientenabstiegsverfahren über einem Fehlermaß E, mit

$$E = \sum_{p \in \mathcal{L}_{\text{fixed}}} \frac{1}{2}(\eta_p - \eta_p^*)^2,$$

wobei η_p der tatsächliche und η_p^* der erwünschte Stellwert für das Element p der
überwachten Lernaufgabe $\mathcal{L}_{\text{fixed}}$ ist. Da das verwendete Regler-Modell weder ein
Defuzzifizierungsverfahren noch eine nicht differenzierbare t-Norm zur Bestimmung
des Erfüllungsgrades einer Regel nutzt, ist die Bestimmung der Änderungen für die
Parameter $a_r^{(i)}, b_r^{(i)}$ und y_r trivial und entspricht der Vorgehensweise zur Herleitung
der Delta-Regel für zweischichtige Neuronale Netze. Im einzelnen ergibt sich für
die Parameteränderungen nach der Verarbeitung des Elementes p der Lernaufgabe $\mathcal{L}_{\text{fixed}}$:

$$\Delta_p a_r^{(i)} = \frac{\sigma_a \, \tau_r}{\sum_{j=1}^{k} \tau_j}(\eta_p^* - \eta_p)(y_r - \eta_p)\frac{2\,\text{sgn}(\xi_i - a_r^{(i)})}{b_r^{(i)} \mu_r^{(i)}(\xi_{i,p})}, \qquad (12.1)$$

$$\Delta_p b_r^{(i)} = \frac{\sigma_b \, \tau_r}{\sum_{j=1}^{k} \tau_j}(\eta_p^* - \eta_p) \, (y_r - \eta_p)\frac{1 - \mu_r^{(i)}(\xi_{i,p})}{b_r^{(i)} \mu_r^{(i)}(\xi_{i,p})}, \qquad (12.2)$$

$$\Delta_p y_r = \frac{\sigma_y \tau_r}{\sum_{j=1}^{k} \tau_j}(\eta_p^* - \eta_p), \qquad (12.3)$$

wobei $\sigma_a, \sigma_b, \sigma_y > 0$ Lernraten sind.

Dabei lassen [Nomura et al. 1992] jedoch außer acht, dass die verwendeten Zugehörigkeitsfunktionen an drei Stellen nicht differenzierbar sind. Dadurch sind die
Änderungen für $a_r^{(i)}$ und $b_r^{(i)}$ bei $\xi_i = a_r^{(i)}$ und $\xi_i = a_r^{(i)} \pm b_r^{(i)}/2$ nicht definiert,
und die oben angegebenen Berechnungen dürfen nicht angewandt werden. Eine

einfache heuristische Lösung des Problems bestünde darin, in diesen Fällen keine Parameteränderungen durchzuführen. Unter der Voraussetzung, dass die Lernaufgabe ausreichend viele Beispieldaten enthält, wird der Lernvorgang dadurch nicht wesentlich beeinflusst.

Ein schwerwiegender Nachteil des Ansatzes besteht darin, dass die linguistischen Werte der Messgrößen mehrfach und in Abhängigkeit der Regeln, in denen sie auftreten, durch zunächst gleiche Fuzzy-Mengen repräsentiert werden. Im Laufe des Lernverfahrens werden diese sich jedoch unterschiedlich verändern, was zur Folge hat, dass gleiche linguistische Werte durch mehrere unterschiedliche Fuzzy-Mengen repräsentiert sind. Dieser Effekt ist auch in dem Lernergebnis der von [Nomura *et al.* 1992] angegebenen Beispielanwendung sichtbar. Ein derartiges Resultat ist unbefriedigend, da das Modell semantisch nicht mehr im Sinne der in Fuzzy-Reglern üblicherweise verwendeten linguistischen Kontrollregeln interpretierbar ist.

Dieser Nachteil lässt sich jedoch leicht beheben, wenn man zur üblichen Partitionierung der X_i durch Fuzzy-Mengen $\mu_1^{(i)}, \ldots, \mu_{p_i}^{(i)}$ ($i = 1, \ldots, n$) zurückkehrt, so dass jeder linguistische Wert einer Messgröße ξ_i nur genau eine Repräsentation in Form von genau einer Zugehörigkeitsfunktion besitzt. Bezeichnet man mit ante(R) die Menge der Fuzzy-Mengen aus dem Antezedens einer Regel R, so ändern sich die Gleichungen 12.1 und 12.2 zu

$$\Delta_p a_{j_i}^{(i)} = \left(\sum_{r:\mu_{j_i}^{(i)} \in \text{ante}(R_r)} \tau_r (y_r - \eta_p) \right) \frac{\sigma_a}{\sum_{j=1}^k \tau_j} (\eta_p^* - \eta_p) \frac{2 \operatorname{sgn}(\xi_i - a_{j_i}^{(i)})}{b_{j_i}^{(i)} \mu_{j_i}^{(i)}(\xi_{i,p})}, \quad (12.4)$$

$$\Delta_p b_{j_i}^{(i)} = \left(\sum_{r:\mu_{j_i}^{(i)} \in \text{ante}(R_r)} \tau_r (y_r - \eta_p) \right) \frac{\sigma_a}{\sum_{j=1}^k \tau_j} (\eta_p^* - \eta_p) \frac{1 - \mu_{j_i}^{(i)}(\xi_{i,p})}{b_{j_i}^{(i)} \mu_{j_i}^{(i)}(\xi_{i,p})}, \quad (12.5)$$

wobei aufgrund der nur partiellen Differenzierbarkeit der Zugehörigkeitsfunktionen die oben bereits erwähnten Einschränkungen bezüglich der Anwendbarkeit der Berechnungen zu machen sind.

Eine ähnliche Verbesserung des Lernverfahrens schlagen [Bersini *et al.* 1993] vor. Sie ändern jedoch auch die Anpassungen der Regelausgaben, so dass Regeln mit identischem scharfem Ausgabewert auch nach dem Lernvorgang diese Eigenschaft behalten. Bezeichnet man mit cons(R) den scharfen Ausgabewert einer Regel R, so ändert sich die Gleichung 12.3 zu

$$\Delta_p y_r = \frac{\sigma_c \sum_{r:y_r=\text{cons}(R_r)} \tau_r}{\sum_{j=1}^k \tau_j} (\eta_p^* - \eta_p).$$

Diese Änderung ist jedoch vom semantischen Standpunkt her nicht notwendig, weil die scharfen Ausgaben der Regeln im Sugeno-Regler nicht zwingend eine linguistische Interpretation haben. Die Einschränkung, dass sich die scharfen Ausgaben von Regeln, die vor Lernbeginn identisch waren, nicht unterschiedlich entwickeln dürfen, entspräche daher einer Überinterpretation der Modellierung und würde den Erfolg des Lernverfahrens unnötig erschweren.

Für den Lernalgorithmus verwenden [Nomura *et al.* 1992] die folgende Vorgehensweise: Zuerst wird für ein Element p der Lernaufgabe $\mathcal{L}_{\text{fixed}}$ die Ausgabe des Reglers ermittelt und mit der erwünschten verglichen. In Abhängigkeit von dieser Differenz werden zunächst die Werte der y_r aller Regeln verändert. Dann wird für dasselbe $p \in \mathcal{L}_{\text{fixed}}$ erneut ein Stellwert ermittelt. Daraufhin werden die Parameter der Antezedenzen wie angegeben verändert. Auf diese Weise wird die gesamte Lernaufgabe wiederholt durchlaufen, bis der Fehler E sich nicht mehr verändert [Nomura *et al.* 1992].

Hierdurch wird erreicht, dass Änderungen in den Antezedenzen die Änderung des Konsequens mit einbeziehen und nicht völlig unabhängig davon erfolgen. Dieses zweistufige Lernverfahren hat jedoch die folgenden Nachteile:

- Es verhindert eine Anwendung während des Betriebs des Regler, es kann nur offline erfolgen.

- Die Anpassung der Parameter nach jeder Präsentation eines Elementes der Lernaufgabe verhindert eine gute Annäherung des Gradienten. Wie bei der Anwendung der Delta-Regel oder des Backpropagation-Algorithmus bei Neuronalen Netzen, sollten die Änderungen akkumuliert werden und erst am Ende einer Epoche durchgeführt werden.

- Der Ansatz ist auf die hier verwendete Form von Sugeno-Reglern beschränkt und nicht ohne weiteres auf andere Formen von Fuzzy-Reglern übertragbar.

Die Vorgehensweise von [Nomura *et al.* 1992] ist exemplarisch für Ansätze, die eine adaptive Veränderung von Zugehörigkeitsfunktionen beim Einsatz von Fuzzy-Reglern zum Ziel haben. Der Ansatz kann im eingeschränkten Sinn als kooperatives Neuro-Fuzzy-Modell vom Typ (a) gelten (vgl. Abbildung 12.1 auf Seite 195), weil er sich ein Lernverfahren des Konnektionismus zu Nutze macht. Da jedoch direkt kein Neuronales Netz im Modell auftaucht, ist die Bezeichnung *adaptiver Fuzzy-Regler* treffender. Ansätze ohne direkten Bezug zu konnektionistischen Systemen finden sich z.B. in [Shao 1988, Li and Tzou 1992, Qiao *et al.* 1992, Yen *et al.* 1992]).

Den gleichen Ansatz zur Bestimmung von Fuzzy-Mengen verwendet [Ichihashi 1991]. Allerdings nutzt er Gaußsche Funktionen der Form

$$\mu(x) = e^{-\frac{(x-a)^2}{b}}$$

zur Modellierung der Fuzzy-Mengen, wodurch keine Probleme bezüglich der Differenzierbarkeit auftreten.

Einen Ansatz, der dem Typ (c) kooperativer Neuro-Fuzzy-Systeme vergleichbar ist (vgl. Abbildung 12.1 auf Seite 195), schlagen [Miyoshi *et al.* 1993] vor. Dabei werden jedoch keine Fuzzy-Mengen verändert, sondern die Autoren verwenden parametrisierte t-Normen und t-Conormen zur Bestimmung des Erfüllungsgrades der Regeln und zu deren Kombination. Mit Hilfe des Backpropagation-Verfahrens werden die Parameter der verwendeten Operationen angepasst. Mit dieser Art adaptiver Fuzzy-Systeme sind auch die Arbeiten von [Yager and Filev 1992a, Yager and Filev 1992b] zur adaptiven Defuzzifizierung vergleichbar. Die Autoren verwenden eine parametrisierte Defuzzifizierungsoperation und definieren ein überwachtes Lernverfahren zur Bestimmung der Parameter.

12.5 Das ARIC-Modell

Das in [Berenji 1992] vorgestellte ARIC-Modell (**A**pproximate **R**easoning based **I**ntelligent **C**ontrol) ist eine Implementierung eines Fuzzy-Reglers mit Hilfe mehrerer Neuronaler Netze. Es besteht aus mehreren speziellen vorwärtsbetriebenen Netzen, die sich auf das Bewertungsnetzwerk *AEN (action-state evaluation network)* und das Handlungsnetzwerk *ASN (action selection network)* verteilen. Die Funktion des AEN ist die eines Kritikers; es bewertet die Aktionen des ASN.

Das ASN enthält eine Repräsentation eines Fuzzy-Reglers durch ein mehrschichtiges Neuronales Netz. Es besteht aus zwei getrennten je dreischichtigen Netzen, wobei das erste Teilnetz die Ausgabe des Fuzzy-Reglers bestimmt. Die Anzahl seiner inneren Einheiten entspricht der Anzahl linguistischer Kontrollregeln. Die Eingaben der inneren Einheiten stellen die Antezedenzen, deren Ausgaben das Konsequens dar. ARIC setzt demnach voraus, dass die Regelbasis bekannt ist. Die Ausgabe des Teilnetzes entspricht dem defuzzifizierten Stellwert des Fuzzy-Reglers. Das zweite Teilnetz erzeugt ein *Konfidenzmaß*, das mit der Ausgabe des ersten Netzes verknüpft wird.

Die folgenden Erläuterungen setzen die Existenz einer Fuzzy-Regelbasis bestehend aus r linguistischen Kontrollregeln $R_1, \ldots, R_r$ sowie ein technisches System S mit n Messgrößen $x_1, \ldots, x_n$ und einer Stellgröße y voraus (MISO-System). Die Notation zur Beschreibung von ARIC wurde vereinheitlicht und weicht daher im folgenden leicht von [Berenji 1992] ab.

Das Bewertungsnetzwerk AEN

Das Bewertungsnetzwerk übernimmt die Rolle eines adaptiven Kritikelementes [Barto *et al.* 1983]. Es erhält als Eingabe den aktuellen Zustand des physikalischen Systems S sowie die Information, ob ein Versagen der Regelung eingetreten ist. Als Ausgabe liefert es eine Vorhersage des Verstärkungssignals (reinforcement), das mit dem aktuellen Zustand assoziiert wird. Das AEN besteht aus n Eingabeeinheiten $x_1, \ldots, x_n$, m inneren Einheiten $y_1, \ldots, y_m$ und der Ausgabeeinheit v. Die Ausgaben der Einheiten tragen ebenfalls diese Bezeichnungen. Ihre Werte werden zu festen Zeitpunkten betrachtet. Die Verbindungsgewichte $a_{i,j}$ zwischen der Eingabeschicht und der inneren Schicht sind in der Verbindungsmatrix $\mathbf{A}$ enthalten. Die Gewichte b_i der Verbindungen zwischen Ein- und Ausgabeschicht werden durch den Gewichtsvektor $\mathbf{B}$ und die Gewichte c_j zwischen innerer Schicht und dem Ausgabeelement durch den Gewichtsvektor $\mathbf{C}$ repräsentiert.

Die Ausgabe einer inneren Einheit y_j ist durch

$$y_j[t, t+1] = g\left(\sum_{i=1}^{n} a_{i,j}[t]x_i[t+1]\right), \quad \text{mit} \quad g(s) = \frac{1}{1 + e^{-s}},$$

gegeben, wobei t und $(t+1)$ zwei aufeinanderfolgende Zeitpunkte sind und $a_{i,j}[t]$ das Gewicht der Verbindung von Einheit x_i zur Einheit y_j zum Zeitpunkt t bezeichnet. Die Netzausgabe berechnet sich zu

$$v[t, t+1] = \sum_{i=1}^{n} b_i[t] x_i[t+1] + \sum_{j=1}^{m} c_j[t] y_j[t, t+1],$$

wobei $b_i[t]$ das Gewicht der Verbindung von x_i zu v und $c_j[t]$ das Gewicht von y_j zu v jeweils zum Zeitpunkt t bezeichnet.

Berenji bezeichnet den Wert v als „Vorhersage der Verstärkung" (prediction of reinforcement). Er wird genutzt, um das interne Verstärkungssignal V zur Gewichtsänderung zu bestimmen. Pro Zyklus werden zwei Werte für die Ausgabeeinheit v ermittelt. Der erste Wert $v[t, t+1]$ wird anhand des neuen Zustandes zum Zeitpunkt $t+1$ mit den Gewichten des vorangegangen Zustandes t bestimmt, der zweite Wert $v[t+1, t+1]$ nach der Veränderung der Gewichte. Der zweite Wert wird im nächsten Zyklus benötigt, um die durch den neuen Zustand hervorgerufenen Änderung von v unabhängig von der Änderung der Gewichte zu berechnen. Das interne Verstärkungssignal wird durch

$$V[t+1] = \begin{cases} 0 & \text{im Startzustand} \\ \hat{v}[t+1] - v[t,t] & \text{im Fehlerzustand} \\ \hat{v}[t+1] + \gamma v[t, t+1] - v[t,t] & \text{sonst} \end{cases} \qquad (12.6)$$

bestimmt. Dabei ist $0 \leq \gamma \leq 1$ ein Gewichtungsfaktor und $\hat{v}$ ein *externes Verstärkungssignal* (external reinforcement), das einen guten bzw. schlechten Systemzustand kennzeichnet.

Für die Veränderung der Gewichte werden zwei Verfahren genutzt. Die zu der Ausgabeeinheit führenden Gewichte werden durch ein Belohnungs-/Bestrafungsverfahren modifiziert:

$$\begin{aligned} b_i[t+1] &= b_i[t] + \beta V[t+1] x_i[t], \\ c_j[t+1] &= c_j[t] + \beta V[t+1] y_j[t, t], \end{aligned} \qquad (12.7)$$

wobei $\beta > 0$ ein Lernfaktor ist.

Die zur inneren Schicht führenden Gewichte werden mittels eines vereinfachten Backpropagation-Verfahrens verändert, wobei das interne Verstärkungssignal die Rolle des Fehlers übernimmt. Es gilt

$$a_{i,j}[t+1] = a_{i,j}[t] + \beta_h \, V[t+1] \, \text{sgn}(c_j[t]) \, y_j[t] \, (1 - y_j[t]) \, x_i[t], \qquad (12.8)$$

mit einem Lernfaktor $\beta_h > 0$. Anstelle des Gewichtes einer Verbindung einer inneren Einheit zur Ausgabeeinheit geht nur dessen Vorzeichen in die Berechnung ein. Berenji beruft sich dabei auf empirische Ergebnisse, die ein „robusteres" Lernverfahren garantieren sollen [Berenji 1992].

Das Handlungsnetzwerk ASN

Das Handlungsnetzwerk ASN besteht aus zwei Netzen mit je einer inneren Schicht, wobei das erste einen Fuzzy-Regler emuliert und das zweite ein Konfidenzmaß bestimmt, das mit der Ausgabe des *Fuzzy-Inferenz-Netzes* kombiniert wird.

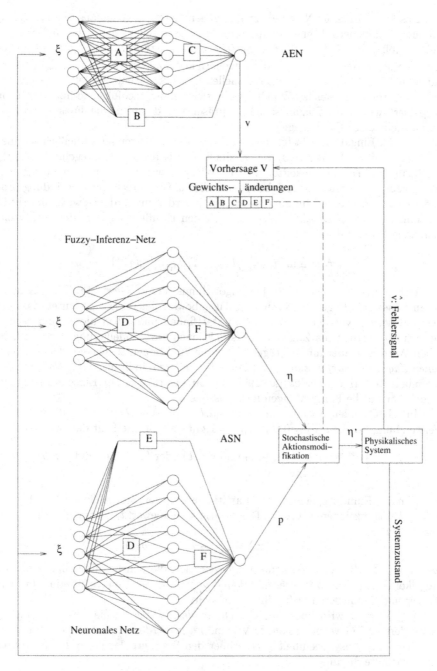

Abbildung 12.5 Das ARIC-Modell (nach [Berenji 1992])

Das Fuzzy-Inferenz-Netz besitzt Eingabeeinheiten, die ebenfalls mit $x_1, \ldots, x_n$ bezeichnet sind, jedoch eine komplexere Aufgabe erfüllen, als es bei Neuronalen Netzen üblich ist. Jede Einheit x_i speichert die Fuzzy-Partitionierung des korrespondierenden Messwertes, d.h. die Zugehörigkeitsfunktionen $\mu_1^{(i)}, \ldots, \mu_{p_i}^{(i)}$ und ermittelt die Zugehörigkeitswerte der aktuellen Eingabe. Sie entscheidet weiterhin, auf welcher Verbindung welcher Zugehörigkeitswert an die nachfolgende innere Schicht propagiert wird. Die Eingabeschicht repräsentiert demnach die Fuzzyfizierungs-Schnittstelle eines Fuzzy-Reglers.

Von der Eingabeschicht führen gewichtete Verbindungen ausschließlich zu inneren Schicht, deren Einheiten $\varrho_1, \ldots, \varrho_k$ die linguistischen Kontrollregeln $R_1, \ldots, R_k$ repräsentieren. Die Antezedenzen der Fuzzy-Regeln werden durch die linguistischen Werte gebildet, deren Zugehörigkeitswerte über die entsprechende Verbindung propagiert werden. Die Verbindungsgewichte $d_{i,j}$ werden durch die Gewichtsmatrix $\mathbf{D}$ zusammengefasst. Jede Einheit ϱ_r ermittelt den Erfüllungsgrad τ_r der korrespondierenden Regel mit

$$\tau_r = \min\{d_{1,r}\mu_{i_1,r}^{(1)}(x_1), \ldots, d_{n,r}\mu_{i_n,r}^{(n)}(x_n)\}.$$

Der von ARIC verwendete Lernalgorithmus für die Gewichte des ASN setzt voraus, dass jede Regel einen scharfen Ausgabewert liefert. Das bedeutet, dass die Defuzzifizierung vor der Akkumulation stattfinden muss. Um diese Anforderung zu erfüllen, werden als Zugehörigkeitsfunktionen zur Modellierung der linguistischen Werte nur über ihrem Träger monotone Funktionen zugelassen. Diese *monotonen Zugehörigkeitsfunktionen* werden unter anderem in Tsukamotos Variante des Mamdani-Reglers verwendet [Lee 1990, Tsukamoto 1979]. Diese Einschränkung gilt jedoch nur für die Fuzzy-Mengen im Konsequens.

In ARIC finden über ihrem Träger $[a, b]$ monotone Zugehörigkeitsfunktion ν Verwendung, für die $\nu(a) = 0$ und $\nu(b) = 1$ gilt und die wie folgt definiert sind:

$$\nu(x) = \begin{cases} \frac{x-a}{b-a} & \text{falls } (x \in [a, b] \text{ und } a \leq b) \text{ oder } (x \in [b, a] \text{ und } a > b), \\ 0 & \text{sonst.} \end{cases}$$

Jede innere Einheit speichert die Partitionierung der Stellgröße y, d.h. die Zugehörigkeitsfunktionen $\nu_1, \ldots, \nu_q$. Der scharfe Ausgabewert t_r der inneren Einheit ϱ_r ergibt sich zu

$$t_r = \nu_{j,r}^{-1}(\tau_r) = a_{j,r} - \tau_r(a_{j,r} - b_{j,r}),$$

wobei $\nu_{j,r}$ die Zugehörigkeitsfunktion bezeichnet, die den linguistischen Wert des Regelkonsequens von ϱ_r repräsentiert und $\nu_{j,r}^{-1}$ für deren Umkehrfunktion auf dem Träger und damit deren Defuzzifizierung steht.

Der Wert t_r wird über eine gewichtete Verbindung an die Ausgabeeinheit y propagiert. Die Gewichte f_j dieser Verbindungen werden im Gewichtsvektor $\mathbf{F}$ gespeichert. Die Ausgabeeinheit y berechnet den Stellwert des Fuzzy-Reglers durch die gewichtete Summe

$$y = \frac{\sum_{r=1}^{k} f_r \tau_r t_r}{\sum_{r=1}^{k} f_r \tau_r}. \tag{12.9}$$

Dieser Wert wird jedoch von dem ARIC-Modell nicht unverändert als endgülti-
ger Stellwert genutzt, sondern durch die Ausgabe des zweiten Netzwerks des ASN
modifiziert.

Das zweite ASN-Teilnetz ähnelt in seiner Struktur dem Fuzzy-Inferenznetz, weil
es eine identische Anzahl von Einheiten in den korrespondierenden Schichten sowie
identische Gewichte auf den entsprechenden Verbindungen besitzt. Das bedeutet,
dieses Netz verwendet ebenfalls die Gewichtsmatrix $\mathbf{D}$ und den Gewichtsvektor $\mathbf{F}$.
Die Unterschiede bestehen darin, dass es zusätzlich gewichtete Verbindungen von
der Eingabe- zur Ausgabeschicht gibt, deren Gewichte im Gewichtsvektor $\mathbf{E}$ zusammengefasst sind. Die Einheiten des Netzes entsprechen zwar in Zahl und Anordnung
denen des ersten Teilnetzes, sie haben jedoch unterschiedliche Aktivierungsfunktionen. Die Eingabeeinheiten sind ebenfalls mit $x_1, \ldots, x_n$ bezeichnet und geben
den entsprechenden Messwert unverändert weiter. Die inneren Einheiten sind mit
$z_1, \ldots, z_s$ benannt, und ihre Ausgabe errechnet sich zu

$$z_j[t, t+1] = g\left(\sum_{i=1}^{n} d_{i,j}[t] x_i[t+1]\right), \qquad \text{mit} \qquad g(s) = \frac{1}{1 + e^{-s}}.$$

Die Ausgabeeinheit p ermittelt einen Wert, der von Berenji als „Wahrscheinlichkeit"
oder Konfidenzwert interpretiert wird und zur Modifikation von y dient:

$$p[t, t+1] = \sum_{i=1}^{n} e_i[t] x[t+1] + \sum_{r=1}^{k} f_j[t] z_j[t, t+1].$$

Die Interpretation des Wertes p ist jedoch inkonsistent, da nicht sichergestellt ist,
dass $p \in [0, 1]$ gilt (siehe unten). Der endgültige Stellwert y' ergibt sich zu

$$y' = f(y, p[t, t+1]),$$

wobei die Funktion f von dem zu regelnden System abhängt und eine geeignete
Veränderung von y unter Berücksichtigung von p vornimmt.

Ein von Berenji als *stochastische Aktionsmodifikation* bezeichnetes Maß S basiert auf dem Vergleich von y und y':

$$S = h(y, y').$$

Es wird zur Veränderung der Gewichte des ASN genutzt. Die Funktion h soll ebenfalls in Abhängigkeit der Anwendung gewählt werden.

Berenji gibt die Funktionen f und h für die Anwendung von ARIC auf ein
inverses Pendel wie folgt an.

$$y' = f(y, p) = \begin{cases} +y & \text{mit „Wahrscheinlichkeit"} \ \frac{p+1}{2}, \\[2mm] -y & \text{mit „Wahrscheinlichkeit"} \ \frac{1-p}{2}, \end{cases} \qquad (12.10)$$

$$S = \begin{cases} 1-p & \text{falls } \operatorname{sgn}(y) \neq \operatorname{sgn}(y') \\ -p & \text{sonst.} \end{cases} \qquad (12.11)$$

Die Gewichte des ASN werden in Abhängigkeit von V, S und der korrespondierenden Ausgabe verändert:

$$e_i[t+1] = e_i[t] + \sigma V[t+1]Sx_i[t],$$

$$f_j[t+1] = f_i[t] + \sigma V[t+1]Sz_j[t],$$ \hfill (12.12)

$$d_{i,j}[t+1] = d_{i,j}[t] + \sigma_h V[t+1]Sz_j[t](1 - z_j[t])\,\mathrm{sgn}(f_j[t])x_i[t].$$

Dabei sind σ und σ_h Lernraten. Die Veränderungen der e_i und f_j entsprechen einem verstärkenden Lernen, während die Anpassungen der $d_{i,j}$ durch ein vereinfachtes Backpropagation-Verfahren vorgenommen werden.

Maßgeblich für die Gewichtsveränderung im ASN sind neben den aktuellen Eingangswerten, die für alle Netze von ARIC identisch sind, nur die Zustände des zweiten Teilnetzes, das zur Berechnung von p dient. Die Zustände des Fuzzy-Inferenznetzes spielen für den Lernvorgang keine Rolle. Da es jedoch auch die Gewichte $\mathbf{D}$ und $\mathbf{F}$ verwendet, verändert sich auch sein Verhalten durch den Lernprozess. Eine Veränderung der Gewichte $d_{i,j}$ und f_j entspricht im Fuzzy-Inferenznetz einer Veränderung der in den Einheiten gespeicherten Zugehörigkeitsfunktionen. Die Gewichtsänderungen können jedoch dazu führen, dass die Funktionen μ und ν nicht mehr als Zugehörigkeitsfunktionen interpretierbar sind (siehe unten).

Interpretation des Lernvorgangs

Der in ARIC eingesetzte Lernalgorithmus leitet sich einerseits von dem *reinforcement learning* [Barto *et al.* 1983, Jervis and Fallside 1992] und andererseits aus dem Backpropagation-Verfahren ab. Die Aufteilung des Modells in ein Kritiknetz und ein Handlungsnetz entspricht dem Ansatz von [Barto *et al.* 1983].

Die Aufgabe des AEN ist es, zu lernen, welche Systemzustände „gute" Zustände sind und auf diese Zustände mit einem hohen Verstärkungssignal v zu reagieren. Als Grundlage dient ein externes Signal $\hat{v}$, das in der Regel so gewählt wird, dass es den Wert -1 annimmt, falls die Regelung versagt hat (Fehlerzustand) und ansonsten den Wert 0 hat [Barto *et al.* 1983, Jervis and Fallside 1992]. Für die Gewichtsveränderung werden zwei aufeinanderfolgende Ausgaben des AEN betrachtet. Läuft das zu regelnde System in einen Zustand höherer Verstärkung, werden die Gewichte des AEN so verändert, dass die Beiträge der einzelnen Anteile zur Netzausgabe steigen. Versagt die Regelung oder verschlechtern sich die Zustände, werden die Gewichte entgegengesetzt verändert, und der Betrag der Ausgabe verringert sich.

Das Verstärkungssignal wird zur Gewichtsänderung im ganzen System genutzt. Im Handlungsnetz werden die Gewichte so verändert, dass die Einzelbeiträge den Betrag der Gesamtausgabe erhöhen bzw. verringern, je nachdem, ob das Bewertungsnetzwerk einen Systemzustand als „gut" bzw. „schlecht" bewertet hat. Ist diese Bewertung fehlerhaft, so wird dies zu einem Fehlerzustand führen, was sich letztendlich in einer geeigneten Veränderung des internen Verstärkungssignales äußern wird.

Beim Erreichen eines stabilen Zustandes wird das interne Verstärkungssignal, unter der Voraussetzung, dass $\hat{v} = 0$ gilt, Werte nahe 0 annehmen, und die Gewichtsänderungen werden zum Stillstand kommen (vgl. Gleichungen 12.7, 12.8 und 12.12). Nehmen die Zustandsvariablen des dynamischen Systems beim Erreichen eines stabilen bzw. angestrebten Zustandes den Wert 0 an oder schwanken nur wenig um diesen Wert, wird diese Tendenz weiter unterstützt.

In [Barto *et al.* 1983] wurde für das Kritiknetzwerk keine innere Schicht benötigt. Praktische Untersuchungen in [Jervis and Fallside 1992] bestätigen die Leistungsfähigkeit des Ansatzes. ARIC verwendet für das AEN eine innere Schicht, was den zusätzlichen Einsatz eines Backpropagation-Verfahrens zur Modifikation der entsprechenden Verbindungsgewichte notwendig macht. Die Einführung einer inneren Schicht erscheint im Vergleich zur dem Ansatz von [Barto *et al.* 1983] jedoch nicht notwendig zu sein und wird von Berenji auch nicht motiviert.

Der Lernvorgang des ASN wird einerseits von der internen Verstärkung V und andererseits von der stochastischen Veränderung S des Stellwertes getrieben. Berenjis Idee besteht darin, das Produkt $V \cdot S$ als Fehlermaß bzw. Verstärkung zu nutzen. Der Konfidenzwert p soll mit steigender Leistung größer werden, d.h. für einen „guten" Systemzustand einen hohen Wert liefern, wodurch die Veränderung der Ausgabe y des Fuzzy-Inferenznetzes unwahrscheinlicher wird. Bei „schlechten" Systemzuständen soll p niedrig sein, um eine Veränderung von y zu ermöglichen. Durch die stochastische Modifikation des Ausgabewertes y ersetzt ARIC das in [Barto *et al.* 1983] zur Ausgabe hinzugefügte Rauschen. Beide Ansätze sollen verhindern, dass der Lernvorgang nur einen kleinen Teil des Zustandsraumes erfasst.

Die positiven Auswirkungen der stochastischen Modifikation des Ausgabewertes auf den Lernprozess sind jedoch anzuzweifeln (s.u.). Berenji begründet die Wahl der Funktion S (siehe Gleichung (12.11)) im Fall des inversen Pendels nicht weiter und erläutert auch nicht, warum das Produkt $V \cdot S$ als Fehler interpretiert werden darf.

Die Gewichtsänderungen im Fuzzy-Inferenznetz können als Veränderung der in den Einheiten gespeicherten Zugehörigkeitsfunktionen interpretiert werden. Für die Fuzzy-Mengen in den Regelkonsequenzen gilt, dass eine Veränderung der Gewichte aus $\mathbf{F}$ als Veränderung der Parameter a_ν und b_ν einer Zugehörigkeitsfunktion ν interpretiert werden (siehe Abbildung 12.6) kann. Für die Fuzzy-Mengen der Antezedenzen gilt dies jedoch nicht. Eine Änderung eines Gewichtes $d_{i,r}$ aus $\mathbf{D}$ entspricht direkt einer Veränderung des über die entsprechende Verbindung propagierten Zugehörigkeitswertes $\mu_{j,r}^{(i)}(x_i)$. Das Verfahren ist problematisch, weil eine Änderung eines Gewichtes $d_{i,r}$ einer Änderung des Bildbereiches von $\mu_{j,r}^{(i)}$ entspricht:

$$\mu_{j,r}^{(i)}: \quad \mathbb{R} \to [0, d_{i,r}].$$

Dies führt zu Problemen bei der semantischen Interpretation von ARIC.

ARIC stellt einen Ansatz zur Verallgemeinerung des Modells von [Barto *et al.* 1983] auf den Bereich der Fuzzy-Regelung dar. Die Aufteilung der Architektur in ein Kritiknetz (AEN) und ein Handlungsnetz (ASN) entspricht der Vorgehensweise Neuronaler Regler, die auf verstärkendem Lernen basieren. Das ASN kann

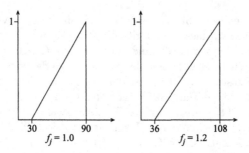

Abbildung 12.6 Änderungen in den Fuzzy-Mengen der Konsequenzen bei einer Gewichtsänderung in ARIC

durch eine bekannte Menge linguistischer Kontrollregeln strukturiert und durch die
Fuzzy-Mengen zur Beschreibung der linguistischen Variablen des zu regelnden physikalischen Systems initialisiert werden. Der Lernalgorithmus, der auf einer Kombination von verstärkendem Lernen und vereinfachtem Backpropagation beruht, soll
die Leistung des Reglers erhöhen.

Das zur Erzeugung des vom Lernalgorithmus benötigten internen Verstärkungs-
signals verwendete Teilnetz AEN weist eine innere Schicht auf. In [Barto *et al.* 1983]
wird jedoch gezeigt, dass ein einstufiges Neuronales Netz zu diesem Zweck ausreicht.
Die Einführung eines zweistufigen Netzes erscheint daher als unnötige Erhöhung der
Komplexität, insbesondere da der Lernalgorithmus sich aus zwei unterschiedlichen
Teilalgorithmen zusammensetzen muss, um die inneren Einheiten zu trainieren.

Die Umsetzung eines Fuzzy-Reglers in ein Neuronales Netz, wie es in ARIC
durch das Fuzzy-Inferenznetz des ASN vorgenommen wird, enthält einige konzeptio-
nelle Inkonsistenzen. Durch die gewichteten Verbindungen ist es möglich, dass zwei
Kontrollregeln, repräsentiert durch die inneren Einheiten, denselben linguistischen
Wert auf unterschiedliche Weise in ihren Antezedenzen repräsentieren. Es gibt keinen Mechanismus, der sicherstellt, dass Verbindungen, über die Zugehörigkeitswerte
derselben Fuzzy-Menge propagiert werden, dasselbe Gewicht tragen. Ähnliches gilt
für die Fuzzy-Mengen der Konsequenzen. Entwickeln sich die Gewichte während
des Lernvorgangs unterschiedlich, ist eine Interpretation des Modells im Sinne eines
Fuzzy-Reglers nicht mehr möglich.

Während die Änderungen der Gewichte der Verbindungen zwischen der inneren Schicht und der Ausgabeeinheit noch als geeignete Veränderungen der Zugehörigkeitsfunktionen der Konsequenzen interpretiert werden können, führen die
Änderungen der Gewichte zwischen Eingabeschicht und innerer Schicht aus der Mo-
dellvorstellung eines Fuzzy-Reglers heraus. Durch die gewichtete Verbindung bildet
eine Funktion $\mu_{j,r}^{(i)}$ nicht mehr in das Intervall $[0,1]$, sondern in das Intervall $[0, d_{i,r}]$
ab, wobei $d_{i,r}$ das Verbindungsgewicht zwischen der Eingabeeinheit x_i und der
Regeleinheit ϱ_r bezeichnet. Gilt $0 \leq d_{i,r} \leq 1$, so ist $\mu_{j,r}^{(i)}$ eine Zugehörigkeitsfunktion einer (bei $d_{i,r} < 1$ nicht-normalen) Fuzzy-Menge. Sobald jedoch $d_{i,r} > 1$ oder

$d_{i,r} < 0$ gilt, ist $\mu_{j,r}^{(i)}$ keine Zugehörigkeitsfunktion mehr, und ARIC kann nicht mehr als Fuzzy-Regler interpretiert werden.

ARIC mangelt es somit an Mechanismen, die sicherstellen, dass die Gewichte aus der Konnektionsmatrix $\mathbf{D}$ des ASN nur Werte aus $[0,1]$ enthalten. Eine Verletzung dieses Kriteriums für die Werte aus $\mathbf{F}$ ist zunächst semantisch unproblematisch. Jedoch bedeutet ein Vorzeichenwechsel eines Gewichtes f_j eine Spiegelung der Fuzzy-Menge $\nu^{(j)}$ an der Abszisse. Solche Änderungen in der Repräsentation eines linguistischen Wertes werden in Regel nicht tolerierbar sein und sollten auch durch geeignete Maßnahmen (es muss $f_j > 0$ gelten) verhindert werden.

Die Gewichte des ASN werden in beiden Teilnetzen gleichzeitig verwendet. Es ist jedoch keineswegs eindeutig, aus welchem Grund die Gewichte sowohl zur Realisierung des Fuzzy-Reglers als auch zur Ermittlung eines Konfidenzmaßes p geeignet sind. Der Wert p wird von Berenji als „Wahrscheinlichkeit" bezeichnet und von der Handhabung her auch so betrachtet, als gelte $p \in [0,1]$. Es gibt jedoch keine Vorkehrungen im zweiten Teilnetz des ASN, die diese Bedingung sicherstellen. Untersuchungen an einer in [Foerster 1993] diskutierten ARIC-Implementation zeigen, dass der Wert von p in der Regel sogar deutlich über 1 liegt.

Untersuchungen der Lernergebnisse einer ARIC-Implementation am Beispiel des inversen Pendels zeigen, dass das Modell die Regelungsaufgabe entweder sofort bzw. nach sehr wenigen Fehlversuchen (< 10) beherrscht oder gar nicht [Foerster 1993]. Bei den Versuchen wurde jeweils die Regelbasis aus [Berenji 1992] verwendet und lediglich die Fuzzy-Mengen unterschiedlich repräsentiert. Bei der Betrachtung der sich einstellenden Gewichte zeigt sich, dass alle Verbindungen, die zur derselben Einheit führen, identische Werte tragen. Auf diese Weise ist es nicht möglich, Effekte auszugleichen, die auf nur einer fehlerhaft definierten Zugehörigkeitsfunktion beruhen.

Dass ARIC trotzdem in einem gewissen Umfang lernfähig ist, obwohl z.B. der Wert p von fragwürdiger Auswirkung ist, liegt daran, dass bei der Verwendung von Fuzzy-Mengen, die nur eine geringe Anpassung erfordern, sehr schnell eine guter Zustand erreicht wird und das interne Verstärkungssignal sich dann um Werte nahe 0 bewegt. Auf diese Weise verändern sich die Gewichte kaum noch, und der auf dem Wert von p beruhende Wert S hat keinen Einfluss auf das Lernverhalten mehr. Wird ARIC mit ungünstigen Anfangszuständen konfrontiert, d.h. extremen Startpositionen des Pendels oder ungeeigneten Zugehörigkeitsfunktionen, tritt meist kein Lerneffekt auf, und die Gewichte wachsen schnell über alle Grenzen.

ARIC weist als hybrides Neuro-Fuzzy-System einige richtige Ansätze auf, zu denen die Initialisierbarkeit mit A-priori-Wissen und die, wenn auch eingeschränkte, Lernfähigkeit zählen. Zu bemängeln sind die „stochastische Aktionsmodifikation" und deren Auswirkung auf den Lernalgorithmus, die unbegründete Komplexität des Bewertungsnetzwerkes AEN sowie die fehlende Interpretierbarkeit des Systems nach Abschluss des Lernvorgangs. ARIC kann daher als ein durch Fuzzy-Regeln initialisierbarer Neuronaler Regler klassifiziert werden, der nur sehr eingeschränkt als Fuzzy-Regler interpretierbar ist.

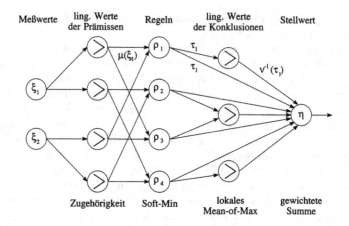

Abbildung 12.7 Das Handlungsnetzwerk ASN von GARIC (nach [Berenji and Khedkar 1992b])

12.6 Das GARIC-Modell

Das GARIC-Modell ist eine von Berenji und Khedkar vorgenommen Erweiterung des ARIC-Modells (GARIC steht für generalized ARIC) [Berenji and Khedkar 1992a, Berenji and Khedkar 1992b, Berenji *et al.* 1993]. Dieses Modell versucht, die wesentlichen Fehler von ARIC zu vermeiden. Es besteht wie ARIC aus einem Bewertungsnetzwerk (AEN) und einem Handlungsnetzwerk (ASN). Es gibt im ASN jedoch keine gewichteten Verbindungen mehr, sondern der Lernvorgang verändert Parameter der in den Verarbeitungsein · gespeicherten Zugehörigkeitsfunktionen. Weiterhin fällt das zweite Teilnetz des Handlungsnetzes und somit auch das Konfidenzmaß p weg (siehe Kapitel 12.5).

Da das Bewertungsnetzwerk AEN von GARIC sowohl in der Architektur als auch im Lernalgorithmus dem von ARIC entspricht, kann hier auf eine Beschreibung verzichtet und auf das vorangegangene Kapitel 12.5 verwiesen werden.

Das Handlungsnetzwerk ASN

Das ASN von GARIC (vgl. Abbildung 12.7) ist ein vorwärtsbetriebenes Netz mit fünf Schichten. Die Verbindungen zwischen den Einheiten sind nicht gewichtet, bzw. tragen ein festes Gewicht der Größe 1. Die Eingabeschicht besteht wie bei ARIC aus n Einheiten $x_1, \ldots, x_n$ und repräsentiert die Messwerte des physikalischen Systems. Die Einheiten $\mu_1^{(1)}, \ldots, \mu_{p_1}^{(1)}, \ldots, \mu_1^{(n)}, \ldots, \mu_{p_n}^{(n)}$ der ersten inneren Schicht stellen die linguistischen Werte aller Messgrößen dar. Jede Einheit speichert eine parametrisierte Zugehörigkeitsfunktion $\mu_j^{(i)}$ der Form

$$\mu_j^{(i)}(x_i) = \begin{cases} 1 - \frac{|x_i - c_j|}{sr_j}, & \text{falls } x_i \in [c_j, c_j + sr_j], \\[2mm] 1 - \frac{|x_i - c_j|}{sl_j}, & \text{falls } x_i \in [c_j - sl_j, c_j), \\[2mm] 0 & \text{sonst.} \end{cases} \qquad (12.13)$$

GARIC verwendet ausschließlich derartige (unsymmetrische) Dreiecksfunktionen, wobei $\mu_j^{(i)}(c_j) = 1$ gilt, und sr_j und sl_j die Spreizung des Dreiecks festlegen (vgl. Abbildung 12.8).

Jede Einheit der Eingabeschicht ist ausschließlich mit den Einheiten der ersten inneren Schicht verbunden, die ihre linguistischen Werte repräsentieren. Die Eingabeeinheiten propagieren die aktuellen Werte der Messgrößen x_i an die Einheiten $\mu_j^{(i)}$, wo der Zugehörigkeitswert zu den entsprechenden Fuzzy-Mengen ermittelt wird. Die Werte $\mu_j^{(i)}(x_i)$ werden an die nachfolgende zweite innere Schicht weitergereicht, deren Einheiten $\varrho_1, \ldots, \varrho_k$ die linguistischen Kontrollregeln $R_1, \ldots, R_k$ repräsentieren.

Zur Bestimmung des Erfüllungsgrades einer Regel wird abweichend vom Vorgängermodell ARIC nicht die Minimumsbildung verwendet, sondern die folgende von Berenji und Khedkar als *softmin* bezeichnete Operation $\widetilde{\min}$:

$$\widetilde{\min}\{x_1, \ldots, x_n\} = \frac{\sum_{i=1}^n x_i e^{-\alpha x_i}}{\sum_{i=1}^n e^{-\alpha x_i}} \qquad (12.14)$$

Wie leicht nachzurechnen ist, ist $\widetilde{\min}$ im allgemeinen keine t-Norm. Der Grund für die Verwendung liegt in der Differenzierbarkeit von $\widetilde{\min}$, eine Eigenschaft, die der Lernalgorithmus von GARIC erfordert. Der Parameter $\alpha \geq 0$ bestimmt das Verhalten der Funktion. Für $\alpha = 0$ entspricht $\widetilde{\min}$ dem arithmetischen Mittel, und für $\alpha \to \infty$ erhält man die gewöhnliche Minimumsbildung.

Die in den Regeleinheiten ϱ_r ermittelten Werte

$$\tau_r = \widetilde{\min}\{\mu_{j,r}^{(i)}(x_i) \mid x_i \text{ ist über } \mu_{j,r}^{(i)} \text{ mit } \varrho_r \text{ verbunden}\}$$

werden sowohl an die letzte innere Schicht als auch an die Ausgabeeinheit y weitergegeben. Die dritte und letzte innere Schicht repräsentiert die linguistischen Werte der Stellgröße y. Jede der Einheiten $\nu_1, \ldots, \nu_q$ speichert, wie die Einheiten der ersten inneren Schicht, je eine parametrisierte Zugehörigkeitsfunktion. In diesen Einheiten wird anhand der Werte τ_r der Wert des Konsequens der entsprechenden Regeln ermittelt. Da der Lernalgorithmus von GARIC einen scharfen Wert von jeder Regel fordert, müssen die Konsequenzen vor der Aggregation zum endgültigen Ausgabewert des Reglers defuzzifiziert werden. Die dazu verwendete Prozedur wird von Berenji und Khedkar als *local mean-of-maximum* (LMOM) bezeichnet (siehe Abbildung 12.8).

Der einer Regeleinheit ϱ_r zuzuordnende scharfe Ausgabewert wird mit $t_r = \nu_{j,r}^{-1}(\tau_r)$ bezeichnet, wobei $\nu_{j,r}$ die Fuzzy-Menge ist, die den im Konsequens der Regel verwendeten linguistischen Wert repräsentiert und $\nu_{j,r}^{-1}$ für deren Defuzzifizierung steht. Für die in GARIC verwendeten Dreiecksfunktionen ergibt sich

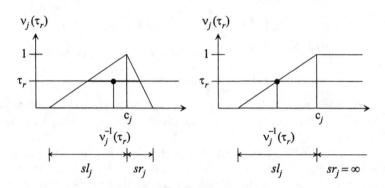

Abbildung 12.8 Zugehörigkeitsfunktionen und Defuzzifizierung in GARIC

$$t_r = c_{j,r} + \frac{1}{2}\,(sr_{j,r} - sl_{j,r})(1 - \tau_r), \qquad (12.15)$$

wobei $c_{j,r}, sr_{j,r}$ und $sl_{j,r}$ die Parameter der Zugehörigkeitsfunktion $\nu_{j,r}$ sind und sich nur dann ein von $c_{j,r}$ verschiedener Wert ergeben kann, wenn $sr_{j,r} \neq sl_{j,r}$ gilt.

Die Einheiten der dritten inneren Schicht propagieren diese Werte zur Ausgabeeinheit y, wo sie wie im Vorgängermodell ARIC mittels einer gewichteten Summe zum endgültigen Ausgabewert akkumuliert werden:

$$y = \frac{\sum\limits_{r=1}^{k} \tau_r t_r}{\sum\limits_{r=1}^{k} \tau_r}. \qquad (12.16)$$

Die Ausgabeeinheit y erhält dabei die Werte τ_r direkt von den Regeleinheiten der zweiten inneren Schicht und die Werte t_r von den Einheiten der letzten inneren Schicht. Da mehrere Regeleinheiten mit derselben Einheit ν_j verbunden sein können, was gleichbedeutend damit ist, dass die Regeln gleichlautende Konsequenzen besitzen, kann es sein, dass über eine Verbindung von der letzten inneren Schicht zur Ausgabeeinheit mehr als ein Wert t_r propagiert wird. Da dies von Modellen Neuronaler Netze im allgemeinen nicht vorgesehen wird, können die Ausgaben einer Einheit ν_j wie folgt zu einem Wert o_{ν_j} zusammengefasst werden [Berenji and Khedkar 1992a]:

$$o_{\nu_j} = \left(c_j + \frac{1}{2}(sr_j - sl_j)\right)\left(\sum_{r:\exists \varrho_r \overrightarrow{\nu_j}} \tau_r\right) - \frac{1}{2}(sr_j - sl_j)\left(\sum_{r:\exists \varrho_r \overrightarrow{\nu_j}} \tau_r^2\right),$$

wobei $\overrightarrow{\varrho_r \nu_j}$ eine Verbindung zwischen ϱ_r und ν_j bezeichnet. Allgemein ist die Ausgabe eines zusammengefassten Wertes anstelle mehrerer Einzelausgaben dann ausreichend, wenn $\nu^{-1}(x)$ polynomial in x ist. Dies wird in GARIC durch die Berechnungen in der fünften Schicht ermöglicht.

Diese Transformation ist allerdings nur dann von Bedeutung, wenn die strikte Einhaltung eines Neuronalen Modells gefordert ist, z.B. durch die Verwendung neuronaler Hardware oder von Softwaresimulatoren. Für die Eigenschaften des GARIC-Modells ist die Zusammenfassung unerheblich.

Wie in ARIC wird der Ausgabewert y nicht direkt zur Regelung verwendet, sondern mit Hilfe einer *stochastischen Aktionsmodifikation* verändert. In GARIC wird aus der Ausgabe y unter Berücksichtigung des internen Verstärkungssignales $V[t-1]$ des AEN aus dem vorangegangenen Zeitschritt $(t-1)$ eine Ausgabe y' erzeugt. y' ist eine Gaußsche Zufallsvariable mit dem Mittelwert y und der Standardabweichung $\sigma(V[t-1])$, wobei $\sigma(x)$ eine nicht negative, monoton fallende Funktion wie z.B. e^{-x} darstellt.

Der Sinn dieser Veränderung von y ist auch hier eine bessere Abtastung des Zustandsraumes während des Lernvorgangs. Bei geringer interner Verstärkung und damit schlechter Systemleistung ist die Wahrscheinlichkeit höher, dass der Abstand $|y - y'|$ größer ist als bei großer interner Verstärkung und damit guter Systemleistung.

Bei GARIC wird somit auf ein zweites Neuronales Netz innerhalb des ASN zur Bestimmung der stochastischen Veränderung von y verzichtet; es entfällt ein wesentlicher Kritikpunkt am ASN, und die semantischen Probleme der Modifikation der Ausgabe sind nicht gegeben. Die Überlagerung mit einem Gaußschen Rauschen entspricht der üblichen Vorgehensweise beim verstärkenden Lernen [Barto *et al.* 1983].

Die *Störung* der Ausgabe zum Zeitpunkt t wird mit S bezeichnet und entspricht der normalisierten Abweichung von der ASN-Ausgabe:

$$S = \frac{y' - y}{\sigma(V[t-1])}. \qquad (12.17)$$

Dieser Wert geht als Lernfaktor in den Lernalgorithmus des ASN ein.

Während das Lernverfahren von ARIC das verstärkende Lernen nach [Barto *et al.* 1983] nachempfindet, gehen die Autoren bei GARIC einen anderen Weg. Sie versuchen, durch ihren Lernalgorithmus die Ausgabe v des Bewertungsnetzes AEN, die „Vorhersage des Verstärkungssignals", zu maximieren.

Das ASN stell eine Abbildung $F_{\vec{p}} : X_1 \times \ldots \times X_n \to Y$, $y = F_{\vec{p}}(x_1, \ldots, x_n)$, dar, wobei der Vektor $\vec{p}$ die Gesamtheit aller Parameter, der Zugehörigkeitsfunktionen in den Antezedenzen und Konsequenzen darstellt.

Um v zu maximieren, sollte für die Änderung eines beliebigen Parameters p

$$\Delta p \propto \frac{\partial v}{\partial p} = \frac{\partial v}{\partial y} \cdot \frac{\partial y}{\partial p} \qquad (12.18)$$

gelten. Die Bestimmung des zweiten Faktors aus dieser Gleichung ist unter gewissen Bedingungen möglich (s.u.). Der erste Faktor kann jedoch nicht angegeben werden, da für v eine Abhängigkeit von y nicht bekannt ist. v hängt zunächst von der aktuellen Gewichtskonfiguration des AEN und der aktuellen Eingabe $x_1, \ldots, x_n$ ab. Die Abhängigkeit von $x_1, \ldots, x_n$ und y ist wiederum durch eine (unbekannte) Differentialgleichung gegeben.

Unter der impliziten Annahme der Existenz der Ableitung verwenden Berenji und Khedkar eine sehr grobe heuristische Abschätzung für den ersten Faktor aus Gleichung (12.18):

$$\frac{\partial v}{\partial y} \approx \frac{\mathrm{d}v}{\mathrm{d}y} \approx \frac{v[t] - v[t-1]}{y[t] - y[t-1]}. \tag{12.19}$$

Für die Änderung der Gewichte wird nur das Vorzeichen des Differenzenquotienten verwendet. Die Bestimmung des zweiten Faktors aus (12.18) ist zumindest für die Parameter der Konsequenzen unproblematisch. Unter Berücksichtigung der Gleichungen (12.15) und (12.16) ergibt sich für die Ableitung von y nach einem Parameter p_j einer Fuzzy-Menge ν_j

$$\frac{\partial y}{\partial p} = \frac{1}{\sum_{r=1}^{k} \tau_r} \cdot \sum_{r: \exists \varrho_r \nu_j} \tau_r \cdot \frac{\partial t_r}{\partial p_j}.$$

Somit erhalten wir für die drei Parameter c_j, sr_j und sl_j einer Fuzzy-Menge ν_j im einzelnen die folgenden Ableitungen:

$$\frac{\partial t_r}{\partial c_j} = 1,$$

$$\frac{\partial t_r}{\partial sr_j} = \frac{1}{2}(1 - \tau_r),$$

$$\frac{\partial t_r}{\partial sl_j} = -\frac{1}{2}(1 - \tau_r).$$

Mit

$$d = \begin{cases} \operatorname{sgn}\left(\frac{v[t] - v[t-1]}{y[t] - y[t-1]}\right) & \text{falls } (y[t] - y[t-1]) \neq 0, \\ \operatorname{sgn}(v[t] - v[t-1]) & \text{sonst,} \end{cases} \tag{12.20}$$

und

$$\mathcal{T} = \sum_{r=1}^{k} \tau_r$$

ergibt sich für die Änderung eines Parameters in den Konsequenzen

$$\Delta p_j = \sigma \cdot d \cdot S \cdot V \cdot \frac{\partial y}{\partial p_j}, \tag{12.21}$$

wobei σ eine Lernrate ist. Das Produkt $V \cdot S$ soll dafür sorgen, dass eine in einer guten Bewertung resultierende zufällige Änderung der Ausgabe zu einer großen Gewichtsänderung führt. Damit ergeben sich für die verschiedenen Parameter im einzelnen die folgenden Änderungen während eines Lernschrittes:

$$\Delta c_j \quad = \quad \frac{\sigma d S V}{T} \sum_{r : \exists \varrho_r \overrightarrow{\nu_j}} 1, \tag{12.22}$$

$$\Delta s r_j \quad = \quad \frac{\sigma d S V}{2T} \sum_{r : \exists \varrho_r \overrightarrow{\nu_j}} \tau_r (1 - \tau_r), \tag{12.23}$$

$$\Delta s l_j \quad = \quad -\frac{\sigma d S V}{2T} \sum_{r : \exists \varrho_r \overrightarrow{\nu_j}} \tau_r (1 - \tau_r). \tag{12.24}$$

Die Bestimmung der Parameteränderungen in den Zugehörigkeitsfunktionen der Prämissen ist nur dann unproblematisch, wenn die Differenzierbarkeit dieser Funktionen gewährleistet ist. Es gilt für einen Parameter $p_j^{(i)}$ einer Fuzzy-Menge $\mu_j^{(i)}$

$$\frac{\partial y}{\partial p_j^{(i)}} = \frac{\partial y}{\partial \mu_j^{(i)}} \frac{\partial \mu_j^{(i)}}{\partial p_j^{(i)}}. \tag{12.25}$$

Der erste Faktor des Produktes ist leicht zu bestimmen:

$$\frac{\partial y}{\partial \mu_j^{(i)}} \quad = \quad \sum_{r : \exists \mu_j^{(i)} \varrho_r} \frac{\partial y}{\partial \tau_r} \frac{\partial \tau_r}{\partial \mu_j^{(i)}},$$

$$\frac{\partial y}{\partial \tau_r} \quad = \quad \frac{c_l + \frac{1}{2}(s r_l - s l_l)(1 - 2\tau_r) - y}{T}, \quad \text{mit } \exists \; \varrho_r \overrightarrow{\nu_l},$$

$$\frac{\partial \tau_r}{\partial \mu_j^{(i)}} \quad = \quad \frac{e^{-\alpha \mu_j^{(i)}(x_i)} (1 + \alpha(\tau_r - \mu_j^{(i)}(x_i)))}{\sum_{i : \exists \mu_j^{(i)} \varrho_r} e^{\mu_j^{(i)}(x_i)}}.$$

Der zweite Faktor von Gleichung (12.25) kann nur dann bestimmt werden, wenn die Zugehörigkeitsfunktionen der Antezedenzen überall differenzierbar sind. Bei der Verwendung der üblichen Dreiecksfunktionen gibt es jedoch jeweils drei Punkte, an denen die Ableitung nicht existiert. Berenji und Khedkar treffen auch in diesem Fall eine heuristische Abschätzung, indem sie die links- und rechtsseitige Ableitung in diesen Punkten mitteln [Berenji and Khedkar 1992a]. Damit ergibt sich unter Verwendung von Gleichung (12.13) für den Parameter $c_j^{(i)}$ einer Fuzzy-Menge $\mu_j^{(i)}$:

$$\frac{\partial \mu_j^{(i)}}{\partial c_j^{(i)}}\bigg|_{x_i=x_0} = \begin{cases} \frac{1}{sr_j^{(i)}} & \text{falls } x_0 \in (c_j^{(i)}, c_j^{(i)} + sr_j^{(i)}) \\[2mm] -\frac{1}{sl_j^{(i)}} & \text{falls } x_0 \in (c_j^{(i)} - sl_j^{(i)}, c_j^{(i)}) \\[2mm] \frac{1}{2}(\frac{1}{sr_j^{(i)}} - \frac{1}{sl_j^{(i)}}) & \text{falls } x_0 = c \\[2mm] \frac{1}{2sr_j^{(i)}} & \text{falls } x_0 = c + sr_j^{(i)} \\[2mm] -\frac{1}{2sl_j^{(i)}} & \text{falls } x_0 = c - sl_j^{(i)} \\[2mm] 0 & \text{sonst.} \end{cases}$$

Die Berechnungen für die Parameter $sr_j^{(i)}$ und $sl_j^{(i)}$ erfolgen analog:

$$\frac{\partial \mu_j^{(i)}}{\partial sr_j^{(i)}}\bigg|_{x_i=x_0} = \begin{cases} \frac{x_0 - c_j^{(i)}}{(sr_j^{(i)})^2} & \text{falls } x_0 \in (c_j^{(i)}, c_j^{(i)} + sr_j^{(i)}) \\[2mm] 0 & \text{sonst,} \end{cases} \qquad (12.26)$$

$$\frac{\partial \mu_j^{(i)}}{\partial sl_j^{(i)}}\bigg|_{x_i=x_0} = \begin{cases} \frac{x_0 - c_j^{(i)}}{(sl_j^{(i)})^2} & \text{falls } x_0 \in (c_j^{(i)} - sr_j^{(i)}, c_j^{(i)}) \\[2mm] 0 & \text{sonst.} \end{cases} \qquad (12.27)$$

Die Veränderung der Parameter in den Antezedenzen kann dann analog zu Gleichung (12.21) durchgeführt werden.

Interpretation des Lernvorgangs

Der Lernvorgang des Kritiknetzes AEN von GARIC entspricht dem des Vorgängermodells ARIC, weshalb an dieser Stelle auf die entsprechenden Ausführungen des vorhergehenden Kapitels 12.5 verwiesen werden kann.

Der Lernalgorithmus des Handlungsnetzwerkes ASN unterscheidet sich jedoch von dem in ARIC verwendeten Verfahren. Berenji und Khedkar nutzen kein verstärkendes Lernen mehr, sondern versuchen, mit Hilfe eines angenäherten Gradientenverfahrens das interne Verstärkungssignal des AEN zu maximieren. Beim Vergleich beider Lernvorgänge stellt man fest, dass die Änderungen an den Parametern bzw. den Gewichten sich nur durch die Faktoren d und $\partial y / \partial p$ unterscheiden. Dabei bestimmt der erste Faktor das Vorzeichen der Änderung und der zweite nimmt Einfluss auf deren Größe.

Bei der Bestimmung beider Faktoren setzen Berenji und Khedkar Heuristiken ein, die den Anspruch, ein Gradientenverfahren zu approximieren, stark relativieren. Das Verfahren ist methodisch nur mit Mühe mit dem Backpropagation-Algorithmus zu vergleichen. Der von den Autoren postulierte Zusammenhang zwischen dem zu maximierenden Verstärkungssignal v und der Ausgabe y ist nur mittelbar vorhanden und bei weitem nicht so deutlich wie die Abhängigkeit zwischen Fehler und Ausgabe, die im Backpropagation-Verfahren genutzt wird.

Die Änderungen an den Parametern werden dann zum Stillstand kommen, wenn das zu regelnde System einen stabilen Zustand erreicht hat, bzw. wenn sich die Ausgabe des AEN nicht mehr ändert (siehe unten). Die Auswirkungen des Lernvorgangs sind in einer Verschiebung der Fuzzy-Mengen und in einer Veränderung der Flankensteigung der sie modellierenden Dreiecksfunktionen sichtbar.

Da die Änderungen für die Parameter sr und sl einer Fuzzy-Menge in den Regelkonsequenzen zwar betragsmäßig gleich, aber von unterschiedlichem Vorzeichen sind, werden die Zugehörigkeitsfunktionen sich in der Regel unsymmetrisch entwickeln (siehe Gleichungen (12.23) und (12.24)). Für die Zugehörigkeitsfunktionen der Antezedenzen gilt entsprechendes, da mindestens eine Flankenänderung gleich null ist (siehe Gleichungen (12.26) und (12.27)). Die Änderungen am Parameter c lassen es zu, dass eine Fuzzy-Menge über dem gesamten Definitionsbereich verschoben werden kann, sofern keine weiteren Einschränkungen getroffen werden. Dies kann gegebenenfalls zu unerwünschten Effekten führen (siehe unten).

Wie in ARIC spielt auch in GARIC der Faktor $V \cdot S$ eine große Rolle in der Anpassung der Parameter. Im erstgenannten Modell wurde er als Fehler interpretiert und damit zur Bestimmung von Richtung und Größe der Änderungen genutzt. Auch hier soll er eine starke Änderung bewirken, wenn eine zufällige Veränderung der Ausgabe eine Leistungsverbesserung ergeben hat, und er soll die Änderungen gering halten, wenn die Leistung sich verschlechtert hat. Die zusätzliche Verwendung des Faktors d kann jedoch zu Problemen bei der Richtung der Änderungen führen, die darin resultieren, dass sich die Leistung verschlechtert (siehe unten).

Das Lernverfahren stellt eine Kombination aus verstärkendem Lernen ($V \cdot S$) und einem Gradientenverfahren dar ($d\ \partial y/\partial p$), das einige grobe Abschätzungen enthält. Die Autoren zeigen nicht, dass diese Kombination sinnvoll ist und ob eine Beschränkung auf eines der beiden Verfahren nicht auch zum Ziel führen würde. Die Leistungsfähigkeit des Lernverfahrens zeigen [Berenji and Khedkar 1992a] an einigen ausgewählten Versuchen an einem inversen Pendel. Dabei war GARIC in der Lage, die aus ihrer korrekten Position herausgeschobene Zugehörigkeitsfunktion der Fuzzy-Menge ZE (ungefähr null) in etwa an diese Stelle zurückzubringen.

Die gegenüber ARIC vorgenommenen Veränderungen am Handlungsnetzwerk ASN von GARIC beseitigen fast alle semantischen Probleme bei der Interpretation des Modells. Die Änderungen an den Zugehörigkeitsfunktionen sind konsistent und führen nicht mehr zu ungültigen Zugehörigkeitswerten. Durch die Auslagerung der Fuzzy-Mengen in eigene Einheiten und eine geeignete Form der Verbindungsführung ist es nicht mehr möglich, einen linguistischen Wert auf unterschiedliche Weise zu repräsentieren.

Problematisch an der Veränderung der Fuzzy-Mengen ist die uneingeschränkte Möglichkeit der Verschiebung während des Lernprozesses. Dadurch können die Träger von Zugehörigkeitsfunktionen aus einem positivem in einen negativen Teil des Definitionsbereiches wandern oder umgekehrt. Die auf diese Weise entstehenden Funktionen repräsentieren dann nicht mehr die ursprünglichen linguistischen Werte. Dieser Effekt wird in den allermeisten Fällen unerwünscht sein, so dass Mechanismen für eine Beschränkung der Parameteränderungen notwendig sind.

Die Vermischung von verstärkendem Lernen und Gradientenverfahren führt dazu, dass der Lernvorgang zum Stillstand kommt, wenn sich die Ausgabe des AEN nicht mehr verändert. Dieser Zustand tritt nicht nur dann ein, wenn das zu regelnde System den angestrebten Ruhezustand erreicht hat, sondern auch, wenn es über längere Zeit einen festen Zustand beibehält. Auf diese Weise kann der Effekt eintreten, dass das Modell nicht lernt, den optimalen Zustand anzustreben, sondern lernt, ein Versagen zu vermeiden. Auf diese Weise hält der Regler einen Zustand, der sich nur wenig von dem unterscheidet, in dem das externe Verstärkungssignal $\hat{v}$ ein Versagen signalisiert.

Eine Möglichkeit, diesen Effekt zu vermeiden, besteht darin, ein Fehler- oder Verstärkungssignal zur Parameteränderung heranzuziehen, so dass der Lernvorgang erst dann zum Stillstand kommt, wenn dieses Signal null wird. Diese Vorgehensweise ist in dem in Kapitel 16 vorgestelltem neuen Ansatz verwirklicht. Ein anderer Ansatz, diesen Effekt zu vermeiden, besteht darin, sichere Zustände für das zu regelnde System zu definieren und diese durch den Lernvorgang anstreben zu lassen [Nowe and Vepa 1993].

Ein weiterer Nachteil des Lernverfahrens für GARIC besteht in der gleichzeitigen Verwendung der Faktoren d und $V \cdot S$. Die stochastische Modifikation der Ausgabe des ASN, deren Richtung und Größe durch den Wert von S repräsentiert wird, soll dazu führen, dass größere Bereiche des Zustandsraumes vom Lernvorgang erfasst werden und somit eine besser generalisiert wird. Unter der Annahme, dass im aktuellen Zustand eine Ausgabe von 0 optimal sei, die Modifikation jedoch zu einer positiven Ausgabe führt, die größer sei, als der vorhergehende Wert, führt dies zu einer Leistungsverschlechterung. Unter der weiteren Annahme, dass das AEN bereits eine adäquate Einschätzung des Regelungsverhaltens in seiner Ausgabe v widerspiegelt, führt dies dazu, dass die Änderungen der Parameter in der Art erfolgen, dass die nächste Ausgabe in Richtung des aktuellen, modifizierten Wertes verschoben wird. Denn in diesem Fall gilt $V < 0$, $d < 0$ und $S > 0$ (vgl. Gleichungen (12.6), (12.17), (12.20)), womit eine Verschiebung der beteiligten Zugehörigkeitsfunktion in den Konsequenzen in positive Richtung verbunden ist (vgl. Gleichungen (12.22), (12.23), (12.24)). Damit verschlechtert sich die Leistung der Regelung.

Um diesen Effekt klein zu halten, ist es erforderlich, dass S keinen großen Einfluss auf die Parameteränderung hat, also betragsmäßig klein ist. Dies läuft jedoch dem eigentlichen Sinn der stochastischen Modifikation zuwider.

Die Überwindung der rein neuronalen Architektur im Handlungsnetz des ASN hat GARIC in seiner Interpretation als Fuzzy-Regler gegenüber ARIC sehr verbessert. Das ASN kann zwar noch als Spezialfall eines Neuronalen Netzes gesehen werden, entspricht jedoch eher einem *Datenflussmodell eines Fuzzy-Reglers*. In diesem Sinne kann GARIC auch als kooperatives Neuro-Fuzzy-Modell interpretiert werden, in dem das Bewertungsnetz einen Teil der den Lernprozess treibenden Parameter beisteuert und auf diese Weise den Fuzzy-Regler (ASN) verändert. Die Darstellung des Reglers als Netzwerk ermöglicht eine homogene Realisierung in neuronalen Strukturen und somit den Einsatz spezieller Hardware, sofern die Voraussetzung gegeben ist, dabei selbstdefinierte Aktivierungs- und Propagationsfunktionen verwenden zu können.

Als Nachteil des Modells muss der relativ komplexe, aus unterschiedlichen Verfahren kombinierte Lernalgorithmus angesehen werden. Dass ein auf einfachem verstärkenden Lernen aufgebautes Modell [Nauck 1994a] ebenfalls erfolgreich sein kann, wird in Kapitel 16 gezeigt.

12.7 Das ANFIS-Modell

Das ANFIS-Modell (Adaptive-Network-based Fuzzy Inference System) von [Jang 1991, Jang 1992, Jang 1993] ist eines der frühesten hybriden Neuro-Fuzzy-Systeme, die zur Funktionsapproximation eingesetzt wurden. Es repräsentiert ein Fuzzy-System vom Sugeno-Typ in einem speziellen vorwärtsbetriebenen fünfschichtigen Neuronalen Netz (vgl. Abbildung 12.9, Jang zählt die Eingabeschicht nicht mit).

Das Netz besitzt nur ungewichtete Verbindungen und weist in allen Schichten unterschiedliche spezielle Aktivierungsfunktionen auf. Die verwendeten Regeln sind von der Form

$$R_r\colon \textbf{If } x_1 \textbf{ is } A_{j_1}^{(1)} \wedge \ldots \wedge x_n \textbf{ is } A_{j_n}^{(n)} \textbf{ Then } y = \alpha_0^{(r)} + \alpha_1^{(r)} x_1 + \ldots + \alpha_n^{(r)} x_n.$$

Der Lernvorgang wirkt sich auf die Fuzzy-Mengen der Antezedenzen und die Parameter α_j der Konsequenzen aus. Die Fuzzy-Regeln müssen bekannt sein.

Die oben genannte Fuzzy-Regel enthält nur eine Ausgabegröße. Es lassen sich jedoch leicht mehrere Ausgabevariablen verwenden. Für jede Ausgabevariable ist in jeder Regel eine weitere Linearkombination als zusätzlicher Parametersatz im Regelkonsequens anzugeben. Der Einfachheit halber betrachten wir nur ein ANFIS-System mit einer Ausgabegröße. Alle folgenden Betrachtungen lassen sich leicht auf Systeme mit mehreren Ausgaben erweitern.

Die Struktur von ANFIS (Abbildung 12.9) enthält in Schicht U_0 die Eingabeeinheiten, die von Jang nicht als gesonderte Schicht gezählt werden. Die weiteren Schichten weisen die folgenden Eigenschaften auf [Jang 1993]:

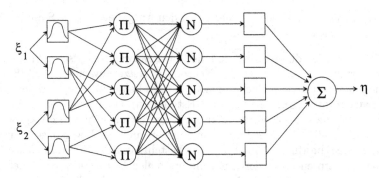

Abbildung 12.9 Die Struktur von ANFIS (nach [Jang 1993])

Schicht 1: Jeder Knoten der Schicht U_1 speichert drei Parameter zur Definition einer Zugehörigkeitsfunktion zur Modellierung eines linguistischen Ausdrucks A:

$$\mu_j^i(x_i) = \frac{1}{1 + \left(\left(\frac{x_i - c}{a}\right)^2\right)^b}$$

wobei x_i eine der Eingangsgrößen ist. Jeder Knoten ist mit genau einer Eingabeeinheit verbunden und berechnet den Zugehörigkeitsgrad des aktuellen Eingangswertes.

Schicht 2: Für jede Regel ist eine Einheit R_r in Schicht U_2 angelegt, die mit den Einheiten der vorhergehenden Schicht verbunden ist, die das Regelantezedens bilden. Die eingehenden Werte entsprechen Zugehörigkeitsgraden und werden aufmultipliziert und den Erfüllungsgrad τ_r der Regel zu bestimmen, die durch eine Einheit R_r repräsentiert wird. In Abbildung 12.9 sind diese Einheiten mit einem Produktsymbol gekennzeichnet.

Schicht 3: Für jede Regel R_r ist eine Einheit in Schicht U_3 vorhanden, die den relativen Erfüllungsgrad w_r dieser Regel, bezogen auf alle anderen Regeln, berechnet:

$$\bar{\tau}_r = \frac{\tau_r}{\sum_{R_i \in U_2} \tau_i}.$$

Jede Einheit ist mit allen Einheiten der Schicht U_2 verbunden. Die Bezeichnung "N" in Abbildung 12.9 steht für Normalisierung.

Schicht 4: Die Einheiten der Schicht U_4 sind mit allen Eingabeeinheiten (in Abbildung 12.9 nicht dargestellt) und mit genau einem Knoten der Schicht U_3 verbunden. Sie berechnen die gewichtete Ausgabe einer Regel R_r mit

$$o_r = \bar{\tau}_r \cdot (\alpha_0^{(r)} + \alpha_1^{(r)} x_1 + \ldots + \alpha_n^{(r)} x_n).$$

Schicht 5: Eine Ausgabeeinheit berechnet den Ausgabewert y als Summe über alle Ausgaben der Schicht U_4.

Da ANFIS lediglich differenzierbare Funktionen verwendet, lassen sich leicht Standardlernverfahren aus dem Bereich Neuronaler Netze anwenden. ANFIS verwendet eine Kombination von Backpropagation (Gradientenabstieg) und der Methode kleinster Quadrate (LSE: Least Squares Estimation). Die Parameter der Regelantezedenzen, also die Zugehörigkeitsfunktionen, werden mit Hilfe von Backpropagation erlernt. Die Koeffizienten der Linearkombinationen in den Regelkonsequenzen werden mittels LSE bestimmt. Ein Lernschritt besteht aus zwei Teilen. Zunächst werden die Eingabevektoren propagiert, und die optimalen Konsequensparameter werden durch eine iterative LSE-Prozedur geschätzt. Dabei werden die Parameter der Zugehörigkeitsfunktionen in den Regelantezedenzen festgehalten. Im zweiten Schritt werden die Eingaben erneut propagiert und die Zugehörigkeitsfunktionen werden mittels Backpropagation einmal modifiziert, wobei die Konsequensparameter festgehalten werden. Diese beiden Schritte werden dann solange wiederholt, bis der Fehler des Systems hinreichend klein ist oder eine maximale Zahl von Iterationen erreicht ist.

Wir betrachten im Folgenden ein ANFIS-System mit n Eingangseinheiten, k Regeleinheiten und einer einzelnen Ausgangseinheit. Das System soll mit einer Lernaufgabe trainiert werden, die aus P Mustern besteht. Die Berechnung einer ANFIS-Ausgabe kann wie folgt dargestellt werden.

$$y = \frac{\sum_{i=1}^{k} \tau_i y_i}{\sum_{i=1}^{k} \tau_i} = \sum_{i=1}^{k} \bar{\tau}_i y_i = \sum_{i=1}^{k} \bar{\tau}_i (\alpha_0^{(i)} + \alpha_1^{(i)} x_1 + \ldots + \alpha_n^{(i)} x_n),$$

wobei

$$\tau_r = \prod_{i=1}^{n} \mu_{j_r}^{(i)}(x_i)$$

der Erfüllungsgrad der Regel R_r und

$$\bar{\tau}_r = \frac{\tau_r}{\sum_{i=1}^{k} \tau_i}$$

der normalisierte Erfüllungsgrad sind. Dieser Darstellung von y ist linear in den Konsequensparametern α_i^r, weshalb diese durch LSE geschätzt werden können.

Sei $\mathbf{N}$ eine Matrix, die je eine Zeile für jedes Trainingsmuster enthält. Jede Zeile enthält k Wiederholungen von $(1, \bar{\tau}_1^{(i)}, \ldots, \bar{\tau}_k^{(i)})$, wobei $\bar{\tau}_j^{(i)}$ der normalisierte Erfüllungsgrad der Regel j ist, nachdem das i-te Muster propagiert wurde. Weiterhin sei $\mathbf{T}$ der (Spalten-) Vektor der Zielvorgaben der Trainingsmuster und sei

$$\mathbf{A} = (\alpha_0^{(1)}, \ldots, \alpha_n^{(1)}, \ldots, \alpha_0^{(k)}, \ldots, \alpha_n^{(k)})^T$$

der (Spalten-) Vektor aller Konsequensparameter aller Regeln. Die Konsequensparameter sind durch die folgende Matrixgleichung bestimmt:

$$\mathbf{NA} = \mathbf{T}.$$

Bei k Regeleinheiten gibt es $M = k \cdot (n+1)$ Konsequensparameter. M ist somit die Dimension von $\mathbf{A}$. Die Dimension von $\mathbf{N}$ ist $P \times M$ und $\mathbf{T}$ hat die Dimension P. Üblicherweise haben wir mehr Trainingsmuster als Parameter. Das bedeutet, dass P größer als M und die Gleichung somit überbestimmt ist. Im allgemeinen gibt es daher keine eindeutige Lösung. Wir wollen daher eine LSE-Schätzung $\mathbf{A}^*$ von $\mathbf{A}$ bestimmen, die den quadratischen Fehler $\|\mathbf{NA} - \mathbf{T}\|^2$ minimiert. Diese Schätzung erhalten wir, indem wir

$$\mathbf{A}^* = (\mathbf{N}^T \mathbf{N})^{-1} \mathbf{N} \mathbf{T},$$

schreiben, wobei $\mathbf{N}^T$ die Transponierte zu $\mathbf{N}$ und $(\mathbf{N}^T \mathbf{N})^{-1} \mathbf{N}$ die Pseudoinverse von $\mathbf{N}$ ist, sofern $\mathbf{N}^T \mathbf{N}$ nicht singulär ist. Allerdings ist die Berechnung eine Lösung auf diesem Wege aufgrund der erforderlichen Matrixinversion sehr aufwendig und wird sogar unmöglich, wenn $\mathbf{N}^T \mathbf{N}$ singulär ist. Es gibt jedoch eine effizientere iterative LSE-Prozedur, die von Jang verwendet wird um ANFIS zu trainieren [Jang 1993, Jang and Sun 1995].

Sei $\vec{n}_i^T$ der i-te Zeilenvektor der Matrix $\mathbf{N}$ und sei $\vec{t}_i^T$ das i-te Element des Vektors $\mathbf{T}$. Dann kann eine Lösung für $\mathbf{A}$ iterative wie folgt berechnet werden.

$$\mathbf{A}_{i+1} = \mathbf{A} + \Sigma_{i+1} \cdot \vec{n}_{i+1} \cdot (\vec{t}_{i+1}^T - \vec{n}_{i+1}^T \cdot \mathbf{A}_i) \tag{12.28}$$

$$\Sigma_{i+1} = \Sigma_i \cdot \frac{S_i \cdot \vec{n}_{i+1} \cdot \vec{n}_{i-1}^T \cdot \Sigma_i}{1 + \vec{n}_{i+1}^T \cdot \Sigma_i \cdot \vec{n}_{i+1}}, \quad (i = 0, 1, \ldots, P-1). \tag{12.29}$$

Dabei ist Σ eine Kovarianzmatrix, und der Schätzwert $\mathbf{A}^*$ entspricht $\mathbf{A}_P$. Die Anfangsbedingungen der Prozedur sind $\mathbf{A}_0 = \mathbf{0}$ und $\Sigma_0 = \gamma \mathbf{I}_M$, wobei γ eine große positive Zahl und $\mathbf{I}_M$ die Einheitsmatrix der Dimension $M \times M$ sind. Falls das ANFIS-System mehr als eine Ausgabeeinheit aufweist, beispielsweise l, dann ist $\mathbf{T}$ eine $P \times l$ Matrix und $\vec{t}_i^T$ deren i-ter Zeilenvektor. In diesem Fall ist $\mathbf{A}$ eine Matrix der Dimension $M \times l$.

Die Veränderungen der Antezedenzenparameter werden durch Backpropagation bestimmt (siehe Kapitel 4). Sei p ein Parameter der Fuzzy-Menge $\mu_{j_r}^{(i)}$ aus dem Antezedens der Regel R_r. Wir betrachten die Änderung von p für eine einzelne Regel R_r nachdem ein Muster mit der Zielvorgabe y^* propagiert wurde. Das Fehlermaß E ist die übliche Summe der quadrierten Differenzen zwischen Zielvorgabe und tatsächlicher Ausgabe. Durch iterative Anwendung der Kettenregel erhalten wir

$$\Delta p = -\sigma \frac{\partial E}{\partial p} = -\sigma \frac{\partial E}{\partial y} \frac{\partial y}{\partial \bar{\tau}_r} \frac{\partial \bar{\tau}_r}{\partial \tau_r} \frac{\partial \tau_r}{\partial \mu_{j_r}} \frac{\partial \mu_{j_r}^{(i)}}{\partial p} \tag{12.30}$$

$$= \sigma \cdot (y^* - y) \cdot y_r \cdot \frac{\bar{\tau}_r \cdot (1 - \bar{\tau}_r)}{\tau_r} \cdot \frac{\tau_r}{\mu_{j_r}} \frac{\partial \mu_{j_r}}{\partial p} \tag{12.31}$$

$$= \frac{\sigma}{\mu_{j_r}} \cdot y_r \cdot (y^* - y) \cdot \bar{\tau}_r \cdot (1 - \bar{\tau}_r) \cdot \frac{\partial \mu_{j_r}^{(i)}}{\partial p}, \tag{12.32}$$

wobei σ eine Lernrate ist. Für den letzten Faktor der Gleichung erhalten wir die folgenden Ausdrücke für jeden der drei Parameter einer Fuzzy-Menge $\mu_{j_r}^{(i)}$:

$$\frac{\partial \mu_{j_r}^{(i)}}{\partial a} = -\frac{\mu_{j_r}^{(i)}(x_i)^2}{a} \cdot \left(\frac{(x_i - c)^2}{a} \right)^b \tag{12.33}$$

$$\frac{\partial \mu_{j_r}^{(i)}}{\partial b} = -b \cdot \mu_{j_r}^{(i)}(x_i)^2 \cdot \left(\frac{(x_i - c)^2}{a} \right)^{(b-1)} \tag{12.34}$$

$$\frac{\partial \mu_{j_r}^{(i)}}{\partial c} = \frac{2 \cdot b \cdot \mu_{j_r}^{(i)}(x_i)^2}{x_i - c} \cdot \left(\frac{(x_i - c)^2}{a} \right)^b. \tag{12.35}$$

Das von Jang vorgeschlagene Lernverfahren besteht aus den folgenden Schritten:

1. Propagiere alle Muster der Trainingsmenge und bestimme die Konsequensparameter durch eine iterative LSE-Prozedur (12.28). Die Antezedensparameter werden festgehalten.

2. Propagiere alle Muster erneut und aktualisiere die Antezedensparameter mittels der Backpropagation-Schritte (12.30) und (12.33). Die Konsequensparameter werden festgehalten.

3. Falls der Fehler in vier aufeinanderfolgenden Schritten jeweils reduziert werden konnte, erhöhe die Lernrate um 10%. Falls der Fehler abwechselnd sinkt und wieder ansteigt, senke die Lernrate um 10%.

4. Beende das Training, wenn der Fehler hinreichend klein ist. Andernfalls fahre mit Schritt (i) fort.

Die Bestimmung der Konsequensparameter wird sehr aufwendig, wenn diese sehr zahlreich sind. Es ist auch möglich, diese Parameter mittels Backpropagation zu optimieren. Jang berichtet jedoch, dass der oben angegebene Lernalgorithmus, den er "hybride Lernregel" nennt, bessere Ergebnisse erzielt. Neben den durch Neuronale Netze inspirierten Lernverfahren lassen sich auch noch andere Techniken einsetzen. In [Jang and Mizutani 1996] wird ein Trainingsverfahren für ANFIS diskutiert, das auf dem Levenberg-Marquardt-Optimierungsverfahren beruht.

Aufgrund seiner Netzwerkstruktur und der üblichen neuronalen Lernverfahren, lässt sich ANFIS leicht mittels flexibler Simulatoren für Neuronale Netze implementieren, wie zum Beispiel durch den *Stuttgarter Neuronale-Netze-Simulator* SNNS [Brahim and Zell 1994, Zell *et al.* 1992]. Dadurch wird ANFIS für Anwendungen attraktiv. Allerdings ist der Lernalgorithmus von ANFIS sehr aufwendig und eine effiziente Implementierung ist daher von großer Bedeutung. Eine Anwendung von ANFIS zur Vorhersage des Elektrizitätsbedarfs an „besonderen" Tagen (Feiertage etc.) wird in [Schreiber and Heine 1994] beschrieben.

Die Struktur von ANFIS stellt sicher, dass jeder Linguistische Term durch genau eine Fuzzy-Menge repräsentiert wird. Allerdings erlaubt das Lernverfahren es nicht, Einschränkungen für die Parameteränderungen an den Fuzzy-Mengen zu formulieren. Die Interpretation des Lernergebnisses kann schwierig sein, da ANFIS nur Fuzzy-System vom Sugeno-Typ implementiert. ANFIS ist daher eher für Aufgaben geeignet, bei denen die Interpretation von untergeordneter Bedeutung ist und die Gesamtleistung (Genauigkeit) des Systems im Vordergrund steht. In Kapitel 18 vergleichen wir ANFIS mit einem anderen Neuro-Fuzzy-Ansatz anhand eines Beispielproblems.

Eine Initialisierung mit Vorwissen ist bei ANFIS nicht so einfach wie bei Neuro-Fuzzy-Ansätzen, die Fuzzy-Systeme vom Mamdani-Typ repräsentieren. Es ist in der Regel unmöglich, ein Regelkonsequens in Form einer geeigneten Linearkombination anzugeben. ANFIS ist daher für Probleme geeignet, bei denen es möglich ist unscharfe Zustände anzugeben die für das Problem von Bedeutung sind. Diese Fuzzy-Zustände werden in den Regelantezedenzen von ANFIS kodiert. Es ist nicht notwendig, Vorwissen über die Regelkonsequenzen zu haben. Deren Parameter können mit Zufallswerten initialisiert werden, und die Bestimmung ihrer exakten Werte kann dem Lernverfahren überlassen werden.

ANFIS stellt eine neuronale Repräsentation eines Fuzzy-Systems vom Sugeno-Typ dar. Dieser Ansatz mag hilfreich sein, um das System innerhalb einer Neuronalen-Netz-Umgebung zu realisieren. Eine derartige Repräsentation ist jedoch keine Voraussetzung für die Anwendung der ANFIS-Lernverfahren. Wie wir in Abschnitt 12.4 gesehen haben, kann ein Gradientenabstiegsverfahren direkt auf ein Sugeno-Fuzzy-System (selbst mit dreiecksförmigen Zugehörigkeitsfunktionen) angewandt werden ohne es in einer Netzwerkstruktur darzustellen.

J.-S.R. Jang stellt eine Implementierung von ANFIS zur Verfügung. Sie kann über das Internet vom Server `ftp.cs.cmu.edu` aus dem Verzeichnis `user/ai/areas/fuzzy/systems/anfis` bezogen werden.

12.8   Das NNDFR-Modell

Das NNDFR-Modell (Neural Network Driven Fuzzy Reasoning) aus [Takagi and Hayashi 1991, Hayashi *et al.* 1992b] ist nicht hauptsächlich zur Lösung von Regelungsproblemen entworfen worden, sondern zur Klassifikation oder Beurteilung von Zuständen.

Das Modell setzt n Eingangsgrößen $x_1 \in X_1, \dots, x_n \in X_n$, eine Ausgangsgröße y und k linguistische (Kontroll-)Regeln $R_1, \dots, R_k$ voraus. Es besteht aus $k+1$ mehrschichtigen vorwärtsbetriebenen Neuronalen Netzen (siehe Abbildung 12.10), die zur Repräsentation der Zugehörigkeitsfunktionen und der Fuzzy-Regeln dienen. Das System ist rein neuronaler Natur und daher nicht dazu geeignet, aus ihm Parameter eines Fuzzy-Systems zu extrahieren. Lediglich die Anordnung der Teilnetze und die Interpretation der Ausgaben lassen es zu, das Modell als Neuronales Fuzzy-System zu bezeichnen.

Das NNDFR-Modell wird in mehreren Schritten konstruiert, die sowohl die Festlegung seiner Architektur als auch die Lernvorgänge der beteiligten Neuronalen Netze enthalten. Die Grundlage der Konstruktion bildet eine überwachte Lernaufgabe. Das bedeutet, dass eine eventuelle Regelungsaufgabe bereits anderweitig beherrscht werden muss, bzw. für eine Klassifikationsaufgabe entsprechende Beispiele vorliegen müssen.

Die linguistischen Regeln, die das NNDFR-Modell verwendet, sind von der Form

$$R_r\colon \mathbf{If}\ (x_1, \dots, x_n)\ \mathbf{is}\ A_r\ \mathbf{Then}\ y = u_r(x_1, \dots, x_n).$$

Dies entspricht nicht der üblichen Form linguistischer Kontrollregeln, was mit der Verwendung einer rein neuronalen Architektur zusammenhängt. A_r muss durch eine n-dimensionale Zugehörigkeitsfunktion repräsentiert werden; es gibt keine Verknüpfung einzelner Zugehörigkeitswerte. Im Modell wird dies durch das Neuronale Netz NN_{mem} realisiert, das für jede Regel R_r einen Wert w_r liefert, der als Erfüllungsgrad des Antezedens angesehen wird.

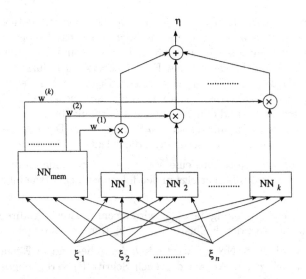

Abbildung 12.10 Blockdiagramm eines NNDFR-Systems (nach [Takagi and Hayashi 1991])

Die Funktionen $u_1, \ldots, u_k$ werden durch k Neuronale Netze $\mathrm{NN}_1, \ldots, \mathrm{NN}_k$ realisiert, die damit die Ausgaben der Regeln $R_1, \ldots, R_k$ bestimmen. Die endgültige Ausgabe des Systems wird durch

$$y = \frac{\sum_{r=1}^{k} w_r u_r(x_1, \ldots, x_n)}{\sum_{r=1}^{k} w_r}$$

bestimmt.

Die verwendeten Neuronalen Netze sind alle vom Typ mehrschichtiges Perzeptron. Das Netz $\mathrm{NN}_{\mathrm{mem}}$ besitzt k Ausgabeeinheiten, und die Netze $\mathrm{NN}_1, \ldots, \mathrm{NN}_k$ weisen jeweils eine Ausgabeeinheit auf. Die Anzahl der Eingabeeinheiten ist bei allen Netzen maximal n, wobei im Laufe des Konstruktionsvorgangs für jedes Netz individuell versucht wird, überflüssige Eingabeeinheiten, d.h. Eingangsgrößen, zu eliminieren. Takagi und Hayashi geben an, jeweils zwei innere Schichten zu verwenden, wobei sie dies jedoch weder begründen noch auf die Vorgehensweise zur Bestimmung der Anzahl innerer Einheiten eingehen. Die Aktivierungsfunktion der inneren und der Ausgabeeinheiten ist in allen Fällen die für mehrschichtige Perzeptrons übliche sigmoide Funktion (vgl. Kapitel 4). Als Trainingsverfahren wird der Backpropagation-Algorithmus eingesetzt.

[Takagi and Hayashi 1991] geben zur Konstruktion eines NNDFR-Modells die folgenden Schritte an.

1. Nach der Identifikation der Eingangsgrößen $x_1, \ldots, x_n$ und der Ausgangsgröße y wird eine überwachte Lernaufgabe $\mathcal{L}_{\mathrm{fixed}}$ aus Beispieldaten erzeugt.

Diese wird zunächst dazu verwendet, ein weiteres mehrschichtiges Perzeptron mittels Backpropagation zu trainieren. Nach Abschluss des Lernvorgangs werden sukzessive einzelne Eingabeeinheiten entfernt und der quadratische Fehler für die entsprechende, um ein Eingangsmerkmal reduzierte Lernaufgabe ermittelt. Weicht der Fehler dabei nur geringfügig von dem Fehler bei der Verwendung aller Eingabeeinheiten ab, wird die entsprechende Eingangsgröße als irrelevant eingestuft und dauerhaft aus der Lernaufgabe entfernt. Die Autoren bezeichnen diesen Vorgang als *backward elimination*. Das trainierte Netz wird nicht weiter verwendet. Dieser Schritt dient lediglich der Datenreduktion.

2. Der Lernaufgabe $\mathcal{L}_{\mathrm{fixed}}$ wird eine Menge von Kontrolldaten entnommen, die zur Überprüfung des Lernerfolgs in den folgenden Schritten eingesetzt werden kann.

3. Die verbleibende Lernaufgabe $\mathcal{L}'_{\mathrm{fixed}}$ wird einem Cluster-Verfahren unterzogen. Die dabei entstehenden k Cluster $\varrho_1, \ldots, \varrho_k$ werden als Regeln interpretiert.

4. Das Neuronale Netz $\mathrm{NN}_{\mathrm{mem}}$ wird mit k Ausgabe- und m Eingangseinheiten erstellt, wobei m der Anzahl der nach Schritt (i) verbleibenden Eingangsgrößen entspricht. Die Autoren verwenden in ihren Beispielen jeweils zwei innere Schichten. Es wird eine neue Lernaufgabe $\mathcal{L}^*_{\mathrm{fixed}}$ erzeugt, die die Eingangsmuster von $\mathcal{L}'_{\mathrm{fixed}}$ enthält und deren p-tes Ausgangsmuster durch

$$(w_1^{(p)}, \ldots, w_k^{(p)}), \qquad w_r^{(p)} = \begin{cases} 1 & \text{falls } (x_1^{(p)}, \ldots, x_m^{(p)}) \in \varrho_r \\ 0 & \text{sonst} \end{cases}$$

festgelegt ist. Auf diese Weise wird einem Eingangsmuster $(x_1^{(p)}, \ldots, x_m^{(p)})$ ein „Zugehörigkeitswert" $w_r^{(p)}$ von 1 zugewiesen, wenn es zu dem Cluster (einer Regel) ϱ_r gehört. Unbekannte Eingaben rufen nach Abschluss des Lernvorgangs in jeder Ausgabeeinheit einen Wert zwischen 0 und 1 ab, der als Erfüllungsgrad der jeweiligen Regel, bezogen auf diese Eingabe, interpretiert wird.

5. In diesem Schritt werden die Neuronalen Netze $\mathrm{NN}_1, \ldots, \mathrm{NN}_k$ mit je m Eingabeeinheiten und einer Ausgabeeinheit erzeugt. Die Lernaufgabe $\mathcal{L}'_{\mathrm{fixed}}$ wird in k Lernaufgaben $\mathcal{L}^{(1)}_{\mathrm{fixed}}, \ldots, \mathcal{L}_{\mathrm{fixed}}1(k)$ aufgeteilt, die jeweils Muster eines Clusters enthalten. Sie werden genutzt, um die k Netze mittels Backpropagation zu trainieren.

6. Unter Zuhilfenahme der Kontrolldaten wird mittels des Verfahrens aus Schritt (i) versucht, die Eingabeeinheiten der Netze $\mathrm{NN}_1, \ldots, \mathrm{NN}_k$ zu verringern. Bei den Netzen, bei denen das Verfahren Erfolg hatte, muss der Lernvorgang mit entsprechend verringerter Lernaufgabe wiederholt werden.

7. Das NNDFR-Modell wird aus den erzeugten Neuronalen Netzen $\mathrm{NN}_{\mathrm{mem}}$ und $\mathrm{NN}_1, \ldots, \mathrm{NN}_k$ zusammengesetzt (vgl. Abbildung 12.10).

Verglichen mit den Ansätzen aus den Abschnitten 12.5 und 12.6 und den beiden noch folgenden Modellen ist der Ansatz von Takagi und Hayashi trivial. Das NNFDR-Modell weist zwar eine deutliche Strukturierung auf und unterscheidet sich dadurch von gängigen neuronalen Klassifikations- oder Regelungssystemen, es kann jedoch nicht als Fuzzy-Regler oder Fuzzy-Klassifikationssystem interpretiert werden oder Parameter für derartige Systeme hervorbringen. Einzig die Interpretation der Ausgabe von NN_{mem} als Erfüllungsgrad einer Regel und der Netze $NN_1, \ldots, NN_k$ als Regeln bzw. Regelkonsequenzen erlaubt die Bezeichnung „Neuro-Fuzzy-Modell".

Da das Modell es weder zulässt, Fuzzy-Regeln zu erlernen (diese werden durch ein zusätzliches Cluster-Verfahren ansatzweise erzeugt), noch diese Regeln oder Zugehörigkeitsfunktionen explizit zu extrahieren, erscheint der Aufwand des Ansatzes zunächst nicht gerechtfertigt. Insbesondere unter der Berücksichtigung der Tatsache, dass nach Schritt (i) des von den Autoren angegebenen Konstruktionsverfahrens ein fertig trainiertes Neuronales Netz vorliegt, dass die vorgesehene Aufgabe ebenso gut erfüllen könnte, das jedoch im weiteren Verlauf nicht mehr genutzt wird.

Eine Bedeutung kommt dem Modell erst dann zu, wenn die Datenreduktion in den Schritten (i) und (vi) so groß ist, dass die im Modell verwendeten Neuronalen Netze im Verhältnis klein werden können. Da die Netze während der Lernphase unabhängig voneinander arbeiten können, bietet sich eine Parallelisierung auf neuronaler Spezialhardware an. Dies ist im Hinblick auf einen Online-Lernvorgang unter Echtzeitbedingungen während des Einsatzes des Modells von Interesse. Die Modularisierung und Parallelisierung verspricht einen Laufzeitgewinn gegenüber einem unstrukturierten Neuronalen Netz.

Dieser Aspekt tritt noch stärker hervor, wenn die Datenreduktion und das Cluster-Verfahren aufgrund von Vorwissen (Kenntnis der relevanten Eingangsgrössen und linguistischer Regeln mit dazugehörigen Beispieldaten) entfallen können. Das NNDFR-Modell lässt sich dann verhältnismäßig schnell realisieren und (unter Verwendung von Spezialhardware) schnell trainieren. Werden während des Einsatzes des Modells weitere Daten gesammelt, so kann der Lernvorgang online wieder aufgenommen werden, um das System einer veränderten Umgebung anzupassen. Problematisch ist dabei, wie bei allen rein neuronalen Modellen, die Bestimmung der Netzparameter.

In [Takagi and Hayashi 1991] wird das NNDFR-Modell in zwei Klassifikationsproblemen eingesetzt. Das erste Problem befasst sich mit der Schätzung der Sauerstoffkonzentration in der Bucht von Osaka in Abhängigkeit von fünf Messgrößen. Die zweite Anwendung betrifft die Schätzung der Rauheit einer polierten keramischen Oberfläche, ebenfalls in Abhängigkeit von fünf Messgrößen. Die Autoren weisen darauf hin, dass ihr Modell bessere Ergebnisse liefert als für diese Anwendungsbereiche entwickelte konventionelle Methoden. In [Hayashi *et al.* 1992b] wird das NNDFR-Modell erfolgreich auf ein realisiertes inverses Pendel angewandt, wobei es auch in der Lage ist, das Pendel aus hängender Lage aufzuschwingen.

Das Modell ist trotz seiner Einfachheit und semantisch wenig differenzierten Struktur von Interesse, da es ein klassischer Vertreter Neuronaler Fuzzy-Systeme ist, die vorwiegend in japanischen Konsumprodukten zum Einsatz gelangten [Asakawa and Takagi 1994, Takagi 1990, Takagi 1992, Takagi 1995]. Diese Systeme zeichnen sich überwiegend durch sehr einfache neuronale Strukturen aus, die entweder als Neuronale Fuzzy-Modelle interpretiert werden oder Parameter von Fuzzy-Reglern während des Einsatzes von Produkten verändern sollen. Vergleichbare Ansätze sind in [dAlche-Buc *et al.* 1992, Hayashi *et al.* 1992a, Lin and Lee 1993, Esogbue 1993] zu finden.

12.9   Das FuNe-I-Modell

Das FuNe-I-Modell [Halgamuge 1995, Halgamuge and Glesner 1992, Halgamuge and Glesner 1994] ist ein Fuzzy-Neuro-Modell, das auf der Architektur eines vorwärts-betriebenen Neuronalen Netzes beruht (siehe Abbildung 12.11). Das Modell besitzt fünf Schichten. In der ersten Schicht ist für jede Eingabevariable eine Einheit angelegt, die keine weitere Verarbeitung vornimmt. Die Einheiten leiten ihre Aktivierungen über gewichtete Verbindungen an ihnen zugeordnete Einheiten der zweiten Schicht weiter. Die zweite Schicht besteht aus Einheiten mit sigmoiden Aktivierungsfunktionen, die zur Bildung von Zugehörigkeitsfunktionen dienen. Die dritte Schicht enthält spezialisierte Einheiten, die nur zur Bildung der Fuzzy-Menge *mittel* (s.u.) verwendet werden. Die Einheiten der zweiten bzw. dritten Schicht leiten ihre Aktivierungen ungewichtet an die vierte Schicht weiter. Ein Ausnahme bilden hier nur die Einheiten der zweiten Schicht, die mit der dritten Schicht verbunden sind. Die vierte Schicht besteht aus Einheiten, die Fuzzy-Regeln repräsentieren. Die Besonderheit des FuNe-I-Modells besteht darin, dass drei Arten von Regeln verwendet werden: die Antezedensterme können konjunktiv oder disjunktiv verknüpft werden, und es existieren Regeln mit nur einer Variable im Antezedens. Je nach Art der repräsentierten Regel bestimmt die Einheit ihre Aktivierung entweder durch ein „weiches Minimum" (Konjunktion, softmin, siehe Gleichung 12.14), durch ein „weiches Maxium" (Disjunktion, softmax, siehe Gleichung 12.36) oder durch die Identitätsfunktion.

$$\widetilde{\max}\{x_1,\ldots,x_n\} = \frac{\sum_{i=1}^{n} x_i e^{\alpha x_i}}{\sum_{i=1}^{n} e^{\alpha x_i}} \qquad (12.36)$$

Der Parameter α der Softmax-Funktion wird vorgegeben. Für $\alpha = 0$ erhält man das arithmetische Mittel, und für $\alpha \longrightarrow \infty$ ergibt sich die gewöhnliche Maximumsbildung.

   Die fünfte Schicht enthält die Ausgabeeinheiten, die ihre Eingabe mittels einer gewichteten Summe und ihre Aktivierung mittels einer sigmoiden Funktion bestimmen.

   Wir betrachten ein FuNe-I-System, bei dem die Grundbereiche der Eingangsgrößen mit je drei Fuzzy-Mengen partitioniert werden, die wir mit *klein, mittel* und *groß* bezeichnen. Die Zugehörigkeitsfunktionen werden durch zwei Arten von Sigmoidfunktionen gebildet:

$$s^{(\text{rechts})}_{\alpha_r,\beta_r}(x) \;\; = \;\; \frac{1}{1 + e^{-\alpha_r(x - \beta_r)}},$$

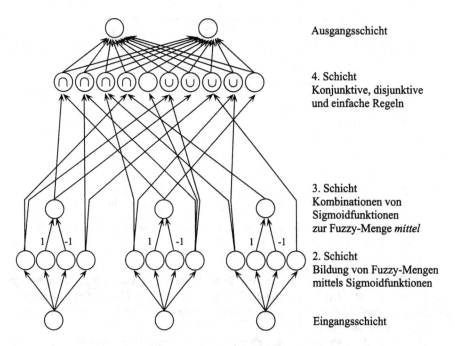

Ausgangsschicht

4. Schicht
Konjunktive, disjunktive
und einfache Regeln

3. Schicht
Kombinationen von
Sigmoidfunktionen
zur Fuzzy-Menge *mittel*

2. Schicht
Bildung von Fuzzy-Mengen
mittels Sigmoidfunktionen

Eingangsschicht

Abbildung 12.11 Die Architektur des FuNe-I-Modells

$$s_{\alpha_l,\beta_l}^{(\text{links})}(x) \;=\; \frac{1}{1+e^{\alpha_l(x-\beta_l)}}.$$

Dabei handelt es sich um in Richtung größerer Werte („rechts geschultert") bzw. in Richtung kleinerer Werte („links geschultert") ansteigende Funktionen. Die beiden Parameter α und β der Funktionen bestimmen die Steilheit und die Lage. Die drei angesprochenen Fuzzy-Mengen lassen sich nun wie folgt realisieren:

$$\mu_{\alpha_k,\beta_k}^{(\text{klein})} \;=\; s_{\alpha_k,\beta_k}^{(\text{links})},$$

$$\mu_{\alpha_g,\beta_g}^{(\text{groß})} \;=\; s_{\alpha_k,\beta_k}^{(\text{rechts})},$$

$$\mu_{\alpha_l,\beta_l,\alpha_r,\beta_r}^{(\text{mittel})} \;=\; s_{\alpha_l,\beta_l}^{(\text{rechts})} - s_{\alpha_g,\beta_g}^{(\text{rechts})}.$$

Die Fuzzy-Menge *klein* wird demnach durch eine „links geschulterte" und die Fuzzy-Menge *groß* durch eine „rechts geschulterte" Sigmoidfunktion dargestellt. Um *mittel* geeignet darzustellen, würde sich in diesem Zusammenhang eine Gaußfunktion anbieten. Man wählt stattdessen jedoch die Differenz zweier gegeneinander verschobener Sigmoidfunktionen, um diese Fuzzy-Menge zu repräsentieren. Auf diese Weise

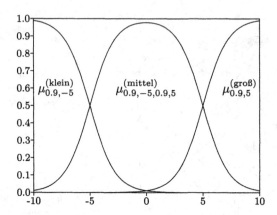

Abbildung 12.12 Drei durch Sigmoidfunktionen repräsentierte Fuzzy-Mengen

wird in einem FuNe-I-System nur eine Funktionsart zur Darstellung von Fuzzy-Mengen verwendet. Das Abbildung 12.12 zeigt ein Beispiel. Man beachte, dass aufgrund des asymptotischen Verlaufs der Sigmoidfunktionen der Zugehörigkeitsgrad 1 nicht exakt erreicht werden kann.

Durch die Art der gewählten Fuzzy-Partitionierungen innerhalb eines FuNe-I-Systems ist die Verbindungsstruktur zwischen den Schichten festgelegt. Für jede Eingabeeinheit existieren vier Einheiten in der zweiten Schicht, wobei eine Einheit die Fuzzy-Menge *klein* und eine weitere Einheit die Fuzzy-Menge *groß* repräsentiert. Die beiden übrigen Einheiten realisieren gemeinsam mit einer linearen Einheit in der dritten Schicht die Fuzzy-Menge *mittel*, indem ihre Ausgaben mit +1 bzw. −1 multipliziert und an diese lineare Einheit weiterpropagiert werden. Die Anzahl dieser Einheiten hängt von der Partitionierung der Eingangsgrößen ab. Es ist selbstverständlich auch möglich, mehr als drei Fuzzy-Mengen zu verwenden. Zugehörigkeitsfunktionen, die wie *mittel* nicht an den Rändern der Wertebereiche liegen, werden dann ebenso durch die Überlagerung zweier Sigmoidfunktionen realisiert. In den Einheiten der zweiten und dritten Schicht werden somit die Zugehörigkeitswerte der Eingabe bestimmt. Die Regeleinheiten der vierten Schicht berechnen die Erfüllungsgrade der Fuzzy-Regeln.

Für FuNe-I sind Lernverfahren zur Adaption der Zugehörigkeitsfunktionen und zur Bestimmung der Regelbasis definiert. Im FuNe-I-Modell werden ausschließlich Regeln mit einer oder zwei Variablen im Antezedens verwendet. Um die Regelbasis aufzubauen, werden zunächst Regeln mit zwei Variablen getrennt nach konjunktiver und disjunktiver Verknüpfung betrachtet. Als Grundlage dient ein spezielles Trainingsnetzwerk, auf das wir hier nicht im einzelnen eingehen werden. Es unterscheidet sich lediglich in der Regelschicht von dem eigentlichen FuNe-I-Netzwerk. Wir beschreiben im Folgenden nur die Vorgehensweise bei der Regelbildung.

Zu Beginn des Regellernvorgangs sind initiale Fuzzy-Partitionierungen für die Eingangsgrößen mittels geeigneter Sigmoidfunktionen zu spezifizieren. Anschließend werden für jede Variable x_i drei konjunktive und drei disjunktive Regeleinheiten in das Trainingsnetzwerk eingesetzt, die die folgenden Berechnungen ausführen:

$$K_{\text{Wert}}^{(i)} = \min\left\{\mu_{\text{Wert}}^{(i)}(x_i), \max_{j:j\neq i}\left\{\max\left\{\mu_{\text{klein}}^{(j)}(x_j), \mu_{\text{mittel}}^{(j)}(x_j), \mu_{\text{groß}}^{(j)}(x_j)\right\}\right\}\right\},$$

$$D_{\text{Wert}}^{(i)} = \max\left\{\mu_{\text{Wert}}^{(i)}(x_i), \min_{j:j\neq i}\left\{\max\left\{\mu_{\text{klein}}^{(j)}(x_j), \mu_{\text{mittel}}^{(j)}(x_j), \mu_{\text{groß}}^{(j)}(x_j)\right\}\right\}\right\},$$

wobei der Index „Wert" aus der Menge {klein, mittel, groß} stammt. Jede konjunktive Regeleinheit K und jede disjunktive Regeleinheit D ist über ein zufällig initialisiertes Gewicht mit allen Ausgabeeinheiten verbunden.

Nachdem auf diese Weise das FuNe-I-Trainingsnetzwerk erzeugt wurde, erfolgt das Training mit einer festen Lernaufgabe. Bei diesem Lernvorgang werden nur die Gewichte zwischen Regel- und Ausgabeeinheiten modifiziert, so dass z.B. die Delta-Regel zum Training verwendet werden kann. Nach Abschluss des Trainingsvorgangs werden die Gewichte interpretiert, um schließlich das eigentliche FuNe-I-Netzwerk (Zielnetzwerk) zu erzeugen. Dabei wird nach der folgenden Heuristik vorgegangen:

- Man betrachte je drei zusammengehörige konjunktive Regeleinheiten $K_{\text{klein}}^{(i)}$, $K_{\text{mittel}}^{(i)}$, $K_{\text{groß}}^{(i)}$ des Trainingsnetzwerkes und analysiere die drei Gewichte, die von ihnen zur einer Ausgabeeinheit v_j führen.

- Wenn eines der drei Gewichte sich von den beiden anderen besonders stark unterscheidet (z.B. betragsmäßig sehr viel größer ist, oder negativ ist, während die anderen positiv sind usw.), so gilt dies als Indiz dafür, dass die Variable x_i einen Einfluss auf die Ausgabegröße y_j ausübt. Sind jedoch alle Gewichte in etwa gleich ausgeprägt, so wird geschlossen, dass x_i keinen wesentlichen Einfluss auf y_j ausübt.

- Angenommen das Gewicht zwischen $K_{\text{Wert}}^{(i)}$ und v_j sei ein solches auffälliges Gewicht. Dann wird das Antezedens „x_i ist *Wert*" je nach Vorzeichen von des Gewichts in einer Liste P_j für positive bzw. N_j für negative Regeln gemerkt.

- Wenn auf diese Weise alle Ausgabe- und Regeleinheiten untersucht worden sind, dann bilde für jede Ausgangsgröße y_j alle möglichen Regeln mit zwei Antezedenstermen, die sich aufgrund der in den beiden Listen P_j und N_j gemerkten Antezedenstermen bilden lassen und füge sie in das Zielnetzwerk ein. Dies geschieht getrennt für positive und negative Regeln. Füge außerdem jedes gefundene Antezedens in einer einstelligen Regel in das Netz ein.

- Je nachdem, ob eine Regel aus Antezedenstermen aus einer Liste P_j bzw. N_j besteht, wird die entsprechende Regeleinheit über ein positives bzw. negatives Gewicht mit der Ausgabeeinheit v_j verbunden.

- Verfahre analog für die disjunktiven Regelknoten des Trainingsnetzwerkes.

Das auf diese Weise erzeugte FuNe-I-Netzwerk enthält konjunktive, disjunktive und einstellige Regeln. Die Regelgewichte werden als Einfluss einer Regel auf eine Ausgabegröße angesehen. Eine Besonderheit des FuNe-I-Modells ist, dass es negative

Regelgewichte erlaubt. Eine Regel mit negativem Gewicht wird als „negierte Regel" interpretiert (s.u.).

Das FuNe-I-Netzwerk wird nun mit derselben festen Lernaufgabe, die zur Erzeugung der Regelbasis verwendet wurde, trainiert, um die Regelgewichte und die Gewichte zwischen Eingabeschicht und zweiter Schicht anzupassen. Als Lernverfahren kann hier Backpropagation eingesetzt werden, da alle im FuNe-I-Netz eingesetzten Funktionen differenzierbar sind. Zu diesem Zeitpunkt kann das Netz noch sehr viele Regeln enthalten, eventuell mehr als von einem Anwender gewünscht. Es besteht daher die Möglichkeit, eine Regel aus dem Netz zu entfernen, wenn das entsprechende Regelgewicht nur schwach ausgeprägt ist.

FuNe-I wurde von den Entwicklern zu FuNe-II weiterentwickelt, das sich für Fuzzy-Regelungsprobleme eignet. Für ein FuNe-II-System wird eine neue Ausgabeschicht angelegt, die mit der bisherigen Ausgabeschicht verbunden ist. Auf den Verbindungen werden Stützstellen von Fuzzy-Mengen gespeichert, die zur Repräsentation der Stellwerte dienen. Die Aktivierung der neuen Ausgabeeinheiten entspricht der punktweisen Angabe einer Fuzzy-Menge, die zur Bestimmung der endgültigen Ausgabe noch zu defuzzifizieren ist [Halgamuge 1995, Halgamuge and Glesner 1994].

Das FuNe-I-Modell ist ein hybrides Neuro-Fuzzy-Modell zur Musterklassifikation. In seiner vorwärtsbetriebenen fünfschichtigen Struktur kodiert es Regeln mit konjunktiven, disjunktiven und einfachen Antezedenzen. Durch die Verwendung gewichteter Fuzzy-Regeln können sich semantische Probleme ergeben. Die Regelgewichte werden von dem Trainingsverfahren genutzt, um eine möglichst exakte Ausgabe zu erzeugen. Um dies zu erreichen, dürfen sich die Gewichte uneingeschränkt entwickeln. Negative Gewichte werden in diesem Zusammenhang als Negation von Regeln interpretiert.

Diese Interpretation wollen wir noch genauer untersuchen. FuNe-I repräsentiert keine Regeln im logischen Sinne. Die Regeln sind vielmehr unscharfe Stützstellen, die zur Approximation einer sonst unbekannten Funktion dienen. In diesem Sinn ist zu klären, wie eine „negierte Regel" zu deuten ist. Wenn wir ihr die Aussage **if not ... then** zuordnen würden, dann hätte sie nicht den Charakter einer lokalen Stützstelle, sondern entspräche einer globalen Beschreibung der Funktion. Über die Funktion würde dadurch ausgesagt: *wenn sich die Eingabe außerhalb des durch das Antezedens spezifizierten Bereiches bewegt, dann entspricht der Funktionswert dem Wert des Konsequens.* Durch die Überlagerung mit anderen Regeln erhielte eine negierte Regel somit die Wirkung eines Offsets für die Funktion.

Eine negativ gewichtete Regel kann jedoch nicht als Aussage im oben genannten Sinne interpretiert werden, sondern nur als lokale Stützstelle mit negativem bzw. negiertem Funktionswert. In diesem Zusammenhang kann sie als Regel mit negiertem Konsequens (**if ... then not**) verstanden werden. Das bedeutet, die Regel hat durch ihre Gewichtung einen Einfluss, der die Auswahl einer bestimmten Klasse unterdrücken soll.

Für einen Anwender ist das korrekte Verständnis negierter Regeln von hoher Bedeutung. Ohne diese Kenntnis ist es ihm nicht möglich, das System geeignet zu initialisieren oder das Lernergebnis zu interpretieren. Wir haben bereits an anderer

Stelle über die Problematik gewichteter Regeln diskutiert (Kap. 12.1). Ein Anwender sollte sich darüber im klaren sein, ob für ihn die Semantik des Modells im Vergleich zur Klassifikationsleistung von geringerer Bedeutung ist. Die Verwendung von Regelgewichten erlaubt FuNe-I eine bessere Klassifikation, als es ohne Gewichte möglich wäre. Diese Vorgehensweise kann jedoch zu einer erschwerten Interpretation der Regelbasis führen.

Ein FuNe-I-System lässt sich nach der Bildung der Regelbasis durch ein Gradientenabstiegsverfahren trainieren. Dabei werden die Regelgewichte und die Parameter der Fuzzy-Mengen adaptiert. Dies ist möglich, da sowohl die Zugehörigkeitsfunktionen als auch die Aktivierungsfunktionen differenzierbar sind. Bei der Implementierung eines Lernverfahrens ist darauf zu achten, dass die Veränderung der Zugehörigkeitsfunktionen geeignet eingeschränkt wird. Dies ist besonders für Zugehörigkeitsfunktionen wie *mittel* von Bedeutung, da sie sich aus zwei Sigmoidfunktionen zusammensetzt.

Das Verfahren zur Regelauswahl ist eine Heuristik, die versucht, gute Regeln mit nur einer oder zwei Variablen im Antezedens zu finden. Durch diese Beschränkung bildet ein FuNe-I-System Regeln, die leicht zu interpretieren sind. Regeln, die alle bzw. sehr viele Variablen in ihren Antezedenzen verwenden, sind gewöhnlich unanschaulich. Der Nachteil dieses Verfahrens besteht darin, dass je nach Anwendung sehr viele Regeln entstehen können. Dadurch würde die Regelbasis dann wieder unübersichtlich. Es ist auch nicht vorgesehen, Regeln mit mehr als zwei Variablen in ein FuNe-I-System zu integrieren. Denn um z.B. eine konjunktive Regel durch Regeln mit nur einer oder zwei Variablen nachzubilden, müssten deren Erfüllungsgrade konjunktiv verknüpft werden. Dazu wäre eine weitere Schicht in FuNe-I notwendig.

Diese Überlegungen zeigen die einander widersprechenden Ziele, denen ein Neuro-Fuzzy-System bei der Bildung einer Regelbasis gerecht werden muss. Man ist an einer möglichst kleine Regelbasis interessiert, wobei die Regeln jeweils nur wenige Variablen verwenden. Dadurch erzielt man eine hohe Interpretierbarkeit. Diese Ziele können einander bereits widersprechen, wenn das Klassifikationsproblem Regeln mit vielen Variablen in den Antezedenzen erfordert. Man will außerdem beliebige Regeln als A-priori-Wissen integrieren können. Dazu muss gegebenenfalls die Möglichkeit bestehen, eine „umfangreiche" Regel durch mehrere „kurze" Regeln nachzubilden.

FuNe-I legt das Gewicht hier auf „kurze", leicht zu interpretierende Regeln. Um die Ausdrucksmöglichkeiten des Modells zu erhöhen, werden konjunktive, disjunktive und einfache Regeln eingesetzt. Die Tatsache, dass FuNe-I Regeln mit maximal zwei Variablen verwendet, ist auch darin begründet, dass sich das Modell so leicht in Hardware umsetzen lässt. In [Halgamuge and Glesner 1994] beschreiben die Autoren eine Hardwarerealisierung von FuNe-I sowie eine erfolgreiche Anwendung bei der Klassifikation von Lötfehlern auf Elektronikplatinen.

12.10 Fuzzy RuleNet

Fuzzy RuleNet ist ein Neuro-Fuzzy-Modell, das auf der Struktur eines RBF-Netzes (siehe Kapitel 5) beruht [Tschichold 1995]. Es stellt eine Erweiterung des RuleNet-Modells dar, ein spezielles Neuronales Netz, das einer Variante eines RBF-Netzes entspricht [Dabija and Tschichold 1993, Tschichold 1996, Tschichold 1997]. In Abwandlung der üblichen Basisfunktionen, die Hyperellipsoiden entsprechen, verwendet RuleNet Hyperboxen zur Klassifikation.

RBF-Netze werden häufiger mit Fuzzy-Systemen in Verbindung gebracht, da die Aktivierungsfunktionen ihrer inneren Einheiten als mehrdimensionale Zugehörigkeitsfunktionen interpretiert werden können. Wählt man diese Interpretation, dann lassen sich aus einem trainierten RBF-Netz Fuzzy-Regeln extrahieren. Dazu müssen die RBF-Funktionen der inneren Einheiten jeweils auf die einzelnen Dimensionen projiziert werden. Dabei entstehen Fuzzy-Mengen, die erst noch mit geeigneten linguistischen Termen belegt werden müssen. Bei dieser Art der Regelerzeugung treten also dieselben Probleme wie bei der Regelerzeugung durch Fuzzy-Clusteringverfahren auf (siehe Abschnitt 10.3). Die entstandenen Fuzzy-Regeln entsprechen nicht mehr den ursprünglichen, durch die RBF-Funktionen repräsentierten Hyperellipsoiden, sondern dem kleinsten umschließenden Hyperquader.

Diese Situation macht sich der RuleNet-Ansatz zunutze. Die Aktivierungsfunktionen der inneren Einheiten verwenden statt der üblichen euklidischen Vektornorm die ∞-Vektornorm (Maximum-Abstand). Dadurch repräsentieren die Aktivierungsfunktionen Hyperquader im Raum der Eingangsmuster.

Definition 12.4 *Ein RuleNet-System ist ein Radiales-Basisfunktionen-Netzwerk mit den folgenden Spezifikationen (vgl. 5.1):*

1. *Jede versteckte Einheit ist mit genau einer Ausgabeeinheit verbunden.*

2. *Für die Netzeingabefunktionen der inneren Einheiten gilt*

$$\forall u \in U_{\text{hidden}} : \quad f_{\text{net}}^{(u)}(\vec{w}_u, \vec{\text{in}}_u) = d_\infty(\vec{\text{in}}_u, \vec{w}_u) = \max_{u' \in U_{\text{in}}} \{| \text{out}_{u'} - w_{uu'}|\}.$$

3. *Jeder inneren Einheit* $u \in U_{\text{hidden}}$ *sind zwei Vektoren* $\lambda^{(L)}, \lambda^{(R)} \in \mathbb{R}^{|U_{\text{in}}|}$ *zugeordnet. Sie legen für jede Eingabeeinheit, die mit u verbunden ist, die linke und die rechte Ausdehnung der Einflussregion der inneren Einheit fest.*

4. *Die Aktivierung der inneren Einheiten wird wie folgt bestimmt:*

$$\forall u \in U_{\text{hidden}} : \text{act}_u = \text{net}_u \cdot \min_{u' \in U_{\text{in}}} \{s_{uu'}\}, \text{ mit}$$

$$s_{uu'} = \begin{cases} 1 & \textit{falls } w_{uu'} - \lambda_{u'}^{(L)} \leq \text{out}_{u'} \leq w_{uu'} + \lambda_{u'}^{(R)} \\ -1 & \textit{sonst.} \end{cases}$$

5. *Die Netzeingabe einer Ausgabeeinheit wird wie folgt berechnet:*

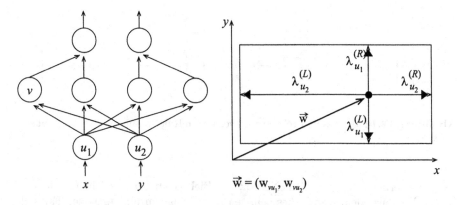

Abbildung 12.13 Die Netzwerkarchitektur eines RuleNets mit zwei Eingangseinheiten und eine geometrische Interpretation der Aktivierungsfunktion einer inneren Einheit

$$\forall u \in U_{\text{out}} : \text{net}_u = \max_{u' \in U_{\text{hidden}}} \{\text{act}_{u'} \cdot w_{uu'}\}.$$

In Abbildung 12.13 ist die Architektur eines RuleNets und die graphische Veranschaulichung einer Aktivierungsfunktion für den zweidimensionalen Fall dargestellt. Man erkennt, dass eine innere Einheit genau dann aktiv ist, wenn das aktuelle Eingabemuster innerhalb des repräsentierten Hyperquaders (hier: Rechteck) liegt. Die Gewichte der zu einer inneren Einheit führenden Verbindungen spezifizieren den „Mittelpunkt" (Referenzpunkt) des Hyperquaders. Die in den Vektoren $\lambda^{(L)}$ und $\lambda^{(R)}$ repräsentierten Abstände gelten bezüglich dieses Punktes.

Jede innere Einheit $v \in U_{\text{hidden}}$ eines RuleNets lässt sich direkt als Regel der Form

if $\quad x_{u_1} \in [w_{vu_1} - \lambda_{u_1}^{(L)}, w_{vu_1} + \lambda_{u_1}^{(R)}]$

and ... and

$\quad x_{u_n} \in [w_{vu_n} - \lambda_{u_n}^{(L)}, w_{vu_n} + \lambda_{u_n}^{(R)}]$

then Muster $\vec{x}$ gehört in die Klasse C

interpretieren. Es handelt sich um gewöhnliche scharfe Regeln, die überprüfen, ob für jede Variable im Antezedens eine Bedingung erfüllt ist, d.h., ob ihr Wert innerhalb eines gewissen Intervalls liegt. Nur wenn die Bedingungen aller Variablen erfüllt sind, liegt das Muster $\vec{x}$ innerhalb des Hyperquaders, der durch die innere Einheit v repräsentiert wird, und diese Einheit wird aktiv.

In welche Klasse ein Eingabemuster schließlich fällt, wird mit Hilfe des Winner-Take-All-Prinzips entschieden, d.h., die am stärksten aktivierte Ausgabeeinheit legt die Klasse des Musters fest. Wenn sich die Hyperquader der inneren Einheiten, die zu unterschiedlichen Klassen gehören, nicht überlappen, dann sind immer nur Ausgabeeinheiten einer Klasse aktiv.

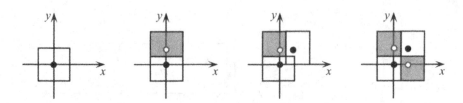

Abbildung 12.14 Das XOR-Problem wird von einem RuleNet mit vier inneren Einheiten gelöst

Das Lernverfahren von RuleNet hat das Ziel, genau einen solchen eindeutigen Zustand herzustellen. Damit dies gelingen kann, muss im ungünstigsten Fall jedes Muster von einem eigenen Hyperquader umschlossen werden. Der Lernalgorithmus wählt zufällig ein erstes Muster der festen Lernaufgabe aus und platziert einen Hyperquader maximaler Größe um dieses Muster herum, d.h. fügt eine innere Einheit in das RuleNet ein und verbindet sie mit der Ausgabeeinheit, die die Klasse des Musters repräsentiert. Danach wird wiederholt ein Muster zufällig gewählt. Nun können drei Fälle eintreten:

1. Das Muster liegt in einem Hyperquader, der zur Klasse des Musters gehört. Es findet entweder keine Änderung statt oder der Referenzpunkt des Hyperquaders wird in Richtung des Musters verändert (erweitertes RuleNet-Lernverfahren).

2. Das Muster liegt außerhalb aller bisher gebildeten Hyperquader. Wenn sich ein Hyperquader, der zu derselben Klasse wie das gewählte Muster gehört, so ausdehnen lässt, dass er das Muster einschließen kann, ohne Hyperquader einer anderen Klasse zu schneiden, so wird er entsprechend vergrößert. Andernfalls wird ein neuer Hyperquader maximaler Größe um das Muster herum gebildet, ohne dass dabei Hyperquader anderer Klassen geschnitten werden.

3. Das gewählte Muster fällt in einen oder mehrere Hyperquader einer fremden Klasse. Diese Hyperquader werden in einer Dimension so verändert, dass sie das Muster nicht mehr umschließen. Danach wird ein neuer Hyperquader um das Muster herum gebildet.

Dieses Verfahren wird solange fortgesetzt, bis alle Trainingsmuster korrekt klassifiziert werden. Dies ist immer möglich, kann aber je nach Verteilung der Muster zu einer sehr hohen Anzahl innerer Einheiten in dem RuleNet-System führen (vgl. Abbildung 12.14). Wenn mit dem erzeugten RuleNet neue, nicht gelernte Muster klassifiziert werden sollen, kann es passieren, dass ein solches Muster in keinem Hyperquader liegt. Wenn die Anwendung es nicht erlaubt, dass ein Muster nicht klassifiziert wird, kann das Muster dem nächstliegenden Hyperquader zugeschlagen werden.

Fuzzy RuleNet ist eine Erweiterung von RuleNet, die es zulässt, dass sich Hyperquader unterschiedlicher Klassen überlappen. Der maximale Überschneidungsgrad wird vorgegeben. Über jedem Hyperquader ist eine Zugehörigkeitsfunktion

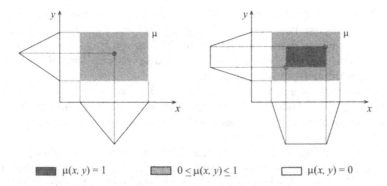

$\blacksquare$ $\mu(x, y) = 1$ $\blacksquare$ $0 \le \mu(x, y) \le 1$ $\square$ $\mu(x, y) = 0$

Abbildung 12.15 Fuzzy RuleNet verwendet mehrdimensionale Fuzzy-Mengen zur Klassifikation von Mustern

definiert, die zumindest an der Stelle des „Mittelpunktes" des Hyperquaders den Wert 1 annimmt (siehe Abbildung 12.15). Jede innere Einheit eines Fuzzy RuleNets repräsentiert somit eine mehrdimensionale Fuzzy-Menge, deren Zugehörigkeitsfunktion die Form einer spitzen oder abgeflachten Hyperpyramide aufweist. Durch die Projektion der mehrdimensionalen Fuzzy-Mengen auf die einzelnen Dimensionen entstehen dreiecks- oder trapezförmige Fuzzy-Mengen, die zur Beschreibung der Mustermerkmale dienen. Die auf diese Weise entstehenden gewöhnlichen Fuzzy-Klassifikationsregeln entsprechen genau den mehrdimensionalen Fuzzy-Mengen, d.h., es tritt kein Informationsverlust aufgrund der Regelerzeugung auf.

Definition 12.5 *Ein Fuzzy RuleNet ist ein RuleNet, bei dem die Aktivierung der inneren Einheiten wie folgt bestimmt wird:*

$$\forall u \in U_{\text{hidden}} : \text{act}_u \quad = \quad \text{net}_u \cdot \min_{u' \in U_{\text{in}}} \{s_{uu'}\}, \quad \textit{mit}$$

$$s_{uu'} \quad = \quad \begin{cases} \dfrac{\text{out}_{u'} - \lambda_{u'}^{(L)}}{w_{uu'} - \lambda_{u'}^{(L)}} & \textit{falls } \text{out}_{u'} \in [\lambda_{u'}^{(L)}, w_{uu'}] \\[2ex] \dfrac{\lambda_{u'}^{(R)} - \text{out}_{u'}}{\lambda_{u'}^{(R)} - w_{uu'}} & \textit{falls } \text{out}_{u'} \in [w_{uu'}, \lambda_{u'}^{(R)}] \\[2ex] 0 & \textit{sonst.} \end{cases}$$

Ein wie in Def. 12.5 definiertes Fuzzy RuleNet repräsentiert Fuzzy-Regeln, wobei die Größen der Antezedenzen mittels dreiecksförmiger Zugehörigkeitsfunktionen beschrieben werden. Sollen trapezförmige Zugehörigkeitsfunktionen eingesetzt werden, so sind für jede Regeleinheit zwei Gewichtsvektoren (als Referenzpunkte des Hyperquaders) anzugeben, und die Definition von $s_{uu'}$ muss entsprechend geändert werden. Die Ausgabeeinheiten werden wie bei RuleNet durch eine Maximumsbildung mit anschließendem Winner-Takes-All-Verfahren ausgewertet, um ein Klassifikationsproblem zu lösen. Die Definition kann jedoch auch so geändert werden,

dass die Ausgaben mittels einer gewichteten Summe zu einem Wert zusammengefasst werden. Auf diese Weise kann ein Fuzzy RuleNet eine Funktion approximieren.
Das Lernverfahren von Fuzzy RuleNet entspricht dem von RuleNet mit dem Unterschied, dass nun eine Überlappung der Hyperquader verschiedener Klassen bis zu
einem fest gewählten Grad toleriert wird.

Fuzzy RuleNet ist ein Neuro-Fuzzy-Modell, das Probleme bei der Erzeugung
von Fuzzy-Regeln aus Daten dadurch vermeidet, dass es nur Cluster in Form von
Hyperquadern betrachtet. Diese lassen sich ohne Informationsverlust durch konjunktive Fuzzy-Regeln repräsentieren.

Ein Fuzzy RuleNet lässt sich zur Klassifikation und zur Funktionsapproximation einsetzen. Damit ist das Modell auch für Fuzzy-Regelungsanwendungen von
Interesse. Im Fall der Klassifikation wird die am stärksten aktivierte Ausgabeeinheit ausgewählt, um die Klasse des propagierten Musters zu bestimmen. Im Fall
der Funktionsapproximation werden die Aktivierungen der Ausgabeeinheiten durch
Summation zusammengefasst, um z.B. einen Stellwert zu erhalten. Ein Fuzzy RuleNet kann in diesem Zusammenhang als Sugeno-Regler [Kruse *et al.* 1995] interpretiert werden. Die repräsentierten Fuzzy-Regeln haben dann einen reellen Wert
als Konsequens. Dieser Wert lässt sich als Gewicht zwischen innerer Einheit und
verbundener Ausgabeeinheit speichern.

Das Lernverfahren von Fuzzy RuleNet entspricht dem zugrundeliegenden Rule-
Net-Modell mit dem Unterschied, dass sich Klassen überlappen dürfen. Das Lernverfahren konvergiert sehr schnell, hat jedoch den Nachteil, dass es im allgemeinen
sehr viele Regeln erzeugt. Fuzzy RuleNet lässt sich sowohl mit als auch ohne A-
priori-Wissen einsetzen. In [Tschichold 1996] werden erfolgreiche Anwendungen im
Bereich der Mustererkennung (handgeschriebene Ziffern) und der Robotersteuerung
beschrieben.

12.11   Weitere Modelle

Wir beschließen diese Kapitel mit der kurzen Diskussion dreier weiterer hybrider
Neuro-Fuzzy-Ansätze, die jeweils einige interessante Aspekte aufweisen.

Das FUN-Modell

Ein Ansatz, der ein Fuzzy-System vom Mamdani-Typ in einer Netzwerkarchitektur
repräsentiert, die dem ASN von GARIC (siehe Kapitel 12.6) ähnelt wird in [Sulz-
berger *et al.* 1993] diskutiert. Das so genannte FUN-Modell (FUzzy Net) ist trotz
eines einfachen stochastischen Lernalgorithmus, der untypisch für neuronale Systeme ist, einer der wenigen Ansätze, die sowohl Fuzzy-Regeln als auch Fuzzy-Mengen
erlernen können.

Das Modell beruht wie GARIC (siehe Kapitel 12.6) auf einer fünfschichtigen vorwärtsbetriebenen, einem Neuronalen Netz vergleichbaren Struktur, die ausschließlich ungewichtete Verbindungen enthält (vgl. auch Abbildung 12.7). Die Einheiten der Eingangsschicht repräsentieren die Messgrößen $x_1, \ldots, x_n$, die Knoten der ersten inneren Schicht speichern die Zugehörigkeitsfunktionen $\mu_1^{(1)}, \ldots, \mu_{p_1}^{(1)}, \ldots,$ $\mu_1^{(n)}, \ldots, \mu_{p_n}^{(n)}$ der Antezedenzen, die Einheiten $\varrho_1, \ldots, \varrho_k$ der dritten Schicht repräsentieren die linguistischen Kontrollregeln, die Einheiten der letzten inneren Schicht speichern die Fuzzy-Mengen $\nu_1, \ldots, \nu_q$ der Konsequenzen und die Ausgabeeinheit liefert die Stellgröße y. Gegebenenfalls können auch mehrere Ausgabeeinheiten existieren.

Der Lernalgorithmus wird von einer Kostenfunktion gesteuert, die entweder allein vom Zustand des zu regelnden physikalischen Systems abhängt (verstärkendes Lernen) oder den Fehler zwischen tatsächlicher und erwünschter Ausgabe darstellt (überwachtes Lernen). Da die durch den Lernvorgang vorgenommenen Änderungen nicht durch die Kostenfunktion bestimmt, sondern nur von ihr bewertet werden, benötigt FUN keine scharfen Ausgaben der einzelnen Regeln. Daher kann die Defuzzifizierung nach der Akkumulation der Regelausgaben erfolgen. Auf diese Weise lässt sich sowohl ein Mamdani-Regler als auch eine beliebige andere Form eines Fuzzy-Reglers durch FUN repräsentieren.

Die Struktur des Netzwerkes wird zu Beginn durch A-priori-Wissen in Form linguistischer Kontrollregeln und Zugehörigkeitsfunktionen festgelegt. Der Lernalgorithmus verändert sowohl die Fuzzy-Mengen in den Knoten der Schichten zwei und vier als auch die Verbindungsstruktur des Netzes und auf diese Weise die Regelbasis. Da die Anzahl der Knoten fest ist, ist weder eine Hinzunahme noch ein Entfernen von Regeln oder linguistischen Werten vorgesehen.

Auch wenn kein A-priori-Wissen vorliegt oder nur ein Teilwissen vorhanden ist, kann das FUN-Modell erfolgreich eingesetzt werden. Bei der Konstruktion ist lediglich eine (feste) Anzahl beliebiger Regeln und eine anfängliche Partitionierung der Variablen anzugeben.

Das Lernverfahren für die Regelbasis entspricht einer stochastischen Suche. Es besteht aus Veränderungen an zufällig ausgewählten Verbindungen. Nach einer Veränderung wird die Leistung des Reglers ermittelt. Hat sie sich verringert, wird die Änderung rückgängig gemacht. Zusätzlich muss jede Veränderung dahin überprüft werden, ob sie zu einer konsistenten Regelbasis führt und andernfalls zurückgenommen werden. Es ist also sicherzustellen, dass eine Veränderung nicht zu einer Regel führt, in der eine Messgröße mehrfach vorkommt, Regeln nicht doppelt repräsentiert sind, keine Regeln mit gleichem Antezedens und verschiedenen Konsequenzen auftreten und keine Regelknoten ohne Verbindungen zur zweiten oder vierten Schicht im Netz existieren.

Der Lernvorgang zur Bestimmung der Zugehörigkeitsfunktionen wird gleichzeitig durchgeführt und ist eine Kombination von stochastischer Suche und einem stark vereinfachten Gradientenverfahren. Die Fuzzy-Mengen werden durch Dreiecksfunktionen repräsentiert, die durch drei Parameter $w_{\text{links}}, w_{\text{mitte}}, w_{\text{rechts}}$ bestimmt sind, so dass $\mu(w_{\text{links}}) = \mu(w_{\text{rechts}}) = 0$, $\mu(w_{\text{mitte}}) = 1$ und $w_{\text{links}} \leq w_{\text{mitte}} \leq w_{\text{rechts}}$ gilt.

Die Veränderungen werden so vorgenommen, dass diese Bedingungen eingehalten werden, und die Parameter den Wertebereich der Variablen nicht verlassen.

Zu Beginn des Trainings werden für die Parameter aller Zugehörigkeitsfunktionen maximal erlaubte Änderungen pro Lernschritt festgelegt. Der Lernvorgang besteht darin, zufällig eine Zugehörigkeitsfunktion auszuwählen und zufällig einen ihrer Parameter innerhalb der gegebenen Schranken zu verändern. Danach muss wie im Fall der Regeln erneut die Leistung des Reglers gemessen werden. Ist sie gestiegen, wird die Änderung beibehalten und bei erneuter zufälliger Auswahl dieser Zugehörigkeitsfunktion eine Änderung in gleicher Richtung vorgenommen. Ist die Leistung gesunken, wird die Veränderung zurückgenommen. Um eine Konvergenz des Lernvorgangs zu erzwingen, nähern sich die Beträge der Änderungen asymptotisch gegen Null.

Das System wurde von den Autoren nicht zur Regelung eingesetzt, sondern an zwei Steuerungsaufgaben getestet, wobei es im ersten Fall mit überwachtem und im zweiten mit verstärkendem Lernen trainiert wurde. Das erste Beispiel behandelte die Bestimmung einer geeigneten Absprungposition und -geschwindigkeit für einen erfolgreichen Sprung über ein Hindernis. Die zweite Anwendung befasste sich mit der Steuerung eines mobilen Roboters, der von einem Start- zu einem Zielpunkt unter der Vermeidung von Hindernissen navigieren sollte. Beide Aufgaben konnten durch das FUN-Modell gelöst werden [Sulzberger *et al.* 1993].

Der Vorteil des FUN-Modells gegenüber den bisher diskutierten Modellen ist die Tatsache, dass neben den Zugehörigkeitsfunktionen auch die Regelbasis angepasst bzw. erlernt werden kann. FUN setzt nicht wie z.B. GARIC oder ANFIS die Kenntnis „korrekter" Regeln voraus und benötigt auch keine außerhalb des Modells liegenden Verfahren zu deren Bestimmung, wie z.B. das NNDFR-Modell. Die einzige Einschränkung liegt darin, dass eine maximale Anzahl von Regeln vorzugeben ist.

Bei der Veränderung der Regeln kann es jedoch vorkommen, dass einzelne Regeln nach Ende des Lernvorgangs semantisch unsinnig erscheinen, weil sich gleichzeitig auch die Zugehörigkeitsfunktionen stark verändern können (Träger wandert vom positiven in den negativen Bereich o.ä.). Auch bedeutet die Überprüfung der Konsistenz der Regelbasis nach einer Änderung zusätzlichen Aufwand im Lernverfahren.

Nachteilig gegenüber den anderen Modellen ist die Tatsache, dass der Lernalgorithmus sich nicht parallelisieren lässt, sondern die Änderungen seriell von einer zentralen Instanz vorgenommen werden müssen. Dadurch ist zum Beispiel eine Nutzung neuronaler Hardware ausgeschlossen. Die Struktur von FUN lässt sich daher nur noch bedingt mit Neuronalen Netzen gleichsetzen und entspricht wie GARIC eher einem Datenflussmodell eines Fuzzy-Reglers. Da auch der Lernalgorithmus nicht gängigen neuronalen Verfahren entspricht, ist FUN nur sehr eingeschränkt als Neuronales Fuzzy-System zu bezeichnen.

Der Lernalgorithmus nutzt nicht die gesamte durch die Kostenfunktion zur Verfügung gestellte Information. Die Änderungen werden nicht zielgerichtet an Strukturelementen vorgenommen, die den aktuellen Zustand maßgeblich hervorgerufen haben, sondern zufällig durchgeführt. Die gegebenenfalls notwendige Rücknahme von Lernschritten erhöht den Aufwand des Lernvorgangs.

Im folgenden Kapitel wird ein neuer Ansatz für ein Neuronales Fuzzy-System vorgestellt, das derartige Nachteile vermeidet und auch in der Lage ist, sowohl Regeln als auch Zugehörigkeitsfunktionen zu erlernen [Nauck 1994a].

NeuFuz

Ein wie NNDFNR ebenfalls rein neuronales System ist das NeuFuz-Modell der Firma National Semiconductor [Khan and Venkatapuram 1993]. Es wird als kommerzielles Entwicklungssystem für Fuzzy-Regler vertrieben. Das Modell besteht aus einem mehrschichtigen vorwärtsbetriebenen Neuronalen Netz, das mit einer überwachten Lernaufgabe und dem Backpropagation-Verfahren trainiert wird. Nach erfolgten Training werden die Systemparameter extrahiert und zur Konstruktion eines Sugeno-Reglers verwendet. Das Modell lernt dabei sowohl die Form der Fuzzy-Mengen der Antezedenzen als auch die Fuzzy-Regeln. Dazu muss die Anzahl der Fuzzy-Mengen vorgegeben werden. Deren Form wird aus Gaußschen Funktionen abgeleitet, die die Aktivierungsfunktionen von Einheiten einer inneren Schicht darstellen. Das Modell realisiert zunächst Regeln für alle möglichen Antezedenzen in Form innerer Einheiten. Nach dem Lernvorgang unterstützt das System den Entwickler dabei, die Anzahl der Regeln zu verringern und die Fuzzy-Mengen zu vereinfachen, um die Komplexität des Systems zu reduzieren.

Ein Neuro-Fuzzy-System zur Vorhersage des DAX

In [Zimmermann *et al.* 1996] wird ein Neuro-Fuzzy-System beschrieben, das zur Vorhersage des DAX (Deutscher Aktienindex) eingesetzt wurde. Das System kann als spezielles RBF Netz interpretiert werden. Die Netzwerkstruktur kodiert gewichtete Fuzzy-Regeln, deren Konsequenzen aus einzelnen scharfen Werten bestehen. Die Fuzzy-Mengen in den Antezedenzen der Regeln werden durch Gaußfunktionen oder Sigmoidfunktionen repräsentiert, und die Erfüllungsgrade der Regeln werden durch das Produkt der Erfüllungsgrade bestimmt. Die Gesamtausgabe besteht aus einer gewichteten Summe. Das repräsentierte Fuzzy-System entspricht damit einem einfachen Sugeno-Typ mit gewichteten Regeln.

Das Lernverfahren basiert auf Backpropagation (Gradientenabstieg) und einer festen Lernaufgabe. Der Algorithmus modifiziert die Parameter der Zugehörigkeitsfunktionen, die Konsequenswerte und die Regelgewichte. Die Summe der Regelgewichte wird stets konstant gehalten, so dass die Regeln um hohe Gewichte konkurrieren müssen. Die Idee ist, dass sich auf diese Weise überflüssige Regeln nach dem Lernen anhand ihrer sehr kleinen Gewichte identifizieren lassen.

Der Lernalgorithmus versucht, die Semantik der Regelbasis zu erhalten. Es lassen sich Einschränkungen definieren, um bestimmte Parametermodifikationen zu

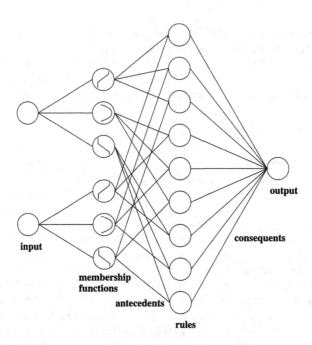

Abbildung 12.16   Ein Neuro-Fuzzy-System, das ein einfaches Fuzzy-System vom Sugeno-Typ mit gewichteten Regeln implementiert

verhindern. So ist es zum Beispiel möglich zu erzwingen, dass Zugehörigkeitsfunktionen einer Variablen ihre relative Position zueinander behalten müssen oder dass bestimmte Fuzzy-Mengen stets gleich sein müssen.

Nach dem Training lassen sich Standardverfahren zur Beschneidung Neuronaler Netze (Pruning) anwenden, um vollständige Regeln oder Variablen aus den Regelantezedenzen zu entfernen.

In [Zimmermann *et al.* 1996, Siekmann *et al.* 1997] werden Ergebnisse der Anwendung dieses Systems auf die Vorhersage des DAX beschrieben. Das System war den üblichen Benchmark-Verfahren zum Börsenhandel überlegen. Das Neuro-Fuzzy-System verwendete 12 Zeitreihen als Eingangsgrößen und partitionierte jede Variable mit je drei Fuzzy-Mengen. Die Regelbasis wurde mit 99 Fuzzy-Regeln initialisiert, wobei jede Regeln nur zwei Variablen in den Antezedenzen verwendete.

Das trainiert und beschnittene System bestand aus nur 21 Regeln, die insgesamt 20 Fuzzy-Mengen verwendeten. Dieses Neuro-Fuzzy-System ist einer der ersten kommerziell erhältlichen Ansätze, der die Semantik des repräsentierten Fuzzy-Systems in Betracht zieht. Allerdings verwendet es gewichtete Fuzzy-Regeln, was bei der Interpretation der Lösung Problem verursachen kann (vgl. Abschnitt 19.3) Das System wurde in der kommerziellen Neuro-Entwicklungsumgebungen SENN von Siemens Nixdorf Advanced Technologies implementiert.

13 Das generische Fuzzy-Perzeptron

Die hybriden Neuro-Fuzzy-Ansätze, die wir im letzten Kapitel diskutiert haben, verwenden alle eine neuronale Architektur. Wie bereits erwähnt, ist dies selbstverständlich keine Voraussetzung für die Anwendung von Lernverfahren auf Fuzzy-Systeme. Diese Darstellungsform kann jedoch von Vorteil sein, um sich den Datenfluss innerhalb des Fuzzy-Systems sowohl für Eingabedaten als auch für Fehlersignale, die für das Training verwendet werden, zu verdeutlichen. Ein weiterer Vorteil besteht darin, dass sich auf diese Weise unterschiedliche Neuro-Fuzzy-Ansätze leicht miteinander vergleichen lassen und strukturelle Unterschiede klar zu Tage treten.

Es lassen sich auch Vorteile für die Implementierung von Neuro-Fuzzy-Systemen erkennen, wenn diese in einer Netzwerkarchitektur repräsentiert werden. Wenn eine flexible Entwicklungsumgebung für Neuronale Netze zu Verfügung steht, kann diese gegebenenfalls eingesetzt werden. Entwicklungsumgebungen für Fuzzy-Systeme bieten meist nur eingeschränkte Lernmöglichkeiten an und konzentrieren sich mehr auf eine wissensbasierte, regelorientierte Implementierung.

In diesem Kapitel beschreiben wir eine Möglichkeit, ein Fuzzy-System in einem verbindungsorientierten Netzwerk (vgl. Seite 191) zu repräsentieren. Die generische Netzwerkstruktur kann verwendet werden, um eine Vielzahl von unterschiedlichen Neuro-Fuzzy-Ansätzen abzuleiten.

Abbildung 13.1 zeigt ein dreischichtiges Perzeptron zur Lösung des XOR-Problems. Das Netz verwendet eine sigmoide Aktivierungsfunktion in den inneren Einheiten und der Ausgabeeinheit. Die Gewichte und Biaswerte wurden mittels Backpropagation bestimmt. Das andere Netzwerk ist ein Fuzzy-System, das aus zwei Regeln besteht und ebenso eine Lösung des XOR-Problems darstellt. Die Aktivierungsfunktion der inneren Einheiten ist die Minimumsbildung und in der Ausgabeeinheit wird die Maximumsbildung verwendet. Die Verbindungsgewichte sind Fuzzy-Mengen. Auf der rechten Seite des Netzes sind die Zugehörigkeitsfunktionen b (*big*) und s (*small*) dargestellt und die zwei im Netz kodierten Fuzzy-Regeln angegeben.

Um die Netzstruktur eines Neuro-Fuzzy-Modells allgemein zu beschreiben, definieren wir ein generisches Modell [Nauck 1994b, Nauck and Kruse 1995b], das wir **generisches Fuzzy-Perzeptron** nennen. Der Name beschreibt die Struktur, die dem mehrschichtigen Perzeptron gleicht (Kapitel 4). Der Begriff (mehrschichtiges) Fuzzy-Perzeptron (fuzzy (multilayer) perceptron) wurde bereits von anderen Autoren zur Beschreibung ihrer Ansätze verwendet [Keller and Tahani 1992b, Mitra and Kuncheva 1995, Pal and Mitra 1992]. Wir verwenden den Begriff hier als Illustration der Struktur unseres generischen Modells.

Indem wir ein generisches Fuzzy-Perzeptron verwenden, um Neuro-Fuzzy-Systeme für bestimmte Anwendungsbereiche abzuleiten, lassen sich unterschiedliche Systeme auf der Grundlage desselben Modells vergleichen. Das Fuzzy-Perzeptron ist die Grundlage der von uns entwickelten Ansätze NEFCON [Nauck 1994c, Nauck

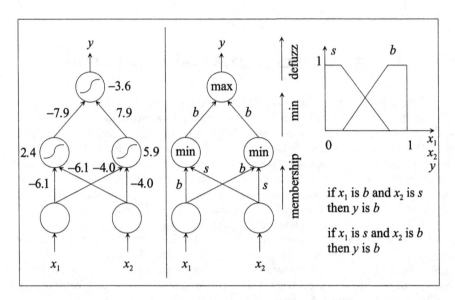

Abbildung 13.1 Ein dreischichtiges Perzeptron mit sigmoiden Aktivierungsfunktionen zur Lösung des XOR-Problems und ein Fuzzy-System, das als vorwärtsbetriebenes mehrschichtiges Neuronales Netz mit speziellen Aktivierungs- und Netzeingabefunktionen repräsentiert ist und dasselbe Problem löst

and Kruse 1993, Nauck and Kruse 1994a] für Neuro-Fuzzy-Regelungsaufgaben (Kapitel 16), NEFCLASS für Klassifikationsprobleme [Nauck and Kruse 1995a, Nauck *et al.* 1996] (Kapitel 17) und NEFPROX zur Funktionsapproximation (Kapitel 18).

13.1   Architektur

Im Folgenden geben wir eine Definition für ein (dreischichtiges) Fuzzy-Perzeptron an. Es erlaubt uns, ein Fuzzy-System in einer verbindungsorientierten Netzwerkstruktur darzustellen. Aus der Sicht Neuronaler Netze hat ein Fuzzy-Perzeptron die Struktur eines gewöhnlichen mehrschichtigen Perzeptrons mit der Ausnahme, dass Gewichte durch Fuzzy-Mengen repräsentiert sind und die Aktivierungs-, Ausgabe- und Netzeingabefunktionen so gewählt sind, dass sich ein gewöhnliches Fuzzy-Inferenzschema ergibt.

Definition 13.1 *Sei $F_{\mathcal{R}}$ ein Fuzzy-System mit einer aus r Fuzzy-Regeln bestehenden Regelbasis $\mathcal{R} = \{R_1, \ldots, R_r\}$. Ein* **(dreischichtiges) Fuzzy-Perzeptron** *ist eine (verbindungsorientierte) Repräsentation eines Fuzzy-Systems $F_{\mathcal{R}}$ in der Form eines Neuronalen Netzes (U, C), wobei die folgenden Spezifikationen gelten.*

1. $U = U_1 \cup U_2 \cup U_3$ *mit*
   $U_1 = \{x_1, \ldots, x_n\}$, $U_2 = \{R_1, \ldots, R_r\}$, $U_3 = \{y_1, \ldots, y_m\}$.

2. *Die Gewichte w_{vu} sind durch Fuzzy-Mengen so definiert, dass sich eine drei-schichtige, vorwärtsbetriebene Struktur ergibt:*

$$
w_{vu} = \begin{cases}
\mu_j^{(i)} & \text{für } u = x_i,\ v = R_j, \\
\nu_j^{(k)} & \text{für } u = R_j,\ v = y_k, \\
\text{undefiniert} & \text{sonst,}
\end{cases}
$$

wobei $1 \leq i \leq n$, $1 \leq j \leq r$ und $1 \leq k \leq m$ gelten. $\mu_j^{(i)} \in \mathcal{F}(\mathbb{R})$ und $\nu_j^{(k)} \in \mathcal{F}(\mathbb{R})$ sind Fuzzy-Mengen zur Repräsentation von linguistischen Termen in den Regelantezedenzen bzw. -konsequenzen der Fuzzy-Regeln der Regelbasis $\mathcal{R}$ ($\mathcal{F}(\mathbb{R})$ ist die Menge aller Fuzzy-Mengen über $\mathbb{R}$).

3. *Die Aktivierungsfunktionen der Einheiten sind wie folgt definiert:*

$$
f_{\text{act}}^{(u)} : \quad \mathbb{R} \to \mathbb{R},\, \text{act}_u = f_{\text{act}}^{(u)}(\text{net}_u) = \text{net}_u \quad \text{für } u \in U_1 \cup U_2 \quad \text{und}
$$

$$
f_{\text{act}}^{(u)} : \quad \mathcal{F}(\mathbb{R}) \to \mathcal{F}(\mathbb{R}),\, \text{act}_u = f_{\text{act}}^{(u)}(\text{net}_u) = \text{net}_u \quad \text{für } u \in U_3.
$$

4. *Die Ausgabefunktionen der Einheiten sind wie folgt definiert:*

$$
f_{\text{out}}^{(u)} : \quad \mathbb{R} \to \mathbb{R},\, \text{out}_u = f_{\text{out}}^{(u)}(\text{act}_u) = \text{act}_u \quad \text{für } u \in U_1 \cup U_2 \quad \text{und}
$$

$$
f_{\text{out}}^{(u)} : \quad \mathcal{F}(\mathbb{R}) \to \mathbb{R},\, \text{out}_u = f_{\text{out}}^{(u)}(\text{act}_u) = \text{defuzz}(\text{act}_u) \quad \text{für } u \in U_3,
$$

wobei defuzz eine geeignete Defuzzifizierungsfunktion ist.

5. *Die Netzeingabefunktionen der Einheiten sind wie folgt definiert:*

$$
f_{\text{net}}^{(u)} : \quad \mathbb{R} \to \mathbb{R},\, \text{net}_u = f_{\text{net}}^{(u)}(\text{ext}_u) = \text{ext}_u \quad \text{für } u \in U_1,
$$

$$
f_{\text{net}}^{(u)} : \quad (\mathbb{R} \times \mathcal{F}(\mathbb{R}))^{|U_1|} \to [0,1],
$$

$$
\text{net}_u = \underset{u' \in U_1}{\top_1} \{w_{uu'}(\text{out}_{u'})\} \quad \text{für } u \in U_2 \quad \text{und}
$$

$$
f_{\text{net}}^{(u)} : \quad ([0,1] \times \mathcal{F}(\mathbb{R}))^{|U_2|} \to \mathcal{F}(\mathbb{R}),
$$

$$
\text{net}_u : \mathbb{R} \to [0,1],
$$

$$
\text{net}_u(y) = \underset{u' \in U_2}{\bot} \{\top_2\{o_{u'}, w_{uu'}(y)\}\} \quad \text{für } u \in U_3
$$

wobei $\top_1$ und $\top_2$ t-Normen sind und $\bot$ eine t-Conorm ist.

6. *Eine externe Eingabe ext_u ist nur für Eingabeeinheiten $u \in U_1$ definiert.*

Ein Fuzzy-Perzeptron kann man als ein übliches dreischichtiges Perzeptron interpretieren, dass "zu einem gewissen Grad fuzzifiziert" wurde. Nur die Gewichte sowie die Netzeingaben und Ausgaben der Ausgabeeinheiten werden durch Fuzzy-Mengen modelliert. Wie ein Standardperzeptron dient auch ein Fuzzy-Perzeptron zur Funktionsapproximation. Der Unterschied oder Vorteil liegt darin, dass seine Struktur durch linguistische Regeln interpretiert bzw. aus solchen erzeugt werden kann.

13.2 Lernverfahren

Die Definition von Lernverfahren für ein Fuzzy-Perzeptron unterscheidet sich von dem neuronalen Gegenstück dadurch, dass ersteres typischerweise nicht differenzierbare t-Normen und t-Conormen als Aktivierungsfunktionen verwendet. Die direkte Anwendung eines Gradientenabstiegsverfahrens scheidet damit aus. Die im vorangegangenen Kapitel diskutierten Neuro-Fuzzy-Ansätze wie GARIC, ANFIS oder FuNe-I können Gradientenabstieg einsetzen, weil sie entweder spezielle softmin/softmax Funktionen einsetzen oder Fuzzy-Systeme vom Sugeno-Typ als zugrundeliegendes Modell verwenden.

Auch wenn es möglich wäre, das Fuzzy-Perzeptron so zu spezialisieren, dass sich Gradientenabstieg als Lernverfahren einsetzen ließe, so wollen wir doch einen allgemeineren Ansatz verfolgen. Der Gradientenabstieg ist zwar ein mächtiges Werkzeug, aber dennoch lediglich ein heuristisches Verfahren und kann keinen Lernerfolg garantieren. Durch die Verwendung von Fuzzy-Gewichten können wir andere einfache Heuristiken ableiten, die wir anstelle von Gradientenabstieg als Lernverfahren für ein Fuzzy-Perzeptron einsetzen können.

Die Aktivierung einer Ausgabeeinheit wird durch eine Fuzzy-Menge repräsentiert, die wir durch Verknüpfung der Fuzzy-Mengen erhalten, die als Gewichte der von den inneren Einheiten kommenden Verbindungen spezifiziert sind. Falls der aktuelle Ausgabewert ungeeignet ist, muss er verkleinert oder vergrößert werden. Um dies zu erreichen, müssen die Zugehörigkeitsfunktionen der Fuzzy-Mengen angepasst werden. Bildlich gesprochen, müssen die Fuzzy-Mengen verschoben oder ihre Form verändert werden.

Die Fuzzy-Netzwerkeingaben einer Ausgabeeinheit werden durch die Zugehörigkeitsgrade der scharfen Eingangswerte bezüglich der Fuzzy-Mengen auf den Verbindungen zwischen Eingabeschicht und innerer Schicht bestimmt. Diese Zugehörigkeitsgrade lassen sich durch Veränderung der Fuzzy-Mengen der Regelantezedenzen anpassen. Soll die aktuelle Ausgabe unterstützt werden, müssen die Zugehörigkeitsgrade erhöht werden, andernfalls müssen sie verkleinert werden.

Weil die Struktur eines Fuzzy-Perzeptrons einer linguistischen Regelbasis entspricht, nennen wir die Gewichte $w_{vu}(u \in U_1, v \in U_2)$ zwischen Eingabe- und Regelschicht die *Fuzzy-Antezedensgewichte* oder kurz Antezedenzen und die Gewichte $w_{vu}(u \in U_2, v \in U_3)$ zwischen Regel- und Ausgabeschicht die *Fuzzy-Konsequens-gewichte* oder kurz Konsequenzen.

Der Ausgabewert einer Ausgabeeinheit $u \in U_3$ kann jeder beliebige reelle Wert sein, weil jede beliebige Fuzzy-Menge aus $\mathcal{F}(\mathbb{R})$ als Konsequens genutzt werden kann. Auch die externen Eingabewerte können beliebige reelle Zahlen sein. Es ist nicht notwendig, die Ein-/Ausgabewerte des Systems zu normalisieren oder einer anderen Transformation zu unterwerfen, wie es teilweise für Neuronale Netze empfohlen wird.

Um einen Ausgabefehler bestimmen zu können, der sowohl von der Domäne der Ausgabewerte unabhängig als auch wissensbasiert ist verwenden wir ein **Fuzzy-Fehlermaß**. Dies erlaubt uns, den Fehler wahlweise durch eine Funktion oder eine linguistische Regelbasis zu definieren. Letzteren Ansatz verwenden wir für das verstärkende Lernen im Neuro-Fuzzy-Regler NEFCON, den wir im Kapitel 16 vorstellen. NEFCON verwendet linguistische Regeln zur Beschreibung der Leistung des Reglers. Mit Hilfe dieser Regeln wird ein Fuzzy-Fehler bestimmt, der zur Aktualisierung der Zugehörigkeitsfunktionen von NEFCON verwendet wird. Dieser Ansatz ist dann sinnvoll, wenn die Zielausgabe nicht bekannt ist.

Besteht die Trainingsmenge eines Lernproblems aus Paaren von Ein- und Ausgabevektoren, können wir überwachtes Lernen einsetzen und den Fehler in Abhängigkeit der Differenz von Ausgabe und Zielwert definieren. Die Modelle NEFCLASS und NEFPROX die wir in den Kapiteln 17 bzw. 18 untersuchen, sind Beispiele für Neuro-Fuzzy-Systeme, die auf einem Fuzzy-Perzeptron beruhen und überwachtes Lernen einsetzen. Die folgende Definition zeigt, wie ein Fuzzy-Fehler in einer überwachten Lernsituation definiert werden kann.

Definition 13.2 *Sei $\mathcal{L}_{\text{fixed}}$ eine feste Lernaufgabe eines dreischichtigen Fuzzy-Perzeptrons mit n Eingabe- und m Ausgabeeinheiten. $\mathcal{L}_{\text{fixed}}$ bestehe aus Mustern $p = (i^{(p)}, t^{(p)})$ wobei $i^{(p)} \in \mathbb{R}^n$ und $t^{(p)} \in \mathbb{R}^m$ die Ein- bzw. Ausgabevektoren der Muster $p \in \mathcal{L}_{\text{fixed}}$ sind. Für $u \in U_3$ sei $t_u^{(p)}$ der Zielwert von u im Falle der Propagation des Eingabevektors $i^{(p)}$ und sei $o_u^{(p)}$ der tatsächliche Ausgabewert eines dreischichtigen Fuzzy-Perzeptrons. Weiterhin sei range_u die Differenz zwischen den maximalen und minimalen möglichen Ausgabewerten für die Einheit u. Der Fuzzy-Fehler $E_u^{(p)}$ von u gegeben p ist definiert als*

$$E_u^{(p)} = 1 - \exp\left(\beta \left(\frac{t_u^{(p)} - o_u^{(p)}}{\text{range}_u} \right)^2 \right),$$

wobei $\beta \in \mathbb{R}$ ein Skalierungsfaktor ist.

Der Faktor β wird verwendet, um die Toleranz des Fuzzy-Fehlers gegenüber den Differenzen zwischen Zielwerte und Ausgaben einzustellen. Im Falle einer Fuzzy-Klassifikation läßt sich so beispielsweise einstellen, dass exakte Ausgabewerte zur Klassifikation eines Eingabemusters nicht benötigt werden. Die genaue Implementierung eines Fuzzy-Fehlermaßes hängt vom jeweiligen Lernverfahren ab. Wir stellen zwei Varianten in den Abschnitten 15.2 und 16 vor.

Ein Lernalgorithmus eines von einem Fuzzy-Perzeptron abgeleiteten Neuro-Fuzzy-Systems basiert auf Backpropagation, womit allerdings nicht notwendigerweise ein Gradientenabstiegsverfahren gemeint ist. Backpropagation beschreibt lediglich die Strategie eines Lernverfahrens, dessen Idee darin besteht, einen Systemfehler zu bestimmen und diesen durch die Systemarchitektur gegen den normalen Datenfluss zurückzupropagieren. Auf seinem Weg wird das Fehlersignal innerhalb des Netzwerkes verteilt und dabei eventuell durch Verbindungsgewichte modifiziert. Das so verteilte und modifizierte Fehlersignal wird zur lokalen Veränderung einiger Systemparameter herangezogen, um die Gesamtleistung des Systems zu verbessern. Da wir ein Fuzzy-Fehlermaß verwenden, nennen wir einen derartigen auf ein Neuro-Fuzzy-System angewandten Algorithmus **Fuzzy-Backpropagation**. Das Verfahren kann für überwachtes oder verstärkendes Lernen eingesetzt werden. Die Art des Lernens bestimmt wie der Fuzzy-Fehler berechnet wird.

Definition 13.3 *Der generische Fuzzy-Backpropagationsalgorithmus für ein dreischichtiges Fuzzy-Perzeptron ist wie folgt definiert.*

1. *Wähle ein beliebiges Muster p einer gegebenen festen Lernaufgabe und propagiere den Eingabevektor $i^{(p)}$.*

2. *Bestimme*

$$
\delta_u^{(p)} = \begin{cases} \operatorname{sgn}(t_u^{(p)} - \operatorname{out}_u^{(p)}) \cdot E_u^{(p)} & \text{für } u \in U_3 \\[2mm] \displaystyle\sum_{v \in U_3} \operatorname{act}_u^{(p)} \cdot \delta_v^{(p)} & \text{für } u \in U_2. \end{cases}
$$

3. *Bestimme $\Delta_p w_{vu} = f(\delta_v^{(p)}, \operatorname{act}_u^{(p)}, \operatorname{net}_v^{(p)})$.*

Wiederhole diese Schritte bis der Gesamtfehler

$$
E = \sum_p \sum_{u \in U_3} E_u^{(p)}
$$

hinreichend klein ist oder ein anderes Abbruchkriterium erfüllt wird.

Die Änderung des Fuzzy-Gewichts w_{vu} in Schritt (iii) des oben definierten Algorithmus hängt von dem δ-Signal der Einheit v ab und damit gegebenenfalls auch von deren Aktivierung und Netzeingabe. Diese Abhängigkeit muss bezüglich der verwendete Variante des Fuzzy-Perzeptrons definiert werden. Üblicherweise werden Fuzzy-Mengen durch parametrisierte Zugehörigkeitsfunktionen repräsentiert, so dass die durch den Lernalgorithmus ausgelösten Modifikationen durch Veränderungen von Funktionsparametern realisiert werden können.

13.3 Semantische Aspekte

Die wesentliche Idee hinter dem generischen Fuzzy-Perzeptron besteht in der Bereitstellung einer Netzarchitektur, die in Form von Fuzzy-Regeln interpretiert werden

kann. Soll ein Lernalgorithmus auf eine solche Struktur angewandt werden, ist es
wichtig, sich die semantischen Aspekte des Netzes und des Lernverfahrens zu vergegenwärtigen.

Die Semantik des Netzes ist durch ein konventionelles Fuzzy-System mit folgender Charakteristik gegeben.

- Es gibt eine Regelbasis von Fuzzy-Regeln.

- Jede Regel kann mehrere Variablen in Antezedens und Konsequens verwenden.

- Die Domäne jeder Variable kann durch mehrere linguistische Terme beschrieben werden.

- Jeder linguistische Term ist durch genau eine Fuzzy-Menge bzw. deren Zugehörigkeitsfunktion definiert.

Ein Lernalgorithmus, der auf eine solche Struktur (oder irgendein Fuzzy-System)
angewandt wird muss deren Charakteristik berücksichtigen und sollte die folgenden
Eigenschaften aufweisen.

- Die Veränderung einer Fuzzy-Menge darf deren Zugehörigkeitsgrade nicht
  so verändern dass sich Werte außerhalb des Einheitsintervalls $[0, 1]$ ergeben
  würden.

- Der Träger (support: $\{x \in X \mid \mu(x) > 0\}$) einer Fuzzy-Menge muss innerhalb
  der Domäne der korrespondierenden Variable liegen.

- Die durch ihre Träger festgelegte Reihenfolge der Fuzzy-Mengen einer Variable darf nicht verändert werden. Das heißt, eine Fuzzy-Menge darf ihre
  Position nicht mit einer anderen Fuzzy-Menge aufgrund des Lernverfahrens
  vertauschen.

- Identische linguistische Terme dürfen nicht mehrfach durch unterschiedliche
  Fuzzy-Mengen repräsentiert werden.

- Das Hinzufügen oder die Veränderung von Regeln dürfen nicht zu einer in-
  konsistenten Regebasis führen, d.h., alle Regeln müssen paarweise verschieden
  Antezedenzen besitzen.

Aus diesen Betrachtungen folgt, dass ein Lernverfahren sinnvoll eingeschränkt werden muss und nicht beliebige Veränderungen innerhalb eines Neuro-Fuzzy-Systems
vornehmen darf. Diese Einschränkungen können entweder durch die Architektur eines spezifischen Neuro-Fuzzy-Systems realisiert werden oder durch Beschränkungen
des Lernverfahrens. Im weiteren befassen wir uns mit Neuro-Fuzzy-Ansätzen, die
diesen grundsätzlichen Betrachtungen folgen.

14 Fuzzy-Regeln aus Daten lernen

Bei der Anwendung von Lernverfahren können wir grundsätzlich zwischen Struktur-
und Parameterlernen unterscheiden. Die Struktur eines Fuzzy-Systems ist durch seine Regelbasis und die Granularität des Datenraumes, d.h. durch die Anzahl Fuzzy-
Mengen je Variable, gegeben. Die Parameter eines Fuzzy-Systems bestehen aus den
Werten, die Form und Lage der verwendeten Zugehörigkeitsfunktionen festlegen.
In diesem Kapitel kümmern wir uns um das Erlernen der Struktur eines Fuzzy-
Systems, d.h. seiner Regelbasis. Im nächsten Kapitel betrachten wir dann das Erlernen bzw. Optimieren seiner Parameter (Fuzzy-Mengen). In den Kapiteln 16–18
zeigen wir dann, wie bestimmte Implementierungen von Neuro-Fuzzy-Systemen die-
se Algorithmen einsetzen können.

Angenommen wir wollen herausbekommen, ob es ein Fuzzy-System gibt, das
für eine gegebene Lernaufgabe einen Fehler unterhalb eines festgelegten Schwellenwertes ε produziert. Wir könnten dazu einfach alle Regelbasen aufzählen, bis wir
ein solches Fuzzy-System finden oder alle denkbaren Regelbasen überprüft sind.

Um die Anzahl möglicher Regelbasen zu beschränken, untersuchen wir ein vereinfachtes Szenario, für das wir ein Fuzzy-System vom Mamdani-Typ betrachten,
das q dreiecksförmige Fuzzy-Mengen je Variable verwendet. Wir nehmen an, dass
für jede Variable $x \in [l, u] \subset \mathbb{R}$, $l < u$ gilt.

Eine Zugehörigkeitsfunktion $\mu_{a,b,c}$ sei durch drei Parameter $a < b < c$ gegeben.
Statt Parameter $a, b, c \in \mathbb{R}$ zu wählen, was zu einer unendlichen Anzahl möglicher
Zugehörigkeitsfunktionen führen würde, diskretisieren wir die Variablen, so dass wir
je Variable nur $m + 2$ Werte $l = x_0 < x_1 < \ldots < x_m < x_{m+1} = u$ zulassen. Wir
nehmen weiterhin an, dass $m \geq q$ gilt. Die j-te Fuzzy-Menge ($j \in \{1, \ldots, q\}$) von
x ist dann durch $\mu_{x_{k_{j-1}}, x_{k_j}, x_{k_{j+1}}}$, $k_j \in \{1, \ldots, m\}$, $k_{j-1} < k_j < k_{j+1}$ gegeben. Wir
definieren $k_0 = 0$ und $k_{q+1} = m+1$. Auf diese Weise erhalten wir für jede Variable x
eine Fuzzy-Partitionierung, bei der sich die Zugehörigkeitsgrade eines Wertes von
x über alle Fuzzy-Mengen zu eins summiert. Es gibt $\binom{m}{q}$ solcher Fuzzy-Partitionen
für jede Variable.

Eine Konfiguration von Fuzzy-Mengen ist durch die Fuzzy-Partitionierungen
aller Variablen festgelegt. Wenn es n Variablen gibt, dann können wir zwischen $\binom{m}{q}^n$
Konfigurationen wählen. Für jede Konfiguration gibt es wiederum $(q+1)^n$ mögliche
Regeln, da eine Regel eine Variable entweder durch Wahl einer ihrer q Fuzzy-Mengen
berücksichtigen oder sie auch ganz ignorieren kann.

Eine Regelbasis ist eine beliebige Teilmenge aller möglichen Regeln. Daraus
folgt, dass es $2^{((q+1)^n)}$ mögliche Regelbasen für jede Konfiguration von Fuzzy-
Mengen gibt. Insgesamt gibt es also

$$\binom{m}{q}^n 2^{((q+1)^n)}$$

mögliche Fuzzy-Regelbasen.

Diese Betrachtungen zeigen, dass die Bestimmung eines geeigneten Fuzzy-Systems durch einfaches Aufzählen von Regelbasen selbst für moderate Werte von n, q und m undurchführbar ist. Es besteht daher ein Bedarf für datengetriebene Heuristiken, die uns helfen ein Fuzzy-System zu erzeugen. Dieser Bedarf ist der Grund dafür, dass sich Neuro-Fuzzy-Systeme entwickelt haben.

Sowohl die Struktur als auch die Parameter eines Fuzzy-System lassen sich aus Daten erlernen. Bevor wir die Parameter in einem Trainingsverfahren optimieren können, benötigen wir eine Struktur, d.h. eine Regelbasis. Ein Vorteil von Fuzzy-Systemen besteht darin, dass eine Regelbasis aus Expertenwissen gewonnen werden kann. Allerdings steht dieses Wissen in vielen Fällen nur teilweise oder gar nicht zur Verfügung. Wir benötigen daher auch Verfahren, um eine Regelbasis vollständig aus Daten zu erzeugen.

Sollen die Granularität und die Regeln gleichzeitig bestimmt werden, dann bieten sich unüberwachte Lernverfahren wie die Clusteranalyse an, die wir in Abschnitt 10.3 beschrieben haben und in Abschnitt 14.1 noch einmal kurz aufgreifen. Diese Ansätze haben jedoch Nachteile, wenn die Regelbasis interpretierbar sein soll. Die Interpretierbarkeit der Lösung lässt sich eher garantieren, wenn der Datenraum vorab durch Fuzzy-Partitionen aller Variablen strukturiert wird. Abschnitt 14.2 beschreibt überwachte Lernverfahren, die auf einem vorstrukturierten Datenraum beruhen.

Verstärkendes Lernen [Kaelbling *et al.* 1996] ist eine spezielle Form überwachten Lernens, das sich für Erlernen von Fuzzy-Reglern eignet [Nürnberger *et al.* 1999]. Anstelle eines Fehlers wird ein Verstärkungssignal verwendet, das korrektes Systemverhalten belohnen und fehlerhaftes bestrafen soll (vgl. auch Abschnitt 12.5). Wir betrachten einen entsprechenden Algorithmus in Kapitel 16.

Datensätze, die uns als Grundlage eines Lernverfahrens dienen sollen, weisen oft Variablen unterschiedlichen Skalenniveaus auf, d.h., nominales Skalenniveau für kategoriale oder symbolische Variablen, ordinales Skalenniveau für Variablen, deren Werte eine Ordnung besitzen, sowie schließlich Intervall- und Verhältnisskalenniveau für metrische Variablen. Besonders im Bereich der Datenanalyse kommen verschiedene Typen von Variablen gleichzeitig vor. Denken Sie zum Beispiel an die Analyse einer Umfrage zum Wahlverhalten, bei der Variablen wie Beruf und Ausbildung (symbolisch) sowie Alter und Einkommen (numerisch) eine Rolle spielen können. Oft werden in solchen Fällen entweder Symbole numerisch repräsentiert oder numerische Variablen diskretisiert.

Neuronale Netze und viele statistische Verfahren wie Regression, Clusteranalyse und Mustererkennung benötigen metrische Daten. Um nominal skalierte Daten verarbeiten zu können, müssen diese auf künstlichen metrischen Skalen repräsentiert werden. Dies kann zu unerwünschten Effekten führen, weil diese Ansätze Differenzen und Verhältnisse berücksichtigen, die bei numerisch repräsentierten Symbolen jedoch keine Bedeutung besitzen.

Ansätze wie zum Beispiel Entscheidungsbäume [Quinlan 1993], Bayessche Netze [Kruse *et al.* 1991a, Pearl 1988] oder Logikbasierte Ansätze arbeiten am besten mit symbolischen Daten oder zumindest endlichen diskreten Wertebereichen. Um kontinuierliche Variablen zu verarbeiten, müssen sie Intervalle verwenden. Dies kann

zu hohem Berechnungsaufwand führen, falls viele Intervalle notwendig sind, oder in
wenig intuitiven Lösungen resultieren, wenn die Intervallgrenzen schlecht gewählt
sind.

Fuzzy-Systeme hängen nicht von den Skalen der Daten ab, die sie verarbeiten.
Einer ihrer wesentlichen Vorteile im Bereich der Datenanalyse ist, dass sie bezüglich
der verwendeten Variablen interpretierbar sind. Es ist daher wünschenswert, Fuzzy-
Regeln aus Daten erzeugen zu können, die symbolische Variablen enthalten, ohne
diese numerisch repräsentieren zu müssen. In Abschnitt 14.3 stellen wir ein Lernalgorithmus für ein solches Szenario vor.

Wenn wir authentische Daten analysieren, haben wir oft mit fehlenden Werten
zu tun. Denken Sie zum Beispiel an die Analyse teilweise nicht ausgefüllter Fra-
gebögen oder den partiellen Ausfall einer betrieblichen Datenerfassung in der Qua-
litätsanalyse. Viele Neuro-Fuzzy-Lernverfahren können mit diesem Problem nicht
umgehen und müssen unvollständige Muster aus der Lernaufgabe entfernen. Das
kann jedoch zu einem wesentlichen oder sogar unakzeptablen Verlust an Trainingsdaten führen. Ein Ansatz, Fuzzy-Regeln aus unvollständigen Daten zu erlernen,
wird in Abschnitt 14.4 behandelt. Wir beschließen dieses Kapitel mit einer Kom-
plexitätsanalyse der diskutierten Algorithmen.

14.1 Strukturlernen

Bevor wir ein Fuzzy-System in einem Lernprozess optimieren können, müssen wir
seine Struktur, also seine Regelbasis, definieren. In diesem Abschnitt betrachten
wir drei mögliche Ansätze: *clusterorientiertes*, *hyperboxorientiertes* und *strukturorientiertes* Erlernen von Fuzzy-Regeln. Die ersten beiden Ansätze erzeugen Fuzzy-
Regeln und Fuzzy-Mengen gleichzeitig. Der dritte Ansatz benötigt für alle Variablen
initiale Fuzzy-Partitionen, um eine Regelbasis zu erzeugen.

14.1.1 Cluster- und hyperquaderorientiertes Erlernen
           von Fuzzy-Regeln

Clusterorientierte Methoden versuchen, Trainingsdaten in Cluster zu gruppieren
und aus diesen Regeln zu erzeugen. Wir man das Ergebnis einer Fuzzy-Clusteranalyse in Fuzzy-Regeln umwandeln kann, haben wir in Abschnitt 10.3 gezeigt. Bei
der Projektion der Fuzzy-Cluster in die einzelnen Dimensionen, erhält man Histogramme, die durch konvexe Fuzzy-Mengen angenähert werden müssen. Besser noch
verwendet man dazu parametrisierte Zugehörigkeitsfunktionen, die sowohl normal
als auch konvex sind und sich so gut wie möglich an die Projektionen anpassen
[Klawonn and Kruse 1995, Sugeno and Yasukawa 1993]. Ein Beispiel ist in Abbildung 14.1 zu sehen. Diese Vorgehensweise kann allerdings in Fuzzy-Mengen resultieren, die bezüglich der korrespondierenden Variablen schwierig zu interpretieren
sind.

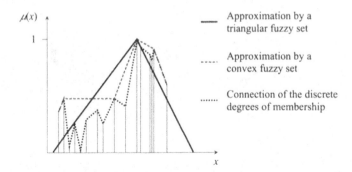

Abbildung 14.1 Erzeugung einer Fuzzy-Menge durch Projektion von Zugehörigkeits-graden

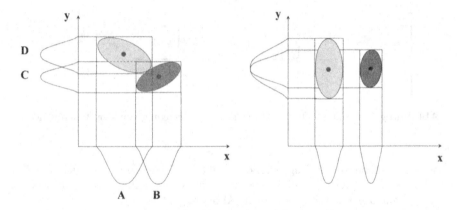

Abbildung 14.2 Die Projektion von Hyperellipsoiden zur Erzeugung von Fuzzy-Regeln resultiert in einem Informationsverlust und eventuell in unüblichen Fuzzy-Partition-ierungen

Das die Umwandlung von Fuzzy-Clustern in Fuzzy-Regeln mit einem Infor-mationsverlust einhergeht, haben wir ebenfalls in Abschnitt 10.3 gezeigt. In Abbil-dung 14.2 ist diese Situation noch einmal dargestellt. Da jede so hergestellte Fuzzy-Regel individuell für sie erzeugte Fuzzy-Mengen nutzt, kann die Interpretation der Regelbasis schwierig sein. Für jede Variable gibt es so viele verschiedene Fuzzy-Mengen wie Fuzzy-Regeln. Einige der Fuzzy-Mengen mögen einander ähneln, aber typischerweise sind sie nicht identisch. Um eine gute Interpretation einer Regelbasis zu erhalten, benötigen wir Fuzzy-Partitionierungen mit wenigen Fuzzy-Mengen, die deutlich für bestimmte linguistische Konzepte stehen.

Der bei der Regelerzeugung entstehende Informationsverlust kann verhindert werden, wenn die Cluster die Form von Hyperquadern haben und durch parame-

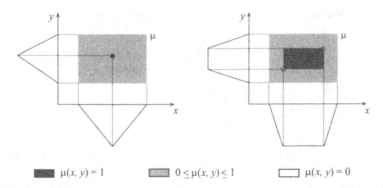

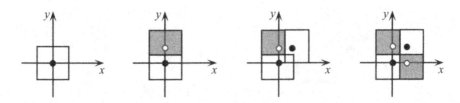

Abbildung 14.3 Hyperquader als mehrdimensionale Fuzzy-Mengen

Abbildung 14.4 Das XOR-Problem führt zur Erzeugung von vier Hyperquadern

trisierte mehrdimensionale Zugehörigkeitsfunktionen repräsentiert werden. Die Projektionen solcher Cluster in die einzelnen Dimensionen haben dann üblicherweise die Form von Dreiecken oder Trapezen (Abbildung 14.3).

Hyperquaderorientiertes Erlernen von Fuzzy-Regeln wird meist überwacht durchgeführt. Jedes bisher nicht einem Hyperquader überdecktes Trainingsmuster führt zur Erzeugung eines weiteren Hyperquaders, der mit der Ausgabe des Trainingsmuster (Klasseninformation oder Ausgabewert) verknüpft wird. Wird ein Muster von einem inkompatiblen Hyperquader überdeckt, wird dessen Größe reduziert. Wird das Muster von einem passenden Hyperquader abgedeckt, wird dessen Größe so erhöht, dass der Zugehörigkeitsgrad für das aktuelle Muster ansteigt. Abbildung 14.4 demonstriert diese Vorgehensweise für das XOR-Problem.

Auch bei dieser Vorgehensweise erhalten wir die Fuzzy-Regeln durch Projektion der Cluster, d.h. der Hyperquader (vergleiche Abbildung 14.5). Das Lernverfahren erzeugt also Fuzzy-Regeln und -Mengen gleichzeitig. Da aber auch in diesem Fall jede Fuzzy-Regel ihre eigenen Fuzzy-Mengen besitzt, kann die Interpretation des Ergebnisses wie im Fall der Fuzzy-Clusteranalyse schwierig sein.

Hyperquaderorientierte Verfahren haben einen weit geringeren Berechnungsaufwand als die Clusteranalyse. Es wurde gezeigt, dass sie Lösungen für Benchmarkprobleme sehr schnell erzeugen können [Berthold and Huber 1998, Tschichold 1996]. Falls es nur eine Ausgabevariable gibt und die Lernaufgabe widerspruchs-

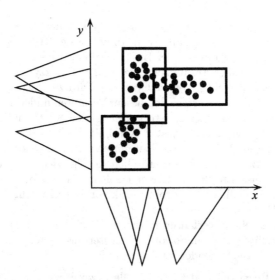

Abbildung 14.5 Suche nach Hyperquadern um Fuzzy-Regeln und Fuzzy-Mengen zu
erzeugen

frei ist, können diese Lernverfahren (auf der Trainingsmenge) fehlerfreie Lösungen
erzeugen. Im schlimmsten Fall müssen sie dazu für jedes Trainingsmuster einen
Hyperquader erzeugen.

Ein Verfahren, das als eine Kombination von mehreren Ansätzen zum Erlernen von Fuzzy-Regeln gesehen werden kann, wird in [Klawonn and Keller 1997,
Keller and Klawonn 1998] vorgestellt. Das so genannte **Grid Clustering** (Gitter-
Clusteranalyse) partitioniert zunächst jede Variable durch Fuzzy-Mengen. Dann
modifiziert ein unüberwachtes Lernverfahren die Fuzzy-Mengen, um die Partitionierung des Datenraumes zu verbessern. Dabei wird erzwungen, dass sich die Zugehörigkeitsgrade jedes Musters zu 1 addieren. Dieser Ansatz kann als hyperqua-
derorientiert angesehen werden, denn er entspricht einer Clusteranalyse, bei der
die Cluster die Form von Hyperquadern aufweisen und auf einem Gitter ausgerichtet sind. Weil der Datenraum durch vorgegebene Fuzzy-Mengen strukturiert wird,
kann der Ansatz ebenso als ein strukturorientiertes Verfahren gelten, wie wir es
im Abschnitt 14.2 diskutieren. Die Cluster sind durch die Zugehörigkeitsfunktionen
festgelegt und nicht umgekehrt wie bei der Clusteranalyse. Auf diese Weise lassen
sich die erzeugten Fuzzy-Regeln gut interpretieren, weil die Regeln keine individuellen Fuzzy-Mengen verwenden.

Es ist auch möglich, Neuronale Netze zur Erzeugung von Fuzzy-Regelbasen zu
verwenden. RBF-Netze (Kapitel 5) lassen sich zum Erlernen eines Fuzzy-Systems
vom Sugeno-Typ einsetzen. Ein RBF-Netz verwendet mehrdimensionale radiale Basisfunktionen in den Knoten seiner inneren Schicht. Jede dieser Funktionen kann als
Fuzzy-Cluster interpretiert werden. Wenn ein RBF-Netz durch Gradientenabstieg

trainiert wird, passt es die Lage und in Abhängigkeit des Typs auch Größe und Orientierung der Basisfunktionen an. Nach Abschluss des Training erhält man eine Fuzzy-Regelbasis durch Projektion der Basisfunktionen.

Ein weiterer neuronaler Ansatz zur Erzeugung von Fuzzy-Regeln ist der in Kapitel 12.3 diskutierte Vorschlag von Pedrycz und Card zur linguistischen Interpretation selbstorganisierender Karten. Bei diesem Verfahren finden wir eine Mischung aus Clusteranalyse mittels einer selbstorganisierenden Karte und einem strukturorientierten Ansatz, wie er im nächsten Abschnitt diskutiert wird. Auch Koskos FAM-Modell (Kapitel 12.2) kann als clusterorientiertes Regellernverfahren gelten. Das FAM-Modell erzeugt allerdings zusätzlich Regelgewichte, die eine Interpretation des Lernergebnisses noch schwieriger machen, als dies bei clusterorientierten Verfahren bereits der Fall ist. Die Problematik von Regelgewichten diskutieren wir in Abschnitt 15.1.

Die hier vorgestellten Verfahren führen zu Nachteilen, wenn interpretierbare Fuzzy Systeme benötigt werden. Sowohl bei cluster- als auch hyperquaderorientierten Verfahren treten die folgenden Probleme auf:

- Jede Fuzzy-Regel verwendet individuelle Fuzzy-Regeln.

- Durch Projektion erzeugte Fuzzy-Mengen sind linguistisch schwer zu deuten.

- Die Verfahren lassen sich nur für metrische Daten verwenden und

- sie können nicht mit fehlenden Werten umgehen.

Clusterorientierte Verfahren haben darüberhinaus die folgenden Einschränkungen:

- Sie sind unüberwacht und optimieren kein Fehler- bzw. Leistungsmaß.

- Man muss entweder eine sinnvolle Anzahl von Clustern vorgeben oder das Verfahren mit wachsender Clusteranzahl so lange wiederholen, bis ein Validitätsmaß eine lokales Optimum anzeigt.

- Die Algorithmen sind sehr berechnungsaufwendig; besonders dann, wenn die Cluster beliebig orientierte Hyperellipsoide sind.

- Bei der Erzeugung von Fuzzy-Regeln mittels Clusterprojektion tritt ein Informationsverlust auf.

Grid Clustering hat die meisten dieser Nachteile nicht und kann interpretierbare Fuzzy-Regeln erzeugen. Da es sich jedoch um ein unüberwachtes Lernverfahren handelt, ist seine Anwendung eingeschränkt.

Fuzzy-Clusteranalyse ist für Segmentationsaufgaben sehr gut geeignet, besonders dann, wenn eine linguistische Interpretation nur von nachrangiger Bedeutung ist [Grauel *et al.* 1997, Höppner *et al.* 1999]. Im Bereich der Datenanalyse kann Clusteranalyse zur Datenvorverarbeitung hilfreich sein, da sie Hinweise geben kann, wieviele Regeln benötigt werden um die Daten sinnvoll abzudecken und wie der Datenraum strukturiert ist. Es ist möglich, die durch Clusteranalyse erhaltenen Fuzzy-Mengen auf vordefinierte Fuzzy-Mengen abzubilden und auf diese Weise eine initiale Regelbasis zu erhalten [Klawonn *et al.* 1995, Nauck and Klawonn 1996], die durch Training der Zugehörigkeitsfunktionen verbessert werden kann (siehe Kapitel 15).

14.1.2   Strukturorientiertes Erlernen von Fuzzy-Regeln

Strukturorientierte Ansätze lassen sich als Spezialfälle von hyperquaderorientierten Verfahren ansehen, die nicht nach Clustern im Datenraum suchen, sondern Hyperquader auswählen, die einer Gitterstruktur angeordnet sind. Durch die Definition initialer Fuzzy-Mengen für jede Variable, wird der Datenraum durch sich überlappende Hyperquader strukturiert (Abbildung 14.6). Diese Form des Regellernens wurde von [Wang and Mendel 1991, Wang and Mendel 1992] vorgeschlagen.

Um den **Wang&Mendel-Algorithmus** anzuwenden, müssen alle Variablen durch Fuzzy-Mengen partitioniert werden. Dazu verwendet man üblicherweise gleichmäßig verteilte, sich überlappende dreiecks- oder trapezförmige Zugehörigkeitsfunktionen. Auf diese Weise wird der Daten- oder Merkmalsraum durch sich überlagernde mehrdimensionale Fuzzy-Mengen strukturiert, deren Träger Hyperquader sind. Regeln werden erzeugt, indem jene Hyperquader ausgewählt werden, die Trainingsdaten enthalten. Wang und Mendel haben ihre Verfahren zur Funktionsapproximation entworfen. Um zwischen verschiedenen Ausgabewerten für identische Kombinationen von Eingabewerten zu mitteln, verwenden sie gewichtete Regeln. In [Wang and Mendel 1992] findet sich ein Beweis, dass dieses Verfahren eine Fuzzy-Regelbasis erzeugen kann, die jede reellwertige stetige Funktion über einer kompakten Menge beliebig genau approximieren kann.

Ein Variante des Wang&Mendel-Algorithmus erzeugt die Fuzzy-Partitionen während des Regellernens durch Verfeinerung der existierenden Partitionen [Higgins and Goodman 1993]. Der Algorithmus beginnt mir nur einer Fuzzy-Menge je Variable, so dass der Merkmalsraum durch einen einzelnen Hyperquader abgedeckt wird. Im Folgenden werden dann neue Zugehörigkeitsfunktionen an Punkten maximalen Fehlers erzeugt, indem die Fuzzy-Partitionen aller Variablen verfeinert werden. Die alten Fuzzy-Regeln werden verworfen und auf der Grundlage der verfeinerten Partitionen wird eine neue Regelbasis erzeugt. Diese Prozedur wird so lange wiederholt, bis eine maximale Anzahl von Fuzzy-Mengen erzeugt wurde oder der Fehler eine gegebene Schranke unterschreitet. Dieser **Higgins&Goodman-Algorithmus** wurde entworfen, um eine Schwäche des Wang&Mendel-Algorithmus zu kompensieren, der Schwierigkeiten bei der Approximation extremer Funktionswerte hat. Allerdings tendiert der Higgins&Goodman-Algorithmus dazu, Ausreißer in der Trainingsmenge zu modellieren, da er sich auf Bereiche mit großen Approximationsfehlern konzentriert.

Fuzzy-Entscheidungsbäume sind ein weiterer strukturorientierter Ansatz zum Erlernen einer Fuzzy-Regelbasis. Entscheidungsbäume [Quinlan 1986, Quinlan 1993] sind sehr populäre Ansätze im Bereich der Datenanalyse und werden zum Erzeugen von Klassifikations- und Regressionsmodellen verwendet. Sie basieren auf einer datengetriebenen rekursiven Partitionierung des Merkmalsraums, die als Baum repräsentiert wird. Ein Entscheidungsbaum lässt sich als Regelbasis darstellen, indem man alle Pfade von der Wurzel bis zu den Blättern verfolgt. Jeder Knoten innerhalb des Baumes entspricht einem Test einer Variablen und jede Kante einem Testergebnis. Bekannte Algorithmen zur Induktion von Entscheidungsbäumen sind beispielsweise ID3 [Quinlan 1986] für symbolische Variablen und C4.5 [Quinlan

1993], das auch mit numerischen Variablen umgehen kann. Beide Ansätze werden für Klassifikationsaufgaben verwendet. CART [Breiman *et al.* 1984] ist ein Verfahren, das Entscheidungsbäume sowohl für Klassifikations- als auch Regressionsaufgaben erzeugen kann.

Algorithmen zur Induktion von Entscheidungsbäumen versuchen gleichzeitig die Leistung des Baumes zu optimieren und dabei eine möglichst kleine Struktur zu erzeugen. Dies wird dadurch erreicht, dass Variablen gemäß eines informationstheoretischen Maßes, zum Beispiel dem Informationsgewinn, ausgewählt werden und nach und nach in den Baum eingefügt werden. Eine Vergleichsstudie verschiedener Auswahlmaße findet man in [Borgelt and Kruse 1998].

Fuzzy-Entscheidungsbäume [Boyen and Wehenkel 1999, Ichihashi *et al.* 1996, Janikow 1996, Janikow 1998, Yuan and Shaw 1995] erweitern die Idee des Entscheidungsbaumlernens in den Bereich der Fuzzy-Systeme. Statt Variablen auf scharfe Werte abzufragen werden Fuzzy-Tests verwendet. Jede Variable muss dazu vorher durch Fuzzy-Mengen partitioniert sein. Ein Test einer Variablen in einem Fuzzy-Entscheidungsbaum entspricht der Bestimmung des Zugehörigkeitsgrades ihres Wertes zu einer Fuzzy-Menge.

Fuzzy Entscheidungsbäume lassen sich als strukturorientierte Regellernverfahren mit gleichzeitiger Strukturoptimierung ansehen. Dadurch, dass Variablen mit hohem Informationgehalt zuerst ausgewählt und in den Baum eingefügt werden, kann sich herausstellen, dass nicht alle Variablen zur Problemlösung benötigt werden. Allerdings ist dieser Ansatz heuristischer Natur und es gibt keine Garantie, dass der erzeugte Baum in Bezug auf seine Struktur (Größe) oder Leistung optimal ist.

Der Vorteil von Fuzzy-Entscheidungsbäumen besteht darin, dass nicht alle Variablen gleichzeitig in die Regelerzeugung einfließen müssen, wie dies bei anderen Verfahren der Fall ist. Dadurch lassen sich Schwierigkeiten bei der Handhabung hochdimensionaler Probleme vermeiden. Es lassen sich sogar kleine Regelbasen erzwingen, wenn die Höhe des Baumes beschränkt wird und gegebenenfalls ein Verlust an Leistung toleriert wird.

Da die Induktion eines (Fuzzy-)Entscheidungsbaums heuristischer Natur ist, kann es passieren, dass eine Regellernverfahren, das alle Variablen zugleich betrachtet, bessere Ergebnisse mit dem Nachteil einer umfangreicheren Regelbasis liefert. Wird jedoch im Nachhinein eine Strukturoptimierung (Pruning) durchgeführt, lässt sich eine umfangreiche Regelbasis häufig unter Beibehaltung der Leistung reduzieren. Im Folgenden konzentrieren wir uns daher auf strukturorientierte Fuzzy-Regellernverfahren, die alle Variablen gleichzeitig betrachten. Im Anschluss an das Lernverfahren kann dann eine Strukturoptimierung, wie sie in Abschnitt 15.3 diskutiert wird, durchgeführt werden.

Verglichen mit der Fuzzy-Clusteranalyse oder hyperquaderorientierten Verfahren weisen strukturorientierte Ansätze die folgenden Vorteile auf:

- Sie können Regelbasen erzeugen, die leicht linguistisch interpretierbar sind.

- Sie sind schnell und haben einen geringen Berechnungsaufwand.

- Sie lassen sich sehr leicht implementieren.

- Sie lassen sich verwenden, wenn die Trainingsdaten numerische und/oder nicht-numerische Attribute aufweisen.

- Sie können verwendet werden, wenn die Trainingsdaten fehlende Werte aufweisen.

Insbesondere in der Datenanalyse, wo es in der Regel auf interpretierbare Ergebnisse ankommt, sind strukturorientierte Fuzzy-Regellernverfahren besser geeignet als die beiden anderen Ansätze. Im folgenden Abschnitt stellen wir Algorithmen vor, mit denen sich Fuzzy-Regelbasen vom Mamdani-Typ zur Funktionsapproximation oder zur Klassifikation erzeugen lassen. Anschließend zeigen wir, wie sich diese Verfahren so erweitern lassen, dass sie mit nicht-numerischen Attributen und fehlenden Werten umgehen können.

14.2 Lernalgorithmen

Die im Folgenden vorgestellten Algorithmen sind Erweiterungen des Verfahrens von Wang & Mendel [Wang and Mendel 1992] und werden von den Neuro-Fuzzy-Ansätzen **NEFCLASS** [Nauck and Kruse 1995a, Nauck and Kruse 1995b, Nauck and Kruse 1997d, Nauck and Kruse 1998c] und **NEFPROX** [Nauck and Kruse 1997c, Nauck and Kruse 1998a, Nauck and Kruse 1999] verwendet. NEFCLASS wird zur Klassifikation und NEFPROX zur Funktionsapproximation verwendet. Die Lernverfahren beider Ansätze verzichten auf Regelgewichte und bestimmen das beste Konsequens einer Regel mittels eines Leistungsmaßes bzw. Durchschnittsbildung. Gleichzeitig wird versucht, eine kleine Regelbasis zu erzielen, indem nur eine Anzahl der besten Regeln in Abhängigkeit ihrer Leistung bzw. der Datenüberdeckung in die Regelbasis eingefügt wird.

Alle Variablen des betrachteten Lernproblems sind vor Beginn des Regellernens zunächst durch Fuzzy-Mengen zu partitionieren. Falls ein Experte oder ein Benutzer des Verfahrens geeignete Fuzzy-Mengen angegeben und mit geeigneten Bezeichnungen versehen kann, lassen sich diese als "Vokabular" zur Problembeschreibung ansehen. Wenn die Fuzzy-Mengen so gewählt werden, dass sie für den Benutzer einen Sinn ergeben, dann hängt die Interpretierbarkeit der Regelbasis nur von der Anzahl der Regeln und Variablen ab. Die Fuzzy-Mengen lassen sich für jede Variable so bestimmen, dass sie die Granularitäten modellieren, unter denen die Variablen beobachtet werden. Auf diese Weise kann ein Benutzer unwichtige Details ignorieren oder auf wichtige Wertebereiche fokussieren.

Selbst, wenn ein Benutzer keine Fuzzy-Mengen spezifizieren möchte und es vorzieht, einfache Fuzzy-Partitionen gleichverteilter, überlappender Fuzzy-Mengen mit dreiecks-, trapez- oder glockenförmigen Zugehörigkeitsfunktionen zu verwenden, kann eine Regelbasis mit hoher Interpretierbarkeit erwartet werden. Derartige Fuzzy-Mengen lassen sich als Fuzzy-Zahlen oder -Intervalle interpretieren. Weiterhin gibt es keine Fuzzy-Mengen, die individuell zu einer Regel sind, wie es bei cluster- oder hyperquaderorientierten Ansätzen der Fall ist. Alle erzeugten Regeln bedienen

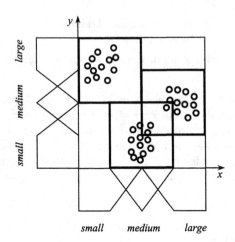

Abbildung 14.6 Strukturorientierte Verfahren nutzen initiale Fuzzy-Mengen um den Merkmalsraum durch sich überlappende Hyperquader zu strukturieren, die Fuzzy-Regeln entsprechen

sich aus demselben Vorrat an Fuzzy-Mengen. So ist es nicht möglich, denselben linguistischen Term mehrfach durch unterschiedliche Fuzzy-Mengen zu repräsentieren.

Die Anzahl der Zugehörigkeitsfunktionen definiert die Granularität des Merkmalsraumes. Wenn es n (Eingabe- und Ausgabe-) Variablen gibt, dann ist jeder Hyperquader ein kartesisches Produkt von n Fuzzy-Mengen, eine von jeder Variablen. Die Anzahl von Hyperquadern ist identisch mit der Anzahl möglicher Fuzzy-Regeln, die sich aus den gegebenen Fuzzy-Mengen erzeugen lassen.

Vom Gesichtspunkt einer Implementation gibt es keinen Grund, alle möglichen Hyperquader (Fuzzy-Regeln) tatsächlich zu erzeugen und abzuspeichern. Die Regeln können eine nach der anderen erzeugt werden, indem die Trainingsmenge zweimal durchlaufen wird. Zu Beginn ist die Regelbasis entweder leer oder sie enthält einige als Vorwissen angegebene Regeln. Im ersten Durchlauf werden alle Regelbedingungen erzeugt. Für jedes Muster der Trainingsmenge wird eine Kombination von Fuzzy-Mengen gebildet, so dass sich der höchstmögliche Zugehörigkeitsgrad in jeder Dimension ergibt. Wenn eine aus den gewählten Fuzzy-Mengen gebildete Bedingung noch nicht existiert, wird sie in eine Liste eingefügt. Im zweiten Durchlauf wird für jede Bedingung das bestmögliche Konsequens bestimmt und die Regeln werden vervollständigt. Die maximal mögliche Anzahl von Regeln ist durch

$$\min \left\{ s, \prod_i^n q_i \right\}$$

von oben beschränkt, wobei s die Kardinalität der Trainingsmenge ist und die q_i die Anzahl von Fuzzy-Mengen für die Variablen x_i angeben. Wenn die Trainingsdaten eine gruppierte Struktur aufweisen und sich nur in einigen Bereichen des Merkmals-raumes konzentrieren, wird die tatsächliche Anzahl von Regeln üblicherweise sehr viel kleiner als die theoretisch mögliche Anzahl sein. Die tatsächlich erzeugte Anzahl von Regeln wird außerdem üblicherweise durch Benutzerkriterien eingeschränkt, wie zum Beispiel „erzeuge nicht mehr als k Regeln" oder „erzeuge nur so viele Regeln, dass mindestens $p\%$ der Trainingsdaten abgedeckt sind".

Die Eignung der Regelbasen hängt von den initialen Fuzzy-Partitionierungen ab. Gibt es zu wenig Fuzzy-Mengen, werden eventuell Gruppen von Daten, die durch verschiedene Regeln repräsentiert werden müssten, durch eine einzelne Re-gel abgedeckt. Gibt es mehr Fuzzy-Mengen als notwendig wären, um verschiedenen Gruppen von Daten zu unterscheiden, werden zu viele Regeln erzeugt und die Inter-pretierbarkeit der Regelbasis nimmt ab. Das Beispiel in Abbildung 14.6 zeigt drei Gruppen von Daten, die durch die folgenden drei Regeln repräsentiert werden:

$$\text{if } x \text{ is } small \quad \text{then } y \text{ is } large$$
$$\text{if } x \text{ is } medium \quad \text{then } y \text{ is } small$$
$$\text{if } x \text{ is } large \quad \text{then } y \text{ is } medium$$

Mit den Algorithmen 1 – 4 geben wir Verfahren zum strukturorientierten Erlernen von Fuzzy-Regeln zur Anwendung auf Klassifikations- und Funktionsapproxima-tionsprobleme an. Die Algorithmen wurden in den Neuro-Fuzzy-Ansätzen NEF-CLASS und NEFPROX implementiert. In Abhängigkeit des Problems ist ein Re-gelkonsequens entweder ein Klassenbezeichner oder eine Fuzzy-Menge. Wir betrach-ten ausschließlich Algorithmen für Fuzzy-Systeme vom Mamdani-Typ. Die Verfah-ren lassen sich allerdings sehr leicht auf Fuzzy-Systeme vom Sugeno-Typ erwei-tern, wenn geeignete lineare Modelle für die Regelkonsequenzen angegeben werden. Die Koeffizienten der linearen Modelle lassen sich zum Beispiel durch den ANFIS-Algorithmus bestimmen (vergleiche Kapitel 12.7).

Wir beginnen mit dem **NEFCLASS-Regellernalgorithmus** (Algorithmen 1 – 3), der die folgenden Notationen verwendet.

- $\mathcal{L}_{\text{fixed}}$ ist eine feste Lernaufgabe mit $|\mathcal{L}_{\text{fixed}}| = s$, die ein Problem repräsentiert, bei dem Muster $\vec{p} \in \mathbb{R}^n$ zu je einer von m Klassen $C_1, \ldots, C_m$ zugewiesen werden ($C_i \subseteq \mathbb{R}^n$).

- $(\vec{p}, \vec{t}) \in \mathcal{L}_{\text{fixed}}$ ist ein Trainingsmuster bestehend aus einem Eingabevektor $\vec{p} \in \mathbb{R}^n$ und einem Zielvektor $\vec{t} \in [0, 1]^m$. Der Zielvektor repräsentiert eine möglicherweise unscharfe Klassifikation des Eingabemusters $\vec{p}$. Der Klassen-index von $\vec{p}$ wird durch die größte Komponente von $\vec{t}$ bestimmt: $\text{class}(\vec{p}) = \text{argmax}_j\{t_j\}$.

- $R = (A, C)$ ist eine Fuzzy-Klassifikationsregel mit dem Antezedens $\text{ante}(R) = A$ und dem Konsequens $\text{cons}(R) = C$, wobei $A = (\mu_{j_1}^{(1)}, \ldots, \mu_{j_n}^{(n)})$ gilt und C eine Klasse ist. Wir verwenden sowohl $R(\vec{p})$ als auch $A(\vec{p})$, um den Erfüllungs-grad einer Regel R (mit Antezedens A) für das Muster $\vec{p}$ anzugeben, d.h. $R(\vec{p}) = A(\vec{p}) = \min\{\mu_{j_1}^{(1)}(p_1), \ldots, \mu_{j_n}^{(n)}(p_n)\}$.

- $\mu_j^{(i)}$ ist die j-te Fuzzy-Menge der Fuzzy-Partitionierung der Eingangsgröße x_i. Es sind q_i Fuzzy-Mengen über dem Wertebereich von x_i gegeben.

Algorithmus 1 Der NEFCLASS-Regellernalgorithmus

1: **for all** $(\vec{p}, \vec{t}) \in \mathcal{L}_{\text{fixed}}$ **do**   (* über alle s Trainingsmuster *)
2:     **for all** x_i **do**   (* über alle n Eingangsgrößen *)
3:         $\mu_{j_i}^{(i)} = \text{argmax}_{\mu_j^{(i)}, j \in \{1,\ldots,q_i\}} \{\mu_j^{(i)}(p_i)\}$;
4:     **end for**
5:     Erzeuge Bedingung $A = (\mu_{j_1}^{(1)}, \ldots, \mu_{j_n}^{(n)})$;
6:     **if** ($A \notin$ Bedingungsliste) **then**
7:         Füge A zur Bedingungsliste hinzu;
8:     **end if**
9: **end for**
10: **for all** $(\vec{p}, \vec{t}) \in \mathcal{L}_{\text{fixed}}$ **do**   (* Erfüllungsgrade aufsummieren *)
11:     **for all** $A \in$ Bedingungsliste **do**   (* über alle Bedingungen *)
12:         $\vec{c}_A[\text{class}(\vec{p})] = \vec{c}_A[\text{class}(\vec{p})] + A(\vec{p})$;
13:     **end for**
14: **end for**
15: **for all** $A \in$ Bedingungsliste **do**
16:     $j = \text{argmax}_{i \in \{1,\ldots,m\}} \{\vec{c}_A[i]\}$;
17:     Erzeuge R mit Antezedens A und Konsequens C_j;
18:     Füge R zur Regelbasiskandidatenliste hinzu;
19:     $P_R = \frac{1}{s}(\vec{c}_A[j] - \sum\limits_{i \in \{1,\ldots,m\}, i \neq j} \vec{c}_A[i])$;   (* Leistung der Regel R *)
20: **end for**
21:
22: **if** (wähle beste Regeln) **then**
23:     SelectBestRules;   (* siehe Algorithmus 2 *)
24: **else if** (wähle beste Regeln je Klasse) **then**
25:     SelectBestRulesPerClass;   (* siehe Algorithmus 3 *)
26: **end if**

- $\vec{c}_A$ ist ein Vektor mit m Komponenten, der die akkumulierten Zugehörigkeitsgrade zu jeder Klasse über alle Muster repräsentiert, für die $A(\vec{p}) > 0$ gilt. $\vec{c}_A[j]$ ist die j-te Komponente von $\vec{c}_A$.

- $P_R \in [-1, 1]$ ist ein Wert, der die Leistung (performance) einer Regel R beschreibt:

$$P_R = \frac{1}{s} \sum_{(\vec{p}, \vec{t}) \in \mathcal{L}_{\text{fixed}}} (-1)^c R(\vec{p}), \quad \text{mit} \quad c = \begin{cases} 0 & \text{falls class}(\vec{p}) = \text{cons}(R), \\ 1 & \text{sonst.} \end{cases}$$

$$(14.1)$$

Der Algorithmus entdeckt zuerst alle Regelbedingungen, die Trainingsdaten abdecken, und erzeugt eine Bedingungliste, die zu Beginn entweder leer ist oder die Bedingungen der als Vorwissen angegebenen Regeln enthält. Jedesmal, wenn ein Trainingmuster nicht bereits durch eine Bedingung aus der Liste abgedeckt ist, wird eine neue Bedingung erzeugt und zur Liste hinzugefügt (Algorithmus 1).

Anschließend wählt der Algorithmus geeignete Konsequenzen für jede Bedingung
A aus und erzeugt eine Liste von Regelbasiskandidaten. Für eine Bedingung wird
genau die Klasse ausgewählt, die dem größten Wert im Vektor $\vec{c}_A$ der Bedingung A
entspricht. Für jede Regel wird ein Leistungsmaß $P \in [-1, 1]$ berechnete, dass die
Eindeutigkeit der Regel widerspiegelt. Mit $P = 1$ ist eine Regel allgemeingültig
und klassifiziert alle Trainingsmuster korrekt. Für $P = -1$ klassifiziert eine Regel
alle Muster inkorrekt. Der Wert $P = 0$ sagt aus, dass die falschen und korrekten
Klassifikationen sich entweder die Waage halten oder dass die Regel überhaupt keine
Muster abdeckt. Nur Regeln mit $P > 0$ werden als nützlich angesehen.

Der letzte Teil der Lernprozedur ist durch die Algorithmen 2 und 3 gegeben.
Sie wählen die endgültige Regelbasis aus der Liste der Regelbasiskandidaten aus,
die vom Algorithmus 1 aufgestellt wurde. Die Anzahl der Regeln ist durch eines der
beiden folgenden Kriterien festgelegt:

1. Der Umfang der Regelbasis ist durch eine vom Benutzer festgelegten Wert
   $k_{\max}$ von oben beschränkt.

2. Der Umfang der Regelbasis wird so bestimmt, dass jedes Trainingsmuster
   durch zumindest eine Regel abgedeckt wird.

Die Lernprozedur bietet zwei Auswahlverfahren.

1. "Beste Regeln": Die gemäß dem Leistungsmaß besten Regeln werden unter
   Berücksichtigung des Kriteriums für die Größe der Regelbasis ausgewählt (Algorithmus 2). In diesem Fall kann es passieren, dass einige Klassen nicht repräsentiert werden, falls die Regeln für diese Klassen geringe Leistungswerte
   haben.

2. "Beste Regeln je Klasse": Alternierend für jede der m Klassen wird jeweils
   die nächstbeste Regel ausgewählt, bis das Kriterium für den Regelbasisumfang
   greift (Algorithmus 3). Dies führt im allgemeinen zu einer gleichen Anzahl von
   Regeln je Klasse. Dies muss jedoch nicht so sein, falls es für einige Klassen nur
   sehr wenige Regeln gibt oder von einigen Klassen sehr viele Regeln benötigt
   werden, um dass zweite Kriterium zur Regelbasisgröße zu erfüllen (alle Muster
   abdecken).

Wenn das Regellernverfahren aus Algorithmus 1 für die Erzeugung von Fuzzy-
Regeln zur Funktionsapproximation verwendet werden soll, muss die Auswahl der
Konsequenzen angepasst werden. Wir betrachten im Folgenden eine Trainingsmen-
ge aus Mustern $(\vec{p}, t)$, wobei $\vec{p} \in \mathbb{R}^n$ und $t \in \mathbb{R}$ gelten. Wir wollen eine durch
die Trainingsdaten gegebene Funktion $f : \mathbb{R}^n \to \mathbb{R}$, $f(x_1, \ldots, x_n) = y$ approximieren. Es liegen n Eingangsgrößen $x_i \in X_i \subseteq \mathbb{R}$ vor und eine Ausgangsgröße
$y \in [y_{\min}, y_{\max}] \subset \mathbb{R}$ mit einer Spanne (range) von $y_r = y_{\max} - y_{\min}$. Der Einfachheit halber betrachten wir nur eine Ausgabegröße. Der Algorithmus kann allerdings
leicht auf Fuzzy-Regeln mit mehreren Ausgabewerten erweitert werden.

Wir betrachten nun den **NEFPROX-Regellernalgorithmus** (Algorithmus 4)
[Nauck and Kruse 1998a]. Um die Fuzzy-Mengen der Konsequenzen zu bestimmen,
wird ein unten definierter gewichteter Mittelwert $\bar{t}$ (14.2) über die Zielausgaben

---

Algorithmus 2 Wähle die besten Regeln für die Regelbasis

SelectBestRules

(∗ Der Algorithmus bestimmt eine Regelbasis durch Auswahl ∗)
(∗ der besten Regeln aus der Liste der Regelbasiskandidaten, ∗)
(∗ die von Algorithmus 1 oder 4 erzeugt wurde. ∗)

1: $k = 0$; stop = false;
2: **repeat**
3:    $R' = \text{argmax}_R\{P_R\}$;
4:    **if** fester Regelbasisumfang **then**
5:      **if** $(k < k_{\max})$ **then**
6:        füge R' zur Regelbasis hinzu;
7:        lösche R' aus der Regelbasiskandidatenliste;
8:        $k = k + 1$;
9:      **else**
10:        stop = true;
11:      **end if**
12:    **else if** (alle Muster sind abzudecken) **then**
13:      **if** (R' überdeckt bisher nicht abgedeckte Muster) **then**
14:        füge R' zur Regelbasis hinzu;
15:        lösche R' aus der Liste der Regelbasiskandidaten;
16:        **if** (alle Muster werden nun abgedeckt) **then**
17:          stop = true;
18:        **end if**
19:      **end if**
20:    **end if**
21: **until** stop

---

aller Muster berechnet, die einen von null verschiedenen Zugehörigkeitsgrad zu einer entdeckten Bedingung A aufweisen. Die Konsequens-Fuzzy-Menge C, die eine Regel $R = (A, C)$ vervollständigt, wird entweder aus einer Liste für die Ausgabegröße y gegebener Fuzzy-Mengen gewählt oder sie wird erzeugt, so dass $C(\bar{t}) = 1$ gilt. Die Art der Zugehörigkeitsfunktion (z.B. dreiecks-, trapez- oder glockenförmig), die erzeugt wird, hängt von der Präferenz des Benutzers ab. Eine neue Fuzzy-Menge wird nur dann erzeugt, falls bisher keine Fuzzy-Menge ν existiert, für die $\nu(\bar{t}) > \theta$ gilt, wobei θ eine benutzerdefinierte Schwelle ist. Üblicherweise verwendet man $\theta = 0.5$ und Träger gleicher Spanne für alle neu erzeugten Fuzzy-Mengen. Auf diese Weise wird automatisch eine Fuzzy-Partition gleichverteilter Fuzzy-Mengen erzeugt, für die $\forall y : \sum_\nu \nu(y) = 1$ gilt. Es ist auch möglich, dass die Fuzzy-Partitionierung der Ausgabegrößen wie im Fall der Eingangsgrößen vorgegeben ist.

Damit wir eine Teilmenge der erzeugten Regeln für die endgültige Regelbasis auswählen können, benötigen wir ein Leistungsmaß für die Regeln. Wir betrachten eine Regel als nützlich, wenn die Muster, die sie abdeckt, alle sehr ähnliche

---

Algorithmus 3 Wähle die besten Regeln je Klasse für die Regelbasis

---

SelectBestRulesPerClass

(∗ Der Algorithmus bestimmt eine Regelbasis durch Auswahl der ∗)
(∗ besten Regeln je Klasse aus der Liste der Regelbasiskandidaten, ∗)
(∗ die von Algorithmus 1 erzeugt wurde. ∗)

```
 1: k = 0; stop = false;
 2: repeat
 3:   for all classes C do
 4:     if (∃R : cons(R) = C) then
 5:       R' = argmax_{R: cons(R)=C}{P_R};
 6:       if (fester Regelbasisumfang) then
 7:         if (k < k_max) then
 8:           füge R' zur Regelbasis hinzu;
 9:           lösche R' aus der Regelbasiskandidatenliste;
10:           k = k + 1;
11:         else
12:           stop = true;
13:         end if
14:       else if (alle Muster sind abzudecken) then
15:         if (R' überdeckt bisher nicht abgedeckte Muster) then
16:           füge R' zur Regelbasis hinzu;
17:           lösche R' aus der Regelbasiskandidatenliste;
18:         end if
19:         if (alle Muster werden nun abgedeckt) then
20:           stop = true;
21:         end if
22:       end if
23:     end if
24:   end for
25: until stop
```

Ausgaben verlangen und möglichst viele Muster abgedeckt werden. Wir verwenden einen gewichteten Mittelwert und eine gewichtete Varianz, um die Leistung einer Regel zu bewerten. Für die folgenden Berechnungen nehmen wir an, dass $\sum_{(\vec{p},t)\in\mathcal{L}_{\text{fixed}}} R(\vec{p}) > 0$ gilt.

$$\bar{t} = \frac{\sum_{(\vec{p},t)\in\mathcal{L}_{\text{fixed}}} R(\vec{p}) \cdot t}{\sum_{(\vec{p},t)\in\mathcal{L}_{\text{fixed}}} R(\vec{p})}, \tag{14.2}$$

$$\text{var}(R) = \frac{\sum_{(\vec{p},t)\in\mathcal{L}_{\text{fixed}}} R(\vec{p}) \cdot (t - \bar{t})^2}{\sum_{(\vec{p},t)\in\mathcal{L}_{\text{fixed}}} R(\vec{p})} \tag{14.3}$$

$$= \frac{1}{\sum_{(\vec{p},t)\in\mathcal{L}_{\text{fixed}}} R(\vec{p})} \tag{14.4}$$

$$\cdot \left(\sum_{(\vec{p},t)\in\mathcal{L}_{\text{fixed}}} R(\vec{p}) \cdot t^2 - \frac{1}{\sum_{(\vec{p},t)\in\mathcal{L}_{\text{fixed}}} R(\vec{p})} \cdot \left(\sum_{(\vec{p},t)\in\mathcal{L}_{\text{fixed}}} R(\vec{p}) \cdot t \right)^2 \right),$$

$$P_R = \frac{y_r \cdot \sum_{(\vec{p},t)\in\mathcal{L}_{\text{fixed}}} R(\vec{p})}{|\mathcal{L}_{\text{fixed}}| \cdot \left(2\sqrt{\text{var}(R)} + y_r \right)}, \quad \text{mit} \quad P_R \in [0,1]. \tag{14.5}$$

Der Leistungswert P_R einer Regel R nähert sich 0, wenn sich $\sum_{(\vec{p},t)\in\mathcal{L}_{\text{fixed}}} R(\vec{p})$ dem Wert 0 annähert. Für $\sum_{(\vec{p},t)\in\mathcal{L}_{\text{fixed}}} R(\vec{p}) = s$ (die Regel R gilt vollständig für alle Muster), nimmt das Leistungsmaß den Wert 1 an, falls $\text{var}(R) = 0$ gilt.

Der **NEFPROX-Regellernalgorithmus** verwendet die folgende Notation:

- $\mathcal{L}_{\text{fixed}}$ ist eine feste Lernaufgabe mit $|\mathcal{L}_{\text{fixed}}| = s$. Sie repräsentiert ein Funktionsapproximationsproblem bei dem Muster $\vec{p} \in \mathbb{R}^n$ auf Zielwerte $t \in \mathbb{R}$ abzubilden sind.

- $R = (A, C)$ ist eine Fuzzy-Regel mit Antezedens $\text{ante}(R) = A$ und Konsequens $\text{cons}(R) = C$, wobei $A = (\mu_{j_1}^{(1)}, \ldots, \mu_{j_n}^{(n)})$ gilt und $C : Y \to [0,1]$ eine Fuzzy-Menge ist. Wir verwenden sowohl $R(\vec{p})$ als auch $A(\vec{p})$, um den Erfüllungsgrad einer Regel R (mit Antezedens A) für ein Muster $\vec{p}$ anzugeben, d.h. $R(\vec{p}) = A(\vec{p}) = \min\{\mu_{j_1}^{(1)}(p_1), \ldots, \mu_{j_n}^{(n)}(p_n)\}$.

- $\mu_j^{(i)}$ ist die j-te Fuzzy-Menge der Fuzzy-Partitionierung der Eingangsgröße x_i. Es gibt q_i Fuzzy-Mengen über dem Wertebereich von x_i.

- w_A ist eine Variable zur Berechnung von $\sum_{(\vec{p},t)\in\mathcal{L}_{\text{fixed}}} R(\vec{p})$ für eine Regel R mit Antezedens A.

- m_A ist eine Variable zur Berechnung des gewichteten Mittelwerts $\bar{t}$ einer Regel R mit Antezedens A.

- v_A ist eine Variable zur Berechnung von $\text{var}(R)$ für eine Regel R mit Antezedens A.

- P_R ist die Leistung einer Regel R.

Der NEFPROX-Regellernalgorithmus lässt sich leicht auf Fuzzy-Mengen mit mehreren Ausgabegrößen erweitern. In diesem Fall muss das Leistungsmaß (einschließlich Mittelwert und Varianz) für jede Ausgabevariable einzeln berechnet werden. Die Leistung einer Regel ist dann durch die mittlere Leistung über alle Ausgabevariablen gegeben.

Die strukturorientierten Fuzzy-Regellernalgorithmen dieses Abschnitts sind sehr schnell. Sie müssen lediglich zweimal durch die Trainingsdaten laufen, um alle Kandidaten für eine Regelbasis zu ermitteln. Die Auswahl der Regeln für die

---

Algorithmus 4 Der NEFPROX-Regellernalgorithmus

1: **for all** $(\vec{p}, t) \in \mathcal{L}_{\text{fixed}}$ **do** $\qquad$ (∗ es gibt s Trainingsmuster ∗)

2: $\quad$ **for all** x_i **do** $\qquad$ (∗ es gibt n Eingangsgrößen ∗)

3: $\qquad$ $\mu_{j_i}^{(i)} = \text{argmax}_{\mu_j^{(i)}, j \in \{1, \ldots, q_i\}} \{\mu_j^{(i)}(p_i)\}$;

4: $\quad$ **end for**

5: $\quad$ Erzeuge Bedingung $A = (\mu_{j_1}^{(1)}, \ldots, \mu_{j_n}^{(n)})$;

6: $\quad$ **if** $(A \notin \text{Bedingungsliste})$ **then**

7: $\qquad$ füge A zur Bedingungsliste hinzu;

8: $\qquad$ $m_A = 0$; $v_A = 0$; $w_A = 0$;

9: $\quad$ **end if**

10: **end for**

11: **for all** $(\vec{p}, t) \in \mathcal{L}_{\text{fixed}}$ **do** $\quad$ (∗ berechne gewichteten Mittelwert und Varianz ∗)

12: $\quad$ **for all** $A \in \text{Bedingungsliste}$ **do** $\qquad$ (∗ über alle Bedingungen ∗)

13: $\qquad$ **if** $(A(\vec{p}) > 0)$ **then**

14: $\qquad\quad$ $w_A = w_A + A(\vec{p})$;

15: $\qquad\quad$ $m_A = m_A + A(\vec{p}) \cdot t$;

16: $\qquad\quad$ $v_A = v_A + A(\vec{p}) \cdot t^2$;

17: $\qquad$ **end if**

18: $\quad$ **end for**

19: **end for**

20: **for all** $A \in \text{Bedingungsliste}$ **do**(∗ wähle Konsequenzen für alle Bedingungen ∗)

21: $\quad$ $v_A = \frac{1}{w_A} \cdot (v_A - \frac{m_A^2}{w_A})$; $m_A = \frac{m_A}{w_A}$; $\quad$ (∗ vervollständige Statistikberechnung ∗)

22: $\quad$ **if** $(\exists \nu : \nu(m_A) > \theta)$ **then**

23: $\qquad$ $C = \text{argmax}_\nu \{\nu(m_A)\}$;

24: $\quad$ **else**

25: $\qquad$ erzeuge neue Ausgabe-Fuzzy-Menge C mit $C(m_A) = 1$;

26: $\quad$ **end if**

27: $\quad$ erzeuge Regel R mit Antezedens A und Konsequens C;

28: $\quad$ füge R zur Regelbasiskandidatenliste hinzu;

29: $\quad$ $P_R = \frac{w_A \cdot y_r}{s \cdot (2\sqrt{v_A} + y_r)}$; $\qquad$ (∗ Leistung der Regel R ∗)

30: **end for**

31: SelectBestRules; $\qquad$ (∗ siehe Algorithmus 2 ∗)

Regelbasis wird durch ein Leistungsmaß gesteuert. Die Anzahl der Regeln kann automatisch bestimmt werden, so dass jedes Trainingsmuster durch mindestens eine Regel mit von null verschiedenem Erfüllungsgrad abgedeckt wird. Es ist genauso möglich, dass der Benutzer die Anzahl der Regeln nach oben beschränkt. Letztere Methode erfordert keinen weiteren Durchlauf durch die Trainingsdaten. Nur wenn die Regelanzahl automatisch bestimmt werden soll, müssen die Trainingsdaten so oft wiederholt durchlaufen werden, bis alle Muster abgedeckt sind.

Falls die Regelanzahl beschränkt wird, wird das Lernverfahren von Ausreißern kaum beeinflusst. Regeln, die erzeugt wurden, um Ausreißer abzudecken, werden einen geringen Leistungswert aufweisen und nicht in die Regelbasis gelangen.

Die Leistung der ermittelten Regelbasis hängt von den Fuzzy-Partitionierungen ab, die für die Ein- und Ausgabegrößen vorgegeben sind. Um die Leistung zu verbessern, sollten die Fuzzy-Mengen durch einen der in Kapitel 15.2.1 und 15.2.2 vorgestellten Algorithmen trainiert werden.

14.3 Behandlung symbolischer Daten

In diesem Abschnitt betrachten wir das Problem, eine Fuzzy-Regelbasis zu erzeugen, wenn die Trainingsdaten sowohl numerische als auch symbolische Information beinhalten. Statt Symbole numerisch zu repräsentieren, wollen wir die symbolische Information direkt verwenden. Dies ist in Fuzzy-Systemen problemlos möglich, da sie intern lediglich Zugehörigkeitsgrade verarbeiten.

Wir werden eine Fuzzy-Regel, die sowohl symbolische als auch numerische Variablen verwendet, im Folgenden als **mehrtypige Fuzzy-Regel** bezeichnen, um sie von der in Fuzzy-Systemen üblicherweise vorkommenden Art von Regeln zu unterscheiden, die lediglich numerische Variablen aufweist. Der Algorithmus zur Erzeugung mehrtypiger Fuzzy-Regeln ist eine Erweiterung der Verfahren, die in Abschnitt 14.2 behandelt werden.

Mehrtypige Fuzzy-Regeln verwenden Fuzzy-Mengen über symbolischen Wertebereichen, die nicht durch die üblichen parametrisierten Zugehörigkeitsfunktionen wie Dreiecke oder Trapeze repräsentiert werden können.

Wir betrachten zwei Variablen x und y, wobei $x \in X \subseteq \mathbb{R}$ numerisch und $y \in Y = \{A, B, C\}$ symbolisch ist. In einer Fuzzy-Regel beschreiben wir Werte von x wie gewöhnlich durch linguistische Ausdrücke. Wir bezeichnen einen beliebigen linguistischen Ausdruck durch *lvalue* (*lvalue* kann ein Ausdruck wie *klein, ungefähr null, groß* usw. sein). In einer mehrtypigen Fuzzy-Regel über zwei Variablen können wir beispielsweise die folgenden Konfigurationen antreffen.

1. Fuzzy-Exakt: if x is *lvalue* and y = A then ...

2. Fuzzy-Impräzise: if x is *lvalue* and y $\in \{B, C\}$ then ...

3. Fuzzy-Fuzzy: if x is *lvalue* and y is $\{(A, \mu(A)), (B, \mu(B)), (C, \mu(C))\}$ then ...

In den beiden ersten Fällen hat die Variable y eine "Schaltfunktion" für die Regel. Wenn y keinen der in dem entsprechenden Ausdruck einer Bedingung genannten Werte annimmt, ist die Regel nicht anwendbar. Falls y doch einen der genannten Werte annimmt, wird die Anwendbarkeit der entsprechenden Regel in keiner Weise durch den Wert von y eingeschränkt, und der Erfüllungsgrad hängt ausschließlich von dem Wert für x ab.

In der dritten Situation verwenden wir eine Fuzzy-Menge, um die Werte zu beschreiben, die y annehmen kann. Wir geben einfach einen Zugehörigkeitsgrad für jedes Element von Y an, indem wir eine Zugehörigkeitsfunktion $\mu : Y \rightarrow [0, 1]$ verwenden. Auf diese Weise kann ein Wert von y die Anwendbarkeit der Regel auf einen beliebigen Grad zwischen 0 und 1 beschränken, genauer gesagt auf einen von μ angenommenen Zugehörigkeitsgrad.

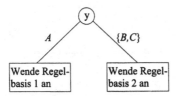

Abbildung 14.7 Umschalten zwischen Fuzzy-Regelbasen in Abhängigkeit einer symbolischen Variablen

Offensichtlich sind die Konfigurationen (i) und (ii) lediglich Spezialfälle der Konfiguration (iii), denn wir können $y = A$ durch y is $\{(A,1),(B,0),(C,0)\}$ und $y \in \{A,B\}$ durch y is $\{(A,1),(B,1),(C,0)\}$ ersetzen.

Da die Elemente von Y nicht geordnet sind, können wir nicht so ohne weiteres einen linguistischen Ausdruck angeben, der zu einer Fuzzy-Menge wie $\{(A,\mu(A)),$ $(B,\mu(B)),\ (C,\mu(C))\}$ passt. Das bedeutet, dass die Interpretierbarkeit bezüglich der Variablen im Gegensatz zu den üblichen Fuzzy-Regeln eingeschränkt ist. Wir greifen diese Problematik am Ende des Abschnitts noch einmal auf.

Für die Konfigurationen (i) und (ii) können wir die symbolische Variable ganz aus den Fuzzy-Regeln entfernen und verschiedene Regelbasen angeben, eine für jede Kombination von y-Werten (siehe Abbildung 14.7). In Abhängigkeit des aktuellen y-Wertes wählen wir dann einfach die entsprechende Regelbasis aus. Solche Situationen sind beispielsweise in medizinischen Anwendungsbereichen denkbar, bei denen wir Krankheiten auf der Grundlage beobachteter Symptome klassifizieren wollen. Wenn wir annehmen, dass die Klassifikation auch vom Geschlecht des Patienten abhängt, können wir einfach zwei unterschiedliche Regelbasen erstellen — eine zur Klassifikation weiblicher und eine zur Klassifikation männlicher Patienten.

Für die Konfiguration (iii) beschreibt das folgende Beispiel die Idee eines Lernalgorithmus.

Beispiel 14.1 Wir betrachten den in Abbildung 14.8 gegebenen künstlichen Datensatz. Wir partitionieren X durch drei Fuzzy-Mengen, die wir mit *small, medium* und *large* bezeichnen. Die Fuzzy-Mengen werden durch dreiecks- bzw. trapezförmige Zugehörigkeitsfunktionen beschrieben. Die Zugehörigkeitsgrade für jeden Wert, den x annehmen kann, addieren sich zu 1, d.h., die Zugehörigkeitsfunktionen schneiden sich beim Zugehörigkeitsgrad 0.5. Die vertikalen Linien in Abbildung 14.8 visualisieren diese Punkte. Die Werte von y sind auf der vertikalen Skala repräsentiert. Beachten sie jedoch, dass es sich um eine Nominalskala, d.h., die Ordnung der Werte hat keinerlei Bedeutung.

Wir nehmen an, dass die Daten in eine *positive* und eine negative *negative* Klasse unterteilt werden können, wie wir es durch die + und − Zeichen im Merkmalsraum festgelegt haben. Wie wir in Abbildung 14.8 erkennen können, gibt einen bestimmten Grad an Überlappung zwischen den beiden Klassen, besonders in dem Bereich, in dem "x is *small*" gilt.

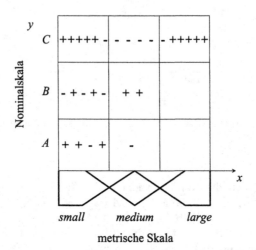

Abbildung 14.8 Ein künstlicher Datensatz mit einem numerischen und einem symbolischen Attribut

Um eine Regelbasis aus diesen Daten zu erzeugen, betrachten wir zunächst die Situation, für die "x is *small*" gilt und die Klasse *positiv* ist. Es gibt 3 Fälle mit $y = A$, 2 Fälle mit $y = B$ und 5 Fälle mit $y = C$. Durch Normalisierung erhalten wir die Fuzzy-Menge $\{(A, 0.6), (B, 0.4), (C, 1.0)\}$. Wenn wir die *negative* Klasse und die Situation "x is *small*" betrachten, erhalten wir analog die Fuzzy-Menge $\{(A, 0.33), (B, 1.0), (C, 0.33)\}$.

Das bedeutet, wir können die folgenden zwei Regeln R_1 und R_2 zur Regelbasis hinzufügen:

R_1 :   if x is *small* and y is $\nu_1 = \{(A, 0.6), (B, 0.4), (C, 1.0)\}$,
then the class is *positive*

R_2 :   if x is *small* and y is $\nu_2 = \{(A, 0.33), (B, 1.0), (C, 0.33)\}$,
then the class is *negative* $\square$

Wir wollen die Anwendung der beiden in Beispiel 14.1 erzeugten Regeln an drei Mustern untersuchen. Wir setzen $x = x_0$ für alle drei Muster und erhalten damit $\mu_{\text{small}}(x_0) = 1.0$, wobei $\mu_{\text{small}} : \mathbb{R} \to [0, 1]$ sei die Zugehörigkeitsfunktion zur Repräsentation des Begriffs *small*) ist. Für y wählen wir in jedem Muster einen anderen Wert. Die Tabelle 14.1 listet die Erfüllungsgrade und Klassifikation beider Regeln für alle drei betrachteten Muster.

Die Regeln sind, genau wie im Fall von Regeln mit rein numerischen Variablen, typische Repräsentanten der Klassen. Wenn wir uns beispielsweise ein typisches Muster der positiven Klasse vorstellen, würde die Variable x den Wert *small* aufweisen und y würde entweder C, A oder B annehmen, wobei C typischer wäre als A und

x	$\mu_{\text{small}}(x)$	y	$\nu_1(y)$	$\nu_2(y)$	R_1	R_2	Klasse
x_0	1.0	A	0.6	0.33	0.6	0.33	*pos.*
x_0	1.0	B	0.4	1.00	0.4	1.00	*neg.*
x_0	1.0	C	1.0	0.33	1.0	0.33	*pos.*

Tabelle 14.1 Klassifikation dreier Beispielmuster durch die Regeln R_1 und R_2

A wiederum typischer als B. Im Falle der negativen Klasse würden wir B als Wert für y im Vergleich mit A oder C als typischer betrachten.

R_1 und R_2 sind partiell widersprüchlich, weil ihre Bedingungen bezüglich beider Variablen einen nicht-leeren Schnitt aufweisen. Wenn wir

$$\theta(\mu_1, \mu_2) = \sup_x \{\min\{\mu_1(x), \mu_2(x)\}\} \tag{14.6}$$

verwenden, um die Ähnlichkeit oder Überlappung zweier Fuzzy-Mengen μ_1 und μ_2 auszudrücken, dann erhalten wir $\theta = 0.4$ für die Bedingungen der Regeln R_1 und R_2. Regeln mit $\theta = 0$ schließen sich wechselseitig aus, und für $\theta = 1$ besteht, in Abhängigkeit der Art der verwendeten Zugehörigkeitsfunktionen, die Möglichkeit, dass beide Regeln entweder identisch sind, eine Regel eine Verallgemeinerung der anderen ist (bei gleichen Konsequenzen) oder beide Regeln einander total widersprechen (bei ungleichen Konsequenzen). Eine dieser drei Möglichkeiten trifft jedoch nur dann zwingend zu, wenn alle verwendeten Zugehörigkeitsfunktionen je nur an genau einer Stelle den Wert 1 annehmen (also z.B. dreiecks- oder glockenförmig sind). Bei der Verwendung einer oder mehrerer trapezförmiger Fuzzy-Mengen sind die Regeln genauer zu untersuchen, denn ohne genaue Kenntnis aller Fuzzy-Partitionierung lässt sich in diesem Fall aus $\theta = 1$ nicht ableiten, ob z.B. ein totaler oder nur ein partieller Widerspruch zwischen den betrachteten Regeln besteht. Bei der Verwendung von Fuzzy-Systemen sind partielle Widersprüche zwischen Paaren von Regeln üblich, weil die Überlappung von Regeln gerade eine erwünschte Eigenschaft von Fuzzy-Systemen ist.

Beispiel 14.2 (Fortsetzung) Wenn wir die Regelerzeugung in derselben Weise fortführen, erhalten im weiteren Verlauf die folgenden beiden Regeln.

R_3 : if x is *medium* and y is $\nu_3 = \{(A, 0.25), (B, 0.0), (C, 1.0)\}$,
   then the class is *negative*,

R_4 : if x is *medium* and y is $\nu_4 = \{(A, 0.0), (B, 1.0), (C, 0.0)\}$,
   then the class is *positive*.

Für R_3 und R_4 erhalten wir $\theta = 0$, d.h., sie schließen sich gegenseitig aus. In diesem Fall könnten wir gewöhnliche scharfe Mengen verwenden, um die möglichen Werte von y zu beschreiben ($y \in \{A, C\}$ für R_3 und $y = B$ für R_4). Allerdings würden wir dabei die Information verlieren, dass die Kombination "x is *medium*" und $y = C$ viel typischer für die *negative* Klasse ist als die Kombination "x is *medium*" und $y = A$. Die Fuzzy-Repräsentation hat also Vorteile.

Für den letzte Bereich in Abbildung 14.8, der Daten enthält erhalten wir die beiden widersprüchlichen Regeln ($\theta = 1$ und die Bedingungen sind identisch)

R_5 : if x is *large* and y is $\nu_5 = \{(A, 0.0), (B, 0.0), (C, 1.0)\}$,
          then the class is *positive*,

R_6 : if x is *large* and y is $\nu_6 = \{(A, 0.0), (B, 0.0), (C, 1.0)\}$,
          then the class is *negative*.

Wir können nicht beide Regeln in die Regelbasis aufnehmen, da wir nur partielle Widersprüchlichkeit tolerieren. Deshalb entscheiden wir uns, die Regel R_5 mit der besseren Klassifikationsleistung zu behalten und die Regel R_6 zu löschen, die mehr Fehler verursacht. Die endgültige Regelbasis besteht daher aus den Regeln $R_1, \ldots, R_5$.
□

Das Regellernverfahren wird durch den Algorithmus 5 im Detail beschrieben. Er bestimmt eine mehrtypige Fuzzy-Regelbasis aus einer Lernaufgabe, die symbolische und numerische Daten enthält. Algorithmus 5 verwendet die folgende Notation.

- $\mathcal{L}_{\text{fixed}}$ ist eine feste Lernaufgabe mit $|\mathcal{L}_{\text{fixed}}| = s$, die ein Klassifikationsproblem repräsentiert, bei dem Muster $\vec{p}$ zu je einer von m Klassen $C_1, \ldots, C_m$ zugewiesen werden müssen.

- $(\vec{p}, \vec{t}) \in \mathcal{L}_{\text{fixed}}$ ist ein Trainingsmuster bestehend aus einem Eingabevektor $\vec{p} \in X_1 \times \ldots \times X_n$ und einem Zielvektor $\vec{t} \in [0, 1]^m$. $\vec{p}$ besteht aus u numerischen und v symbolischen Komponenten ($u + v = n$), d.h., X_i ist entweder eine Teilmenge von $\mathbb{R}$ oder eine (endliche) Menge von Symbolen. Der Zielvektor repräsentiert eine möglicherweise vage Klassifikation des Eingabemusters $\vec{p}$. Der Klassenindex von $\vec{p}$ wird durch die größte Komponente von $\vec{t}$ bestimmt: $\text{class}(\vec{p}) = \text{argmax}_j\{t_j\}$.

- $R = ((A, M), C)$ ist eine mehrtypige Fuzzy-Klassifikationsregel mit Antezedens $\text{ante}(R) = (A, M)$ und Konsequens $\text{cons}(R) = C$, die eine Klasse bezeichnet. $A = (\mu_{j_1}^{(1)}, \ldots, \mu_{j_u}^{(u)})$ ist durch Fuzzy-Mengen für numerische Variablen gegeben und stellt den ersten Teil der Bedingung dar. $M = (\vec{m}_{j_1}^{(1)}, \ldots, \vec{m}_{j_v}^{(v)})$ ist der zweite Teil der Bedingung und wird durch Fuzzy-Mengen über symbolischen Variablen erzeugt.

- $\mu_j^{(i)}$ ist die j-te Fuzzy-Menge einer Fuzzy-Partitionierung einer Eingangsgröße x_i, für die q_i Fuzzy-Mengen gegeben sind.

- $\vec{m}_j^{(k)}$ ist die j-te Fuzzy-Menge der k-ten symbolischen Eingangsvariablen x_k. Es sind m Fuzzy-Mengen je symbolischer Variablen gegeben (also eine Fuzzy-Menge pro Klasse). Eine Fuzzy-Menge $\vec{m}_j^{(k)}$ wird durch einen Vektor repräsentiert, der für jedes Element von X_k einen Zugehörigkeitsgrad enthält. Zum Zeitpunkt der Initialisierung (Algorithmus 5, Zeile 12) sind alle Einträge von $\vec{m}_j^{(k)}$ zu null gesetzt. Um darzustellen, dass auf den Zugehörigkeitsgrad von x zwecks Manipulation zugegriffen wird schreiben wir $\vec{m}_j^{(k)}[x]$ (Algorithmus 5, Zeile 22)

Der Algorithmus beginnt mit der Erzeugung initialer Bedingungen, die ausschließlich numerische Attribute enthalten. Er verwendet dazu die Prozedur, die in Abschnitt 14.2 beschrieben wird (Algorithmus 1). Nachdem die Trainingsdaten einmal durchlaufen wurden, sind alle k Bedingungen, die durch Daten induziert werden, bestimmt. Im nächsten Schritt werden aus jeder Bedingung m Regeln erzeugt (eine je Klasse) und die initialen Bedingungen werden vervollständigt, indem für jede symbolische Variable eine Fuzzy-Menge erzeugt wird, wie wir es in Beispiel 14.1 gezeigt haben. Das bedeutet, dass das wir eine Menge von genau $m \cdot k$ Regeln erhalten. Diese Regelmenge kann inkonsistent sein, da noch zueinander widersprüchliche Regeln vorkommen können. Nach der Auflösung der Inkonsistenzen durch Beibehalten der Regeln mit besserer Leistung und Entfernen der widersprüchlichen Regeln mit schlechterer Leistung steht uns eine Liste von Regelbasiskandidaten zur Verfügung. Auf diese Liste wenden wir dann einen der beiden Auswahlalgorithmen an, die in Abschnitt 14.2 vorgestellt werden, um die endgültige Regelbasis zu erhalten [Nauck *et al.* 1999].

Nach der Erzeugung der Regeln können sowohl die Fuzzy-Mengen der numerischen als auch die der symbolischen Variablen trainiert werden, um die Klassifikationsleistung zu verbessern. Die dazu verwendeten Algorithmen werden in Abschnitt 15.2.2 besprochen.

Die mehrtypigen Fuzzy-Regeln, die der Algorithmus 5 erzeugt, lassen sich nicht so einfach interpretieren wie Fuzzy-Regeln, die ausschließlich numerische Variablen und kontinuierliche Zugehörigkeitsfunktionen verwenden, die sich mit Begriffen wie *small* oder *large* versehen lassen. Fuzzy-Mengen, die als geordnete Liste von Paaren gegeben sind, lassen sich nur schwer mit passenden Begriffen belegen. In einigen Fällen mögen wir durch genauere Inspektion geeignete Bezeichner finden. Beispielsweise könnten wir eine Fuzzy-Menge { (Kaufmann, 0), (Berater, 0.3), (Ingenieur, 0.7), (Dozent, 1), (Professor, 1) } über einer symbolischen Variablen zur Berufsangabe einer Person mit dem Begriff *akademischer Beruf* belegen.

Wenn Fuzzy-Regeln durch Lernverfahren erzeugt werden, ist es nützlich, auch linguistische Ausdrücke automatisch zu erzeugen. Um schnell eine grobe Bezeichnung für eine Fuzzy-Menge in Form einer geordneten Liste von Paaren angeben zu können, lassen sich beispielsweise Ausdrücke wie "y ist A oder C oder B" für den Term "y is $\{(A, 1.0), (B, 0.4), (C, 0.7)\}$" erzeugen. Die Reihenfolge, in der Werte mit von null verschiedenem Zugehörigkeitsgrad aufgeführt sind, drückt die Präferenz aus, die in den Zugehörigkeitsgraden kodiert ist. In diesem Beispiel erfahren wir von dem Begriff, dass A typischer als C und C typischer als B ist. Falls wir die exakten Zugehörigkeitsgrade benötigen, können wir die Fuzzy-Menge inspizieren.

Diese Art der Interpretation ähnelt den üblichen linguistischen Ausdrücken wie etwa *ungefähr null* für eine numerische Variable. In diesem Fall wissen wir, dass 0 der typischste Wert der Variablen ist und dass größere bzw. kleinere Werte weniger typisch sind. Falls wir an den genauen Zugehörigkeitsgraden interessiert sind, müssen wir auch in diesem Fall die Zugehörigkeitsfunktion inspizieren.

Algorithmus 5 Erlernen mehrtypiger Fuzzy-Regeln

1: **for all** $(\vec{p}, \vec{t}) \in \mathcal{L}_{\text{fixed}}$ **do**   (∗ finde alle Hyperquader, die Daten enthalten ∗)
2:    **for all** x_i mit numerischem Wertebereich **do**
3:       $\mu_{j_i}^{(i)} = \text{argmax}_{\mu_j^{(i)}, j \in \{1, \ldots, q_i\}} \{\mu_j^{(i)}(p_i)\}$;
4:    **end for**
5:    Erzeuge $A = (\mu_{j_1}^{(1)}, \ldots, \mu_{j_n}^{(n)})$;   (∗ Erster Teil der Bedingung ∗)
6:    **if** $(A \notin$ in Bedingungsliste$)$ **then**
7:       füge A zu Bedingungsliste hinzu;
8:    **end if**
9: **end for**

10: **for all** $A \in$ Bedingungsliste **do**   (∗ erzeuge Regelbasiskandidaten ∗)
11:    initialisiere M;
12:    Erzeuge vollständige Bedingung (A, M);
13:    **for all** C **do**   (∗ über alle Klassen ∗)
14:       Erzeuge Regel $R = ((A, M), C)$ und füge sie in Regelbasiskandidatenliste ein;
15:    **end for**
16: **end for**

17: **for all** $(\vec{p}, \vec{t}) \in \mathcal{L}_{\text{fixed}}$ **do**   (∗ berechne Häufigkeiten symbolischer Variablen ∗)
18:    **for all** $R \in$ Regelbasiskandidatenliste **do**
19:       **if** $(\text{class}(\vec{p}) = \text{cons}(R))$ **then**
20:          **for all** x_k mit symbolischem Wertebereich **do**
21:             **with** R **do**: $\vec{m}^{(k)}[p_k] = \vec{m}^{(k)}[p_k] + 1$;
22:          **end for**
23:       **end if**
24:    **end for**
25: **end for**

26: **for all** $R \in$ Regelbasiskandidatenliste **do**
27:    **with** R **do**: normalisiere alle $\vec{m}^{(i)}$;   (∗ transformiere $\vec{m}^{(i)}$ in Fuzzy-Menge ∗)
28:    Berechne die Leistung P_R von R;   (∗ siehe (14.1) und Algorithmus 1 ∗)
29: **end for**

30: Finde widersprüchliche Regeln und löse alle Konflikte auf;
31: **if** (Beste Regeln) **then**
32:    SelectBestRules;   (∗ siehe Algorithmus 2 ∗)
33: **else if** (Beste Regeln je Klasse) **then**
34:    SelectBestRulesPerClass;   (∗ siehe Algorithmus 3 ∗)
35: **end if**

14.4 Behandlung fehlender Werte

Bei der praktischen Datenanalyse sind **fehlende Werte** (missing values) ein häufig
vorkommendes Problem. Es ist nicht immer möglich, alle Attribute eines Datensatzes zu erheben. Mögliche Gründe sind zu hohe Kosten, fehlerhafte Sensoren,
Eingabefehler usw. Wenn ein Attributwert manchmal erhoben wird und manchmal
nicht, können wir die erhobenen Werte nutzen, um die Werte vorherzusagen, die
nicht erhoben werden konnten.

Wenn wir in einer solchen Situation die erhobenen Daten trotzdem zum Erlernen eines Modells, z.B. einer Fuzzy-Regelbasis oder eines Neuronalen Netzes, nutzen wollen müssen wir einen Weg finden, mit fehlenden Werten umzugehen. Zum
Beispiel wird bei der Induktion von Entscheidungsbäumen die Wahrscheinlichkeitsverteilung einer Variablen verwendet, wenn ein Wert dieser Variablen fehlt [Quinlan
1993]. Ein anderer Ansatz maschinellen Lernens zur Kompensation fehlender Werte
ist der EM Algorithmus (estimation and maximization) [Dempster *et al.* 1977, Mitchell 1997]. Der EM Algorithmus sucht nach einer Maximum-Likelihood-Hypothese
durch wiederholte Schätzung der Erwartungswerte der unbeobachteten Variablen
bei gegebener aktueller Hypothese. Die Erwartungswerte werden dann genutzt, um
die Maximum-Likelihood-Hypothese — die Hypothese, die am besten zu der Kombination beobachteter und erwarteter Werte passt — neu zu bestimmen [Mitchell
1997].

Andere Ansätze mit fehlenden Daten umzugehen [Hair *et al.* 1998], sind

1. nur Fälle mit vollständigen Daten zu verwenden,

2. Fälle und/oder Variablen mit sehr vielen fehlenden Werten zu löschen,

3. fehlende Werte geeignet durch Konstanten, Mittelwerte, Regressionswerte etc.
   zu ersetzen (Imputation).

Die erste Option ist oft nicht durchführbar, da es sich meist herausstellt, dass zu
viele Fälle nicht zum Training genutzt werden können. Bei "echten" Datensätzen ist
es nicht unüblich, dass in jedem Fall und jeder Variable zumindest ein Wert fehlt.

Die zweite Option kann verwendet werden, um Trainingsdaten zu bereinigen,
d.h., Fälle und/oder Variablen zu entfernen wenn sie einen bestimmten Prozentsatz
fehlender Werte aufweisen und sie somit für einen Lernvorgang unbrauchbar sind.
Allerdings löst dies nicht das grundsätzliche Problem, dass trotzdem einige Fälle
verbleiben, die (wenige) fehlende Werte aufweisen.

Ersetzungsmethoden, wie sie in der dritten Option angesprochen werden, erfordern eine gründliche Analyse der Daten und die Klärung der Frage warum Werte
fehlen. Blindes Ersetzen durch Konstanten oder Mittelwerte kann die Situation
sogar verschlimmern. Zum Beispiel ist es denkbar, dass ein Wert wegen eines feh-
lerhaften Sensors nicht ermittelt werden kann, sobald die gemessene Größe einen
bestimmten Wert überschreitet. Wenn wir in diesem Fall einfach fehlende Werte
durch den Mittelwert der Variablen ersetzen, verfälschen wir deren Verteilung.

Für den Fall, dass eine aufwendige Analyse und Behandlung fehlender Werte nicht durchführbar ist oder wenn lediglich wenige Daten fehlen, sind einfache Ansätze von Interesse, die das Erlernen von Fuzzy-Regeln dennoch ermöglichen. Wir wenden daher die folgende Strategie an: Wenn ein Merkmal fehlt, machen wir keinerlei Annahmen über dessen tatsächlichen Wert, sondern nehmen vielmehr an, dass alle möglichen Werte auftreten könnten. Aufgrund dieser Annahme wollen wir die Anwendbarkeit einer Fuzzy-Regel auf ein Muster mit fehlenden Werten nicht einschränken. Das bedeutet, ein fehlender Wert wird die Berechnung des Erfüllungsgrades einer Regel nicht beeinflussen. Wir erreichen dies, indem wir dem fehlenden Merkmal den Zugehörigkeitsgrad 1 zuweisen [Berthold and Huber 1997], d.h., ein fehlender Wert hat einen Zugehörigkeitsgrad von 1 zu jeder Fuzzy-Menge. Ein Muster, bei dem alle Merkmale fehlen, würde dann jede Regel mit einem Grad von 1 erfüllen, das heißt jede Ausgabe der Regelbasis ist für solch ein Muster möglich. Wir bezeichnen ein Muster mit fehlenden Werten durch $\vec{p} = (\vec{x}, ?)$ und wir bestimmen den Erfüllungsgrad τ_r einer Regel R_r mittels

$$\tau_r(\vec{x}, ?) = \min_{x_i}\{\mu_r^{(i)}(x_i), 1\} = \min_{x_i}\{\mu_r^{(i)}(x_i)\}. \tag{14.7}$$

Bei der Erzeugung eines Fuzzy-System mittels eines Neuro-Fuzzy-Ansatzes gibt es drei Stufen, bei denen wir fehlende Werte berücksichtigen müssen:

1. Erlernen von Fuzzy-Regeln,

2. Trainieren von Zugehörigkeitsfunktionen und

3. Anwendung des Fuzzy-Systems.

Die dritte Stufe haben wir oben bereits angesprochen. Berthold und Huber haben vorgeschlagen, ein Eingabemuster mit fehlenden Werte mit Hilfe der Fuzzy-Regelbasis während des Trainings zu vervollständigen [Berthold and Huber 1997]. Wir wollen diesen Ansatz hier nicht verwenden, da er für das Erlernen von Fuzzy-Regeln nicht verwendbar ist und wir eine einheitliche Lösung für alle drei Stufen vorziehen. Im Folgenden betrachten wir die Behandlung fehlender Werte beim strukturorientierten Regellernen. Hyperquader- und clusterorientierte Verfahren erwähnen wir kurz am Ende des Abschnitts.

Regellernen, wie wir es in Abschnitt 14.2 beschreiben, besteht aus drei Schritten:

1. Bestimme alle möglichen Bedingungen.

2. Erzeuge eine initiale Regelbasis durch Bestimmung passender Konsequenzen für jede Bedingung.

3. Wähle eine endgültige Regelbasis durch Berechnung der Leistung jeder Regel.

Schritt (i) wird durch die Wahl von Hyperquadern aus einem strukturierten Merkmalsraum realisiert. Wenn wir einen fehlenden Wert antreffen, kann jede Fuzzy-Menge der korrespondierenden Variablen in die Bedingung einer Regel eingefügt werden. Auf diese Weise erzeugen wir alle Kombinationen von Fuzzy-Mengen, die für das aktuelle Trainingsmuster in Frage kommen.

Beispiel 14.3 In Abbildung 14.9 verwenden wir je drei Fuzzy-Mengen, um jede der beiden Variablen zu partitionieren. Wenn wir das Eingabemuster $(x_0, ?)$ erhalten, können wir dem ersten Merkmal die Fuzzy-Menge *large* zuweisen, weil diese den größten Zugehörigkeitsgrad für x_0 liefert. Da der Wert für y fehlt, kommt jede Fuzzy-Menge über y für die zu bildende Bedingung in Frage. Demzufolge erzeugen wir die Bedingungen

$$(x \text{ is } large \text{ and } y \text{ is } small),$$
$$(x \text{ is } large \text{ and } y \text{ is } medium) \text{ und}$$
$$(x \text{ is } large \text{ and } y \text{ is } large).$$

In Schritt (ii) des Regellernverfahrens bestimmen wir in Abhängigkeit aller Trainingsmuster geeignete Konsequenzen für jeder dieser Bedingungen. In Schritt (iii) wird dann die beste der drei so gebildeten Regel ausgewählt. □

Der Algorithmus 6 gibt eine Schleife zur Bestimmung von Bedingungen an, wenn die Trainingsdaten fehlende Werte enthalten. Dieser Algorithmus dient als Schema zur Veränderung der Schleifen in Algorithmus 1 (Zeilen 1–9) und Algorithmus 4 (Zeilen 1–10), um diese Algorithmen in den Stand zu versetzen, mit fehlenden Werten umzugehen. Die Notation, die wir für den Algorithmus 6 verwenden, entspricht der Notation der anderen beiden Algorithmen (Abschnitt 14.2).

Nachdem eine Regelbasis erzeugt wurde, werden die Zugehörigkeitsfunktionen mit einem der in Kapitel 15 vorgestellten Algorithmen trainiert. Wenn dabei ein fehlender Wert angetroffen wird, dann wird für die korrespondierende Fuzzy-Menge einfach kein Trainingssignal erzeugt.

Damit ein hyperquaderorientierter Ansatz fehlende Werte handhaben kann, muss er Hyperquader erzeugen können, deren Ausdehnung in der Dimension, in der ein fehlender Wert auftritt, zunächst undefiniert ist. Ein solcher Hyperquader wird vervollständigt, sobald ein Muster auftritt, das in dem entsprechenden Merkmal einen Wert besitzt. Weiterhin muss die Berechnung des Zugehörigkeitsgrades über einem Hyperquader gemäß (14.7) angepasst werden und ein Trainingsmuster mit einem oder mehreren fehlenden Werten darf in den korrespondierenden Dimensionen eines Hyperquaders keine Veränderungen auslösen.

Wenn wir Fuzzy-Regeln mittels Fuzzy-Clusteranalyse erzeugen wollen, ist die Behandlung fehlender Werte schwieriger, da der Zugehörigkeitsgrad eines Musters von der Distanz zum Clusterprototypen abhängt. Typischerweise verwendet man dort verschiedene Methoden zur Ersetzung fehlender Werte [Timm and Klawonn 1998, Timm and Kruse 1998, Timm 2002].

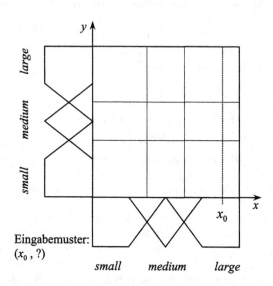

Abbildung 14.9 Regellernen bei fehlenden Werten: das Muster $(x_0, ?)$ erzeugt drei Regeln, weil für y drei Fuzzy-Mengen in Frage kommen

---

Algorithmus 6 Erzeugen von Regelbedingungen unter fehlenden Werten

---

1: **for** $(\vec{p}, \vec{t}) \in \mathcal{L}_{\text{fixed}}$ **do** $(*$ es gibt s Trainingsmuster $*)$

2:    erzeuge eine neue leere Bedingung A';

3:    **for all** x_i mit vorhandenem Wert **do**

4:        $\mu_{j_i}^{(i)} = \operatorname{argmax}_{\mu_j^{(i)}, j \in \{1, \ldots, q_i\}} \{\mu_j^{(i)}(p_i)\}$;

5:        Füge $\mu_{j_i}^{(i)}$ in die Bedingung A' ein;

6:    **end for**

7:    **repeat**

8:        Erzeuge eine neue leere Bedingung A;

9:        $A = A'$;

10:       Erzeuge eine neue Kombination von Fuzzy-Mengen für alle fehlenden Merkmale und füge sie zu A hinzu;

11:       **if** $(A \notin$ Bedingungsliste$)$ **then**

12:           Füge A zur Bedingungsliste hinzu;

13:       **end if**

14:    **until** alle Kombinationen sind aufgezählt

15: **end for**

---

15 Optimierung von Fuzzy-Regelbasen

Wenn wir uns dazu entschlossen haben, eine bestimmte Fuzzy-Regelbasis zur Modellierung eines Problems zu verwenden, können wir diese Regelbasis als linguistisch ausgedrücktes strukturelles Wissen über die Lösung des Problems betrachten. Wenn die Leistung des Fuzzy-Modells nicht ausreicht und wir die Regelbasis nicht ändern wollen, dann haben wir die Möglichkeit, die Fuzzy-Mengen anzupassen, die wir zur Modellierung der linguistischen Ausdrücke verwenden.

Der einfachste Weg, ein Fuzzy-System zu trainieren, besteht in der Anwendung adaptiver Regelgewichte. Wir werden jedoch in Abschnitt 15.1 sehen, dass auf diese Weise eine geeignete linguistische Interpretation des Lernergebnisses unmöglich werden kann. Fuzzy-Systeme mit Regelgewichten haben Probleme, verständliche Modelle zu erzeugen. Sie können jedoch von Nutzen sein, wenn eine genaue Ausgabe wichtiger als eine Interpretation der Lösung ist. Wenn jedoch, wie zum Beispiel im Bereich der Datenanalyse, eine interpretierbare Lösung von Bedeutung ist, werden wir das Trainieren von Fuzzy-Mengen dem Einsatz von Regelgewichten vorziehen.

In Abschnitt 15.2 betrachten wir einige grundlegende Ansätze zum Training von Fuzzy-Mengen in verschiedenen Typen von Fuzzy-Systemen. Wenn das Fuzzy-System nur differenzierbare Funktionen verwendet, lässt sich ein auf Gradientabstieg basierender Backpropagation-Algorithmus einsetzen. Dies gilt nur für Modelle vom Sugeno-Typ, die auch nur teilweise interpretierbar und damit zum Beispiel zur Datenanalyse wenig geeignet sind. In Systemen vom Mamdani-Typ lassen sich Gradientenabstiegsverfahren nicht einsetzen. Für diese Art von Fuzzy-Systemen untersuchen wir alternative Heuristiken.

In den Abschnitten 15.2.1 und 15.2.2 stellen wir Neuro-Fuzzy Lernalgorithmen zur Funktionsapproximation und Klassifikation vor. Diese lassen sich gut zum Training von Mamdani-Fuzzy-Systemen im Bereich der Datenanalyse einsetzen. Diese Algorithmen lassen sich außerdem leicht einschränken, um die Interpretierbarkeit des trainierten Fuzzy-Systems zu erhalten.

Wir beschließen das Kapitel in Abschnitt 15.3 mit einer Betrachtung von Methoden zur Strukturoptimierung eines Fuzzy-Systems. Diese Pruningverfahren entfernen Variablen und Regeln, um ein kompakteres interpretierbareres Modell zu erhalten.

15.1 Adaptive Regelgewichte

Der einfachste Weg, ein Lernverfahren auf ein Fuzzy-System anzuwenden, besteht darin, Regelgewichte zu verwenden. Ein Regelgewicht verändert die Ausgabe einer Regel entweder durch Modifikation ihres Erfüllungsgrades oder ihrer Ausgabe-Fuzzy-Menge. Gewichtete Fuzzy-Regeln findet man häufig in kommerziellen Fuzzy-

Software und in einigen Neuro-Fuzzy-Ansätzen [Berenji 1992, Kosko 1992a, Zimmermann *et al.* 1996].

Regelgewichte verändern das Auswertungsverfahren für eine Fuzzy-Regelbasis. Dies kann zur Verwirrung bezüglich der Semantik und der linguistischen Interpretation des Systems führen. Dies liegt in der Regel daran, dass Regelgewichte oft mit einer ad-hoc Interpretation behaftet sind, die ihren wahren Einfluss auf das Fuzzy-System verbergen.

In diesem Abschnitt zeigen wir, dass eine gewichtete Fuzzy-Regel durch eine äquivalente Regel mit modifizierten Zugehörigkeitsfunktionen ersetzt werden kann. Auf diese Weise wird der Effekt eines Gewichtes auf die Semantik einer Fuzzy-Regel deutlich. Es zeigt sich, dass Gewichte Zugehörigkeitsfunktionen implizit so verändern können, dass diese kaum noch linguistisch interpretierbar sind.

Regelgewichte können eine sinnvolle Interpretierung eines Fuzzy-Systems vollständig verhindern. Interpretierbare Fuzzy-Systeme sollten normale und konvexe Zugehörigkeitsfunktionen verwenden, welche die Wertebereiche der verwendeten Variablen geeignet partitionieren. Der wichtigste Aspekt einer Interpretierung besteht darin, dass ein Benutzer eines Fuzzy-Systems in der Lage sein sollte, jede Fuzzy-Menge mit einem geeigneten linguistischen Term zu belegen. Ein weiterer wichtiger Gesichtspunkt ist, dass jeder Term nur durch genau eine Zugehörigkeitsfunktion im Fuzzy-System repräsentiert werden sollte. Wir werden sehen, dass, wenn wir ein auf diese Weise interpretierbares Fuzzy-System vorliegen haben, die Interpretierbarkeit durch die Anwendung von Regelgewichten verloren geht.

Gewichtete Regeln werden auch im Bereich probabilistischer oder possibilistischer Systeme betrachtet. Die so genannten "certainty factors" sind beispielsweise ein früher heuristischer Ansatz, Regelgewichte zur Modellierung des Vertrauens in eine Regel einzusetzen. Es stellte sich jedoch heraus, dass dieser Ansatz inkonsistent ist [Heckerman 1988, Kruse *et al.* 1991a]. Zur Modellierung von Vertrauens- oder Wahrheitsgraden in Fuzzy-Expertensystemen verweisen wir z.B. auf [Dubois *et al.* 1989, Dubois and Prade 1988, Kruse *et al.* 1994a, Kruse *et al.* 1991a].

Implementierung von Regelgewichten

Eine gewichtete Fuzzy-Regel wir oft durch Anfügen von "with w" repräsentiert, wobei w eine reelle Zahl ist, die üblicherweise für jede Regel verschieden ist.

R_i: if x is A and y is B then z is C with w_i,

wobei A, B und C Fuzzy-Mengen über $\mathbb{R}$, x und y bzw. z Eingangs- bzw. Ausgangsgrößen und w_i das reelle Regelgewicht der Regel R_i sind. Die Bedeutung der "With-Operation", die ein Regelgewicht an eine Regel bindet, ist noch zu definieren. Ein Regelgewicht könnte auf jedes beliebige Zwischenergebnis angewandt werden, das während der Auswertung einer Fuzzy-Regel berechnet wird.

Die folgenden Schritte werden bei der Berechnung der Ausgabe einer Fuzzy-Regel ausgeführt:

(a) Bestimme die Werte aller Eingangsvariablen.

(b) Bestimme den Zugehörigkeitsgrad jedes Eingabewertes zu jeder Fuzzy-Menge der korrespondierenden Eingangsvariablen.

(c) Berechne den Erfüllungsgrad jeder Regelbedingung.

(d) Berechne die Ausgabe jeder Regel. In Abhängigkeit der Regelkonsequenzen kann es sich dabei um eine Fuzzy-Menge oder eine reelle Zahl handeln.

Die meisten Neuro-Fuzzy-Ansätze verwenden eine Neuronale-Netz-Struktur, um den Datenfluss und die Berechnungen bei der Auswertung eines Fuzzy-Systems zu illustrieren (siehe Abschnitt 11.3). Diese Repräsentation wird dann auch zur Formalisierung des eingesetzten Lernalgorithmus verwendet. Viele Ansätze verwenden eine fünfschichtige knotenorientierte Architektur, wie wir sie in Abbildung 11.3(a) auf Seite 190 sehen können.

Eine derartige fünfschichte Darstellung eines Fuzzy-System ist geeignet, um ein neuronales Lernverfahren anzugeben, das auf adaptiven Gewichten basiert, die für einige der Verbindungen definiert sind. Wenn das Lernen auf Regelgewichten basieren soll, dann können nicht alle Verbindungen gewichtet sein, da es für jede Regel nur ein Gewicht gibt. Die oben genannten Zwischenergebnisse werden über die Verbindungen des Netzes propagiert. Um den Einfluss von Gewichten in einer fünfschichtigen Repräsentation eines Fuzzy-Systems zu untersuchen, betrachten wir die Verbindungen je zwei direkt aufeinanderfolgender Schichten.

(a) Eingabeschicht → Bedingungsschicht:
Über diese Verbindungen werden die Eingabewerte propagiert. Die Gewichtung dieser Verbindungen würde zu einer individuellen Skalierung jedes Eingabewertes für jede Fuzzy-Regel führen. Das heißt, solche Gewichte sind keine Regelgewichte, da es dann für jede Regel so viele Gewichte wie Eingangsgrößen gäbe.

Außerdem würden solchen Gewichte einer Skalierung der Eingangswertebereiche entsprechen. Die Fuzzy-Mengen, die in den Knoten der Bedingungsschicht gespeichert sind, blieben jedoch unverändert und würden nicht mehr zu den Wertebereichen der Variablen passen.

(b) Bedingungsschicht → Regelschicht:
Über diese Verbindungen werden die Zugehörigkeitsgrade der Eingangsgrößen propagiert. Gewichte an dieser Stelle würden die Zugehörigkeitsgrade individuell skalieren, bevor sie zum Erfüllungsgrad einer Regel kombiniert werden. Aus den selben Gründen wie in Fall (a) ließen sich solche Gewichte nicht als Regelgewichte interpretieren.

Die Skalierung von Zugehörigkeitsgraden kann außerdem semantische Probleme hervorrufen, wenn Gewichte negative oder größer eins sein können. Dieser Gesichtspunkt wird weiter unten diskutiert.

(c) Regelschicht → Konsequentschicht:
Über diese Verbindungen werden die Erfüllungsgrade der Regeln propagiert. Hier ließen sich Regelgewichte anfügen, da es je Regel nur genau eine Verbindung gibt. Wie in Fall (b) kann die Skalierung von Erfüllungsgraden jedoch zu semantischen Problemen führen (s.u.).

(d) Konsequensschicht → Ausgabeschicht:
Über diese Verbindungen werden die Ausgabe-Fuzzy-Mengen (Konsequenzen) der Fuzzy-Regeln propagiert. Gewichte an diesen Verbindungen würden zur Veränderung des Träger der Ausgabe-Fuzzy-Mengen führen. Auch hier haben wir eine mögliche Stelle zu Kodierung von Regelgewichten, da es je Regel genau eine Verbindung gibt.

Die Veränderung des Trägers der Ausgabe-Fuzzy-Menge verändert ihre Position im Wertebereich der Ausgangsgröße. Die damit verbundenen Probleme diskutieren wir im weiteren Verlauf.

Grundsätzlich können wir ein adaptives System erhalten, wenn wir allen Verbindungen der Netzwerkrepräsentation Gewichte zuweisen und einen geeigneten Lernalgorithmus angeben. Aus den oben angestellten Betrachtungen ersehen wir jedoch, dass sich ein Regelgewicht nur auf den Erfüllungsgrad oder das Konsequens einer Regel anwenden lässt. Das heißt, dass Regelgewichte nur zwischen Regel- und Konsequensschicht oder Konsequens- und Ausgabeschicht repräsentierbar sind. Im Weiteren betrachten wir daher nur die folgenden zwei Fälle:

1. **Regelgewichte werden auf Erfüllungsgrade angewandt**: Eine Regelbedingung wird ausgewertet, um den Erfüllungsgrad zu bestimmen, der anschließend mit dem Regelgewicht multipliziert wird. Für eine gewichtete Fuzzy-Regel R_k aus der Regelbasis $\mathcal{R}$ eines Fuzzy-Systems $F_{\mathcal{R}}$ wird der Erfüllungsgrad wir folgt berechnet:

$$\tau_k = w_k \cdot \top_1\{\mu_k^{(1)}, \ldots, \mu_k^{(n)}\}, \qquad (15.1)$$

wobei $w_k \in \mathbb{R}$ das Regelgewicht von R_k ist.

2. **Regelgewichte werden auf Ausgaben angewandt**: Der Erfüllungsgrad einer Regel wird zu Berechnung ihres Konsequens verwendet, die dann mit dem Regelgewicht multipliziert wird. Wenn das Konsequens eine Fuzzy-Menge ist, wird dadurch deren Träger verändert. Sei ν_k die Ausgabe-Fuzzy-Menge einer gewichteten Fuzzy-Regel R_k. Die gewichtete Ausgabe-Fuzzy-Menge ν'_k wird wie folgt bestimmt:

$$\nu'_k = w_k \cdot \nu_k \text{ mit } \nu'_k(y) = \sup\{\nu_k(t) | y = w_k \cdot t\}, \qquad (15.2)$$

wobei $w_k \in \mathbb{R}$ das Regelgewicht von R_k ist.

Interpretation gewichteter Fuzzy-Regeln

Im Folgenden untersuchen wir den Einfluss von Regelgewichten auf ein Fuzzy-System. Wir interessieren uns dabei nicht für die Art und Weise, wie die Gewichte bestimmt oder erlernt werden, da dies für ihren Einfluss unerheblich ist.

Ein Regelgewicht wird manchmal als Maß für die "Wichtigkeit", den "Einfluss" oder die "Zuverlässigkeit" einer Regel gedeutet. All diese Interpretationen sind in der Regel ad-hoc und reflektieren nicht den tatsächlichen Einfluss von Regelgewichten.

Wenn ein Regelgewicht ausdrücken soll, ob eine Regel mehr oder weniger "wichtig" ist, könnte dies beispielsweise bedeuten, dass die Regel nur selten anwendbar ist. Es könnte auch bedeuten, dass es schädlich wäre, eine Regel nicht anzuwenden, wenn sie angewandt werden sollte oder umgekehrt. Allerdings sagt "Wichtigkeit" nicht, dass das Konsequens einer Regel nur zu einem gewissen Grad in Betracht gezogen werden sollte. Dieser Aspekt wird bereits durch die Fuzzy-Mengen in der Regelbedingung modelliert.

Die Interpretation eines Regelgewichtes als "Zuverlässigkeit" oder "Vertrauen" ist ebenso fragwürdig. Wenn wir glauben, dass eine Regeln zu einem gewissen Grad zuverlässig ist, dann bedeutet das, wir können ihres Konsequens nur zu einem gewissen Grad vertrauen. Durch einfache Multiplikation der Regelausgabe oder ihres Erfüllungsgrades mit einem Gewicht können wir unser Vertrauen jedoch nicht geeignet modellieren. Dazu benötigen wir probabilistische [Kruse *et al.* 1991a] oder possibilistische [Kruse *et al.* 1994a] Methoden.

Ein Regelgewicht als "Einfluss" zu betrachten könnte bedeuten, dass eine Regel mit kleinem Gewicht nur einen geringen Beitrag zu Gesamtausgabe des Fuzzy-Systems haben sollte. Wenn wir ein Gewicht aus dem Intervall [0, 1] wählen, könnten wir dieses als Grad der Unterstützung einer Regel ansehen. Ein Wert kleiner 1 würde dann das Vorliegen einer schlecht definierten Regelbedingung andeuten, die ihr Konsequens nur zu einem gewissen Grad unterstützt.

Oft werden adaptive Regelgewichte verwendet, um die Ausgabe eines Fuzzy-Systems so einzustellen, das bestimmte exakte Ausgabewerte für gegebene Eingabewerte erzeugt werden. In diesem Fall können sogar negative Gewichte auftreten. Wenn ein Regelgewicht jeden beliebigen Wert in $\mathbb{R}$ annehmen kann, treten einige offensichtliche semantische Probleme auf. Es ist keinesfalls klar, wie Regeln, die mit Werten größer 1 oder negativen Werten gewichtet sind, interpretiert werden sollten.

Falls die Gewichte auf das Einheitsintervall [0, 1] eingeschränkt sind, können sie zur Darstellung des Einflusses einer Regel auf die Gesamtausgabe herangezogen werden. Allerdings ist die Natur dieses Einflusses verschleiert. Es ist besser, den Einfluss einer Regel durch angemessene Modifikation ihrer Bedingung so zu verändern, dass sie nur in bestimmten Situationen zu einem bestimmten Grad zutrifft. Zusätzlich sollte ein geeignetes Konsequens gewählt werden, um den Beitrag der Regel zur Gesamtausgabe explizit zu repräsentieren.

In einigen Ansätzen werden negative Regelgewichte verwendet, um "negierte Regeln" der Form "**if not** ... **then** ..." zu repräsentieren. Wir haben die damit verbundenen Probleme bereits im Zusammenhang mit dem FuNe-I-Modell in Abschnitt 12.9 diskutiert und gezeigt, dass diese Interpretation nicht sinnvoll ist.

Im Zusammenhang mit der Interpretation einer Fuzzy-Regel als vage Stützstelle kann eine Fuzzy-Regel mit negativem Gewicht nicht als Proposition im oben genannten Sinne verstanden werden. Es wäre nur sinnvoll, sie als lokale Stützstelle mit einem Funktionsergebnis zu betrachten, das mit einem negativen Wert multipliziert wird. Das bedeutet, negative Gewichte können allenfalls auf das Konsequens einer Regel angewandt werden.

Wenn ein negatives Regelgewicht zur Modifikation des Erfüllungsgrades verwendet würde, erhielten wir einen ungültige negativen Grad, der von einem Fuzzy-

System nicht korrekt verarbeitet werden kann. Im Spezialfall eines Fuzzy-Klassi-
fikationssystems mag eine Regel mit negativem Gewicht als Regel mit negiertem
Konsequens interpretiert werden (**if** ... **then not** class c). Unter der Voraussetzung, dass alle Regel adäquat kombiniert werden, könnte ein negatives Gewicht
einen inhibitorischen Einfluss auf die Wahl der im Konsequens angeführten Klasse
haben. Auch in diesem Fall tritt jedoch das Problem negativer Zugehörigkeitsgrade
auf, die in einem Fuzzy-System keinen Sinn ergeben.

Aus den angestellten Betrachtungen können wir ableiten, dass eine Interpretation von Regelgewichten als "Wichtigkeit" oder "Zuverlässigkeit" nicht sinnvoll ist
und dass negative Gewichte auf jeden vermieden werden sollten. Die Interpretation
als eine Art Einfluss kann verwendet werden, wenn die Gewichte auf das Einheitsintervall $[0, 1]$ beschränkt werden. Allerdings ist der Einfluss eines Regelgewichtes
verschleiert, da er sich mit dem Einfluss, der durch den Erfüllungsgrad oder das
Konsequens ausgedrückt wird, überlagert.

Je nachdem ob ein Regelgewicht mit dem Erfüllungsgrad oder der Regelausgabe multipliziert wird, entspricht die Gewichtung einer Fuzzy-Regel tatsächlich einer
Veränderung ihres Antezedens bzw. Konsequens. Daher ist es stets möglich, Regelgewichte durch Veränderungen der Fuzzy-Mengen in Antezedens oder Konsequens
zu ersetzen. Wie wir im Folgenden zeigen, kann die durch Regelgewichte ausgelöste
implizite Modifikation von Fuzzy-Mengen zu nicht-normalen Fuzzy-Mengen und der
Tatsache führen, dass identische linguistische Ausdrücke auf verschiedene Weise in
verschiedenen Regeln repräsentiert werden.

Einfluss von Regelgewichten

Im Folgenden untersuchen wir den Einfluss von Regelgewichten auf Fuzzy-Systeme
vom Mamdani-Typ. Bei Systemen vom Sugeno-Typ ist der Einfluss gleich, wenn die
Gewichte auf den Erfüllungsgrad angewandt werden. Werden sie auf das Konsequens
angewandt, treten keine semantischen Probleme auf, da die Konsequenzen in Fuzzy-
Regeln vom Sugeno-Typ Konstanten oder Funktionen sind, die nicht linguistisch
interpretiert werden. Wir diskutieren Sugeno-Fuzzy-Systeme kurz am Ende dieses
Abschnitts.

Der Einfachheit halber betrachten wir die folgenden beiden Fuzzy-Regeln vom
Mamdani-Typ, um den Einfluss von Regelgewichten zu diskutieren.

$$M_1\colon \text{if } x \text{ is } A \text{ and } y \text{ is } B \text{ then } z \text{ is } D \text{ with } w_1,$$
$$M_2\colon \text{if } x \text{ is } A \text{ and } y \text{ is } C \text{ then } z \text{ is } D \text{ with } w_2.$$

Dabei sind A, B, C und D Fuzzy-Mengen über $\mathbb{R}$, x und y die Eingangsgrößen,
z die Ausgabevariable und w_i ein Regelgewicht. Jede Fuzzy-Menge ist mit einem
individuellen linguistischen Term belegt. Beachten Sie, dass beide Regeln die Fuzzy-
Mengen A und D verwenden.

Zur Diskussion von Sugeno-Fuzzy-Systemen betrachten wir Regeln der Form

$$S_1\colon \text{if } x \text{ is } A \text{ and } y \text{ is } B \text{ then } z = f_1(x, y) \text{ with } w_1,$$
$$S_2\colon \text{if } x \text{ is } A \text{ and } y \text{ is } C \text{ then } z = f_2(x, y) \text{ with } w_2,$$

wobei f_i eine Funktion über den Eingangsgrößen ist. Die Gesamtausgabe für z wird durch eine gewichtete Summe bestimmt (vgl. Def. 10.3. Beachten Sie, dass beide Regeln die Fuzzy-Menge A verwenden.

Auf den Erfüllungsgrad angewandte Regelgewichte

Wenn ein positives Regelgewicht zur Modifikation des Erfüllungsgrades einer Regel verwendet wird, können wir es durch Veränderung der Zugehörigkeitsfunktionen in der Regelbedingung ersetzen. Die folgenden beiden Sätze betrachten Mamdani-bzw. Sugeno-Systeme. Der Einfachheit halber betrachten wir nur Fuzzy-Systeme mit einer Ausgabevariablen. Die Sätze lassen sich kanonisch auf mehrere Ausgabe-variablen erweitern.

Satz 15.1 *Ein Mamdani-Fuzzy-System $MF_{\mathcal{R}} : \mathbb{R}^n \to \mathbb{R}$ mit einer Regelbasis $\mathcal{R}$ aus r gewichteten Regeln $R_1, \ldots, R_r$ mit*

$$R_k : \text{if } x_1 \text{ is } \mu_k^{(1)} \text{ and } \ldots \text{ and } x_n \text{ is } \mu_k^{(n)} \text{ then } y \text{ is } \nu_k \text{ with } w_k, (k = 1, \ldots, r)$$

wobei die Gewichte $w_k > 0$ auf die Erfüllungsgrade angewandt werden ist äquivalent zu einem Mamdani-Fuzzy-System $MF_{\widehat{\mathcal{R}}} : \mathbb{R}^n \to \mathbb{R}$ mit einer Regelbasis $\widehat{\mathcal{R}}$ aus r ungewichteten Regeln $\widehat{R}_1, \ldots, \widehat{R}_r$ mit

$$\widehat{R}_k : \text{if } x_1 \text{ is } \widehat{\mu}_k^{(1)} \text{ and } \ldots \text{ and } x_n \text{ is } \widehat{\mu}_k^{(n)} \text{ then } y \text{ is } \nu_k, (k = 1, \ldots, r)$$

so dass $\widehat{\mu}_k^{(i)}(x_i) = w_k \cdot \mu_k^{(i)}(x_i)$ $(i = 1, \ldots, n)$.

Beweis: *Es reicht zu zeigen, dass beide Fuzzy-Systeme dieselbe Ausgabe-Fuzzy-Menge berechnen. Für jede t-Norm $\top$ erhalten wir*

$$
\begin{aligned}
MF_{\mathcal{R}}(\vec{x}) &= \text{defuzz}(\nu^*), \text{ mit} \\
\nu^*(y) &= \max_{R_k \in \mathcal{R}} \left\{ \top \left\{ \nu_k(y), \tau_k \right\} \right\} \\
&\overset{(15.1)}{=} \max_{R_k \in \mathcal{R}} \left\{ \top \left\{ \nu_k(y), w_k \cdot \min\{\mu_k^{(1)}(x_1), \ldots, \mu_k^{(n)}(x_n)\} \right\} \right\} \\
&= \max_{R_k \in \mathcal{R}} \left\{ \top \left\{ \nu_k(y), \min\{w_k \cdot \mu_k^{(1)}(x_1), \ldots, w_k \cdot \mu_k^{(n)}(x_n)\} \right\} \right\} \\
&= \max_{\widehat{R}_k \in \widehat{\mathcal{R}}} \left\{ \top \left\{ \nu_k(y), \min\{\widehat{\mu}_k^{(1)}(x_1), \ldots, \widehat{\mu}_k^{(n)}(x_n)\} \right\} \right\} \\
&= \max_{\widehat{R}_k \in \widehat{\mathcal{R}}} \left\{ \top \left\{ \nu_k(y), \widehat{\tau}_k \right\} \right\} \\
&= \widehat{\nu}^*(y), \text{ wobei } MF_{\widehat{\mathcal{R}}}(\vec{x}) = \text{defuzz}(\widehat{\nu}^*) \qquad \square
\end{aligned}
$$

Satz 15.1 gilt für Mamdani-Fuzzy-Systems mit beliebiger t-Norm als Inferenzope-rator (z.B. mit der üblichen Miniumsbildung oder dem Produkt). Das bedeutet, dass wir positive Regelgewichte durch Multiplikation der individuellen Zugehörig-keitsgrade ersetzen können. Wir skalieren also die Höhe der Fuzzy-Mengen in den

Bedingungen mit dem entsprechenden Regelgewichten. Wir ignorieren negative Regelgewichte. Um diese zu ersetzen, müssten wir die Minimumsbildung durch eine Maximumsbildung ersetzen. Fuzzy-Regeln mit negativem Regelgewicht könnten nicht länger als solche interpretiert werden. Der folgende Satz betrachtet Sugeno-Fuzzy-Systeme.

Satz 15.2 *Ein Sugeno-Fuzzy-System $SF_{\mathcal{R}} : \mathbb{R}^n \to \mathbb{R}$ mit einer Regelbasis $\mathcal{R}$ aus r gewichteten Regeln $R_1, \ldots, R_r$ mit*

$$R_k : \text{if } x_1 \text{ is } \mu_k^{(1)} \text{ and } \ldots \text{ and } x_n \text{ is } \mu_k^{(n)} \text{ then } y = f_k(x_1, \ldots, x_n) \text{ with } w_k,$$
$$(k = 1, \ldots, r)$$

wobei die Gewichte $w_k > 0$ auf die Erfüllungsgrade angewandt werden ist äquivalent zu einem Sugeno-Fuzzy-System $SF_{\widehat{\mathcal{R}}} : \mathbb{R}^n \to \mathbb{R}$ mit einer Regelbasis $\widehat{\mathcal{R}}$ aus r ungewichteten Regeln $\widehat{R}_1, \ldots, \widehat{R}_r$ mit

$$\widehat{R}_k : \text{if } x_1 \text{ is } \widehat{\mu}_k^{(1)} \text{ and } \ldots \text{ and } x_n \text{ is } \widehat{\mu}_k^{(n)} \text{ then } y = f_k(x_1, \ldots, x_n), (k = 1, \ldots, r)$$

so dass $\widehat{\mu}_k^{(i)}(x_i) = \sqrt[n]{w_k} \cdot \mu_k^{(i)}(x_i)$ $(i = 1, \ldots, n)$.

Beweis:

$$SF_{\mathcal{R}}(\vec{x}) = \frac{\sum_{R_k \in \mathcal{R}} w_k \cdot \tau_k \cdot f_k(x_1, \ldots, x_n)}{\sum_{R_k \in \mathcal{R}} w_k \cdot \tau_k}$$

$$\overset{(15.1)}{=} \frac{\sum_{R_k \in \mathcal{R}} w_k \cdot \prod_{i=1}^n \mu_k^{(i)}(x_i) \cdot f_k(x_1, \ldots, x_n)}{\sum_{R_k \in \mathcal{R}} w_k \cdot \prod_{i=1}^n \mu_k^{(i)}(x_i)}$$

$$= \frac{\sum_{R_k \in \mathcal{R}} \prod_{i=1}^n (\sqrt[n]{w_k} \cdot \mu_k^{(i)}(x_i)) \cdot f_k(x_1, \ldots, x_n)}{\sum_{R_k \in \mathcal{R}} \prod_{i=1}^n (\sqrt[n]{w_k} \cdot \mu_k^{(i)}(x_i))}$$

$$= \frac{\sum_{\widehat{R}_k \in \widehat{\mathcal{R}}} \prod_{i=1}^n \widehat{\mu}_k^{(i)}(x_i) \cdot f_k(x_1, \ldots, x_n)}{\sum_{\widehat{R}_k \in \widehat{\mathcal{R}}} \prod_{i=1}^n \widehat{\mu}_k^{(i)}(x_i)}$$

$$= \frac{\sum_{\widehat{R}_k \in \widehat{\mathcal{R}}} w_k \cdot \widehat{\tau}_k \cdot f_k(x_1, \ldots, x_n)}{\sum_{\widehat{R}_k \in \widehat{\mathcal{R}}} w_k \cdot \widehat{\tau}_k}$$

$$= SF_{\widehat{\mathcal{R}}}(\vec{x}) \qquad \square$$

Der Satz 15.2 setzt positive Regelgewichte w_r voraus, so dass $\sqrt[n]{w_r}$ definiert ist. Offenbar betrachten wir hier nur eine mögliche Ersetzung der Regelgewichte. Tatsächlich gibt es unendliche viele Möglichkeiten ein Regelgewicht zwischen den Fuzzy-Mengen der Regelbedingung aufzuteilen wenn der Erfüllungsgrad durch das Produkt bestimmt wird. Sind negative Regelgewichte zugelassen, könnten wir zusätzlich für jede beliebige ungerade Anzahl von Fuzzy-Mengen entscheiden, die durch einen negativen Faktor verändert würden. Die führt zu einer Vielzahl unterschiedlicher Interpretationen.

In jedem Fall führt eine Regelgewicht zur Modifikation der Zugehörigkeitsgrade in den Fuzzy-Mengen der Regelbedingung. Daher untersuchen wir nur den häufigsten Fall, bei dem die Erfüllungsgrade durch Minimumsbildung bestimmt werden. In diesem Fall kann der Einfluss eines Regelgewichtes auf sehr anschauliche Weise demonstriert werden. Ausgehen von unseren beiden Regeln M_1 und M_2 erhalten wir die zwei folgenden modifizierten Regeln.

$$M_1^*: \quad \text{if } x \text{ is } A' \text{ and } y \text{ is } B' \text{ then } z \text{ is } D,$$
$$M_2^*: \quad \text{if } x \text{ is } A'' \text{ and } y \text{ is } C'' \text{ then } z \text{ is } D.$$

Für die Fuzzy-Mengen in den Bedingungen erhalten wir nun:

$$A', B' \quad : \quad \mathbb{R} \longrightarrow [0, w_1],$$
$$A'', C'' \quad : \quad \mathbb{R} \longrightarrow [0, w_2].$$

Wenn wir $w_1 \neq w_2 \neq 1$ annehmen, erhalten wir folgende Probleme.

- Anstatt derselben Fuzzy-Menge A verwenden die Regeln nun zwei unterschiedliche Fuzzy-Mengen A' und A'' in ihren Bedingungen. Da jedoch beide Fuzzy-Mengen mit demselben linguistischen Ausdruck belegt sind, haben wir nun zwei unterschiedliche Repräsentationen für denselben Term innerhalb des Fuzzy-Systems. Diese Situation ist nicht akzeptabel, wenn wir die Regelbasis interpretieren wollen.

- Die resultierende Fuzzy-Mengen sind nicht mehr normal. Die Anwendung der Regelgewichte führte zu einer Skalierung ihrer Zugehörigkeitsgrade. Dies hat außerdem einen unerwünschten Effekt auf die Interpretierbarkeit des Fuzzy-Systems. Auch wenn das Einheitsintervall $[0, 1]$ eine beliebige Wahl zur Repräsentation von Zugehörigkeitsgraden ist, müssen wir dennoch berücksichtigen, das nun jede Regel mit unterschiedlichen Zugehörigkeitsgraden operiert. Die Interpretierbarkeit ist am stärksten beeinträchtigt, wenn die Gewichte größer 1 sind. In diesem Fall sind A', B', A'' und C'' strenggenommen keine Fuzzy-Mengen mehr.

Abbildung 15.1 verdeutlicht, was passiert, wenn zwei gewichtete Fuzzy-Regeln durch zwei äquivalente ungewichtete Regeln mit modifizierten Fuzzy-Mengen in ihren Bedingungen ersetzt werden. In Abbildung 15.1(a) werden die beiden Fuzzy-Regeln

$$\text{if } x \text{ is } A \text{ then } y \text{ is } D \text{ with } 0.5,$$
$$\text{if } x \text{ is } A \text{ then } y \text{ is } E \text{ with } 2.0$$

dargestellt. Der Effekt der Regelgewichte ist nicht sichtbar, und wir haben den Eindruck von zwei regulären, gut interpretierbaren Fuzzy-Regeln. Wenn wir jedoch die gewichteten Regeln durch äquivalente ungewichtete Regeln mit modifizierten Fuzzy-Mengen ersetzen, erhalten wir die Situation in Abbildung 15.1(b) und machen den Einfluss der Regelgewichte deutlich sichtbar. Wir sehen nun, dass wir tatsächlich die beiden Fuzzy-Regeln erhalten:

$$\text{if } x \text{ is } A' \text{ then } y \text{ is } D,$$
$$\text{if } x \text{ is } A'' \text{ then } y \text{ is } E.$$

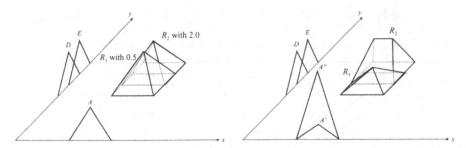

Abbildung 15.1 Die beiden gewichteten Fuzzy-Regeln in (a) werden in (b) durch äqui-valente ungewichtete Regeln mit modifizierten Fuzzy-Mengen ersetzt

$A' \rightarrow [0, 0.5]$ ist nicht länger normal und $A'' \rightarrow [0, 2]$ ist strenggenommen überhaupt keine Fuzzy-Menge mehr. Allerdings tragen A' und A'' immer noch denselben lin-guistischen Ausdruck. Abbildung 15.1(b) illustriert den tatsächlichen Einfluss von Regelgewichten, die auf den Erfüllungsgrad angewandt werden. Eine sinnvolle lin-guistische Interpretation ist nicht mehr möglich.

Wir wollen nun den Einfluss von Regelgewichten auf die Berechnung der Regel-ausgabe untersuchen. In Mamdani-Fuzzy-Systemen haben Regelgewichte, die auf den Erfüllungsgrad angewandt werden, je nach Inferenzoperator einen unterschied-lichen Einfluss.

Wenn wir die Minimumsbildung verwenden, um die Ausgabe einer Regel zu be-stimmen, dann hat $w > 1$ nur dann einen Effekt, wenn $w\tau < 1$ ist. Falls $w\tau > 1$ ist, ist die Ausgabe gleich dem Konsequens. Gewichte aus $[0, 1]$ resultieren in Erfüllungs-graden aus $[0, 1]$, womit die Berechnung der Gesamtausgabe wie gewöhnlich von-statten geht.

Für eine Regel mit $w < 0$ wird die Ausgabe zu einem "negativen Rechteck" der Höhe $w\tau$ über der gesamten Ausgabedomäne. Nach der Maximumsbildung mit den Ausgabe-Fuzzy-Mengen anderer aktiver Regeln verschwinden solche ungültigen "negativen Fuzzy-Mengen" aus der Ausgabe. Regeln mit negativem Gewicht tra-gen nie zur Gesamtausgabe bei, wenn die Maximumsbildung korrekt implementiert wurde und tatsächlich *alle* Fuzzy-Regeln in Betracht zieht — auch jene mit einem Erfüllungsgrad von 0.

Wir müssen jedoch vorsichtig sein, wenn wir eine Implementierung verwenden, die Regeln mit Erfüllungsgrad 0 oder Bereiche mit Zugehörigkeitsgrad 0 von der Maximumsbildung ausnimmt, um den Berechnungsaufwand zu reduzieren. In die-sem Fall können wir eine "negative Ausgabe-Fuzzy-Menge" oder "Ausgabe-Fuzzy-Mengen" mit negativen und positiven "Zugehörigkeitsgraden" erhalten. Die scharfe Ausgabe, die daraus bestimmt wird, hängt von der Art der Defuzzifizierung ab. Wenn wir eine Fuzzy-Softwareumgebung verwenden, die uns erlaubt, negative Re-gelgewichte einzusetzen, müssen wir uns genau ansehen, wie das Max-Min-Verfahren implementiert ist.

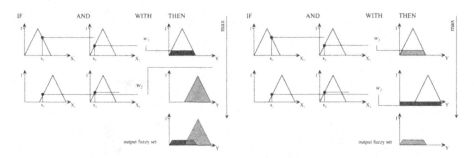

Abbildung 15.2 Der Einfluss von auf den Erfüllungsgrad angewandten Regelgewichten bei der Berechnung der Ausgabe im Fall der Max-Min-Inferenz

Im allgemeinen, beeinflussen Regeln mit negativen Gewichten die Berechnung der Gesamtausgabe nur, wenn die Maximumsbildung unvollständig implementiert wird, lokale Defuzzifizierungsmethoden verwendet werden, ein Fuzzy-Klassifikator eingesetzt wird, bei dem die (gewichteten) Erfüllungsgrade direkt zu einer Klassenzugehörigkeit kombiniert werden oder wenn ein Sugeno-Fuzzy-System verwendet wird (s.u.).

Abbildung 15.2 zeigt den Einfluss von Regelgewichten auf die Berechnung der Ausgabe im Fall von Max-Min-Inferenz. Abbildung 15.2(a) zeigt Regelgewichte $0 < w_1 < 1$ und $w_2 > 1$. Gewicht w_1 reduziert den Erfüllungsgrad der ersten Regel. Das Produkt τw_2 ist größer als 1, aber wegen der verwendeten Minimumsbildung bei der Implikation (Min-Implikation) entspricht die Ausgabe-Fuzzy-Menge lediglich der Fuzzy-Menge das Regelkonsequens. In Abbildung 15.2(b) haben wir ein negatives Gewicht w_2. Dies resultiert zwar in einer ungültigen Fuzzy-Menge für die zweite Regel, aber durch die Maximumsbildung wird dieses Ergebnis ignoriert, da die Zugehörigkeitsgrade der Ausgabe-Fuzzy-Menge der ersten Regel überall größer oder gleich null sind.

Wenn wir Max-Dot- bzw. Max-Produkt-Inferenz verwenden und das Produkt zur Berechnung der Ausgabe einer Regel einsetzen, dann werden die Ausgabe-Fuzzy-Mengen durch die gewichteten Erfüllungsgrade skaliert, bevor sie überlagert und defuzzifiziert werden. In diesem Fall beeinflusst $w\tau > 1$ die Berechnung des Ausgabewertes. Je größer der Wert zur Skalierung der Ausgabe-Fuzzy-Menge ist, desto größer ist deren Beitrag zur Berechnung der Gesamtausgabe, sofern wir als Defuzzifikationsverfahren die Schwerpunktmethode verwenden.

Falls negative Gewichte auftreten, gibt es gespiegelte, skalierte "Zugehörigkeitsfunktionen", die bei der Maximumsbildung verschwinden, d.h., wir erhalten denselben Effekt wie bei der oben beschriebenen Situation der Min-Implikation. Dieser Fall ist in Abbildung 15.3 dargestellt, wobei wir $w_1 < 0$ und $w_2 > 1$ antreffen.

In Sugeno-Fuzzy-Systemen wird der Erfüllungsgrad zur Berechnung einer gewichteten Summe verwendet. Regelgewicht treten als Faktoren in den Summen im Zähler und Nenner auf:

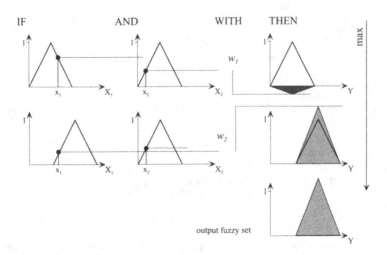

Abbildung 15.3 Der Einfluss von auf den Erfüllungsgrad angewandten Regelgewichten bei der Berechnung der Ausgabe im Fall der Max-Dot-Inferenz

$$z = \frac{\sum_i \tau_i \cdot w_i \cdot f_i(x,y)}{\sum_i \tau_i \cdot w_i}.$$

Wir erhalten unterschiedliche Ergebnisse, wenn wir Gewichte auf die Ausgaben anwenden, da in diesem Fall die Gewichte lediglich im Zähler auftreten würden.

Gewichtete Sugeno-Regeln können durch äquivalente ungewichtete Regeln ersetzt werden, wenn wir die Fuzzy-Mengen der Regelbedingungen entsprechend verändern. Das bedeutet, auf den Erfüllungsgrad angewandte Regelgewichte verursachen dieselben semantischen Probleme wie bei Mamdani-Fuzzy-Systemen.

Auf Ausgaben angewandte Regelgewichte

Wenn ein Regelgewicht auf die Ausgabe einer Regel angewandt wird, verändert es die Größe des Ausgabewertes der Regel. Wenn die Ausgabe ein scharfer Wert ist, wird dieser einfach mit dem Gewicht multipliziert. Handelt es sich um eine Fuzzy-Menge, werden durch die Multiplikation mit einem Gewicht deren Träger und Form verändert.

Satz 15.3 *Ein Mamdani-Fuzzy-System* $MF_{\mathcal{R}} : \mathbb{R}^n \to \mathbb{R}$ *mit einer Regelbasis* $\mathcal{R}$ *aus* r *gewichteten Regeln* $R_1, \ldots, R_r$ *mit*

$$R_k : \text{if } x_1 \text{ is } \mu_k^{(1)} \text{ and } \ldots \text{ and } x_n \text{ is } \mu_k^{(n)} \text{ then } y \text{ is } \nu_k \text{ with } w_k, \quad (k = 1, \ldots, r),$$

bei dem die Gewichte auf die Ausgaben angewandt werden, ist äquivalent zu einem Mamdani-Fuzzy-System $MF_{\widehat{\mathcal{R}}} : \mathbb{R}^n \to \mathbb{R}$ *mit einer Regelbasis* $\widehat{\mathcal{R}}$ *aus* r *ungewichteten Regeln* $\widehat{R}_1, \ldots, \widehat{R}_r$ *mit*

$$\widehat{R}_k : \text{if } x_1 \text{ is } \mu_k^{(1)} \text{ and } \ldots \text{ and } x_n \text{ is } \mu_k^{(n)} \text{ then } y \text{ is } \widehat{\nu}_k, \quad (k = 1, \ldots, r),$$

so dass

$$\widehat{\nu}_k = w_k \cdot \nu_k \quad \text{with} \quad \widehat{\nu}_k(y) = (w_k \cdot \nu_k)(y) = \sup\{\nu_k(t) | y = w_k \cdot t\} \quad (k = 1, \ldots, r).$$

Beweis: *Für jede t-Norm $\top$ erhalten wir*

$$
\begin{aligned}
MF_{\mathcal{R}}(\vec{x}) &= \text{defuzz}(\nu^*), \text{ mit} \\
\nu^*(y) &= \max_{R_k \in \mathcal{R}} \{\top \{(w_k \cdot \nu_k)(y), \tau_k\}\} \\
&= \max_{\widehat{R_k} \in \mathcal{R}} \{\top \{\widehat{\nu}_k(y), \tau_k\}\} \\
&= \widehat{\nu}^*(y), \quad \text{wobei} \quad MF_{\widehat{\mathcal{R}}}(\vec{x}) = \text{defuzz}(\widehat{\nu}^*) \qquad \square
\end{aligned}
$$

Das bedeutet, dass wir die Gewichte in unseren Originalregeln M_1 und M_2 durch Veränderung der Zugehörigkeitsfunktionen in den Konsequenzen ersetzen können:

$$
\begin{aligned}
M_1^*: \quad &\text{if } x \text{ is } A \text{ and } y \text{ is } B \text{ then } z \text{ is } D', \\
M_2^*: \quad &\text{if } x \text{ is } A \text{ and } y \text{ is } C \text{ then } z \text{ is } D''.
\end{aligned}
$$

Angenommen, der Träger der originalen (konvexen) Fuzzy-Menge D sei $[l, u]$. Dann erhalten wir für die Träger von D' bzw. D'' $[lw_1, uw_1]$ bzw. $[lw_2, uw_2]$. Im Falle negativer Gewichte erhalten wir $[uw_1, lw_1]$ bzw. $[uw_2, lw_2]$. Dies führt zu folgenden Problemen:

- Anstatt einer einzelnen Fuzzy-Menge D werden nun zwei verschiedene Fuzzy-Mengen D' und D'' in unseren beiden Regeln verwendet. Da sie jedoch nach wie vor mit demselben Ausdruck belegt sind, erhalten wir zwei unterschiedliche Repräsentationen desselben linguistischen Wertes in unserem Fuzzy-System.

- Die Zugehörigkeitsfunktionen der Konsequenzen werden von ihren ursprünglichen Positionen verschoben und ihre Träger skaliert. Dies kann sowohl zu unerwünscht kleinen oder großen Trägern führen als auch dazu, dass eine Fuzzy-Menge vom positiven Bereich der Ausgabedomäne in den negativen Bereich verschoben wird oder umgekehrt. Genauso kann eine Fuzzy-Menge vollständig außerhalb des ursprünglichen Wertebereiches landen. Wenn wir daran interessiert sind, die Regelbasis zu interpretieren, müssen wir die so veränderten Fuzzy-Mengen umbenennen.

Abbildung 15.4 zeigt, wie zwei Fuzzy-Regeln mit auf die Ausgabe angewandten Gewichten durch äquivalente ungewichtete Regeln ersetzt werden können. In Abbildung 15.4(a) sehen wir die beiden Fuzzy-Regeln

$$
\begin{aligned}
&\text{if } x \text{ is } A \text{ then } y \text{ is } D \text{ with } 0.5, \\
&\text{if } x \text{ is } B \text{ then } y \text{ is } D \text{ with } 2.0.
\end{aligned}
$$

Wenn wir die gewichteten Regeln durch äquivalente ungewichtete Regeln ersetzen, erhalten wir die Situation in Abbildung 15.4(b) mit den Regeln

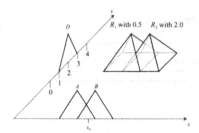 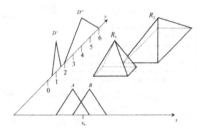

Abbildung 15.4 Die beiden gewichteten Regeln in Teil (a) werden in Teil (b) durch äquivalente ungewichtete Regeln mit modifizieren Konsequens-Fuzzy-Mengen ersetzt

$$\text{if } x \text{ is } A \text{ then } y \text{ is } D',$$
$$\text{if } x \text{ is } B \text{ then } y \text{ is } D''.$$

Wir erkennen, dass D' und D'' skalierte Version von D sind und dabei normale konvexe Fuzzy-Mengen bleiben. Allerdings tragen beide Fuzzy-Mengen noch denselben Bezeichner. Um die Interpretierbarkeit des Fuzzy-Systems zu gewährleisten, müssen wir die Bezeichnungen ändern.

Die Ersetzung der gewichteten Regeln zeigt, welcher Teil des Datenraumes tatsächlich durch Fuzzy-Regeln abgedeckt wird. In diesem Sinn verschleiern auf Ausgaben angewandte Regelgewichte die Bedeutung einer Fuzzy-Regelbasis.

Im Gegensatz zur Anwendung von Regelgewichten auf den Erfüllungsgrad handeln wir uns keine Probleme bei der Berechnung der Gesamtausgabe ein, wenn wir Gewichte auf die Ausgaben anwenden, da nicht-normale oder ungültige Fuzzy-Mengen nicht auftreten. Selbst negative Gewichte oder Gewichte größer 1 führen nur zu einer Veränderung des Trägers der Ausgabe-Fuzzy-Mengen. Die Probleme mit dieser Art Regelgewichte liegen in der mehrfachen Repräsentation desselben linguistischen Ausdruck und den "unsichtbaren" Effekten auf die Lage und Form der Ausgabe-Fuzzy-Mengen.

Wenn Regelgewichte zur Veränderung der Ausgaben der Regeln in einem Sugeno-Fuzzy-System verwendet werden, dann erscheinen die Gewichte als zusätzliche Faktoren in Zähler der Gleichung für die Gesamtausgabe:

$$SF_{\mathcal{R}}(\vec{x}) = \frac{\displaystyle\sum_{R_k \in \mathcal{R}} \tau_k \cdot w_k \cdot f_k(\vec{x})}{\displaystyle\sum_{R_k \in \mathcal{R}} \tau_k}.$$

Die Anwendung von Regelgewichten auf die Ausgaben entspricht der Ersetzung einer Funktion f_k zur Berechnung der Ausgabe einer Regel R_k durch $f_k' = w_k f_k$. In diesem Fall haben wir keine semantischen Probleme, da die Konsequenzen der Regeln in einem Sugeno-Fuzzy-System üblicherweise nicht linguistisch interpretiert werden. Das bedeutet, für Sugeno-Systeme sind auf die Konsequenzen angewandte Regelgewichte ein einfacher Weg, um das System in linearer Form zu trainieren. Ein solcher Ansatz wurde beispielsweise erfolgreich in einem Neuro-Fuzzy-System zur Börsenkursvorhersage eingesetzt [Siekmann *et al.* 1998] (vgl. Abschnitt 12.11).

Regelgewichte vermeiden

Wir haben gezeigt, wie gewichtete Fuzzy-Regeln durch äquivalente ungewichtete Fuzzy-Regeln ersetzt werden können und dadurch die Effekte von Regelgewichten sichtbar werden. Die folgende Liste fasst die entstehenden Probleme noch einmal zusammen:

1. Mehrfache Repräsentation desselben linguistischen Ausdrucks.

2. Nicht-normale oder ungültige Fuzzy-Mengen, wenn ein Gewicht auf den Erfüllungsgrad angewandt wird.

3. Beeinflussung der Berechnung der Ausgaben, die aus der Repräsentation gewichteter Regeln nicht offensichtlich hervorgeht.

4. Erschwerte oder sogar unmögliche linguistische Interpretation der Regelbasis.

Regelgewichte sind ein sehr einfacher Weg, ein Fuzzy-System adaptiv zu machen. Die Leistung lässt sich sehr leicht durch einen geeigneten Lernalgorithmus für die Gewichte optimieren. Da alle andere Parameter des Fuzzy-Systems konstant bleiben, kann ein linearer Ansatz wie beispielsweise die Delta-Regel [Widrow und Hoff 1960] oder ein Least-Mean-Square-Verfahren eingesetzt werden. Die Implementierung eines solchen Ansatzes ist sehr viel einfacher als die direkte Modifikation von Fuzzy-Mengen.

In vielen Fällen reichen Regelgewichte allein jedoch nicht aus, um die Leistung eines Fuzzy-Systems hinreichend zu verbessern. Regelgewichte können nicht die Lage der Fuzzy-Mengen in den Regelbedingungen beeinflussen. Sollte dies notwendig sein, dann muss ein Lernverfahren auch die Parameter der Zugehörigkeitsfunktionen anpassen.

Einige Probleme der Regelgewichte lassen sich vermeiden, wenn negative Gewichte nicht verwendet werden und die Gewichte normalisiert werden. In diesem Fall treten keine Zugehörigkeitsgrade außerhalb von $[0, 1]$ auf. Ein Regelgewicht aus $[0, 1]$, das auf einen Erfüllungsgrad angewandt wird, kann als eine "Reduktion des Einflusses" einer Regel gelten. In diesem Fall hat das Regelgewicht eine ähnliche Bedeutung wie der Erfüllungsgrad einer Regel. Der Unterschied ist, das der Erfüllungsgrad den (a-posteriori) Einfluss der Regel aufgrund der aktuellen Eingabedaten reflektiert, während ein Gewicht den (a-priori) Einfluss der Regel repräsentiert, den ein Experte oder ein Lernverfahren bestimmt hat. Regelgewichte mit negativen Werten oder Werten größer 1 machen keinen Sinn in dieser Interpretation und müssen vermieden werden.

Doch selbst, wenn wir Regelgewichte aus $[0, 1]$ wählen und diese zu einem gewissen Grad interpretiert werden können, müssen wir bedenken, dass gewichtete Regeln stets durch äquivalente ungewichtete Regeln mit veränderten Fuzzy-Mengen ersetzt werden können. Ungewichtete Fuzzy-Regeln sind vorzuziehen, da der Effekt von Gewichten auf ein Fuzzy-System nicht direkt sichtbar ist. Benutzer mögen dazu tendieren, diesen Effekt zu vergessen — insbesondere die Tatsache der Mehrfachre-präsentation von linguistischen Ausdrücken —, wenn sie eine Regelbasis linguistisch interpretieren.

Regelgewichte, die auf die Ausgaben von Regeln angewandt werden, haben keine Interpretation. Sie skalieren lediglich die Ausgabe-Fuzzy-Mengen und sind einfach nur eine versteckte Modifikation der Regelkonsequenzen. Die Normalisierung solcher Gewichte ergibt keinen Sinn, weil sie verwendet werden, um die Größe der Gesamtausgabe des Fuzzy-Systems zu beeinflussen.

Wir können ein Fuzzy-System als eine (unscharfe) Kombination lokaler Model-le betrachten, die im Fall von Mamdani-Systemen aus Fuzzy-Mengen und im Fall von Sugeno-Systemen aus (üblicherweise) linearen Modellen bestehen. Wenn wir ein Regelgewicht auf einen Erfüllungsgrad anwenden, verändern wir den Einfluss eines lokalen Modells für einen bestimmten Bereich des Datenraumes. Wird ein Ge-wicht auf eine Regelausgabe angewandt, modifizieren wir das repräsentierte Modell selbst. Im Sinne der Interpretierbarkeit sollten solche Veränderungen nicht indirekt durch Regelgewichte erfolgen, sondern direkt durch Manipulation der entsprechen-den Fuzzy-Mengen.

Wenn wir ein Lernverfahren angeben, das die Parameter von Zugehörigkeits-funktionen verändert, können wir leicht Restriktionen für den Lernprozess definie-ren. Diese Restriktionen können sicherstellen, das bestimmte Modifikationen der Fuzzy-Mengen nicht ausgeführt werden können. So lässt sich beispielsweise festle-gen, dass Fuzzy-Mengen innerhalb eines bestimmten Wertebereiches verbleiben, ihre relativen Positionen beibehalten usw. Durch die Einschränkung des Lernverfahrens opfern wir Freiheitsgrade für die Interpretierbarkeit des Lernergebnisses. Das Lernen wird allerdings schwieriger, und im Gegenzug für eine erhöhte Interpretierbarkeit müssen wir uns in der Regel mit einer geringeren Genauigkeit der Ausgabe abfinden [Bersini *et al.* 1998, Nauck *et al.* 1997]. In den folgenden Abschnitten diskutieren wir Lernalgorithmen zur direkten Modifikation von Parametern in Zugehörigkeits-funktionen.

15.2   Lernverfahren für Fuzzy-Mengen

Im vorangegangen Abschnitt haben wir gesehen, dass adaptive Regelgewichte in einem Fuzzy-System dessen Verständlichkeit herabsetzen können. Um ein Fuzzy-System zu trainieren, ist es daher besser, Lernverfahren zur direkten Adaption der Fuzzy-Mengen einzusetzen.

Viele Ansätze zum Training von Zugehörigkeitsfunktion basieren auf Formen von Backpropagation, die mittels Gradientenabstiegsverfahren implementiert wer-den. Manchmal werden sie mit adaptiven Regelgewichten vermischt (z.B. ARIC oder FuNE). Einige dieser Verfahren haben wir in Kapitel 12 vorgestellt. Die An-wendung von Gradientenabstiegsverfahren auf Fuzzy-Systeme setzt voraus, dass alle

Zugehörigkeitsfunktionen sowie alle Funktionen, die an der Auswertung der Regelbasis beteiligt sind, differenziert werden können. Bei Fuzzy-Systemen von Mamdani-Typ ist das aufgrund des verwendeten Max-Min-Inferenzverfahrens offenbar nicht der Fall. Auch die typischerweise verwendeten einfachen Formen von Zugehörigkeitsfunktionen weisen zumindest nicht-differenzierbare Punkte auf (z.B. dreiecks- und trapezförmige Funktionen). In Kapitel 12 haben wir gesehen, dass einige Ansätze mittels spezieller Funktionen zur Annäherung an t-Normen und t-Conormen sowie differenzierbarer glockenförmiger Zugehörigkeitsfunktionen diese Probleme umgehen. Wir wollen im Sinne der Interpretierbarkeit jedoch keine Spezialfunktionen verwenden und auch einfache nicht-differenzierbare Formen von Zugehörigkeitsfunktionen aus Gründen einer effizienten Implementierung beibehalten.

Wenn wir das Auswertungsverfahren in Mamdani-Fuzzy-Systemen nicht abändern wollen, können wir kein Gradientenabstiegsverfahren einsetzen, sondern benötigen alternative Lernmethoden. In den letzten Jahren haben wir daher einfache Heuristiken zur Implementation von Backpropagation entwickelt [Nauck and Kruse 1994a, Nauck and Kruse 1995a, Nauck and Kruse 1997b]. Die Idee besteht darin, zu bestimmen, ob eine Fuzzy-Regel mehr oder weniger stark zur aktuellen Gesamtausgabe beisteuern soll. Diese Information kann dann in iterativer Form dazu verwendet werden, die Zugehörigkeitsfunktionen in geeigneter Weise schrittweise zu modifizieren.

Der Ausgabefehler kann beispielsweise durch die Summe quadrierter Fehler SSE (Sum of Squared Errors (15.3)) bestimmt werden.

$$
\text{SSE} = \frac{1}{2} \sum_{p \in \mathcal{L}_{\text{fixed}}} \text{SE}^{(p)} = \frac{1}{2} \sum_{p \in \mathcal{L}_{\text{fixed}}} \sum_{j=0}^{m} \text{SE}_j^{(p)} = \frac{1}{2} \sum_{p \in \mathcal{L}_{\text{fixed}}} \sum_{j=0}^{m} (t_u^{(p)} - o_u^{(p)})^2. \quad (15.3)
$$

Wir bezeichnen mit $\text{SE}^{(p)}$ den quadratischen Fehler eines Systems bezüglich eines Trainingsmusters p. SE ist eine Summe über die individuellen quadratischen Fehler SE_j aller m Ausgabevariablen eines Systems.

Bei der Anwendung von Fuzzy-Systemen ist ein exakter Ausgabewert oft gar nicht erforderlich, und ungefähre Lösungen sind ausreichend. In diesem Fall können wir auch andere Fehlermaße verwenden, die eine gewisse Abweichung von den Zielvorgaben tolerieren. Wir haben diese Idee bereits in Abschnitt 13 am Beispiel des generischen Fuzzy-Perzeptrons diskutiert. Der Neuro-Fuzzy-Regler NEFCON, den wir in Kapitel 16 diskutieren, verwendet beispielsweise ein **Fuzzy-Fehlermaß**, das mittels einer Fuzzy-Regelbasis berechnet wird. Bei regelungstechnischen Problemen kann ein Fehler typischerweise nicht direkt bestimmt werden, da die erwünschten Ausgaben nicht bekannt sind. Das Training basiert daher auf verstärkendem Lernen (reinforcement learning) [Kaelbling et al. 1996] — einem Spezialfall überwachten Lernens, bei dem der Fehler das Versagen bzw. den Erfolg des trainierten Systems anzeigt und nicht die Differenz zu einer Zielvorgabe.

Wenn wir die erwünschte Ausgabe zu einem Eingabemuster kennen, lässt sich ein Fuzzy-Fehler einfach über eine Fuzzy-Menge definieren, die den linguistischen Ausdruck *die Ausgabe ist korrekt* repräsentiert. Dies lässt sich für eine Variable beispielsweise durch

$$C : \mathbb{R} \to [0,1], \quad C(d) = e^{-\left(\frac{a \cdot d}{d_{\max}}\right)^2}, \tag{15.4}$$

realisieren. Dabei ist $d = t - o$ mit einer Zielvorgabe t sowie einem Ausgabewert o. Der Parameter $d_{\max}$ gibt die (absolute) Differenz an, ab der der Zugehörigkeits-grad kleiner als e^{-a^2} ist. Geeignete Werte für a sind 1.7 ($e^{1.7^2} \approx 0.05$) oder 2.3 ($e^{2.3^2} \approx 0.01$). Andere Formen von Zugehörigkeitsfunktionen, wie z.B. Dreiecke oder Trapeze, können selbstverständlich ebenso gewählt werden.

Aus dem Grad, zu dem eine Ausgabe korrekt ist, können wir leicht den Fehler für die j-te Ausgabevariable

$$\mathrm{FE}_j : \mathbb{R} \to [-1,1], \quad \mathrm{FE}_j(d) = \mathrm{sgn}(d) \cdot (1 - C_j(d)) \tag{15.5}$$

ableiten (vgl. Def. 13.2). Wir nennen dieses Fehlermaß **Fuzzy-Fehler**, weil es auf einer Fuzzy-Menge zur Modellierung des Konzepts *korrekt* basiert. Für schwieri-gere Lernsituationen wird bei dem Neuro-Fuzzy-Regler NEFCON, ist das Kon-zept *korrekt* durch eine Fuzzy-Regelbasis gegeben. Backpropagation-Varianten, die einen Fuzzy-Fehler verwenden, nennen wir **Fuzzy-Backpropagation** (siehe Ab-schnitt 13.2).

Die Gesamtleistung eines Fuzzy-Systems können wir über die Summe der ab-soluten Fuzzy-Fehler (SAFE: Sum of Absolute Fuzzy Errors) messen.

$$\mathrm{SAFE} = \sum_{p \in \mathcal{L}_{\mathrm{fixed}}} |\mathrm{FE}^{(p)}| = \sum_{p \in \mathcal{L}_{\mathrm{fixed}}} \sum_{j=1}^{m} |\mathrm{FE}_j^{(p)}| = \sum_{p \in \mathcal{L}_{\mathrm{fixed}}} \sum_{j=1}^{m} (1 - C(t_j^{(p)} - o_j^{(p)}))$$

$$\tag{15.6}$$

SAFE nimmt Werte zwischen 0 (alle Ausgaben sind korrekt) und $s = m \cdot |\mathcal{L}_{\mathrm{fixed}}|$ (alle Ausgaben sind vollständig falsch) an. Genau wie SE toleriert das Fehlermaß FE kleine Fehler und trifft so gut wie keine Unterscheidung zwischen großen und sehr großen Fehlern. Da der Wert von FE jedoch innerhalb von $[-1,1]$ liegt, haben Ausreißer keinen so großen Einfluss auf den Trainingsvorgang, wie das im Fall der Verwendung von SE der Fall ist, da bei letzterem der Fehler nicht beschränkt ist und große Fehler ($t - o \gg 1$) überbetont werden.

Ein weiterer Vorteil von FE besteht darin, dass wir für jede Ausgabevariable einen individuellen Fehler spezifizieren können, indem wir unterschiedliche Werte für $d_{\max}$ verwenden. Im Gegensatz zu Neuronalen Netzen ist es daher nicht notwendig, die Trainingsdaten zu normalisieren, um große Unterschiede in den Fehlersignalen aufgrund unterschiedlicher Skalen der Ausgabvariablen zu vermeiden.

Das Fehlermaß wird nicht nur zur Steuerung des Lernprozesses, sondern auch zur Leistungsbewertung des erhaltenen Modells verwendet. Der Fehler über der Trainingsmenge ist dazu nicht geeignet, da ein kleiner Fehler auf Überanpassung (overfitting) hinweisen kann. Den Fehler auf einer einzigen Testmenge zu bestimmen, die nicht zum Training verwendet wurde, reicht in Regel ebenfalls nicht aus, weil die Datenauswahl die Leistung (positiv) beeinflusst haben kann. Um diese Abhängig-keiten zu verringern, kann man **Kreuzvalidierung** (cross validation) einsetzen. Dabei handelt es sich um eine wiederholte Auswahl (resampling) von Trainings-und Testdaten, die auch dann sinnvoll ist, wenn man nur wenige Trainingsdaten zur

Verfügung hat und man sich eine große Testmenge nicht leisten kann. Bei n-facher Kreuzvalidierung werden die Trainingsdaten zufällig in n Teilmengen aufgeteilt, so dass deren interne Verteilung der Verteilung der Gesamtmenge entsprechen (stratified samples). Der Trainingsvorgang wird dann insgesamt n-mal wiederholt, wobei jedesmal $n-1$ Teilmengen zum Training sowie eine Teilmenge zum Testen verwendet werden. Auf diese Weise wird jede Teilmenge einmal zum Testen herangezogen. Im Extremfall kann n der Anzahl der Trainingsmuster entsprechen (leave-1-out cross validation). Die endgültige Lösung wird dann durch einen Trainingsvorgang auf allen verfügbaren Daten erzeugt, d.h. allen n Teilmengen. Alternativ kann man auch das beste während der Kreuzvalidierung erzeugte Modell wählen, oder falls dies möglich ist, die ermittelten Modellparameter aus allen Validierungsläufen mitteln.

Der geschätzte mittlere Fehler $\bar{e}$ der Lösung auf neuen, ungesehenen Daten entspricht dem Mittelwert der während der Kreuzvalidierung bestimmten individuellen Fehler e_i. Um die Zuverlässigkeit dieses Mittelwertes zu beurteilen, sollte man ein Konfidenzintervall bestimmen. Das 99%-Konfidenzintervall des geschätzten mittleren Fehlers erhält man durch

$$\bar{e} \pm 2.58 \cdot \hat{\sigma}_{\bar{e}},$$

wobei $\hat{\sigma}_{\bar{e}}$ der Standardfehler des arithmetischen Mittelwertes ist:

$$\hat{\sigma}_{\bar{e}} = \sqrt{\frac{\sum\limits_{i=1}^{n}(e_i - \bar{e})^2}{n \cdot (n-1)}}. \tag{15.7}$$

15.2.1 Neuro-Fuzzy-Systeme zur Funktionsapproximation

In diesem Abschnitt diskutieren wir einen Lernalgorithmus, den wir auf Mamdani-Fuzzy-Systeme zur Funktionsapproximation anwenden können. Das vorgestellte Verfahren beruht auf Backpropagation. Ein Fehler wird auf Ausgabeseite des Fuzzy-Systems bestimmt und durch dessen Architektur zurückpropagiert. Die wesentliche Information des Fehlers besteht darin, ob der Beitrag einer Fuzzy-Regel zur momentanen Gesamtausgabe erhöht oder verringert werden muss. Die Größe des Fehlers bestimmt die Größe der Parametermodifikation.

Der Lernalgorithmus wird in Form von vier Teilalgorithmen 7– 10 angegeben. Algorithmus 7 implementiert die Hauptschleife der Trainingsprozedur. In jedem Schleifendurchlauf propagiert der Algorithmus ein Trainingsmuster, bestimmt die Ausgabe des Fuzzy-Systems und berechnete die Parameteraktualisierungen für die Zugehörigkeitsfunktionen der Regelkonsequenzen und -bedingungen. Wenn wir Online-Lernen verwenden, werden die Parameter nach jedem Muster aktualisiert. Im Falle des Batch-Lernens, werden die Aktualisierungen akkumuliert und erst nachdem alle Muster einmal propagiert wurden, also am Ende einer Epoche, werden die Parameter verändert.

Alle Teilalgorithmen verwenden die folgenden Notationen.

- $\mathcal{L}_{\text{fixed}}$ ist eine feste Lernaufgabe mit $|\mathcal{L}_{\text{fixed}}| = s$, die ein Funktionsapproximationsproblem beschreibt, bei dem Muster $\vec{p} \in \mathbb{R}^n$ auf Zielvorgaben $\vec{t} \in \mathbb{R}^m$ abzubilden sind.

- $(\vec{p}, \vec{t}) \in \mathcal{L}_{\text{fixed}}$ ist ein Trainingsmuster bestehend aus einem Eingabevektor $\vec{p} \in \mathbb{R}^n$ (Eingabemuster) und einer Zielvorgabe $\vec{t} \in \mathbb{R}^m$.

- $A_r = (\mu_r^{(1)}, \ldots, \mu_r^{(n)})$ ist die Bedingung einer Regel R_r. $A_r(\vec{p})$ gibt den Erfüllungsgrad einer Regel R_r (mit Antezedens A_r) zu einem Eingabemuster $\vec{p}$ an, d.h., $A_r(\vec{p}) = \min\{\mu_r^{(1)}(p_1), \ldots, \mu_r^{(n)}(p_n)\}$.

- $\mu_r^{(i)}$ ist eine Fuzzy-Menge über der Eingangsvariablen x_i ($i \in \{1, \ldots, n\}$), die in der Bedingung einer Fuzzy-Regel R_r ($r \in \{1, \ldots, k\}$) erscheint.

- $\nu_r^{(j)}$ ist eine Fuzzy-Menge über der Ausgangsvariablen y_j ($j \in \{1, \ldots, m\}$) die im Konsequens einer Regel R_r auftritt.

- supp μ ist der Träger einer Fuzzy-Menge, d.h. die Teilmenge des Wertebereiches der Zugehörigkeitsfunktion μ mit $\mu(x) > 0$.

- core μ ist der Kern einer Fuzzy-Menge, d.h. die Teilmenge des Wertebereiches der Zugehörigkeitsfunktion μ mit $\mu(x) = 1$ (α-Schnitt α_1).

Algorithmus 7 kennt außerdem die folgenden Optionen.

- MINFSONLY: Wenn diese Option gesetzt ist, dann wird in jeder Fuzzy-Regel nur jeweils die Fuzzy-Menge in der Regelbedingung modifiziert, die den kleinsten Zugehörigkeitsgrad zum aktuellen Eingabmuster liefert. Andernfalls werden alle Fuzzy-Mengen der Regelbedingung modifiziert.

- ONLINELEARNING: Wenn diese Option gewählt wird, werden die Fuzzy-Mengen nach jeder Musterpropagation modifiziert.

- BATCHLEARNING: Wenn diese Option gesetzt ist, werden die Aktualisierungen aller Parameter zunächst akkumuliert. Die Fuzzy-Mengen werden erst am Ende einer vollständigen Epoche, d.h. nach Propagation aller Muster, aktualisiert.

Das Abbruchkriterium des Algorithmus 7 kann von jeder beliebigen Kombination der folgenden Bedingungen abhängen.

- Der Gesamtfehler ist hinreichend klein.

- Der Gesamtfehler hat ein lokales Minimum erreicht.

- Ein maximale Anzahl von Schleifendurchläufen wurde erreicht.

Es ist sinnvoll, diese Bedingungen über einer getrennten Validierungsmenge zu beobachten und nicht über der Trainingsmenge, um eine Überanpassung an die Lernaufgabe zu vermeiden.

Wenn die Bedingung einer Regel R_r aktualisiert wird, könn wir wählen, ob wir alle Fuzzy-Mengen der Bedingung verändern wollen oder nu ie Fuzzy-Menge $\mu_r^{\min}$, die den kleinsten Zugehörigkeitsgrad für die aktuelle Eing   liefert:

Algorithmus 7 Neuro-Fuzzy-Lernverfahren für Mamdani-Fuzzy-Systeme (Teil 1)

1: **repeat**
2:   **for all** $(\vec{p}, \vec{t}) \in \mathcal{L}_{\text{fixed}}$ **do**   (∗ es gibt s Trainingsmuster ∗)
3:     propagiere das nächste Trainingsmuster $(\vec{p}, \vec{t})$;
4:     **for all** y_j **do**   (∗ es gibt m Ausgabevariablen ∗)
5:       berechne den Ausgabefehler E_j; (∗ basierend auf $t_j - o_j$, siehe Seite 309 ∗)
6:     **end for**
7:     **for all** R_r mit $A_r(\vec{p}) > 0$ **do**   (∗ über alle aktiven Regeln ∗)
8:       **for all** $\nu_r^{(j)}$ **do**   (∗ verändere alle Konsequenzen ∗)
9:         ComputeConsequentUpdates($\nu_r^{(j)}, E_j, A_r(\vec{p}), t_j$);   (∗ siehe Alg. 8 ∗)
10:         **if** (ONLINELEARNING) **then** (∗ nach jedem Muster aktualisieren ∗)
11:           Update ($\nu_r^{(j)}, 1$);   (∗ siehe Alg. 10 ∗)
12:         **end if**
13:       **end for**
14:       $\mathcal{E}_r = A_r(\vec{p}) \cdot (1 - A_r(\vec{p})) \cdot \dfrac{1}{m} \sum_{y_j} (2 \cdot \nu_r^{(j)}(t_j) - 1) \cdot |E_j|$; (∗ siehe Glchg. (15.8) ∗)
15:       **if** (MINFSONLY) **then** (∗ nur eine Fuzzy-Menge je Bedingung ändern ∗)
16:         $j = \text{argmin}_{i \in \{1, \ldots, n\}} \{\mu_r^{(i)}(p_i)\}$;
17:         ComputeAntecedentUpdates($\mu_r^{(j)}, \mathcal{E}_r, p_j$);   (∗ siehe Alg. 9 ∗)
18:         **if** (ONLINELEARNING) **then** (∗ nach jedem Muster aktualisieren ∗)
19:           Update ($\mu_r^{(j)}, 1$);   (∗ siehe Alg. 10 ∗)
20:         **end if**
21:       **else**   (∗ verändere alle Fuzzy-Mengen der Bedingung ∗)
22:         **for all** $\mu_r^{(i)}$ **do**
23:           ComputeAntecedentUpdates($\mu_r^{(i)}, \mathcal{E}_r, p_i$);   (∗ siehe Alg. 9 ∗)
24:           **if** (ONLINELEARNING) **then**   (∗ nach jedem Muster aktualis. ∗)
25:             Update ($\mu_r^{(i)}, 1$);   (∗ siehe Alg. 10 ∗)
26:           **end if**
27:         **end for**
28:       **end if**
29:     **end for**   (∗ über alle Regeln ∗)
30: **end for**   (∗ über alle Trainingsmuster ∗)

$$\mu_r^{\min} = \mu_r^{(j)} \text{ mit } \mu_r^{(j)}(x_j) = \tau_r = \mu_r(\vec{x}) = \min\{\mu_r^{(1)}(x_1), \ldots, \mu_r^{(n)}(x_n)\}.$$

Die Idee, nur $\mu_r^{\min}$ zu verändern, besteht darin, die Änderungen am Fuzzy-System so klein wie möglich zu halten. Um den Erfüllungsgrad einer Regel zu verändern, reicht es, zunächst nur $\mu_r^{\min}$ zu verändern. Wenn $\mu_r^{\min}$ nicht eindeutig ist, wählen wir entweder eine beliebige Fuzzy-Menge, die dieses Kriterium erfüllt, oder modifizieren sie alle.

Abbildung 15.5 zeigt den Unterschied zwischen den beiden Ansätzen für die Bedingung einer Regel mit zwei Eingangsgrößen x_1 und x_2. Die Fuzzy-Menge $\mu : x_1 \times x_2 \to [0, 1]$, $\mu(x_1, x_2) = \min(\mu^{(1)}(x_1), \mu^{(2)}(x_2)$, die die Regelbedingung

---

Algorithmus 7 Neuro-Fuzzy-Lernverfahren für Mamdani-Fuzzy-Systeme (Ende)

31: **if** (BATCHLEARNING) **then**   (* erst am Ende der Epoche aktualisieren *)
32:   **for all** y_i **do**   (* über alle Ausgabevariablen *)
33:     **for all** $\nu_j^{(i)}$ **do**   (* über alle Konsequens-Fuzzy-Mengen *)
34:       Update $(\nu_j^{(i)}, s)$;   (* siehe Alg. 10 *)
35:     **end for**
36:   **end for**
37:   **for all** x_i **do**   (* über alle Eingangsvariablen *)
38:     **for all** $\mu_j^{(i)}$ **do**   (* über alle Fuzzy-Mengen der Variable *)
39:       Update $(\mu_j^{(i)}, s)$;   (* siehe Alg. 10 *)
40:     **end for**
41:   **end for**
42: **end if**
43: **until** Abbruchkriterium;

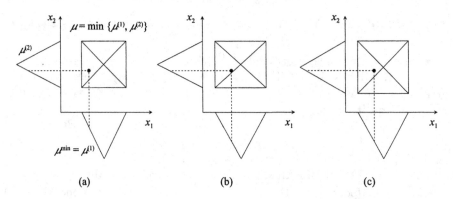

(a)   (b)   (c)

Abbildung 15.5 Eine Bedingung aus zwei Variablen im Produktraum $x_1 \times x_2$ (a). Um den Erfüllungsgrad zu erhöhen, reicht es, $\mu^{\min} = \mu^{(1)}$ zu verändern (b). Beide Fuzzy-Mengen werden angepasst, wenn der Kern der Bedingung näher an das Muster geführt werden soll (c).

repräsentiert, hat die Form einer Pyramide und wird von oben betrachtet. Angenommen, wir präsentieren ein Trainingsmuster wie in Abbildung 15.5a. Der Erfüllungsgrad der Regel entspricht dem Zugehörigkeitsgrad $\mu^{(1)}(x_1)$. Nehmen wir weiterhin an, dass der Erfüllungsgrad der Regel leicht erhöht werden soll. In diesem Fall reicht es aus, nur $\mu^{(1)}$ zu verändern (Abbildung 15.5b). Nur wenn das Ziel der Lernprozedur darin besteht, den Kern der Bedingung in beiden Dimensionen näher an das Eingabemuster heranzuführen, müssen beide Fuzzy-Mengen verändert werden (Abbildung 15.5c).

Die Algorithmen zu Berechnung der Parameteraktualisierungen in den Zugehörigkeitsfunktionen des Konsequens und des Antezedens einer Regel sind einfache Heuristiken (Algorithmen 8 und 9). Die Berechnungen sind so gewählt, dass die Zugehörigkeitsfunktionen symmetrisch bleiben. Wenn dies nicht erforderlich ist, muss nur der Abschnitt der Zugehörigkeitsfunktion verändert werden, unter dem der aktuelle Eingabewert liegt. Glockenförmige Fuzzy-Mengen sind immer symmetrisch. Je nachdem, ob die Fuzzy-Menge in Antezedens oder Konsequens verwendet wird, setzen wir eine beiden folgenden Strategien ein.

- **Antezedens**: Wenn der Zugehörigkeitsgrad erhöht werden muss, wird der Träger der Fuzzy-Menge vergrößert und so verschoben, dass der Kern der Fuzzy-Menge in Richtung des Eingabewertes wandert. Soll der Zugehörigkeitsgrad verkleinert werden, führen wir die entgegengesetzte Operation aus. Der Träger wird reduziert und so verschoben, dass sich der Kern vom aktuellen Eingabewert entfernt. Ein Beispiel für die Veränderung einer dreiecksförmigen Zugehörigkeitsfunktion ist in Abbildung 15.6 zu sehen.

- **Konsequens**: Eine Heuristik zur Veränderung einer Fuzzy-Menge in einem Regelkonsequens muss die Defuzzifizierungsmethode in Betracht ziehen. Üblicherweise wird eine Art gewichtetes Mittel berechnet, wie zum Beispiel bei der Schwerpunktmethode oder der Mean-of-Maximum-Methode. Um den Ausgabewert eines Fuzzy-Systems näher an die Zielvorgabe zu führen, muss der Träger einer Fuzzy-Menge so verschoben werden, dass sich der Kern der Fuzzy-Menge der Zielvorgabe nähert. Wenn der gewünschte Ausgabewert einen von 0 verschiedenen Zugehörigkeitsgrad zur betrachteten Fuzzy-Menge hat, verkleinern wir deren Träger zusätzlich, um die Fuzzy-Menge auf die Zielvorgabe zu fokussieren. Hat die gewünschte Ausgabe einen Zugehörigkeitsgrad von null, dann erweitern wir den Träger in Richtung dieses Wertes. Ein Beispiel für die Veränderung zweier dreiecksförmiger Zugehörigkeitsfunktionen ist in Abbildung 15.7 dargestellt.

Die Veränderungen der Konsequens-Fuzzy-Mengen werden mit Hilfe des Ausgabefehlers der korrespondierenden Variablen bestimmt. Um die Veränderungen der Bedingungs-Fuzzy-Mengen zu berechnen, müssen wir den Fehler einer Fuzzy-Regeln kennen. Wenn wir eine neuronale Sicht eines Fuzzy-Systems annehmen, erhalten wir einen geeigneten Fehlerwert durch Backpropagation des Ausgabefehlers von den Ausgabeeinheiten zu den Regeleinheiten. Um die Ausgabe eines Fuzzy-Systems durch Modifikation der Erfüllungsgrade der Regeln zu korrigieren, müssen wir den Einfluss von Regeln verstärken, deren Konsequens-Fuzzy-Mengen einen hohen Zugehörigkeitsgrad zur Zielvorgabe aufweisen. Hat die Zielvorgabe nur einen kleinen Zugehörigkeitsgrad zum Konsequens, muss der Einfluss der korrespondierenden Regel verringert werden. Eine Fuzzy-Regel R_r erhält folgendes Fehlersignal von ihren Ausgabevariablen $y_1, \ldots, y_m$:

$$\frac{1}{m} \sum_{j=1}^{m} (2\nu_r^{(j)}(t_j) - 1)|E_j|$$

Für $\nu_r^{(j)}(t_j) > 0.5$ erhalten wir ein positives Fehlersignal von y_j, um den Erfüllungsgrad von R_r zu erhöhen. Für $\nu_r^{(j)}(t_j) < 0.5$ ist das Fehlersignal von y_j negativ,

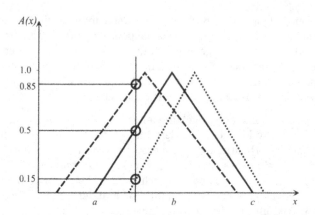

Abbildung 15.6 Um den Zugehörigkeitsgrad zur aktuellen Eingabe zu vergrößern, nimmt die ursprüngliche Repräsentation der Fuzzy-Menge (Mitte) die rechte Repräsentation an, und um den Zugehörigkeitsgrad zu senken, wir die linke Darstellung angenommen

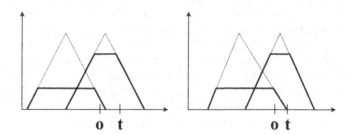

Abbildung 15.7 Um die Gesamtausgabe o eines Fuzzy-Systems näher an die Zielvorgabe t zu führen, werden die Konsequens-Fuzzy-Mengen in Richtung t verschoben

um den Erfüllungsgrad von R_r zu verringern. Für $\nu_r^{(j)}(t_j) = 0.5$ können wir nicht entscheiden, ob der Einfluss von R_r bezüglich des gegebenen Zielwertes t_j erhöht oder verringert werden soll, und daher ist das Fehlersignal von y_j null.

Der Regelfehler muss außerdem von dem aktuellen Erfüllungsgrad τ_r der Regel abhängen. Da ein Fuzzy-System eine Kombination lokaler Modelle ist, können wir versuchen, einen Zustand zu erreichen, bei dem eine Fuzzy-Regel entweder einen sehr hohen oder sehr niedrigen Erfüllungsgrad zu einem Trainingsmuster hat. Das bedeutet, dass die Partitionierung des Datenraumes durch die Fuzzy-Regeln so scharf wie möglich sein sollte. Der endgültige Regelfehler berechnet sich daher zu

$$\mathcal{E}_r = \tau_r(1 - \tau_r)\frac{1}{m}\sum_{j=1}^{m}(2\nu_r^{(j)}(t_j) - 1)|E_j|. \tag{15.8}$$

Der Regelfehler ist 0 für $\tau_r = 0$ und $\tau_r = 1$. Eine Regel mit $\tau_r = 0$ trägt zur aktuellen Ausgabe nicht bei und sollte daher nicht trainiert werden. Eine Regel mit $\tau_r = 1$ passt genau zur aktuellen Eingabe. In diesem Fall nehmen wir an, dass nur das Konsequens für den Fehler verantwortlich ist und die Bedingung nicht verändert werden sollte. Der Regelfehler ist maximal für $\tau_r = 0.5$, um eine Regel zu zwingen, sich entweder für große oder kleine Erfüllungsgrade zu entscheiden.

Um die Parameteraktualisierungen einer Fuzzy-Menge zu bestimmen, müssen wir deren Bedeutung, d.h. die Form der Zugehörigkeitsfunktion, berücksichtigen. Die Prozedur *ComputeUpdates* (Algorithmus 10) gibt die notwendigen Berechnungen für dreiecksförmige (15.9), trapezförmige (15.10) und glockenförmige Zugehörigkeitsfunktionen (15.11) an, wie sie durch die folgenden Gleichungen bestimmt sind.

$$\mu_{a,b,c} \ : \ \mathbb{R} \to [0,1], \quad \mu_{a,b,c}(x) = \begin{cases} \dfrac{x-a}{b-a} & \text{falls } x \in [a,b), \\ \dfrac{c-x}{c-b} & \text{falls } x \in [b,c], \\ 0 & \text{sonst,} \end{cases} \tag{15.9}$$

mit $a < b < c$,

$$\mu_{a,b,c,d} \ : \ \mathbb{R} \to [0,1], \quad \mu_{a,b,c,d}(x) = \begin{cases} \dfrac{x-a}{b-a} & \text{falls } x \in [a,b), \\ 1 & \text{falls } x \in [b,c], \\ \dfrac{d-x}{d-c} & \text{falls } x \in (c,d], \\ 0 & \text{sonst,} \end{cases} \tag{15.10}$$

mit $a < b \leq c < d$,

$$\mu_{a,b,c} \ : \ \mathbb{R} \to [0,1], \quad \mu_{a,b,c}(x) = e^{\left(\frac{c \cdot (x-b)}{a} \right)^2} \tag{15.11}$$

mit $a > 0, c > 0, b \in \mathbb{R}$.

Eine dreiecksförmige Zugehörigkeitsfunktion (15.9) kann zur Repräsentation von Fuzzy-Zahlen (ungefähr b) verwendet werden. Sie wird durch ihr Zentrum b und ihren Träger $[a,c]$ bestimmt. Eine trapezförmige Zugehörigkeitsfunktion (15.10) ist zur Repräsentation von Fuzzy-Intervallen (ungefähr zwischen b und c) geeignet. Sie wird durch ihren Kern $[b,c]$ und ihren Träger $[a,d]$ festgelegt. Eine glockenförmige Zugehörigkeitsfunktion (15.11) ist auch zur Darstellung von Fuzzy-Zahlen geeignet und kann beispielsweise verwendet werden, wenn eine differenzierbare Funktion benötigt wird oder der Träger den gesamten Wertebereich einer Variablen abdecken soll. Der Parameter b gibt das Zentrum (Kern) der Funktion an, und a definiert die halbe Breite des α-Schnitts zu e^{-c^2}. Üblicherweise wählt man $c = 1.7$ bzw. $c = 2.2$, so dass a die halbe Breite des α-Schnitts zu $e^{-2.89} \approx 0.05$ bzw. $e^{-4.84} \approx 0.01$ angibt.

Um eine angemessene Interpretierbarkeit der Fuzzy-Regelbasis nach dem Lernvorgang zu ermöglichen, darf der Lernalgorithmus nicht beliebige Parameteraktualisierungen durchführen. Bevor die Aktualisierungen durch die Algorithmen 8 und 9

Algorithmus 8 Berechne die Aktualisierung einer Konsequens-Fuzzy-Menge

---

ComputeConsequentUpdate (ν, e, τ, t)

(∗ Der Algorithmus erhält die folgenden Eingabeparameter: ∗)
(∗ ν: Fuzzy-Menge deren Parametermodifikationen zu bestimmen sind ∗)
(∗ e: Fehlerwert ∗)
(∗ τ: Erfüllungsgrad einer Regel, die ν im Konsequens verwendet ∗)
(∗ t: aktuelle Zielvorgabe aus dem Wertebereich von ν ∗)
(∗ a, b, c, d sind Parameter von ν, siehe (15.9) - (15.11) ∗)

1: **if** (ν ist dreiecksförmig) **then**   (∗ **dreieicksförmige Fuzzy-Menge** ∗)
2:      shift $= \sigma \cdot e \cdot (c - a) \cdot \tau \cdot (1 - \nu(t))$;   (∗ σ ist eine Lernrate ∗)
3:      $\Delta b = \Delta b + \text{shift}$;
4:      **if** $\nu(t) > 0$ **then**   (∗ $t \in \text{supp}\,\nu$, fokussiere ν auf t ∗)
5:          $\Delta a = \Delta a + \sigma \cdot \tau \cdot (b - a) + \text{shift}$;
6:          $\Delta c = \Delta c - \sigma \cdot \tau \cdot (c - b) + \text{shift}$;
7:      **else**   (∗ $t \notin \text{supp}\,\nu$, verschiebe ν, um t zu überdecken ∗)
8:          $\Delta a = \Delta a + \text{sgn}(t - b) \cdot \sigma \cdot \tau \cdot (b - a) + mboxshift$;
9:          $\Delta c = \Delta c + \text{sgn}(t - b) \cdot \sigma \cdot \tau \cdot (c - b) + \text{shift}$;
10:     **end if**
11: **else if** (ν ist trapezförmig) **then**   (∗ **trapezförmige Fuzzy-Menge** ∗)
12:     shift $= \sigma \cdot e \cdot (d - a) \cdot \tau \cdot (1 - \nu(t))$;
13:     **if** $\nu(t) > 0$ **then**   (∗ $t \in \text{supp}\,\nu$, fokussiere ν auf t ∗)
14:         $\Delta a = \Delta a + \sigma \cdot \tau \cdot (b - a) + \text{shift}$;
15:         $\Delta b = \Delta b + \sigma \cdot \tau \cdot (c - b) + \text{shift}$;
16:         $\Delta c = \Delta c - \sigma \cdot \tau \cdot (c - b) + \text{shift}$;
17:         $\Delta d = \Delta d - \sigma \cdot \tau \cdot (d - c) + \text{shift}$;
18:     **else**   (∗ $t \notin \text{supp}\,\nu$, verschiebe ν, um t zu überdecken ∗)
19:         $\Delta a = \Delta a + \text{sgn}(t - b) \cdot \sigma \cdot \tau \cdot (b - a) + \text{shift}$;
20:         $\Delta b = \Delta b + \text{sgn}(t - b) \cdot \sigma \cdot \tau \cdot (c - b) + \text{shift}$;
21:         $\Delta c = \Delta c + \text{sgn}(t - b) \cdot \sigma \cdot \tau \cdot (c - b) + \text{shift}$;
22:         $\Delta d = \Delta d + \text{sgn}(t - b) \cdot \sigma \cdot \tau \cdot (d - c) + \text{shift}$;
23:     **end if**
24: **else if** (ν ist glockenförmig) **then**   (∗ **glockenförmige Fuzzy-Menge** ∗)
25:     shift $= \sigma \cdot e \cdot a \cdot \tau \cdot (1 - \nu(t))$;
26:     $\Delta b = \Delta b + \text{shift}$;
27:     **if** $\nu(t) > e^{-c^2}$ **then**   (∗ $t \in \text{supp}\,\nu$, fokussiere ν auf t ∗)
28:         $\Delta a = \Delta a - \text{shift}$;
29:     **else**   (∗ $t \notin \text{supp}\,\nu$, verschiebe ν, um t zu überdecken ∗)
30:         $\Delta a = \Delta a + \text{shift}$;
31:     **end if**
32: **end if**

Algorithmus 9 Berechne die Aktualisierung einer Bedingungs-Fuzzy-Menge

ComputeAntecedentUpdates(μ, e, p)

(∗ Der Algorithmus erhält die folgenden Eingabeparameter: ∗)
(∗ μ: Fuzzy-Menge deren Parametermodifikationen zu bestimmen sind ∗)
(∗ e: Fehlerwert ∗)
(∗ p: Aktueller Eingabewert aus dem Wertebereich von μ ∗)
(∗ a, b, c, d sind Parameter von μ, siehe (15.9) -(15.11) ∗)

  1: **if** $(e < 0)$ **then**   (∗ Berücksichtige den Zugehörigkeitsgrad ∗)
  2:    $f = \sigma \cdot \mu(p)$ (∗ σ ist eine Lernrate ∗)
  3: **else**
  4:    $f = \sigma(1 - \mu(p))$
  5: **end if**
  6: **if** (μ ist dreiecksförmig) **then**   (∗ **dreiecksförmige Fuzzy-Menge** ∗)
  7:    shift $= f \cdot e \cdot (c - a) \cdot \mathrm{sgn}(p - b)$;
  8:    $\Delta a = \Delta a - f \cdot e \cdot (b - a) + \text{shift}$;   (∗ untere Grenze des Trägers ∗)
  9:    $\Delta c = \Delta c + f \cdot e \cdot (c - b) + \text{shift}$;   (∗ obere Grenze des Trägers ∗)
10:    $\Delta b = \Delta b + \text{shift}$;   (∗ Mitte ∗)
11: **else if** (μ ist trapezförmig) **then**   (∗ **trapezförmige Fuzzy-Menge** ∗)
12:   **if** $(b \leq p \leq c)$ **then**   (∗ $p \in \text{core}\,\mu$ ∗)
13:      $\Delta b = \Delta b - f \cdot e \cdot (c - b)$;   (∗ untere Grenze des Trägers ∗)
14:      $\Delta c = \Delta c + f \cdot e \cdot (c - b)$;   (∗ obere Grenze des Trägers ∗)
15:   **else**   (∗ $p \notin \text{core}\,\mu$ ∗)
16:      shift $= f \cdot e \cdot (d - a) \cdot \mathrm{sgn}(p - b)$;
17:      $\Delta a = \Delta a - f \cdot e \cdot (b - a) + \text{shift}$;   (∗ untere Grenze des Trägers ∗)
18:      $\Delta b = \Delta b - f \cdot e \cdot (c - b) + \text{shift}$;   (∗ untere Grenze des Kerns ∗)
19:      $\Delta c = \Delta c + f \cdot e \cdot (c - b) + \text{shift}$;   (∗ obere Grenze des Kerns ∗)
20:      $\Delta d = \Delta d + f \cdot e \cdot (d - c) + \text{shift}$;   (∗ obere Grenze des Trägers ∗)
21:   **end if**
22: **else if** (μ ist glockenförmig) **then**   (∗ **glockenförmige Fuzzy-Menge** ∗)
23:    temp $= f \cdot e \cdot b$;
24:    $\Delta a = \Delta a + \text{temp}$;   (∗ Breite des α-Schnitte für e^{c^2} ∗);
25:    $\Delta b = \Delta b + \text{temp} \cdot \mathrm{sgn}(p - b)$;   (∗ Zentrum ∗)
26: **end if**

---

angewandt werden, müssen wir prüfen, ob die resultierenden Zugehörigkeitsfunktionen akzeptabel sind. Typischerweise spezifizieren wir vor dem Training eine Anzahl von Einschränkungen bzw. Randbedingungen (constraints) über den Parametern, die durch den Lernalgorithmus einzuhalten sind.

Wir trennen die Parameter einer Zugehörigkeitsfunktion in Positions- und Weitenparameter zur Bestimmung der Lage und Größe des Trägers. Bei einer glockenförmigen Zugehörigkeitsfunktion (15.11) zum Beispiel ist b eine Positionsparameter und a ein Weitenparameter. Bei einer dreiecksförmigen Zugehörigkeitsfunktion

---

Algorithmus 10 Parameteraktualisierung einer Fuzzy-Menge ausführen

---

Update (μ, k)

(∗ Der Algorithmus erhält die folgenden Eingabeparameter: ∗)
(∗ μ: Fuzzy-Mengen deren Parameter zu aktualisieren sind ∗)
(∗ k: $k = 1$ für Online-Lernen, $k = s$ für Batch-Lernen ∗)

  1: **if** (die Aktualisierung von μ widerspricht den Randbedingungen von μ) **then**
  2:    verändere die Parameteraktualisierungen von μ,
      so dass die Randbedingungen erfüllt werden;
  3: **end if**

  4: **for all** Parameter w von μ **do**
  5:    $w = w + \Delta w/k$;   (∗ wende Parameteraktualisierung an ∗)
  6:    $\Delta w = 0$;   (∗ Parameteraktualisierung zurücksetzen ∗)
  7: **end for**

(15.9) ist b ein Positionsparameter und a sowie c sind sowohl Positions- als auch Weitenparameter. Positionsparameter bestimmen die relative Lage von Fuzzy-Mengen in einer Fuzzy-Partitionierung und Weitenparameter bestimmen die Überlappung von benachbarten Fuzzy-Mengen.

Um berechnungsaufwendige Strategien zur Einhaltung von Randbedingungen (constraint satisfaction) zu vermeiden, können wir die folgenden Ansatz verwenden, um die vier üblichsten Einschränkungen während der Anwendung von Algorithmus 10 einzuhalten.

1. *Gültige Parameter*: Wenn die Parameteraktualisierung zu ungültigen Werten führen würde, werden die Aktualisierungen korrigiert. Beispielsweise muss für eine dreiecksförmige Zugehörigkeitsfunktion (15.9) $l \leq a < b < c \leq u$ gelten, wobei $[l, u]$ die Domäne der korrespondierenden Variablen ist. In einer Implementierung würde man typischerweise noch einen gewissen Mindestabstand zwischen den Parametern festlegen, damit die Fuzzy-Mengen nicht zu einem Punkt (singleton) entarten.

2. *Erhalte relative Positionen*: Wenn die Aktualisierung einen Positionsparameter der aktuellen Fuzzy-Menge so verändern würde, dass er kleiner als der korrespondierende Wert des linken Nachbars oder größer als der des rechten Nachbars würde, wird die Aktualisierung korrigiert.

3. *Erhalte Überlappung*: Wenn eine Aktualisierung eines Weitenparameters der aktuellen Fuzzy-Menge diese so verändert, dass sie einen leeren Schnitt mit einem ihrer direkten Nachbarn aufweist, wird die Aktualisierung korrigiert.

4. *Erhalte Symmetrie*: Wenn die Aktualisierung der aktuellen Fuzzy-Menge zu einer unerwünschten Asymmetrie führt, wird die Aktualisierung korrigiert.

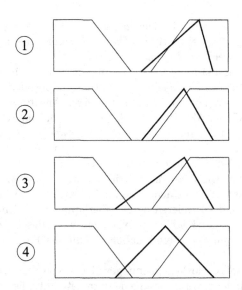

Abbildung 15.8 Wiederherstellung der Randbedingungen nach der Berechnung von Aktualisierungen beim Online-Lernen: (1) die zweite Fuzzy-Menge würde die Randbedingungen nach ihrer Aktualisierung nicht einhalten, (2) relative Positionen wiederherstellen, (3) Überlappung wiederherstellen, (4) Symmetrie wiederherstellen

Beispiel 15.1 In Abbildung 15.8 zeigen wir ein Beispiel zum Online-Lernen. Wir nehmen an, dass die Fuzzy-Menge in der Mitte die Form in Teil (1) von Abbildung 15.8 annehmen würde, wenn die Aktualisierungen des letzten Trainingsschritts angewandt würden. Wir nehmen weiterhin an, dass die Fuzzy-Menge gültige Parameter haben muss, ihre relative Position beibehalten, mit benachbarten Fuzzy-Mengen überlappen und symmetrisch bleiben soll. Abbildung 15.8 illustriert die Anwendung der vier Schritte, die wir in der oben angegebenen Liste aufgezählt haben.

Wenn wir Batch-Lernen verwendeten, erhielten wir eine andere Lösung, weil wir die Fuzzy-Mengen entweder von links nach rechts oder rechts nach links abarbeiten müssten, um eine Iteration der Prozedur zur Einhaltung der Randbedingungen zu vermeiden. In diesem Fall würden wir den Träger der am weitesten links stehenden Fuzzy-Menge erweitern, um die Überlappung sicherzustellen und anschließend die Symmetrie wiederherstellen. □

Die restriktivste Einschränkung für den Lernalgorithmus ist die Bedingung, dass sich die Zugehörigkeitsgrade für jeden Wert der Domäne zu eins addieren müssen. Im Gegensatz zu den oben angeführten Randbedingungen kann diese Einschränkung offenbar nicht durch einfache Korrektur der Parameteraktualisierungen der aktuell modifizierten Fuzzy-Menge eingehalten werden. Die unmittelbaren linken und rechten Nachbarn in der Fuzzy-Partitionierung sind ebenfalls zu korrigieren.

Diese Randbedingung können wir nicht in der Prozedur von Algorithmus 10 garantieren. Wir benötigen dazu ein weiteres Unterprogramm, das nach Aktualisierung aller Fuzzy-Mengen einer Variablen aufzurufen ist.

Am einfachsten lässt sich diese Randbedingung beim Online-Lernen implementieren. In diesem Fall reicht es nach einer Aktualisierung, den linken und rechten Nachbarn einer Fuzzy-Menge zu korrigieren. Dieser Ansatz wird beispielsweise in den Programmen NEFCLASS-PC [Nauck *et al.* 1996, Nauck and Kruse 1997d] und NEFCLASS-X [Nauck and Kruse 1998c] zur Neuro-Fuzzy-Klassifikation verwendet. Wenn wir jedoch Batch-Lernen verwenden, müssen wir die gesamte Fuzzy-Partitionierung nach jeder Epoche reparieren. Um den Berechnungsprozess zu vereinfachen, durchlaufen wir dazu die Partitionierung von links nach rechts (oder von rechts nach links). Wir betrachten je zwei aufeinanderfolgende Fuzzy-Mengen der Partitionierung und korrigieren deren Überlappungsbereich so, dass sich dort die Zugehörigkeitsgrade zu 1 addieren. Nachdem wir jedes Paar von aufeinanderfolgenden Fuzzy-Mengen verarbeitet haben, erfüllt die Fuzzy-Partitionierung die Randbedingung.

Die Korrektur sollte die Verschiebungen der Kerne der Fuzzy-Mengen in Betracht ziehen, die durch die vorangegangene Parameteraktualisierung ausgelöst wurde. Das heißt, dass die Randbedingung wenn möglich nur durch Veränderung von Weitenparametern erzwungen werden sollte. Nur wenn dies nicht durchführbar ist, sollten die Positionsparameter korrigiert werden. Dieser Ansatz ist z.B. in der Neuro-Fuzzy-Software NEFCLASS-J [Nauck *et al.* 1999] implementiert.

Beispiel 15.2 Abbildung 15.9 zeigt ein Beispiel zur Korrektur einer Fuzzy-Partitionierung während des Batch-Lernens, so dass sich die Zugehörigkeitsgrade zu 1 addieren. Wir nehmen an, dass die Fuzzy-Partitionierung nach der Ausführung von Algorithmus 10 so aussieht wie in Teil (1) von Abbildung 15.9 gezeigt. Wir nehmen weiterhin an, dass die Zugehörigkeitsfunktionen nicht symmetrisch sein müssen.

Um die Partitionierung zu korrigieren, beginnen wir an der Untergrenze der Domäne und betrachten je zwei benachbarte Fuzzy-Mengen. Die Pfeile über den Fuzzy-Mengen in Teil (1) von Abbildung 15.9 geben die Richtungen an, in die die Kerne aufgrund der letzten Aktualisierung verschoben wurden. In Teil (2) korrigieren wir die Überlappung zwischen der ersten und zweiten Fuzzy-Menge und in Teil (3) die Überlappung zwischen zweiter und dritter Fuzzy-Menge. Wir berücksichtigen die Verschiebung der Kerne und versuchen diese beizubehalten oder — wenn das nicht möglich ist — die Verschiebung zu vergrößern, während wir die Parameter der Zugehörigkeitsfunktionen korrigieren.   □

15.2.2 Neuro-Fuzzy-Klassifikation

Im Gegensatz zu Fuzzy-Systemen zur Funktionsapproximation verwenden Fuzzy-Klassifikatoren keine Parameter in ihren Regelkonsequenzen. Der Erfüllungsgrad einer Fuzzy-Klassifikationsregel wird als Zugehörigkeitsgrad des aktuellen Eingabemusters zu einer Klasse gewertet, auf die im Regelkonsequens in Form eines Klassenbezeichners verwiesen wird (vgl. Def. 10.4).

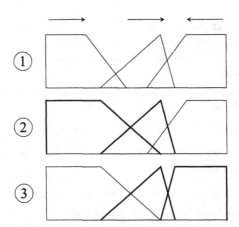

Abbildung 15.9 Korrektur einer Fuzzy-Partitionierung nach einem Aktualisierungs-schritt während des Batch-Lernens (1) durch Korrektur der Überlappung zwischen je zwei benachbarten Fuzzy-Mengen (2 und 3), um die Randbedingung "Addition zu 1" einzuhalten

Ein Lernverfahren für Fuzzy-Klassifikatoren muss daher lediglich die Parameter in den Regelbedingungen adaptieren. Wir können jede Fuzzy-Klassifikationsregel als einen (benannten) Fuzzy-Cluster im Eingaberaum betrachten. Das Erlernen der Parameter ist gleichbedeutend mit einer Anpassung der Lage und Ausdehnung des Clusters. Wir setzen voraus, dass die Anzahl der Cluster und deren initiale Positionen bereits durch ein Regellernverfahren bestimmt wurden (Kap. 14).

Wenn ein Fuzzy-Klassifikator differenzierbare Zugehörigkeitsfunktionen und eine differenzierbare t-Norm wie das Produkt verwendet, könnten wir Gradientenabstiegsverfahren zum Lernen einsetzen. Wir wollen diese einschränkende Annahme jedoch nicht treffen sondern einen Fuzzy-Klassifikator vielmehr als ein vereinfachtes Mamdani-Fuzzy-System betrachten. Das bedeutet, dass wir die Minimumsbildung zur Bestimmung des Erfüllungsgrades verwenden und die Maximumsbildung heranziehen, um die Zugehörigkeit eines Musters zu einer Klasse zu ermitteln. Wir lassen außerdem im letzten Abschnitt nicht-stetige Formen von Zugehörigkeitsfunktionen wie z.B. Dreiecke und Trapeze zu und betrachten außerdem Fuzzy-Mengen über symbolischen Variablen. Daraus folgt, dass wir keine Gradientenabstiegsverfahren einsetzen können. Wir verwenden stattdessen die gleichen Heuristiken wie im vorangegangenen Abschnitt.

Der Lernalgorithmus 11 kann auf beliebige Fuzzy-Klassifikatoren angewandt werden und verwendet im wesentlichen dieselben Notationen und Optionen wie der Algorithmus 7 (vgl. Seite 311). Abweichend bzw. ergänzend verwenden wir die folgenden Notationen:

- $(\vec{p}, \vec{t}) \in \mathcal{L}_{\text{fixed}}$ ist ein Trainingsmuster, das aus einem Eingabemuster $\vec{p} \in X$ und einer Zielvorgabe $\vec{t} \in [0, 1]^m$ besteht. Im Gegensatz zu Algorithmus 7 setzen wir nicht $X = \mathbb{R}^n$ voraus, sondern lassen auch symbolische Variablen $x_i \in X_i$

zu, wobei X_i eine endliche Menge von Symbolen ist. Für numerische Variablen gilt $x_j \in X_j \subseteq \mathbb{R}$. Die Zielvorgabe eines Trainingsmusters $(\vec{p}, \vec{t}) \in \mathcal{L}_{\text{fixed}}$ ist ein Vektor $\vec{t} \in [0,1]^m$ und repräsentiert eine (unscharfe) Klassifikation eines Eingabemusters $\vec{p} \in X$.

- c_j ist eine Ausgabevariable, die den Zugehörigkeitsgrad eines Eingabemusters zu der j-ten Klasse angibt ($j \in \{1,\ldots,m\}$).

- cons(R) ist der Index der Klasse, die in das Konsequens der Regel R auftritt.

Das Abbruchkriterium für Algorithmus 11 kann aus jeder beliebigen Kombination der folgenden Bedingungen bestehen.

- Die Anzahl der fehlklassifizierten Muster ist hinreichend klein.

- Der Gesamtausgabefehler ist hinreichend klein.

- Die Anzahl fehlklassifizierter Muster und/oder der Gesamtausgabefehler haben ein lokales Minimum erreicht.

- Ein maximale Anzahl von Iterationen wurde erreicht.

Es ist sinnvoll, diese Bedingungen auf einer separaten Validierungsmenge zu beobachten und nicht auf der Trainingsmenge, um eine Überanpassung an die Lernaufgabe zu vermeiden.

Es ist möglich, dass die Zahl der Fehlklassifikationen ansteigt, obwohl der Gesamtausgabefehler sinkt. Der Fehler misst, wie scharf die Klassifikation ist. Betrachten wir das in der folgenden Tabelle gezeigte einfache Beispiel zweier Muster $\vec{p}_1$ und $\vec{p}_2$ mit den Klassen class($\vec{p}_1$) = c_1 und class($\vec{p}_2$) = c_2.

	c_1	c_2	c_1	c_2
$\vec{p}_1$	0.51	0.49	0.90	0.30
$\vec{p}_2$	0.49	0.51	0.51	0.49
SSE	0.96		0.62	
Fehlkl.	0		1	

Wie wir sehen, sinkt die Summe der quadrierten Fehler, während die Anzahl der Fehlklassifikationen ansteigt. Ein Abbruchkriterium für das Training der Zugehörigkeitsfunktionen kann beide Indikatoren berücksichtigen — den Fehler und die Zahl der Fehlklassifikationen. Ein Klassifikator mit einer leicht höheren Zahl von Klassifikationsfehlern aber signifikant geringerem Gesamtausgabefehler kann durchaus bevorzugt werden.

Die Modifikation der Fuzzy-Mengen in den Regelbedingungen erfolgt wie wir es im vorangegangenen Abschnitt über das Training von Mamdani-Fuzzy-Systemen angegeben haben. Wir benötigen einen Fehlerwert für jede individuelle Regel, der auf dem Ausgabefehler für die im Konsequens verwendeten Klasse und dem momentanen Erfüllunggrad τ_r beruht (vgl. (15.8)). Die Klassifikation eines Eingabemusters erhalten wir durch die Partitionierung des Eingaberaumes mit Fuzzy-Clustern, die den Klassifikationsregeln entsprechen. Ein optimaler Klassifikator würde 1 für jede korrekte Klasse und 0 für alle anderen Klassen ausgeben. Das bedeutet, wir möchten

---

Algorithmus 11 Neuro-Fuzzy-Lernverfahren für Fuzzy-Klassifikatoren

---

1: **repeat**
2:   **for all** $(\vec{p}, \vec{t}) \in \mathcal{L}_{\text{fixed}}$ **do**   (∗ es gibt s Trainingsmuster ∗)
3:     propagiere das nächste Trainingsmuster $(\vec{p}, \vec{t})$;
4:     **for all** c_j **do**   (∗ über alle Ausgabevariablen ∗)
5:       berechne den Ausgabefehler E_j; (∗ basierend auf $t_j - o_j$, siehe Seite 309 ∗)
6:     **end for**

7:     **for all** R_r mit $A_r(\vec{p}) > 0$ **do**   (∗ über alle Regeln ∗)
8:       $j = \text{cons}(R_r)$;
9:       $\mathcal{E}_r = (A_r(\vec{p}) \cdot (1 - A_r(\vec{p})) + \varepsilon) \cdot E_j$;   (∗ Regelfehler (15.12) ∗)

10:       **if** (MINFSONLY) **then** (∗ nur eine Fuzzy-Menge je Bedingung ändern ∗)
11:         $k = \text{argmin}_{i \in \{1,\dots,n\}} \{\mu_r^{(i)}(p_i)\}$;
12:         ComputeUpdates$(\mu_r^{(k)}, \mathcal{E}_r)$;   (∗ siehe Algorithmus 12 ∗)
13:         **if** (ONLINELEARNING) **then**   (∗ nach jedem Muster aktualisieren ∗)
14:           Update $(\mu_r^{(k)}, 1)$;   (∗ s. Algorithmus 10 ∗)
15:         **end if**
16:       **else**   (∗ verändere alle Fuzzy-Mengen der Bedingung ∗)
17:         **for all** $\mu_r^{(i)}$ **do**
18:           ComputeUpdates$(\mu_r^{(i)}, \mathcal{E}_r)$;   (∗ s. Algorithmus 12 ∗)
19:           **if** (ONLINELEARNING) **then**(∗ nach jedem Muster aktualisieren ∗)
20:             Update $(\mu_r^{(i)}, 1)$;   (∗ s. Algorithmus 10 ∗)
21:           **end if**
22:         **end for**
23:       **end if**
24:     **end for**   (∗ über alle Regeln ∗)
25:   **end for**   (∗ über alle Muster ∗)

26:   **if** (BATCHLEARNING) **then**   (∗ erst am Ende der Epoche aktualisieren ∗)
27:     **for all** x_i **do**   (∗ über alle Eingabevariablen ∗)
28:       **for all** $\mu_j^{(i)}$ **do**   (∗ über alle Fuzzy-Mengen der Variable ∗)
29:         Update $(\mu_j^{(i)}, s)$;   (∗ siehe Algorithmus 10 ∗)
30:       **end for**
31:     **end for**
32:   **end if**
33: **until** Abbruchkriterium;

---

den Eingaberaum so scharf wie möglich partitionieren. Der Regelfehler sollte für $\tau_r = 0.5$ maximal sein, um Regeln zu erhalten, die nach Möglichkeit Erfüllunggrade nahe 1 oder 0 erzeugen.

In Analogie zu (15.8) können wir

$$\mathcal{E}_r = \tau_r(1 - \tau_r) \; E_{\mathrm{cons}(R_r)}$$

verwenden, um den Regelfehler zu berechnen. Wie in (15.8) wäre der Regelfehler 0 für $\tau_r = 0$ und $\tau_r = 1$. Eine Regel mit $\tau_r = 0$ trägt zur aktuellen Klassifikation nicht bei und würde nicht trainiert. Eine Regel mit $\tau_r = 1$ passt perfekt auf das aktuelle Eingabemuster. Wenn jedoch eine solche Regel eine Fehlklassifikation verursacht, hätten wir keine Möglichkeit, die Ausgabe zu korrigieren, da das Regelkonsequens keine veränderbaren Parameter besitzt. Eine Möglichkeit, dieses Problem zu umgehen besteht in der Verwendung von Regelgewichten. Wie wir jedoch in Abschnitt 15.1 erläutert haben, bevorzugen wir es, ohne Regelgewichte auszukommen, um die damit verbundenen semantischen Probleme zu vermeiden.

Eine andere Möglichkeit bestünde darin, eine solche Regel nicht zu trainieren und anzunehmen, das aktuelle Muster sei eine Ausnahme, die den Trainingsverlauf nicht beeinflussen sollte. Das bedeutet allerdings, dass wir schlecht definierte Regeln während des Trainings nicht korrigieren könnten. Daher berechnen wir den Regelfehler mittels

$$\mathcal{E}_r = (\tau_r(1 - \tau_r) + \varepsilon) \; E_{\mathrm{cons}(R_r)}, \tag{15.12}$$

wobei ε eine kleine positive Zahl ist, z.B. $\varepsilon = 0.01$. Auf diese Weise, können wir sicherstellen, dass der Regelfehler nur dann 0 ist, wenn der Ausgabefehler 0 ist. Auf diese Weise werden Regeln mit einem Erfüllungsgrad von 0 oder 1 auch zu einem gewissen Grad trainiert, und wir kompensieren die Abwesenheit adaptiver Parameter in den Regelkonsequenzen. Eine Regel, bzw. ihr korrespondierender Fuzzy-Cluster, kann daher auch dann verschoben werden, wenn sie in einem Bereich ohne Daten liegt oder exakt auf Ausreißer passt.

Die Prozedur *ComputeUpdates* (Algorithmus 12) gibt die notwendigen Berechnungen für dreiecks- (15.9), trapez- (15.10) und glockenförmige Zugehörigkeitsfunktionen (15.11) an. Da die Berechnungen zu denen eines Mamdani-Fuzzy-Systems identisch sind, können wir direkt die Prozedur *ComputeAntecedentUpdates* (Algorithm 9, Section 15.2.1) verwenden. Zusätzlich betrachten wir Fuzzy-Mengen der Form

$$\mu : X \to [0,1], \quad \mu = \{(x_1, a_1), \ldots, (x_q, a_q)\}, \quad \mathrm{mit}$$

$$\mu(x_i) = a_i, \quad a_i \in [0,1], \quad x_i \in X, \quad i = 1, \ldots, q, \tag{15.13}$$

wobei X eine beliebige endliche Menge ist. Solche Zugehörigkeitsfunktionen werden zur Repräsentation von Fuzzy-Mengen über symbolischen Variablen verwendet. Wir nennen die Art der Repräsentation **Listen-Fuzzy-Menge** (list fuzzy set). Die notwendigen Berechnungen zur Aktualisierung einer solchen Fuzzy-Mengen sind in Algorithmus 12 angegeben. Um die berechneten Aktualisierungen anzuwenden, können wir Algorithmus (10) aus Abschnitt 15.2.1 einsetzen.

Algorithmus 12 Berechnung der Aktualisierungen für die Fuzzy-Mengen eines Fuzzy-Klassifikators

---

ComputeUpdates(μ, e, p)

(∗ Dieser Algorithmus verwendet die folgenden Eingabeparameter: ∗)
(∗ μ: Fuzzy-Menge, deren Parameteraktualisierungen zu berechnen sind ∗)
(∗ e: Fehlerwert ∗)
(∗ p: Der aktuelle Eingabewert aus dem Definitionsbereich von μ ∗)

  1: **if** (μ ist dreiecks-, trapez- oder glockenförmig) **then**
  2:   ComputeAntecedentUpdate(μ, e, p);   (∗ siehe Algorithmus 9 ∗)
  3: **else if** μ ist eine Liste **then**   (∗ Listen-Fuzzy-Menge (15.13) ∗)
  4:   **if** $(e < 0)$ **then**   (∗ beachte den Zugehörigkeitsgrad ∗)
  5:     $f = \sigma \cdot \mu(p)$ (∗ σ ist eine Lernrate ∗)
  6:   **else**
  7:     $f = \sigma(1 - \mu(p))$
  8:   **end if**
  9:   $\Delta\mu[p] = \Delta\mu[p] + f \cdot e$;   (∗ Änderung des Zugehörigkeitsgrades von p ∗)
10: **end if**

15.3 Strukturoptimierung (Pruning)

Um die Verständlichkeit einer durch ein Lernverfahren erzeugten Fuzzy-Regelbasis zu verbessern, kann man Verfahren der **Strukturoptimierung** einsetzen. Diese Ansätze werden auch als **Stutzverfahren** oder **Pruning** bezeichnet. Ihr Sinn besteht darin, die Komplexität eines Modells zu reduzieren.

Bei Neuronalen Netzen testet man Parametern (Gewichten oder Einheiten) auf die Fehleränderung bei deren Entfernung. Häufig angewandte Stutzverfahren sind zum Beispiel OBD (optimal brain damage) [Le Cun *et al.* 1990] oder EBD (early brain damage) [Neuneier and Zimmermann 1998], die beide versuchen, Gewichte (also Verbindungen) aus einem Neuronalen Netz zu entfernen. Auch aus dem Bereich der Induktion von Entscheidungsbäumen [Quinlan 1993] sind ähnliche Verfahren bekannt.

Das Stutzen von Fuzzy-Regelbasen kann mittels eines einfachen Greedy-Algorithmus durchgeführt werden, der keine komplexen Testwerte wie im Fall von OBD oder EBD berechnen muss.

Um eine Regelbasis zu stutzen, betrachten wir vier heuristische Strategien, die automatisch, d.h. ohne Intervention des Anwenders ablaufen können:

1. Korrelation: Die Eingangsvariable mit dem geringsten Einfluss auf die Ausgabe wird entfernt. Um diese Variable zu identifizieren, können statistische Maße wie der Korrelationskoeffizient und der χ^2-Test oder informationstheoretische Maße wie der Informationsgewinn verwendet werden.

2. Klassifikationshäufigkeit: Die Regel, die für die wenigsten Fälle den größten Erfüllungsgrad aufweist (am seltensten gewinnt), wird entfernt. Eine solche Regel ist nur für die Klassifikation einer geringen Anzahl von Mustern relevant. Wenn diese Muster auch noch durch andere Regeln abgedeckt werden, kann die Leistung der Fuzzy-Regelbasis erhalten bleiben. Sollte es sich bei den von der identifizierten Regel abgedeckten Muster jedoch um Ausnahmen handeln, kann es sein, dass die Regel benötigt wird.

3. Redundanz: Der linguistische Term, der am seltensten den minimalen von 0 verschiedenen Zugehörigkeitsgrad in einer aktiven Regel aufweist, wird entfernt. Die Anwendung dieser Pruning-Strategie setzt voraus, dass die Minimumsbildung zur Auswertung einer Regelbedingung verwendet wird. In diesem Fall beeinflusst ein Term, der stets große Zugehörigkeitsgrade produziert, den Erfüllungsgrad der Regel nicht und nimmt die Rolle einer "Don't Care" Variablen ein. Diese Strategie kann auch bei der Verwendung anderer t-Normen angewandt werden, mag dann jedoch weniger effektiv sein.

4. Unschärfe: Die Fuzzy-Menge mit dem größten Träger wird aus allen Regelbedingungen entfernt. Diese Strategie folgt der gleichen Idee wie die vorangegangene Strategie. Sie nimmt an, dass Fuzzy-Mengen mit großem Träger hohe Zugehörigkeitsgrade für viele verschiedene Eingaben erzeugen. Terme, die diese Fuzzy-Menge verwenden, sind daher selten für den Erfüllungsgrad einer Regel verantwortlich. Ein andere Begründung für diese Strategie ist, dass Fuzzy-Mengen während des Trainings großen Träger entwickeln, wenn die korrespondierende Variable eine hohe Varianz aufweist und für die Vorhersage wenig nützlich ist.

Wir erhalten ein automatisches Verfahren zur Strukturoptimierung, indem wir die vier Strategien nacheinander anwenden. Nach jedem Stutzschritt sollten die Zugehörigkeitsfunktionen erneut trainiert werden, bevor wir entscheiden, ob der Schritt erfolgreich war. Wenn ein Pruning-Schritt erfolglos war (d.h., der Fehler zu stark ansteigt), wird der Schritt rückgängig gemacht und die Regelbasis in ihren vorhergehenden Zustand versetzt. Die Veränderungen durch einen Pruning-Schritt werden also nur dann beibehalten, wenn der Schritt die Regelbasis tatsächlich verbessert hat. Im Fall eines Fuzzy-Klassifikators müssen wir darauf achten, nicht die einzige Regel einer Klasse zu entfernen.

Wenn ein Stutzschritt einer der vier Strategien fehlgeschlagen ist, müssen wir entscheiden, ob die Strategie erschöpfend zu Ende geführt werden soll oder ob wir mit der nächsten Strategie fortfahren wollen. Um die Laufzeit abzukürzen, führt man eine der Strategien so lange aus, bis sie fehlschlägt, und fährt dann mit der nächsten fort. Ein Implementierung dieses Verfahrens zeigt gute Ergebnisse für Fuzzy-Klassifikationsergebnisse [Nauck *et al.* 1999].

Die Verbesserung einer Regelbasis kann durch ihre Leistung (d.h. Verringerung des Fehlers) und durch ihre Komplexität oder Einfachheit (d.h. Parameteranzahl) definiert werden. Typischerweise muss man einen Kompromiss zwischen Einfachheit und Leistung eingehen. Um eine hohe Genauigkeit in der Ausgabe zu erzielen, benötigt man eine hohe Anzahl freier Parameter, was wiederum zu einem komplexen und daher schwer verständlichen Modell führt. Oft lässt sich jedoch die Leistung eines Modells mit der Reduktion seiner Parameter tatsächlich verbessern, weil auf diese Weise die Generalisierungsfähigkeit eines Modells zunehmen kann. Wenn ein Modell viele Parameter hat, tendiert es dazu, sich zu stark an die Trainingsdaten anzupassen und kann nur schlecht verallgemeinern, was sich in einer schlechten Leistung bezüglich der Testdaten zeigt. Wenn die Zahl der Parameter allerdings zu klein ist, ist eine hinreichende Genauigkeit nicht mehr möglich.

Bei der Durchführung des Pruning-Algorithmus kann man eine Abwägung treffen und selbst dann fortfahren, wenn sich die Leistung geringfügig verschlechtert, denn im Gegenzug erhalten wir ein leichter interpretierbares Modell. Zur Implementierung kann man beispielsweise ein Maß verwenden, das auf dem Prinzip der minimalen Beschreibungslänge (MDL: minimum description length) beruht [Rissanen 1983]. MDL hat sich für Entscheidungsbäume als sinnvoll erwiesen [Kononenko 1995] und bevorzugt Modelle mit wenigen Parameter und guter Leistung. Ein auf MDL basierendes Pruning-Verfahren für einen Fuzzy-Klassifikator wird in [Klose *et al.* 1998] vorgestellt.

Wenn Variablen aus einer Regel entfernt werden, kann die Regelbasis inkonsistent werden. Dies kann bei den oben genannten Strategien (i), (iii) und (iv) auftreten. Inkonsistenzen müssen durch die Löschung von Regeln wieder beseitigt werden. Wenn wir die Regellernalgorithmen aus Abschnitt 14.2 verwenden, können wir die Leistungswerte der Regeln verwenden, um Regeln zur Löschung auszuwählen, bis die Regelbasis wieder konsistent ist.

Eine konsistente Regelbasis enthält weder Widersprüche noch Redundanzen.

- Ein Widerspruch tritt ein, wenn es zwei Regeln gibt, die sich in ihren Konsequenzen unterscheiden, aber deren Bedingungen entweder identisch sind oder einer der Bedingungen die andere verallgemeinert. Eine Bedingung A ist allgemeiner als eine Bedingung B, wenn A weniger linguistische Terme als B enthält und alle Terme in A auch in B auftreten.

- Die Regelbasis heißt redundant, wenn es zwei Regeln gibt, deren Konsequenzen identisch sind und eine Bedingung die andere verallgemeinert (oder zu ihr identisch ist).

Die Regelbasis kann konsistent gemacht werden, indem wir alle Paare widersprüchlicher und/oder redundanter Regeln identifizieren und jeweils die Regel mit schlechterer Leistung löschen.

16 Fuzzy-Regelung mit NEFCON

In den letzten beiden Kapiteln haben wir Lernalgorithmen für Neuro-Fuzzy-Systeme untersucht. In diesem und den beiden folgenden Kapiteln stellen wir drei Neuro-Fuzzy-Architekturen vor, die auf den diskutierten Lernverfahren beruhen. In diesem Kapitel betrachten wir zunächst eine Architektur für einen Neuro-Fuzzy-Regler und einen speziell dafür entwickelten Lernalgorithmus.

NEFCON (NEural Fuzzy CONtroller) war das erste Neuro-Fuzzy-Modell, das auf der Idee eines Fuzzy-Perzeptrons beruht und eine andere Heuristik als Gradientenabstieg zum Lernen verwendet [Nauck and Kruse 1992b]. NEFCON ist außerdem in der Lage, eine Regelbasis zu erlernen. Neuro-Fuzzy-Regler vor 1992 (z.B. ARIC) haben dieses Problem gemieden. Gleichzeitig war NEFCON einer der ersten Ansätze, dessen Lernalgorithmus auch die Frage der Interpretierbarkeit einer Fuzzy-Regelbasis in Betracht gezogen hat. Entsprechend verändert der Lernalgorithmus nicht die zugrundeliegende Struktur des Modells, wodurch alle durch ihn vorgenommenen Änderungen interpretierbar bleiben.

Das wesentliche Hindernis für einen Lernvorgang in einem regelungstechnischen Szenario ist das Problem, einen Fehler zu bestimmen. Die bisher diskutierten Neuro-Fuzzy-Lernverfahren beruhen auf festen Lernaufgaben, bei denen wir die Ausgabe für ein gegebenes Trainingsmuster kennen. Wenn wir versuchen, einen Regler zu erlernen, haben wir typischerweise das Problem, dass wir zwar einen erwünschten optimalen Zustand des zu regelnden Systems kennen, aber nicht den Stellwert, der uns aus einem aktuellen Systemzustand dorthin führt. Das bedeutet wiederum, dass wir einen direkten Fehler, basierend auf der Differenz zwischen erwünschter und tatsächlicher Ausgabe, nicht angeben können. Die Verwendung eines überwachten Lernalgorithmus mit fester Lernaufgabe, wie er z.B. in [Eklund *et al.* 1992] untersucht wird, scheidet daher aus. Über den Zustand des Systems besteht jedoch meist Wissen in der Form, ob dieser mehr oder weniger "gut" oder "schlecht" ist. Das Lernverfahren für NEFCON basiert daher auf einem **Fuzzy-Fehlermaß**, das den Zustand des zu regelnden Systems beschreibt. Die Idee eines Fuzzy-Fehlers haben wir bereits in Kapitel 15.2 diskutiert. Dort beruht der Fehler allerdings wie üblich auf der Differenz zwischen erwünschter und tatsächlicher Ausgabe.

Im einem regelungstechnischen Szenario behelfen wir uns damit, dass wir die Güte des aktuellen Systemzustandes entweder direkt als Fuzzy-Relation repräsentieren oder besser noch mit Hilfe linguistischer Regeln beschreiben, woraus dann der Fuzzy-Fehler des Reglers abgeleitet werden kann [Nauck and Kruse 1992a]. Basierend auf diesem Fehlermaß wird ein überwachter Lernalgorithmus definiert, der das Prinzip des verstärkenden Lernens nutzt, dem wir wir schon bei der Diskussion der Neuro-Fuzzy Ansätze ARIC und GARIC begegnet sind (Kapitel 12.5 und 12.6). Da das verwendete Verstärkungssignal jedoch auf einem wissensbasierten Fehlermaß aufbaut, können wir auf ein adaptives Kritikelement verzichten.

Anforderung	NEFCON	GARIC	FUN
Interpretierbare Regelbasis	Beschränkung der Verbindungen und der Änderung von Architektur und Fuzzy-Mengen	o	o
Nutzt a-priori Wissen	durch Architektur	+	+
Lernt Fuzzy-Mengen	Parameteränderung	+	+
Lernt Fuzzy-Regeln	Strukturänderung	−	o
wissensbasierter Fehler	Fuzzy-Fehler	−	−
Lernen in Realzeit	am Prozess(-modell)	+	o
+: erfüllt o: teilweise erfüllt −: nicht erfüllt			

Tabelle 16.1 Anforderungen an NEFCON und Vergleich mit GARIC und FUN

Verstärkendes Lernen [Kaelbling *et al.* 1996] ist eine Variante überwachten Lernens. Das lernende System nutzt zur Verbesserung Wissen über seine momentane Leistung. Bei Anwendung auf ein regelungstechnisches Problem basiert das den Lernvorgang steuernde Fehler- oder Verstärkungssignal soll auf der Grundlage von Kenntnissen über die Qualität von Systemzuständen und der Richtung von Regelaktionen. Üblicherweise bauen auf verstärkendem Lernen basierende Ansätze dieses Wissen während des Lernvorgang über ein adaptives Kritikelement nach und nach auf. Wenn das notwendige Wissen jedoch zur Verfügung steht und z.B. durch eine Fuzzy-Regelbasis ausgedrückt werden kann, dann kann auf ein adaptives Kritikelement verzichtet werden, was das Modell wesentlich vereinfacht und andererseits Anomalien ausschließt, wie sie z.B. beim Lernvorgang von GARIC auftreten können. Dynamische Systeme, deren optimale oder angestrebte Zustände nicht bekannt sind oder für die keine Kenntnisse über das Vorzeichen einer Stellgröße bei gegebenen Zustand bestehen, können daher durch das im Folgenden vorgestellte Verfahren nicht behandelt werden.

Die Tabelle 16.1 gibt einen Überblick über die erwünschten Anforderungen, die ein Neuro-Fuzzy-Regler erfüllen sollte und gibt stichwortartige Hinweise auf deren Umsetzung durch NEFCON. Außerdem vergleichen wir NEFCON mit zwei anderen Ansätzen zur Neuro-Fuzzy-Regelung, die wir in Kapitel 12 diskutiert haben. GARIC und FUN erschweren die Interpretation ihrer Regelbasen durch mangelnde Beschränkungen bei den Veränderungen der Fuzzy-Mengen. Ihre Lernverfahren sind relativ komplex und stellen für FUN ein Online-Lernen in Frage.

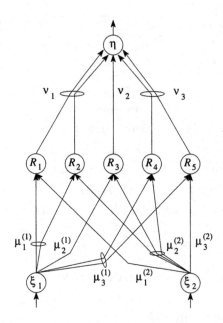

Abbildung 16.1 Ein NEFCON-System mit 2 Eingangsgrößen und 5 Regeln

16.1 Die Architektur

Die folgenden Betrachtungen legen ein technisches System S mit n Messgrößen und einer Stellgröße zugrunde, wie es bereits im Abschnitt 10.1 diskutiert wurde. Das Wissen, wie es zu regeln ist, sei in k linguistischen Regeln gegeben.

Abbildung 16.1 stellt die Architektur eines NEFCON-Systems mit zwei Eingangsgrößen, fünf Regeln und einer Stellgröße dar. Die Repräsentation entspricht einem vorwärtsbetriebenen dreischichtigen Neuronalen Netz. Die Eingabeschicht besteht aus Einheiten, die lediglich die externe Eingabe entgegennehmen und zunächst keine weitere Verarbeitung leisten. Müssen die Messgrößen jedoch transformiert werden, dann erfüllen die Eingabeeinheiten diese Aufgabe. Die innere Schicht enthält Einheiten, die linguistische Regeln repräsentieren. Ihre Aktivierungen entsprechen dem Erfüllungsgrad ihrer Antezedenzen. Die Ausgabeschicht enthält genau eine Ausgabeeinheit, die einen scharfen Stellwert liefert. Die Verarbeitungseinheiten des Netzes werden gemäß ihrer Funktion genau so wie die Eingangsgrößen, die linguistischen Regeln und die Stellgröße des betrachteten Systems S bezeichnet.

NEFCON ist ein Spezialfall des in Kapitel 13 vorgestellten Fuzzy-Perzeptrons (Def. 13.1). Eine Besonderheit stellt die Art der Verbindung zwischen den einzelnen Schichten dar. Es gibt Verbindungen, denen ein Gewicht gemeinsam ist (shared weights, coupled links). In Abbildung 16.1 tragen z.B. die Verbindungen von der Eingabeeinheit x_1 zu den inneren Einheiten R_1 und R_2 dasselbe Gewicht

$\mu_1^{(1)}$. Ebenso ist den Verbindungen von den Einheiten R_4 und R_5 zur Ausgabeeinheit y das Gewicht ν_3 gemeinsam. Ein Lernalgorithmus muss gemeinsame Gewichte berücksichtigen und seine Änderungen an einer Verbindung auf allen **gekoppelten Verbindungen** in gleicher Weise durchführen. Die Regelbasis wird durch die Verbindungsstruktur kodiert. In Abbildung 16.1 steht die Einheit R_3 für die Regel

$$R_3\text{: If } x_1 \text{ is } A_2^{(1)} \text{ and } x_2 \text{ is } A_2^{(2)} \text{ Then } y \text{ is } B_2,$$

wobei $A_2^{(1)}, A_2^{(2)}$ und B_2 die durch $\mu_2^{(1)}, \mu_2^{(2)}$ und ν_2 repräsentierten linguistischen Terme sind.

Die folgende Definition beschreibt, auf welche Weise ein Fuzzy-Perzeptron zu spezialisieren ist, damit wir die Architektur eines NEFCON-Systems erhalten.

Definition 16.1 *Gegeben sei ein dynamisches System S mit n Messgrößen und einer Stellgröße. Im Zusammenhang mit der Regelung von S seien k linguistische Regeln bekannt. Ein* **NEFCON-System** *ist ein Fuzzy-Perzeptron mit benannten Verbindungen, dass den folgenden Einschränkungen unterliegt:*

1. *$U_1 = \{x_1, \ldots, x_n\}$, $U_2 = \{R_1, \ldots, R_k\}$, $U_3 = \{y\}$.*

2. *Jeder Verbindung zwischen Einheiten $x_i \in U_1$ und $R_r \in U_2$ wird mit einem linguistischem Term $A_{j_r}^{(i)}$, $j_r \in \{1, \ldots, p_i\}$, benannt.*

3. *Jede Verbindung zwischen Einheiten $R_r \in U_2$ und der Ausgabeeinheit y wird mit einem linguistischen Term B_{j_r}, $j_r \in \{1, \ldots, q\}$, benannt.*

4. *Verbindungen, die von derselben Eingabeeinheit x_i, $i \in \{1, \ldots, n\}$, wegführen und gleiche Benennungen besitzen, tragen zu jeder Zeit gleiche Gewichte. Die Verbindungen heißen* **gekoppelt**. *Analoges gilt für die zu der Ausgabeeinheit y führenden Verbindungen.*

5. *L_{vu} bezeichne die Benennung der Verbindung von der Einheit u zur Einheit v. Für alle $v, v' \in U_2$ gilt*

$$((\forall\, u \in U_1)\ L_{vu} = L_{v'u}) \;\Rightarrow\; v = v'.$$

6. *Falls die Fuzzy-Mengen $w_{uu'}$, $u' \in U_2$, $u \in U_3$, über ihren Trägern monoton sind und $w_{uu'}^{-1}(\tau)$ dasjenige $x \in \mathbb{R}$ bestimmt, für das $w_{uu'}(x) = \tau$ gilt, so kann alternativ zu Def. 13.1(v) für eine Ausgabeeinheit $u \in U_3$ gelten:*

$$f_{\text{net}}^{(u)} \;:\; ([0,1] \times \mathcal{F}(\mathbb{R}))^{|U_2|} \to \mathcal{F}(\mathbb{R}),$$

$$\text{net}_u : \mathbb{R} \to [0,1],$$

$$\text{net}_u(x) = \begin{cases} 1 & \textit{falls } x = \dfrac{\sum_{u' \in U_2} \text{out}_{u'} \cdot w_{uu'}^{-1}(\text{out}_{u'})}{\sum_{u' \in U_2} \text{out}_{u'}} \\ 0 & \textit{sonst.} \end{cases}$$

Für die Ausgabefunktion $f_{\text{out}}^{(u)}$ gilt dann abweichend von Def. 13.1(iv):

$$f_{\text{out}}^{(u)} : \mathcal{F}(\mathbb{R}) \to \mathbb{R}, \text{out}_u = f_{\text{out}}^{(u)}(\text{act}_u) = x, \; \textit{mit} \; \text{act}_u(x) = 1.$$

Die Definition 16.1 ermöglicht es, ein NEFCON-System als Fuzzy-Regler zu interpretieren. Die Bedingung (iv) stellt sicher, dass gleiche linguistische Werte einer Variablen durch nur eine Fuzzy-Menge repräsentiert werden. Bedingung (v) legt fest, dass es keine zwei Regeln mit identischen Antezedenzen gibt. Ein Netz, dass diese Bedingung nicht erfüllt, heißt *überbestimmtes NEFCON-System*.

Die Bedingung (vi) hat den Zweck, eine Art lokale Defuzzifizierung für jede im System kodierte Regel zu ermöglichen. Auf diese Weise lässt sich der Fehler, den das Gesamtsystem macht, leichter auf die einzelnen Regeln verteilen. Man muss dann allerdings unübliche Fuzzy-Mengen in den Regelkonsequenzen verwenden (s.u.). Die erste veröffentlichte NEFCON-Variante nutzt diesen Ansatz [Nauck and Kruse 1992b]. Spätere Versionen gehen von diesem Ansatz ab und verwenden die üblichen dreiecksförmigen Zugehörigkeitsfunktionen [Nürnberger *et al.* 1998, Nürnberger *et al.* 1999].

Ausgehend von einem gegebenen dynamischen System S für das k Kontrollregeln bekannt sind, wird ein NEFCON-System folgendermaßen konstruiert:

- Für jede Eingangsgröße x_i wird eine Verarbeitungseinheit gleicher Bezeichnung in der Eingabeschicht angelegt.
- Für die Stellgröße wird die einzige Ausgabeeinheit y angelegt.
- Für jede Kontrollregel R_r wird eine innere Einheit gleicher Bezeichnung angelegt (Regeleinheiten).
- Jede Regeleinheit R_r wird gemäß ihrer korrespondierenden Kontrollregel mit den entsprechenden Eingabeeinheiten und der Ausgabeeinheit verbunden. Als Verbindungsgewicht ist jeweils die Fuzzy-Menge $\mu_{j_r}^{(i)}$ (ν_{j_r}) zu wählen, die den linguistischen Term $A_{j_r}^{(i)}$ (B_{j_r}) des Antezedens (Konsequens) der Kontrollregel R_r repräsentiert. Der linguistische Term ist die Benennung der Verbindung.
- Die t-Norm und t-Conorm zur Bestimmung der Netzeingaben und das Defuzzifizierungsverfahren sind geeignet zu wählen (s.u.).

Die Wissensbasis des durch NEFCON repräsentierten Fuzzy-Reglers ist implizit in der Struktur des Netzwerkes enthalten. Die Eingabeschicht übernimmt die Aufgaben des Fuzzifizierungs-Interface, die Entscheidungslogik ist über die Propagierungsfunktionen verteilt, und die Ausgabeeinheit entspricht dem Defuzzifizierungs-Interface.

Die Abläufe innerhalb des Neuronalen Fuzzy-Reglers entsprechen denen eines vorwärtsbetriebenen Neuronalen Netzes. Die Eingabeeinheiten repräsentieren in ihrer Aktivierung die scharfen Werte der Messgrößen und reichen sie an die verbundenen Regeleinheiten weiter. Die Propagierungsfunktion der Regeleinheiten ermittelt die Zugehörigkeitswerte zu den Fuzzy-Mengen der Verbindungen zwischen Eingabe- und Regelschicht und bestimmt mittels einer t-Norm, üblicherweise durch den Minimumoperator, den Erfüllungsgrad des jeweiligen Regelantezedens. Dieser Wert wird in der Aktivierung der Regeleinheit repräsentiert.

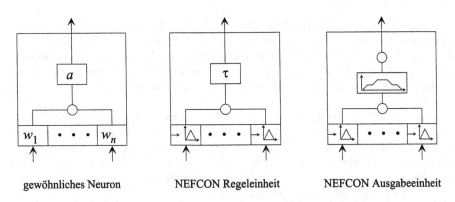

gewöhnliches Neuron   NEFCON Regeleinheit   NEFCON Ausgabeeinheit

Abbildung 16.2 Eine Neuronale Einheit im Vergleich zu NEFCON-Einheiten

Die Regeleinheiten geben ihre Aktivierung an die Ausgabeeinheit weiter. Deren Propagierungsfunktion verknüpft den Erfüllungsgrad einer Regeleinheit mit der Fuzzy-Menge der jeweiligen Verbindung zwischen Regel- und Ausgabeeinheit. Dies entspricht der Ermittlung der Ausgabe-Fuzzy-Menge einer Regel. Schließlich werden die Einzelausgaben der Regeln zur Gesamtausgabe zusammengefasst. Eine Implementierung muss den Typ des zu realisierenden Fuzzy-Reglers und den noch zu beschreibenden Lernalgorithmus (siehe Kapitel 16.2) berücksichtigen.

Es gibt zwei Lernverfahren für NEFCON. Das zuerst veröffentlichte Lernverfahren verlangt, dass jede Regel einen scharfen Ausgabewert liefert. Um das zu gewährleisten, muss entweder eine Defuzzifizierung vor der Zusammenfassung der Einzelergebnisse erfolgen, wie es z.B. beim GARIC-Modell (Kapitel 12.6) der Fall ist, oder die Zugehörigkeitsfunktionen in den Konsequenzen sind monoton über ihrem Träger und können daher invertiert werden (vgl. das ARIC-Modell, Kapitel 12.5). Das erste NEFCON-Lernverfahren verwendet die zweite Möglichkeit, die auch in der Definition von NEFCON vorgesehen ist (vgl. Def. 16.1(vi)). In diesem Fall wird die Zusammenfassung der Regelausgaben durch eine gewichtete Summe vorgenommen, die im Prinzip direkt den scharfen Stellwert y liefert. Damit das Modell jedoch für die Netzeingabe und Aktivierung der Ausgabeeinheit keine Ausnahme vereinbaren muss, wird behelfsweise die Fuzzy-Menge $1\!\!1(y)$ gebildet. Auf diese Weise kann immer ein Defuzzifizierungsverfahren in der Ausgabeeinheit angewandt werden.

Abbildung 16.2 vergleicht eine Regel- und eine Ausgabeeinheit von NEFCON mit einer einfachen neuronalen Verarbeitungseinheit. Die Darstellung entspricht einer technischen Realisierung im Sinne einer Hardware-Lösung oder der Implementierung als Objekte in einer objektorientierten Programmiersprache. Dabei ist die gesamte Funktionalität in die Einheiten integriert. Die Kreise in den Einheiten stellen Verarbeitungsstufen dar. Dabei wird vereinfachend angenommen, dass Netzeingabe, Aktivierung — und in den ersten beiden Fällen auch die Ausgabe einer Einheit — identisch sind. Die Netzwerkstruktur wird durch Referenzen gebildet. Während bei dieser Sichtweise die Verbindungsgewichte eines Neuronalen Netzes adressierbare gewichtete Eingänge des Neurons sind, werden die Fuzzy-Mengen der Verbindungen von NEFCON in einem getrennten Speicherbereich abgelegt. Die Einheiten besitzen adressierbare Eingänge mit Referenzen auf diesen Bereich, in dem jede Fuzzy-Menge genau einmal abgelegt ist. Auf diese Weise sind gekoppelte Verbindungen effizient zu realisieren.

Die Gestaltung der Einheiten ermöglicht eine vollständig verteilte Implementierung und damit ein paralleles Arbeiten des NEFCON-Systems. Die Steuerung des Netzes kann entweder synchron durch einen übergeordneten Takt, der die einzelnen Schichten aufeinander abstimmt, oder asynchron durch die Einheiten selbst erfolgen. In letzterem Fall wartet eine Einheit solange mit ihren Berechnungen, bis an allen Eingängen gültige Eingaben anliegen.

Neben der Verarbeitung der Eingaben übernehmen die Einheiten auch die Durchführung der vom Lernalgorithmus veranlassten Veränderungen. Da die Fuzzy-Gewichte den Einheiten zugeordnet sind, können diese die Anpassungen lokal vornehmen. Dabei müssen jedoch Mehrfach-Zugriffe auf eine Fuzzy-Menge, die durch gekoppelte Verbindungen hervorgerufen werden, von einer übergeordneten Instanz synchronisiert werden — z.B. durch den Speicher der Fuzzy-Mengen.

Die Verwendung geteilter Gewichte stellt jedoch andererseits sicher, dass auf jeder Verbindung nur eine Nachricht propagiert wird und das Modell sich damit in Übereinstimmung mit neuronalen Architekturen befindet (im Gegensatz z.B. zu GARIC, Kapitel 12.6).

16.2   Parameterlernen — Fuzzy-Mengen trainieren

Der Lernalgorithmus für das NEFCON-Modell besteht aus zwei Teilen: dem Trainieren von Fuzzy-Mengen (Parameterlernen) und dem Erlernen von Fuzzy-Regeln (Strukturlernen). Wir betrachten zunächst das Lernverfahren zur Adaption der Fuzzy-Mengen bei gegebener Regelbasis. Im nächsten Abschnitt diskutieren wir dann das Erlernen einer Regelbasis.

Das Ziel des Lernalgorithmus besteht im Verändern der Zugehörigkeitsfunktionen von NEFCON, um auf diese Weise ein besseres Regelverhalten zu erreichen. Dabei wird zunächst vorausgesetzt, dass die linguistischen Kontrollregeln adäquat formuliert sind und eine ausreichend korrekte Repräsentation des Verhaltens eines Bedieners darstellen. Unter diesen Voraussetzungen ist ein Fehlverhalten des Reglers in einer nicht-optimalen Modellierung der linguistischen Terme durch die gewählten Fuzzy-Mengen begründet.

Ein optimaler Zustand des zu regelnden Systems S wird durch einen aus den aktuellen Messwerten gebildeten Vektor $\vec{x}_{opt} = (x_1^{(opt)}, \ldots, x_n^{(opt)})$ bestimmt und ist erreicht, wenn alle Messgrößen die Werte angenommen haben, die durch diesen Vektor definiert werden. Gewöhnlich wird der Zustand eines Systems jedoch auch dann als *gut* bezeichnet, wenn diese Werte nur ungefähr erreicht werden. Es ist daher angemessen, die Güte des Systemzustandes als eine unscharfe Größe zu interpretieren und mit Hilfe von Fuzzy-Mengen zu beschreiben. Auf dieser Grundlage lässt sich ein Fuzzy-Fehler ableiten, der die momentane Leistung des Neuro-Fuzzy-Reglers charakterisiert.

Bei der Beurteilung eines erwünschten Systemzustandes lassen sich zwei Fälle unterscheiden. Im ersten Fall befindet sich das System in einem Zustand, in dem alle Messgrößen in etwa optimale Werte aufweisen. Im zweiten Fall nehmen sie dagegen unzulässige Werte an, die sich jedoch kompensieren, weil das System in naher Zukunft optimale Werte in den Messgrößen annehmen wird. Ein derartiger Zustand wird im folgenden mit dem Begriff *kompensatorische Situation* bezeichnet. Das folgende Beispiel 16.1 erläutert diese Betrachtung. Es behandelt das Problem, einen auf einen Wagen montierten Stab, der sich innerhalb einer festen Ebene vor und zurück bewegen kann, durch Bewegungen des Wagens in einer senkrechten Position zu halten (invertiertes Pendel, siehe Abbildung 10.1 auf Seite 163).

Beispiel 16.1 Gegeben sei ein invertiertes Pendel (Stabbalance-Problem). Der Zustand des Pendels kann als *gut* angesehen werden, wenn

a) sowohl der Winkel als auch die Winkelgeschwindigkeit ungefähr Null sind,

b) der Betrag des Winkels nicht Null ist, jedoch der Wert der Winkelgeschwindigkeit eine Bewegung anzeigt, die den Betrag des Winkels angemessen verringert.

□

Definition 16.2 *Gegeben sei ein dynamisches System S mit n Messgrößen $x_1 \in X_1, \ldots, x_n \in X_n$ für das s kompensatorische Situationen bekannt sind. Weiterhin seien n Fuzzy-Mengen $\mu_{\text{opt}}^{(i)} : X_i \to [0,1]$, $i \in \{1, \ldots, n\}$, und s n-stellige Fuzzy-Relationen $\mu_{\text{komp}}^{(j)} : X_1 \times \ldots \times X_n \to [0,1]$, $(j \in \{1, \ldots, s\})$ gegeben, die die optimalen Werte der einzelnen Messgrößen bzw. kompensatorische Wertekombinationen repräsentieren. Die aktuellen Messwerte seien durch $(x_1, \ldots, x_n)$ gegeben.*

Die Fuzzy-Güte G *des Systems* S *ist definiert als*

$$G \quad : \quad X_1 \times \ldots \times X_n \to [0,1],$$

$$G(x_1, \ldots, x_n) \quad = \quad g\left(G_{\text{opt}}(x_1, \ldots, x_n), G_{\text{komp}}(x_1, \ldots, x_n)\right).$$

Dabei ist eine geeignete Funktion g zur Kombination der Gütemaße in Abhängigkeit von S zu wählen. G setzt sich zusammen aus der kumulativen Fuzzy-Güte G_{opt},

$$G_{\text{opt}} \quad : \quad X_1 \times \ldots \times X_n \to [0,1],$$

$$G_{\text{opt}}(x_1, \ldots, x_n) \quad = \quad \top\left\{\mu_{\text{opt}}^{(1)}(x_1), \ldots, \mu_{\text{opt}}^{(n)}(x_n)\right\},$$

und der kompensatorischen Fuzzy-Güte G_{komp},

$$G_{\text{komp}} \quad : \quad X_1 \times \ldots \times X_n \to [0,1],$$

$$G_{\text{komp}}(x_1, \ldots, x_n) \quad = \quad \top\left\{\mu_{\text{komp}}^{(1)}(x_1, \ldots, x_n), \ldots, \mu_{\text{komp}}^{(s)}(x_1, \ldots, x_n)\right\}.$$

Die kumulative Fuzzy-Güte G_{opt} basiert auf den Beschreibungen für die angestrebten optimalen Werte der Messgrößen, zu deren Modellierung Fuzzy-Zahlen oder
Fuzzy-Intervalle geeignet sind. Die Zugehörigkeitsfunktionen $\mu_{\text{komp}}^{(j)}$, die zur Bestimmung der kompensatorischen Fuzzy-Güte G_{komp} verwendet werden, müssen nicht
notwendigerweise über allen Messgrößen definiert sein. Denkbar ist auch, dass sie
nur von zwei oder mehreren von ihnen abhängen. Die Funktion g, die die Fuzzy-Güte
aus den beiden Gütemaßen G_{opt} und G_{komp} bestimmt, muss entweder eines der beiden Maße für den aktuellen Zustand auswählen oder eine geeignete Kombination
aus beiden bilden. Als t-Norm kann wie im folgenden Beispiel der Minimumoperator
gewählt werden.

Beispiel 16.2 Gegeben sei ein invertiertes Pendel mit den beiden Messgrößen
$\theta \in [-90, 90]$ (relativ zur vertikalen Achse gemessener Winkel) und $\dot{\theta} \in [-200, 200]$
($\dot{\theta} = \frac{\mathrm{d}\theta}{\mathrm{d}t}$, Winkelgeschwindigkeit). Die Güte des Systemzustandes kann wie folgt
beschrieben werden:

$$\mu_{\text{opt}}^{(1)}(\theta) \;=\; \begin{cases} 1 - \dfrac{|\theta|}{10}, & \text{falls } |\theta| \leq 10, \\ 0, & \text{sonst,} \end{cases}$$

$$\mu_{\text{opt}}^{(2)}(\dot{\theta}) \;=\; \begin{cases} 1 - \dfrac{|\dot{\theta}|}{100}, & \text{falls } |\dot{\theta}| \leq 100, \\ 0, & \text{sonst} \end{cases}$$

$$\mu_{\text{komp}}(\theta, \dot{\theta}) \;=\; \begin{cases} 1 - \dfrac{|10 \cdot \theta + \dot{\theta}|}{100}, & \text{falls } |10 \cdot \theta + \dot{\theta}| \leq 100 \\ 0, & \text{sonst,} \end{cases}$$

$$G_{\text{opt}}(\theta, \dot{\theta}) \;=\; \min\left\{ \mu_{\text{opt}}^{(1)}(\theta), \mu_{\text{opt}}^{(2)}(\dot{\theta}) \right\}$$

$$G_{\text{komp}}(\theta, \dot{\theta}) \;=\; \mu_{\text{komp}}(\theta, \dot{\theta})$$

$$G(\theta, \dot{\theta}) \;=\; \begin{cases} G_{\text{opt}}(\theta, \dot{\theta}), & \text{falls } \operatorname{sgn}(\theta) = \operatorname{sgn}(\dot{\theta}), \\ G_{\text{komp}}(\theta, \dot{\theta}), & \text{sonst.} \quad \Box \end{cases}$$

Die (gegebenenfalls unvollständige) Beschreibung der Güte der Systemzustände
von S spezifiziert das Regelungsziel. Es ist in den meisten Fällen möglich, einen
erwünschten optimalen Zustand anzugeben. Dagegen ist die Angabe aller kompen-
satorischer Zustände bei vielen Messgrößen schwierig. Aus dem Gütemaß wird der
Fuzzy-Fehler abgeleitet, der von der Regelung durch das NEFCON-System hervorgerufen wird und die Grundlage des Lernverfahrens bildet. Je differenzierter die
Fuzzy-Güte beschrieben wird, desto besser kann der Lernalgorithmus seine Abstim-
mungen vornehmen.

Definition 16.3 *Gegeben sei ein System S mit n Messgrößen $x_1 \in X_1, \ldots,$ $x_n \in X_n$ und seiner Fuzzy-Güte G, das durch ein NEFCON-System geregelt wird. Die aktuellen Messwerte seien durch $(x_1, \ldots, x_n)$ gegeben. Der Fuzzy-Fehler E des NEFCON-Systems ist definiert als*

$$E : X_1 \times \ldots \times X_n \to [0, 1], \qquad E(x_1, \ldots, x_n) = 1 - G(x_1, \ldots, x_n).$$

Der Lernalgorithmus basiert auf **Fuzzy-Backpropagation** (vgl. Kapitel 13.2 und 15.2) und entspricht in dieser Situation einem verstärkenden Lernen ohne Verwendung eines adaptiven Kritikelements. Der Fehler wird als (negatives) Verstärkungssignal genutzt. Der Ablauf des Verfahrens ist mit dem Backpropagation-Algorithmus für das mehrschichtige Perzeptron vergleichbar. Der Fehler wird, beginnend bei der Ausgabeeinheit, rückwärts durch das Netzwerk propagiert und von den Einheiten lokal zur Adaption der Fuzzy-Mengen genutzt.

In Abhängigkeit des Fuzzy-Fehlers muss für jede Zugehörigkeitsfunktion ermittelt werden, ob und wie sie zu verändern ist. Zunächst wird festgelegt, dass nur solche Zugehörigkeitsfunktionen eine Veränderung erfahren, die mit Regeleinheiten in Verbindung stehen, deren Aktivierung ungleich null ist. Das bedeutet, dass Regeln, die in der momentanen Situation einen Erfüllungsgrad von null aufweisen, keinen Anpassungsprozess an den Fuzzy-Mengen ihrer Antezedenzen und Konsequenzen auslösen.

Weiterhin ist davon auszugehen, dass Regeleinheiten mit hoher Aktivierung einen hohen Anteil an der Ausgabe des Reglers haben. Dies muss das Ausmaß der Veränderung an den entsprechenden Fuzzy-Mengen beeinflussen.

Um einen Lernprozess im Sinne des verstärkenden Lernens zu realisieren, muss entschieden werden, ob eine Regel für ihre Reaktion auf den aktuellen Zustand zu "belohnen" oder zu "bestrafen" ist. Mit einer "Belohnung" soll erreicht werden, dass in einer gleichen Situation die Regel einen stärkeren Beitrag zur Regelaktion leistet und sie somit positiv beeinflusst. Eine "Bestrafung" soll den Beitrag der Regel abschwächen, um die Regelaktion weniger negativ zu beeinflussen.

Der individuelle Beitrag einer Regel zum Wert der Stellgröße ist nur schwer zu ermitteln, wenn die Konsequenzen zu einer einzigen Fuzzy-Menge akkumuliert werden, die schließlich defuzzifiziert wird. Liefert jedoch jede Regel einen scharfen Wert und keine Fuzzy-Menge, entfällt dieses Problem. Wir diskutieren daher zwei Versionen des Lernalgorithmus. In der ersten Version werden als Fuzzy-Mengen für die Regelkonsequenzen nur solche mit (über ihrem Träger) monotoner Zugehörigkeitsfunktion zugelassen. Aufgrund der Existenz der Umkehrfunktion liefert jede Regel R_r in Abhängigkeit ihres Erfüllungsgrades direkt einen scharfen Wert t_r, bzw. eine eindeutig zu defuzzifizierende Fuzzy-Menge $\mathbb{I}(t_r)$ im Sinne der Definition des Fuzzy-Perzeptrons (Def. 13.1). Monotone Zugehörigkeitsfunktionen werden in Tsukamotos Variante des Mamdani-Reglers verwendet [Lee 1990, Tsukamoto 1979] (vgl. auch Kapitel 12.5). Die zweite Version des Lernalgorithmus ist allgemeiner und stellt eine Variante von Algorithmus 7 dar, der in Kapitel 15.2.1 vorgestellt wurde.

Um zu entscheiden, ob der Beitrag t_r, den eine NEFCON-Regeleinheit R_r mit einer Aktivierung $a_{R_r} > 0$ zum Wert der Stellgröße liefert, einen positiven oder

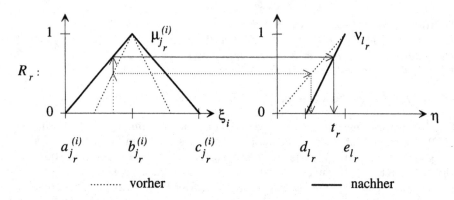

$$R_r :$$

.... vorher   ——— nachher

Abbildung 16.3 Anpassung der Zugehörigkeitsfunktionen (Belohnungssituation)

negativen Einfluss auf die Regelung hat, wird neben der Bewertung des Systemzustandes anhand des Fuzzy-Fehlers ein bestimmtes Wissen über die optimale Regelaktion benötigt. Setzt man voraus, gegebenenfalls nach geeigneter Normierung, dass im optimalen Systemzustand ein Wert von null für die Stellgröße benötigt wird, so kann entschieden werden, ob in einem gegebenen Zustand der optimale Wert y_{opt} der Stellgröße positiv oder negativ sein muss. Mit dieser Kenntnis kann der Lernalgorithmus eine Regel R_r, deren Beitrag das korrekte Vorzeichen aufweist, belohnen und andernfalls bestrafen.

Wie oben angeführt, soll sich die Belohnung einer Regel in der Erhöhung ihres Beitrages zur Regelaktion auswirken. Dies kann erreicht werden, wenn einerseits der Erfüllungsgrad der Regel bei gleichem Systemzustand erhöht wird und andererseits der Betrag von t_r größer wird. Der Erfüllungsgrad der Regel steigt, wenn die Zugehörigkeitswerte der Messwerte zu den Fuzzy-Mengen $\mu_{j_r}^{(i)}$ des Antezedens größer werden. Bei der Verwendung von dreiecks- oder trapezförmigen Zugehörigkeitsfunktionen wird dies durch eine Vergrößerung der Träger erreicht. Der Betrag von t_r wird dagegen größer, wenn der Träger der Fuzzy-Menge ν_{j_r} verringert wird. Abbildung 16.3 verdeutlicht diese Überlegung. Bei einer Bestrafung der Regel ist die entsprechend entgegengesetzte Aktion durchzuführen. Diese erste Variante des Lernalgorithmus betrachtet keine Verschiebung der Fuzzy-Mengen.

Definition 16.4 *Der erweiterte Fehler E^* eines NEFCON-Systems ist definiert als*

$$E^*(x_1, \ldots, x_n) = \text{sgn}(y_{\text{opt}}) \cdot E(x_1, \ldots, x_n),$$

wobei $(x_1, \ldots, x_n)$ die aktuelle Eingabe, E den Fuzzy-Fehler und $\text{sgn}(y_{\text{opt}})$ das Vorzeichen des (vom Betrag her unbekannten) aktuellen optimalen Stellwertes bezeichnen.

Beispiel 16.3 In Abbildung 16.4 ist der erweiterte Fehler eines NEFCON-Systems über dem Zustandsraum eines von ihm geregelten invertierten Pendels dargestellt.

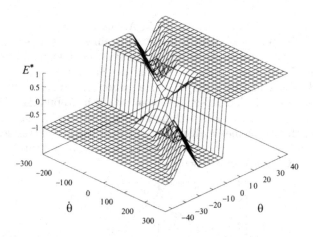

Abbildung 16.4 Aus der Fuzzy-Güte bestimmter erweiterter NEFCON-Fehler

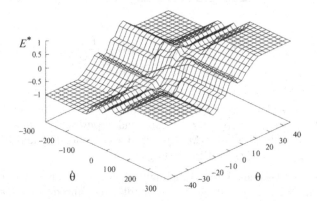

Abbildung 16.5 Regelbasierter NEFCON-Fehler

Die Grundlage bildet die Definition der Fuzzy-Güte aus Beispiel 16.1. Der Betrag des erweiterten Fehlers entspricht dem des Fuzzy-Fehlers. □

Neben der Angabe des Fuzzy-Fehlers nach Definition 16.2 kann dieser auch in Form linguistischer Regeln spezifiziert werden. Dazu ist eine Partitionierung der Messgrößen und des Intervalls $[-1, 1]$ durch Fuzzy-Mengen anzugeben. Das Intervall $[-1, 1]$ ist die Grundmenge des erweiterten Fehlermaßes E^*, das vom Betrag her dem Fuzzy-Fehler entspricht, und bei dem die vom Lernalgorithmus benötigte Richtungsinformation in Form des Vorzeichens des optimalen Stellwertes y_{opt} bereits eingegangen ist. Die Auswertung dieser Fehler-Regeln erfolgt nach dem gleichen Verfahren wie die Auswertung der Kontrollregeln. Das Beispiel 16.4 erläutert die Vorgehensweise.

Beispiel 16.4 In Abbildung 16.5 ist wie in Abbildung 16.4 der erweiterte Fehler eines NEFCON-Systems über dem Zustandsraum eines invertierten Pendels aufgetragen. Diesmal bildet jedoch die unten angegebene Basis linguistischer Regeln die Grundlage der Darstellung. Üblicherweise ist die Spezifikation des Fehlers durch linguistische Regeln einfacher vorzunehmen als durch die Angabe einer Fuzzy-Güte wie in Beispiel 16.1. Wie deutlich zu erkennen, ist die in Abbildung 16.5 dargestellte Fehlerfläche im Vergleich zu Abbildung 16.4 sehr viel differenzierter und erlaubt dem Lernalgorithmus so eine flexiblere Veränderung der Parameter des NEFCON-Systems. Nachfolgend ist die verwendete Fehler-Regelbasis und eine Skizze der Partitionierung der Variablen angegeben.

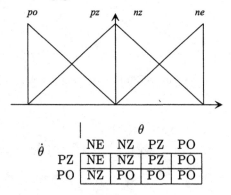

Dabei stehen die Abkürzungen PO, PZ, NZ und NE für die üblichen linguistischen Terme *positive, positive-zero, negative-zero* und *negative*. Wie aus der Skizze zu entnehmen ist, wurden die Fuzzy-Mengen für die Variablen θ, $\dot\theta$ und E^* so gewählt, dass sich eine gleichmäßige Partitionierung ergibt.   □

Die Modellierung des Fehlers mit Hilfe linguistischer Regeln und deren Auswertung mit dem auch für die Kontrollregeln angewandten Verfahren machen es grundsätzlich möglich, den für den Lernalgorithmus benötigten Fehlerwert durch ein zweites NEFCON-System berechnen zu lassen. Diese zweite NEFCON-System könnte sogar die Rolle eines adaptiven Kritikers übernehmen und ebenfalls trainiert werden.

Im Folgenden gehen wir davon aus, dass die Fuzzy-Mengen $\mu_j^{(i)}$, $i \in \{1, \ldots, n\}$, $j \in \{1, \ldots, p_i\}$, zur Darstellung der linguistischen Terme der Messgrößen $x_i \in X_i \subseteq \mathbb{R}$ in den Regelbedingungen durch dreiecksförmige Zugehörigkeitsfunktionen gegeben sind (vgl. (15.9) auf S. 317). Die linguistischen Terme der Stellgröße $y \in Y \subseteq \mathbb{R}$ in den Regelkonsequenzen werden für die erste Variante des NEFCON-Lernalgorithmus durch Fuzzy-Mengen ν_j, $j \in \{1, \ldots, q\}$, repräsentiert, die durch die folgende Art von Zugehörigkeitsfunktion gegeben sind:

$$\nu_{d,e} : \mathbb{R} \to [0,1], \qquad \nu_{d,e}(y) = \begin{cases} \dfrac{d-y}{d-e} & \text{falls} \quad \begin{array}{l}(y \in [d,e] \text{ und } d < e) \text{ oder} \\ (y \in [e,d] \text{ und } d > e)\end{array} \\ 0 & \text{sonst,} \end{cases} \qquad (16.1)$$

mit $d, e \in \mathbb{R}$.

Diese Zugehörigkeitsfunktionen haben die Form eine rechtwinkligen Dreiecks, und es gilt $\nu_j(d_j) = 0$ und $\nu_j(e_j) = 1$ (vgl. auch Abbildung 16.3). Die zweite, allgemeinere Variante des NEFCON-Lernalgorithmus kann sowohl in den Regelbedingungen als auch den Konsequenzen die üblichen dreiecks-, trapez- oder glockenförmigen Zugehörigkeitsfunktionen verwenden.

Algorithmus 13 gibt das erste NEFCON-Lernverfahren (NEFCON-1) an. Es handelt sich im wesentlichen um eine vereinfachte Variante des Algorithmus 7. Wir verwenden eine dynamische Lernaufgabe $\mathcal{L}_{\text{fixed}} = \{(\vec{x}_t, E_t^*)|0 \le t \le T\}$. $\mathcal{L}_{\text{fixed}}$ ist hier ein Spezialfall einer festen Lernaufgabe. Die Eingabemuster $\vec{x}_t$ sind Messwertvektoren zum Zeitpunkt t. Anstelle einer Zielvorgabe verwenden wir den erweiterten Fuzzy-Fehler E_t^* als Verstärkungssignal. Der Umfang der Lernaufgabe hängt von der Dauer des Trainings ab, das zum Zeitpunkt $t = 0$ beginnt und bei $t = T$ beendet wird. Der Wert von T hängt vom Abbruchkriterium des Algorithmus ab. Wir verwenden die auf Seite 311 angegebene Notation bis auf die Ausnahmen, dass unser Eingabemuster mit $\vec{x}$ bezeichnet wird und wir den hochgestellten Index an der Ausgabe-Fuzzy-Menge weglassen, da in diesem Fall $m = 1$ gilt (es gibt nur eine Ausgangsgröße). In Algorithmus 13 verwenden wir die aus Algorithmus 10 bekannte Prozedur zur Durchführung der Parameteraktualisierung.

Als Abbruchkriterium für den Lernalgorithmus kann z.B. die Bedingung gewählt werden, dass der Betrag des Fehlers E^* für eine festgelegte Anzahl von Zyklen eine bestimmte Schranke unterschreitet. Denkbar ist jedoch auch, dass das NEFCON-System während der Regelung ständig weiterlernt, um sich auf diese Weise möglichen Veränderungen im geregelten System anzupassen. Wenn das geregelte System wenig um einen guten Zustand schwankt, bewegt sich der Fuzzy-Fehler um den Wert 0, und die Änderungen an den Parametern sind ebenfalls 0 bzw. kompensieren sich über einen längeren Zeitraum.

Die Strategie des Lernverfahrens besteht darin, Regeln, die das System zu einem optimalen Zustand treiben, zu verstärken. Bei einer korrekt gewählten Regelbasis werden "Bestrafungen" von Regeln nur bei einem *Überschwingverhalten* eintreten. Auf diese Weise wird der Regler dazu gebracht, schnell einen optimalen Zustand anzustreben, um ihn dann mit möglichst wenig Regelaktionen zu halten. Ist die Regelbasis in dem Sinne fehlerhaft, dass sie "kontra-produktive" Regeln enthält, so werden diese kontinuierlich abgeschwächt. Die Grundlage für die Parameteränderungen der Fuzzy-Mengen bildet die Größe des Trägers. Auf diese Weise ist der Lernvorgang unabhängig von dem Wertebereich der Variablen und individuell für die einzelnen Fuzzy-Mengen. "Breite" Fuzzy-Mengen erfahren größere Veränderungen als "schmale".

Dass der Lernalgorithmus konvergiert, kann selbstverständlich nicht garantiert werden. Er stellt wie alle neuronalen Lernverfahren ein heuristisches Verfahren dar. Daher kann auch nicht nachgewiesen werden, dass das verwendete Fehlermaß minimiert wird. Es ließe sich durch die von [Berenji and Khedkar 1992a] angewandte Vorgehensweise ein Verfahren konstruieren, das wie beim GARIC-Modell ein Gradientenverfahren bezüglich des Fehlers annähert (vgl. Kapitel 12.6). Da jedoch die Abhängigkeit der Fehleränderung von der Änderung der Netzausgabe nicht bekannt ist, würden sich die bereits bei der Diskussion des GARIC-Modells angeführten Kri-

---

Algorithmus 13 Das Lernverfahren NEFCON-1 für Neuro-Fuzzy-Regler

1: **repeat**
2:    propagiere den aktuellen Messwertvektor $\vec{x}$;
3:    Bestimme $\mathrm{sgn}(y_{\mathrm{opt}})$ anhand von $\vec{x}$;
4:    berechne den erweiterten Fuzzy-Fehler E^*;
5:    **for all** R_r mit $A_r(\vec{x}) > 0$ **do**   (∗ über alle aktiven Regeln ∗)
6:        Bestimme den Regelanteil t_r an der Gesamtausgabe;
7:        $\mathcal{E}_r = A_r(\vec{x}) \cdot E^* \cdot \mathrm{sgn}(t_r)$;   (∗ Regelfehler ∗)
8:        $\Delta\, d_{j_r} = \sigma \cdot \mathcal{E}_r \cdot (e_{j_r} - d_{j_r})$ (∗ Parameteränderung des Konsequens ν_r ∗)
9:        Update $(\nu_r, 1)$;   (∗ siehe Alg. 10 ∗)
10:       **for all** $\mu_r^{(i)}$ **do**   (∗ Parameteränderungen der Regelbedingung ∗)
11:           $\Delta\, a_r^{(i)} = -\sigma \cdot \mathcal{E}_r \cdot (b_r^{(i)} - a_r^{(i)})$ (∗ σ ist eine Lernrate ∗)
12:           $\Delta\, c_r^{(i)} = \sigma \cdot \mathcal{E}_r \cdot (c_r^{(i)} - b_r^{(i)})$
13:       **end for**
14:       **for all** $\mu_r^{(i)}$ **do**
15:           Update $(\mu_r^{(i)}, 1)$;   (∗ siehe Alg. 10 ∗)
16:       **end for**
17:    **end for**   (∗ über alle Regeln ∗)
18:    wende die Gesamtausgabe y auf das zu regelnde System S an;
19: **until** Abbruchkriterium;

---

tikpunkte ergeben. Daher wurde in diesem Zusammenhang auf ein solches Vorgehen verzichtet.

Der Algorithmus NEFCON-1 ändert nur die Größe der Träger, nicht jedoch die Position der Fuzzy-Mengen. Die Idee besteht darin, die Anzahl der Parameteränderungen gering zu halten und den Algorithmus so zu stabilisieren. Der Algorithmus kann jedoch leicht erweitert werden, und die Änderungen für die Parameter b und e der Fuzzy-Mengen können analog zu den der anderen Parametern angegeben werden. Der zweite Lernalgorithmus NEFCON-2 zeigt, wie dies möglich ist.

NEFCON-1 basiert auf monotonen Zugehörigkeitsfunktionen in den Regelkonsequenzen. Wenn wir einen Fuzzy-Regler vom Mamdani-Typ trainieren wollen, ist diese Einschränkung unerwünscht. Wir geben daher eine erweitertes Lernverfahren NEFCON-2 an, das mit den üblichen Formen von Zugehörigkeitsfunktionen arbeiten kann.

Dann haben wir jedoch das Problem, dass wir den exakten Beitrag einer Fuzzy-Regelung an der Stellgröße nicht mehr angeben können. Wir schätzen daher den Beitrag t_r einer Regel R_r durch den Schwerpunkt ihrer aktuellen Ausgabe-Fuzzy-Menge (Konsequens) ν_r^*, d.h. $t_r = \mathrm{COG}(\nu_r^*)$. In einem Mamdani-Regler mit Max-Min-Inferenz wird die Ausgabe einer Fuzzy-Regel durch

$$\nu_r^* = \min(\nu_r(y), \tau_r)$$

Algorithmus 14 Das Lernverfahren NEFCON-2 für Neuro-Fuzzy-Regler

---

1: **repeat**
2:     propagiere den aktuellen Messwertvektor $\vec{x}$;
3:     Bestimme $\mathrm{sgn}(y_{\mathrm{opt}})$ anhand von $\vec{x}$;
4:     berechne den erweiterten Fuzzy-Fehler E^*;
5:     **for all** R_r mit $A_r(\vec{x}) > 0$ **do**   (∗ über alle aktiven Regeln ∗)
6:         Bestimme den Regelanteil t_r an der Gesamtausgabe;
7:         $\mathcal{E}_r = A_r(\vec{x}) \cdot E^* \cdot \mathrm{sgn}(t_r)$;   (∗ Regelfehler ∗)
8:         $\Delta b_r = \sigma \cdot A_r(\vec{x}) \cdot E^*$;   (∗ σ ist eine Lernrate ∗)
9:         $\Delta a_r = \Delta b_r$;
10:       $\Delta c_r = \Delta b_r$;   (∗ Parameteränderung des Konsequens ν_r ∗)
11:       Update (ν_r, 1);   (∗ siehe Alg. 10 ∗)
12:       **for all** $\mu_r^{(i)}$ **do**   (∗ Parameteränderungen der Regelbedingung ∗)
13:          $\Delta b_r^{(i)} = \sigma \cdot E_{R_r} \cdot (x_i - b_r^{(i)}) \cdot (c_r^{(i)} - a_r^{(i)})$;
14:          $\Delta a_r^{(i)} = -\sigma \cdot E_{R_r} \cdot (b_r^{(i)} - a_r^{(i)}) + \Delta b_r^{(i)}$;
15:          $\Delta c_r^{(i)} = \sigma \cdot E_{R_r} \cdot (c_r^{(i)} - b_r^{(i)}) + \Delta b_r^{(i)}$;
16:       **end for**
17:       **for all** $\mu_r^{(i)}$ **do**
18:          Update ($\mu_r^{(i)}$, 1);   (∗ siehe Alg. 10 ∗)
19:       **end for**
20:     **end for**   (∗ über alle Regeln ∗)
21:     wende die Gesamtausgabe y auf das zu regelnde System S an;
22: **until** Abbruchkriterium;

---

bestimmt, wobei τ_r der Erfüllungsgrad der Regel ist. Wenn die Fuzzy-Mengen der Regeln durch die üblichen symmetrischen Zugehörigkeitsfunktionen dargestellt werden, entspricht t_r selbstverständlich immer dem Zentrumsparameter. Die Symmetrie kann jedoch während des Lernvorgangs verlorengehen, so dass der Schwerpunkt nach jedem Lernschritt neu berechnet werden muss. Das NEFCON-2 Lernverfahren wird in Algorithmus 14 angegeben. Wir beschränken uns der Einfachheit halber auf dreiecksförmige Zugehörigkeitsfunktionen.

Wie NEFCON-1 ist auch NEFCON-2 eine einfache Heuristik. Der Algorithmus verändert nun die Position der Konsequenzen, behält jedoch die Größe der Träger bei. Deren Größe kann allerdings in der Prozedur *Update* (Algorithmus 10) angepasst werden, wenn eine der Randbedingungen des Lernalgorithmus dies verlangt. Wir können beispielsweise festlegen, dass eine Fuzzy-Menge nicht von der positiven Seite des Definitionsbereiches in den negativen verschoben werden darf. Diese Bedingung lässt sich sicherstellen, indem wir verhinden, dass der Parameter a der Zugehörigkeitsfunktion sein Vorzeichen wechselt.

Die Fuzzy-Mengen der Regelbedingungen werden in allen Parametern individuell verändert. Die Idee besteht wie bei NEFCON-1 darin, den Einfluss einer Regel zu stärken, wenn ihre Aktion in die richtige Richtung weist (Belohnung), und ihren Einfluss zu verringern, wenn ihr Beitrag kontraproduktiv ist (Bestrafung). Wenn die Regelbasis geeignet gewählt wurde, wird eine Bestrafungssituation nur auftreten, wenn das zu regelnde System überschwingt.

Beide hier angegebenen Algorithmen setzen eine bestehende Regelbasis voraus. Der folgende Abschnitt beschreibt, wie wir die Fuzzy-Regeln für ein NEFCON-System erlernen können.

16.3   Erlernen einer Regelbasis

Wenn ein dynamisches System bisher nicht von einem Experten beherrscht wird und eine Regelungsstrategie daher unbekannt ist, muss ein adaptiver Regler erst eine Regelstrategie entwickeln, um erfolgreich eingesetzt zu werden. Dass Neuronale Regler dazu mit einfachen Mitteln in der Lage sind, wurde in [Barto *et al.* 1983] gezeigt. Ein wesentlicher Nachteil Neuronaler Regler besteht allerdings darin, dass das in ihnen kodierte Regelwissen nicht direkt zugänglich ist. Ein Neuro-Fuzzy-Regler dagegen ist transparent. Seine für ein unbekanntes System entwickelte Regelungsstrategie kann in Form linguistischer Kontrollregeln interpretiert werden, wenn ein Lernverfahren existiert, das ohne A-priori-Wissen in Form einer Regelbasis auskommt. Das NEFCON-Modell bietet diese Möglichkeit.

Eine Regelbasis für eine regelungstechnisches Problem zu erlernen ist sehr viel schwieriger, als Regelbasen für Funktionapproximations- oder Klassifikationsproblemen zu finden, für die wir Regellernverfahren in Kapitel 14 angegeben haben. Da wir eine Lernaufgabe verwenden müssen, die mit einem Verstärkungssignal statt einer Zielvorgabe auskommen muss, können wir bei der Regelbildung nicht so ohne weiteres ein geeignetes Konsequens bestimmen.

Beim Erlernen einer Regelbasis haben wir im Prinzip zwei Möglichkeiten, die beide für NEFCON implementiert sind. Wir können mit einer leeren Regelbasis zu beginnen und jedesmal dann eine neue Regel hinzuzufügen, wenn ein Datum nicht mehr befriedigend durch die bereits vorhandenen Regeln erklärt werden kann. Diese Vorgehensweise haben wir in Kapitel 14 erläutert. Sie setzt jedoch die Verfügbarkeit einer Zielvorgabe für jedes Eingabemuster der Lernaufgabe voraus. Wenn wir keine Zielvorgabe kennen, können wir versuchen, eine geeignete Ausgabe zu schätzen. Bevor wir ein solches **inkrementelles Regellernen** für NEFCON beschreiben, betrachten wir zunächst eine Alternative.

Wir können auch mit allen Regeln, die aufgrund der Partitionierungen der Variablen gebildet werden können, beginnen und sukzessive Regeln eliminieren. Dieses Verfahren wird **dekrementelles Regellernen** genannt. Es ist bei weitem nicht so effizient wie das oben erwähnte Verfahren, kann dafür jedoch auf unbekannte, bisher nicht beherrschte Systeme ohne Schwierigkeiten angewandt werden. Dieses Verfahren verlangt nicht, eine Ausgabe abzuschätzen.

Für ein technisches System mit n Messgrößen, die jeweils mit p_i Fuzzy-Mengen partitioniert sind und einer Stellgröße mit q zugeordneten linguistischen Termen, lassen sich maximal N verschiedene linguistische Regeln mit

$$N = q \cdot \prod_{i=1}^{n} p_i \qquad (16.2)$$

bilden. Ein auf dieser Grundlage gebildetes überbestimmtes NEFCON-System weist folglich N innere Einheiten auf und ist zunächst inkonsistent. Wir lassen diese Situation nur während des Regellernens zu. Das Regellernverfahren entspricht im Prinzip einer Strukturoptimierung, da seine Aufgabe darin besteht, Regeln zu entfernen und eine konsistente Regelbasis mit $k \leq \frac{N}{q}$ Regeln zu erzeugen.

Der dekrementelle Regellernalgorithmus benötigt Partitionierungen aller Variablen, d.h., die Anzahl der Fuzzy-Mengen ist vorzugeben. Der Umfang der zu bildenden Regelbasis steht zu Beginn nicht fest.

Der Lernvorgang teilt sich in drei Phasen ein. In der ersten Phase werden die Regeleinheiten entfernt, die eine Ausgabe liefern, deren Vorzeichen nicht dem des aktuellen optimalen Stellwertes entspricht. In der zweiten Phase werden jeweils Regeleinheiten mit identischem Antezedens zusammen betrachtet. In jedem Zyklus wird aus jeder dieser Regelteilmengen eine Regel ausgewählt, die zur Gesamtausgabe beitragen darf. Der dabei auftretende Fehler wird dieser Regeleinheit zugeschlagen. Am Ende dieser Phase wird aus allen Teilmengen die Regel ausgewählt, die den geringsten Fehler aufweist. Die anderen Einheiten werden aus dem Netz entfernt. Zusätzlich werden Regeleinheiten entfernt, die nur sehr selten oder überhaupt nicht aktiv waren. Die dritte Phase umfasst die Anpassung der Fuzzy-Mengen durch einen der beiden in Abschnitt 16.2 angegebenen Algorithmen.

Algorithmus 15 gibt das dekrementelle Regellernverfahren an. Wir verwenden dieselben Notationen wie im vorangegangenen Abschnitt mit folgenden Ergänzungen:

- C_r bzw. Z_r sind Hilfsvariablen, die für jede Regel zählen, wie oft sie aktiv war bzw. welchen Fehler sie akkumuliert hat.

- $\mathcal{R}_j$ ist eine Teilmenge von Regeln, die alle die gleichen Bedingungen verwenden.

- β ist ein Parameter des Lernalgorithmus und gibt an, wie oft eine Regel aktiv sein muss, damit sie in der Regelbasis verbleiben darf.

Die Strategie des Lernverfahrens besteht darin, die Regeln "auszuprobieren" und anhand des zu regelnden Systems zu bewerten. Regeln, die den Test nicht bestehen, werden eliminiert. In der ersten Phase wird nur geprüft, ob die Ausgabe einer Regel das korrekte Vorzeichen aufweist. Dieser Vorgang muss nicht durch den Lernalgorithmus durchgeführt werden. Da das Vorzeichen des optimalen Stellwertes für alle Zustände bekannt sein muss, kann diese Information auch vor der Konstruktion des NEFCON-Systems genutzt werden, um die Hälfte der Regeleinheiten erst gar nicht anzulegen (eine symmetrische Partitionierung der Variablen vorausgesetzt).

Die zweite Phase muss aus Regelteilmengen, die jeweils die Regeln mit identischer Bedingung enthalten, diejenige Regel auswählen, die während der Lernphase die geringsten Fehlerwerte hervorgerufen hat. Dazu darf in jedem Zyklus nur eine Regel pro Teilmenge ausgewählt werden, die sich an der Regelung des Systems

---

Algorithmus 15 Dekrementelles Regellernen in einem NEFCON-System

---

1: Bilde alle N möglichen Regeln;   (∗ vgl. (16.2) ∗)
2: Initialisiere all C_r zu null;
3: **for** $(i = 0;\ i < m_1;\ i = i + 1)$ **do**   (∗ m_1 Schleifendurchläufe ∗)
4:     Propagiere den aktuellen Systemzustand $\vec{x}$ von S und berechne y;
5:     Bestimme $\mathrm{sgn}(y_{\mathrm{opt}})$ aufgrund von $\vec{x}$;
6:     **for all** R_r mit $A_r(\vec{x}) > 0$ **do**   (∗ für jede Regel ∗)
7:         Bestimme t_r;
8:         **if** $(\mathrm{sgn}(t_r) \neq \mathrm{sgn}(y_{\mathrm{opt}}))$ **then** (∗ Entferne Regeln mit falscher Richtung ∗)
9:             lösche R_r;
10:        **else**
11:            $C_r = C_r + 1$;
12:        **end if**
13:    **end for**
14:    Wende y auf S an und bestimme den neuen Zustand $\vec{x}$;
15: **end for**
16: Initialisiere alle Z_r zu null;
17: **for** $(i = 0;\ i < m_2;\ i = i + 1)$ **do**   (∗ m_2 Schleifendurchläufe ∗)
18:    **for all** $\mathcal{R}_j = \{R_r\,|\,\mathrm{ante}(R_r) = \mathrm{ante}(R_s),\ (r \neq s)\}$ **do**
19:        Wähle zufällig eine Regel R_{r_j};   (∗ Regeln mit gleicher Bedingung ∗)
20:    **end for**
21:    Propagiere den aktuellen Systemzustand $\vec{x}$ von S;
22:    Berechne y nur aufgrund der ausgewählten Regeln;
23:    Wende y auf S an und bestimme den neuen Zustand $\vec{x}$;
24:    Bestimme $\mathrm{sgn}(y_{\mathrm{opt}})$ und E^* aufgrund des neuen $\vec{x}$;
25:    **for all** R_{r_j} **do**   (∗ für alle gewählten Regeln ∗)
26:        **if** $A_{r_j}(\vec{x}) > 0$ **then**   (∗ falls Erfüllungsgrad > 0 ∗)
27:            $Z_{r_j} = Z_{r_j} + |A_{r_j}(\vec{x}) \cdot E^*|$;
28:            $C_{r_j} = C_{r_j} + 1$;
29:        **end if**
30:    **end for**
31: **end for**
32: **for all** $\mathcal{R}_j$ **do**   (∗ Regeln mit gleicher Bedingung ∗)
33:    lösche alle R_{s_j} für die R_{r_j} mit $Z_{r_j} \leq Z_{s_j}$ existiert;
34: **end for**
35: **for all** R_r **do**   (∗ prüfe verbleibende Regeln ∗)
36:    **if** $(C_r \leq \beta \cdot (m_1 + m_2))$ **then**   (∗ falls Regel nicht oft genug aktiv ∗)
37:        entferne R_r;
38:    **end if**
39: **end for**

---

beteiligt. Diese Auswahl erfolgt zufällig mit gleicher Wahrscheinlichkeit für jede Regel einer Teilmenge. Am Ende der Phase bleibt pro Teilmenge genau eine Regel erhalten. Auf diese Weise ist sichergestellt, dass die Bedingungen der Regeln paarweise disjunkt sind. Damit entspricht das NEFCON-System der Definition 16.1. Die Entfernung von Regeleinheiten, die nie oder zu selten einen Erfüllungsgrad größer null aufwiesen, dient der Reduktion der Regelbasis. Wenn beispielsweise Regeln, die nicht in mindestens 1% aller Iterationsschritte aktiv waren, gelöscht werden sollen, ist $\beta = 0.01$ zu wählen. Dabei ist zu beachten, dass β nicht zu groß gewählt wird, um nicht Regeln für seltene, aber für die Regelung kritische Zustände ungewollt zu eliminieren.

Um eine gute Regelbasis zu erhalten, ist es notwendig, dass die ersten zwei Phasen ausreichend lange andauern und dass das zu regelnde System einen großen Teil seines Zustandsraums durchläuft. Dies lässt sich einerseits durch zufällige Startzustände nach einem Versagen der Regelung, was in den ersten zwei Phasen sehr häufig eintreten wird, und andererseits durch Störeinflüsse erreichen, z.B. Hinzufügung von Gaußschem Rauschen zur Stellgröße [Barto *et al.* 1983]. Nachdem das Regellernen abgeschlossen wurde, werden die Fuzzy-Mengen trainiert, um die Leistung des NEFCON-Systems zu verbessern.

Dekrementelles Regellernen kann nur dann verwendet werden, wenn es nur wenige Variablen und wenige Fuzzy-Mengen gibt. Laufzeit und Speicherbedarf steigen exponentiell mit der Zahl der Variablen an. Bei einem System aus vier Eingangs- und einer Ausgangsvariablen, die mit je sieben Fuzzy-Mengen partitioniert sind, gibt es bereits $7^5 = 16807$ mögliche Regeln. Diese Zahl kann nur reduziert werden, falls bereits einige Regeln aufgrund von Vorwissen bekannt sind. Eine so hohe Anzahl von Regeln wird das Lernen in Echtzeit an einem physikalischen System vermutlich ausschließen und auch bei Verwendung einer Prozesssimulation zu lange dauern. Es ist daher wichtig, auch einen inkrementellen Regellernalgorithmus zur Verfügung zu haben.

Das Problem ist, dass wir den korrekten Stellwert für einen gegebenen Systemzustand nicht kennen und daher keine Regel angeben können, wenn ein neuer unbekannter Systemzustand auftritt. Wir können jedoch versuchen, einen Stellwert auf der Grundlage des Fuzzy-Fehlers zu schätzen. Wir können beispielsweise die Heuristik anwenden, dass bei einem großen Fehlerwert auch ein großer Stellwert benötigt wird. Zu diesem Zweck müssen wir einen Bereich für die möglichen Stellwerte und einen Fuzzy-Fehler definieren.

Der im Folgenden angegebene inkrementelle Regellernalgorithmus verwendet diese Methode und fügt Regel für Regel zu einer anfänglich leeren Regelbasis hinzu. Das Verfahren arbeitet bei der Erstellung einer Regelbedingung wie die Algorithmen 1 und 4, d.h., eine Bedingung wird aus der Kombination von Fuzzy-Mengen gebildet, die jeweils den größten Zugehörigkeitsgrad für die aktuelle Eingabe liefern. Anschließend schätzt der Algorithmus ein Regelkonsequens aufgrund des aktuellen Fuzzy-Fehlers. In einer zweiten Phase optimiert der Algorithmus die Regelbasis, indem er Konsequenzen in einer benachbarten Fuzzy-Menge verändert, falls dies notwendig ist. Im Anschluss werden dann wie üblich die Fuzzy-Mengen durch eines der in Abschnitt 16.2 angegebenen Verfahren trainiert.

Der Algorithmus verwendet die gleiche Notation wie Algorithmus 15 mit folgenden Ergänzungen:

- Der Wertebereich der Stellgröße y ist durch $[y_{min}, y_{max}]$ gegeben. Die Intervallmitte ist $y_{center} = \dfrac{y_{max} - y_{min}}{2}$.

- σ ist eine Lernrate.

Inkrementelles Regellernen ist sehr viel weniger aufwendig als dekrementelles Regellernen. Es ist nicht notwendig alle möglichen Regeln gleichzeitig zu betrachten, was sowieso unmöglich wird, wenn die Zahl der Variablen und Zugehörigkeitsfunktionen sehr hoch ist.

Es kann nicht erwartet werden, dass eine Regelbasis, die durch einen der beiden Regellernalgorithmen entwickelt wird, der Formulierung eines Experten ähnelt, der das technische System beherrscht. Erstens kann es mehrere in ihrer Regelungsgüte vergleichbare Regelbasen für ein System geben, zweitens hängt der Lernerfolg, wie bei allen neuronalen Lernverfahren, von nur heuristisch zu bestimmenden Faktoren wie Lernrate, Dauer des Verfahrens und der Güte des Fehlermaßes ab.

Das Erlernen einer Regelbasis durch NEFCON darf nicht als endgültige Problemlösung interpretiert werden, sondern ist als Aufklärungshilfe zu verstehen. So ist es durchaus denkbar, dass Regeln, die nicht der Intuition entsprechen, nach dem Lernvorgang ausgetauscht werden, und die Adaption der Fuzzy-Mengen wieder aufgenommen wird. Auch muss der Lernvorgang nicht mit völliger Unkenntnis bezüglich der Regelbasis gestartet werden. Zwei Maßnahmen können partielles Wissen in den Lernvorgang einfließen lassen und gleichzeitig den Aufwand des Lernverfahrens in den ersten beiden Phasen, insbesondere beim dekrementellen Regellernen, reduzieren:

- Ist für ein bestimmtes Antezedens ein passendes Konsequens bekannt, so wird die äquivalente Regeleinheit angelegt und dem Lernalgorithmus untersagt, sie zu entfernen. Regeln mit demselben Antezedens werden nicht erzeugt.

- Kommen für bestimmte Zustände nur Teilmengen aller möglichen Regeln in Frage, so werden nur diese im Netz angelegt und die verbleibenden Regeleinheiten gar nicht erst erzeugt.

Auch für inkrementelles Regellernen ist Vorwissen von Vorteil. Wenn Regeln bekannt sind, muss der Algorithmus nicht mit einer leeren Regelbasis beginnen und gelangt schneller zum Ziel. Ein Benutzer kann für vorgegebene Regeln wählen, ob sie in der Regelbasis bleiben müssen, oder ob das Lernverfahren sie beliebig verändern und eventuell auch wieder entfernen darf.

16.4 Implementierungen von NEFCON

NEFCON wurde in drei Software Versionen für unterschiedliche Plattformen implementiert. Es gibt eine Version *NEFCON-I* für UNIX Rechner [Diekgerdes 1993,

---

Algorithmus 16 Inkrementelles Regellernen in einem NEFCON-System

---

1: **for** $(i = 0; i < m_1; i = i + 1)$ **do**   (∗ m_1 Schleifendurchläufe ∗)

2:    Bestimme den aktuellen Systemzustand $\vec{x}$ von S;

3:    Bestimme E^* anhand von $\vec{x}$;

4:    **for all** x_i **do**   (∗ es gibt n Eingangsgrößen ∗)

5:       $\mu_{j_i}^{(i)} = \text{argmax}_{\mu_j^{(i)}, j \in \{1,\ldots,q_i\}} \{\mu_j^{(i)}(p_i)\}$;

6:    **end for**

7:    Erzeuge Bedingung $A = (\mu_{j_1}^{(1)}, \ldots, \mu_{j_n}^{(n)})$;

8:    **if** (Es gibt keine Regel mit Bedingung A) **then**

9:      **if** $(E^* \geq 0)$ **then**

10:        $o = y_{\text{center}} + |E^*| \cdot (y_{\text{max}} - y_{\text{center}})$;

11:      **else**

12:        $o = y_{\text{center}} - |E^*| \cdot (y_{\text{center}} - y_{\text{min}})$;

13:      **end if**

14:      Finde die Fuzzy-Menge $\hat{\nu}$ mit $(\forall j)(\hat{\nu}(o) \geq \nu_j(o))$;

15:      Bilde die Regel $R = (A, \hat{\nu})$ und füge sie zur Regelbasis hinzu;

16:      Erzeuge $C_r = 0$;

17:    **end if**

18:    Bestimme die NEFCON-Ausgabe y und wende sie auf S an;

19: **end for**

20: **for** $(i = 0; i < m_2; i = i + 1)$ **do**   (∗ m_2 Schleifendurchläufe ∗)

21:    Propagiere den aktuellen Systemzustand $\vec{x}$ von S;

22:    Bestimme E^* anhand von $\vec{x}$;

23:    **for all** R_r **do**   (∗ über alle Regeln ∗)

24:      **if** $(A_r(\vec{x}) > 0)$ **then**   (∗ Regel aktiv? ∗)

25:        $C_r = C_r + 1$;

26:        Bestimme t_r;

27:        Berechne $t_r^* = t_r + \sigma \cdot A_r(\vec{x}) \cdot E^*$;

28:        Setze das Konsequens von R_r zu $\hat{\nu}$ mit $(\forall j)(\hat{\nu}(t_r^*) \geq \nu_j(t_r^*))$

29:      **end if**

30:    **end for**

31: **end for**

32: **for all** R_r **do**   (∗ prüfe verbleibende Regeln ∗)

33:    **if** $(C_r \leq \beta \cdot m_2)$ **then**   (∗ falls Regel nicht oft genug aktiv ∗)

34:      entferne R_r;

35:    **end if**

36: **end for**

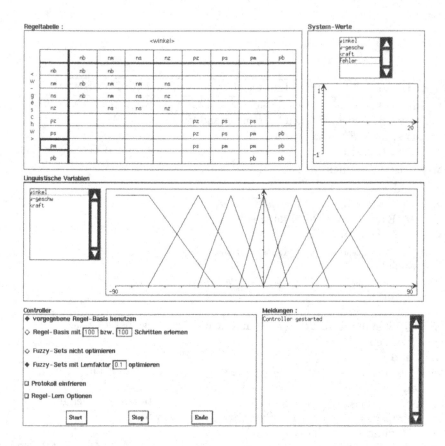

Abbildung 16.6 Die Oberfläche von NEFCON-I für die Regelung und den Lernvorgang

Nauck 1994a, Nauck 1994c] (das „I" steht für InterViews — eine Bibliothek zur Entwicklung graphischer Benutzeroberflächen), eine Version namens *NEFCON-Win* für Windows-PCs und eine Version für MATLAB/SIMULINK, die *NEFCON für MATLAB* genannt wird [Nürnberger *et al.* 1997]. Alle Versionen sind über das Internet erhältlich und können in Forschung und Lehre frei verwendet werden. Die Software ist unter `http://fuzzy.cs.uni-magdeburg.de` abrufbar. In diesem Abschnitt diskutieren wir einige Beispiel anhand der Versionen für UNIX und MATLAB.

Wir beginnen mit der NEFCON-I für UNIX-Umgebungen und wenden es auf ein invertiertes Pendel an. NEFCON-I implementiert dekrementelles Reglerlernen und verwendet den Algorithmus NEFCON-1 zum Trainieren der Zugehörigkeitsfunktionen. Nach dem Start des Programms, können Variablen mit ihren Fuzzy-Partitionierungen und Fuzzy-Regelbasen geladen werden. Es ist auch möglich, Fuzzy-Mengen und -Regeln mit Hilfe graphischer Editoren zu definieren. Der (erweiterte) Fuzzy-Fehler wird auf die gleiche Weise spezifiziert.

Nachdem die notwendigen Daten eingegeben wurden, wird ein NEFCON-System erzeugt, und eine graphische Oberfläche zur Überwachung des Lernvorgangs erscheint (siehe Abbildung 16.6). Hier ist es möglich, Lernparameter einzustellen und die im Rahmen des Lernvorgangs vorgenommenen Änderungen an den Fuzzy-Mengen zu beobachten. Wenn eine Regelbasis erlernt werden muss, ist die Regeltabelle zunächst leer. Nach Abschluss des Regellernens werden die Regeln dort angezeigt.

Um einen Lernvorgang anzustoßen und die Leistung des Reglers zu beobachten, ist der Name eines externen Programms anzugeben, dass ein dynamisches System simuliert bzw. die Schnittstelle zu einem physikalischen System bildet. Als Beispiel verwenden wir hier eine Implementierung eines invertierten Pendels. Dessen Dynamik wird durch die folgenden nicht-linearen Differentialgleichungen modelliert [Barto *et al.* 1983]. Die Simulation setzt zur Bestimmung der Variablen ein Runge-Kutta-Verfahren mit einer Schrittweite von 0.1 ein.

$$\ddot{\theta} = \frac{g\sin\theta + \cos\theta\frac{-F - ml\dot{\theta}^2\sin\theta + \mu_c\,\mathrm{sgn}(\dot{x})}{m_c + m} - \frac{\mu_p\dot{\theta}}{ml}}{l\left[\frac{4}{3} - \frac{m\cos^2\theta}{m_c + m}\right]}$$

$$\ddot{x} = \frac{F + ml(\dot{\theta}^2\sin\theta - \ddot{\theta}) - \mu_c\,\mathrm{sgn}(\dot{x})}{m_c + m}$$

Die Variablen der Gleichungen haben die folgenden Bedeutungen:

x horizontale Position des Wagens
$\dot{x}$ Geschwindigkeit des Wagens
θ relativ zur vertikalen Achse gemessener Winkel des Stabes
$\dot{\theta}$ Winkelgeschwindigkeit des Stabes
F Auf den Wagen ausgeübte Kraft

Weiterhin finden die folgenden Konstanten Verwendung:

$g = -9.8\mathrm{m/s}^2$ Gravitationskonstante
$m_c = 1.0\,\mathrm{kg}$ Masse des Wagens
$m = 0.1\,\mathrm{kg}$ Masse des Stabes
$l = 0.5\,\mathrm{m}$ halbe Stablänge
$\mu_c = 0.0005$ Reibungskoeffizient des Wagens auf der Strecke
$\mu_p = 0.000002$ Reibungskoeffizient des Stabes auf dem Wagen

Die Simulation des invertierten Pendels ist in einem eigenständigen Programm implementiert, das mit der Entwicklungsumgebung kommuniziert. Es besitzt eine eigene graphische Oberfläche, die das Pendel animiert und dem Benutzer die Veränderung der Messgrößen erlaubt (siehe Abbildung 16.7).

Für die folgenden Versuche werden nur Winkel und Winkeländerung des Pendels betrachtet. Der Ort des Wagens wird aus Gründen der Vereinfachung vernachlässigt. Die Wertebereiche der Variablen sind jeweils durch $\theta \in [-90, 90]$, $\dot{\theta} \in [-200, 200]$ und $F \in [-25, 25]$ gegeben. Der Fuzzy-Fehler wird in allen Fällen durch die in Beispiel 16.4 angegebene Regelbasis bestimmt.

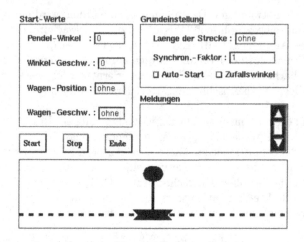

Abbildung 16.7   Graphische Oberfläche der Pendelsimulation

Erster Versuch (NEFCON-I)

Der erste Versuch befasst sich mit der Optimierung der Fuzzy-Mengen bei gegebener Regelbasis. Die verwendeten Kontrollregeln werden von NEFCON-I in Form einer Tabelle angezeigt und sind dem Abbildung 16.9 zu entnehmen. Die dort verwendeten Abkürzungen entsprechen denen in der Literatur üblichen Bezeichnungen linguistischer Terme. Dabei stehen die Buchstaben p und n für *positive* und *negative* sowie b, m, s und z für *big, medium, small* und *zero*. Die anfängliche Partitionierung der Variablen ist in Abbildung 16.8 dargestellt. Da der Lernalgorithmus über ihrem Träger monotone Zugehörigkeitsfunktion für die Stellgröße verlangt, muss der linguistische Term *ungefähr null* bei allen Variablen durch *positiv null* (pz) und *negativ null* (nz) ersetzt werden, um eine symmetrische Regelbasis aufstellen zu können.

    Wie aus Abbildung 16.10 ersichtlich ist, kann der Regler mit der gewählten Ausgangssituation das Pendel nicht balancieren. Nach dem Start des Lernvorgangs erreicht NEFCON-I jedoch sehr schnell einen stabilen Zustand. Um die Robustheit des Regelverhaltens zu testen, wurden gezielt Störungen auf das Pendel ausgeübt, indem der Winkel plötzlich auf Werte von $\pm 10, \pm 15$ oder ± 20 Grad verändert wurde. Wie dem Winkelverlauf in Abbildung 16.13 zu entnehmen ist, konnte daraufhin ein vorläufiges Versagen der Regelung hervorgerufen werden. Durch weitere Anpassung der Fuzzy-Mengen war es NEFCON-I möglich, diese Störungen im weiteren Verlauf auszuregeln. Zum Schluss des Lernvorgangs ließ sich durch Störungen kein Regelversagen mehr provozieren. Die äußeren Eingriffe in die Regelung sind an den kleineren Spitzen zwischen ± 20 Grad im Diagramm von Abbildung 16.13 erkennbar. Die großen Spitzen zeigen ein Umfallen des Pendels an. In Abbildung 16.14 und Abbildung 16.15 sind der Verlauf der Stellgröße (Kraft) und des Fehlers dargestellt. Wie deutlich zu erkennen ist, benötigt der Regler nach dem erfolgreichen

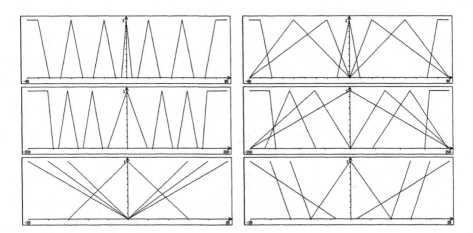

Abbildung 16.8 Die Partitionierung der Mess- und Stellgrößen des invertierten Pendels vor (links) und nach (rechts) dem Lernvorgang im Vergleich (von oben nach unten: Winkel θ, Winkeländerung $\dot{\theta}$, Kraft F)

Lernvorgang (etwa nach dem 2000. Zyklus) nur noch eine minimale Kraft zur Balance des Pendels. Die resultierende Partitionierung der Mess- und Stellgrößen ist Abbildung 16.8 zu entnehmen.

Die Abbildungen 16.11 und 16.12 zeigen das so genannte *Kennfeld* des Reglers vor und nach dem Lernvorgang. Es ist deutlich zu sehen, wie die Oberfläche durch den Lernalgorithmus „geglättet" wird, wodurch sich ein „weicheres" Regelverhalten ergibt, d.h., es treten keine plötzlichen Veränderungen der Stellgröße mehr auf. Die stärkeren Schwankungen in Bereichen betragsmäßig großer Winkel (etwa ≥ 70 Grad) deuten darauf hin, dass diese selten angenommen werden bzw. nicht mehr beherrscht werden können. Dies ist ein Hinweis darauf, dass der Wertebereich der Messgröße θ verringert werden kann.

Zweiter Versuch (NEFCON-I)

Der zweite Versuch befasst sich mit dem Erlernen einer Regelbasis. Als anfängliche Partitionierung werden die Fuzzy-Mengen verwendet, die im ersten Versuch erlernt worden sind (vgl. Abbildung 16.8). Wir verwenden einen Lernvorgang mit 3000 Zyklen für die erste und 3000 Zyklen für die zweite Lernphase gestartet. Zusätzlich wird festgelegt, dass am Ende der zweiten Phase diejenigen Regeln zu löschen sind, die in mindestens 99% aller Zyklen einen Erfüllungsgrad unter 0.1 aufweisen.

Der Regler war in der Lage, mit der erlernten Regelbasis (Abbildung 16.16) das Pendel sofort zu balancieren. Um Störungen von ± 20 Grad auszugleichen, muss das System in der dritten Phase zunächst noch eine Anpassung der Fuzzy-Mengen vornehmen. Danach können auch Störungen dieser Größe abgefangen werden (siehe Abbildung 16.17).

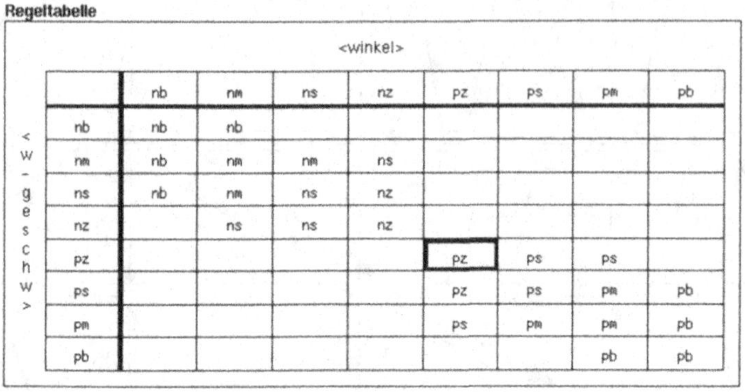

Regeltabelle

		nb	nm	ns	nz	pz	ps	pm	pb
					<winkel>				
<w-geschw>	nb	nb	nb						
	nm	nb	nm	nm	ns				
	ns	nb	nm	ns	nz				
	nz		ns	ns	nz				
	pz					pz	ps	ps	
	ps					pz	ps	pm	pb
	pm					ps	pm	pm	pb
	pb							pb	pb

Abbildung 16.9 Die für den 1. Versuch von NEFCON verwendete Regelbasis

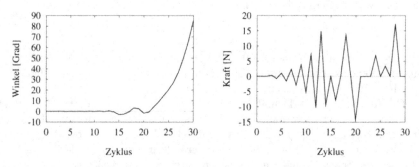

Abbildung 16.10 Ohne Lernvorgang versagt die Regelung (Winkel- und Kraftverlauf)

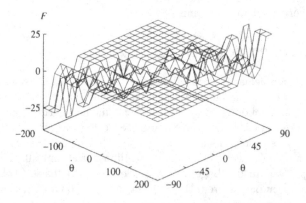

Abbildung 16.11 Kennfeld vor dem Lernvorgang

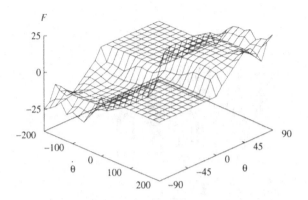

Abbildung 16.12 Kennfeld nach dem Lernvorgang

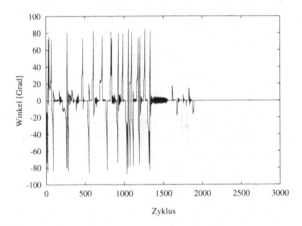

Abbildung 16.13 Der Winkel θ des Pendels während des Lernvorgangs

Drittes Experiment (NEFCON für MATLAB)

Für den letzten Versuch betrachten wir NEFCON für MATLAB [Nürnberger *et al.* 1997] und wenden es auf ein so genanntes PT_2-System an, dass durch die beiden folgenden Differentialgleichungen gegeben ist:

$$\frac{1}{\omega_0^2} \cdot \ddot{\xi} + \frac{2D}{\omega_0} \cdot \dot{\xi} + \xi = V \cdot \eta.$$

Für die Konstanten wählen wir $\omega_0 = \sqrt{50}$, $D = \frac{2}{5}\sqrt{2}$ und $V = 1$. In der klassischen Regelungstechnik wird ein PT_2-System durch einen PI- oder PID-Regler geregelt.

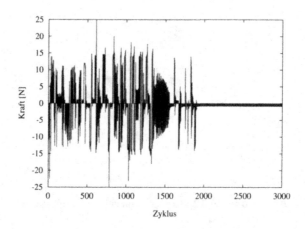

Abbildung 16.14 Der Verlauf der Stellgröße während des Lernvorgangs

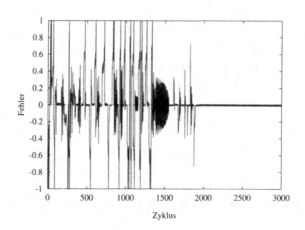

Abbildung 16.15 Der Fehlerverlauf während des Lernvorgangs

Ein Vergleich mit Fuzzy-Reglern für diese Art von System findet man zum Beispiel in [Knappe 1994].

Der gewünschte Verlauf der Systemgröße η ist durch ein Referenzsignal $\hat{\eta}$ vorgegeben, das durch den NEFCON-Signalgenerator (siehe Abbildung 16.18) erzeugt wird. Der NEFCON-Signalgenerator erlaubt es, eine Variante des Fuzzy-Fehlers für den Lernprozess zu verwenden. Der erwünschte Verlauf der Zustandsvariablen (hier η) kann durch Fuzzy-Grenzen eingefasst werden. Wenn die Werte der Variablen innerhalb dieser Grenzen verlaufen, ist der Fehler null. Wenn die Grenzen überschrit-

Regeltabelle

		<winkel>							
		nb	nm	ns	nz	pz	ps	pm	pb
<w-geschw>	nb								
	nm			nm	nm				
	ns		ns	nm	nz				
	nz		nb	nb	nz				
	pz					pz	pb	pb	
	ps					pz	pb	pz	
	pm					pm	pz		
	pb								

Abbildung 16.16 Von NEFCON-I erlernte Regelbasis

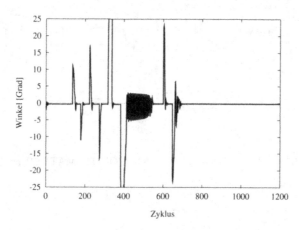

Abbildung 16.17 Winkelverlauf nach Erlernen der neuen Regelbasis

ten werden, wird der übliche erweiterte Fuzzy-Fehler bestimmt. Auf diese Weise kann ein Benutzer Bereiche angeben, bei denen eine Abweichung vom gewünschten Verlauf toleriert wird.

NEFCON für MATLAB (siehe Abbildung 16.21) wurde als Toolbox in MAT-LABs Programmiersprache implementiert und ist daher plattformunabhängig. Zusätzlich zur MATLAB-Umgebung benötigt die NEFCON Toolbox die SIMULINK-Software, die Fuzzy Toolbox und die NCD Blockset Toolbox, die alle als Erweiterungen zu MATLAB erhältlich sind. NEFCON kann bequem über eine graphische Oberfläche gesteuert werden und kann alle Eigenschaften von MATLAB nutzen. Der zu regelnde Prozess wurde in der SIMULINK-Umgebung implementiert [Nürnberger *et al.* 1997].

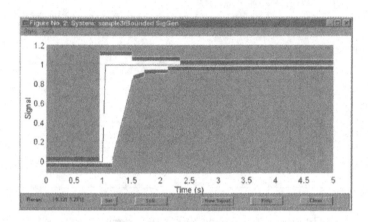

Abbildung 16.18 Der NEFCON-Signalgenerator unter MATLAB

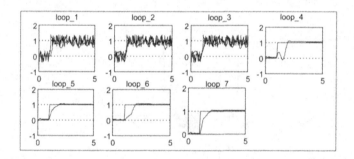

Abbildung 16.19 Das Lernergebnis von NEFCON für MATLAB angewandt auf ein PT$_2$-System

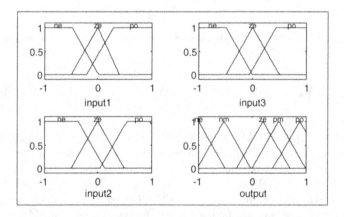

Abbildung 16.20 Die von NEFCON für MATLAB erlernten Fuzzy-Mengen

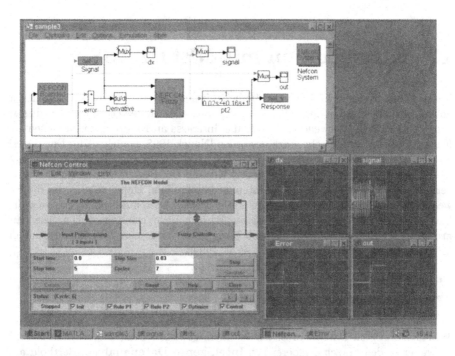

Abbildung 16.21 Beispiel einer Simulationsumgebung unter der Verwendung von NEF-CON für MATLAB

Zur Regelung des PT_2-Systems, wird ein NEFCON-System mit drei Eingangsgrößen $x_1 = e = \hat{\eta} - \eta$, $x_2 = \dot{e}$, $x_3 = \eta$ und einer Ausgangsvariablen $y = \xi$ erzeugt. Jede Eingangsgröße wird durch drei dreiecksförmige Zugehörigkeitsfunktionen partitioniert, während wir für die Ausgangsgröße fünf dreiecksförmige Fuzzy-Mengen verwenden. Wir setzen inkrementelles Regellernen und NEFCON-2 zum Training der Fuzzy-Mengen ein.

In Abbildung 16.19 können wir die Leistung des Regler ablesen. Der gesamte Lernprozess wird für sieben Zyklen des PT_2-Systems durchgeführt, wobei jeder Zyklus fünf Sekunden Simulation entspricht (167 Schritte). Regellernen wird in den ersten drei Zyklen durchgeführt. Dem Stellwert wird Gaußsches Rauschen hinzugefügt, um den den Zustandsraum besser abzudecken. Das Training der Fuzzy-Mengen beginnt mit dem vierten Zyklus. Nach sieben Zyklen, kann der Regler den Prozess gut an dem erwünschten Verlauf entlangführen. Das Regelverhalten ist jedoch etwas unruhig, in dem konstanten Teil nach dem Sprung. Das wird durch den Signalgenerator jedoch implizit toleriert (siehe Abbildung 16.18). Die von NEFCON erlernte Regelbasis enthält 25 Regeln. Die resultierenden Fuzzy-Mengen sind in Abbildung 16.20 zu sehen.

Leser, die an weitergehenden Untersuchungen zur Fuzzy-Regelung interessiert sind, verweisen wir beispielsweise auf [Michels *et al.* 2002].

17 Klassifikation mit NEFCLASS

Neuro-Fuzzy-Systeme wurden ursprünglich mit der Idee entwickelt, Fuzzy-Regler zu optimieren. Die meisten der in Kapitel 12 diskutierten Modelle stammen aus diesem Einsatzbereich. Mittlerweile ist jedoch das Interesse an Neuro-Fuzzy-Modellen zur **Fuzzy-Datenanalyse** sehr stark geworden [Nauck 1995, Nauck 2000]. Der Begriff *Fuzzy-Datenanalyse* steht dabei für Verfahren aus dem Bereich der Fuzzy-Systeme, die zur Analyse scharfer Daten eingesetzt werden. Der Begriff wird manchmal auch verwendet, um die Analyse vager Daten zu beschreiben. Dabei geht es um die Erweiterung von Standardverfahren auf Fuzzy-Daten. Dieser Aspekt interessiert uns hier jedoch nicht. Leser, die über diesen Bereich mehr erfahren wollen, seien auf grundlegende Arbeiten von [Kruse and Meyer 1987] bzw. neuere Veröffentlichungen in diesem Bereich verwiesen [Borgelt *et al.* 1999].

17.1 Intelligente Datenanalyse

Wir interpretieren Datenanalyse als zu einem gewissen Grad explorativen Prozeß, so wie er in den Forschungsbereichen **Intelligente Datenanalyse** [Berthold and Hand 1999] oder **Data Mining** [Fayyad *et al.* 1996, Nakhaeizadeh 1998a] bzw. **Wissensentdeckung in Datenbanken** (Knowledge Discovery in Databases, KDD) [Nakhaeizadeh 1998b] untersucht wird. Der Begriff *Intelligente* Datenanalyse soll darauf hinweisen, dass der Prozess Wissen über das zu analysierende Problem, über die Eigenschaften der eingesetzten Methoden und über die erwünschten Eigenschaften der erzielten Lösung berücksichtigt.

Datenanalyse wird dabei nicht wie Sinne der Statistik verstanden, bei der ein Modell zur Erklärung der beobachteten Daten im Vordergrund steht. In der Statistik ist ein Modell eine postulierte Struktur oder eine Annäherung an eine Struktur, die zu den Daten geführt haben könnte. Der Modellbegriff ist mechanistisch, d.h., ein Modell beschreibt eine zugrundeliegende Realität, die für die beobachteten Zusammenhänge verantwortlich ist.

Wenn man im Bereich der Intelligenten Datenanalyse von einem Modell spricht, geht man eher von einem empirischen Modellbegriff aus. Dabei beschreibt ein Modell Zusammenhänge, ohne sie auf eine Theorie zurückzuführen. Das Ziel der Datenanalyse besteht hier in der Beantwortung von Fragen, die einen viel höheren Stellenwert einnehmen, als das Modell an sich [Hand 1998].

Intelligente Datenanalyse ist ein interdisziplinäres Gebiet, für das neben statistischen Verfahren auch Ansätze aus dem Bereich maschinellen Lernens eine wichtige Rolle spielen. Maschinelles Lernen befasst sich mit Verfahren zum Durchsuchen sehr großer Hypotheseräume, um die Hypothese zu finden, die am besten zu den beobachteten Daten und dem Vorwissen des lernenden Systems passt [Mitchell 1997].

Mit zunehmender Leistung von Computern ist es uns heutzutage leicht möglich, eine große Zahl von Modellen an eine Vielzahl großer Datensätze anzupassen. Vor 30 Jahren war dies noch undenkbar und man hatte sich sehr gut zu überlegen, welches Modell sinnvoll ist, bevor man wertvolle Rechenzeit zur Schätzung von Modellparametern einsetzte. Die zunehmenden Möglichkeiten, die uns Computer bieten, mögen manchmal zu weniger formalen und weniger mathematisch gerechtfertigten Ansätzen in der Datenanalyse führen. Allerdings haben Computer Datenanalyse für eine Vielzahl von Anwendungsbereichen erst zugänglich gemacht.

Wir können nicht erwarten, dass ein Analyst ein Experte für die Analysemethoden ist, die er auf ein Problem seines Fachbereiches anwenden möchte. Genauso wie wir nicht erwarten, dass ein Autofahrer sein eigens Auto reparieren kann oder ein Computerbenutzer die Arbeitsweise und den Aufbau eines Prozessors versteht. Geologen und Mediziner beispielsweise sind weniger an den mathematischen Grundlagen der Analysemethoden interessiert, die sie auf ihre Daten anwenden, als vielmehr an der Frage, wo sie nach Öl bohren sollen bzw. welche Behandlung für gewisse Krankheiten besser geeignet ist. Selbstverständlich müssen Anwender einige grundlegende Kenntnisse von den Eigenschaften und Voraussetzungen der angewandten Methoden haben, ansonsten können sinnvolle Ergebnisse nicht erwartet werden und die Gefahr einer falschen Anwendung ist hoch. Der Punkt ist jedoch, dass Datenanalyse ein praktischer Anwendungsbereich ist und Datenanalysemethoden heutzutage — unter Zuhilfenahme des Computers — wie Werkzeuge benutzt werden.

Aus praktischen Gesichtspunkten muss man an Modelle, die man im Rahmen einer Datenanalyse erhält, einige Anforderungen stellen. Dank des Computers können wir leicht fast beliebig komplexe Modelle erzeugen, die auch noch den kleinsten Aspekt des untersuchten Datensatzes abbilden können. Solche Feinheiten sind in Regeln nicht nur irrelevant, sondern komplexe Modelle neigen auch zur Übergeneralisierung, d.h., sie modellieren Rauschen und Unsicherheiten in den Daten und sind für die Vorhersage neuer Daten wertlos. Aus Sicht eines Anwenders sollte ein Modell plausibel, interpretierbar und kostengünstig sein. In vielen Bereichen, z.B. der Medizin oder den Finanzdienstleistungen, können Modelle aus Sicherheitsgründen nur dann angewandt werden, wenn sie vom Anwender verstanden werden. Beispielsweise würde man ein Neuronales Netz, das aus medizinischen Daten erzeugt wurde, nur ungern als Entscheidungsautorität akzeptieren, wenn es aufgrund von Patientendaten eine Amputation empfiehlt. In der Praxis angewandte Modelle, die aus Daten gebildet wurden, müssen in der Regel transparent und im Sinne der verwendeten Variablen interpretierbar sein. Dies setzt auch kleine Modelle voraus, da Modelle mit sehr vielen Parametern vom Benutzer kaum verstanden werden können.

Ein wesentlicher Punkt Intelligenter Datenanalyse ist daher, die Auswahl eines Modells unter Berücksichtigung der Anwendung. Es mag notwendig sein, Genauigkeit für Verständlichkeit zu opfern. Das Ziel besteht darin, eine gute Balance zwischen Modellkomplexität und Verständlichkeit und zwischen Genauigkeit und Einfachheit zu finden. Schließlich ist auch die Auswahl der Algorithmen zur Erzeugung von Modellen von Bedeutung. Für die Erzeugung einer Art von Modell mag es eine Vielzahl von Algorithmen geben, die sich nicht nur in Berechnungsaufwand, Konvergenzgeschwindigkeit und Einfachheit in der Bedienung unterscheiden können, sondern auch in der Art wie sie gewisse Modelleigenschaften sicherstellen.

Die in den Kapiteln 14 und 15 vorgestellten Neuro-Fuzzy-Lernverfahren sind mit dieser Absicht entwickelt worden und erlauben es, die Interpretierbarkeit des erzeugten Fuzzy-Systems in einem gewissen Umfang zu kontrollieren. Sie unterstützen die explorative Natur eines Datenanalyseprozesses.

Im Rahmen der Datenanalyse interpretieren wir Fuzzy-Systeme als Modelle, mit denen wir auf bequeme Weise nicht-lineare Abbildungen in linguistischer Form repräsentieren können [Zadeh 1996a]. Die Vorteile von Fuzzy-Systemen sind ihre Einfachheit und linguistische Interpretierbarkeit. Diese Aspekte unterstützen eine schnelle und preisgünstige Entwicklung und Pflege von Lösungen für Problembereiche, in denen eine streng formale Analyse zu teuer und zeitaufwendig wäre.

Fuzzy-Systeme haben die Eigenschaft zur Informationskompression. Die Fuzzy-Partitionierungen der Variablen eines betrachteten Problems spezifizieren eine gewisse Granularität (Feinheit), mit der wir Daten verarbeiten [Zadeh 1994b, Zadeh 1994a]. Der Anwender kann entscheiden, welche Bereiche für die Problemlösung von geringerer Bedeutung sind und diese in gröberer Form verarbeiten. Die Tatsache, dass Fuzzy-Systeme lokale Modelle sind, erlaubt es außerdem, bestimmte Bereiche der Domäne ganz außer Acht zu lassen, wenn dort keine Daten auftreten, oder diese für die Problemlösung unbedeutend sind.

17.2   Das NEFCLASS-Modell

Im Folgenden zeigen wir, wie ein Neuro-Fuzzy-System für den speziellen Anwendungsbereich der Fuzzy-Klassifikation aus der Definition eines Fuzzy-Perzeptrons (Definition 13) und den Lernalgorithmen aus den Kapiteln 14 und 15 abgeleitet werden kann.

NEFCLASS (NEuro-Fuzzy CLASSification) ist ein Neuro-Fuzzy-Ansatz, um Fuzzy-Klassifikationsregeln aus klassifizierten Daten zu erzeugen [Nauck and Kruse 1997d, Nauck and Kruse 1998c, Nauck and Kruse 1998b]. NEFCLASS erzeugt einen Fuzzy-Klassifikator gemäß Definition 10.4, indem es die strukturorientierten Regellernalgorithmen 1 und 5 verwendet, die wir in den Abschnitten 14.2 und 14.3 vorgestellt haben. Nach der Erzeugung der Regelbasis trainiert NEFCLASS die Zugehörigkeitsfunktionen mit dem Algorithmus 11 aus Abschnitt 15.2.2. Abschließend wird die Regelbasis mit Hilfe der in Abschnitt 15.3 beschriebenen Strategien verkleinert.

Da NEFCLASS strukturorientiertes Regellernen verwendet, ist jede Fuzzy-Regel gleichbedeutend mit einer mehrdimensionalen Fuzzy-Menge, deren Träger einen Hyperquader im Datenraum darstellt. Der Zugehörigkeitsgrad eines Musters entspricht dem Grad, mit dem es zur der Klasse gehört, die der mehrdimensionalen Fuzzy-Menge im Rahmen des Lernverfahrens zugewiesen wurde. Benachbarte Regeln überschneiden sich, d.h., ein Muster kann zu mehreren Klassen gleichzeitig einen von 0 verschiedenen Zugehörigkeitsgrad haben. Das wesentliche Ziel von NEF-CLASS besteht in der Erzeugung einer interpretierbarer Fuzzy-Regelbasis. Daher verwendet es die in Abschnitt 15.2.1 verwendeten Algorithmen.

In diesen Abschnitt zeigen wir, wie NEFCLASS in einer verbindungsorientierten vorwärtsbetriebenen Netzwerkstruktur repräsentiert werden kann. In den weiteren Abschnitten diskutieren wir einige Anwendungsbeispiele von NEFCLASS.

Ein NEFCLASS-System (Abbildung 17.1) kann als eine spezielle Form eines Fuzzy-Perzeptrons repräsentiert werden, weil die Definition 13.1 hinreichend flexibel ist, um auch Fuzzy-Klassifikatoren darzustellen.

Definition 17.1 *Ein NEFCLASS-System stellt einen Fuzzy-Klassifikator F_R gemäß Definition 10.4 mit einer Menge von Klassenbezeichnern $C = \{c_1, \ldots, c_m\}$, $\top_1 = \min$, $\top_2 = \min$ und $\perp = \max$ dar. Eine verbindungsorientierte Netzwerkrepräsentation eines NEFCLASS-Systems ist ein Fuzzy-Perzeptron gemäß Definition 13.1 mit den folgenden Spezifikationen:*

1. *Die Gewichte w_{vu} sind wie folgt definiert:*

$$
w_{vu} = \begin{cases} \mu_j^{(i)} & \text{falls } u = x_i, i \in \{1, \ldots, n\} \land v = R_j, j \in \{1, \ldots, r\} \\ \mathbb{1}_{\{1\}} & \text{falls } u = R_j \land v = c_{i_j} = \text{cons}(R_j), \\ & \quad j \in \{1, \ldots, r\}, \quad i_j \in \{1, \ldots, m\} \\ \text{undefiniert} & \text{sonst} \end{cases}
$$

Außerdem sind je zwei Verbindungen mit ihren Gewichten w_{vu} und $w_{v'u'}$ ($u = u'$, $v \neq v'$, $u, u' \in U_1$, $v, v' \in U_2$) gekoppelt, falls $w_{vu} = w_{v'u'}$ gilt.

2. *Die Netzeingabe für die dritte Schicht wird wie folgt berechnet:*

$$
f_{\text{net}}^{(u)} \; : \; ([0,1] \times \mathcal{F}(\mathbb{R}))^{|U_2|} \to \mathcal{F}(\mathbb{R}),
$$

$$
\text{net}_u \; : \; \mathbb{R} \to [0,1], \text{net}_u(y) = \max_{u' \in U_2} \{\min\{o_{u'}, w_{uu'}(y)\}\}
$$

für $u \in U_3$.

3. *Die Ausgabe einer Einheit der dritten Schicht wird folgendermaßen bestimmt:*

$$
f_{\text{out}} : \mathcal{F}(\mathbb{R}) \to \mathbb{R}, \quad o_u = f_{\text{out}}(\text{act}_u) = \text{defuzz}(\text{act}_u) = \text{height}(\text{act}_u)
$$

für $u \in U_3$. $\text{height}(\text{act}_u)$ bestimmt den maximalen Zugehörigkeit von act_u.

In Abbildung 17.1 ist ein NEFCLASS-System mit zwei Eingaben, fünf Regeln und zwei Klassen zu sehen. Der wesentliche Unterschied zwischen einem NEF-CLASS-System und einem Fuzzy-Perzeptron besteht darin, dass von jeder Einheit der zweiten Schicht nur genau eine Verbindung zu genau einer Einheit in der dritten Schicht führt. Diese Verbindung repräsentiert die Verbindung zwischen einer Regeleinheit und der Klasse, die im Konsequens der Regel verwendet wird. Wie wir in Abbildung 11.4(b) gezeigt haben, besitzen diese Verbindungen ein konstantes Gewicht mit dem Wert 1, was eigentlich bedeutet, dass sie nicht gewichtet sind.

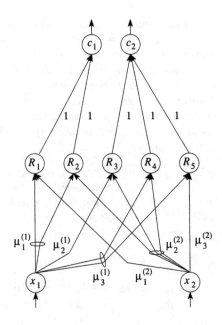

Abbildung 17.1 Eine verbindungsorientierte Netzwerkrepräsentation eines NEFCLASS-Systems

Um die Struktur eines Fuzzy-Perzeptrons zu erhalten, müssen wir auf diesen Verbindungen eine Fuzzy-Menge als Gewicht verwenden. Wir nutzen dazu die Zugehörigkeitsfunktion $\mathrm{I\!I}_{\{1\}}$, d.h. die charakteristische Funktion der Menge $\{1\}$, um den Wert 1 als Fuzzy-Menge zu repräsentieren (Definition 17.1(i)).

Eine Ausgabeeinheit erhält eine modifizierte Version dieser Fuzzy-Menge, d.h., seine Höhe (der maximale Zugehörigkeitsgrad) wird auf das Maximum der Ausgabewerte aller Regeleinheiten reduziert, die mit der betrachteten Ausgabeeinheit verbunden sind (Definition 17.1(ii)). Die Ausgabewerte der Regeleinheiten sind die Erfüllungsgrade der korrespondierenden Fuzzy-Regeln. Die Ausgabeeinheit defuzzifiziert schließlich diese Ausgabe-Fuzzy-Menge mittels einer speziellen Defuzzifizierungsfunktion, die die Höhe der Ausgabe-Fuzzy-Menge als Ergebnis liefert (Definition 17.1(iii)).

Weil NEFCLASS gekoppelte Verbindungen verwendet, gibt es für jeden linguistischen Wert nur eine Fuzzy-Menge, die ihn repräsentiert. Wie schon bei NEFCON (Kapitel 16) garantieren wir auf diese Weise eine der Voraussetzungen für Interpretierbarkeit der Fuzzy-Regelbasis. Während des Lernvorgang kann es daher nicht vorkommen, dass sich zwei Fuzzy-Mengen, die denselben Bezeichner und zu einer Variablen gehören, unterschiedlich entwickeln. In Abbildung 17.1 sind gekoppelte Verbindungen durch Ellipsen umfasst. Gekoppelte Verbindungen beginnen stets an derselben Eingangseinheit.

Die Trainingsdaten, die NEFCLASS verarbeiten kann, sind von der Form $(\vec{x}, \vec{y})$ mit $\vec{x} \in \mathbb{R}^n$ und $\vec{y} \in [0,1]^m$. Der Ausgabevektor $\vec{y}$ kodiert die Klassifikation eines Eingabemusters. Jede Komponente von $\vec{y}$ hat einen Wert zwischen 0 und 1. Bei einer idealen Klassifikation enthält $\vec{y}$ genau eine Komponente mit dem Wert 1, die die Klasse des Musters anzeigt, während alle anderen Komponenten 0 sind. NEFCLASS kann jedoch auch mit fuzzy-klassifizierten Trainingsdaten arbeiten, d.h., die $\vec{y}$ Vektoren dürfen mehrere von 0 verschiedene Komponenten aufweisen. Die Ausgabe von NEFCLASS ist ein Vektor $\vec{y}' \in [0,1]^m$, der typischerweise durch eine "Winner-Takes-All"-Interpretation auf einen Klassenbezeichner abgebildet wird, bei der die größte Komponenten von $\vec{y}'$ die Klasse bestimmt. Der Vorteil der NEFCLASS-Ausgabe besteht darin, dass sie zusätzliche Information bietet, da sie einer Fuzzy-Klassifikation des Eingabemusters entspricht. Zum Beispiel kann ein Anwender eine Klassifikation, bei der zwei Komponenten ähnlich hohe Werte aufweisen, als verdächtig zurückweisen und das Eingabemuster und die feuernden Regeln genauer untersuchen. Der Anwender kann die Eindeutigkeit der Klassifikation an der NEFCLASS-Ausgabe ablesen.

17.3 Implementierungsaspekte

Um als Datenanalysewerkzeug nützlich zu sein, sollte eine Implementierung von NEFCLASS die folgenden Eigenschaften aufweisen:

- Schnelle Erzeugung von Fuzzy-Klassifikatoren durch einfache Lernstrategien.

- Beschränkung des Fuzzy-Mengen-Lernens, um die Interpretierbarkeit des erzeugten Klassifikators zu erhalten.

- Automatische Beschneidungsverfahren (Pruning), um die Komplexität eines erzeugten Klassifikators zu reduzieren.

- Automatische Kreuzvalidierung, um eine Fehlerschätzung für einen erzeugten Klassifikator zu liefern.

- Methoden zur Integration von Vorwissen und zur Modifizierung eines erzeugten Klassifikators durch einen Anwender.

Neuro-Fuzzy-Ansätze sind heuristische Methoden, um Parameter eines Fuzzy-Modells durch die Verarbeitung von Beispieldaten durch einen Lernalgorithmus zu bestimmen. Man sollte sie als Entwicklungswerkzeuge betrachten, die bei der Konstruktion eines Fuzzy-Modells helfen können. Sie sind jedoch keine "automatischen Fuzzy-System-Erzeuger". Eine Implementierung eines Neuro-Fuzzy-Ansatzes muss daher einem Anwender jederzeit die Möglichkeit geben, den Lernvorgang zu interpretieren und zu kontrollieren. Wir müssen auch bedenken, dass genau wie bei Neuronalen Netzen der Lernerfolg eines Neuro-Fuzzy-Systems nicht garantiert werden kann. Weiterhin wird die Lösung, die von einem Neuro-Fuzzy-Werkzeug geliefert wird, nicht nur in Bezug auf ihre Leistungsfähigkeit sondern gerade auch in Bezug auf ihre Interpretierbarkeit und Einfachheit hin bewertet. Ein Anwender

	Bemerkung	Algorithmen
Regellernen	strukturorientiert	
- allgemein		1, 2, 3
- für symbolische Attribute	basiert auf 1	5
- für fehlende Werte	basiert auf 1	6
Training von Fuzzy-Mengen	heuristischer Ansatz	
- allgemein	basiert auf 9	11, 12
- Randbedingungen	siehe Seite 320	10
Beschneidung	siehe Abschnitt 15.3	–

Tabelle 17.1 Lernverfahren in einer NEFCLASS-Implementierung

	NEFCLASS-PC	NEFCLASS-X	NEFCLASS-J
Regellernen	ja	ja	ja
Training von Fuzzy-Mengen	ja	ja	ja
Randbedingungen einhalten	ja	ja	ja
Kann Vorwissen nutzen	ja	ja	ja
Online-Lernen	ja	ja	ja
Batch-Lernen	nein	nein	ja
Manuelles Pruning	nein	ja	nein
Automatisches Pruning	nein	nein	ja
Symbolische Attribute	nein	nein	ja
Behandlung fehlender Werte	nein	nein	ja
Kreuzvalidierung	nein	nein	ja
Programmiersprache	Pascal	C++, TCL/TK	Java
Betriebssystem	MS-DOS	UNIX (mit X-Window)	jedes mit JVM

Tabelle 17.2 Eigenschaften unterschiedlicher NEFCLASS-Implementierungen

muss daher in den Stand versetzt werden, durch Ausprobieren verschiedener Einstellungsmöglichkeiten schnell unterschiedliche Modelle zu erzeugen. Einfache und schnelle Lernverfahren, wie die in den Abschnitten 14.2 und 15.2.2 vorgestellten Algorithmen, unterstützen diese Vorgehensweise.

Die Tabelle 17.1 gibt einen Überblick über die Algorithmen, die für eine NEF-CLASS-Implementierung von Bedeutung sind.

NEFCLASS ist als Implementierung für MS-DOS Personal Computer (NEF-CLASS-PC) [Nauck *et al.* 1996, Nauck and Kruse 1997d], für UNIX-Computer unter X-Window (NEFCLASS-X) [Nauck and Kruse 1998c] und als plattformunabhängige Java-Anwendung (NEFCLASS-J) [Nauck *et al.* 1999, Nauck and Kruse 2000] verfügbar, die auf jedem System ablaufen kann, für das eine "Java Virtual Machine" (JVM) verfügbar ist. Die Tabelle 17.2 gibt einen Überblick über die Eigenschaften der unterschiedlichen Implementierungen.

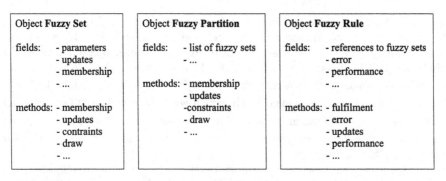

Abbildung 17.2 Drei zentrale Objekte einer NEFCLASS-Implementierung

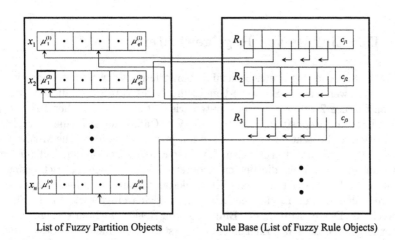

List of Fuzzy Partition Objects Rule Base (List of Fuzzy Rule Objects)

Abbildung 17.3 Implementierung einer Fuzzy-Regelbasis in NEFCLASS — man beachte dass die Fuzzy-Menge $\mu_1^{(2)}$ in den Regeln R_1 und R_2 verwendet wird

Einer der wichtigsten Aspekte bei einer Implementierung eines Neuro-Fuzzy-Ansatzes zur Erzeugung interpretierbarer Fuzzy-Systeme besteht darin, dass jeder linguistische Wert einer Variablen nur durch genau eine Fuzzy-Menge repräsentiert wird. Dies lässt sich beispielsweise durch die Verwendung einer objektorientierten Programmiersprache und der Definition von Objekten für Fuzzy-Mengen, Fuzzy-Partitionierungen und Fuzzy-Regeln sicherstellen (Abbildung 17.2). Jedes Objekt enthält Eigenschaften zur Speicherung von Daten und Methoden zur Datenverarbeitung.

Man erzeugt eine Liste von Fuzzy-Partitionierungsobjekten, eine je Variable. Jedes dieser Objekte enthält eine Liste von q_i Fuzzy-Mengen-Objekten. Ein Fuzzy-Regelobjekt enthält eine List von Zeigern auf Fuzzy-Mengen, um seine Bedingung zu konstruieren (und im Fall eines Funktionsapproximationssystems auch das Konsequens). Durch die Verwendung von Zeigern kann jeder linguistische Ausdruck, der in mehreren Fuzzy-Regeln auftritt, nur jeweils dieselbe Fuzzy-Menge verwenden. Die Fuzzy-Regelbasis wird als eine Liste von Fuzzy-Regelobjekten angelegt. In Abbildung 17.3 ist dieser Ansatz dargestellt. Man beachte, dass die Regeln R_1 und R_2 beide den linguistischen Ausdruck "x_2 is $\mu_1^{(2)}$" verwenden und dass daher die Fuzzy-Menge $\mu_1^{(2)}$ von den beiden Regeln geteilt wird. Während eines Lernvorgangs erzeugen R_1 und R_2 Trainingssignale, die zur Modifizierung von $\mu_1^{(2)}$ verwendet werden. Auf diese Weise verwenden beide Regeln stets dieselbe Version von $\mu_1^{(2)}$ zur Berechnung ihrer Erfüllungsgrade.

In den folgenden Abschnitten demonstrieren wir einige der Lernfähigkeiten von Neuro-Fuzzy-Klassifikatoren anhand von NEFCLASS-J, der Implementierung mit dem größten Funktionsumfang.

17.4 Der Einfluss von Regelgewichten

Um den Einfluss von Regelgewichten zu demonstrieren, verwenden wir ein einfaches Beispiel. Wir wenden die Software-Umgebung NEFCLASS-J [Nauck et al. 1999, Nauck and Kruse 2000] auf den bekannten Iris-Datensatz an [Fisher 1936], der im Machine Learning Repository[1] der University of California at Irvine verfügbar ist. Dieser Datensatz besteht aus 150 Mustern mit je vier Attributen. Die Muster verteilen sich gleichmäßig auf drei Klassen. Eine der Klassen ist von den anderen beiden linear separabel, während die beiden anderen einander leicht überschneiden. Der Iris-Datensatz lässt sich mit jedem Klassifikationsansatz sehr leicht klassifizieren und wird daher oft als minimaler Leistungsvergleich eingesetzt. Er ist für unseren Zweck, die Demonstration des Einflusses von Regelgewichten sehr gut geeignet. Das Lernergebnis, dass wir im Folgenden vorstellen, ist nicht das beste, das sich auf diesem Datensatz mit NEFCLASS erzielen lässt. Aber für einen Vergleich von gewichteten und ungewichteten Regeln ist das Ergebnis adäquat. Das beste Lernergebnis für die Iris-Daten stellen wir kurz am Ende des Abschnitts vor.

Für die beiden folgenden Experimente spezifizieren wir drei Fuzzy-Mengen (*small, medium* und *large*) für jede der vier Variablen. Die Zugehörigkeitsfunktionen sind drei gleichmäßig verteilte Dreiecksfunktionen (15.9), wobei die rechte und linke Funktion "geschultert" sind. Das bedeutet, für die Fuzzy-Menge *small* gilt $\mu_{\text{small}}(a) = 1$ und für die Fuzzy-Menge *large* gilt $\mu_{\text{large}}(c) = 1$.

Eine geschulterte Dreiecksfunktion entspricht eigentlich einer trapezförmigen Zugehörigkeitsfunktion (15.10), bei der die Parameter a und b (links geschultert), bzw. c und d (rechts geschultert) identisch sind. Aus Gründen der Vereinfachungen spricht man jedoch von geschulterten Dreiecksfunktionen und variiert die Definition (15.9) im Prinzip derart, dass für alle $x < c$ (rechts geschultert) bzw. alle $x > c$ (rechts geschultert) $\mu(x) = 1$ gilt. Dies hat Vorteile bei der Implementation, da man

---

[1] ftp://ftp.ics.uci.edu/pub/machine-learning-databases

	Sepal Length	Sepal Width	Petal Length	Petal Width	Klasse
R_1:	*small*	*medium*	*small*	*small*	Iris Setosa
R_2:	*medium*	*small*	*medium*	*medium*	Iris Versicolor
R_3:	*medium*	*small*	*large*	*large*	Iris Virginica
R_4:	*large*	*medium*	*large*	*large*	Iris Virginica
R_5:	*large*	*small*	*large*	*large*	Iris Virginica

Tabelle 17.3 Die in beiden Experimenten verwendete Regelbasis

Fehler			Regelgewichte				
Training	Test	Epochen	R_1	R_2	R_3	R_4	R_5
3	3	200	–	–	–	–	–
4	2	70	1.58	1.59	1.24	1.13	1.23

Tabelle 17.4 Lernergebnisse der beiden Experimente zum Iris-Datensatz

in diesem Fall nur einen Funktionstyp (mit der Option "geschultert" zu sein) in der Fuzzy-Partitionierung verwalten muss.

Die Zugehörigkeitsgrade für jeden Wert der Domäne addieren sich zu 1. In beiden Experimenten lassen wir die Regellernprozedur jeweils die besten fünf Regeln auswählen (vgl. Algorithmus 2).

Im ersten Experiment wird die Regelbasis ohne Regelgewichte trainiert, indem wir nur die Parameter der Zugehörigkeitsfunktionen adaptieren lassen. Im zweiten Experiment, in dem wir Regelgewichte verwenden, trainieren wir diese Parameter ebenso, da ein akzeptables Lernergebnis nicht nur durch Trainieren der Regelgewichte zustandekommt.

Die von NEFCLASS-J gefundene Regelbasis ist in der Tabelle 17.3 angegeben. Der Lernprozess wählt zufällig 50% (Stratified Sample) des vollständigen Datensatzes zum Training aus. Die andere Hälfte wird zum Test verwendet. Die verbleibenden Parameter der Software sind: Lernrate = 0.01, Online-Lernen, maximale Anzahl an Epochen = 200, beende das Training 30 Epochen nach Erreichen eines lokalen Minimums des Fehlers und in jeder Regel wird nur die Fuzzy-Menge trainiert, die den kleinsten Zugehörigkeitsgrad liefert.

Abbildung 17.4 zeigt die Fuzzy-Mengen der Variablen "petal width" nach dem Training. In Bild 17.4(a) sind die Fuzzy-Mengen des ersten Experiments zu sehen (keine Regelgewichte). Abbildung 17.4(b) zeigt die Fuzzy-Mengen des zweiten Experiments (gewichtete Regeln), wobei die Regelgewichte in den Regeln enthalten und noch nicht durch entsprechende Veränderungen der Fuzzy-Mengen ersetzt worden sind. Die Ersetzung von Gewichten betrachten wir im weiterem Verlauf. Wie wir sehen, sind die Fuzzy-Mengen in allen Fällen sehr ähnlich. Das Lernergebnisse unterscheiden sich jedoch leicht, wie in Tabelle 17.4 zu sehen ist.

Wir wollen hier nicht die Qualität des Lernergebnisses diskutieren. Um den Effekt von Regelgewichten zu zeigen, ist es lediglich von Bedeutung, dass die Er-

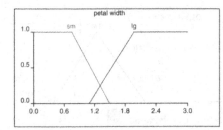
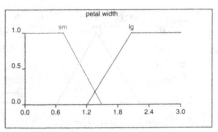

Abbildung 17.4 Fuzzy-Mengen der Variablen "petal width" nach dem Training ohne Regelgewichte (a) und mit noch nicht ersetzten Regelgewichten (b)

gebnisse ähnlich sind. Wir betrachten die Regeln R_3 und R_4 nach dem zweiten Experiment, bei dem wir adaptive Regelgewichte verwendet haben. Beide Regeln verwenden "petal width is *large*" in ihren Bedingungen.

Wie in Abschnitt 15.1 erläutert, können wir nun die gewichteten Regeln durch äquivalente ungewichtete Regeln ersetzen, in denen wir die Zugehörigkeitsfunktion in den Bedingungen modifizieren. Für die Regeln des zweiten Experiments erhalten wir für R_3

$$large : \mathbb{R} \longrightarrow [0, 1.24],$$

und für R_4 ergibt sich

$$large : \mathbb{R} \longrightarrow [0, 1.13].$$

Das bedeutet, dass wir nun zwei unterschiedliche Interpretationen für "petal width is *large*" im Ergebnis des zweiten Experiments haben. Im Ergebnis des ersten Experiments gibt es dagegen nur eine Interpretation für *large*. Strenggenommen sind die Repräsentationen von *large* im zweiten Experiment keine Fuzzy-Mengen mehr. Selbst wenn wir die Gewichte normalisieren, was wir in diesem Beispiel machen könnten, ohne die Leistung des Klassifikators zu beeinträchtigen, hätten wir immer noch das Problem zweier unterschiedlicher nicht-normaler Fuzzy-Mengen die denselben linguistischen Wert repräsentieren.

Wie das Ergebnis im ersten Experiment zeigt, können wir auch ohne Regelgewichte zu einem akzeptablen Lernergebnis gelangen und gleichzeitig die Vorteile einer interpretierbaren Lösung nutzen.

Das bester Lernergebnis (ohne Regelgewichte), das NEFCLASS-J für den Iris-Datensatz erzielen kann, umfasst drei Regeln und nur die Variable *petal width*:

- if *petal width* is *small* then class is *Iris Setosa*
- if *petal width* is *medium* then class is *Iris Versicolor*
- if *petal width* is *large* then class is *Iris Virginica*

Diese Regelbasis verursacht 6 Fehler auf dem gesamten Datensatz von 150 Mustern. Es wurde in 6 Validierungszyklen einer zehnfachen Kreuzvalidierung gefunden. Das 99% Konfidenzintervall (15.7) für den erwarteten Fehler auf neuen Daten, der im

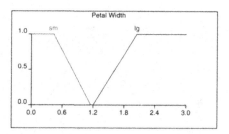

Abbildung 17.5 Zugehörigkeitsfunktionen der Variablen *petal width* im besten Lernergebnis von NEFCLASS-J über den Iris-Daten mit ungewichteten Regeln

Rahmen der Kreuzvalidierung bestimmt wurde ist $2.7\% \pm 2.8\%$. Die Zugehörigkeitsfunktion für *petal width* sind in Abbildung 17.5 zu sehen.

17.5 Erzeugung kleiner Klassifikatoren

In diesem Abschnitt untersuchen wir das Erzeugen kleiner, gut verständlicher Klassifikatoren. Wir verwenden den "Wisconsin Breast Cancer" (WBC) Datensatz, der im Machine Learning Repository[2] der University of California at Irvine verfügbar ist, um das Erlernen und automatische Beschneiden einer Regelbasis zu illustrieren. Der WBC-Datensatz ist eine Brustkrebsdatenbank, die von W.H. Wolberg von der University of Wisconsin Hospitals in Madison zur Verfügung gestellt wird [Wolberg and Mangasarian 1990]. Der Datensatz enthält 699 Fälle, von denen 16 fehlende Werte aufweisen. Jeder Fall wird durch eine Identifikationsnummer und neun Attribute repräsentiert (x_1: clump thickness, x_2: uniformity of cell size, x_3: uniformity of cell shape, x_4: marginal adhesion, x_5: single epithelial cell size, x_6: bare nuclei, x_7: bland chromatin, x_8: normal nucleoli, x_9: mitoses). Jedes Attribut nimmt Werte aus $\{1, \ldots, 10\}$ an und jeder Fall gehört zu einer der beiden Klassen (benign (gutartig): 458 Fälle, oder malignant (bösartig): 241 Fälle).

Das Ziel dieses Experiments besteht darin, einen möglichst kompakten Klassifikator zu erhalten. Wir verwenden daher nur zwei Fuzzy-Mengen je Variable: *small* und *large*. Die Zugehörigkeitsfunktionen sind geschulterte Dreiecksfunktionen (vgl. Seite 370 und Abbildung 17.6).

Der Lernvorgang verwendet eine zehnfache Kreuzvalidierung. Der Regellernvorgang wählt die besten zwei Regeln je Klasse aus. Die Zugehörigkeitsfunktionen werden so lange trainiert, bis der Fehler auf der jeweiligen Validierungsmenge ein lokales Minimum erreicht hat, aus dem der Lernalgorithmus nicht mehr innerhalb von 30 Epochen entkommen kann. Die maximale Anzahl von Trainingszyklen setzen wir auf 200 Epochen fest. Nach dem Training wird der Klassifikator automatisch gestutzt (siehe Abschnitt 15.3).

---

[2] ftp://ftp.ics.uci.edu/pub/machine-learning-databases

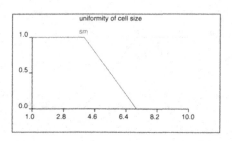

Abbildung 17.6 Initiale Zugehörigkeitsfunktionen der Variablen des WBC-Datensatzes

Die Einstellungen entsprechen unseren Erfahrungen mit NEFCLASS. Man hat bessere Chancen, eine gute Lösung zu erzielen, wenn man mit wenigen Fuzzy-Mengen und wenigen Regeln beginnt. Falls das Lernergebnis nicht gut genug ist, kann man allmählich die Regelanzahl und/oder die Anzahl der Fuzzy-Mengen erhöhen. Da der Lernalgorithmus sehr schnell ist, kann man in wenigen Minuten ein Gefühl für den Datensatz entwickeln. Wenn der Datensatz sehr groß ist, bietet es sich an, erst einmal nur eine Teilmenge zu verwenden, bis man gute Einstellungen gefunden hat.

Mit den beschriebenen Parametern erzeugen wir eine Fuzzy-Partitionierung von $2^9 = 512$ einander überlappenden Hyperquadern (genauer gesagt Fuzzy-Mengen, deren Träger neundimensionale Hyperquader sind) im Datenraum. Das bedeutet, des es 512 potentielle Fuzzy-Regeln gibt. Während der 11 Durchläufe des Trainingsverfahrens (zehn Validierungsläufe und ein abschließender Lauf zur Erzeugung des endgültigen Klassifikators) hat NEFCLASS-J jeweils zwischen 127 und 137 Regeln gefunden, die tatsächlich Trainingsdaten abdecken. Von diesen Regelbasiskandidaten wurden jeweils nur die besten zwei pro Klasse in jedem Lauf ausgewählt. Das bedeutet, vor dem Pruning besteht ein Klassifikator aus vier Regeln, die jeweils neun Variablen verwenden.

Der Klassifikator, der auf der gesamten Trainingsmenge im abschließenden elften Lauf erzeugt wurde enthält nach der Beschneidung die beiden folgenden Regeln:

> if   uniformity of cell size (x_2) is *large* and
>   uniformity of cell shape (x_3) is *large* and
>   bare nuclei is (x_6) *large*
> then   class is *malignant*

> if   uniformity of cell size (x_2) is *small* and
>   uniformity of cell shape (x_3) is *small* and
>   bare nuclei is (x_6) *small*
> then   class is *benign*

Während der zehn Kreuzvalidierungsläufe wurden fünf unterschiedliche Regelbasen erzeugt, wobei jede aus zwei Regeln bestand. Vier Regelbasen verwendeten nur eine Variable (x_3 oder x_6). Die Variablen x_3 bzw. x_6 traten in acht bzw. neun Regelbasen

| | Vorhersage | | | |
	malignant	benign	unklassifiziert	Summe
malignant	215 (30.76%)	15 (2.15%)	11 (1.57%)	241 (34.48%)
benign	13 (1.86%)	444 (63.52%)	1 (0.14%)	458 (65.52%)
Summe	228 (32.62%)	459 (65.67%)	12 (1.72%)	699 (100.00%)

korrekt: 659 (94.28%), Falschklassifikationen: 40 (5.72%), Fehlerbetrag: 70.77.

Tabelle 17.5 Die Verwechslungsmatrix des WBC-Klassifikators

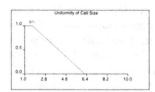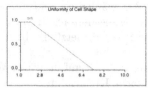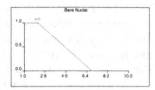

Abbildung 17.7 Die Zugehörigkeitsfunktionen der drei Variablen des WBC-Klassifikators

auf, während x_2 nur einmal in einer Regelbasis während der Kreuzvalidierung auftrat. Die Trainingsprotokolle zeigen, dass diese Variable nicht von der endgültigen Regelbasis entfernt wurde, da dann der Fehler leicht anstiege und eine zusätzliche Fehlklassifikation aufträte.

Der mittlere Fehler während der Kreuzvalidierung betrug 5.86% (Minimum: 2.86%, Maximum: 11.43%, Standardabweichung: 2.95%). Das 99% Konfidenzintervall (15.7) für den erwarteten Fehler über neuen Daten ist 5.86% ± 2.54%. Dieses Konfidenzintervall liefert uns eine Abschätzung für den Fehler des endgültigen Klassifikators, den wir aus der gesamten Trainingsdatenmenge erzeugt haben.

Über der gesamten Trainingsmenge mit allen 699 Fällen macht der Klassifikator 40 Fehlklassifikationen (5.72%), d.h., 94.28% der Muster werden korrekt klassifiziert. Von diesen 40 Mustern sind 28 echt falsch klassifiziert, während 12 Muster unklassifiziert bleiben, da sie von keiner der beiden Regeln erfasst werden. Die Verwechslungsmatrix des Ergebnisses ist in Tabelle 17.5 gegeben. Der Fehlerbetrag, d.h. die Summe der quadrierten Abweichungen zwischen tatsächlichen Ausgabevektoren und idealer Klassifikation, ist 70.77.

Wenn wir eine weitere Fehlklassifikation tolerieren, dann können wir zusätzlich noch die Variable x_2 aus beiden Regeln entfernen. In diesem Fall werden 41 Muster falsch klassifiziert (32 echte Fehler und 9 unklassifizierte Muster).

Die linguistischen Werte *small* und *large* werden je Variable durch Zugehörigkeitsfunktionen repräsentiert, die sich gut mit der Bedeutung der Werte assoziieren lassen, obwohl sie sich bei Zugehörigkeitsgraden von leicht über 0.5 schneiden (Abbildung 17.7)

17.6   Verwendung Symbolischer Variablen

Dieser Abschnitt untersucht die Lernalgorithmen für mehrtypige Fuzzy-Regeln (Algorithmus 5), der in Abschnitt 14.3 vorgestellt wurde.

Wir verwenden wiederum den WBC-Datensatz des vorangehenden Abschnitts, weil die Werte aller neun Variablen eigentlich einer Ordinalskala entstammen. Klassifikatoren behandeln diese Variablen gewöhnlich einfach als metrische Variablen und erzielen damit gute Ergebnisse (vgl. Tabelle 17.7).

Um die Anwendung des Algorithmus 5 zu demonstrieren, entscheiden wir uns dafür, die Variablen x_3 und x_6 als kategoriale Größen und den Rest als metrische Variablen zu interpretieren. Wir wählen x_3 und x_6, weil diese beiden Variablen typischerweise von anderen Klassifikationsansätzen als bedeutsam für das Klassifikationsergebnis angesehen werden. Im letzten Abschnitt traten sie außerdem in den meisten während der Kreuzvalidierung erhaltenen Regelbasen. Alle anderen Parameter von NEFCLASS-J setzen wir auf dieselben Werte wie in Abschnitt 17.5.

Wir verwenden eine zehnfache Kreuzvalidierung und lassen das Programm die besten zwei Regeln je Klasse auswählen. Für jede metrische Variable haben wir zwei initiale geschulterte Zugehörigkeitsfunktionen vorgegeben (vgl. Abbildung 17.6). Die Fuzzy-Mengen für die kategorialen Variablen werden während des Lernens erzeugt. Die Fuzzy-Mengen werden so lange trainiert, bis der Fehler auf der Validierungsmenge innerhalb 30 Epochen nicht weiter zu senken ist, jedoch nicht länger als 200 Epochen.

Der endgültige Klassifikator enthält nur zwei Regeln mit einer bzw. zwei Variablen (Abbildung 17.8).

1. if x_2 (uniformity of cell size) is *small* and x_6 (bare nuclei) is $term_1^{(6)}$
   then *benign*

2. if x_2 (uniformity of cell size) is *large* then *malignant*

Die Zugehörigkeitsfunktionen nach dem Training werden in Abbildung 17.9 angezeigt. Die Fuzzy-Mengen der kategorialen Variable x_6 wird als Histogramm gezeichnet. Ihre genaue Repräsentation ist

$$term_1^{(6)} = \{(1, 1.0), (2, 1.0), (3, 0.66), (4, 0.37), (5, 0.61),$$
$$(6, 0.0), (7, 0.01), (8, 0.01), (9, 0.0), (10, 0.14)\}.$$

Dieser Klassifikator verursacht 28 Fehlklassifikationen (4.01%) auf den *Trainingsdaten*, d.h., seine Klassifikationsrate beträgt 95.99% (siehe Tabelle 17.6). Dieser Klassifikator deckt alle Daten ab. Es gibt also keine unklassifizierten Muster in den Trainingsdaten.

Die aus der Kreuzvalidierung erhaltene Abschätzung des erwarteten Fehlers für *neue Daten* ergibt eine Fehlklassifikationsrate von 4.58% $\pm$ 1.21%, also eine erwartete Klassifikationsrate von 95.42% $\pm$ 1.21% (99% Konfidenzintervall). Diese Fehlerabschätzung müssen wir wie folgt interpretieren: Ein Klassifikator, der durch

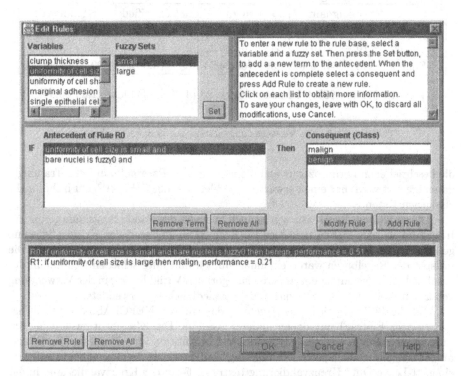

Abbildung 17.8 Der Regeleditor von NEFCLASS-J zeigt das Lernergebnis an

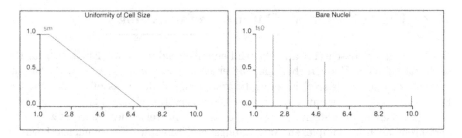

Abbildung 17.9 Zugehörigkeitsfunktionen der metrischen Variablen x_2 und der kategorialen Variablen x_6 nach dem Training

	Vorhersage						
	malignant		benign		not classified		Summe	
malignant	228	(32.62%)	13	(1.86%)	0	(0.00%)	241	(34.99%)
benign	15	(2.15%)	443	(63.38%)	0	(0.00%)	458	(65.01%)
Summe	243	(34.76%)	456	(65.24%)	0	(0.00%)	699	(100.00%)

korrekt: 671 (95.99%), fehlklassifiziert: 28 (4.01%), Fehlerbetrag: 60.54.

Tabelle 17.6 Die Verwechslungsmatrix des WBC-Klassifikators

die beschriebenen Lernprozedur und die verwendeten Parameter auf den Trainings-daten erzeugt wird, hat einen erwarteten Fehler von 4.58% ± 1.21% auf bisher nicht gesehenen Daten.

Die endgültige Regelbasis wurde auch in einem der Validierungsläufe gefunden. Insgesamt wurden sieben verschiedene Regelbasen während der Kreuzvalidierung gebildet (neun Regelbasen mit zwei Regeln, eine Regelbasis mit vier Regeln). Die meisten der Regelbasen waren einander ähnlich und unterschieden sich nur in der zusätzlichen Verwendung der anderen kategorialen Variablen x_3, in der Verwendung von x_3 an Stelle von x_2, oder darin, dass sie lediglich x_2 verwendeten.

Tabelle 17.7 vergleicht das Ergebnis, das wir von NEFCLASS-J erhalten ha-ben (letzter Eintrag) mit denen anderer Ansätze. Die Klassifikationsleistung auf ungesehenen Daten ist sehr gut, und der Klassifikator ist sehr klein. Die Fehler-abschätzungen in der Spalte "Validierung" in Tabelle 17.7 stammen entweder von einer "1-Leave-Out" Kreuzvalidierung (extreme Form der Kreuzvalidierung, in der jede Validierungsmenge nur jeweils ein Element enthält), einer zehnfachen Kreuz-validierung oder von einem einmaligen Test der Lösung an 50% zurückgehaltenen Muster. Für das Multilayer-Perzeptron mussten die Fälle mit fehlenden Werten entfernt werden. Alle anderen Ansätze können mit fehlenden Werten umgehen.

17.7 Klassifikation als Datenvorverarbeitung

Dieser Abschnitt beschreibt abschließend eine Anwendung von NEFCLASS im Be-reich maschineller Bildverarbeitung, die einer Studie von [Klose et al. 1999] ent-stammt. In diesem Beispiel ist die Interpretierbarkeit des Klassifikators nicht von Bedeutung, weil es sich um eine Form der Datenvorverarbeitung handelt. Der Zweck diese Beispiels besteht darin, zu zeigen, dass man mittels eines Neuro-Fuzzy-Lern-verfahrens auch in komplexen Anwendungsbereichen mit Hilfe einfacher Lernver-fahren gute Ergebnisse erzielen kann.

In vielen echten Datensätzen sind die verfügbaren Trainingsdaten mehr oder wenig schlecht ausgeglichen, d.h., die Anzahl verfügbarer Fälle je Klasse kann sich

Modell	Software	Bemerkung	Fehler	Validierung
Diskriminanz-analyse	SPSS	lineares Modell 9 Variablen	3.95%	1-leave-out
Multilayer-Perzeptron	SNNS	4 inneren Einheiten, RProp	5.18%	50% Test
Entscheidungsbaum	C4.5	31 (24.4) Knoten, beschnitten	4.9%	zehnfach
Regeln aus Entscheidungsbaum	C4.5rules	8 (7.5) Regeln mit 1-3 Variablen	4.6%	zehnfache
NEFCLASS (metrische Variablen)	NEFCLASS-J (Java-Version)	2 (2) Regeln mit 1-5 Variablen	5.86%	zehnfach
NEFCLASS (2 kategoriale Variablen)	NEFCLASS-J (Java-Version)	2 (2.1) Regeln mit 1-3 Variablen	4.58%	zehnfach

Tabelle 17.7 Vergleich des NEFCLASS-Lernergebnisses über dem WBC-Datensatz mit einigen anderen Ansätzen. Zahlen in () sind Mittelwerte aus der Kreuzvalidierung. Die Spalte "Fehler" enthält einen Fehlerabschätzung für ungesehene Daten.

sehr stark unterscheiden. Das ist ein schwieriges Problem für viele Klassifikations-ansätze und ihre Lernverfahren. Das Problem ist besonders kritisch, wenn die Klassen nicht gut voneinander zu trennen sind. Ein typisches Beispiel ist datenbasiertes Marketing, bei dem man anhand erhobener Merkmale versucht, potentielle Kunden zu identifizieren, die sich für Werbesendungen interessieren könnten. Ein Klassifikator wird auf verfügbaren Daten "guter" Kunden (die einmal auf eine Werbebrief reagiert haben) und "schlechten" Kunden (die nie reagiert haben) trainiert. Die Antwortrate bei solchen Werbeaktionen ist typischerweise sehr gering (unter 5%), und es gibt daher nur wenige positive Beispiele. Außerdem sind die positiven Fälle den negativen Fällen oft sehr ähnlich, so dass eine gute Trennung der Klassen so gut wie unmöglich ist. Das liegt einfach daran, dass die verfügbaren Kundendaten in der Regel nur eine unzureichende Beschreibung des Kundenverhaltens in Bezug auf Werbesendungen erlauben. In solchen Fällen neigen Klassifikatoren dazu, einfach stets die Mehrheitsklasse vorherzusagen. Im Sinne der Verringerung des Vorhersage-fehlers ist das ein durchaus vernünftiger Ansatz, der natürlich für die Anwendung völlig nutzlos ist.

Ein solcher Klassifikator ignoriert allerdings die Semantik des Problems. Es ist sehr viel teurer, einen potentiellen Kunden zu übersehen (entgangener Gewinn) als einen Brief mehr zu verschicken, der ignoriert wird (Papier und Porto). Ein offensichtlicher Lösungsansatz besteht darin, diese Kosten in die Fehlerfunktion mit einzubeziehen und die Klassenasymmetrie auf diese Weise mit zu modellieren.

Eine modifizierte Version der Implementierung NEFCLASS-X (UNIX-Version) wurde auf ein Problem der maschinellen Bilderkennung angewandt, das eine sehr ähnliche Charakteristik zu dem eben geschilderten Problem hat. Auch hier hat eine Klasse erheblich mehr Elemente als die andere. In der im Folgenden beschriebe-nen Aufgabe würden zu viele falsch negative Klassifikationen eine Objekterkennung verhindern, während falsche positive Klassifikationen "nur" zu einer beträchtlich längeren Laufzeit des Erkennungsalgorithmus führen könnten.

Das im Folgenden behandelte Problem besteht in der automatischen Erkennung von künstlichen Objekten in Satellitenbildern. Als Beispiel betrachten wir die Erkennung einer Landebahn in einem SAR-Bild (Synthetic Aperture Radar). Der Erkennungsprozess basiert auf Kantenmerkmalen, die typisch für nicht-natürliche Objekte sind. Abbildung 17.10(a) zeigt ein Ergebnis einer gradientenbasierten Kantenerkennung in einem SAR-Bild. Diese Kanten sind die grundlegenden Objekte einer nachfolgenden Strukturanalyse. Abbildung 17.10(b) zeigt die erkannte Landebahn. Die Analyse des Erkennungsprozesses für dieses Bild zeigt, dass nur 20 von etwa 37 000 Linienstücken für die Konstruktion des Streifens verwendet werden (Bild 17.10(c)). Das Analysesystem muss jedoch alle diese Linien untersuchen. Die Zeitkomplexität des Problems beträgt typischerweise mindestens $O(n^2)$. Der Erkennungsprozess könnte also erheblich beschleunigt werden, wenn man nur die vielversprechendsten Kanten identifiziert und die Analyse mit ihnen beginnt.

Die Idee besteht darin, Merkmale aus dem Bild zu extrahieren, die zur Kantenbeschreibung geeignet sind und einem Klassifikator die Entscheidung ermöglichen, welche Kanten unbeachtet bleiben sollen. Jedes Linienstück wird durch elf Merkmale beschrieben. Für jedes verfügbare Bild wurde der Erkennungsprozess auf allen verfügbaren Linienstücken durchgeführt. Das Ergebnis erlaubt die Einteilung in Linien, die für die Objekterkennung verwendet werden (Positivklasse), und solche, die nicht benötigt werden (Negativklasse). Ein Klassifikator muss die spezielle Semantik des Problems in Betracht ziehen. Ein Klassifikator, der immer nur die Majoritätsklasse vorhersagte, hätte eine Fehlerrate nahe bei null (d.h. nur 20 Fehler bei ca. 37 000 Elementen in Abbildung 17.10(a)). Allerdings wäre solch ein Ergebnis völlig unbrauchbar und würde die Objekterkennung verhindern. Tatsächlich ist jedes übersehene positive Element mit sehr hohen Kosten verbunden. Dies muss bei der Definition der Fehlklassifikationskosten berücksichtigt werden.

Für dieses Experiment standen 17 SAR-Bilder von fünf verschiedenen Flughäfen zur Verfügung. Jedes der Bilder wurde analysiert, um die Landebahnen zu entdecken und die Linien wurden als positiv oder negativ kategorisiert. Vier der 17 Bilder wurden als Trainingsmenge für NEFCLASS-X verwendet. Die Trainingsmenge enthielt 253 positive und 31 330 negative Linien.

Die Linien der verbleibenden 13 Bilder wurden als Testmenge verwendet. Die Bewertung des Klassifikationsergebnisses berücksichtigt die speziellen Anforderungen der Anwendung. Der ideale Klassifikator für diese Problem sollte alle Kanten finden, die für die Erkennung einer Landebahn verwendet werden. Fehlende Kanten können zum Versagen der Objekterkennung führen. Andererseits sollte der Klassifikator so wenige negative Linien wie möglich als positiv klassifizieren, um die Verarbeitungszeit der Objekterkennung zu verringern. Das Verhalten des Klassifikators kann durch eine Erkennungs- und Reduktionsrate charakterisiert werden.

$$\text{Erkennungsrate} \;=\; \frac{\text{korrekt erkannte Positive}}{\text{Anzahl Positive}},$$

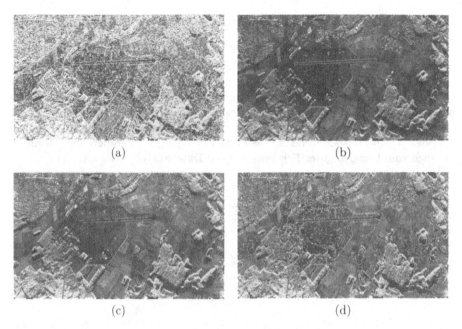

(a) (b)

(c) (d)

Abbildung 17.10 (a) 37 659 aus einem SAR-Bild extrahierte Linien, (b) erkannte Struktur, (c) die 20 für die Konstruktion der Landebahn verwendeten Linien, (d) 3 281 durch eine NEFCLASS-X Variante als positiv klassifizierte Linien

$$\text{Reduktionsrate} \;=\; \frac{\text{als positiv klassifiziert}}{\text{Gesamtzahl aller Linien}}.$$

Das für diese Aufgabe verwendete Programm NEFCLASS-X wurde so verändert, dass es unterschiedliche Fehlklassifikationskosten bei der Regelerzeugung (Regelgüte) und beim Training der Fuzzy-Mengen berücksichtigt [Klose *et al.* 1999]. Die Kosten für eine Fehlklassifikation können hier nicht genau spezifiziert werden, weil die Kosten für falsch positive und falsch negative Klassifikationen sich nur schlecht vergleichen lassen. Die Kosten für falsch negative Klassifikationen wurden empirisch auf das dreihundertfache der Kosten falsch positiver gesetzt. Dies führt zu einer Klassifikationsrate von 97.6% auf den Trainingsdaten. Der endgültige Klassifikator verwendete drei Fuzzy-Mengen je Variable und hatte eine Regelbasis aus 601 Fuzzy-Klassifikationsregeln. Ein Interpretationversuch einer solch großen Regelbasis ist offenbar wenig sinnvoll und lag auch nicht im Rahmen dieses Versuchs.

Die durchschnittlichen Erkennungs- und Reduktionsraten auf den 13 Testbildern lagen bei 84% bzw. 17%. Die Erkennungsraten auf den Einzelbildern schwankte zwischen 50% und 100%. Abbildung 17.10(d) zeigt die Linien, die NEFCLASS bei einem der Testbilder als positiv klassifiziert hat. Offenbar erlaubt dieses Bild eine recht hohe Erkennungs- und eine sehr gute Reduktionrate. Aber auch die meisten Bilder mit geringen Erkennungsraten war die nachgeschaltete Objekterkennung erfolgreich, da die übersehenen Linien im wesentlichen kleiner und weniger bedeutsam waren [Klose *et al.* 1999].

Dieses Beispiel zeigt, dass ein Neuro-Fuzzy-Ansatz wie NEFCLASS auch in Bereichen erfolgreich angewandt werden kann, in denen eine Interpretation des Klassifikators nicht von Bedeutung und nur das Klassifikationsergebnis von Interesse ist. Das bedeutet, dass die Lernalgorithmen, die im wesentlichen mit der Interpretierbarkeit der Lösung im Sinn entwickelt worden, nicht notwendigerweise eine schlechtere Klassifikationsleistung verursachen. Die Beispiele in diesem Kapitel zeigen, das Neuro-Fuzzy-Methoden sowohl zu Erzeugung interpretierbarer Lösungen als auch zum Erzielen guter Ergebnisse in der Datenanalyse geeignet sind.

18 Funktionsapproximation mit NEFPROX

Zum Abschluss unser Betrachtung verschiedener Neuro-Fuzzy-Systeme untersuchen wir in diesem Kapitel das Problem, mit Hilfe eines Fuzzy-Systems eine unbekannte stetige Funktion zu approximieren, die nur partiell durch eine Menge von Beispielen gegeben ist. Man spricht in diesem Zusammenhang auch von einem Regressionsproblem. Im Prinzip ist Funktionsapproximation eine Verallgemeinerung der bereits betrachten Probleme Regelung dynamischer Systeme (Kapitel 16) und Klassifikation (Kapitel 17).

Wenn man von Funktionsapproximation oder Regression spricht, meint man jedoch in der Regel die Bestimmung einer kontinuierlichen oder stetigen Funktion auf der Grundlage von Stützstellen. Bei der Erzeugung eines Reglers fehlen solche Stützstellen, und bei der Erzeugung eines Klassifikators ist die gesuchte Abbildung nicht stetig.

Wir diskutieren im Folgenden kurz ein weiteres Neuro-Fuzzy-System, das auf dem Konzept des Fuzzy-Perzeptron beruht (Kapitel 13). Das NEFPROX-Modell (NEuro Fuzzy function apPROXimation) ist naturgemäß dem NEFCON-Modell sehr ähnlich (Kapitel 16), verwendet jedoch in der Regel mehr als eine Ausgabeeinheit und setzt überwachtes Lernen ein. Abbildung 18.1 zeigt ein NEFPROX-System, das eine Funktion $f : \mathbb{R}^2 \longrightarrow \mathbb{R}^2$ mit Hilfe von fünf Fuzzy-Regeln approximiert.

Definition 18.1 *Ein NEFPROX-System repräsentiert ein Fuzzy-System $F_\mathcal{R}$ gemäß Definition 10.1. Eine verbindungsorientierte Netzwerkrepräsentation eines NEFPROX-Systems ist ein Fuzzy-Perzeptron gemäß Definition 13.1 mit den folgenden Spezifikationen:*

1. *$U_1 = \{x_1, \ldots, x_n\}$, $U_2 = \{R_1, \ldots, R_k\}$, $U_3 = \{y_1, \ldots, y_m\}$.*

2. *Jede Verbindung zwischen Einheiten x_i und R_r ist mit einem linguistischen Ausdruck $A_{j_r}^{(i)}$ bezeichnet.*

3. *Jede Verbindung zwischen Einheiten R_r und y_k ist mit einem linguistischen Ausdruck $B_{j_r}^{(k)}$ bezeichnet.*

4. *Verbindungen, die von derselben Eingabeeinheit x_i stammen, und identische Bezeichner tragen, sind gekoppelt und haben zu jeder Zeit dasselbe Fuzzy-Gewicht. Eine analoge Bedingung gilt für Verbindungen, die zur derselben Ausgabeeinheit führen.*

5. *Sei L_{Rx} der Bezeichner einer Verbindung zwischen Eingabeeinheit x und Regeleinheit R. Für alle Regeleinheiten $R, R' \in U_2$ gilt*

$$(\forall x \in U_1)(L_{Rx} = L_{R'x}) \Longrightarrow R = R'.$$

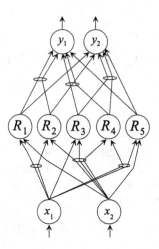

Abbildung 18.1   Verbindungsorientierte Netzwerkrepräsentation eines NEFPROX-Systems

Bei einem Funktionsapproximationsproblem können wir überwachtes Lernen und eine feste Lernaufgabe verwenden. NEFPROX nutzt daher die Lernalgorithmen 4 und 2 zum Regellernen und die Algorithmen 7 – 10 zum Trainieren der Fuzzy-Mengen.

Als Beispiel für die Fähigkeiten des NEFPROX-Regellernalgorithmus betrachten wir eine chaotische Zeitreihe, die durch die so genannte Mackey-Glass-Differentialgleichung gegeben ist:

$$\dot{x}(t) = \frac{0.2x(t-\tau)}{1 + x^{10}(t-\tau)} - 0.1x(t).$$

Wir verwenden die Werte $x(t-18), x(t-12), x(t-6)$ und $x(t)$, um $x(t+6)$ zu bestimmen. Die Trainingsdaten wurden durch ein Runge-Kutta-Verfahren mit Schrittweite 0.1 erzeugt. Als Anfangsbedingungen für die Zeitreihe haben wir $x(0) = 1.2$ und $\tau = 17$ verwendet. Wir erzeugen 1 000 Werte zwischen $t = 118$ und $t = 1117$, wobei wir die ersten 500 Werte zum Training und den Rest als Validierungsmenge verwenden.

Das verwendete NEFPROX-System hat vier Eingabevariablen und eine Ausgabevariable. Jede Variable haben wir mit sieben gleichmäßig verteilten Dreiecksfunktionen (15.9) partitioniert, wobei die am weitesten rechts bzw. links stehenden Funktionen geschultert sind (vgl. Seite 370). Benachbarte Zugehörigkeitsfunktionen schneiden sich im Zugehörigkeitsgrad 0.5. Der Wertebereich der Ausgabevariablen wurde in beide Richtungen um 10% im Vergleich zu den Trainingsdaten erweitert, um Extremwerte besser schätzen zu können. Wir verwenden Max-Min-Inferenz und eine MOM-Defuzzifizierung (Mean-of-Maximum), d.h., das NEFPROX-System repräsentiert ein gewöhnliches Mamdani-Fuzzy-System mit MOM-Defuzzifizierung.

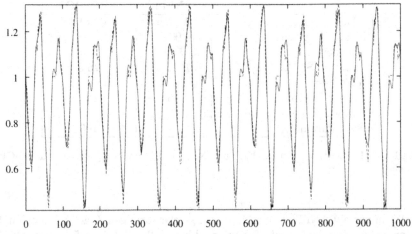

Abbildung 18.2 Approximation der Mackey-Glass-Zeitreihe durch NEFPROX

Wir verwenden MOM, weil in unserer Implementierung dieses Verfahren zweimal schneller als die Schwerpunktmethode ist und sich nach dem Lernen fast identische Resultate ergeben.

Das erhaltene NEFPROX-System hat $105 = (4 + 1) \times 7 \times 3$ einstellbare Parameter. Der Lernvorgang wurde im Batch-Modus durchgeführt, und als Randbedingung für das Training der Zugehörigkeitsfunktionen haben wir verlangt, dass die Fuzzy-Mengen ihre relativen Positionen zueinander halten müssen. Die NEFPROX-Implementierung verwendet eine adaptive Lernrate, die wir zu Anfang auf $\sigma = 0.01$ setzen. Die Lernrate wird mit 1.1 multipliziert, wenn der Fehler auf der Validierungsmenge in vier aufeinanderfolgenden Schritten abnimmt. Wenn der Fehler steigt oder oszilliert, wird sie mit 0.9 multipliziert. Der Lernvorgang stoppt, wenn der Fehler auf der Validierungsmenge innerhalb von 100 Epochen nicht weiter zu senken ist. Das NEFPROX-System mit dem kleinsten erreichten Fehler wird als Ergebnis ausgegeben. Das verwendete Programm wurde in C geschrieben und kann sowohl auf PCs im MS-DOS-Modus als auch auf UNIX-Rechnern eingesetzt werden.

In Abbildung 18.2 ist die Approximationsleistung von NEFPROX nach 216 Epochen zu sehen (die durchgezogene Linie repräsentiert die Originaldaten). Die Werte 1 – 500 sind Trainingsdaten und die Werte 501 – 1 000 entstammen der Validierungsmenge. Die Regellernprozedur hat 129 Regeln erzeugt. In dieser Konfiguration wären maximal $7^4 = 2\,401$ unterschiedliche Regeln von möglichen $7^5 = 16\,807$ Regeln zulässig.

Die Zahl der Regeln hat keinen Einfluss auf die Zahl freier Parameter, jedoch auf die Laufzeit des Programms. Der mittlere quadratische Fehler (RMSE, root mean square error) beträgt 0.0315 auf den Trainingsdaten und 0.0332 auf der Validierungsmenge. Auf einem UNIX-Rechner (SUN UltraSparc) dauerte der Trainingsvorgang etwa 75 Sekunden.

	ANFIS	NEFPROX
RMSE Trainingsmenge	0.0016	0.0315
RMSE Testmenge	0.0015	0.0332
Epochen	500	216
Laufzeit (SUN Ultra)	1030 s	75 s
Regelbasis	gegeben	erlernt
Anzahl Regeln	16	129
Fuzzy-Mengen pro Variable	2	7
Freie Parameter	104	105

Tabelle 18.1 Leistung von ANFIS und NEFPROX am Beispiel der Mackey-Glass-Zeitreihe

Wenn wir ein ANFIS-Modell mit zwei glockenförmigen Zugehörigkeitsfunktionen pro Eingabevariable und 16 Regeln (d.h. $4 \times 2 \times 3 + 16 \times 5 = 104$ freie Parameter) verwenden, erhalten wir eine bessere Approximation (RMSE von 0.0016 bzw. 0.0015) [Jang 1993]. Allerdings dauert das Training etwa fünfzehnmal länger auf demselben Computer (18 Minuten auf einer SUN UltraSparc mit der von Roger Jang zur Verfügung gestellten Software[1]). Wie wir in Abschnitt 12.7 erläutert haben, repräsentiert das ANFIS-Modell ein Fuzzy-System vom Sugeno-Typ und verwendet Sum-Prod-Inferenz. Da die Konsequenzen der ANFIS-Regeln aus Linearkombinationen der Eingangsgrößen bestehen, hängt die Anzahl freier Parameter bei ANFIS von der Anzahl der Regeln ab.

Die Tabelle 18.1 vergleicht die Leistungen von ANFIS und NEFPROX für diese Problem. ANFIS liefert eine bessere Approximation, benötigt aber aufgrund des komplexeren Lernverfahrens viel länger, um das Ergebnis zu bestimmen. Die Anzahl freier Parameter ist in beiden Systemen im Prinzip identisch. Eine Interpretation des Lernergebnisses ist in beiden Fällen problematisch. ANFIS repräsentiert ein Sugeno-Fuzzy-System mit nicht interpretierbaren Konsequenzen und Fuzzy-Mengen, die für jede Regeln individuell verschieden sind. NEFPROX repräsentiert zwar ein Mamdani-Fuzzy-System, verwendet aber für dieses Problem sehr viele Regeln. Die verwendete Implementation[2] bietet keine Stutzverfahren an, die eventuell für eine nachträgliche Verbesserung sorgen könnten.

---

[1] ftp://ftp.cs.cmu.edu/user/ai/areas/fuzzy/systems/anfis
[2] Verfügbar unter http://fuzzy.cs.uni-magdeburg.de

19 Anwendung von Neuro-Fuzzy-Systemen

In diesem Kapitel betrachten wir abschließend einige Anwendungen von Neuro-Fuzzy-Systemen und Richtlinien für die Auswahl geeigneter Ansätze. Wir haben in den vorhergehenden Kapiteln immer wieder auf die Problematik der Interpretation von Neuro-Fuzzy-Lösungen hingewiesen und werden diese Betrachtungen hier noch einmal zusammenfassend darstellen.

19.1 Anwendungsbeispiele

Die meisten und frühsten Neuro-Fuzzy-Anwendungen entstammen japanischen Forschungslaboren. Besonders im Bereich der Konsumelektronik hat Japan sehr früh auf Fuzzy, Neuro- und Neuro-Fuzzy-Techniken gesetzt. Anfang der neunziger Jahre geschah dies überwiegend aus Marketinggesichtspunkten, da Fuzzy-Techniken eine einfache und kostengünstige Implementierung von interessanten technischen Funktionen ermöglichten. Mittlerweile sind Fuzzy-Techniken weltweit verbreitet und den Konsumenten sind z.B. Kameras oder Waschmaschinen vertraut, die Fuzzy-Techniken zur Bildstabilisierung bzw. Wasser- und Energieersparnis einsetzen.

In der Literatur beschriebene Neuro-Fuzzy-Anwendungen sind oft nur Prototypen und viele sind offenbar Systeme, bei denen Neuronale Netze zur Vorverarbeitung oder Nachbearbeitung von Eingaben bzw. Ausgaben von Fuzzy-Systemen eingesetzt werden.

Ein typisches Beispiel einer Neuro-Fuzzy-Kombination wird in [Fraleigh 1994] beschrieben. Das System wird zur Qualitätskontrolle eines biopharmazeutischen Prozesses verwendet. Es besteht aus zwei Neuronalen Netzen, die zur Vorverarbeitung von Sensorinformationen eingesetzt werden, die anschließend durch ein Fuzzy-System mit zusätzlicher Information verknüpft werden. Das erste Neuronale Netz ist ein autoassoziatives System, das Sensordaten gemessener Temperaturen, Fließgeschwindigkeiten und Drucke validiert. Auf diese Weise wird Rauschen aus den Sensordaten herausgefiltert. Das zweite Neuronale Netz klassifiziert den Systemzustand in die zwei Klassen "unter Kontrolle" und "außer Kontrolle". Dieses Netz kann einen Prozessfehler anzeigen, aber die Situation nicht vollständig diagnostizieren. Diese Aufgabe übernehmen eine Menge von Fuzzy-Regeln durch die Verarbeitung der Ausgaben der Neuronalen Netze und weiterer Information.

Eine Anwendung einer Neuro-Fuzzy-Kombination zur Gesichtserkennung, wobei die Ausgabe eines Fuzzy-Systems als Eingabe eines Neuronalen Netzes verwendet wird, ist in [Johnson and Wu 1994] beschrieben. Die Autoren verwenden einen auf Fuzzy-Techniken basierenden Algorithmus zur Gewinnung von Gesichtsmerkmalen durch die Ermittlung kritischer Punkte aus einem Bild einer Profilsilhouette.

Diese Punkte definieren die Lage eines Auges, der Nasenspitze, einem Punkt unter der Nase, den Lippen und dem Kinn. Die Punkte stellen einen zehndimensionalen Merkmalsvektor dar, der von einem ART2 Netzwerk [Carpenter and Grossberg 1987] verarbeitet wird. Dieses Neuronale Netz war in der Lage 111 Bilder einer Datenbank aufgrund der ermittelten Merkmalsvektoren korrekt zu erkennen.

Im Neuro-Fuzzy-Zentrum der Universität von Twente in den Niederlanden wurde ein Neuro-Fuzzy-System zur Regelung eines Fließbandes in Kooperation mit der Hochschule Enschede entwickelt. Ein Fuzzy-Regler kontrolliert Geschwindigkeit und Spannung des Fließbandes. Ein Neuronaler Lernalgorithmus justiert die Fuzzy-Mengen des Regler, um die bestmögliche Leistung zu erhalten. Das Lernen wird offline durchgeführt. Dies ist eine Anwendung des kooperativen Ansatzes (a) in Abbildung 12.1 auf Seite 195.

Die Regelung einer Müllverbrennungsanlage in Hamburg wird in [Krause *et al.* 1994] beschrieben. Das Regelungssystem besteht aus drei Stufen, die mittels Fuzzy-Methoden die Leistung, Feuerposition und Verbrennungsoptimierung kontrollieren. Die Anpassung der initialen Fuzzy-Regelungssysteme wurde mit Neuro-Fuzzy-Methoden durchgeführt. In diesem Fall wurde der FAM-Ansatz von Kosko verwendet, um "Plausibilitätswerte" für die Fuzzy-Regeln zu finden (kooperativer Ansatz (d) aus Abbildung 12.1), d.h., die Regeln sind gewichtet.

In [Woehlke 1994] wird ein kooperatives Neuro-Fuzzy-Modell beschrieben, das zur Regelung einer Roboterhand mit mehreren Fingern eingesetzt wird. Das System wir an der so genannten "Karlsruhe Dextrous Hand" demonstriert, einer Roboterhand, die Montageaufgaben (peg-in-hole insertion) vornehmen kann. Das System besteht aus einer wissensbasierten Komponente zur Aufgabeninterpretation und -planung, einem Neuronalen Netz zur Anpassung von Kraftwerten, die auf die Hand ausgeübt werden, und zum Erlernen von Fuzzy-Regeln, die in einer Fuzzy-Regelungskomponente verwendet werden, die für die kurzfristige lokale Korrektur von Greifkräften verantwortlich ist. Das Neuronale Netz wird zur langfristigen Adaption der Greifparameter verwendet.

Eine Anwendung eines speziellen hybriden Neuro-Fuzzy-Modells zur Konstruktion eines Reglers für Robotmanipulatoren mit mehreren Freiheitsgraden zum Einsatz in Verfolgungsproblemen wird in [Rueda and Pedrycz 1994] beschrieben. Das Neuro-Fuzzy-Netzwerk besteht aus speziellen AND- und OR-Neuronen in der versteckten Schicht und der Ausgabeschicht. Die Aktivierungsfunktionen werden durch die t-Norm $\top(a, b) = ab$ bzw. die t-Conorm $\bot(a, b) = a + b - ab$ gebildet. Das Lernen wird durch Gradientenabstieg realisiert. Die Eingaben des Systems sind der Fehler und die Fehleränderung eines Manipulators und die Ausgaben koordinieren die Operation lokaler Regler vom PD-Typ.

Eine interessante Anwendung eines hybriden Neuro-Fuzzy-Systems wird in [Goode and Chow 1994] beschrieben, bei der es um die Entdeckung von Motorfehlern geht. Das Neuro-Fuzzy-System besteht aus zwei Modulen, eines zum Erlernen von Zugehörigkeitsfunktionen und eines zum Erlernen von Fuzzy-Regeln. Jedes Modul hat zwei Neuronenschichten, die Ausgabeschicht des ersten Moduls entspricht der Eingabeschicht des zweiten Moduls. Das System wird mit Backpropagation trainiert. Nach dem Training lassen sich die Fuzzy-Mengen durch Auswertung von

Teilnetzen (eines je Variable) des ersten Moduls erhalten. Durch die Auswertung des zweiten Moduls ist es möglich, Fuzzy-Regeln zu extrahieren. Das System erfordert kein Vorwissen, aber eine gute Initialisierung der Teilnetze des ersten Moduls durch die Auswahl geeigneter Zugehörigkeitsfunktionen kann den Lernverlauf unterstützen. Dieses System wurde zur Erkennung von Lagerfehlern in Elektromotoren eingesetzt. Die Eingaben des Systems sind Motorgeschwindigkeit und -strom und die Ausgabe klassifiziert den Motor in die drei Kategorien "schlecht", "akzeptabel" und "gut".

Das Labor für Mikroinformatik (LAMI) der Informatikabteilung der École Politechnique Fédéral de Lausanne in der Schweiz hat ein ANFIS-ähnliches Neuro-Fuzzy-Modell zur Erzeugung eines Hindernisvermeidungssystems für den mobilen Kleinroboter Khepera verwendet [Godjevac 1993], der ebenfalls am LAMI entwickelt wurde [Mondada et al. 1993].

Eine weitere Anwendung des ANFIS-Modells wird in [Schreiber and Heine 1994] vorgestellt. Die Autoren beschreiben ein ANFIS-basiertes System für die Vorhersage des Energieverbrauchs an "besonderen" Tagen, also Feiertagen beispielsweise. Statistische Verbrauchsdaten vorangegangener Jahre werden zum Training des Systems verwendet. Eine gute Vorhersage des Verbrauchs erlaubt Kraftwerksbetreibern eine bessere Resourcenplanung.

Die Firma AEG hat eine Waschmaschine entwickelt ("Öko-Lavamat 6953"), die durch gewichtete Fuzzy-Regeln gesteuert wird. Die Gewichte ("Plausibilitätswerte") wurden mit Hilfe eines Neuronalen Netze bestimmt. Damit stellt des System einen kooperativen Ansatz vom Typ (d) in Abbildung 12.1 dar. Das Neuronale Netz erlernte die Gewichte auf der Grundlage von Daten mehrerer Experimente. Die endgültige Regelbasis verwendet 159 Fuzzy-Regeln und wurde innerhalb von drei Tagen entwickelt [Steinmueller and Wick 1993]. Diese Waschmaschine verbraucht bedeutend weniger Wasser als vergleichbare Modelle.

Eine interessante Anwendung des NEFCLASS-Modells (siehe Kapitel 17) im Rahmen des intelligenten Fahrzeitenmanagementsystems ITEMS (Intelligent Travel Time Estimation and Management System) der British Telecom (BT) wird in [Ho et al. 2002, Nauck 2002] beschrieben. ITEMS sagt erwartete Fahrzeiten für mobile Servicetechniker vorher und erlaubt es, die Fahrzeitverteilungen sehr großer Serviceabteilungen zu untersuchen. Während die Vorhersagekomponente von ITEMS von einem Einsatzplanungssystem (Scheduling) verwendet wird, kann die Managementkomponente Erklärungen für beobachtete Fahrzeiten liefern. Während ein Anwender in ITEMS bestimmte Einsatzregionen untersucht, erzeugt NEFCLASS in Echtzeit Regelsätze, die beispielsweise erläutern, warum ein Techniker verspätet war. Das interessante an dieser Anwendung ist, dass die Regeln nicht zur Vorhersage eingesetzt werden, sondern eine linguistische Zusammenfassung beobachteter Daten darstellen. Auf diese Weise ist es Anwendern möglich, ungewöhnliche Zusammenhänge in den beobachteten Fahrtzeiten aufzudecken und gegebenenfalls korrigierend einzugreifen.

19.2   Auswahl von Neuro-Fuzzy-Ansätzen

In diesem Abschnitt geben wir einige Empfehlungen, wie ein geeignetes Neuro-Fuzzy-Modell für eine Anwendung ausgewählt werden sollte. Diese Empfehlungen können jedoch nur einen Rahmen vorgeben. Der Kontext der jeweilige Anwendung muss ebenfalls in die Überlegungen einfließen.

Zunächst sollte man einige semantische Fragestellungen betrachten (siehe auch den folgenden Abschnitt).

- Derselbe linguistische Wert sollte nicht mehrfach durch unterschiedliche Zugehörigkeitsfunktionen repräsentiert werden.

- Regelgewichte sind nur mit Vorsicht einzusetzen, da ihre Interpretation nicht immer gewährleistet ist. Sie resultieren üblicherweise in nicht-normalen Fuzzy-Mengen und Mehrfachrepräsentationen derselben linguistischen Werte (vgl. Kapitel 15.1).

Falls ein existierendes Fuzzy-System modifiziert werden soll, sind die folgenden Überlegungen hilfreich.

- Es sollten zunächst nur die Zugehörigkeitsfunktionen verändert werden, da eine Veränderung der Regelbasis letztendlich bedeutet, dass ein neues Fuzzy-System erzeugt wird. Neuro-Fuzzy-Systeme verändern die Regelbasis üblicherweise nicht durch die Hinzufügung oder Entfernung von Regeln. Allerdings kann ein Fuzzy-System zur Initialisierung eines Neuro-Fuzzy-Ansatzes verwendet werden, der dann versucht eine bessere Regelbasis zu finden und diese zu optimieren (s.u.).

- Man kann kooperative Ansätze verwenden, die nur die Parameter der Zugehörigkeitsfunktionen adaptieren oder das Fuzzy-System in ein hybrides Neuro-Fuzzy-System transformieren und nach dem Training in die ursprüngliche Form zurücktransformieren.

Falls ein existierendes Fuzzy-System modifiziert werden soll und die Semantik des resultierenden Systems keine Rolle spielt, sind die folgenden einfachen Lösungen denkbar:

- Man kann Regelgewichte einsetzen. Viele kommerzielle Entwicklungsumgebungen bieten diese Funktion an, da sie sehr einfach zu implementieren ist.

- Man kann Neuronale Netze zur Vorverarbeitung oder Nachbearbeitung einsetzen. Die Parameter des Fuzzy-Systems selbst werden nicht verändert.

Man sollte beachten, dass die beiden genannten Schritte letztendlich in der Regel eine "Black Box" erzeugen, die Eingaben in Ausgaben überführt, ohne dass eine Plausibilitätsprüfung möglich ist.

Falls wir ein vollständig neues Fuzzy-System aus Daten erzeugen wollen, können wir wie folgt vorgehen:

• Wir können ein hybrides Neuro-Fuzzy-System einsetzen, das Zugehörigkeitsfunktionen und Fuzzy-Regeln erlernen kann und semantische Problem vermeidet. Das System sollte auch den Einsatz von Vorwissen ermöglichen. Dies
erlaubt die Definition einer partiellen Regelbasis und das Erlernen fehlender
Regeln. Es sollte aber auch die Flexibilität bieten, ohne Vorwissen zu beginnen
und das Fuzzy-System vollständig aus Daten zu erzeugen (vgl. die Ansätze
NEFCON, NEFCLASS oder NEFPROX).

• Falls ein solches hybrides System nicht zur Verfügung steht, lassen sich auch
mehrere kooperative Ansätze anwenden.

  – Wir nehmen initiale Zugehörigkeitsfunktionen an.

  – Wir verwenden ein kooperatives Modell zum Erlernen von Fuzzy-Regeln
    oder setzen Fuzzy-Clusteranalyse ein.

  – Wir verwenden ein weiteres kooperative System zum Training der Fuzzy-
    Mengen.

• Falls partielles Wissen zur Verfügung steht und Semantik und Interpretierbarkeit der Lösung nicht von Bedeutung sind, kann ein hybrides System verwendet werden, das leicht in einer Entwicklungsumgebung für Neuronale Netze
implementiert werden kann und Standardlernverfahren nutzt (beispielsweise
das NNDFR-Modell in Abschnitt 12.8).

• Wenn wir mit einer sehr großen Anzahl an Variablen arbeiten müssen, können
wir wie folgt vorgehen:

  – Wir können einen mehrstufigen Ansatz verwenden, d.h. versuchen, Teil-
    aufgaben zu lösen und diese zu einer Gesamtlösung zu kombinieren.

  – Wir können versuchen, Neuronale Netze oder Neuro-Fuzzy-Systeme zur
    Erzeugung von Eingaben für ein Fuzzy-System zu verwenden, indem wir
    mehrere Variablen zu komplexeren Variablen zusammenfassen. Beispiels-
    weise könnten wir eine Variable "Raumatmosphäre" durch ein Neurona-
    les Netz oder ein Neuro-Fuzzy-System erhalten, das Eingaben wie Tem-
    peratur, Luftfeuchtigkeit, Helligkeit usw. verwendet.

Anwender, die mit dem Einsatz von Neuro-Fuzzy-Ansätzen nicht vertraut sind,
sollten Systeme mit klarer Semantik und einfachen Lernverfahren mit wenigen Freiheitsgraden bevorzugen. Diese Ansätze sind einfacher zu verstehen, und es ist leichter nachvollziehbar, wie der Lernvorgang arbeitet und auf welche Weise er Parameter
verändert.

Wir stellen einige der von uns entwickelten Neuro-Fuzzy-Ansätze über das Internet zur Verfügung (http://fuzzy.cs.uni-magdeburg.de). Bei der Diskussion
mit Anwendern haben wir des Öfteren festgestellt, dass Neuro-Fuzzy-Ansätze als
"letzter Ausweg" oder "unaufwendige Lösung" eingesetzt werden. Dabei versuchen
Anwender mit geringem Aufwand schnell eine Lösung zu erzielen und versuchen
diese durch eine hohe Anzahl von Fuzzy-Mengen und Fuzzy-Regeln zu erreichen.

Man muss dabei bedenken, dass Fuzzy-Systeme Kombinationen lokaler Modelle (der Regeln) sind und dass der Gesamtfehler des Systems sich aus den lokalen Fehlern zusammensetzt. Die Adaption der lokalen Modelle ist durch die Lernalgorithmen oft nur in eingeschränkter Form möglich, insbesondere dann, wenn die Semantik des Systems erhalten bleiben soll. Viele lokale Modelle, d.h. viele Fuzzy-Mengen und daraus resultierend viele Fuzzy-Regeln, können den Gesamtfehler hochtreiben und eine Adaption erschweren.

In der Regel findet man am leichtesten eine Lösung, wenn man mit wenigen Fuzzy-Mengen pro Variable (zwei bis drei) beginnt und auch die Anzahl der Regeln einschränkt (z.B. zwei oder drei pro Klasse bei Klassifikationsproblemen). Wenn man unbefriedigende Lösungen erhält, kann man die Anzahl der Parameter langsam erhöhen und den Lernvorgang wiederholen. Oft lassen sich auch durch die Analyse des Lernergebnisses Hinweise auf verbesserte Lernvorgänge ableiten. Werden einige Fuzzy-Mengen einer Variable fast identisch zueinander, kommt man vermutlich mit weniger Fuzzy-Mengen aus. Werden die Träger einiger Fuzzy-Mengen sehr breit, kann dies ein Hinweis sein, dass die korrespondierende Variable mit mehr Fuzzy-Mengen partitioniert werden muss. Es kann allerdings auch ein Hinweis darauf sein, dass die Ausgabe unabhängig von dieser Variablen ist und die Variable besser entfernt werden sollte.

Man sollte auch bedenken, dass wie bei den Neuronalen Netzen ein Lernerfolg nicht garantiert werden kann. Dieselben Überlegungen zur Auswahl und Vorverarbeitung von Trainingsdaten gelten auch für Neuro-Fuzzy-Systeme. Es ist wichtig, dass man einen Neuro-Fuzzy-Ansatz nicht als vollautomatische Lösung versteht, sondern lediglich als ein Werkzeug, das bei der Erzeugung eines Fuzzy-Systems helfen kann. Der Anwender muss lernen, mit diesem Werkzeug umzugehen und seine Arbeitsweise zu interpretieren. Unter diesem Gesichtspunkt sind Ansätze zu bevorzugen, die auf Einfachheit und Interpretierbarkeit Wert legen.

19.3   Semantik und Interpretierbarkeit

Fuzzy-Systeme erlauben uns, auf bequeme Weise nur teilweise bekannte Zusammenhänge zwischen unabhängigen und abhängigen Variablen mittels linguistischer Regeln zu repräsentieren. Die Wahl der Fuzzy-Mengen erlaubt uns die Einstellung der Genauigkeit, mit der wir ein Problem betrachten wollen. Wir können ein Fuzzy-System sowohl zur Vorhersage von Werten der abhängigen Variablen verwenden als auch zur Wissensrepräsentation. Wir können ein Fuzzy-System daher als eine Kombination eines Vorhersagemodells und eines Problemverständnismodells interpretieren.

Vorhersagemodelle streben nach Genauigkeit und Verständnismodelle nach Einfachheit. Vorhersagemodelle sind oft komplex und entweder nicht interpretierbar (Neuronale Netze) oder nur von Experten zu deuten (z.B. Regressionsmodelle). Verständnismodelle basieren oft auf einem regelbasierten, symbolischen Ansatz, wie z.B. dem Prädikatenkalkül. Diese Ansätze sind oft nur für endliche kategoriale

Wertebereiche geeignet und können an den Rändern ihrer Definitionsbereiche nicht-intuitive Ergebnisse produzieren. Dies ist beispielsweise ein Nachteil symbolischer Expertensysteme [Dreyfus 1979].

Fuzzy-Systeme haben numerische Interpolationseigenschaften und sind daher gut als Vorhersagemodelle zu gebrauchen. Durch die Verwendung von Fuzzy-Partitionierungen mit benannten Fuzzy-Mengen haben sie außerdem eine symbolische Komponente und lassen sich intuitiv interpretieren. Wie wir bereits diskutiert haben, kann es einen Widerspruch zwischen genauer Vorhersage und leichter Verständlichkeit geben. Um eine hohe Genauigkeit zu erzielen, kann es notwendig sein, viele Fuzzy-Mengen und Regeln zu verwenden, so dass die Verständlichkeit des Systems verloren geht. Andererseits ist ein einfaches verständliches System mit wenigen Regeln nur zu begrenzter Genauigkeit fähig.

Wenn wir an präzisen Vorhersagen interessiert sind, ist der Einsatz von Sugeno-Fuzzy-Systemen dem von Mamdani-Systemen vorzuziehen, da erstere in den Regelkonsequenzen mehr Flexibilität anbieten [Grauel and Mackenberg 1997]. Allerdings sollten wir dann auch überlegen, ob Fuzzy-Systeme überhaupt verwendet werden sollten oder ob ähnliche lokale Ansätze wie RBF-Netze, Kernel Regression oder B-Spline-Netze nicht besser geeignet sind [Bersini and Bontempi 1997a, Brown and Harris 1994].

Wenn wir mehr Wert auf eine interpretierbare Lösung legen, sollten wir Mamdani-Systeme verwenden, da ihre Regelkonsequenzen aus interpretierbaren Fuzzy-Mengen bestehen. Wenn das System in einem Neuro-Fuzzy-Lernprozess erzeugt wird, müssen wir darauf achten, dass die Systemparameter nicht beliebig verändert werden dürfen.

Die Interpretierbarkeit und Einfachheit von Fuzzy-Systemen ist einer ihrer Hauptvorteile [Pedrycz 1995, Zadeh 1996b]. (Neuro-)Fuzzy-Systeme sind keine besseren Funktionsapproximatoren, Regler oder Klassifikatoren als andere Ansätze. Wenn wir das Modell einfach halten wollen, sind sie in der Regel sogar weniger präzise. Das bedeutet, Fuzzy-Systeme sind dann geeignet, wenn wir ein interpretierbares Modell benötigen, eventuell unscharfes Vorwissen besitzen und eine hohe Präzision nicht unbedingt notwendig ist bzw. auf andere Weise auch nicht zu erreichen wäre. Zur Interpretierbarkeit von Fuzzy-Systemen verweisen wir auch auf die folgenden Veröffentlichungen: [Bersini and Bontempi 1997b, Bersini et al. 1998, Nauck and Kruse 1997a, Nauck and Kruse 1998a, Nauck and Kruse 1998b, Nauck 2003].

Die Interpretierbarkeit eines Modells ist besonders in Bereichen von Bedeutung

- in denen Menschen üblicherweise Entscheidungen treffen und Maschinen mittlerweile den Entscheidungsprozess unterstützen oder sogar voll verantwortlich übernehmen können,

- in denen Vorwissen verwendet wird und dessen Veränderung durch einen Lernprozess überprüft werden muss und

- in denen Lösungen gegenüber Laien erläutert oder gerechtfertigt werden müssen.

Globale Interpretierbarkeit	Lokale Interpretierbarkeit
das Modell kann als Ganzes verstanden werden	nur lokale Aspekte des Modells sind verständlich, der Überblick fehlt
grobes Modell	feines Modell
wenige Parameter	viele Parameter
geringere Präzision, d.h. mehr Fehler = höhere Anwendungskosten	hohe Präzision, d.h. weniger Fehler = geringere Anwendungskosten
geringe Kosten bei der Modellerzeugung	hohe Kosten bei der Modellerzeugung

Tabelle 19.1 Globale und lokale Interpretierbarkeit

Die Interpretierbarkeit eines Fuzzy-Modells soll nicht bedeuten, dass es eine exakte Übereinstimmung zwischen der linguistischen Beschreibung und den Modellparametern gibt. Dies ist aufgrund der subjektiven Natur von Fuzzy-Mengen und ihren linguistischen Bezeichnern so gut wie unmöglich. Gewöhnlich ist es nicht von Bedeutung, ob beispielsweise der Ausdruck "ungefähr null" durch eine symmetrische dreiecksförmige Zugehörigkeitsfunktion mit dem Träger $[-1, 1]$ repräsentiert wird. Interpretierbarkeit bedeutet, dass der Nutzer des Modells die Repräsentation der linguistischen Ausdrücke mehr oder weniger akzeptieren kann. Die Repräsentation muss in etwa mit dem intuitiven Verständnis des linguistischen Ausdrucks korrespondieren. Wichtiger ist, dass die Regelbasis klein und daher verständlich ist. Es ist auch sinnvoll, sich zu vergegenwärtigen, dass Interpretierbarkeit selbst ein subjektives und unscharfes Konzept ist.

Weiterhin soll Interpretierbarkeit nicht bedeuten, dass ein Fuzzy-System *allgemeinverständlich* ist. Wir wollen darunter verstehen, dass Anwender mit einem gewissen Grad an Expertise in dem entsprechenden Anwendungsbereich das Modell verstehen können. Offensichtlich können wir nicht erwarten, dass Laien beispielsweise ein Fuzzy-System einer medizinischen Anwendung verstehen. Es ist wichtig, dass der Arzt, der das Modell einsetzt, es verstehen kann.

Es kann auch sinnvoll sein, zwischen *lokaler* und *globaler* Interpretierbarkeit zu unterscheiden (vgl. Tabelle 19.1). Normalerweise sind wir an global interpretierbaren Modellen interessiert, d.h. Modellen, die als Ganzes verständlich sind und uns einen Überblick verschaffen. Manchmal, besonders in technischen Prozessen, kann lokale Interpretierbarkeit jedoch ausreichen. In diesen Fällen gibt es Wissen über das lokale Verhalten eines Prozesses und es ist wichtiger diese lokalen Aspekte hinreichend zu repräsentieren als ein Gesamtverständnis des Modells zu entwickeln. Fuzzy-Regler, zum Beispiel, sind oft lokal interpretierbar [Babuska 1998].

Aus Sicht eines Anwenders können wir die folgenden intuitiven Kriterien für die Interpretierbarkeit eines Fuzzy-Systems formulieren: Wir nehmen an, dass die linguistische Interpretierbarkeit eines Fuzzy-Systems angemessen ist, wenn

- es eine ungefähre Idee über den zugrundeliegenden Prozess oder die Zusammenhänge in den Daten liefert,

- es die Mehrzahl der beobachteten Ausgabewerte hinreichend rechtfertigen kann,

- es für Erklärungen verwendet werden kann und

- es alle wichtigen beobachteten Ein-/Ausgabesituationen abdeckt (seltene Fälle mögen ignoriert werden).

Ein Neuro-Fuzzy-Lernverfahren zum Erzeugen interpretierbarer Fuzzy-Systeme sollte einfach und schnell sein, damit ein Benutzer verstehen kann, wie es arbeitet und er damit leicht experimentieren kann. Semantische Probleme treten auf, wenn der Neuro-Fuzzy-Ansatz keine Mechanismen aufweist, die sicherstellen, dass alle von Lernverfahren durchgeführten Veränderungen stets im Sinne eines Fuzzy-Systems interpretierbar sind. Daher berücksichtigen die von uns in den Kapiteln 14–15 erarbeiten Lernverfahren Nebenbedingungen und halten sich an die in Mamdani-Systemen verwendeten Standardfunktionen.

Die folgenden Punkte beeinflussen die Interpretierbarkeit eines Fuzzy-Systems:

- Die Anzahl der Fuzzy-Regeln: Ein System mit umfangreicher Regelbasis ist weniger interpretierbar als ein Fuzzy-System, das nur wenige Regeln benötigt.

- Die Anzahl der Variablen: Hochdimensionale Modelle sind schwer verständlich. Jede Regel sollte so wenig Variablen wie möglich verwenden.

- Die Anzahl der Fuzzy-Mengen je Variable: Nur wenige bedeutsame Fuzzy-Mengen sollten zur Partitionierung einer Variablen verwendet werden. Eine hohe Auflösung erhöht nicht nur die Anzahl linguistischer Terme, sondern auch die Zahl möglicher Fuzzy-Regeln steigt exponentiell mit der Zahl der Variablen und der Fuzzy-Mengen. Eine geringe Auflösung erhöht die Lesbarkeit des Fuzzy-Systems.

- Eindeutige Repräsentation der linguistischen Terme: Jeder linguistische Wert darf nur durch eine Fuzzy-Menge repräsentiert werden. Verschiedene Regeln, die denselben linguistischen Ausdruck (z.B. x ist *klein*) verwenden, dürfen den korrespondierenden linguistischen Wert (hier: *klein*) nicht durch verschiedene Fuzzy-Mengen repräsentieren.

- Keine Konflikte: Es darf keine Regeln mit identischen Bedingungen aber unterschiedlichen Konsequenzen geben (vollständiger Widerspruch). Nur partieller Widerspruch ist zulässig.

- Keine Redundanz: Keine Regel darf mehr als einmal in der Regelbasis auftreten. Es darf auch keine Regeln geben, deren Bedingung eine Teilmenge der Bedingung einer anderen Regel ist.

- Eigenschaften der Fuzzy-Mengen: Jede Fuzzy-Menge sollte für einen Benutzer "bedeutsam" sein. Nach dem Training sollten die Fuzzy-Partitionierungen der Variablen immer noch hinreichend ähnlich zu den vom Benutzer vorgegebenen sein. Zumindest die relativen Positionen der Fuzzy-Mengen zueinander müssen erhalten bleiben. Normalerweise wird ein gewisser minimaler bzw. maximaler Grad an Überlappung gefordert. Fuzzy-Mengen sollten normal und konvex und als Fuzzy-Zahlen oder Fuzzy-Intervalle interpretierbar sein, sofern es sich um numerische Variablen handelt.

Die von uns in den Kapiteln 14 und 15 vorgestellten Neuro-Fuzzy-Algorithmen halten sich an diese Bedingungen. Die Eigenschaften der Fuzzy-Mengen werden durch Nebenbedingungen erzwungen (Abschnitt 15.2.1). Die Anzahl der Parameter kann durch Beschneidungsverfahren verringert werden (Abschnitt 15.3). Konflikte, Redundanz und Mehrdeutigkeit können durch geeignete Implementierung eines Fuzzy-Systems und der Lernalgorithmen vermieden werden (Abschnitt 17.3). Der Verzicht auf gewichtete Regeln vermeidet semantische Probleme 15.1.

Wir verstehen Neuro-Fuzzy-Systeme als Heuristiken zur Bestimmung der Parameter eines Fuzzy-Systems aus Trainingsdaten. Wir betrachten sie als Entwicklungswerkzeuge, die bei der Konstruktion eines Fuzzy-Systems helfen können. Sie sind keine "automatischen Fuzzy-System-Erzeuger". Der Anwender sollte den Lernvorgang stets überwachen und interpretieren. Im Anwendungsbereich der Datenanalyse korrespondiert diese Interpretation mit einer explorativen Vorgehensweise.

Wenn wir nur daran interessiert sind, ein Neuro-Fuzzy-Modell zur Vorhersage einzusetzen, können vom Gesichtspunkt der Anwendung fragen, warum wir uns überhaupt mit Semantik und Interpretierbarkeit befassen sollen. Es könnte doch ausreichen, dass das erhaltene Modell seine Aufgabe erfüllt und gute Vorhersagen liefert. Es ist selbstverständlich möglich, alle Beschränkung und Nebenbedingungen des Lernverfahrens eines Neuro-Fuzzy-Systems zu ignorieren und es lediglich als ein bequemes Werkzeug anzusehen, das mit Vorwissen initialisiert und mit Beispielen trainiert werden kann, ohne sich das erhaltene Modell näher anzusehen, so lange es zufriedenstellend arbeitet. Interpretierbarkeit und eine klare Semantik geben uns allerdings die offensichtlichen Vorteile, ein Modell auf seine Plausibilität hin überprüfen zu können und es im Rahmen seiner Anwendung leichter pflegen zu können. Diese Aspekte sind auch dann von Bedeutung, wenn ein Modell lediglich der Vorhersage dienen soll.

Wenn wir ein Neuro-Fuzzy-System einsetzen, sollten wir einen weiteren wichtigen Aspekt bedenken. Aus welchem Grund auch immer wir ein Fuzzy-System als Lösung eines Problems bevorzugen, es kann nicht der Grund sein, dass wir eine *optimale* Lösung anstreben. Fuzzy-Systeme werden verwendet, um die Toleranz gegenüber suboptimalen Lösungen auszunutzen. Es macht daher wenig Sinn, sehr aufwendige, hochentwickelte Trainingsverfahren auszuwählen, um den Trainingsdaten jede noch so geringfügige Information zu entlocken. Ein solcher Ansatz müsste die Standardarchitektur von Fuzzy-Systemen ignorieren und würde sich entsprechende semantische Problem einhandeln. Wir bevorzugen die Sichtweise, dass (Neuro-)Fuzzy-Systeme verwendet werden, weil sie einfach zu implementieren, einfach zu handhaben und einfachen zu verstehen sind. Lernverfahren, die Fuzzy-Systeme aus Daten erzeugen, sollten ebenfalls diese Eigenschaften haben.

Teil IV

Anhänge

A   Geradengleichungen

In diesem Anhang sind einige wichtige Tatsachen über Geraden und Geradengleichungen zusammengestellt, die im Kapitel 2 über Schwellenwertelemente verwendet
werden. Ausführlichere Darstellungen findet man in jedem Lehrbuch der linearen
Algebra.

Geraden werden üblicherweise in einer der folgenden Formen angegeben:

$$
\begin{array}{lll}
\text{Explizite Form:} & g \equiv & x_2 = b x_1 + c \\
\text{Implizite Form:} & g \equiv & a_1 x_1 + a_2 x_2 + d = 0 \\
\text{Punktrichtungsform:} & g \equiv & \vec{x} = \vec{p} + k\vec{r} \\
\text{Normalenform:} & g \equiv & (\vec{x} - \vec{p})\vec{n} = 0
\end{array}
$$

mit den Parametern

$\quad b:\quad$ Steigung der Gerade
$\quad c:\quad$ x_2-Achsenabschnitt
$\quad \vec{p}:\quad$ Ortsvektor eines Punktes der Gerade (Stützvektor)
$\quad \vec{r}:\quad$ Richtungsvektor der Gerade
$\quad \vec{n}:\quad$ Normalenvektor der Gerade

Ein Nachteil der expliziten Form ist, dass Geraden, die parallel zur x_2-Achse verlaufen, mit ihr nicht dargestellt werden können. Alle anderen Formen können dagegen
beliebige Geraden darstellen.

Die implizite Form und die Normalenform sind eng miteinander verwandt, da
die Koeffizienten a_1 und a_2 der Variablen x_1 bzw. x_2 die Koordinaten eines Normalenvektors der Gerade sind. D.h., wir können in der Normalenform $\vec{n} = (a_1, a_2)$
verwenden. Durch Ausmultiplizieren der Normalenform sehen wir außerdem, dass
$d = -\vec{p}\vec{n}$ gilt.

Die Beziehungen der Parameter der verschiedenen Gleichungsformen sind in
Abbildung A.1 anschaulich dargestellt. Wichtig ist vor allem der Vektor $\vec{q}$, der uns
Aufschluss über die Bedeutung des Parameters d der impliziten Form gibt. Der
Vektor $\vec{q}$ wird durch Projektion des Stützvektors $\vec{p}$ auf die Normalenrichtung der
Gerade bestimmt. Dies geschieht über das Skalarprodukt. Es ist

$$\vec{p}\vec{n} = |\vec{p}|\,|\vec{n}|\cos\varphi.$$

Aus der Zeichnung sieht man, dass $|\vec{q}| = |\vec{p}|\cos\varphi$ gilt. Folglich ist

$$|\vec{q}| = \frac{|\vec{p}\vec{n}|}{|\vec{n}|} = \frac{|d|}{|\vec{n}|}.$$

$|d|$ misst also den Abstand der Gerade vom Ursprung relativ zur Länge des Normalenvektors. Gilt $\sqrt{a_1^2 + a_2^2} = 1$, d.h., hat der Normalenvektor $\vec{n}$ die Länge 1, so
gibt $|d|$ direkt diesen Abstand an. Man spricht in diesem Fall von der **Hesseschen
Normalform** der Geradengleichung.

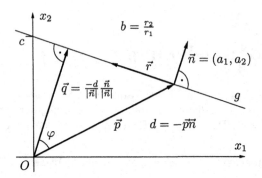

Abbildung A.1   Eine Gerade und die sie beschreibenden Größen.

Berücksichtigt man noch, dass $\vec{p}\vec{n}$ negativ wird, wenn $\vec{n}$ nicht (wie in der Zeichnung) vom Ursprung weg, sondern zum Ursprung hin zeigt, so erhält man schließlich (wie auch in der Zeichnung angegeben):

$$\vec{q} = \frac{\vec{p}\vec{n}}{|\vec{n}|}\frac{\vec{n}}{|\vec{n}|} = \frac{-d}{|\vec{n}|}\frac{\vec{n}}{|\vec{n}|}.$$

Man beachte, dass $\vec{q}$ stets vom Ursprung zur Gerade zeigt, unabhängig davon, ob $\vec{n}$ vom Ursprung weg oder zu ihm hin zeigt. Damit kann man aus dem Vorzeichen von d die Lage des Ursprungs ablesen:

$$d = 0: \quad \text{Gerade geht durch den Ursprung,}$$
$$d < 0: \quad \vec{n} = (a_1, a_2) \text{ zeigt vom Ursprung weg,}$$
$$d > 0: \quad \vec{n} = (a_1, a_2) \text{ zeigt zum Ursprung hin.}$$

Die gleichen Berechnungen können wir natürlich nicht nur für den Stützvektor $\vec{p}$ der Gerade, sondern für einen beliebigen Vektor $\vec{x}$ durchführen (siehe Abbildung A.2). Wir erhalten so einen Vektor $\vec{z}$, der die Projektion des Vektors $\vec{x}$ auf die Normalenrichtung der Gerade ist. Indem wir diesen Vektor mit dem oben bestimmten Vektor $\vec{q}$ vergleichen, können wir bestimmen, auf welcher Seite der Gerade der Punkt mit dem Ortsvektor $\vec{x}$ liegt. Es gilt:

Ein Punkt mit Ortsvektor $\vec{x}$ liegt auf der Seite der Gerade, zu der der Normalenvektor $\vec{n}$ zeigt, wenn $\vec{x}\vec{n} > -d$, und auf der anderen Seite, wenn $\vec{x}\vec{n} < -d$. Ist $\vec{x}\vec{n} = -d$, so liegt er auf der Gerade.

Es dürfte klar sein, dass die obigen Überlegungen nicht auf Geraden beschränkt sind, sondern sich unmittelbar auf Ebenen und Hyperebenen übertragen lassen. Auch für Ebenen und Hyperebenen kann man also leicht bestimmen, auf welcher Seite ein Punkt mit gegebenem Ortsvektor liegt.

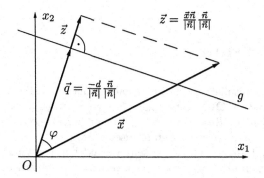

Abbildung A.2 Bestimmung der Geradenseite, auf der ein Punkt $\vec{x}$ liegt.

B Regression

Dieser Anhang rekapituliert die in der Analysis und Statistik wohlbekannte **Methode der kleinsten Quadrate**, auch **Regression** genannt, zur Bestimmung von Ausgleichsgeraden (Regressionsgeraden) und allgemein Ausgleichpolynomen. Die Darstellung folgt im wesentlichen [Heuser 1988].

(Physikalische) Messdaten zeigen selten exakt den gesetzmäßigen Zusammenhang der gemessenen Größen, da sie unweigerlich mit Fehlern behaftet sind. Will man den Zusammenhang der gemessenen Größen dennoch (wenigstens näherungsweise) bestimmen, so steht man vor der Aufgabe, eine Funktion zu finden, die sich den Messdaten möglichst gut anpasst, so dass die Messfehler „ausgeglichen" werden. Natürlich sollte dazu bereits eine Hypothese über die Art des Zusammenhangs vorliegen, um eine Funktionenklasse wählen und dadurch das Problem auf die Bestimmung der Parameter einer Funktion eines bestimmten Typs reduzieren zu können.

Erwartet man z.B. bei zwei Größen x und y einen linearen Zusammenhang (z.B. weil ein Diagramm der Messpunkte einen solchen vermuten lässt), so muss man die Parameter a und b der Gerade $y = g(x) = a + bx$ bestimmen. Wegen der unvermeidlichen Messfehler wird es jedoch i.a. nicht möglich sein, eine Gerade zu finden, so dass alle gegebenen n Messpunkte (x_i, y_i), $1 \leq i \leq n$, genau auf dieser Geraden liegen. Vielmehr wird man versuchen müssen, eine Gerade zu finden, von der die Messpunkte möglichst wenig abweichen. Es ist daher plausibel, die Parameter a und b so zu bestimmen, dass die Abweichungsquadratsumme

$$F(a,b) = \sum_{i=1}^{n} (g(x_i) - y_i)^2 = \sum_{i=1}^{n} (a + bx_i - y_i)^2$$

minimal wird. D.h., die aus der Geradengleichung berechneten y-Werte sollen (in der Summe) möglichst wenig von den gemessenen abweichen. Die Gründe für die Verwendung des Abweichungsquadrates sind i.w. die gleichen wie die in Abschnitt 3.3 angeführten: Ersten ist die Fehlerfunktion durch die Verwendung des Quadrates überall (stetig) differenzierbar, während die Ableitung des Betrages, den man alternativ verwenden könnte, bei 0 nicht existiert/unstetig ist. Zweitens gewichtet das Quadrat große Abweichungen von der gewünschten Ausgabe stärker, so dass vereinzelte starke Abweichungen von den Messdaten tendenziell vermieden werden.[1]

Eine notwendige Bedingung für ein Minimum der oben definierten Fehlerfunktion $F(a,b)$ ist, dass die partiellen Ableitungen dieser Funktion nach den Parametern a und b verschwinden, also

---

[1] Man beachte allerdings, dass dies auch ein Nachteil sein kann. Enthält der gegebene Datensatz „Ausreißer" (das sind Messwerte, die durch zufällig aufgetretene, unverhältnismäßig große Messfehler sehr weit von dem tatsächlichen Wert abweichen), so wird die Lage der berechneten Ausgleichsgerade u.U. sehr stark von wenigen Messpunkten (eben den Ausreißern) beeinflusst, was das Ergebnis unbrauchbar machen kann.

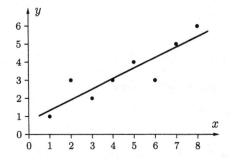

Abbildung B.1 Beispieldaten und mit der Methode der kleinsten Quadrate berechnete Ausgleichsgerade.

$$\frac{\partial F}{\partial a} = \sum_{i=1}^{n} 2(a + bx_i - y_i) = 0 \quad \text{und}$$

$$\frac{\partial F}{\partial b} = \sum_{i=1}^{n} 2(a + bx_i - y_i)x_i = 0$$

gilt. Aus diesen beiden Gleichungen erhalten wir nach wenigen einfachen Umformungen die so genannten **Normalgleichungen**

$$na + \left(\sum_{i=1}^{n} x_i\right) b = \sum_{i=1}^{n} y_i$$

$$\left(\sum_{i=1}^{n} x_i\right) a + \left(\sum_{i=1}^{n} x_i^2\right) b = \sum_{i=1}^{n} x_i y_i,$$

also ein lineares Gleichungssystem mit zwei Gleichungen und zwei Unbekannten a und b. Man kann zeigen, dass dieses Gleichungssystem eine eindeutige Lösung besitzt, es sei denn, die x-Werte aller Messpunkte sind identisch (d.h., es ist $x_1 = x_2 = \ldots = x_n$), und dass diese Lösung tatsächlich ein Minimum der Funktion F beschreibt [Heuser 1988]. Die auf diese Weise bestimmte Gerade $y = g(x) = a + bx$ nennt man die **Ausgleichsgerade** oder **Regressionsgerade** für den Datensatz $(x_1, y_1), \ldots, (x_n, y_n)$.

Zur Veranschaulichung des Verfahrens betrachten wir ein einfaches Beispiel. Gegeben sei der aus acht Messpunkten $(x_1, y_1), \ldots, (x_8, y_8)$ bestehende Datensatz, der in der folgenden Tabelle gezeigt ist [Heuser 1988]:

x	1	2	3	4	5	6	7	8
y	1	3	2	3	4	3	5	6

Um das System der Normalgleichungen aufzustellen, berechnen wir

$$\sum_{i=1}^{8} x_i = 36, \qquad \sum_{i=1}^{8} x_i^2 = 204, \qquad \sum_{i=1}^{8} y_i = 27, \qquad \sum_{i=1}^{8} x_i y_i = 146.$$

Damit erhalten wir das Gleichungssystem (Normalgleichungen)

$$8a + 36b = 27,$$
$$36a + 204b = 146,$$

das die Lösung $a = \frac{3}{4}$ und $b = \frac{7}{12}$ besitzt. Die Ausgleichsgerade ist also

$$y = \frac{3}{4} + \frac{7}{12}x.$$

Diese Gerade ist zusammen mit den Datenpunkten, von denen wir ausgegangen sind, in Abbildung B.1 dargestellt.

Das gerade betrachtete Verfahren ist natürlich nicht auf die Bestimmung von Ausgleichsgeraden beschränkt, sondern lässt sich mindestens auf Ausgleichspolynome erweitern. Man sucht dann nach einem Polynom

$$y = p(x) = a_0 + a_1 x + \ldots + a_m x^m$$

mit gegebenem, festem Grad m, das die n Messpunkte $(x_1, y_1), \ldots, (x_n.y_n)$ möglichst gut annähert. In diesem Fall ist

$$F(a_0, a_1, \ldots, a_m) = \sum_{i=1}^{n} (p(x_i) - y_i)^2 = \sum_{i=1}^{n} (a_0 + a_1 x_i + \ldots + a_m x_i^m - y_i)^2$$

zu minimieren. Notwendige Bedingung für ein Minimum ist wieder, dass die partiellen Ableitungen nach den Parametern a_0 bis a_m verschwinden, also

$$\frac{\partial F}{\partial a_0} = 0, \quad \frac{\partial F}{\partial a_1} = 0, \quad \ldots \quad , \frac{\partial F}{\partial a_m} = 0$$

gilt. So ergibt sich das System der Normalgleichungen [Heuser 1988]

$$n a_0 + \left(\sum_{i=1}^{n} x_i \right) a_1 + \ldots + \left(\sum_{i=1}^{n} x_i^m \right) a_m = \sum_{i=1}^{n} y_i$$

$$\left(\sum_{i=1}^{n} x_i \right) a_0 + \left(\sum_{i=1}^{n} x_i^2 \right) a_1 + \ldots + \left(\sum_{i=1}^{n} x_i^{m+1} \right) a_m = \sum_{i=1}^{n} x_i y_i$$

$$\vdots$$

$$\left(\sum_{i=1}^{n} x_i^m \right) a_0 + \left(\sum_{i=1}^{n} x_i^{m+1} \right) a_1 + \ldots + \left(\sum_{i=1}^{n} x_i^{2m} \right) a_m = \sum_{i=1}^{n} x_i^m y_i,$$

aus dem sich die Parameter a_0 bis a_m mit den üblichen Methoden der linearen Algebra (z.B. Gaußsches Eliminationsverfahren, Cramersche Regel, Bildung der Inversen der Koeffizientenmatrix etc.) berechnen lassen. Das so bestimmte Polynom $p(x) = a_0 + a_1 x + a_2 x^2 + \ldots + a_m x^m$ heißt **Ausgleichspolynom** oder **Regressionspolynom** m-ter Ordnung für den Datensatz $(x_1, y_1), \ldots, (x_n, y_n)$.

Weiter lässt sich die Methode der kleinsten Quadrate nicht nur verwenden, um, wie bisher betrachtet, Ausgleichspolynome zu bestimmen, sondern kann auch für Funktionen mit mehr als einem Argument eingesetzt werden. In diesem Fall spricht man von **multipler** oder **multivariater Regression**. Wir untersuchen hier beispielhaft nur den Spezialfall der **multilinearen Regression** und beschränken uns außerdem auf eine Funktion mit zwei Argumenten. D.h., wir betrachten, wie man zu einem gegebenen Datensatz $(x_1, y_1, z_1), \ldots, (x_n, y_n, z_n)$ eine Ausgleichsfunktion der Form

$$z = f(x, y) = a + bx + cy$$

so bestimmen kann, dass die Summe der Abweichungsquadrate minimal wird. Die Ableitung der Normalgleichungen für diesen Fall ist zu der Ableitung für Ausgleichspolynome völlig analog. Wir müssen

$$F(a, b, c) = \sum_{i=1}^{n} (f(x_i, y_i) - z_i)^2 = \sum_{i=1}^{n} (a + bx_i + cy_i - z_i)^2$$

minimieren. Notwendige Bedingungen für ein Minimum sind

$$\frac{\partial F}{\partial a} = \sum_{i=1}^{n} 2(a + bx_i + cy_i - z_i) = 0,$$

$$\frac{\partial F}{\partial b} = \sum_{i=1}^{n} 2(a + bx_i + cy_i - z_i)x_i = 0,$$

$$\frac{\partial F}{\partial c} = \sum_{i=1}^{n} 2(a + bx_i + cy_i - z_i)y_i = 0.$$

Also erhalten wir das System der Normalgleichungen

$$na + \left(\sum_{i=1}^{n} x_i\right) b + \left(\sum_{i=1}^{n} y_i\right) c = \sum_{i=1}^{n} z_i$$

$$\left(\sum_{i=1}^{n} x_i\right) a + \left(\sum_{i=1}^{n} x_i^2\right) b + \left(\sum_{i=1}^{n} x_i y_i\right) c = \sum_{i=1}^{n} z_i x_i$$

$$\left(\sum_{i=1}^{n} y_i\right) a + \left(\sum_{i=1}^{n} x_i y_i\right) b + \left(\sum_{i=1}^{n} y_i^2\right) c = \sum_{i=1}^{n} z_i y_i$$

aus dem sich a, b und c leicht berechnen lassen.

Es dürfte klar sein, dass sich die Methode der kleinsten Quadrate auch auf Polynome in mehreren Variablen erweitern lässt. Wie sie sich unter bestimmten Umständen auch noch auf andere Funktionenklassen erweitern lässt, ist in Abschnitt 4.3 anhand der **logistischen Regression** gezeigt.

Ein Programm zur multipolynomialen Regression, das zur schnellen Berechnung der verschiedenen benötigten Potenzprodukte eine auf Ideen der dynamischen Programmierung beruhende Methode benutzt, steht unter

`http://fuzzy.cs.uni-magdeburg.de/~borgelt/software.html#regress`

zur Verfügung.

C Aktivierungsumrechnung

In diesem Anhang geben wir an, wie sich die Gewichte und Schwellenwerte eines Hopfield-Netzes, das mit den Aktivierungen 0 und 1 arbeitet, in die entsprechenden Parameter eines Hopfield-Netzes, das mit den Aktivierungen -1 und 1 arbeitet, umrechnen lassen (und umgekehrt). Dies zeigt, dass die beiden Netzarten äquivalent sind, wir also berechtigt waren, in Kapitel 7 je nach Gegebenheit die eine oder die andere Form zu wählen.

Wir deuten im folgenden durch einen oberen Index den Wertebereich der Aktivierung der Neuronen des Netzes an, auf das sich die auftretenden Größen beziehen. Es bedeuten:

$$^0 \quad : \quad \text{Größe aus Netz mit } \mathrm{act}_u \in \{\ 0,1\},$$
$$^- \quad : \quad \text{Größe aus Netz mit } \mathrm{act}_u \in \{-1,1\}.$$

Offenbar muss stets gelten

$$\mathrm{act}_u^0 \;=\; \frac{1}{2}(\mathrm{act}_u^- + 1) \quad \text{und}$$
$$\mathrm{act}_u^- \;=\; 2\,\mathrm{act}_u^0 - 1,$$

d.h. das Neuron u hat in beiden Netzarten die Aktivierung 1, oder es hat in der einen Netzart die Aktivierung 0 und in der anderen die entsprechende Aktivierung -1. Damit die beiden Netztypen das gleiche Verhalten zeigen, muss außerdem gelten:

$$s(\mathrm{net}_u^- - \theta_u^-) = s(\mathrm{net}_u^0 - \theta_u^0),$$

wobei

$$s(x) = \left\{ \begin{array}{ll} 1, & \text{falls } x \geq 0, \\ -1, & \text{sonst}, \end{array} \right.$$

denn nur dann werden immer gleichartige Aktivierungsänderungen ausgeführt. Obige Gleichung gilt sicherlich, wenn gilt:

$$\mathrm{net}_u^- - \theta_u^- = \mathrm{net}_u^0 - \theta_u^0.$$

Aus dieser Gleichung erhalten wir mit den oben angegebenen Beziehungen der Aktivierungen

$$\mathrm{net}_u^- - \theta_u^- \;=\; \sum_{v \in U - \{u\}} w_{uv}^- \,\mathrm{act}_u^- - \theta_u^-$$
$$=\; \sum_{v \in U - \{u\}} w_{uv}^- (2\,\mathrm{act}_u^0 - 1) - \theta_u^-$$
$$=\; \sum_{v \in U - \{u\}} 2 w_{uv}^- \,\mathrm{act}_u^0 - \sum_{v \in U - \{u\}} w_{uv}^- - \theta_u^-$$

$$\stackrel{!}{=} \quad \mathrm{net}_u^0 - \theta_u^0$$

$$= \sum_{v \in U - \{u\}} w_{uv}^0 \, \mathrm{act}_u^0 - \theta_u^0$$

Diese Gleichung ist erfüllt, wenn wir

$$w_{uv}^0 \;=\; 2w_{uv}^- \qquad \text{und}$$

$$\theta_u^0 \;=\; \theta_u^- + \sum_{v \in U - \{u\}} w_{uv}^-$$

wählen. Für die Gegenrichtung erhalten wir

$$w_{uv}^- \;=\; \frac{1}{2} w_{uv}^0 \qquad \text{und}$$

$$\theta_u^- \;=\; \theta_u^0 - \sum_{v \in U - \{u\}} w_{uv}^- \;=\; \theta_u^0 - \frac{1}{2} \sum_{v \in U - \{u\}} w_{uv}^0.$$

Literaturverzeichnis

[Albert 1972] A. Albert. *Regression and the Moore-Penrose Pseudoinverse.* Academic Press, New York, NY, USA 1972

[Altrock et al. 1992] C. von Altrock, B. Krause, and H.-J. Zimmermann. Advanced Fuzzy Logic Control Technologies in Automotive Applications. *Proc. IEEE Int. Conf. on Fuzzy Systems (FUZZ-IEEE'92, San Diego, CA)*, 835–842. IEEE Press, Piscataway, NJ, USA 1992

[Ambrosio et al. 1991] B.D. D'Ambrosio, P. Smets, and P.P. Bonisonne, eds. *Uncertainty in Artificial Intelligence.* Morgan Kaufmann, San Mateo, CA, USA 1991 bibitem[Anderson 1995a]Anderson 1995a J.A. Anderson. *An Introduction to Neural Networks.* MIT Press, Cambridge, MA, USA 1995

[Anderson 1995b] J.R. Anderson. *Cognitive Psychology and its Implications (4th edition).* Freeman, New York, NY, USA 1995

[Anderson und Rosenfeld 1988] J.A. Anderson and E. Rosenfeld. *Neurocomputing: Foundations of Research.* MIT Press, Cambridge, MA, USA 1988

[Asakawa and Takagi 1994] K. Asakawa and H. Takagi. Neural Networks in Japan. *Communications of the ACM*, 37(3):106–112. ACM Press, New York, NY, USA 1994

[Azvine et al. 2000] B. Azvine, N. Azarmi, and D. Nauck, eds. *Intelligent Systems and Soft Computing: Prospects, Tools and Applications.* Springer-Verlag, Berlin, Germany 2000

[Babuska 1998] R. Babuska. *Fuzzy Modeling for Control.* Kluwer Academic Publishers, Boston, MA, USA 1998

[Bacher 1994] J. Bacher. *Clusteranalyse.* Oldenbourg Verlag, München, Germany 1994

[Barto et al. 1983] A.G. Barto, R.S. Sutton, and C.W. Anderson. Neuronlike Adaptive Elements that can Solve Difficult Learning Control Problems. *IEEE Trans. Systems, Man & Cybernetics*, 13:834–846. IEEE Press, Piscataway, NJ, USA 1983

[Berenji 1992] H.R. Berenji. A Reinforcement Learning-Based Architecture for Fuzzy Logic Control. *Int. J. Approximate Reasoning*, 6:267–292. North Holland, Amsterdam, Netherlands 1992

[Berenji and Khedkar 1992a] H.R. Berenji and P. Khedkar. Learning and Tuning Fuzzy Logic Controllers through Reinforcements. *IEEE Trans. Neural Networks*, 3:724–740. IEEE Press, Piscataway, NJ, USA 1992

[Berenji and Khedkar 1992b] H.R. Berenji and P. Khedkar. Fuzzy Rules for Guiding Reinforcement Learning. *Int. Conf. on Information Processing and Management of Uncertainty in Knowledge-Based Systems (IPMU'92)*, 511–514. Mallorca, Spain 1992

[Berenji and Khedkar 1993] H.R. Berenji and P. Khedkar. Clustering in Product
Space for Fuzzy Inference. *Proc. IEEE Int. Conf. on Neural Networks (ICNN'93,
San Francisco, CA)*, 1402–1407. IEEE Press, Piscataway, NJ, USA 1993

[Berenji *et al.* 1993] H.R. Berenji, R.N. Lea, Y. Jani, P. Khedkar, A. Malkani, and
J. Hoblit. Space Shuttle Attitude Control by Reinforcement Learning and Fuzzy
Logic. *Proc. IEEE Int. Conf. on Neural Networks (ICNN'93, San Francisco,
CA)*, 1396–1401. IEEE Press, Piscataway, NJ, USA 1993

[Bersini and Bontempi 1997a] H. Bersini and G. Bontempi. Fuzzy Models Viewed
as Multi-Expert Networks. *Proc. 7th Int. Fuzzy Systems Association World
Congress (IFSA'97, Prague, Czechoslovakia)*, II:354–359. Academia, Prague,
Czechoslovakia 1997

[Bersini and Bontempi 1997b] H. Bersini and G. Bontempi. Now Comes the Time
to Defuzzify Neuro-Fuzzy Models. *Fuzzy Sets and Systems*, 90:161–170. Elsevier
Science, Amsterdam, Netherlands 1997

[Bersini *et al.* 1993] H. Bersini, J.-P. Nordvik, and A. Bonarini. A Simple Direct
Adaptive Fuzzy Controller Derived from its Neural Equivalent. *Proc. IEEE Int.
Conf. on Fuzzy Systems (ICNN'93, San Francisco, CA)*, 345–350. IEEE Press,
Piscataway, NJ, USA 1993

[Bersini *et al.* 1998] H. Bersini, G. Bontempi, and M. Birattari. Is Readability
Compatible with Accuracy? From Neuro-Fuzzy to Lazy Learning. *Proc. 5th
Int. Workshop Fuzzy-Neuro-Systems (FNS'98, Munich, Germany)*, 10–25. In-
fix, Sankt Augustin, Germany 1998

[Berthold and Hand 1999] M. Berthold and D.J. Hand, eds. *Intelligent Data Analysis: An Introduction.* Springer-Verlag, Berlin, Germany 1999

[Berthold and Huber 1997] M. Berthold and K.-P. Huber. Tolerating Missing Va-
lues in a Fuzzy Environment. *Proc. 7th Int. Fuzzy Systems Association World
Congress (IFSA'97, Prague, Czechoslovakia)*, I:359–362. Academia, Prague,
Czechoslovakia 1997

[Berthold and Huber 1998] M. Berthold and K.-P. Huber. Constructing Fuzzy Graphs from Examples. *Int. J. Intelligent Data Analysis*, 3(1). Elsevier, Amsterdam,
Netherlands 1999

[Bezdek 1981] J.C. Bezdek. *Pattern Recognition with Fuzzy Objective Function Algorithms.* Plenum Press, New York, NY, USA 1981

[Bezdek and Pal 1992] J.C. Bezdek and S.K. Pal, eds. *Fuzzy Models for Pattern
Recognition.* IEEE Press, Piscataway, NJ, USA 1992

[Bezdek *et al.* 1992] J.C. Bezdek, E.C.-K. Tsao, and N.R. Pal. Fuzzy Kohonen
Clustering Networks. *Proc. IEEE Int. Conf. on Fuzzy Systems (FUZZ-IEEE'92,
San Diego, CA)*, 1035–1043. IEEE Press, Piscataway, NJ, USA 1992

[Boden 1990] M.A. Boden, ed. *The Philosophy of Artificial Intelligence.* Oxford
University Press, Oxford, United Kingdom 1990

[Borgelt and Kruse 1998] C. Borgelt and R. Kruse. Attributauswahlmaße für die
Induktion von Entscheidungsbäumen. In [Nakhaeizadeh 1998a], 77–98.

[Borgelt et al. 1999] C. Borgelt, J. Gebhardt, and R. Kruse. Fuzzy Methoden in der Datenanalyse. Chapter 17 in [Seising 1999], 370–386

[Borgelt and Kruse 2002] C. Borgelt and R. Kruse. *Graphical Models: Methods for Data Analysis and Mining.* J. Wiley & Sons, Chichester, United Kingdom 2002

[Boyen and Wehenkel 1999] X. Boyen and L. Wehenkel. Automatic Induction of Fuzzy Decision Trees and Its Application to Power System Security Assessment. *Fuzzy Sets and Systems*, 102(1):3–19. Elsevier Science, Amsterdam, Netherlands 1999

[Brahim and Zell 1994] K. Brahim and A. Zell. ANFIS-SNNS: Adaptive Network Fuzzy Inference System in the Stuttgart Neural Network Simulator. In [Kruse et al. 1994b], 117–128. Vieweg, Braunschweig, Germany 1994

[Breiman et al. 1984] L. Breiman, J.H. Friedman, R.A. Olsen, and C.J. Stone. *Classification and Regression Trees.* Wadsworth International Group, Belmont, CA, USA 1984

[Brown and Harris 1994] M. Brown and C. Harris. *Neurofuzzy Adaptive Modelling and Control.* Prentice Hall, New York, NY, USA 1994

[Buckley and Hayashi 1994] J.J. Buckley and Y. Hayashi. Fuzzy Neural Networks: A Survey. *Fuzzy Sets and Systems*, 66:1–13. Elsevier Science, Amsterdam, Netherlands 1994

[Buckley and Hayashi 1995] J.J. Buckley and Y. Hayashi. Neural Networks for Fuzzy Systems. *Fuzzy Sets and Systems*, 71:265–276. Elsevier Science, Amsterdam, Netherlands 1995

[Carpenter and Grossberg 1987] G.A. Carpenter and S. Grossberg. Art2: Self-Organization of Stable Category Recognition Codes for Analog Input Patterns. *Applied Optics*, 26:4919–4930. Optical Society of America, Washington, DC, USA 1987

[Dabija and Tschichold 1993] V. Dabija and N. Tschichold Gürman. A Framework for Combining Symbolic and Connectionist Learning with Equivalent Concept Descriptions. *Proc. Int. Joint Conf. on Neural Networks (IJCNN-93, Nagoya, Japan).* Morgan Kaufmann, San Mateo, CA, USA 1993

[dAlche-Buc et al. 1992] F. d'Alché-Buc, V. Andrès, and J.-P. Nadal. Learning Fuzzy Control Rules with a Fuzzy Neural Network. *Artificial Neural Networks*, 2:715–719. Ablex, USA 1992

[Davé] R.N. Davé. Characterization and Detection of Noise in Clustering. *Pattern Recognition Letters* 12:657–664. Elsevier Science, Amsterdam, Netherlands 1991

[Dempster et al. 1977] A.P. Dempster, N. Laird, and D. Rubin. Maximum Likelihood from Incomplete Data via the EM Algorithm. *Journal of the Royal Statistical Society (Series B)* 39:1–38. Blackwell, Oxford, United Kingdom 1977

[Diekgerdes 1993] H. Diekgerdes. NEFCON-I: Entwurf und Implementierung einer Entwicklungsumgebung für Neuronale Fuzzy-Regler. Diplomarbeit, Technische Universität Braunschweig, Germany 1993

[Dreyfus 1979] H.L. Dreyfus. *What Computers Can't Do: The Limits of Artificial Intelligence.* Harper & Row, New York, NY, USA 1979

[Dreyfus and Dreyfus 1986] H.L. Dreyfus and S.E. Dreyfus. *Mind over Machine*. Free Press, New York, NY, USA 1986

[Dubois and Prade 1988] D. Dubois and H. Prade. *Possibility Theory*. Plenum Press, New York, NY, USA 1988

[Dubois *et al.* 1989] D. Dubois, J. Lang, and H. Prade. Automated Reasoning using Possibilistic Logic: Semantics, Belief Revision and Variable Certainty Weights. *Proc. 5th Workshop on Uncertainty in Artificial Intelligence (UAI'89, Windsor, Ontario, Canada)*, 81–87. Morgan Kaufmann, San Mateo, CA, USA 1989

[Eklund and Klawonn 1992] P. Eklund and F. Klawonn. Neural Fuzzy Logic Programming. *IEEE Trans. Neural Networks*, 3:815–818. IEEE Press, Piscataway, NJ, USA 1992

[Eklund *et al.* 1992] P. Eklund, F. Klawonn, and D. Nauck. Distributing Errors in Neural Fuzzy Control. *Proc. 2nd Int. Conf. on Fuzzy Logic and Neural Networks (IIZUKA'92)*, 1139–1142. Iizuka, Japan 1992

[Esogbue 1993] A.O. Esogbue. A Fuzzy Adaptive Controller Using Reinforcement Learning Neural Networks. *Proc. IEEE Int. Conf. on Fuzzy Systems (FUZZ-IEEE'93, San Francisco, CA)*, 178–183. IEEE Press, Piscataway, NJ, USA 1993

[Fahlman 1988] S.E. Fahlman. An Empirical Study of Learning Speed in Backpropagation Networks. In: [Touretzky *et al.* 1988].

[Fayyad *et al.* 1996] U.M. Fayyad, G. Piatetsky-Shapiro, P. Smyth, and R. Uthurusamy, eds. *Advances in Knowledge Discovery and Data Mining*. AAAI Press and MIT Press, Menlo Park and Cambridge, MA, USA 1996

[Feynman *et al.* 1963] R.P. Feynman, R.B. Leighton, and M. Sands. *The Feynman Lectures on Physics, Vol. 1: Mechanics, Radiation, and Heat*. Addison-Wesley, Reading, MA, USA 1963

[Fisher 1936] R.A. Fisher. The Use of Multiple Measurements in Taxonomic Problems. *Annals of Eugenics* 7(2):179–188. Cambridge University Press, Cambridge, United Kingdom 1936

[Fraleigh 1994] S. Fraleigh. Fuzzy Logic and Neural Networks. *PC AI*, 8(3):16–21. PC AI Magazine, Phoenix, AZ, USA 1994

[Fredkin und Toffoli 1982] E. Fredkin and T. Toffoli. Conservative Logic. *Int. Journal of Theoretical Physics* 21(3/4):219–253. Plenum Press, New York, NY, USA 1982

[Freisleben and Kunkelmann 1993] B. Freisleben and T. Kunkelmann. Combining Fuzzy Logic and Neural Networks to Control an Autonomous Vehicle. *Proc. IEEE Int. Conf. on Fuzzy Systems (FUZZ-IEEE'93, San Francisco, CA)*, 321–326. IEEE Press, Piscataway, NJ, USA 1993

[Foerster 1993] S. Foerster. Zu Kombinationen Neuronaler Netze und Fuzzy-Systeme. Master's thesis, Technische Universität Braunschweig, Germany 1993

[fuzzyTECH 1993] *fuzzyTECH 3.0 Explorer Edition Manual and Reference Book*. Inform Software Corporation, Evanston, IL, USA 1993

[Gath and Geva 1989] I. Gath and A.B. Geva. Unsupervised Optimal Fuzzy Clustering. *IEEE Trans. Pattern Analysis and Machine Intelligence* 11:773–781. IEEE Press, Piscataway, NJ, USA 1989

[Gaul and Pfeiffer 1995] W. Gaul and D. Pfeifer, eds. *From Data to Knowledge: Theoretical and Practical Aspects of Classification, Data Analysis and Knowledge Organization.* Springer-Verlag, Berlin, Germany 1995

[Gebhardt et al. 1992] J. Gebhardt, R. Kruse, and D. Nauck. Information Compression in the Context Model. *Proc. Workshop of the North American Fuzzy Information Processing Society (NAFIPS'92)*, 296–303. Puerto Vallarta, Mexico 1992

[Godjevac 1993] J. Godjevac. State of the Art in the Neuro Fuzzy Field. Technical Report R93. LAMI-EPFL, Lausanne, France 1993

[Goldberg 1989] D. Goldberg. *Genetic Algorithms in Search, Optimization and Machine Learning.* Addison-Wesley, Reading, MA, USA 1989

[Goode and Chow 1994] P. Goode and M.-Y. Chow. A Hybrid Fuzzy/Neural System Used to Extract Heuristic Knowledge from a Fault Detection Problem. *Proc. IEEE Int. Conf. on Fuzzy Systems (FUZZ-IEEE'94, Orlando, FL)*, 1731–1736. IEEE Press, Piscataway, NJ, USA 1994

[Grauel and Mackenberg 1997] A. Grauel and H. Mackenberg. Mathematical Analysis of the Sugeno Controller Leading to General Design Rules. *Fuzzy Sets and Systems*, 85(2):165–175. Elsevier Science, Amsterdam, Netherlands 1997

[Grauel et al. 1997] A. Grauel, G. Klene, and L.A. Ludwig. Data Analysis by Fuzzy Clustering Methods. *Proc. 4th Int. Workshop Fuzzy-Neuro-Systeme (FNS'97, Soest, Germany)*, 563–572. Infix, Sankt Augustin, Germany 1997

[Greiner 1989] W. Greiner. *Mechanik, Teil 1 (Series: Theoretische Physik).* Verlag Harri Deutsch, Thun/Frankfurt am Main, Germany 1989. English edition: *Classical Mechanics.* Springer-Verlag, Berlin, Germany 2002

[Greiner et al. 1987] W. Greiner, L. Neise und H. Stöcker. *Thermodynamik und Statistische Mechanik (Series: Theoretische Physik).* Verlag Harri Deutsch, Thun/Frankfurt am Main, Germany 1987. English edition: *Thermodynamics and Statistical Physics.* Springer-Verlag, Berlin, Germany 2000

[Gupta et al. 1979] M.M. Gupta, R.K. Ragade, and R.R. Yager, eds. *Advances in Fuzzy Set Theory.* North-Holland, Amsterdam, Netherlands 1979

[Gupta and Rao 1994] M.M. Gupta and D.H. Rao. On the Principles of Fuzzy Neural Networks. *Fuzzy Sets and Systems*, 61:1–18. Elsevier Science, Amsterdam, Netherlands 1994

[Gustafson and Kessel 1979] E.E. Gustafson and W.C. Kessel. Fuzzy Clustering with a Fuzzy Covariance Matrix. *Proc. 18th IEEE Conference on Decision and Control (IEEE CDC, San Diego, CA)*, pp. 761-766, IEEE Press, Piscataway, NJ, USA 1979

[Hair et al. 1998] J.F. Hair, R.E. Anderson, R.L. Tatham, and W.C. Black. *Multivariate Data Analysis.* Prentice-Hall, Upper Saddle River, NJ, USA 1998

[Halgamuge and Glesner 1992] S.K. Halgamuge and M. Glesner. A Fuzzy-Neural Approach for Pattern Classification with the Generation of Rules based on Supervised Learning. *Proc. Neuro-Nimes*, 167–173. Nanterre, France 1992

[Halgamuge and Glesner 1994] S.K. Halgamuge and M. Glesner. Neural Networks in Designing Fuzzy Systems for Real World Applications. *Fuzzy Sets and Systems*, 65:1–12. Elsevier Science, Amsterdam, Netherlands 1994

[Halgamuge 1995] S.K. Halgamuge. *Advanced Methods for Fusion of Fuzzy Systems and Neural Networks in Intelligent Data Processing.* PhD thesis, Technische Hochschule Darmstadt, 1995.

[Hand 1998] D.J. Hand. Intelligent Data Analysis: Issues and Opportunities. *Int. J. Intelligent Data Analysis*, 2(2). Elsevier Science, Amsterdam, Netherlands 1998

[Hartigan und Wong 1979] J.A. Hartigan and M.A. Wong. A k-means Clustering Algorithm. *Applied Statistics* 28:100–108. Blackwell, Oxford, United Kingdom 1979

[Hayashi et al. 1992a] Y. Hayashi, E. Czogala, and J.J. Buckley. Fuzzy Neural Controller. *Proc. IEEE Int. Conf. on Fuzzy Systems (FUZZ-IEEE'92, San Diego, CA)*, 197–202. IEEE Press, Piscataway, NJ, USA 1992

[Hayashi et al. 1992b] I. Hayashi, H. Nomura, H. Yamasaki, and N. Wakami. Construction of Fuzzy Inference Rules by Neural Network Driven Fuzzy Reasoning and Neural Network Driven Fuzzy Reasoning with Learning Functions. *Int. J. Approximate Reasoning*, 6:241–266. North-Holland, Amsterdam, Netherlands 1992

[Haykin 1994] S. Haykin. *Neural Networks — A Comprehensive Foundation.* Prentice Hall, Upper Saddle River, NJ, USA 1994

[Hebb 1949] D.O. Hebb. *The Organization of Behaviour.* J. Wiley & Sons, New York, NY, USA 1949
Chap. 4: "The First Stage of Perception: Growth of an Assembly" reprinted in [Anderson und Rosenfeld 1988], 45–56.

[Heckerman 1988] D.E. Heckerman. Probabilistic Interpretation for MYCIN's Certainty Factors. In: [Lemmer and Kanal 1988], 167–196

[Heuser 1988] H. Heuser. *Lehrbuch der Analysis, Teil 1+2.* Teubner, Stuttgart, Germany 1988

[Heuser 1989] H. Heuser. *Gewöhnliche Differentialgleichungen.* Teubner, Stuttgart, Germany 1989

[Higgins and Goodman 1993] C. Higgins and R. Goodman. Learning Fuzzy Rule-Based Neural Networks for Control. *Advances in Neural Information Processing Systems*, 5:350–357. Morgan Kaufmann, San Mateo, CA, USA 1993

[Ho et al. 2002] C. Ho, B. Azvine, D. Nauck, and M. Spott. Items: An Intelligent Travel Time Estimation and Management Tool. *Proc. 7th Conf. Networks and Optical Communications (NOC'2002)*, 433–439. Darmstadt, Germany 2002

[Hopf and Klawonn 1993] J. Hopf and F. Klawonn. Learning the Rule Base of a Fuzzy Controller by a Genetic Algorithm. In [Kruse et al. 1994b], 63–73

[Höppner *et al.* 1996] F. Höppner, F. Klawonn, and R. Kruse. *Fuzzy-Clusteranalyse.* Vieweg Verlag, Braunschweig/Wiesbaden, Germany 1996

[Höppner *et al.* 1999] F. Höppner, F. Klawonn, R. Kruse, and T. Runkler. *Fuzzy Cluster Analysis.* J. Wiley & Sons, Chichester, United Kingdom 1999

[Hopfield 1982] J.J. Hopfield. Neural Networks and Physical Systems with Emergent Collective Computational Abilities. *Proc. of the National Academy of Sciences* 79:2554–2558. USA 1982

[Hopfield 1984] J.J. Hopfield. Neurons with Graded Response have Collective Computational Properties like those of Two-state Neurons. *Proc. of the National Academy of Sciences* 81:3088–3092. USA 1984

[Hopfield und Tank 1985] J. Hopfield and D. Tank. "Neural" Computation of Decisions in Optimization Problems. *Biological Cybernetics* 52:141–152. Springer-Verlag, Heidelberg, Germany 1985

[Ichihashi 1991] H. Ichihashi. Iterative Fuzzy Modelling and a Hierarchical Network. *Proc. 4th Int. Fuzzy Systems Association World Congress (IFSA'91)*, 49–52. Brussels, Belgium 1991.

[Ichihashi *et al.* 1996] H. Ichihashi, T. Shirai, K. Nagasaka, and T. Miyoshi. Neuro-Fuzzy ID3: A Method of Inducing Fuzzy Decision Trees with Linear Programming for Maximizing Entropy and an Algebraic Method for Incremental Learning. *Fuzzy Sets and Systems*, 81(1):157–167. Elsevier Science, Amsterdam, Netherlands 1996

[Ising 1925] E. Ising. Beitrag zur Theorie des Ferromagnetismus. *Zeitschrift für Physik* 31(253), 1925

[Jakobs 1988] R.A. Jakobs. Increased Rates of Convergence Through Learning Rate Adaption. *Neural Networks* 1:295–307. Pergamon Press, Oxford, United Kingdom 1988

[Jang 1991] J.S.R. Jang. Fuzzy Modeling Using Generalized Neural Networks and Kalman Filter Algorithm. *Proc. 9th National Conf. on Artificial Intelligence (AAAI-91, Anaheim, CA)*, 762–767. AAAI Press, Menlo Park, CA, USA 1991.

[Jang 1992] J.S.R. Jang. Self-Learning Fuzzy Controller Based on Temporal Back-Propagation. *IEEE Trans. Neural Networks*, 3:714–723. IEEE Press, Piscataway, NJ, USA 1992

[Jang 1993] J.S.R. Jang. ANFIS: Adaptive-Network-Based Fuzzy Inference Systems. *IEEE Trans. Systems, Man & Cybernetics*, 23:665–685. IEEE Press, Piscataway, NJ, USA 1993

[Jang and Sun 1995] J.S.R. Jang and C.-T. Sun. Neuro-Fuzzy Modelling and Control. *Proc. of the IEEE*, 83(3):378–406. IEEE Press, Piscataway, NJ, USA 1995

[Jang and Mizutani 1996] J.S.R. Jang and E. Mizutani. Levenberg–Marquardt Method for ANFIS Learning. *Proc. Biennial Conference of the North American Fuzzy Information Processing Society (NAFIPS'96, Berkeley, CA)*, 87–91. IEEE Press, Piscataway, NJ, USA 1996

[Janikow 1996] C.Z. Janikow. Exemplar Based Learning in Fuzzy Decision Trees. *Proc. IEEE Int. Conf. on Fuzzy Systems (FUZZ-IEEE'96, New Orleans, LA)*, 1500–1505. IEEE Press, Piscataway, NJ, USA 1996

[Janikow 1998] C.Z. Janikow. Fuzzy Decision Trees: Issues and Methods. *IEEE Trans. Systems, Man & Cybernetics (Part B)*, 28(1):1–14. IEEE Press, Piscataway, NJ, USA 1998

[Jervis and Fallside 1992] T.T. Jervis and F. Fallside. Pole Balancing on a Real Rig Using a Reinforcement Learning Controller. Technical Report CUED/F-INFENG/TR 115. Cambridge University Engineering Department, Cambridge, United Kingdom 1992

[Johnson and Wu 1994] E.A. Johnson and C.-H. Wu. A Real-Time Fuzzy Logic-Based Neural Facial Feature Extraction Technique. *Proc. IEEE Int. Conf. on Fuzzy Systems (FUZZ-IEEE'94, Orlando, FL)*, 268–273. IEEE Press, Piscataway, NJ, USA 1994

[Kaelbling *et al.* 1996] L.P. Kaelbling, M.H. Littman, and A.W. Moore. Reinforcement Learning: A Survey. *J. Artificial Intelligence Research*, 4:237–285. Morgan Kaufman, San Mateo, CA, USA 1996

[Keller 1991] J.M. Keller. Experiments on Neural Network Architectures for Fuzzy Logic. In [Lea and Villareal 1991], 201–216.

[Keller and Tahani 1992a] J.M. Keller and H. Tahani. Implementation of Conjunctive and Disjunctive Fuzzy Logic Rules with Neural Networks. *Int. J. Approximate Reasoning*, 6:221–240. North-Holland, Amsterdam, Netherlands 1992

[Keller and Tahani 1992b] J.M. Keller and H. Tahani. Backpropagation Neural Networks for Fuzzy Logic. *Information Sciences*, 62:205–221. Institute of Information Scientists, London, United Kingdom 1992

[Keller *et al.* 1992] J.M. Keller, R.R. Yager, and H. Tahani. Neural Network Implementation of Fuzzy Logic. *Fuzzy Sets and Systems*, 45:1–12. Elsevier Science, Amsterdam, Netherlands 1992

[Keller and Klawonn 1998] A. Keller and F. Klawonn. Generating Classification Rules by Grid Clustering. *Proc. 3rd European Workshop on Fuzzy Decision Analysis and Neural Networks for Management, Planning, and Optimization (EFDAN'98)*, 113–121. Dortmund, Germany 1998

[Keller und Klawonn 2003] A. Keller and F. Klawonn. Adaptation of Cluster Sizes in Objective Function Based Fuzzy Clustering. In: C.T. Leondes, ed. *Database and Learning Systems IV*, 181–199. CRC Press, Boca Raton, FL, USA 2003

[Khan and Venkatapuram 1993] E. Khan and P. Venkatapuram. Neufuz: Neural Network based Fuzzy Logic Design Algorithms. *Proc. IEEE Int. Conf. on Fuzzy Systems (FUZZ-IEEE'93, San Francisco, CA)*, 647–654. IEEE Press, Piscataway, NJ, USA 1993

[Kinzel *et al.* 1994] J. Kinzel, F. Klawonn, and R. Kruse. Modifications of Genetic Algorithms for Designing and Optimizing Fuzzy Controllers. *Proc. IEEE Conference on Evolutionary Computation (ICEC'94, Orlando, FL)*, 28–33. IEEE Press, Piscataway, NJ, USA 1994

[Kirkpatrick *et al.* 1983] S. Kirkpatrick, C.D. Gelatt, and M.P. Vercchi. Optimization by Simulated Annealing. *Science* 220:671–680. High Wire Press, Stanford, CA, USA 1983

[Klawonn and Kruse 1995] F. Klawonn and R. Kruse. Clustering Methods in Fuzzy Control. In [Gaul and Pfeiffer 1995], 195–202

[Klawonn *et al.* 1995] F. Klawonn, D. Nauck, and R. Kruse. Generating Rules from Data by Fuzzy and Neuro-Fuzzy Methods. *Proc. Fuzzy-Neuro-Systeme (NFS'95)*, 223–230. Darmstadt, Germany 1995

[Klawonn and Keller 1997] F. Klawonn and A. Keller. Fuzzy Clustering and Fuzzy Rules. *Proc. 7th Int. Fuzzy Systems Association World Congress (IFSA'97, Prague, Czechoslovakia)*, I:193–197. Academia, Prague, Czechoslovakia 1997

[Klawonn und Klement 1997] F. Klawonn and E.-P. Klement. Mathematical Analysis of Fuzzy Classifiers. In: X. Liu, P. Cohen, and M.R. Berthold, eds. *Advances in Intelligent Data Analysis*, 359–370. Springer-Verlag, Berlin, Germany 1997

[Klawonn und Kruse 1997] F. Klawonn and R. Kruse. Constructing a Fuzzy Controller from Data. *Fuzzy Sets and Systems* 85:177-193. North-Holland, Amsterdam, Netherlands 1997

[Klose *et al.* 1998] A. Klose, A. Nürnberger, and D. Nauck. Some Approaches to Improve the Interpretability of Neuro-Fuzzy Classifiers. *Proc. 6th European Congress on Intelligent Techniques and Soft Computing (EUFIT'98, Aachen, Germany)*, 629–633. Verlag Mainz, Aachen, Germany 1998

[Klose *et al.* 1999] A. Klose, D. Nauck, K. Schulz, and U. Thönessen. Learning a Neuro-Fuzzy Classifier from Unbalanced Data in a Machine Vision Domain. *Proc. 6th Int. Workshop on Fuzzy-Neuro Systems (FNS'99, Leipzig, Germany)*, 133–144. Leipziger Universitätsverlag, Leipzig, Germany 1999

[Knappe 1994] H. Knappe. Comparision of Conventional and Fuzzy-Control of Non-Linear Systems. In [Kruse *et al.* 1994b], 75–87.

[Kohonen 1972] T. Kohonen. Correlation Matrix Memories. *IEEE Trans. Computers*, 21:353–359 .IEEE Press, Piscataway, NJ, USA 1972

[Kohonen 1977] T. Kohonen. *Associative Memory — A System Theoretic Approach.* Springer-Verlag, Berlin, Germany 1977

[Kohonen 1982] T. Kohonen. Self-organized formation of topologically correct feature maps. *Biological Cybernetics.* Springer-Verlag, Heidelberg, Germany 1982

[Kohonen 1986] T. Kohonen. *Learning Vector Quantization for Pattern Recognition.* Technical Report TKK-F-A601. Helsinki University of Technology, Finland 1986

[Kohonen *et al.* 1992] T. Kohonen, J. Kangas, J. Laaksonen, and T. Torkkola. *The Learning Vector Quantization Program Package, Version 2.1.* LVQ Programming Team, Helsinki University of Technology, Finland 1992

[Kohonen 1995] T. Kohonen. *Self-Organizing Maps.* Springer-Verlag, Heidelberg, Germany 1995 (3rd ext. edition 2001)

[Kononenko 1995] I. Kononenko. On Biases in Estimating Multi-Valued Attributes. *Proc. 1st Int. Conf. Knowledge Discovery and Data Mining (KDD'95, Montreal, Canada)*, 1034–1040. AAAI Press, Menlo Park, CA, USA 1995

[Kosko 1992a] B. Kosko. *Neural Networks and Fuzzy Systems. A Dynamical Systems Approach to Machine Intelligence.* Prentice Hall, Englewood Cliffs, NJ, USA 1992

[Kosko 1992b] B. Kosko, ed. *Neural Networks for Signal Processing.* Prentice Hall, Englewood Cliffs, NJ, USA 1992

[Krause *et al.* 1994] B. Krause, C. von Altrock, K. Limper, and W. Schäfers. A Neuro-Fuzzy Adaptive Control Strategy for Refuse Incineration Plants. *Fuzzy Sets and Systems*, 63:329–338. Elsevier Science, Amsterdam, Netherlands 1994

[Krishnapuram and Lee 1992] R. Krishnapuram and J. Lee. Fuzzy-Set-Based Hierarchichal Networks for Information Fusion in Computer Vision. *Neural Networks*, 3:335–350. Pergamon Press, Oxford, United Kingdom 1992

[Krishnapuram und Keller 1993] R. Krishnapuram and J.M. Keller. A Possibilistic Approach to Clustering, *IEEE Trans. on Fuzzy Systems* 1:98–110 IEEE Press, Piscataway, NJ, USA 1993

[Kruse and Meyer 1987] R. Kruse and K.D. Meyer. *Statistics with Vague Data.* Reidel, Dordrecht, Netherlands 1987

[Kruse *et al.* 1991a] R. Kruse, E. Schwecke, and J. Heinsohn. *Uncertainty and Vagueness in Knowledge-Based Systems: Numerical Methods.* Springer-Verlag, Berlin, Germany 1991

[Kruse *et al.* 1991b] R. Kruse, D. Nauck, and F. Klawonn. Reasoning with Mass Distributions. In [Ambrosio *et al.* 1991], 182–187.

[Kruse *et al.* 1994a] R. Kruse, J. Gebhardt, and F. Klawonn. *Foundations of Fuzzy Systems.* Wiley, Chichester, United Kingdom 1994

[Kruse *et al.* 1994b] R. Kruse, J. Gebhardt, and R. Palm, eds. *Fuzzy Systems in Computer Science.* Vieweg, Braunschweig, Germany 1994

[Kruse *et al.* 1995] R. Kruse, J. Gebhardt, and F. Klawonn. *Fuzzy-Systeme, 2. erweiterte Auflage.* Teubner, Stuttgart, Germany 1995

[Kuncheva 2000] L.I. Kuncheva. *Fuzzy Classifier Design.* Springer-Verlag, Heidelberg, Germany 2000

[Larsen und Marx 1986] R.J. Larsen and M.L. Marx. *An Introduction to Mathematical Statistics and Its Applications.* Prentice-Hall, Englewood Cliffs, NJ, USA 1986

[Le Cun *et al.* 1990] Y. Le Cun, J. Denker, and S. Solla. Optimal Brain Damage. *Advances in Neural Information Processing Systems (NIPS'89, Denver, CO)*, 2:589–605. Morgan Kaufmann, San Mateo, CA, USA 1990

[Lea and Villareal 1991] R.N. Lea and J. Villareal, eds. *Proc. 2nd Joint Technology Workshop on Neural Networks and Fuzzy Logic.* NASA, Houston, TX, USA 1991

[Lee 1990] C.C. Lee. Fuzzy Logic in Control Systems: Fuzzy Logic Controller, Part II. *IEEE Trans. Systems, Man & Cybernetics*, 20:419–435. IEEE Press, Piscataway, NJ, USA 1990

[Lee and Takagi 1993] M. Lee and H. Takagi. Integrating Design Stages of Fuzzy Systems Using Genetic Algorithms. *Proc. IEEE Int. Conf. on Fuzzy Systems (FUZZ-IEEE'93, San Francisco, CA)*, 612–617. IEEE Press, Piscataway, NJ, USA 1993

[Lemmer and Kanal 1988] J.F. Lemmer and L.N. Kanal, eds. *Uncertainty in Artificial Intelligence 2*. North-Holland, Amsterdam, Netherlands 1988

[Li and Tzou 1992] C.J. Li and J.C. Tzou. Neural Fuzzy Point Processes. *Fuzzy Sets and Systems*, 48:297–303. Elsevier Science, Amsterdam, Netherlands 1992

[Lin and Lee 1993] C.-T. Lin and C.S.G. Lee. Reinforcement Structure/Parameter Learning for Neural-Network-Based Fuzzy Logic Control Systems. *Proc. IEEE Int. Conf. on Fuzzy Systems (FUZZ-IEEE'93, San Francisco, CA)*, 88–93. IEEE Press, Piscataway, NJ, USA 1993

[Lin and Lee 1996] C.-T. Lin and C.S.G. Lee. *Neural Fuzzy Systems. A Neuro-Fuzzy Synergism to Intelligent Systems*. Prentice Hall, New York, NY, USA 1996

[Mamdani und Assilian 1975] E.H. Mamdani and S. Assilian. An Experiment in Linguistic Synthesis with a Fuzzy Logic Controller. *Int. J. Man-Machine Studies* 7:1–13. Academic Press, San Diego, CA, USA 1975

[McCulloch 1965] W.S. McCulloch. *Embodiments of Mind*. MIT Press, Cambridge, MA, USA 1965

[McCulloch und Pitts 1943] W.S. McCulloch and W.H. Pitts. A Logical Calculus of the Ideas Immanent in Nervous Activity. *Bulletin of Mathematical Biophysics* 5:115–133. USA 1943
Reprinted in [McCulloch 1965], 19–39, in [Anderson und Rosenfeld 1988], 18–28, and in [Boden 1990], 22–39.

[McGraw and Harbison 1989] K.L. McGraw and K. Harbison-Briggs. *Knowledge Acquisition: Principles and Guidelines*. Prentice Hall, Englewood Cliffs, NJ, USA 1989

[Metropolis et al. 1953] N. Metropolis, N. Rosenblut, A. Teller, and E. Teller. Equation of State Calculations for Fast Computing Machines. *Journal of Chemical Physics* 21:1087–1092. American Institute of Physics, Melville, NY, USA 1953

[Michels et al. 2002] K. Michels, F. Klawonn, R. Kruse und A. Nürnberger. *Fuzzy-Regelung: Grundlagen, Entwurf, Analyse*. Springer-Verlag, Berlin, Germany 2002

[Minsky und Papert 1969] L.M. Minsky and S. Papert. *Perceptrons*. MIT Press, Cambridge, MA, USA 1969

[Mitchell 1997] T.M. Mitchell. *Machine Learning*. McGraw-Hill, New York, NY, USA 1997

[Mitra and Kuncheva 1995] S. Mitra and L. Kuncheva. Improving Classification Performance using Fuzzy MLP and Two-Level Selective Partitioning of the Feature Space. *Fuzzy Sets and Systems*, 70:1–13. Elsevier Science, Amsterdam, Netherlands 1995

[Miyoshi *et al.* 1993] T. Miyoshi, S. Tano, Y. Kato, and T. Arnould. Operator Tuning in Fuzzy Production Rules Using Neural Networks. *Proc. IEEE Int. Conf. on Fuzzy Systems (FUZZ-IEEE'93, San Francisco, CA)*, 641–646. IEEE Press, Piscataway, NJ, USA 1993

[Mondada *et al.* 1993] F. Mondada, E. Franzi, and P. Ienne. Mobile Robot Miniaturisation: A Tool for Investigation in Control Algorithms. *Proc. 3rd Int. Symposium on Experimental Robotics*, Kyoto, Japan 1993

[Nakhaeizadeh 1998a] G. Nakhaeizadeh, ed. *Data Mining: Theoretische Aspekte und Anwendungen*. Physica-Verlag, Heidelberg, Germany 1998

[Nakhaeizadeh 1998b] G. Nakhaeizadeh. Wissensentdeckung in Datenbanken und Data Mining: Ein Überblick. In: [Nakhaeizadeh 1998a], 1–33

[Narazaki and Ralescu 1991] H. Narazaki and A.L. Ralescu. A Synthesis Method for Multi-Layered Neural Network using Fuzzy Sets. *Workshop on Fuzzy Logic in Artificial Intelligence (IJCAI-91, Sydney, Australia)*, 54–66. Morgan Kaufmann, San Mateo, CA, USA 1991

[Nauck and Kruse 1992a] D. Nauck and R. Kruse. A Neural Fuzzy Controller Learning by Fuzzy Error Propagation. *Proc. Workshop of the North American Fuzzy Information Processing Society (NAFIPS'92, Puerto Vallarta, Mexico)*, 388–397. IEEE Press, Piscataway, NJ, USA 1992

[Nauck and Kruse 1992b] D. Nauck and R. Kruse. Interpreting Changes in the Fuzzy Sets of a Self-Adaptive Neural Fuzzy Controller. *Proc. 2nd Int. Workshop on Industrial Applications of Fuzzy Control and Intelligent Systems (IFIS'92)*, 146–152. College Station, TX, USA 1992

[Nauck and Kruse 1993] D. Nauck and R. Kruse. A Fuzzy Neural Network Learning Fuzzy Control Rules and Membership Functions by Fuzzy Error Backpropagation. *Proc. IEEE Int. Conf. on Neural Networks (FUZZ-IEEE'93, San Francisco, CA)*, 1022–1027. IEEE Press, Piscataway, NJ, USA 1993

[Nauck *et al.* 1993] D. Nauck, F. Klawonn, and R. Kruse. Combining Neural Networks and Fuzzy Controllers. *Proc. Fuzzy Logic in Artificial Intelligence (FLAI'93, Linz, Austria)*, 35–46. Springer-Verlag, Berlin, Germany 1993

[Nauck 1994a] D. Nauck. *Modellierung Neuronaler Fuzzy-Regler*. PhD thesis, Technische Universität Braunschweig, Germany 1994

[Nauck 1994b] D. Nauck. A Fuzzy Perceptron as a Generic Model for Neuro-Fuzzy Approaches. *Proc. Fuzzy-Systeme*. Munich, Germany 1994

[Nauck 1994c] D. Nauck. Building Neural Fuzzy Controllers with NEFCON-I. In [Kruse *et al.* 1994b], 141–151.

[Nauck and Kruse 1994a] D. Nauck and R. Kruse. NEFCON-I: An X-Window Based Simulator for Neural Fuzzy Controllers. *Proc. IEEE Int. Conf. Neural Networks (ICNN'94, Orlando, FL)*, 1638–1643. IEEE Press, Piscataway, NJ, USA 1994

[Nauck and Kruse 1994b] D. Nauck and R. Kruse. Choosing Appropriate Neuro-Fuzzy Models. *Proc. Second European Congress on Fuzzy and Intelligent Technologies (EUFIT'94, Aachen, Germany)*, 552–557. verlag Mainz, Aachen, Germany 1994

[Nauck 1995] D. Nauck. Beyond Neuro-Fuzzy: Perspectives and Directions. *Proc. 3rd European Congress on Intelligent Techniques and Soft Computing (EUFIT'95, Aachen, Germany)*, 1159–1164. Verlag Mainz, Aachen, Germany 1995

[Nauck and Kruse 1995a] D. Nauck and R. Kruse. NEFCLASS — A Neuro-Fuzzy Approach for the Classification of Data. K.M. George, J.H. Carrol, E. Deaton, D. Oppenheim, and J. Hightower, eds. *Proc. ACM Symposium on Applied Computing (Nashville, TN)*, 461–465. ACM Press, New York, NY, USA 1995

[Nauck and Kruse 1995b] D. Nauck and R. Kruse. Neuro-Fuzzy Classification with NEFCLASS. *Operations Research Proceedings*, 294–299. Springer-Verlag, Berlin, Germany 1996

[Nauck and Klawonn 1996] D. Nauck and F. Klawonn. Neuro-Fuzzy Classification Initialized by Fuzzy Clustering. *Proc. 4th European Congress on Intelligent Techniques and Soft Computing (EUFIT'96, Aachen, Germany)*, 1551–1555. Verlag Mainz, Aachen, Germany 1996

[Nauck and Kruse 1996a] D. Nauck and R. Kruse. Designing Neuro-Fuzzy Systems Through Backpropagation. In [Pedrycz 1996], 203–228. Elsevier Science, Amsterdam, Netherlands 1997

[Nauck and Kruse 1996b] D. Nauck and R. Kruse. Neuro-Fuzzy Systems Research and Applications Outside of Japan (in Japanese). In [Umano *et al.* 1996], 108–134.

[Nauck *et al.* 1996] D. Nauck, U. Nauck, and R. Kruse. Generating Classification Rules with the Neuro-Fuzzy System NEFCLASS. *Proc. Biennial Conference of the North American Fuzzy Information Processing Society (NAFIPS'96, Berkeley, CA)*, 466–470. IEEE Press, Piscataway, NJ, 1996

[Nauck and Kruse 1997a] D. Nauck and R. Kruse. What are Neuro-Fuzzy Classifiers? *Proc. 7th Int. Fuzzy Systems Association World Congress (IFSA'97, Prague, Czechoslovakia)*, III:228–233. Academia, Prague, Czechoslovakia 1997

[Nauck and Kruse 1997b] D. Nauck and R. Kruse. Neuro-fuzzy systems for function approximation. *Proc. 4th Int. Workshop Fuzzy-Neuro-Systeme (FNS'97, Soest, Germany)*, 316–323. Infix, Sankt Augustin, Germany 1997

[Nauck and Kruse 1997c] D. Nauck and R. Kruse. Function Approximation by NEFPROX. *Proc. 2nd European Workshop on Fuzzy Decision Analysis and Neural Networks for Management, Planning, and Optimization (EFDAN'97)*, 160–169. Dortmund, Germany 1997

[Nauck and Kruse 1997d] D. Nauck and R. Kruse. A Neuro-Fuzzy Method to Learn
    Fuzzy Classification Rules from Data. *Fuzzy Sets and Systems*, 89:277–288.
    Elsevier Science, Amsterdam, Netherlands 1997

[Nauck et al. 1997] D. Nauck, F. Klawonn, and R. Kruse. *Foundations of Neuro-
    Fuzzy Systems*. J. Wiley & Sons, Chichester, United Kingdom 1997

[Nauck and Kruse 1998a] D. Nauck and R. Kruse. A Neuro-Fuzzy Approach to Ob-
    tain Interpretable Fuzzy Systems for Function Approximation. *Proc. IEEE Int.
    Conf. on Fuzzy Systems (FUZZ-IEEE'98, Anchorage, AL)*, 1106–1111. IEEE
    Press, Piscataway, NJ, USA 1998

[Nauck and Kruse 1998b] D. Nauck and R. Kruse. Obtaining Interpretable Fuz-
    zy Classification Rules from Medical Data. *Artificial Intelligence in Medicine*,
    16(2):149–169. Elsevier Science, Amsterdam, Netherlands 1998

[Nauck and Kruse 1998c] D. Nauck and R. Kruse. NEFCLASS-X — A Soft Com-
    puting Tool to Build Readable Fuzzy Classifiers. *BT Technology Journal*,
    16(3):180–190. Kluwer Academic Publishers, Dordrecht, Netherlands 1998

[Nauck and Kruse 1999] D. Nauck and R. Kruse. Neuro-fuzzy Systems for Func-
    tion Approximation. *Fuzzy Sets and Systems*, 101:261–271. Elsevier Science,
    Amsterdam, Netherlands 1999

[Nauck et al. 1999] D. Nauck, U. Nauck, and R. Kruse. NEFCLASS for JAVA —
    New Learning Algorithms. *Proc. 18th Int. Conf. of the North American Fuzzy
    Information Processing Society (NAFIPS'99, New York, NY)*, 472–476. IEEE
    Press, Piscataway, NJ, USA 1999

[Nauck 2000] D. Nauck. *Data Analysis with Neuro-Fuzzy Methods*. Habilitation
    thesis, Otto-von-Guericke University of Magdeburg, Magdeburg, Germany 2000

[Nauck and Kruse 2000] D. Nauck and R. Kruse. NEFCLASS-J — A Java-Based
    Soft Computing Tool. In [Azvine et al. 2000], 143–164.

[Nauck 2002] D. Nauck. Neuro-Fuzzy Systems for Explaining Data Sets. *Proc.
    21st Int. Conf. of the North American Fuzzy Information Processing Society
    (NAFIPS'2002,New Orleans, LA)*, 195–200. IEEE Press, Piscataway, NJ, USA
    2002

[Nauck 2003] D. Nauck. Measuring Interpretability in Rule-Based Classification
    Systems. *Proc. IEEE Int. Conf. on Fuzzy Systems (FUZZ-IEEE 2003, St. Louis,
    MO)*, to appear. IEEE Press, Piscataway, NJ, USA 2003

[Neuneier and Zimmermann 1998] R. Neuneier and H.-G. Zimmermann. How to
    Train Neural Networks. *Tricks of the Trade: How to Make Algorithms Really
    Work*. Springer-Verlag, Berlin, Germany 1998

[Newell und Simon 1976] A. Newell and H.A. Simon. Computer Science as Em-
    pirical Enquiry: Symbols and Search. *Communications of the Association for
    Computing Machinery* 19. Association for Computing Machinery, New York,
    NY, USA 1976.
    Reprinted in [Boden 1990], 105–132.

[Nilsson 1965] N.J. Nilsson. *Learning Machines: The Foundations of Trainable
    Pattern-Classifying Systems*. McGraw-Hill, New York, NY, 1965

[Nilsson 1998] N.J. Nilsson. *Artificial Intelligence: A New Synthesis.* Morgan Kaufmann, San Francisco, CA, USA 1998

[Nomura *et al.* 1992] H. Nomura, I. Hayashi, and N. Wakami. A Learning Method of Fuzzy Inference Rules by Descent Method. *Proc. IEEE Int. Conf. on Fuzzy Systems (FUZZ-IEEE'92, San Diego, CA)*, 203–210. IEEE Press, Piscataway, NJ, USA 1992

[Nowe and Vepa 1993] A. Nowé and R. Vepa. A Reinforcement Learning Algorithm Based on 'Safety'. *Proc. Fuzzy Logic in Artificial Intelligence (FLAI'93, Linz, Austria)*, 47–58. Springer-Verlag, Berlin, Germany 1993

[Nürnberger *et al.* 1997] A. Nürnberger, D. Nauck, R. Kruse, and L. Merz. A Neuro-Fuzzy Development Tool for Fuzzy Controllers under MATLAB / SIMULINK. *Proc. 5th European Congress on Intelligent Techniques and Soft Computing (EUFIT'97, Aachen, Germany)*, 1029–1033. Verlag Mainz, Aachen, Germany 1997

[Nürnberger *et al.* 1998] A. Nürnberger, D. Nauck, and R. Kruse. Neuro-Fuzzy Control Based on the NEFCON Model under MATLAB/SIMULINK. *Proc. 2nd On-line World Conference on Soft Computing (WSC2).* Springer-Verlag, London, 1998

[Nürnberger *et al.* 1999] A. Nürnberger, D. Nauck, and R. Kruse. Neuro-Fuzzy Control Based on the NEFCON-Model: Recent Developments. *Soft Computing,* 2(4):168–182. Springer, Heidelberg, Germany 1999

[Pal and Mitra 1992] S.K. Pal and S. Mitra. Multi-layer Perceptron, Fuzzy Sets and Classification. *IEEE Trans. Neural Networks,* 3:683–697. IEEE Press, Piscataway, NJ, USA 1992

[Pearl 1988] J. Pearl. *Probabilistic Reasoning in Intelligent Systems. Networks of Plausible Inference.* Morgan Kaufmann, San Francisco, CA, USA 1988

[Pedrycz 1991a] W. Pedrycz. A Referential Scheme of Fuzzy Decision Making and Its Neural Network Structure. *IEEE Trans. Systems, Man & Cybernetics,* 21:1593–1604. IEEE Press, Piscataway, NJ, USA 1991

[Pedrycz 1991b] W. Pedrycz. Neurocomputations in Relational Systems. *IEEE Trans. Pattern Analysis and Machine Intelligence,* 13:289–297. IEEE Press, Piscataway, NJ, USA 1991

[Pedrycz and Card 1992] W. Pedrycz and H.C. Card. Linguistic Interpretation of Self-Organizing Maps. *Proc. IEEE Int. Conf. on Fuzzy Systems (FUZZ-IEEE'92, San Diego, CA)*, 371–378. IEEE Press, Piscataway, NJ, USA 1992

[Pedrycz 1995] W. Pedrycz. *Fuzzy Sets Engineering.* CRC Press, Boca Raton, FL, USA 1995

[Pedrycz 1996] W. Pedrycz, ed. *Fuzzy Modelling: Paradigms and Practice.* Kluwer Academic Publishers, Boston, MA, USA 1996

[Pinkus 1999] A. Pinkus. Approximation Theory of the MLP Model in Neural Networks. *Acta Numerica* 8:143-196. Cambridge University Press, Cambridge, United Kingdom 1999

[Qiao et al. 1992] W.Z. Qiao, W.P. Zhuang, T.H. Heng, and S.S. Shan. A Rule Self-regulating Fuzzy Controller. *Fuzzy Sets and Systems*, 47:13–21. Elsevier Science, Amsterdam, Netherlands 1992

[Quinlan 1986] J.R. Quinlan. Induction of Decision Trees. *Machine Learning*, 1:81–106. Kluwer Academic Publishers, Dordrecht, Netherlands 1986

[Quinlan 1993] J.R. Quinlan. *C4.5: Programs for Machine Learning*. Morgan Kaufman, San Mateo, CA, USA 1993

[Radetzky and Nürnberger 2002] A. Radetzky and A. Nürnberger. Visualization and Simulation Techniques for Surgical Simulators Using Actual Patient's Data. *Artificial Intelligence in Medicine* 26:3, 255–279. Elsevier Science, Amsterdam, Netherlands 2002

[Ribero et al. 1999] R.A. Ribero, H.-J. Zimmermann, R.R. Yager, and J. Kacprzyk, eds. *Soft Computing in Financial Engineering*. Physica-Verlag, Heidelberg, Germany 1999

[Riedmiller und Braun 1992] M. Riedmiller and H. Braun. Rprop — A Fast Adaptive Learning Algorithm. Technical Report, University of Karlsruhe, Karlsruhe, Germany 1992

[Riedmiller und Braun 1993] M. Riedmiller and H. Braun. A Direct Adaptive Method for Faster Backpropagation Learning: The RPROP Algorithm. *Int. Conf. on Neural Networks (ICNN-93, San Francisco, CA)*, 586–591. IEEE Press, Piscataway, NJ, USA 1993

[Rissanen 1983] J. Rissanen. A Universal Prior for Integers and Estimation by Minimum Description Length. *Annals of Statistics* 11:416–431. Institute of Mathematical Statistics, Hayward, CA, USA 1983

[Ritter et al. 1990] H. Ritter, T. Martinetz, and K. Schulten. *Neuronale Netze: Eine Einführung in die Neuroinformatik selbstorganisierender Netzwerke*. Addision-Wesley, Bonn, Germany 1990

[Rojas 1996] R. Rojas. *Theorie der neuronalen Netze — Eine systematische Einführung*. Springer-Verlag, Berlin, Germany 1996

[Rosenblatt 1958] F. Rosenblatt. The Perceptron: A Probabilistic Modell for Information Storage and Organization in the Brain. *Psychological Review* 65:386–408. USA 1958

[Rosenblatt 1962] F. Rosenblatt. *Principles of Neurodynamics*. Spartan Books, New York, NY, USA 1962

[Rueda and Pedrycz 1994] A. Rueda and W. Pedrycz. A Hierachical Fuzzy-Neural-PD Controller for Robot Manipulators. *Proc. IEEE Int. Conf. on Fuzzy Systems (FUZZ-IEEE'94, Orlando, FL)*, 672–677. IEEE Press, Piscataway, NJ, USA 1994

[Rumelhart und McClelland 1986] D.E. Rumelhart and J.L. McClelland, eds. *Parallel Distributed Processing: Explorations in the Microstructures of Cognition, Vol. 1: Foundations*. MIT Press, Cambridge, MA, USA 1986

[Rumelhart *et al.* 1986a] D.E. Rumelhart, G.E. Hinton, and R.J. Williams. Learning Internal Representations by Error Propagation. In [Rumelhart und McClelland 1986], 318–362.

[Rumelhart *et al.* 1986b] D.E. Rumelhart, G.E. Hinton, and R.J. Williams. Learning Representations by Back-Propagating Errors. *Nature* 323:533–536. 1986

[Schmidt und Klawonn 1999] B. von Schmidt and F. Klawonn. Fuzzy Max-Min Classifiers Decide Locally on the Basis of Two Attributes. *Mathware and Soft Computing* 6:91–108. Universitat Politécnica de Catalunya, Barcelona, Spain 1999

[Schreiber and Heine 1994] H. Schreiber and S. Heine. Einsatz von Neuro-Fuzzy-Technologien für die Prognose des Elektroenergieverbrauches an "besonderen" Tagen. *Proc. 4. Dortmunder Fuzzy-Tage*. University of Dortmund, Dortmund, Germany 1994

[Seising 1999] R. Seising, ed. *Fuzzy Theorie und Stochastik — Modelle und Anwendungen in der Diskussion*. Vieweg, Braunschweig, Germany 1999

[Shao 1988] S. Shao. Fuzzy Self-organizing Controller and Its Application for Dynamic Processes. *Fuzzy Sets and Systems*, 26:151–164. Elsevier Science, Amsterdam, Netherlands 1988

[Siekmann *et al.* 1997] S. Siekmann, R. Kruse, R. Neuneier, and H.G. Zimmermann. Advanced Neuro-Fuzzy Techniques Applied to the German Stock Index DAX. *Proc. 2nd European Workshop on Fuzzy Decision Analysis and Neural Networks for Management, Planning, and Optimization (EFDAN'97)*, 170–179. Dortmund, Germany 1997

[Siekmann *et al.* 1998] S. Siekmann, R. Neuneier, H.G. Zimmermann, and R. Kruse. Neuro-fuzzy Methods Applied to the German Stock Index DAX. In [Ribero *et al.* 1999].

[Simpson 1992a] P.K. Simpson. Fuzzy Min-Max Neural Networks — Part 1: Classification. *IEEE Trans. Neural Networks*, 3:776–786. IEEE Press, Piscataway, NJ, USA 1992

[Simpson 1992b] P.K. Simpson. Fuzzy Min-Max Neural Networks — Part 2: Clustering. *IEEE Trans. Fuzzy Systems*, 1:32–45. IEEE Press, Piscataway, NJ, USA 1992

[Sugeno 1985] M. Sugeno. An Introductory Survey of Fuzzy Control. *Information Science* 36:59–83. Institute of Information Scientists, London, United Kingdom 1985

[Sugeno and Yasukawa 1993] M. Sugeno and T. Yasukawa. A Fuzzy-Logic-Based Approach to Qualitative Modeling. *IEEE Trans. Fuzzy Systems*, 1:7–31. IEEE Press, Piscataway, NJ, USA 1993

[Sulzberger *et al.* 1993] S.M. Sulzberger, N.N. Tschichold Gürman, and S.J. Vestli. Fun: Optimization of Fuzzy Rule Based Systems using Neural Networks. *Proc. IEEE Int. Conf. on Neural Networks (ICNN'93, San Francisco, CA)*, 312–316. IEEE Press, Piscataway, NJ, USA 1993

[Steinmueller and Wick 1993] H. Steinmüller and O. Wick. Fuzzy and Neuro Fuzzy Applications in European Washing Machines. *Proc. 1st European Congress on Fuzzy and Intelligent Technologies (EUFIT'93, Aachen, Germany)*, 1031–1035. Verlag Mainz, Aachen, Germany 1993

[Stoeva 1992] S.P. Stoeva. A Weight-learning Algorithm for Fuzzy Production Systems with Weighting Coefficients. *Fuzzy Sets and Systems*, 48:87–97. Elsevier Science, Amsterdam, Netherlands 1992

[Takagi und Sugeno 1985] T. Takagi and M. Sugeno. Fuzzy Identification of Systems And Its Applications to Modeling and Control. *IEEE Trans. Systems, Man & Cybernetics* 15:116–132. IEEE Press, Piscataway, NJ, USA 1985

[Takagi 1990] H. Takagi. Fusion Technology of Fuzzy Theory and Neural Networks — Survey and Future Directions. *Proc. 1st Int. Conf. on Fuzzy Logic & Neural Networks (IIZUKA'90)*, 13–26. Iizuka, Japan 1990

[Takagi and Hayashi 1991] H. Takagi and I. Hayashi. NN-Driven Fuzzy Reasoning. *Int. J. Approximate Reasoning*, 5:191–212. North-Holland, Amsterdam, Netherlands 1991

[Takagi 1992] H. Takagi. Application of Neural Networks and Fuzzy Logic to Consumer Products. *Proc. Int. Conf. on Industrial Fuzzy Electronics, Control, Instrumentation, and Automation (IECON'92)*, 3:1629–1639. San Diego, CA, USA 1992

[Takagi and Lee 1993] H. Takagi and M. Lee. Neural Networks and Genetic Algorithms. *Proc. Fuzzy Logic in Artificial Intelligence (FLAI'93, Linz, Austria)*, 68–79. Springer-Verlag, Berlin, Germany 1993

[Takagi 1995] H. Takagi. Applications of Neural Networks and Fuzzy Logic to Consumer Products. In [Yen *et al.* 1995], 93–104.

[Timm 2002] H. Timm. *Fuzzy-Clusteranalyse: Methoden zur Exploration von Daten mit fehlenden Werten sowie klassifizierten Daten.* Dissertation, Otto-von-Guericke-Universität Magdeburg, Germany, 2002

[Timm and Klawonn 1998] H. Timm and F. Klawonn. Classification of Data with Missing Values. *Proc. 6th European Congress on Intelligent Techniques and Soft Computing (EUFIT'98, Aachen, Germany)*, 639–644. Verlag Mainz, Aachen, Germany 1998

[Timm and Kruse 1998] H. Timm and R. Kruse. Fuzzy Cluster Analysis with Missing Values. *Proc. 17th Int. Conf. of the North American Fuzzy Information Processing Society (NAFIPS'98, Pensacola, FL)*, 242–246. IEEE Press, Piscataway, NJ, USA 1998

[Timm *et al.* 2002] H. Timm, C. Borgelt, and R. Kruse. A Modification to Improve Possibilistic Cluster Analysis. *Proc. IEEE Intern. Conf. on Fuzzy Systems (FUZZ-IEEE 2002, Honolulu, Hawaii).* IEEE Press, Piscataway, NJ, USA 2002

[Tollenaere 1990] T. Tollenaere. SuperSAB: Fast Adaptive Backpropagation with Good Scaling Properties. *Neural Networks* 3:561–573, 1990

[Touretzky et al. 1988] D. Touretzky, G. Hinton, and T. Sejnowski, eds. *Proc. of the Connectionist Models Summer School (Carnegie Mellon University)*. Morgan Kaufman, San Mateo, CA, USA 1988

[Tschichold 1995] N. Tschichold Gürman. Generation and Improvement of Fuzzy Classifiers with Incremental Learning using Fuzzy Rulenet. *Proc. ACM Symposium on Applied Computing (Nashville)*, 466–470. ACM Press, New York, NY, USA 1995

[Tschichold 1996] N. Tschichold Gürman. *RuleNet — A New Knowledge-Based Artificial Neural Network Model with Application Examples in Robotics*. PhD thesis, ETH Zürich, Switzerland 1996.

[Tschichold 1997] N. Tschichold Gürman. The Neural Network Model Rulenet and Its Application to Mobile Robot Navigation. *Fuzzy Sets and Systems*, 85:287–303. Elsevier Science, Amsterdam, Netherlands 1997

[Tsukamoto 1979] Y. Tsukamoto. An Approach to a Fuzzy Reasoning Method. In [Gupta et al. 1979], 137–149.

[Umano et al. 1996] M. Umano, I. Hayashi, and T. Furuhashi, eds. *Fuzzy-Neural Networks* (in Japanese), Asakura Publ., Tokyo, Japan 1996

[Vuorimaa 1994] P. Vuorimaa. Fuzzy Self-Organizing Map. *Fuzzy Sets and Systems*, 66:223–231. Elsevier Science, Amsterdam, Netherlands 1994

[Wang and Mendel 1991] L.-X. Wang and J.M. Mendel. Generating Rules by Learning from Examples. *Int. Symposium on Intelligent Control*, 263–268. IEEE Press, Piscataway, NJ, USA 1991

[Wang and Mendel 1992] L.-X. Wang and J.M. Mendel. Generating Fuzzy Rules by Learning from Examples. *IEEE Trans. Systems, Man, and Cybernetics*, 22(6):1414–1427. IEEE Press, Piscataway, NJ, USA 1992

[Wasserman 1989] P.D. Wasserman. *Neural Computing: Theory and Practice*. Van Nostrand Reinhold, 1989

[Werbos 1974] P.J. Werbos. *Beyond Regression: New Tools for Prediction and Analysis in the Behavioral Sciences*. Ph.D. Thesis, Havard University, Cambridge, MA, USA 1974

[Widner 1960] R.O. Widner. Single State Logic. *AIEE Fall General Meeting*, 1960. Reprinted in [Wasserman 1989].

[Widrow und Hoff 1960] B. Widrow and M.E. Hoff. Adaptive Switching Circuits. *IRE WESCON Convention Record*, 96–104. Institute of Radio Engineers, New York, NY, USA 1960

[Woehlke 1994] G. Wöhlke. A Neuro-Fuzzy Based System Architecture for the Intelligent Control of Multi-finger Robot Hands. *Proc. IEEE Int. Conf. on Fuzzy Systems (FUZZ-IEEE'94, Orlando, FL)*, 64–69. IEEE Press, Piscataway, NJ, USA 1994

[Wolberg and Mangasarian 1990] W.H. Wolberg and O.L. Mangasarian. Multisurface Method of Pattern Separation for Medical Diagnosis Applied to Breast Cytology. *Proc. National Academy of Sciences*, 87:9193–9196. National Academy of Sciences, Washington, DC, USA 1990

[Yager and Filev 1992a] R.R. Yager and D.P. Filev. Adaptive Defuzzification for Fuzzy Logic Controllers. *BUSEFAL*, 49:50–57. l'Institut de Recherche en Informatique, Université Paul Sabatier, Toulouse, France 1992

[Yager and Filev 1992b] R.R. Yager and D.P. Filev. Adaptive Defuzzification for Fuzzy System Modelling. *Proc. Workshop of the North American Fuzzy Information Processing Society (NAFIPS'92, Puerto Vallarta, Mexico)*, 135–142. IEEE Press, Piscataway, NJ, USA 1992

[Yamaguchi *et al.* 1992] T. Yamaguchi, K. Goto, T. Takagi, K. Doya, and T. Mita. Intelligent Control of a Flying Vehicle using Fuzzy Associative Memory System. *Proc. IEEE Int. Conf. on Fuzzy Systems (FUZZ-IEEE'92, San Diego, CA)*, 1139–1149. IEEE Press, Piscataway, NJ, USA 1992

[Yen *et al.* 1992] J. Yen, H. Wang, and W.C. Daugherty. Design Issues of a Reinforcement-based Self-learning Fuzzy Controller for Petrochemical Process Control. *Proc. Workshop of the North American Fuzzy Information Processing Society (NAFIPS'92, Puerto Vallarta, Mexico)*, 135–142. IEEE Press, Piscataway, NJ, USA 1992

[Yen *et al.* 1995] J. Yen, R. Langari, and L.A. Zadeh, eds. *Industrial Applications of Fuzzy Logic and Intelligent Systems*. IEEE Press, Piscataway, NJ, USA 1995

[Yuan and Shaw 1995] Y. Yuan and M.J. Shaw. Induction of Fuzzy Decision Trees. *Fuzzy Sets and Systems*, 69(2):125–139. Elsevier Science, Amsterdam, Netherlands 1995

[Zadeh 1965] L.A. Zadeh. Fuzzy Sets. *Information and Control* 8:338–353. Academic Press, San Diego, CA, USA 1965

[Zadeh 1994a] L.A. Zadeh. Soft Computing and Fuzzy Logic. *IEEE Software*, 11(6):48–56. IEEE Press, Piscataway, NJ, USA 1994

[Zadeh 1994b] L.A. Zadeh. Fuzzy Logic, Neural Networks and Soft Computing. *Communications of the ACM*, 37(3):77–84. ACM Press, New York, NY, USA 1994

[Zadeh 1996a] L.A. Zadeh. Fuzzy Logic and the Calculi of Fuzzy Rules and Fuzzy Graphs. *Int. J. Multiple-Valued Logic*, 1:1–38. Old City Publishing, Philadelphia, PA, USA 1996

[Zadeh 1996b] L.A. Zadeh. Fuzzy Logic = Computing With Words. *IEEE Transactions on Fuzzy Systems* 4:103–111. IEEE Press, Piscataway, NJ, USA 1996

[Zell *et al.* 1992] A. Zell, N. Mache, R. Hübner, M. Schmalzl, T. Sommer, G. Maimer, and M. Vogt. *SNNS User Manual 3.0*. University of Stuttgart, Stuttgart, Germany 1992

[Zell 1994] A. Zell. *Simulation Neuronaler Netze*. Addison-Wesley, Stuttgart, Germany 1996

[Zimmermann *et al.* 1996] H.G. Zimmermann, R. Neuneier, H. Dichtl, and S. Siekmann. Modeling the German Stock Index DAX with Neuro-Fuzzy. *Proc. 4th European Congress on Intelligent Techniques and Soft Computing (EUFIT'96, Aachen, Germany)*, 2187–2190. Verlag Mainz, Aachen, Germany 1996

Index

Bestseller aus dem Bereich IT erfolgreich lernen

Rainer Egewardt

Das PC-Wissen für IT-Berufe:
Hardware, Betriebssysteme, Netzwerktechnik

Kompaktes Praxiswissen für alle IT-Berufe in der Aus- und Weiter-
bildung, von der Hardware-Installation bis zum Netzwerkbetrieb
inklusive Windows NT/2000, Novell-Netware und Unix (Linux)
2., , überarb. u. erw. Auflage 2002. XVIII, 1112 S. mit 903 Abb. Br.

€ 49,90   ISBN 3-528-15739-9

Inhalt: Micro-Prozessor-Technik - Funktion von PC-Komponenten -
Installation von PC-Komponenten - Netzwerk-Technik - DOS - Windows
NT4 (inkl. Backoffice-Komponenten) - Windows 2000 - Novell Netware -
Unix/Linux - Zum Nachschlagen: PC-technische Informationen für die
Praxis

Die neue Auflage dieses Bestsellers, der sich in Ausbidlung und Praxis
bewährt hat, berücksichtigt auch die neuesten Hardware- und Netz-
werktechnologien. Die Erweiterungen umfassen darüber hinaus die
Optimierungen von Netzwerken sowie die Windows NT4 Backoffice-
Komponenten wie System-Management-Server, Proxy-Server, Exchange-
Server und WEB-Server Option-Pack. Die Grundidee des Buches blieb
von den Erweiterungen unberührt: Bisher musste man sich das kom-
plette für die Ausbildung oder Praxis relevante Wissen aus vielen
Büchern zusammensuchen. Egewardt bietet alles in einem: Hardware-
Technik, Betriebssystemwissen und Netzwerk-Praxis. Vorteil des
Buches ist die klare Verständlichkeit, unterstützt durch zahlreiche
Abbildungen. Darüber hinaus beschränkt sich der Band in seiner
Kompaktheit auf das Wesentliche: es geht um ein solides für die Praxis
relevantes Grundwissen, wie man es in Ausbildung und Beruf benötigt.

Abraham-Lincoln-Straße 46
65189 Wiesbaden
Fax 0611.7878-400   Stand 1.7.2003. Änderungen vorbehalten.
www.vieweg.de   Erhältlich im Buchhandel oder im Verlag.

vieweg

Bestseller aus dem Bereich IT erfolgreich gestalten

Martin Aupperle
Die Kunst der Programmierung mit C++
Exakte Grundlagen für die professionelle Softwareentwicklung
2., überarb. Aufl. 2002. XXXII, 1042 S. mit 10 Abb. Br. € 49,90

ISBN 3-528-15481-0

Inhalt: Die Rolle von C++ in der industriellen Softwareentwicklung
heute - Objektorientierte Programmierung - Andere Paradigmen:
Prozedurale und Funktionale Programmierung - Grundlagen der
Sprache - Die einzelnen Sprachelemente - Übungsaufgaben zu jedem
Themenbereich - Durchgängiges Beispielprojekt - C++ Online: Support
über das Internet

Dieses Buch ist das neue Standardwerk zur Programmierung in C++
für den ernsthaften Programmierer. Es ist ausgerichtet am ANSI/ISO-
Sprachstandard und eignet sich für alle aktuellen Entwicklungssys-
teme, einschliesslich Visual C++ .NET. Das Buch basiert auf der
Einsicht, dass professionelle Softwareentwicklung mehr ist als das
Ausfüllen von Wizzard-generierten Vorgaben.

Martin Aupperle ist als Geschäftsführer zweier Firmen mit Unterneh-
mensberatung und Softwareentwicklung befasst. Autor mehrerer,
z. T. preisgekrönter Aufsätze und Fachbücher zum Themengebiet
Objektorientierter Programmierung.

vieweg

Abraham-Lincoln-Straße 46
65189 Wiesbaden
Fax 0611.7878-400
www.vieweg.de

Stand 1.7.2003. Änderungen vorbehalten.
Erhältlich im Buchhandel oder im Verlag.